Deepen Your Mind

Preface 推薦序

工欲善其事，必先利其器

自 1956 年達特茅斯會議至今，人工智慧已發展 60 年有餘。尤其在最近這 10 年中，隨著儲存能力和運算能力的不斷提升，人工智慧迎來了迅速的發展，開始在金融、醫療、教育、公共安全等方面發揮出巨大的作用。其中關於巨量資料、深度學習、智慧晶片等新型領域的研究催生了刷臉支付、智慧喇叭、以圖搜圖、智慧翻譯等新的應用場景和產品，這不僅推動了人類社會的進步，還極大地改變了人們的生活。人工智慧引領了一場嶄新的技術變革，在科技的領導下，諸多產業將快速發展。

放眼世界，人工智慧正成為國際競爭的新焦點。2018 年，歐盟委員會宣佈在人工智慧領域採取三大措施，以促進相關的教育和教育訓練系統升級。本書覆蓋了人工智慧領域中與機器學習相關的數學知識系統，不僅囊括了微積分和線性代數等基本數學原理，還詳細講解了機率論、資訊理論、最佳化方法等諸多內容，這些知識是機器學習中的目標函數構造、模型最佳化以及各種機器學習演算法的核心和基礎。本書希望透過對數學知識的講解幫助讀者深刻瞭解演算法背後的機制，並釐清各種演算法之間的內在聯繫。本書重視理論與實踐相結合，在講解數學知識的同時也對其在機器學習領域的實際應用進行了舉例說明，方便讀者更具象化地瞭解抽象的數學理論，同時對機器學習演算法有更深刻的認識。

本書語言精練，條理清晰，內容充實全面，公式推導嚴格周密，將理論與專案實踐相結合，展示了機器學習方法背後的數學原理，是集專業性與通俗性為一體的上乘之作。透過本書，初學者可以奠定紮實的數學基礎，從而為後續掌握機器學習的具體技術和應用打下基礎。從業者也可以利用本書強化鞏固基礎知識，從技術背後的數學本質出發來解決工程問題。

仰之彌高，鑽之彌堅。人工智慧的大廈越建越高，終會長久屹立於人類科技歷史之中。開卷有益，希望本書能夠幫助讀者認識和瞭解機器學習的數學原理，助力讀者在人工智慧領域大放異彩！

嚴駿馳

上海交通大學特別研究員

Foreword 前言

自 2012 年以來，隨著深度學習與強化學習的興起，機器學習與人工智慧成為科技領域熱門的話題。越來越多的在校生與在職人員開始學習這些知識。然而，機器學習（包括深度學習與強化學習）對數學有較高的要求。不少數學知識（如最佳化方法、矩陣論、資訊理論、隨機過程、圖論）超出了理工科大學和研究所學生的學習範圍。即使對於理工科學生學習過的微積分、線性代數與機率論，機器學習中所用到的不少知識也超出了大學的教學範圍。看到書或論文中的公式和理論而不知其意，是很多讀者面臨的一大難題。

本書的目標是為讀者學好機器學習打下堅實的數學基礎，用最小的篇幅精準地覆蓋機器學習所需的數學知識系統。全書由 8 章組成，包括一元函數微積分、線性代數與矩陣論、多元函數微積分、最佳化方法、機率論、資訊理論、隨機過程、圖論。對章節的順序與結構安排，作者有細緻的考量。

第 1 章介紹一元函數微積分的核心知識，包括有關基礎知識、一元函數微分學、一元函數積分學，以及常微分方程，它們是瞭解後面各章的基礎。第 2 章介紹線性代數與矩陣論的核心知識，包括向量與矩陣、行列式、線性方程組、矩陣的特徵值與特徵向量、二次型，以及矩陣分解，它們是學習多元函數微積分、最佳化方法、機率論，以及圖論等知識的基礎。第 3 章介紹多元函數微積分，包括多元函數微分、多元函數積分，以及無窮級數。第 4 章介紹最佳化方法，偏重於連續最佳化問題，包括各種數值最佳化演算法、凸最佳化問題、帶約束的最佳化問題、多目標最佳化問題、變分法，以及目標函數的構造，它們在機器學習中處於核心地位。第 5 章介紹機率論的核心知識，包括隨機事件與機率、隨機變數與機率分佈、極限定理、參數估計問題、在機器學習中常用的隨機演算法，以及取樣演算法。用機率論的觀點對機器學習問題進行建模是一類重要的方法。第 6 章介紹資訊理論的知識，包括熵、交叉熵、KL 散度等，它們被廣泛用於構造目標函數，對機器學習演算法進行理論分析。第 7 章介紹隨機過程，包括馬可夫過程與高斯過程，以及馬可夫鏈取樣演算法。高斯過程回歸是貝氏最佳化的基礎。第 8 章介紹圖論的核心知識，包括基本概念、機器學習中使用的各種典型的圖、圖的重要演算法，以及譜圖理論。它們被用於流形學習、譜聚類、機率圖模型、圖神經網路等機器學習演算法。

全書結構合理，內容緊湊，講解深入淺出。在工科數學（偏重計算）與數學專業（偏重理論與證明，更深入和系統）的教學內容和講授模式上進行了折中，使得讀者不僅知其然，還知其所以然，在掌握數學知識的同時培養數學思維與建模能力。

學習數學知識後不知有何用，不知怎麼用，是數學教學中長期存在的問題。本書透過從機器學習的角度講授數學知識，舉例說明其在機器學習領域的實際應用，使得某些抽象、複雜的數學知識不再抽象。部分內容緊接機器學習的新進展。對於線性代數等知識，本書還配合 Python 實驗程式進行講解，使得讀者對數學理論的結果有直觀的認識。

由於作者水準與精力有限，書中難免會有錯誤或不妥當的地方，敬請讀者指正！編輯電子郵件為：zhangtao@ptpress.com.cn。

雷明

Contents 目錄

03 多元函數微積分

04 最佳化方法

05 機率論

06 資訊理論

07 隨機過程

08 圖論

Chapter

01 一元函數微積分

本章說明一元函數微積分的核心知識。微分學為研究函數的性質提供了統一的方法與理論，尤其是尋找函數的極值，在機器學習領域被大量使用。積分則在機器學習中被用於計算某些機率分佈的數字特徵，如數學期望和方差，在機率圖模型中也被使用。對於微積分的系統學習可以閱讀本章尾端列出的參考文獻[1]和參考文獻[2]，參考文獻[1]是工科專業使用量較大的教材，偏重於計算；參考文獻[2]是數學專業的教材，更為系統和深入，是深刻了解微積分的優秀教材。

1.1 極限與連續

極限是微積分中最基本的概念，也是了解導數與積分等概念的基礎。本節介紹數列的極限與函數的極限、函數的連續性與間斷點、集合的最小上界與最大下界，以及函數的利普希茨連續性等。

1.1.1 可數集與不可數集

初等數學已經對元素數有限的集合進行了系統說明，對於無限集，有些概念和規則不再適用。即使是常用的自然數集$\mathbb{N}$和實數集$\mathbb{R}$，其性質也需要重新定義。在定積分，機率論中會使用可數集與不可數集的概念。本節介紹無限集的性質與分類。

集合A的元素數量稱為其基數或勢，記為$|A|$。在這裡多工了絕對值符號。對於下面的集合

$$A = \{1,3,5,7\}$$

其基數為$|A| = 4$。基數為有限值的集合稱為有限集；基數為無限值的集合稱為無限集，是本節重點分析的物件。對於兩個有限集，如果集合A是集合B的真子集，即$A \subset B$，則有

$$|A| < |B|$$

無限集的基數為$+\infty$，因此不能直接使用這種規則進行基數的比較。考慮正整數集$\mathbb{N}^+$，令集合A_1為所有正奇數組成的集合，集合A_2為所有正偶數組成的集合。由於一個正整數不是奇數就是偶數，而且兩個集合均不是空集，因此

$$\mathbb{N}^+ = A_1 \cup A_2$$

$$A_1 \subset \mathbb{N}^+$$

$$A_2 \subset \mathbb{N}^+$$

這是否表示$|A_2| < |\mathbb{N}^+|$？答案是否定的。下面從另外一個角度考慮這個問題。對集合$\mathbb{N}^+$中的任意元素i，都有A_2中的元素$2i$與之對應，反過來A_2中的每個元素$2i$也有A_1中的唯一元素i與之對應。從這個角度來說，兩個集合的元素數量是「相等的」。顯然，這一規則對於有限集也是適用的。

下面列出兩個集合基數相等的定義。對於集合A和B，如果集合A中的任意元素a，在集合B中都有唯一的元素b透過某種對映關係與之對應，即存在以下的對射函數（Bijection，一對一對映函數）

$$b = f(a),\ a \in A, b \in B \tag{1.1}$$

則稱這兩個集合的基數相等。根據式 (1.1) 的定義，正整數集與正偶數集的基數相等，因為它們中的元素之間存在以下的對射關係

$$i \to 2i, \qquad i \in \mathbb{N}^+, 2i \in A_2$$

同樣地，集合A_1和集合A_2的基數也相等。因為

$$i \to i+1, \qquad i \in A_1, i+1 \in A_2$$

下面從自然數集擴充到實數集。令集合D為以下的區間

$$D = (0,1)$$

則該區間與整個實數集$\mathbb{R}$是等勢的，因為集合D中的任意元素x與實數集$\mathbb{R}$中元素之間存在以下對射函數

$$f(x) = \tan\left(\left(x - \frac{1}{2}\right)\right)$$

此函數將區間(0,1)拉升至$(-\infty, +\infty)$，且存在反函數。其實現的對映如圖 1.1 所示。因此，可以認為集合D與實數集$\mathbb{R}$等勢。

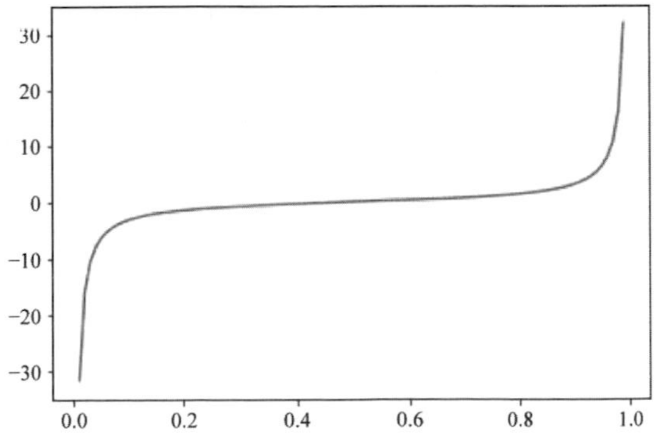

圖 1.1 區間(0,1)到實數集的對映

同理，區間$\left[0, \frac{\pi}{2}\right]$與區間[0,1]是等勢的，因為存在以下對射函數

$$f(x) = \sin(x), \qquad x \in \left[0, \frac{\pi}{2}\right]$$

反過來，實數集$\mathbb{R}$與區間(0,1)也是等勢的。它們之間存在以下對映

$$f(x) = \frac{1}{1 + \mathrm{e}^{-x}}, \qquad x \in \mathbb{R}$$

此函數稱為 logistic 函數或 sigmoid 函數，具有優良的性質，在機器學習與深度學習中被廣泛使用，1.2.2 節將詳細介紹。

借助式(1.1)所定義的集合基數相等的概念，無限集可進一步分為可數集（Countable Set）與不可數集（Uncountable Set）。可數集中的每個元素可以用正整數進行編號，即與正整數集等勢。

正偶數集是可數集，它的每個元素可以寫成

$$a_n = 2n, n = 1, \cdots, +\infty$$

下面列出可數集的嚴格定義。如果存在從正整數集$\mathbb{N}^+$到集合A的對射關係

$$f: \mathbb{N}^+ \to A$$

則集合A是可數的。整數集是可數的，對於所有整數

$$\cdots \ -4 \ -3 \ -2 \ -1 \ 0 \ 1 \ 2 \ 3 \ 4 \ \cdots$$

可以按照下面的形式（按絕對值）排列

$$0 \ 1 \ -1 \ 2 \ -2 \ 3 \ -3 \ \cdots$$

有理數集也是可數集。所有的有理數都可以寫成兩個整數相除的形式

$$\frac{p}{q}(q \neq 0)$$

無理數則是不能表示成如上兩個整數比值的數，如$\sqrt{2}$、圓周率以及後面要介紹的自然對數底數 e 都是無理數。下面考慮正有理數的情況，包含負數的情況可以按照前面處理整數集時的排列形式進行處理。將正有理數以分母值為行、分子值為列排列。可以採用按對角線折回連接的方式編號，如圖 1.2 所示。

$$\frac{1}{1} \quad \frac{2}{1} \quad \frac{3}{1} \quad \frac{4}{1} \quad \frac{5}{1} \quad \frac{6}{1} \quad \cdots$$

$$\frac{1}{2} \quad \frac{2}{2} \quad \frac{3}{2} \quad \frac{4}{2} \quad \frac{5}{2} \quad \frac{6}{2} \quad \cdots$$

$$\frac{1}{3} \quad \frac{2}{3} \quad \frac{3}{3} \quad \frac{4}{3} \quad \frac{5}{3} \quad \frac{6}{3} \quad \cdots$$

$$\frac{1}{4} \quad \frac{2}{4} \quad \frac{3}{4} \quad \frac{4}{4} \quad \frac{5}{4} \quad \frac{6}{4} \quad \cdots$$

$$\frac{1}{5} \quad \frac{2}{5} \quad \frac{3}{5} \quad \frac{4}{5} \quad \frac{5}{5} \quad \frac{6}{5} \quad \cdots$$

$$\frac{1}{6} \quad \frac{2}{6} \quad \frac{3}{6} \quad \frac{4}{6} \quad \frac{5}{6} \quad \frac{6}{6} \quad \cdots$$

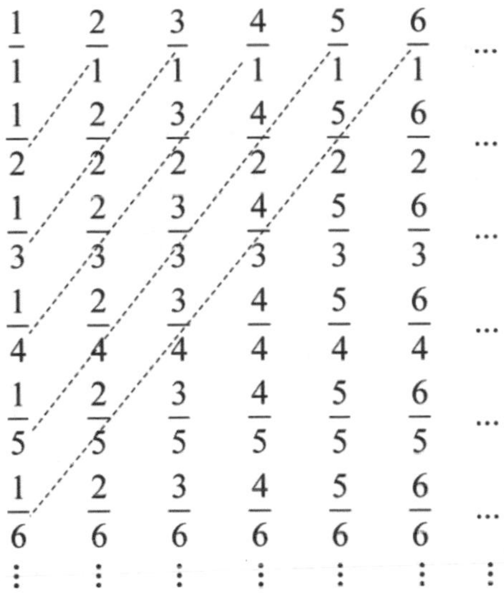

圖 1.2 正有理數集的可數性

按照這種方式排列的結果如下

$$\frac{1}{1} \quad \frac{1}{2} \quad \frac{2}{1} \quad \frac{1}{3} \quad \frac{2}{2} \quad \frac{3}{1} \quad \frac{1}{4} \quad \frac{2}{3} \quad \frac{3}{2} \quad \frac{4}{1} \quad \cdots$$

這裡有個規律：每條對角線上分子與分母之和相等，等於對角線的編號加 1。整數集和有理數集是離散的，這裡的離散與可數等值。任意兩個不相等有理數 a_1 和 a_2 之間都存在大量的無理數，它們不屬於有理數的集合，這是離散的直觀解釋。任意可數集在數軸上的「長度」為 0。

實數集 $\mathbb{R}$ 或長度不為 0 的實數區間都是不可數的，其中的元素是連續的。任意長度不為 0 的實數區間 (a_1, a_2) 中的所有數都屬於實數集，因此它們在數軸上是稠密或説連續的。使用前面這種建構對射函數的方式可以證明任意長度不為 0 的實數區間都與整個實數集 $\mathbb{R}$ 等勢，它們中的元素可以建立對射關係。不可數集在數軸上的「長度」大於 0。可數與不可數的概念將用於定積分中函數的可積性，以及機率論中的離散型與連續型隨機變數等重要概念中。對於本節所説明內容的更嚴格和系統的介紹可以閱讀實變函數教材。

1.1.2 數列的極限

數列的極限（Limit）反映了當數列元素索引趨向於$+\infty$時數列項設定值的趨勢，下面列出其嚴格定義。對於數列$\{a_n\}$以及某一實數a，如果對於任意指定的$\varepsilon > 0$都存在正整數N，使得對於任意滿足$n > N$的n都有下面不等式成立

$$|a_n - a| < \varepsilon \tag{1.2}$$

則稱此數列$\{a_n\}$的極限為a，或稱其收斂於a。數列的極限記為

$$\lim_{n\to+\infty} a_n$$

這裡 lim 是 limit 一詞的簡寫，→表示「趨向於」。數列極限的直觀解釋是當n增加時數列的值a_n無限接近於a，可接近到任意指定的程度，由ε控制。如果數列的極限不存在，則稱該數列發散。如果數列的極限存在，則其值必定唯一。

證明數列極限存在且為某一值的方法是證明式(1.2)成立。下面舉例説明。證明下面的極限成立

$$\lim_{n\to+\infty} \frac{1}{n} = 0$$

任意指定$\varepsilon > 0$，如果令$N = \lceil 1/\varepsilon \rceil$（$\lceil x \rceil$表示向上取整$x$），當$n > N$時，有$\left|\frac{1}{n} - 0\right| < \varepsilon$，因此該數列的極限為 0。同樣可以證明

$$\lim_{n\to+\infty} \frac{1}{n^2} = 0$$

並非所有數列都存在極限。考慮數列$\left\{\sin\left(n + \frac{\pi}{2}\right)\right\}$，當$n \to +\infty$時，該數列的值在$-1$與 1 之間振盪，極限不存在。對於數列$\{n\}$，當$n \to +\infty$時，數列的值趨向於$+\infty$，極限也不存在。

如果$\lim_{n\to+\infty} a_n = a$、$\lim_{n\to+\infty} b_n = b$，數列極限的四則運算滿足下面等式

$$\lim_{n\to+\infty}(a_n \pm b_n) = \lim_{n\to+\infty} a_n \pm \lim_{n\to+\infty} b_n$$

$$\lim_{n\to+\infty} a_n \cdot b_n = \lim_{n\to+\infty} a_n \cdot \lim_{n\to+\infty} b_n$$

$$\lim_{n\to+\infty} \frac{a_n}{b_n} = \frac{\lim_{n\to+\infty} a_n}{\lim_{n\to+\infty} b_n}$$

計算下面的極限

$$\lim_{n\to+\infty}\left(1+\frac{1}{n}\right)\left(2+\frac{1}{n^2}\right)$$

根據極限的乘法與加法運算法則，有

$$\lim_{n\to+\infty}\left(1+\frac{1}{n}\right)\left(2+\frac{1}{n^2}\right) = \lim_{n\to+\infty}\left(1+\frac{1}{n}\right)\cdot\lim_{n\to+\infty}\left(2+\frac{1}{n^2}\right) = 1\times 2 = 2$$

下面列出數列極限存在的判斷法則。首先定義數列上界與下界的概念。對於數列$\{a_n\}$，如果它的任意元素都滿足

$$a_n \leqslant U$$

則稱U為數列的上界。需要強調的是上界不唯一。對應地，如果它的任意元素都滿足

$$a_n \geqslant L$$

則稱L為其下界。

如果數列單調遞增且存在上界，則極限存在；如果數列單調遞減並且有下界，則極限存在。合併之後為：單調有界的數列收斂。此結論稱為單調收斂定理。根據單調收斂定理可以獲得微積分中的重要極限，對於數列a_n

$$a_n = \left\{\left(1+\frac{1}{n}\right)^n\right\}$$

其極限為

$$\lim_{n\to+\infty}\left(1+\frac{1}{n}\right)^n = \mathrm{e} \tag{1.3}$$

其中e為自然對數的底數，約為 2.71828，是數學中最重要的常數之一。圖 1.3 為該數列極限的示意圖，隨著n增加，數列單調遞增且有上界，最後收斂於 2.7 附近。

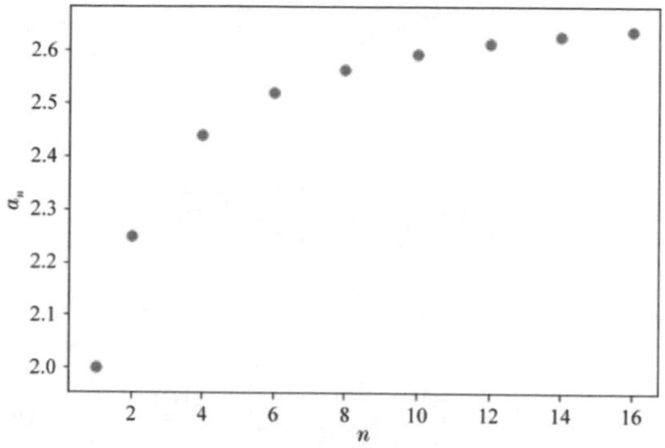

圖 1.3 單調有界的數列收斂

下面列出證明。首先證明該數列有界，使用二項式定理，有

$$\left(1+\frac{1}{n}\right)^n = 1 + n\frac{1}{n} + \frac{n(n-1)}{2}\frac{1}{n^2} + \frac{n(n-1)(n-2)}{3!}\frac{1}{n^3}$$
$$+\cdots+\frac{n(n-1)\cdots(n-k+1)}{k!}\frac{1}{n^k}+\cdots+\frac{1}{n^n}$$
$$=1+1+\frac{1}{2}\left(1-\frac{1}{n}\right)+\frac{1}{3!}\left(1-\frac{1}{n}\right)\left(1-\frac{2}{n}\right)+\cdots+\frac{1}{n!}\left(1-\frac{1}{n}\right)\cdots\left(1-\frac{n-1}{n}\right)$$
$$\leqslant 1+1+\frac{1}{2}+\frac{1}{3!}+\cdots+\frac{1}{n!}\leqslant 1+1+\frac{1}{2}+\frac{1}{2^2}+\cdots+\frac{1}{2^{n-1}}$$
$$=1+\frac{1-\left(\frac{1}{2}\right)^n}{1-\frac{1}{2}}<1+\frac{1}{1-\frac{1}{2}}=3$$

因此該數列存在上界。接下來證明該數列單調遞增，由於

$$a_n=1+1+\frac{1}{2}\left(1-\frac{1}{n}\right)+\frac{1}{3!}\left(1-\frac{1}{n}\right)\left(1-\frac{2}{n}\right)+\cdots+\frac{1}{n!}\left(1-\frac{1}{n}\right)\cdots\left(1-\frac{n-1}{n}\right)$$

$$a_{n+1}=1+1+\frac{1}{2}\left(1-\frac{1}{n+1}\right)+\frac{1}{3!}\left(1-\frac{1}{n+1}\right)\left(1-\frac{2}{n+1}\right)+\cdots$$
$$+\frac{1}{(n+1)!}\left(1-\frac{1}{n+1}\right)\cdots\left(1-\frac{n}{n+1}\right)$$

顯然a_{n+1}展開式中的第 3 項到第$n+1$項都比a_n的大，且多出了第$n+2$項，因此有

$$a_n < a_{n+1}$$

式(1.3)的極限在微積分中被廣泛使用，根據它可以計算出大量的極限值。

下面計算數列$\{(1-\frac{1}{n})^n\}$的極限。顯然有

$$\begin{aligned}\lim_{n\to+\infty}\left(1-\frac{1}{n}\right)^n &= \lim_{n\to+\infty}\frac{1}{\left(\frac{n}{n-1}\right)^n}=\lim_{n\to+\infty}\frac{1}{\left(1+\frac{1}{n-1}\right)^n}\\ &= \lim_{n\to+\infty}\frac{1}{\left(1+\frac{1}{n-1}\right)^{n-1}\left(1+\frac{1}{n-1}\right)}\\ &= \lim_{n\to+\infty}\frac{1}{\left(1+\frac{1}{n}\right)^n}\times\lim_{n\to+\infty}\frac{1}{1+\frac{1}{n-1}}=\frac{1}{\mathrm{e}} \end{aligned}\tag{1.4}$$

在第 4 步利用了式 (1.3) 的結果。這可以考慮成對n個樣本進行n次有放回等機率抽樣，當樣本數趨於無限大時，每個樣本一次都沒被抽中的機率，在隨機森林中將使用式 (1.4) 的極限。

需要強調的是，單調有界是數列收斂的充分條件而非必要條件。對於下面的數列a_n

$$a_n=\frac{(-1)^n}{n}$$

它不滿足單調收斂條件但極限存在且為 0。它的兩個子數列都是單調有界的，且都收斂到 0。其影像如圖 1.4 所示。

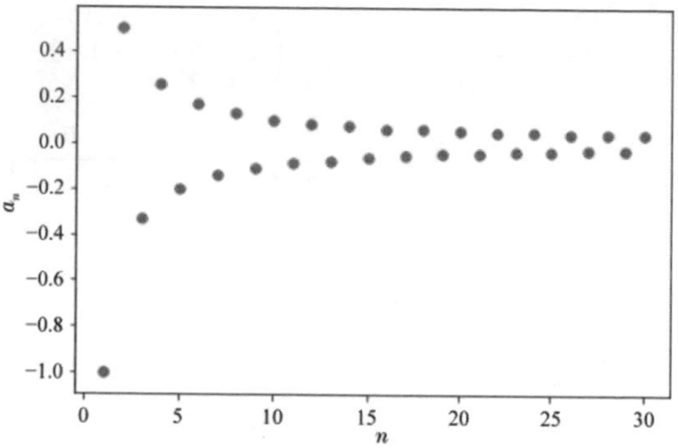

圖 1.4 不滿足單調有界條件但收斂的數列

下面介紹數列極限存在性的第二種判別方法。如果對於$\forall n \in \mathbb{N}$有$b_n \leqslant a_n \leqslant c_n$且$\lim_{n\to+\infty} b_n = \lim_{n\to+\infty} c_n = c$，則$\lim_{n\to+\infty} a_n = c$。這一結論稱為夾擠定理。

下面用夾擠定理計算一個重要極限。假設x_i不全為 0，計算下面的極限

$$\lim_{p\to+\infty}(\sum_{i=1}^{n}|x_i|^p)^{1/p}$$

由於x_i不全為 0，因此$\max|x_i| \neq 0$，進一步有

$$\lim_{p\to+\infty}\left(\sum_{i=1}^{n}|x_i|^p\right)^{1/p} = \lim_{p\to+\infty}\max|x_i| \times \left(\sum_{i=1}^{n}\left|\frac{x_i}{\max|x_i|}\right|^p\right)^{1/p}$$

$$= \max|x_i| \lim_{p\to+\infty}\left(\sum_{i=1}^{n}\left|\frac{x_i}{\max|x_i|}\right|^p\right)^{1/p}$$

而

$$1 \leqslant \sum_{i=1}^{n}\left|\frac{x_i}{\max|x_i|}\right|^p \leqslant n$$

顯然下面的極限成立

$$\lim_{p\to+\infty} 1^{1/p} = 1$$

另外有

$$\lim_{p \to +\infty} n^{1/p} = 1$$

下面列出證明過程。根據二項式定理可以獲得

$$n = (1 + (n^{1/p} - 1))^p \geqslant 1 + p(n^{1/p} - 1)$$

因此有

$$n^{1/p} \leqslant \frac{n-1}{p} + 1$$

而

$$\lim_{p \to +\infty} \frac{n-1}{p} + 1 = 1$$

另外有

$$n^{1/p} \geqslant 1$$

根據夾擠定理有

$$\lim_{p \to +\infty} n^{1/p} = 1$$

再次利用夾擠定理可以獲得

$$\lim_{p \to +\infty} \left(\sum_{i=1}^{n} \left| \frac{x_i}{\max|x_i|} \right|^p \right)^{1/p} = 1$$

進一步有

$$\lim_{p \to +\infty} \left(\sum_{i=1}^{n} |x_i|^p \right)^{1/p} = \max|x_i|$$

該極限對應於向量的+∞範數，在 2.1.3 節介紹。

如果數列無界，則必定發散。數列$\{n^2\}$沒有上界，其極限不存在。有界是數列收斂的必要條件而非充分條件，如數列$\{(-1)^n\}$有界但不收斂。

1.1.3 函數的極限

函數極限的嚴格定義由法國數學家柯西（Cauchy）列出，即目前廣泛使用的ε-δ定義。首先定義鄰域的概念。點x_0的δ鄰域是指滿足不等式

$$|x - x_0| < \delta \tag{1.5}$$

的所有x組成的集合，即區間$(x_0 - \delta, x_0 + \delta)$，$\delta$稱為鄰域的半徑。點$x_0$的去心$\delta$鄰域是指滿足式(1.5)且去掉$x_0$的點組成的集合，即區間

$$(x_0 - \delta, x_0) \cup (x_0, x_0 + \delta)$$

下面借助去心鄰域列出函數極限的概念。對於函數$f(x)$，如果對任意$\varepsilon > 0$，均存在x_0的δ去心鄰域，使得去心鄰域內的所有x都有

$$|f(x) - a| < \varepsilon \tag{1.6}$$

則稱函數在x_0點處的極限為a。函數在x_0點處的極限記為

$$\lim_{x \to x_0} f(x)$$

函數極限的直觀解釋是當引數x的值無限接近於x_0時，函數值$f(x)$無限接近於a，即在$(x_0 - \delta, x_0) \cup (x_0, x_0 + \delta)$內的函數值都在$(a - \varepsilon, a + \varepsilon)$區間內。接近程度由$\varepsilon$控制。下面是函數極限的實例。

$$\lim_{x \to 1} x^2 = 1$$

以及

$$\lim_{x \to 1} \frac{1}{1 + x} = \frac{1}{2}$$

證明函數極限的方法與數列類似，核心是證明存在一個去心鄰域使得式 (1.6) 成立。下面證明極限$\lim\limits_{x \to 1} x^2 = 1$成立。對於任意指定的$\varepsilon > 0$，要使得

$$|x^2 - 1| < \varepsilon$$

即

$$-\varepsilon < x^2 - 1 < \varepsilon$$

解得

$$\sqrt{1-\varepsilon} < x < \sqrt{1+\varepsilon}$$

取

$$\delta = \min(\sqrt{1+\varepsilon}-1, 1-\sqrt{1-\varepsilon})$$

即可滿足要求。

一維數軸上有兩個方向，變數x可以從左側趨向於x_0，也可以從右側趨向於x_0，因此函數的極限可分為左極限與右極限。左極限是引數從左側趨向於x_0的極限值，右極限則是引數從右側趨向於x_0時的極限值。左極限與右極限分別記為

$$\lim_{x\to x_0^-} f(x) = a \qquad \lim_{x\to x_0^+} f(x) = a$$

函數在某一點處的左極限和右極限均可能不存在，即使存在，二者也可能不相等。函數在某一點處極限存在的條件是在該點處的左右極限均存在並且相等。

假設I是包含點a的區間，f、g、h為定義在該區間上的函數，如果對所有屬於I但不等於點a的點x都有$g(x) \leqslant f(x) \leqslant h(x)$，且

$$\lim_{x\to a} g(x) = \lim_{x\to a} h(x) = a$$

則有

$$\lim_{x\to a} f(x) = a$$

這一結論稱為夾擠定理。根據夾擠定理可以獲得微積分中另外一個重要極限

$$\lim_{x\to 0} \frac{\sin(x)}{x} = 1 \qquad (1.7)$$

下面列出證明。下面的不等式是成立的

$$\sin(x) < x < tan(x), \forall x \in \left(0, \frac{\pi}{2}\right)$$

變形之後可以獲得

$$\cos(x) < \frac{\sin(x)}{x} < 1$$

由於$\cos(x)$和$\frac{\sin(x)}{x}$都是偶函數，因此，當$x \in \left(-\frac{\pi}{2}, 0\right)$時，上面的不等式也成立。而

$$\lim_{x \to 0} \cos(x) = 1$$

因此結論成立。

將式 (1.3) 推廣到函數極限的情況，可以獲得

$$\lim_{x \to +\infty} \left(1 + \frac{1}{x}\right)^x = \mathrm{e} \tag{1.8}$$

根據該結果可以獲得

$$\lim_{x \to -\infty} \left(1 + \frac{1}{x}\right)^x = \lim_{y \to +\infty} \left(1 + \frac{1}{-y}\right)^{-y} = \lim_{y \to +\infty} \left(\frac{y}{y-1}\right)^y = \lim_{y \to +\infty} \left(1 + \frac{1}{y-1}\right)^y$$

$$= \lim_{y \to +\infty} \left(1 + \frac{1}{y-1}\right)^{y-1} \left(1 + \frac{1}{y-1}\right) = \mathrm{e}$$

式 (1.8) 兩邊取對數，由於同樣有$\lim_{x \to -\infty} \left(1 + \frac{1}{x}\right)^x = \mathrm{e}$，可以獲得

$$\lim_{x \to +\infty} x\ln\left(1 + \frac{1}{x}\right) = \lim_{x \to +\infty} \frac{\ln\left(1 + \frac{1}{x}\right)}{\frac{1}{x}} = \lim_{t \to 0} \frac{\ln(1+t)}{t} = 1$$

由此獲得下面的重要極限

$$\lim_{x \to 0} \frac{\ln(1+x)}{x} = 1 \tag{1.9}$$

證明下面的極限成立

$$\lim_{x \to 0} \frac{\mathrm{e}^x - 1}{x} = 1 \tag{1.10}$$

令$\mathrm{e}^x - 1 = t$，則$x = \ln(1+t)$，因此有

$$\lim_{x \to 0} \frac{\mathrm{e}^x - 1}{x} = \lim_{t \to 0} \frac{t}{\ln(1+t)} = 1$$

最後可以獲得

$$\lim_{x \to 0} \frac{(1+x)^a - 1}{x} = a \tag{1.11}$$

這是因為

$$\lim_{x \to 0} \frac{(1+x)^a - 1}{x} = \lim_{x \to 0} \frac{\mathrm{e}^{a\ln(1+x)} - 1}{x} = \lim_{x \to 0} \frac{\mathrm{e}^{a\ln(1+x)} - 1}{a\ln(1+x)} \cdot \frac{a\ln(1+x)}{x} = a$$

上面這些極限將用於計算基本函數的導數，在 1.2.1 節說明。

1.1.4 函數的連續性與間斷點

函數的連續性（Continuity）透過極限定義，是其最基本的性質之一。函數連續的直觀表現為：如果引數的改變很小，則因變數的改變也非常小，函數值不會突然發生跳躍。如果函數$f(x)$滿足

$$\lim_{x \to a} f(x) = f(a)$$

則稱它在a點處連續。函數連續的幾何解釋是在該點處的函數曲線沒有「斷」。關於函數的連續性有以下重要結論。

（1）基本初等函數在其定義域內都是連續的，包含多項式函數、有理分式函數、指數函數、對數函數、三角函數、反三角函數。

（2）絕對值函數在其定義域內是連續的。

（3）由基本初等函數經過有限次四則運算和複合而形成的函數在其定義域內連續，這樣的函數稱為初等函數。

（4）如果函數$f(x)$和$g(x)$在定義域內連續，則複合函數$f(g(x))$在定義域內連續。

如果函數在點x_0處不連續，則稱該點為間斷點，間斷點可分為以下幾種情況。

情況一：函數在x_0處的左極限和右極限都存在，但不相等

$$f(x_0^-) \neq f(x_0^+) \tag{1.12}$$

或左右極限相等但不等於在該點處的函數值

$$f(x_0^-) = f(x_0^+) \neq f(x_0) \tag{1.13}$$

情況二：函數在x_0點處的左極限和右極限至少有一個不存在。

情況一稱為第一類間斷點，情況二則稱為第二類間斷點。對於第一類間斷點，如果是式 (1.12) 的情況，則稱為跳躍間斷點；如果是式 (1.13) 的情況，則稱為可去間斷點。下面舉例說明。

對於函數

$$f(x) = \begin{cases} x^2, & x \neq 1 \\ 2, & x = 1 \end{cases}$$

$x = 1$是其可去間斷點，在該點處左右極限都存在且相等，但不等於在該點處的函數值。

對於函數

$$f(x) = \begin{cases} x^2, & x < 1 \\ x^2 + 1, & x \geqslant 1 \end{cases}$$

$x = 1$是其跳躍間斷點，函數的影像如圖 1.5 所示，在該點處左右極限都存在但不相等，函數發生了跳躍。

對於正切函數

$$f(x) = \tan(x)$$

在$x = \frac{k}{2}, k = 1,2,3 \cdots$處極限值不存在，為第二類間斷點。函數的影像如圖 1.6 所示，在該間斷點處函數的值趨向於$+\infty$和$-\infty$。

對於反比例函數

$$f(x) = \frac{1}{x}$$

其影像如圖 1.7 所示，$x = 0$為函數的第二類間斷點，在該點處函數的極限不存在。

連續函數具有很多優良的性質。閉區間$[a, b]$上的連續函數$f(x)$一定存在極

大值M和極小值m，使得對於該區間內任意的x有

$$m \leqslant f(x) \leqslant M$$

開區間上的連續函數則不能保證存在極大值與極小值。如圖 1.7 所示的反比例函數，它在(0,1]內連續，但在該區間內不存在極大值。

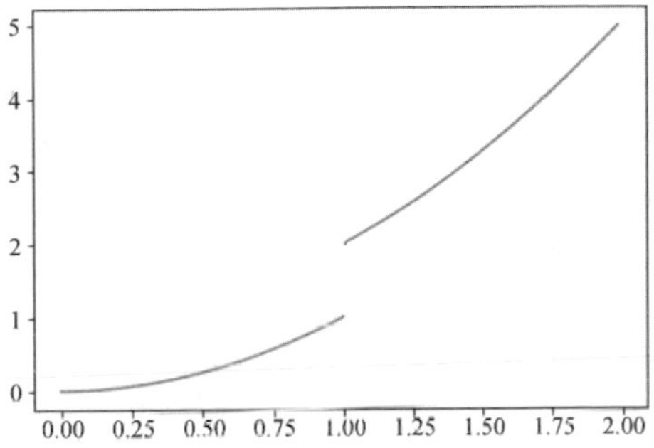

圖 1.5 跳躍間斷點

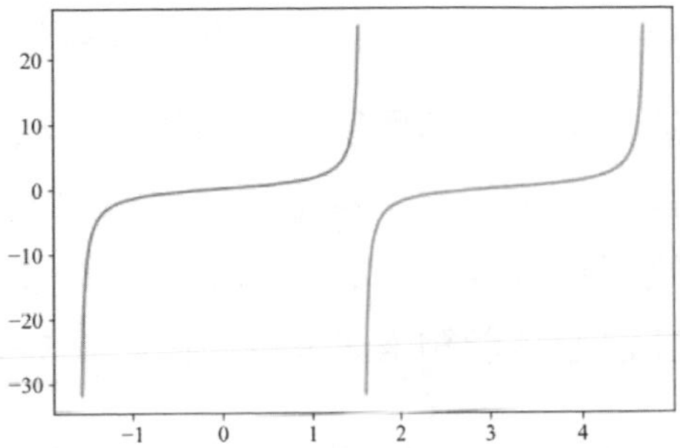

圖 1.6 正切函數的第二類間斷點

如果函數$f(x)$在閉區間$[a,b]$內連續，c是介於$f(a)$和$f(b)$之間的數，則存在$[a,b]$中的某個點x，使得$f(x)=c$。這一結論稱為介值定理，如圖 1.8 所示。圖 1.8 中的函數為

$$f(x)=x^3$$

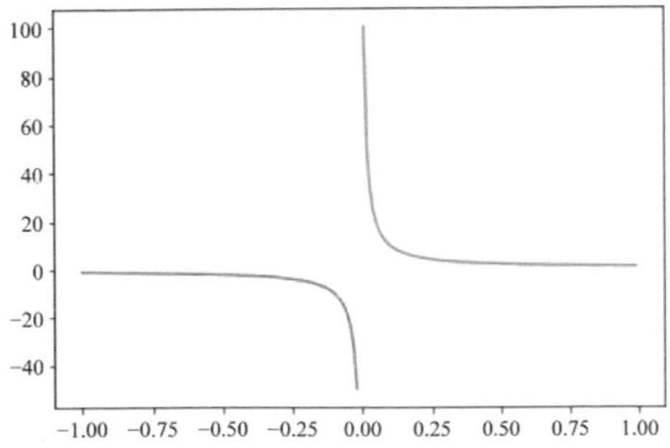

圖 1.7 反比例函數的第二類間斷點

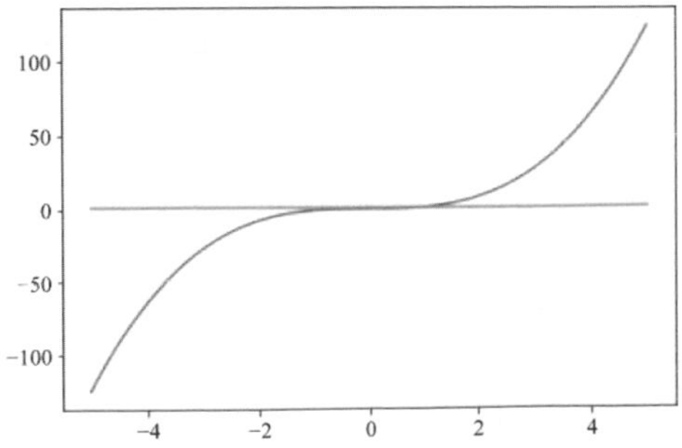

圖 1.8 介值定理

對於區間$[-4,4]$，在左右端點處的函數值分別為-64 與 64。因此對於任意的$-64 \leqslant c \leqslant 64$，均存在至少一個點$x \in [-4,4]$，使得$f(x)=c$。如果$c=$

0，則該曲線必然存在一點x使得$f(x) = 0$。這就是方程式的根。事實上，$x = 0$滿足此條件。

介值定理的幾何意義是函數曲線$f(x)$在區間$[a, b]$內一定與直線$y = c$至少有一個交點，其中c介於$f(a)$和$f(b)$之間。圖 1.8 中的水平灰線為此直線，曲線為函數的曲線。需要強調的是，介值定理保證至少存在一點使得$f(x) = c$，滿足此條件的x可能有多個。

自然界中的很多函數是連續的，例如溫度隨著時間的變化是連續的。機器學習與深度學習演算法所使用的絕大多數模型假設函數$h(x)$是連續函數，以確保輸入變數小的變化不至於導致預測值的突變，這稱為連續性假設。連續性通常能夠確保機器學習演算法有更好的泛化效能。

1.1.5 最小上界與最大下界

1.1.2 節介紹了數列的上界與下界，本節在其基礎上定義最小上界與最大下界。最小上界與最大下界可看作是集合最大值與最小值的推廣。

最小上界（Supremum）也稱為上確界。對於$\mathbb{R}$的不可為空子集S，如果該集合中的任意元素s均有$s \leqslant t$，即t是集合的上界，且t是滿足此不等式條件的最小值，則t為集合S的最小上界，記為$\sup(S)$。如果滿足此條件的t不存在，則稱此集合的最小上界為$+\infty$。如果集合的最小上界存在，則必定唯一。

如果集合S的元素存在最大值，則最大值為其最小上界，如閉區間$[0,1]$的最小上界為 1。集合可能不存在最大值，如開區間$(0,1)$，其最小上界為 1 但不是集合的最大值。

下面計算幾個集合的最小上界。集合$\{1,2,3,4\}$是有限集，其最小上界為集合元素的最大值，值為 4。集合$\left\{\frac{n}{n+1}\right\}$是無限可數集，並且該數列單調遞增，其最小上界為數列的極限

$$\lim_{n \to +\infty} \frac{n}{n+1} = 1$$

集合$\{\sin x, x \in \mathbb{R}\}$是無限不可數集，其最小上界為該函數的極大值 1。

集合存在最小上界的充分必要條件是集合有上界。實數集$\mathbb{R}$的任意不可為空有界子集D均存在最小上界。

最大下界（Infimum）也稱為下確界。t是集合S的下界，即對S中的任意元素s均有$s \geqslant t$，且t是最大的下界，則稱t為S的最大下界，記為$\inf(S)$。對於閉區間[0,1]，最大下界為 0；對於開區間(0,1)，其最大下界也為 0。

下面計算幾個集合的最大下界。集合{1,2,3,4}的最大下界為該集合元素的最小值 1。集合$\left\{\frac{n}{n+1}\right\}$的最大下界為$\frac{1}{2}$，在$n = 1$時取得。集合$\{\sin x, x \in \mathbb{R}\}$的最大下界為$-1$，是函數的最小值。

1.1.6 利普希茨連續性

利普希茨（Lipschitz）連續是比連續更強的條件，它不但確保了函數值不間斷，而且限定了函數的變化速度，由德國數學家利普希茨提出。

指定函數$f(x)$，如果對於區間D內任意兩點a、b都存在常數K使得下面的不等式成立

$$|f(a) - f(b)| \leqslant K|a - b| \tag{1.14}$$

則稱函數$f(x)$在區間D內滿足利普希茨條件，也稱函數利普希茨連續。使得式 (1.14) 成立的最小K值稱為利普希茨常數，其值與實際的函數有關。如果$K < 1$，則稱函數$f(x)$為壓縮對映。

函數滿足利普希茨連續條件的幾何含義是在任意兩點$(x_1, f(x_1)), (x_2, f(x_2))$處函數割線斜率的絕對值$\left|\frac{f(x_2)-f(x_1)}{x_2-x_1}\right|$均不大於$K$。在任意點$x_0$處，曲線$f(x)$均夾在直線$y - f(x_0) = K(x - x_0)$與$y - f(x_0) = -K(x - x_0)$之間，如圖 1.9 所示。其中曲線為$f(x)$，向右上傾斜的直線與向左上傾斜的直線分別為$y = K(x - x_0) + f(x_0)$與$y = -K(x - x_0) + f(x_0)$。在這裡，$x_0 = 0, f(x_0) = 0$。

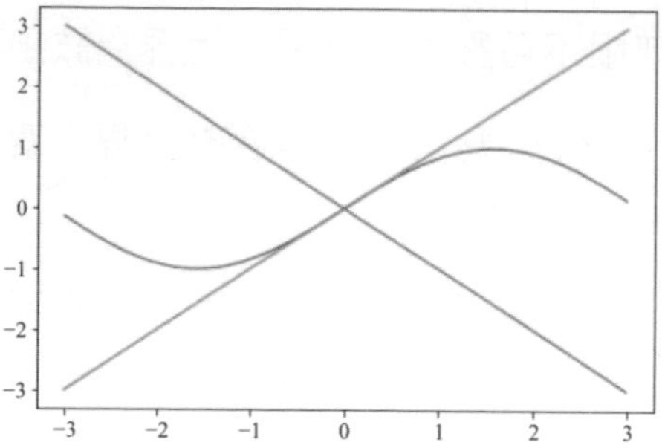

圖 1.9 利普希茨連續性

下面列舉幾個利普希茨連續和非利普希茨連續的函數。一次函數$f(x) = x$在 ℝ 內是利普希茨連續的。因為對於任意a和b都有

$$|f(a) - f(b)| = |a - b| \leqslant 1 \times |a - b|$$

因此該函數利普希茨連續且利普希茨常數為 1。二次函數$f(x) = x^2$在ℝ內不是利普希茨連續的。因為對於ℝ內任意a和b都有

$$|f(a) - f(b)| = |a^2 - b^2| = |a + b| \times |a - b|$$

顯然不存在常數K使得任意a和b都滿足$|a + b| \leqslant K$，因此該函數不是利普希茨連續的。函數$f(x) = \sqrt{x}$在$[1, +\infty)$內利普希茨連續。對於區間$[1, +\infty)$內的任意a和b都有

$$|f(a) - f(b)| = |\sqrt{a} - \sqrt{b}| = \frac{1}{|\sqrt{a} + \sqrt{b}|} \times |a - b| \leqslant \frac{1}{2}|a - b|$$

在區間$[0,1]$內$f(x) = \sqrt{x}$不是利普希茨連續的。對於該區間內任意點a和b有

$$|f(a) - f(b)| = |\sqrt{a} - \sqrt{b}| = \frac{1}{|\sqrt{a} + \sqrt{b}|} \times |a - b|$$

當$0 < a, b < 1$時，不存在常數K滿足

$$\frac{1}{|\sqrt{a} + \sqrt{b}|} \leqslant K$$

利普希茨連續要求函數在區間上不能有超過線性的變化速度，對於分析和確保機器學習演算法的穩定性有重要的作用。

1.1.7 無限小量

本小節考慮一種特殊的函數極限值：極限為 0 的情況。如果函數$f(x)$在x_0的某去心鄰域內有定義且

$$\lim_{x\to x_0} f(x) = 0$$

則稱$f(x)$是$x \to x_0$時的無限小量。假設$f(x)$和$g(x)$都是$x \to x_0$的無限小量，雖然它們的極限值均為 0，但它們之間比值的極限卻有幾種情況。

情況一：$\lim_{x\to x_0} \frac{f(x)}{g(x)} = 0$，該比值也是無限小量。例如

$$\lim_{x\to 0} \frac{x^2}{x} = \lim_{x\to 0} x = 0$$

情況二：$\lim_{x\to x_0} \frac{f(x)}{g(x)} = c, c \neq 0$，比值的極限為非 0 有界變數。例如

$$\lim_{x\to 0} \frac{\sin(x)}{x} = 1$$

以及

$$\lim_{x\to 0} \frac{\ln(1+x)}{x} = 1$$

情況三：$\lim_{x\to x_0} \frac{f(x)}{g(x)} = \infty$，比值的極限為無界變數（稱為無限大量）。例如

$$\lim_{x\to 0} \frac{x}{x^2} = \lim_{x\to 0} \frac{1}{x} = \infty$$

直觀來看，這些比值反映了無限小量趨向於 0 的速度快慢。其中情況一稱$f(x)$為$g(x)$的高階無限小，記為

$$f(x) = o(g(x))$$

$o(\cdot)$為高階無限小符號，本書後面都將採用這種寫法。第二種情況稱$f(x)$為$g(x)$的同階無限小，如果$\lim_{x\to x_0} \frac{f(x)}{g(x)} = 1$，則稱為等值無限小。記為

$$f(x) \sim g(x)$$

情況三稱$f(x)$為$g(x)$的低階無限小。

下面是一些典型的等值無限小，當$x \to 0$時，有

$$\sin(x) \sim x \quad \arcsin(x) \sim x \quad \tan x \sim x \quad \ln(1+x) \sim x$$

$$\mathrm{e}^x - 1 \sim x \quad 1-\cos(x) \sim \frac{x^2}{2} \quad \sqrt[n]{1+x} - 1 \sim \frac{x}{n} \quad a^x - 1 \sim x\ln a$$

等值無限小在計算極限時有重要的作用。

1.2 導數與微分

導數是微分學中的核心概念，它決定了可導函數的基本性質，包含單調性與極值，以及凹凸性。在機器學習中，絕大多數演算法可以歸結為求解最佳化問題，對於連續型最佳化問題在求解時一般需要使用導數。

1.2.1 一階導數

導數（Derivative）定義為函數的引數變化值趨向於 0 時，函數值的變化量與引數變化量比值的極限，在x點處的導數為

$$f'(x) = \lim_{\Delta x \to 0} \frac{f(x+\Delta x) - f(x)}{\Delta x} \tag{1.15}$$

如果式(1.15)的極限存在，則稱函數在點x處可導。除了用$f'(x)$表示之外，導數也寫入成$\frac{\mathrm{d}y}{\mathrm{d}x}$。上面的極限也可以寫成另外一種形式

$$f'(x_0) = \lim_{x \to x_0} \frac{f(x) - f(x_0)}{x - x_0}$$

二者是等值的。類似於極限，導數也分為左導數與右導數，左導數是從左側趨向於x時的極限

$$f_-'(x) = \lim_{\Delta x \to 0_-} \frac{f(x+\Delta x) - f(x)}{\Delta x}$$

右導數為引數從右側趨近於x時的極限

$$f_+'(x) = \lim_{\Delta x \to 0_+} \frac{f(x+\Delta x) - f(x)}{\Delta x}$$

函數可導的充分必要條件是左右導數均存在並相等，其必要條件是函數連續。如果導數不存在，則稱函數不可導。

函數$f(x) = |x|$在$x = 0$點處不可導，其左導數為-1、右導數為$+1$，二者不相等。函數在定義域內所有點處的導數值組成的函數稱為導函數，簡稱導數。

導數的幾何意義是函數在點$(x, f(x))$處切線的斜率，反映了函數值在此點處變化的快慢。考慮函數

$$f(x) = -(x-1)^2$$

在$x = 0.5$處，根據導數的定義有

$$f'(0.5) = \lim_{\Delta x \to 0} \frac{f(0.5+\Delta x) - f(0.5)}{\Delta x} = \lim_{\Delta x \to 0} \frac{-(0.5+\Delta x-1)^2 + (0.5-1)^2}{\Delta x}$$

$$= \lim_{\Delta x \to 0} \frac{-\Delta x^2 + \Delta x - 0.25 + 0.25}{\Delta x} = \lim_{\Delta x \to 0}(-\Delta x + 1) = 1$$

因此在該點處的切線斜率為 1，由於切線經過$(0.5, -0.25)$，因此切線的方程式為

$$y + 0.25 = 1 \times (x - 0.5)$$

即

$$y = x - 0.75$$

圖 1.10 中曲線為該函數的曲線，直線為其在$x = 0.5$處的切線。

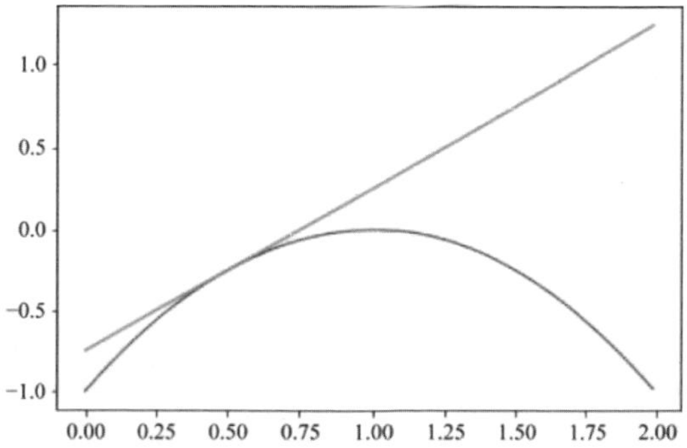

圖 1.10　導數的幾何意義

導數的典型物理意義是瞬時速度。如果函數$f(t)$表示運動物體在t時刻的位移，則其導數$f'(t)$為物體在該時刻的瞬時速度$v(t)$

$$v(t) = \lim_{\Delta t \to 0} \frac{f(t + \Delta t) - f(t)}{\Delta t}$$

如果Δx的值接近於 0，則在點x處的導數可以用下面的公式近似計算

$$f'(x) \approx \frac{f(x + \Delta x)}{\Delta x}$$

稱為單側差分公式。根據導數的定義有

$$\lim_{\Delta x \to 0} \frac{f(x + \Delta x) - f(x - \Delta x)}{2\Delta x} = \lim_{\Delta x \to 0} \frac{f(x + \Delta x) - f(x) + f(x) - f(x - \Delta x)}{2\Delta x}$$

$$= \lim_{\Delta x \to 0} \frac{f(x + \Delta x) - f(x)}{2\Delta x} + \lim_{\Delta x \to 0} \frac{f(x - \Delta x) - f(x)}{-2\Delta x} = \frac{1}{2} f'(x) + \frac{1}{2} f'(x)$$

$$= f'(x)$$

因此可用下面的公式近似計算x點處的一階導數值

$$f'(x) \approx \frac{f(x + \Delta x) - f(x - \Delta x)}{2\Delta x}$$

其中Δx為接近於 0 的正數。這稱為中心差分公式，用於數值計算導數值，在 3.6.2 節將詳細介紹。

表 1.1 列出了各種基本初等函數的求導公式，下面分別進行推導。

表 1.1 基本函數的求導公式

基本函數	求導公式
冪函數	$(x^a)' = ax^{a-1}$
指數函數	$(\mathrm{e}^x)' = \mathrm{e}^x$
指數函數	$(a^x)' = a^x \ln a$
三角函數	$(\sin x)' = \cos x$

基本函數	求導公式
三角函數	$(\cos x)' = -\sin x$
三角函數	$(\tan x)' = \sec^2 x$
三角函數	$(\cot x)' = -\csc^2 x$
對數函數	$(\ln x)' = \frac{1}{x}$
對數函數	$(\log_a x)' = \frac{1}{\ln a}\frac{1}{x}$
反三角函數	$(\arcsin x)' = \frac{1}{\sqrt{1-x^2}}$
反三角函數	$(\arccos x)' = -\frac{1}{\sqrt{1-x^2}}$
反三角函數	$(\arctan x)' = \frac{1}{1+x^2}$

首先考慮常數函數$f(x) = c$，根據導數的定義有

$$f'(x) = \lim_{\Delta x \to 0} \frac{f(x+\Delta x) - f(x)}{\Delta x} = \lim_{\Delta x \to 0} \frac{c - c}{\Delta x} = 0$$

考慮冪函數，假設$m \in \mathbb{N}$，計算x^m的導數。由於

$$\frac{f(x+\Delta x) - f(x)}{\Delta x} = \frac{(x+\Delta x)^m - x^m}{\Delta x}$$

$$= \frac{x^m + mx^{m-1}\Delta x + \frac{m(m-1)}{2}x^{m-2}\Delta x^2 + \cdots + \Delta x^m - x^m}{\Delta x}$$

$$= mx^{m-1} + \frac{m(m-1)}{2}x^{m-2}\Delta x + \cdots + \Delta x^{m-1}$$

因此有

$$(x^m)' = \lim_{\Delta x \to 0} mx^{m-1} + \frac{m(m-1)}{2}x^{m-2}\Delta x + \cdots + \Delta x^{m-1} = mx^{m-1}$$

接下來考慮$a \in \mathbb{R}$的情況，對於$f(x) = x^a, x > 0$，根據導數的定義有

$$(x^a)' = \lim_{\Delta x \to 0} \frac{(x+\Delta x)^a - x^a}{\Delta x} = \lim_{\Delta x \to 0} x^a \frac{(1+\frac{\Delta x}{x})^a - 1}{\Delta x} = \lim_{\Delta x \to 0} x^{a-1} \frac{(1+\frac{\Delta x}{x})^a - 1}{\frac{\Delta x}{x}}$$

$$= x^{a-1} \lim_{t \to 0} \frac{(1+t)^a - 1}{t} = a x^{a-1}$$

最後一步利用了式 (1.11) 的結果。

根據定義，正弦函數的導數為

$$(\sin x)' = \lim_{\Delta x \to 0} \frac{\sin(x+\Delta x) - \sin x}{\Delta x} = \lim_{\Delta x \to 0} \frac{2\sin\frac{\Delta x}{2}\cos(x+\frac{\Delta x}{2})}{\Delta x}$$

$$= \lim_{\Delta x \to 0} \frac{\sin\frac{\Delta x}{2}\cos(x+\frac{\Delta x}{2})}{\frac{\Delta x}{2}}$$

$$= \lim_{\Delta x \to 0} \frac{\sin\frac{\Delta x}{2}}{\frac{\Delta x}{2}} \times \lim_{\Delta x \to 0} \cos\left(x+\frac{\Delta x}{2}\right) = \cos x$$

上式第 2 步使用了三角函數的和差化積公式，最後一步使用了式 (1.7) 的結論。接下來計算餘弦函數的導數，利用和差化積公式有

$$\cos'(x) = \lim_{\Delta x \to 0} \frac{\cos(x+\Delta x) - \cos(x)}{\Delta x} = \lim_{\Delta x \to 0} \frac{-2\sin\left(x+\frac{\Delta x}{2}\right)\sin\left(\frac{\Delta x}{2}\right)}{\Delta x}$$

$$= \lim_{\Delta x \to 0} -2\sin\left(x+\frac{\Delta x}{2}\right) \times \lim_{\Delta x \to 0} \frac{\sin\left(\frac{\Delta x}{2}\right)}{\frac{\Delta x}{2}} = -2\sin(x) \times 1 = -\sin(x)$$

第 4 步利用了式 (1.7) 的結論。對數函數的導數為

$$(\ln x)' = \lim_{\Delta x \to 0} \frac{\ln(x+\Delta x) - \ln x}{\Delta x} = \lim_{\Delta x \to 0} \frac{\ln\left(1+\frac{\Delta x}{x}\right)}{\Delta x} = \lim_{\Delta x \to 0} \frac{1}{x} \frac{\ln\left(1+\frac{\Delta x}{x}\right)}{\frac{\Delta x}{x}}$$

$$= \lim_{\Delta x \to 0} \frac{1}{x} \times \lim_{\Delta x \to 0} \frac{\ln\left(1+\frac{\Delta x}{x}\right)}{\frac{\Delta x}{x}} = \frac{1}{x}$$

最後一步利用了式 (1.9) 的結論。利用換底公式可以獲得$\log_a x$的導數。對於指數函數，按照導數的定義有

$$(\mathrm{e}^x)' = \lim_{\Delta x \to 0} \frac{\mathrm{e}^{x+\Delta x} - \mathrm{e}^x}{\Delta x} = \lim_{\Delta x \to 0} \frac{\mathrm{e}^x(\mathrm{e}^{\Delta x} - 1)}{\Delta x} = \mathrm{e}^x$$

最後一步利用了式 (1.10) 的結論。指數函數的導數具有優良的性質，它滿足

$$f'(x) = f(x)$$

用類似的方法可以計算出a^x的導數，留給讀者作為練習。根據導數的定義可以推導出四則運算的求導公式，如表 0 所示。

表 1.2 四則運算的求導公式

基本運算	求導公式
加法	$(f(x) + g(x))' = f'(x) + g'(x)$
減法	$(f(x) - g(x))' = f'(x) - g'(x)$
數乘	$(cf(x))' = cf'(x)$
乘法	$(f(x)g(x))' = f'(x)g(x) + f(x)g'(x)$
除法	$\left(\frac{f(x)}{g(x)}\right) = \frac{f'(x)g(x)-f(x)g'(x)}{g^2(x)}$
倒數	$\left(\frac{1}{f(x)}\right) = -\frac{f'(x)}{f^2(x)}$

加法和減法、數乘的求導公式可以根據導數的定義直接得出。下面推導乘法和除法的求導公式。根據導數的定義

$$(f(x)g(x))' = \lim_{\Delta x \to 0} \frac{f(x+\Delta x)g(x+\Delta x) - f(x)g(x)}{\Delta x}$$

$$= \lim_{\Delta x \to 0} \frac{f(x+\Delta x)g(x+\Delta x) - f(x+\Delta x)g(x) + f(x+\Delta x)g(x) - f(x)g(x)}{\Delta x}$$

$$= \lim_{\Delta x \to 0} \frac{f(x+\Delta x)(g(x+\Delta x)-g(x))}{\Delta x} + \lim_{\Delta x \to 0} \frac{(f(x+\Delta x)-f(x))g(x)}{\Delta x}$$

$$= f(x)g'(x) + f'(x)g(x)$$

對於除法有

$$\left(\frac{f(x)}{g(x)}\right) = \lim_{\Delta x \to 0} \frac{\frac{f(x+\Delta x)}{g(x+\Delta x)} - \frac{f(x)}{g(x)}}{\Delta x} = \lim_{\Delta x \to 0} \frac{\frac{f(x+\Delta x)g(x) - f(x)g(x+\Delta x)}{g(x+\Delta x)g(x)}}{\Delta x}$$

$$= \lim_{\Delta x \to 0} \frac{f(x+\Delta x)g(x) - f(x)g(x) + f(x)g(x) - f(x)g(x+\Delta x)}{g(x+\Delta x)g(x)\Delta x}$$

$$= \lim_{\Delta x \to 0} \frac{\frac{f(x+\Delta x)g(x) - f(x)g(x)}{\Delta x} - \frac{f(x)g(x+\Delta x) - f(x)g(x)}{\Delta x}}{g(x+\Delta x)g(x)}$$

$$= \frac{\lim_{\Delta x \to 0} \frac{(f(x+\Delta x)-f(x))g(x)}{\Delta x} - \lim_{\Delta x \to 0} \frac{f(x)(g(x+\Delta x)-g(x))}{\Delta x}}{\lim_{\Delta x \to 0} g(x+\Delta x)g(x)}$$

$$= \frac{f'(x)g(x) - f(x)g'(x)}{g^2(x)}$$

根據除法的求導公式，如果令$f(x)=1$，則有

$$\left(\frac{f(x)}{g(x)}\right) = \frac{f'(x)g(x) - f(x)g'(x)}{g^2(x)} = -\frac{g'(x)}{g^2(x)}$$

由此獲得倒數的求導公式。

下面根據四則運算的求導公式計算函數的導數。對於函數

$$f(x) = (x + x^2)\sin(x)$$

根據乘法與加法的求導公式有

$$f'(x) = (x + x^2)'\sin(x) + (x + x^2)\sin'(x)$$

$$= (x' + (x^2)')\sin(x) + (x + x^2)\cos(x)$$

$$= (1 + 2x)\sin(x) + (x + x^2)\cos(x)$$

對於函數

$$f(x)=\frac{x}{\sin(x)}$$

根據除法的求導公式有

$$f'(x)=\frac{(x)'\sin(x)-x\sin'(x)}{\sin^2(x)}=\frac{\sin(x)-x\cos(x)}{\sin^2(x)}$$

下面根據除法的求導公式推導正切函數的求導公式

$$(\tan x)'=\left(\frac{\sin x}{\cos x}\right)=\frac{(\sin x)'\cos x-\sin x(\cos x)'}{\cos^2 x}=\frac{\cos x\cos x+\sin x\sin x}{\cos^2 x}=\sec^2 x$$

類似的可以獲得餘切函數的求導公式。

下面推導複合函數求導的公式。假設$f(x)$和$g(x)$均可導，對於複合函數有

$$(f(g(x)))'=f'(g(x))g'(x) \tag{1.16}$$

下面證明此結論。根據定義

$$\begin{aligned}\left(f\left(g(x)\right)\right)' &= \lim_{\Delta x\to 0}\frac{f\left(g(x+\Delta x)\right)-f\left(g(x)\right)}{\Delta x}\\ &= \lim_{\Delta x\to 0}\frac{f(g(x+\Delta x))-f(g(x))}{g(x+\Delta x)-g(x)}\frac{g(x+\Delta x)-g(x)}{\Delta x}\\ &= f'(g(x))g'(x)\end{aligned}$$

對於複合函數$z=f(y)$與$y=g(x)$，複合函數的求導公式可以寫成下面的形式

$$\frac{\mathrm{d}z}{\mathrm{d}x}=\frac{\mathrm{d}z}{\mathrm{d}y}\cdot\frac{\mathrm{d}y}{\mathrm{d}x}$$

這稱為連鎖律，該法則可以推廣到多元函數，在第 3 章説明。

利用複合函數的求導公式計算函數$\sin(x^2)$的導數。該函數是$\sin(x)$與x^2的複合函數，其導數為

$$(\sin(x^2))'=\cos(x^2)(x^2)'=2x\cos(x^2)$$

下面根據複合函數的求導公式推導一般指數函數的求導公式。由於 $x = \mathrm{e}^{\ln x}$，因此有

$$(a^x)' = (\mathrm{e}^{\ln a^x})' = (\mathrm{e}^{x\ln a})' = \mathrm{e}^{x\ln a}(x\ln a)' = \mathrm{e}^{x\ln a}\ln a = a^x\ln a$$

複合函數的求導公式可以推廣到多層複合的情況，每次複合都要乘以該層的導數值。下面計算 logistic 函數的導數。

在機器學習中廣泛使用的 logistic 函數（也稱為 sigmoid 函數）定義為

$$f(x) = \frac{1}{1+\mathrm{e}^{-x}} \tag{1.17}$$

它可以看作是以下函數的複合

$$f(u) = u^{-1}, u = 1 + \mathrm{e}^v, v = -x$$

根據複合函數與基本函數的求導公式，其導數為

$$\begin{aligned} f'(x) &= -\frac{1}{(1+\mathrm{e}^{-x})^2}(1+\mathrm{e}^{-x})' = -\frac{1}{(1+\mathrm{e}^{-x})^2}(\mathrm{e}^{-x})' \\ &= -\frac{1}{(1+\mathrm{e}^{-x})^2}(\mathrm{e}^{-x})(-x)' = \frac{\mathrm{e}^{-x}}{(1+\mathrm{e}^{-x})^2} \end{aligned}$$

而

$$\frac{\mathrm{e}^{-x}}{(1+\mathrm{e}^{-x})^2} = \frac{1}{1+\mathrm{e}^{-x}}\frac{\mathrm{e}^{-x}}{1+\mathrm{e}^{-x}} = \frac{1}{1+\mathrm{e}^{-x}}\left(1-\frac{1}{1+\mathrm{e}^{-x}}\right)$$

因此

$$f'(x) = f(x)(1-f(x))$$

下面考慮反函數的導數。假設函數$f(x)$在區間I上連續單調，在$x_0 \in I$處可導且 $f'(x_0) \neq 0$。因此函數 $f(x)$ 在該區間存在反函數 $x = g(y)$，令 $y_0 = f(x_0)$，則有

$$g'(y_0) = \frac{1}{f'(x_0)} = \frac{1}{f'(g(y_0))}$$

從幾何上看這是成立的，因為$f(x)$與$g(y)$是相同的曲線，二者在同一點處的切線相同。這裡顛倒了引數與因變數的關係，因此切線的斜率在兩種座

標系表示下互為倒數關係。下面列出嚴格的證明。

根據導數的定義有

$$\lim_{y\to y_0}\frac{g(y)-g(y_0)}{y-y_0}=\lim_{y\to y_0}\frac{1}{\frac{y-y_0}{g(y)-g(y_0)}}=\lim_{x\to x_0}\frac{1}{\frac{f(x)-f(x_0)}{x-x_0}}=\frac{1}{\lim_{x\to x_0}\frac{f(x)-f(x_0)}{x-x_0}}$$

$$=\frac{1}{f'(x_0)}=\frac{1}{f'(g(y_0))}$$

因此在所有點處有

$$g'(y)=\frac{1}{f'(g(y))} \tag{1.18}$$

下面用該結論來計算對數函數的導數。假設$f(x)=\mathrm{e}^x$，$g(y)=\ln y$。而

$$f'(x)=\mathrm{e}^x$$

因此有

$$g'(y)=\frac{1}{f'(g(y))}=\frac{1}{\mathrm{e}^{\ln y}}=\frac{1}{y}$$

下面計算反三角函數的導數。如果令$g(y)=\arcsin(y)$，其反函數為$f(x)=\sin(x)$。因此有

$$g'(y)=\frac{1}{f'(g(y))}=\frac{1}{\cos(\arcsin(y))}=\frac{1}{\sqrt{1-y^2}}$$

令$g(y)=\arccos(y)$，其反函數為$f(x)=\cos(x)$。進一步有

$$g'(y)=\frac{1}{f'(g(y))}=\frac{1}{-\sin(\arccos(y))}=-\frac{1}{\sqrt{1-y^2}}$$

令$g(y)=\arctan(y)$，其反函數為$f(x)=\tan(x)$。進一步有

$$g'(y)=\frac{1}{f'\big(g(y)\big)}=\frac{1}{\frac{1}{\cos^2\big(\arctan(y)\big)}}=\cos^2\big(\arctan(y)\big)$$

$$=\frac{1}{1+\tan^2\big(\arctan(y)\big)}=\frac{1}{1+y^2}$$

1.2.2 機器學習中的常用函數

接下來介紹機器學習中許多重要函數及其導數。在 logistic 回歸和神經網路中將使用 logistic 函數。logistic 函數的曲線如圖 1.11 所示，為一條 S 形曲線。該函數的導數公式已經在前面推導。logistic 函數可用作神經網路的啟動函數。

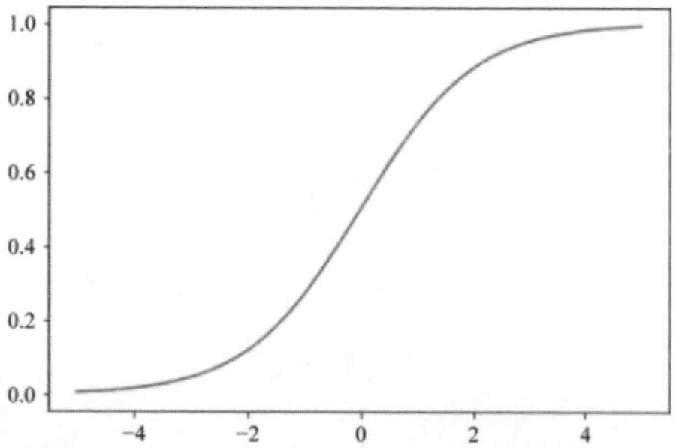

圖 1.11 logistic 函數的曲線

softplus 函數定義為

$$f(x) = \ln(1 + \mathrm{e}^x)$$

其曲線如圖 1.12 所示，該函數可以看作是 ReLU 函數即$\max(0, x)$的光滑近似。函數的導數為

$$f'(x) = \frac{1}{1 + \mathrm{e}^x}(1 + \mathrm{e}^x)' = \frac{\mathrm{e}^x}{1 + \mathrm{e}^x} = \frac{1}{1 + \mathrm{e}^{-x}}$$

該函數的導數為 logistic 函數。

在深度學習中被廣泛使用的 ReLU 函數定義為

$$f(x) = \begin{cases} x, & x \geqslant 0 \\ 0, & x < 0 \end{cases}$$

該函數的曲線如圖 1.13 所示。顯然在 0 點處該函數是不可導的。在該點處的左導數為 0，右導數為 1。

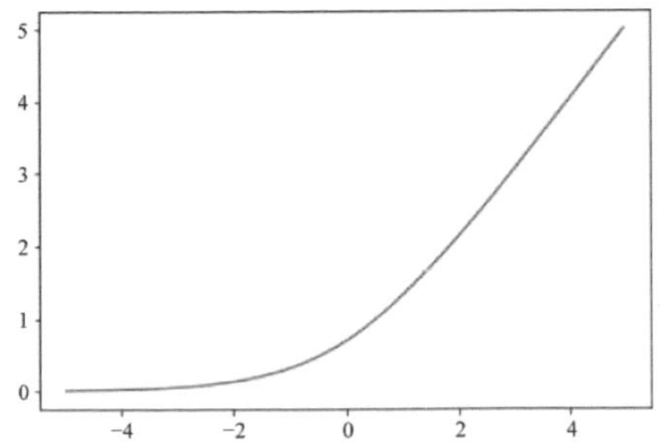

圖 1.12　softplus 函數的曲線

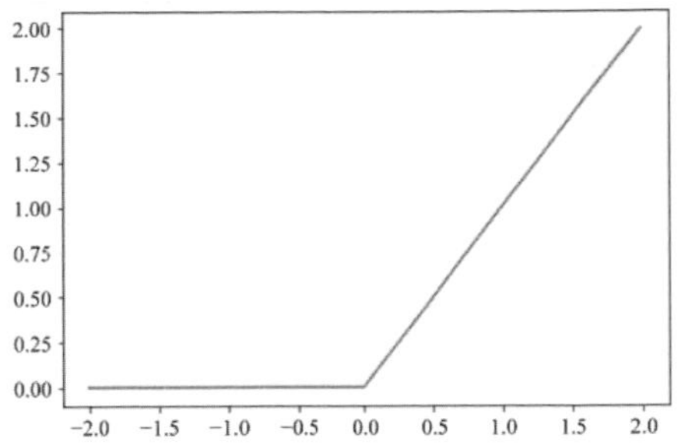

圖 1.13　ReLU 函數的曲線

去掉 0 點，該函數的導數為

$$f'(x) = \begin{cases} 1, & x > 0 \\ 0, & x < 0 \end{cases}$$

ReLU 函數常用作神經網路的啟動函數。下面考慮絕對值函數

$$f(x) = |x| = \begin{cases} x, & x \geqslant 0 \\ -x, & x < 0 \end{cases}$$

其曲線如圖 1.14 所示。在 0 點處該函數不可導，左導數為−1，右導數為 1。去掉該點，此函數的導數為

$$f'(x) = \begin{cases} 1, & x > 0 \\ -1, & x < 0 \end{cases}$$

絕對值函數常用於建構機器學習演算法訓練目標函數中的正規化項。

符號函數（sgn）定義為

$$f(x) = \begin{cases} 1, & x \geqslant 0 \\ -1, & x < 0 \end{cases}$$

該函數在 0 點處不連續，因此不可導。去掉該點，此函數在所有點處的導數均為 0。圖 1.15 是此函數的曲線。

符號函數常用於分類器的預測函數，表示二值化的分類結果。在支援向量機、logistic 回歸中都被使用。函數值為 1 時表示分類結果為正樣本，−1 時為負樣本。

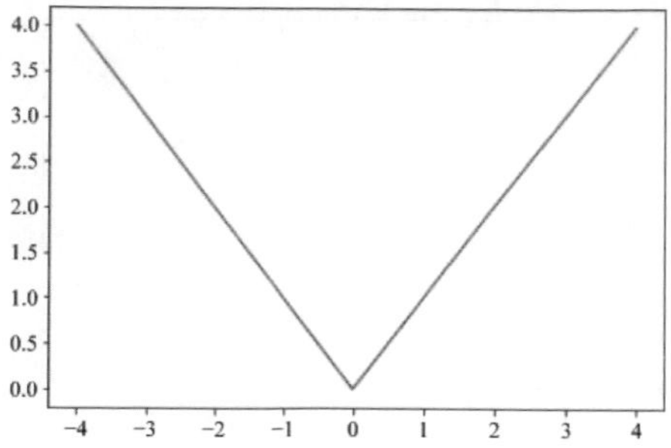

圖 1.14 絕對值函數的曲線

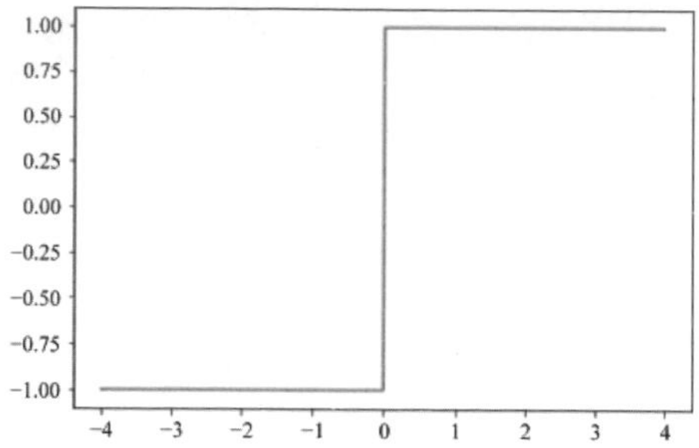

圖 1.15 符號函數的曲線

如果一個函數所有不可導點的集合為有限集或無限可數集，則稱該函數幾乎處處可導。本節介紹的絕對值函數、ReLU 函數、符號函數均是幾乎處處可導的函數。類神經網路中的啟動函數需要滿足幾乎處處可導的條件，以確保在訓練時能夠使用梯度下降法求解函數的極值，在後續章節中會繼續說明。

1.2.3 高階導數

對導數繼續求導可以獲得高階導數。二階導數是一階導數的導數，記為

$$f''(x)$$

也可以寫成

$$\frac{\mathrm{d}^2y}{\mathrm{d}x^2}$$

在計算時，二階導數可以透過先計算一階導數、然後對一階導數繼續求導獲得。下面透過實例說明。對於函數

$$f(x) = x\mathrm{e}^x + 4x^3$$

其一階導數為

$$f'(x) = \mathrm{e}^x + x\mathrm{e}^x + 12x^2$$

二階導數為

$$f''(x) = (\mathrm{e}^x + x\mathrm{e}^x + 12x^2)' = \mathrm{e}^x + \mathrm{e}^x + x\mathrm{e}^x + 24x = 2\mathrm{e}^x + x\mathrm{e}^x + 24x$$

對二階導數繼續求導可以獲得三階導數，依此類推，可以獲得n階導數。n階導數記為

$$f^{(n)}(x)$$

同理，n階導數也可以寫成

$$\frac{\mathrm{d}^n y}{\mathrm{d}x^n}$$

下面計算$f(x)=x^m$的n階導數，其中$m \geqslant n$。其一階導數為

$$f'(x)=mx^{m-1}$$

二階導數為

$$f''(x)=m(m-1)x^{m-2}$$

依此類推，n階導數為

$$f^{(n)}(x)=m\cdot(m-1)\cdots(m-n+1)x^{m-n}$$

如果$m=n$，則

$$f^{(n)}(x)=n!$$

計算$f(x)=\frac{1}{1-x}$的n階導數。其一階導數為

$$f'(x)=(1-x)^{-2}$$

其二階導數為

$$f''(x)=2(1-x)^{-3}$$

其三階導數為

$$f^{(3)}(x)=2\cdot 3(1-x)^{-4}$$

依此類推，有

$$f^{(n)}(x)=n!\,(1-x)^{-(n+1)}$$

計算$f(x)=\ln(1+x)$的n階導數。其一階導數為

$$f'(x)=\frac{1}{1+x}$$

二階導數為

$$f''(x) = -(1+x)^{-2}$$

依此類推，有

$$f^{(n)}(x) = (-1)(-2)\cdots(-(n-1))(1+x)^{-n} = (-1)^{n-1}(n-1)!\,(1+x)^{-n}$$

計算$f(x) = \mathrm{e}^x$的n階導數。其一階導數為

$$f'(x) = \mathrm{e}^x$$

是該函數本身，其n階導數仍為函數本身

$$f^{(n)}(x) = \mathrm{e}^x$$

計算$f(x) = \sin x$的n階導數。顯然有

$$f'(x) = \cos x \qquad f''(x) = -\sin x \qquad f^{(3)}(x) = -\cos x \qquad f^{(4)}(x) = \sin x$$

根據此規律有

$$f^{(n)}(x) = \sin\left(x + \frac{2\pi}{n}\right)$$

同理，對於餘弦函數$f(x) = \cos x$有

$$f^{(n)}(x) = \cos\left(x + \frac{2\pi}{n}\right)$$

二階導數典型的物理意義是加速度，如果$f(t)$為位移函數，則其二階導數為t時刻的加速度。

$$a(t) = f''(t) = v'(t)$$

其中$a(t)$為t時刻的加速度，$v(t)$為t時刻的速度。

在 Python 語言中，符號計算（即計算問題的公式解，也稱為解析解）函數庫 sympy 提供了計算各階導數的功能，由函數 diff 實現。函數的輸入值為被求導函數的運算式，要求導的變數，以及導數的階數（如果不指定，則預設計算一階導數）；函數的輸出值為導數的運算式。下面是範例程式，計算$\cos(x)$的一階導數。

```
from sympy import *
x = symbols('x')
r = diff(cos(x),x)
print(r)
```

程式執行結果為

```
-sin(x)
```

1.2.4 微分

函數$y = f(x)$在某一區間上有定義，對於區間內的點x_0，當x變為$x_0 + \Delta x$時，如果函數的增量$\Delta y = f(x_0 + \Delta x) - f(x_0)$可以表示成

$$\Delta y = A\Delta x + o(\Delta x)$$

其中A是不依賴於Δx的常數，$o(\Delta x)$是Δx的高階無限小，則稱函數在x_0處可微。$A\Delta x$稱為函數在x_0處的微分，記為$\mathrm{d}y$，即$\mathrm{d}y = A\Delta x$。$\mathrm{d}y$為Δy的線性主部。通常把Δx稱為引數的微分，記為$\mathrm{d}x$。如果函數可微，則導數與微分的關係為

$$\mathrm{d}y = f'(x)\mathrm{d}x$$

微分用一次函數近似代替鄰域內的函數值而忽略了更高次的項。微分的幾何意義是在點$(x_0, f(x_0))$處引數增加Δx時切線函數$y = f'(x_0)(x - x_0) + f(x_0)$的增量$f'(x_0)\Delta x$。

下面舉例說明微分的計算。對於函數

$$y = \sin(x^2)$$

其導數為

$$y' = 2x\cos(x^2)$$

其微分為

$$\mathrm{d}y = 2x\cos(x^2)\mathrm{d}x$$

從基本函數、各種運算的求導公式可以獲得與其對應的微分公式。

下面考慮複合函數的微分。對於複合函數

$$z = f(y), y = g(x)$$

根據複合函數求導公式有

$$\frac{\mathrm{d}z}{\mathrm{d}x} = f'(y)g'(x)$$

因此其微分為

$$\mathrm{d}z = f'(y)g'(x)\mathrm{d}x \tag{1.19}$$

由於有$\mathrm{d}y = g'(x)\mathrm{d}x$，因此式 (1.19) 也可以寫成

$$\mathrm{d}z = f'(y)\mathrm{d}y$$

這稱為微分形式的不變性。該性質表明，無論y是引數還是另一個引數的函數，$f(y)$的微分具有相同的形式$\mathrm{d}z = f'(y)\mathrm{d}y$。

1.2.5 導數與函數的單調性

導數決定了可導函數的重要性質，包含單調性與極值，是研究函數性質的有力工具。本節介紹一階導數和函數的單調性之間的關係。

根據直觀認識，由於導數是函數變化率的極限，因此如果在x點處它的值為正，則在該點處引數增大時函數值也增大；如果為負，則引數增大時函數值減小。假設$f(x)$在區間$[a, b]$內連續，在區間(a, b)內可導。如果在(a, b)內$f'(x) > 0$，則函數在$[a, b]$內單調遞增。如果在(a, b)內$f'(x) < 0$，則函數在$[a, b]$內單調遞減。這可以透過拉格朗日均值定理證明，在 1.3.2 節列出。下面舉例說明。

對於函數

$$f(x) = x^3 + 4x^2 - 10x + 1$$

其一階導數為

$$f'(x) = 3x^2 + 8x - 10$$

方程式$f'(x) = 0$的根為

$$x = \frac{-8 \pm \sqrt{64 + 120}}{6} = \frac{-4 \pm \sqrt{46}}{3}$$

在區間$\left(-\infty, \frac{-4-\sqrt{46}}{3}\right)$內$f'(x) > 0$，函數單調遞增。在區間$\left(\frac{-4-\sqrt{46}}{3}, \frac{-4+\sqrt{46}}{3}\right)$內$f'(x) < 0$，函數單調遞減。在區間$\left(\frac{-4+\sqrt{46}}{3}, +\infty\right)$內$f'(x) > 0$，函數單調遞增。在$x = \frac{-4-\sqrt{46}}{3}$處函數有極大值，在$x = \frac{-4+\sqrt{46}}{3}$處函數有極小值。圖 1.16 為該函數的曲線。

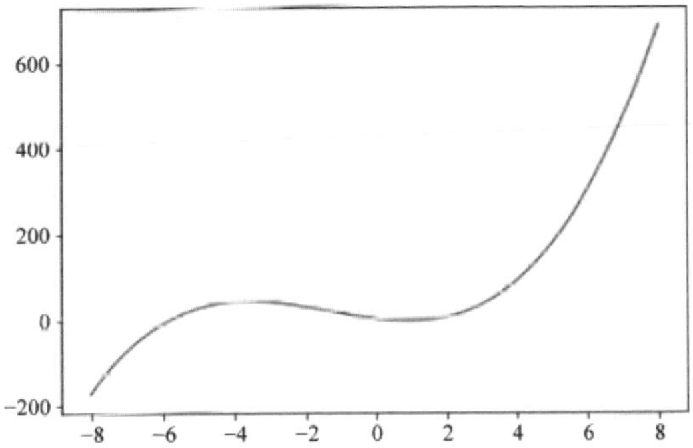

圖 1.16 導數值與函數的單調性

下面檢查 logistic 函數的單調性。根據 1.2.1 節的結論，logistic 函數的導數為

$$f'(x) = \frac{\mathrm{e}^{-x}}{(1 + \mathrm{e}^{-x})^2} > 0$$

因此該函數在$\mathbb{R}$內單調遞增。

利用導數可以證明某些不等式，其想法是證明函數在某一區間內單調，因此在區間的端點處取得極值。證明當$x > 0$時下面不等式成立

$$\ln x \leqslant x - 1$$

建構函數

$$f(x) = x - 1 - \ln x$$

其導數為

$$f'(x) = 1 - \frac{1}{x}$$

當$x < 1$時有$f'(x) < 0$，函數單調遞減；當$x > 1$時有$f'(x) > 0$，函數單調遞增。1 是該函數的極小值點，且$f(1) = 0$，因此不等式成立。在 6.3.2 節中將使用此不等式。

1.2.6 極值判別法則

首先列出極值的定義，這裡所指的是局部極值。函數$f(x)$在區間I內有定義，x_0該是該區間內的點。如果存在x_0的δ鄰域，對於該鄰域內任意點x都有$f(x_0) \geqslant f(x)$，則稱x_0是函數的極大值。如果鄰域內任意點x都有$f(x_0) \leqslant f(x)$，則稱x_0是函數的極小值。極大值和極小值統稱為極值。

如果存在x_0的δ鄰域，對於該去心鄰域內任意點x都有$f(x_0) > f(x)$，則稱x_0是函數的嚴格極大值。如果去心鄰域內任意點x都有$f(x_0) < f(x)$，則稱x_0是函數的嚴格極小值。

假設函數 $f(x)$ 在 x_0 點處可導，如果在 x_0 點處取得極值，則必定有

$$f'(x_0) = 0$$

這一結論稱為費馬（Fermat）定理，它列出了可導函數取極值的一階必要條件，為求函數的極值提供了依據。導數等於 0 的點稱為函數的駐點（Stationary Point）。後續將要說明的各種最佳化演算法一般透過尋找函數的駐點而求解函數極值問題。需要注意的是，導數為 0 是函數取得極值的必要條件而非充分條件，後文中會詳細說明。

下面在費馬定理的基礎上列出函數取極值的充分條件。假設函數$f(x)$在x_0點的鄰域內可導，且有$f'(x_0) = 0$。檢查在x_0去心鄰域內的導數值符號，有 3 種情況。

情況一：在x_0的左側$f'(x) > 0$，在x_0的右側$f'(x) < 0$，則函數在x_0取嚴格極大值。

情況二：在x_0的左側$f'(x) < 0$，在x_0的右側$f'(x) > 0$，則函數在x_0取嚴格極小值。

情況三：在x_0的左側和右側$f'(x)$同號，則x_0不是極值點。

對於第一種情況，函數在x_0的左側單調增，在右側單調減，因此x_0是極大值點；對於第二種情況，函數在x_0的左側單調減，在右側單調增，因此x_0是極小值點；對於第三種情況，函數在x_0的兩側均單調增或單調減，因此x_0不是極值點。

根據此結論，求函數的極值點的方法是首先求解方程式$f'(x) = 0$獲得函數的所有駐點，然後判斷駐點兩側一階導數值的符號。

下面利用二階導數的資訊列出函數取極值的充分條件。假設x_0為函數的駐點，且在該點處二階可導。對於駐點處二階導數的符號，可分為 3 種情況。

情況一：$f''(x_0) > 0$，則x_0為函數$f(x)$的嚴格極小值點。

情況二：$f''(x_0) < 0$，則x_0為函數$f(x)$的嚴格極大值點。

情況三：$f''(x_0) = 0$，則不定，x_0可能是極值點也可能不是極值點，需作進一步討論。

下面對第三種情況進一步細分，假設$f'(x_0) = \cdots = f^{(n-1)}(x_0) = 0$，且$f^{(n)}(x_0) \neq 0$。可分為兩種情況。

情況一：如果n是偶數，則x_0是極值點。當時$f^{(n)}(x_0) > 0$是$f(x)$的嚴格極小值點，當$f^{(n)}(x_0) < 0$時是$f(x)$的嚴格極大值點。

情況二：如果n是奇數，則x_0不是$f(x)$的極值點。

該充分條件可以用泰勒公式證明，在 1.4 節列出。

下面舉例說明。考慮函數

$$f(x) = x^2$$

其一階導數為

$$f'(x) = 2x$$

令$f'(x) = 0$可以解得其駐點為$x = 0$。由於$f''(0) = 2 > 0$，該點是函數的極小值點。

對於函數

$$f(x) = -x^2$$

其一階導數為

$$f'(x) = -2x$$

令$f'(x) = 0$可以解得其駐點為$x = 0$。由於$f''(0) = -2 < 0$，該點是函數的極大值點。

對於函數

$$f(x) = x^3$$

其一階導數為

$$f'(x) = 3x^2$$

令$f'(x) = 0$可以解得其駐點為$x = 0$。其二階導數為$f''(x) = 6x$，三階導數為$f^{(3)}(x) = 6$。由於$f''(0) = 0$，$f^{(3)}(0) = 6$，因此該點不是極值點。這種情況稱為鞍點（Saddle Point），會導致數值最佳化演算法如梯度下降法無法找到真正的極值點，在 3.3.3 節和 4.5.1 節會做更詳細的介紹。此函數的影像如圖 1.18 所示。

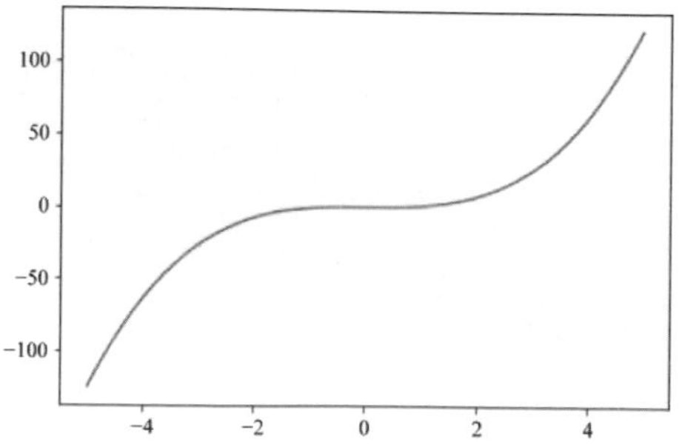

圖 1.17 凸函數（1）

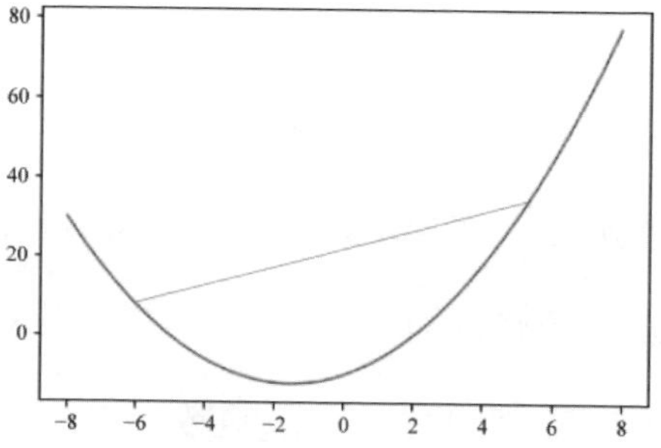

圖 1.18 凸函數（2）

1.2.7 導數與函數的凹凸性

凹凸性是函數的另一個重要性質，它與單調性共同決定了函數曲線的形狀。對於函數$f(x)$，在它的定義域內有兩點x、y，如果對於任意的實數$0 \leqslant \theta \leqslant 1$都滿足以下不等式

$$f(\theta x+(1-\theta)y) \leqslant \theta f(x)+(1-\theta)f(y) \tag{1.20}$$

則函數為凸函數。從影像上看，如果函數是凸函數，那麼它是向下凸的。用直線連接函數上的任何兩點（即這兩點的割線），線段上的點都在函數曲線的上方，如圖 1.18 所示。反之，如果滿足不等式

$$f(\theta x+(1-\theta)y) \geqslant \theta f(x)+(1-\theta)f(y)$$

則稱為凹函數。需求強調的是，這裡遵循的是歐美國家的定義。

函數$f(x)=x^2$為凸函數，一次函數$f(x)=x$也是凸函數，絕對值函數$f(x)=|x|$同樣為凸函數。這可以根據式 (1.20) 的定義進行證明。對於$\forall x,y$以及$0 \leqslant \theta \leqslant 1$有

$$f(\theta x+(1-\theta)y)=(\theta x+(1-\theta)y)^2$$

$$\theta f(x)+(1-\theta)f(y)=\theta x^2+(1-\theta)y^2$$

顯然有

$$\theta x^2+(1-\theta)y^2-(\theta x+(1-\theta)y)^2=\theta(x^2-y^2)+y^2-(\theta x+(1-\theta)y)^2$$

$$=\theta(x+y)(x-y)+(y+\theta x+(1-\theta)y)(y-\theta x-(1-\theta)y)$$

$$=\theta(x+y)(x-y)+(\theta x+(2-\theta)y)(-\theta x+\theta y)$$

$$=\theta(x-y)(x+y-\theta x-(2-\theta)y)=\theta(1-\theta)(x-y)(x-y) \geqslant 0$$

因此有

$$f(\theta x+(1-\theta)y) \leqslant \theta f(x)+(1-\theta)f(y)$$

如果把式 (1.20) 中的等號去掉，即

$$f(\theta x+(1-\theta)y)<\theta f(x)+(1-\theta)f(y)$$

則稱函數是嚴格凸函數。類似地可以定義嚴格凹函數。

假設$f(x)$在區間$[a,b]$內連續，在區間(a,b)內一階導數和二階導數均存在。如果在(a,b)內$f''(x)\geqslant 0$，則函數在$[a,b]$內為凸函數。如果在(a,b)內$f''(x)\leqslant 0$，則函數在$[a,b]$內為凹函數。如果$f''(x)>0$則為嚴格凸函數，如果$f''(x)<0$則為嚴格凹函數。這是二階可導函數是凸函數和凹函數的充分必要條件。下面舉例說明。

函數$f(x)=x^2$在$(-\infty,+\infty)$內二階導數均為正，因此在整個實數域內為凸函數。函數$f(x)=-x^2$在$(-\infty,+\infty)$內二階導數均為負，因此在整個實數域內為凹函數。

函數凹凸性的分界點稱為反趨點。如果函數二階可導，則在反趨點處有$f''(x)=0$，且在反趨點兩側二階導數值異號。

對於函數$f(x)=x^3$，其二階導數為$6x$，0 點處二階導數值為 0，且在 0 點兩側的二階導數值異號，因此 0 為其反趨點。該函數的曲線如圖 1.17 所示。

凸函數有優良的性質，可以確保最佳化演算法找到函數的極小值點，在第 4 章詳細說明。

1.3 微分均值定理

微分均值定理建立了導數與函數值之間的關係。本節介紹羅爾均值定理、拉格朗日均值定理和柯西均值定理，它們將被用於後續的證明與計算。

1.3.1 羅爾均值定理

羅爾均值定理（Rolle Mean Value Theorem）是指如果函數$f(x)$在閉區間$[a,b]$內連續，在開區間(a,b)內可導，且在區間的兩個端點處的值相等，即$f(a)=f(b)$，則在區間$[a,b]$內至少存在一點ξ使得$f'(\xi)=0$。圖 1.19 為羅爾均值定理的範例。該函數為

$$f(x)=\sin(x)$$

考慮區間$[0,\pi]$，有$f(0)=f(\pi)=0$。函數在$x=\frac{\pi}{2}$處有極大值。顯然在該點的導數值為 0。

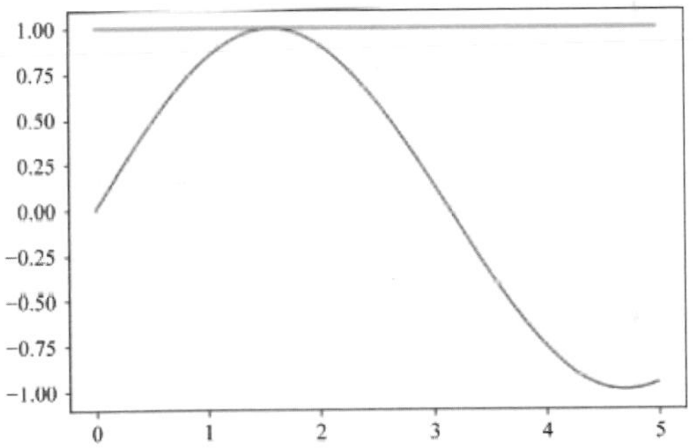

圖 1.19 羅爾均值定理範例

可以用費馬定理證明羅爾均值定理。如果$f(x)$在閉區間$[a,b]$內是常數，則在該區間內任何點處都有$f'(x)=0$。如果不為常數，則必定存在極大值點和極小值點，根據連續函數的性質，極大值和極小值中至少有一個在區間(a,b)內取得，在該點處有$f'(x)=0$。

羅爾均值定理的幾何意義是對於區間兩個端點處的函數值相等的函數，在區間內至少存在一點的導數值為 0，該點處的切線與x軸平行。

1.3.2 拉格朗日均值定理

拉格朗日均值定理（Lagrange Mean Value Theorem）是指如果函數$f(x)$在閉區間$[a,b]$內連續，在開區間(a,b)內可導，則在區間(a,b)內至少存在一

點ξ使得

$$f'(\xi)=\frac{f(b)-f(a)}{b-a} \tag{1.21}$$

這是羅爾均值定理的推廣。建構輔助函數

$$g(x)=f(x)-\frac{f(b)-f(a)}{b-a}(x-a)$$

顯然

$$g(a)=f(a)-\frac{f(b)-f(a)}{b-a}(a-a)=f(a)$$

$$g(b)=f(b)-\frac{f(b)-f(a)}{b-a}(b-a)=f(a)$$

且

$$g'(x)=f'(x)-\frac{f(b)-f(a)}{b-a}$$

$g(x)$滿足羅爾均值定理的條件，因此在(a,b)內至少存在一點ξ使得

$$g'(\xi)=f'(\xi)-\frac{f(b)-f(a)}{b-a}=0$$

其直觀解釋是將函數減掉一個線性函數，建構出兩個端點的值相等的函數，以滿足羅爾均值定理的條件。

拉格朗日均值定理的幾何意義是在區間(a,b)內至少存在一個點ξ，在$(\xi,f(\xi))$處的切線與兩點之間的割線平行，即斜率相等。考慮函數

$$f(x)=x^2$$

它經過(0,0)與(1,1)這兩個點，因此在區間(0,1)內至少存在某一點ξ，使得

$$f'(\xi)=\frac{f(1)-f(0)}{1-0}$$

在這裡$\xi=0.5$。在該點處的切線與經過(0,0)與(1,1)這兩個點的割線平行，如圖 1.20 所示。

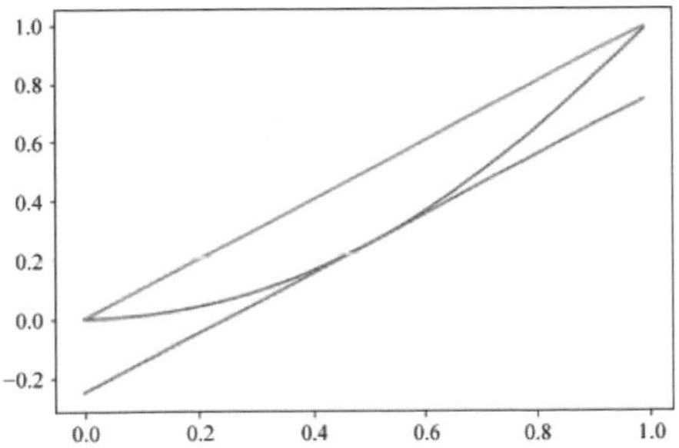

圖 1.20 拉格朗日均值定理範例

下面用拉格朗日均值定理證明函數的一階導數與其單調性的關係。假設函數$f(x)$在$[a,b]$內連續，在(a,b)內可導。如果在(a,b)內所有點處均有$f'(x)>0$，則函數在$[a,b]$內單調遞增。對於區間內任意的點x_1,x_2，存在一點$x_1<\xi<x_2$，使得

$$f(x_2)-f(x_1)=f'(\xi)(x_2-x_1)$$

這裡$f'(\xi)>0$，由於$x_1<x_2$，因此

$$f(x_2)-f(x_1)>0$$

函數單調遞增。對於單調遞減的情況可以用相同的方法證明。

拉格朗日均值定理在很多問題的證明中具有關鍵的作用，包含 1.6.2 節將要說明的牛頓-萊布尼茲公式。

1.3.3 柯西均值定理

函數$f(x)$和$g(x)$在$[a,b]$內連續，在(a,b)內可導，且對$\forall x\in(a,b)$有$g'(x)\neq 0$，則存在$\xi\in(a,b)$使得

$$\frac{f(b)-f(a)}{g(b)-g(a)}=\frac{f'(\xi)}{g'(\xi)}$$

下面借助於羅爾均值定理進行證明。建構輔助函數

$$F(x)=f(x)-f(a)-\frac{f(b)-f(a)}{g(b)-g(a)}(g(x)-g(a))$$

顯然有

$$F(a) = F(b) = 0$$

且

$$F'(x) = f'(x) - \frac{f(b) - f(a)}{g(b) - g(a)} g'(x)$$

根據羅爾均值定理，存在$\xi \in (a, b)$使得

$$F'(\xi) = f'(\xi) - \frac{f(b) - f(a)}{g(b) - g(a)} g'(\xi) = 0$$

因此柯西均值定理成立。

1.4 泰勒公式

如果一個函數足夠光滑且在某點處各階導數均存在，泰勒公式（Taylor's Formula）以該點處的各階導數作為係數，建構出多項式來近似函數在該點鄰域中任意點處的函數值，此多項式稱為泰勒多項式。

根據微分的定義，如果$f(x)$在點a處可導，可用一次函數近似代替函數$f(x)$，誤差是$x - a$的高階無限小

$$f(x) = f(a) + f'(a)(x - a) + o(x - a)$$

下面將一次函數推廣到更高次的多項式。如果函數n階可導，則可以建立一個以下形式的多項式近似代替$f(x)$

$$p(x) = A_0 + A_1(x - a) + \cdots + A_n(x - a)^n$$

滿足

$$f(x) = A_0 + A_1(x - a) + \cdots + A_n(x - a)^n + o((x - a)^n) \qquad (1.22)$$

誤差項是$(x - a)^n$的高階無限小。下面確定多項式的係數。對於式 (1.22)，首先令$x = a$，含有$x - a$各項的值均為 0，可以解得

$$A_0 = f(a)$$

接下來將式 (1.22) 兩邊同時求導

$$f'(x) = A_1 + 2A_2(x-a) + \cdots + nA_n(x-a)^{n-1} + o((x-a)^{n-1})$$

令$x = a$，可以解得

$$A_1 = f'(a)$$

依此類推，對式 (1.22) 兩邊同時求m階導數，並令$x = a$。可以解得

$$A_m = \frac{1}{m!}f^{(m)}(a)$$

因此我們要找的多項式為

$$p(x) = f(a) + f'(a)(x-a) + \frac{1}{2!}f''(a)(x-a)^2 + \cdots + \frac{1}{n!}f^{(n)}(a)(x-a)^n$$

稱為泰勒多項式（Taylor polynomial）。由此獲得帶皮亞諾（Peano）餘項的泰勒公式

$$f(x) = f(a) + f'(a)(x-a) + \frac{1}{2!}f''(a)(x-a)^2 + \cdots + \frac{1}{n!}f^{(n)}(a)(x-a)^n + o((x-a)^n)$$

如果令$\Delta x = x - a$，泰勒公式也可以寫成

$$f(a+\Delta x) = f(a) + f'(a)\Delta x + \frac{1}{2!}f''(a)\Delta x^2 + \cdots + \frac{1}{n!}f^{(n)}(a)\Delta x^n + o(\Delta x^n)$$

如果函數$n+1$階可導。借助於柯西均值定理可以證明泰勒公式的另外一種形式，稱為帶拉格朗日餘項的泰勒公式

$$f(x) = f(a) + f'(a)(x-a) + \frac{1}{2!}f''(a)(x-a)^2 + \cdots + \frac{1}{n!}f^{(n)}(a)(x-a)^n + \frac{f^{(n+1)}(\theta)}{(n+1)!}(x-a)^{n+1}$$

其中$\theta \in (a,x)$。兩種泰勒公式可以統一寫成

$$f(x) = f(a) + f'(a)(x-a) + \frac{1}{2!}f''(a)(x-a)^2 + \cdots + \frac{1}{n!}f^{(n)}(a)(x-a)^n + R_n(x)$$

其中$R_n(x)$稱為餘項，是$(x-a)^n$的高階無限小。

函數在$x=0$點處的泰勒公式稱為馬克勞林（Maclaurin）公式，為以下形式

$$f(x)=f(0)+f'(0)x+\frac{1}{2!}f''(0)x^2+\cdots+\frac{1}{n!}f^{(n)}(0)x^n+R_n(x)$$

表 1.3 列出了典型函數的馬克勞林公式。根據 1.2.3 節基本函數的n階導數計算公式可以獲得這些結果。

表 1.3 基本函數的馬克勞林公式

函數	馬克勞林公式
$\frac{1}{1-x}$	$1+x+x^2+\cdots+x^n+o(x^n)$
e^x	$1+x+\frac{x^2}{2!}+\cdots+\frac{x^n}{n!}+o(x^n)$
$\mathrm{Sin}x$	$x-\frac{x^3}{3!}+\frac{x^5}{5!}-\cdots+\frac{(-1)^{n-1}}{(2n-1)!}x^{2n-1}+o(x^{2n-1})$
$\cos x$	$1-\frac{x^2}{2!}+\frac{x^4}{4!}-\cdots+\frac{(-1)^n}{(2n)!}x^{2n}+o(x^{2n})$
$\ln(1+x)$	$x-\frac{x^2}{2}+\frac{x^3}{3}-\cdots+\frac{(-1)^{n+1}}{n}x^n+o(x^n)$

泰勒公式建立了可導函數與其各階導數之間的聯繫，同時用多項式對函數進行逼近。它被用於對函數的分析與計算，包含第 4 章將要介紹的梯度下降法、牛頓法、擬牛頓法的推導。

利用泰勒公式可以證明 1.2.6 節的極值判別法則。將$f(x)$在x_0點處作泰勒展開，如果

$$f^{(i)}(x_0) = 0, \qquad i = 1, \cdots, n-1$$
$$f^{(n)}(x_0) \neq 0$$

則泰勒展開的結果為

$$f(x) = f(x_0) + \frac{f^{(n)}(x_0)}{n!}(x - x_0)^n + o((x - x_0)^n)$$

如果n為偶數，則在x_0的去心鄰域內忽略高階無限小，有

$$f(x) - f(x_0) = \frac{f^{(n)}(x_0)}{n!}(x - x_0)^n$$

由於

$$(x - x_0)^n > 0$$

$\frac{f^{(n)}(x_0)}{n!}(x - x_0)^n$與$\frac{f^{(n)}(x_0)}{n!}$同號，總為正或總為負，因此$x_0$是極值點。如果$n$為奇數，則$\frac{f^{(n)}(x_0)}{n!}(x - x_0)^n$在$x_0$的兩側變號，因此$x_0$不是極值點。

1.5 不定積分

不定積分是積分學的核心概念，可看作求導和微分的逆運算，同樣將一個函數轉換成另外一個函數， 稱為原函數。

1.5.1 不定積分的定義與性質

對於定義在區間$[a, b]$內的函數$f(x)$，如果存在一個在區間(a, b)內可導的函數$F(x)$，對於任意的$x \in (a, b)$均有

$$F'(x) = f(x) \tag{1.23}$$

則稱$F(x)$是$f(x)$的原函數，也稱為不定積分。不定積分是求導和微分的逆運算，記為

$$\int f(x)\mathrm{d}x$$

積分符號$\int$表示拉長的 s，意為求和（Sum）。如果$F(x)$是$f(x)$的原函數，則$F(x)+C$也是$f(x)$的原函數，其中C為任意常數。因此不定積分與原函數的關係為

$$\int f(x)\mathrm{d}x = F(x) + C$$

這是因為

$$(F(x)+C)' = F'(x) = f(x)$$

如果函數$f(x)$的原函數存在，則稱其可積。如果函數在區間$[a,b]$內連續，則其原函數存在，連續是可積的充分條件。一切初等函數在其定義域內都是連續的，因此都是可積的。

下面舉例說明不定積分的計算。對於函數

$$f(x) = x^2$$

其不定積分為

$$\int x^2\mathrm{d}x = \frac{1}{3}x^3 + C$$

對於常數函數

$$f(x) = c$$

其不定積分為線性函數（一次函數）

$$\int c\mathrm{d}x = cx + C$$

下面介紹不定積分的許多重要性質。對於加法運算有

$$\int (f(x)+g(x))\mathrm{d}x = \int f(x)\mathrm{d}x + \int g(x)\mathrm{d}x \tag{1.24}$$

對於減法運算有類似的結論。對於數乘運算有

$$\int kf(x)\mathrm{d}x = k\int f(x)\mathrm{d}x \tag{1.25}$$

其中k為一個常數。這些結論可以根據求導公式獲得。

根據基本函數的求導公式可以獲得它們的積分公式，如表 1.4 所示。

表 1.4 基本函數的積分公式

函數	積分公式
常數函數	$\int a\mathrm{d}x = ax + C$
冪函數	$\int x^a\mathrm{d}x = \frac{1}{a+1}x^{a+1} + C, a \neq -1$
冪函數	$\int \frac{1}{x}\mathrm{d}x = \ln\lvert x\rvert + C$
指數函數	$\int \mathrm{e}^x\mathrm{d}x = \mathrm{e}^x + C$
指數函數	$\int a^x\mathrm{d}x = \frac{1}{\ln a}a^x + C, a > 0, a \neq 1$
三角函數	$\int \sin x\mathrm{d}x = -\cos x + C$
三角函數	$\int \cos x\mathrm{d}x = \sin x + C$
三角函數	$\int \tan x\mathrm{d}x = -\ln\lvert\cos x\rvert + C$
三角函數	$\int \cot x\mathrm{d}x = \ln\lvert\sin x\rvert + C$
三角函數	$\int \frac{1}{\cos^2 x}\mathrm{d}x = \tan x + C$
三角函數	$\int \frac{1}{\sin^2 x}\mathrm{d}x = -\cot x + C$
反三角函數	$\int \frac{1}{\sqrt{1-x^2}}\mathrm{d}x = \arcsin x + C$

函數	積分公式
反三角函數	$\int \frac{1}{\sqrt{1-x^2}}\mathrm{d}x = -\mathrm{arccos}x + C$
反三角函數	$\int \frac{1}{1+x^2}\mathrm{d}x = \mathrm{arctan}x + C$

下面根據基本函數的積分公式以及式 (1.24) 和式 (1.25) 計算一些不定積分。計算

$$\int \tan^2(x)\mathrm{d}x$$

根據三角函數之間的關係有

$$\int \tan^2(x)\mathrm{d}x = \int \frac{1-\cos^2(x)}{\cos^2(x)}\mathrm{d}x = \int \frac{1}{\cos^2(x)}\mathrm{d}x - \int 1\mathrm{d}x = \tan(x) - x + C$$

計算

$$\int \frac{1}{(x-a)(x-b)}\mathrm{d}x$$

對分式進行拆分，可以獲得

$$\int \frac{1}{(x-a)(x-b)}\mathrm{d}x = \int \frac{1}{a-b}\left(\frac{1}{x-a} - \frac{1}{x-b}\right)\mathrm{d}x = \frac{1}{a-b}\left(\int \frac{1}{x-a}\mathrm{d}x + \int \frac{1}{x-b}\mathrm{d}x\right)$$

$$= \frac{1}{a-b}(\ln|x-a| + \ln|x-b|) + C$$

在 1.5.2 節和 1.5.3 節將介紹更複雜的計算不定積分的技巧。

1.5.2 代換積分法

代換積分法分為兩種類型，第一種稱為湊微分法，也稱為第一類代換法，由複合函數的求導公式匯出，對應於微分形式的不變性。根據複合函數求導公式有

$$(F(u(x)))' = F'(u(x))u'(x)$$

如果$F'(x) = f(x)$，則有

$$(F(u(x)))' = f(u(x))u'(x)$$

根據不定積分的定義可以獲得

$$\int f(u(x))u'(x)\mathrm{d}x = F(u(x))$$

由於

$$\int f(u)\mathrm{d}u = F(u)$$

因此有

$$\int f(u(x))u'(x)\mathrm{d}x = \int f(u)\mathrm{d}u \tag{1.26}$$

這種方法的關鍵是將被積函數寫成一個函數$f(u(x))$與另一個函數的導數$u'(x)$的乘積。根據湊微分法計算不定積分

$$\int x\cos(x^2+1)\mathrm{d}x$$

這裡湊出x^2+1，有

$$\int x\cos(x^2+1)\mathrm{d}x = \frac{1}{2}\int \cos(x^2+1)\mathrm{d}(x^2+1) = \frac{1}{2}\sin(x^2+1) + C$$

這種方法的關鍵步驟是「湊出」所需要的複合函數的微分。計算下面的不定積分

$$\int x\mathrm{e}^{x^2}\mathrm{d}x$$

這裡湊出x^2，有

$$\int x\mathrm{e}^{x^2}\mathrm{d}x = \frac{1}{2}\int \mathrm{e}^{x^2}\mathrm{d}x^2 = \frac{1}{2}\mathrm{e}^{x^2} + C$$

第二種代換法稱為變數取代法，同樣根據複合函數的求導公式求出。對於下面的不定積分

$$\int f(x)\mathrm{d}x$$

令

$$x = u(t)$$

如果$u(t)$在區間I內單調且可導，反函數$t = u^{-1}(x)$存在，則有

$$\int f(x)\mathrm{d}x = \int f(u(t))\mathrm{d}u(t) \tag{1.27}$$

式 (1.27) 的右側積出之後，用$t = u^{-1}(x)$將t取代回x即可。下面來看幾個簡單的實例。計算下面的積分

$$\int \frac{1}{1+\sqrt{x}}\mathrm{d}x$$

這裡的主要困難是$\sqrt{x}$，因此令$t = \sqrt{x}$，則$x = t^2$，進一步有

$$\int \frac{1}{1+\sqrt{x}}\mathrm{d}x = \int \frac{1}{1+t}\mathrm{d}t^2 = \int \frac{2t}{1+t}\mathrm{d}t = 2\int \left(1 - \frac{1}{1+t}\right)\mathrm{d}t$$

$$= 2t - 2\ln|1+t| + C = 2\sqrt{x} - 2\ln|1+\sqrt{x}| + C$$

計算下面的積分

$$\int \arcsin(x)\mathrm{d}x$$

令$t = \arcsin(x)$，則$x = \sin(t)$，進一步有

$$\int \arcsin(x)\mathrm{d}x = \int t\mathrm{d}\sin(t) = t\sin(t) - \int \sin(t)\mathrm{d}t$$

$$= t\sin(t) + \cos(t) + C = x\arcsin(x) + \sqrt{1-x^2} + C$$

上面第 2 步利用了分部積分法，稍後會介紹。計算下面的不定積分

$$\int \sqrt{a^2 - x^2}\mathrm{d}x$$

令$x = a\sin(t)$，利用倍角公式有

$$\int \sqrt{a^2 - x^2}\mathrm{d}x = \int \sqrt{a^2 - a^2\sin^2(t)}\mathrm{d}a\sin(t) = a^2\int \cos^2(t)\mathrm{d}t$$

$$= a^2\int \frac{1+\cos(2t)}{2}\mathrm{d}t = a^2\left(\frac{1}{2}t + \frac{1}{4}\sin(2t)\right) + C$$

$$= a^2\left(\frac{1}{2}\arcsin\frac{x}{a} + \frac{1}{2}\sin(t)\cos(t)\right) + C$$

$$= \frac{1}{2}a^2\arcsin\frac{x}{a} + \frac{1}{2}x\sqrt{a^2 - x^2} + C$$

代換法的核心是確定要取代的部分。

1.5.3 分部積分法

分部積分法由乘法求導公式匯出。根據乘法的求導公式

$$(f(x)g(x))' = f'(x)g(x) + f(x)g'(x)$$

變形後獲得

$$f(x)g'(x) = (f(x)g(x))' - f'(x)g(x)$$

兩邊同時求積分可以獲得

$$\int f(x)g'(x)\mathrm{d}x = f(x)g(x) - \int f'(x)g(x)\mathrm{d}x \tag{1.28}$$

根據分部積分法計算下面的不定積分

$$\int x\cos(x)\mathrm{d}x = \int x\mathrm{d}\sin(x) = x\sin(x) - \int \sin(x)\mathrm{d}x = x\sin(x) + \cos(x) + C$$

計算下面不定積分

$$\int x^2\cos(x)\mathrm{d}x$$

根據分部積分法有

$$\int x^2\cos(x)\,\mathrm{d}x = \int x^2\mathrm{d}\sin(x) = x^2\sin(x) - \int \sin(x)\,\mathrm{d}x^2$$

$$= x^2\sin(x) - 2\int x\sin(x)\mathrm{d}x$$

$$= x^2\sin(x) + 2\int x\,\mathrm{d}\cos(x) = x^2\sin(x) + 2x\cos(x) - 2\int \cos(x)\mathrm{d}x$$

$$= x^2\sin(x) + 2x\cos(x) - 2\sin(x) + C$$

初等函數是由冪函數、指數函數、對數函數、三角函數、反三角函數與常數經過有限次的有理運算及有限次函數複合所生成，並且能用一個解析式表示的函數。顯然初等函數的導數仍然是初等函數。但初等函數的原函數不一定是初等函數。例如e^{-x^2}的原函數無法寫成初等函數，類 似的還有$\frac{\sin x}{x}$、$\frac{1}{\ln x}$等，這些函數的不定積分都無法獲得解析運算式。劉維定理指出，一個 初等函數如果有初等的原函數，則它一定能寫成同一個微分域的函數加上有限項該域上函數的對數的線性組合，否則不存在初等的原函數。

在 Python 中，符號計算函數庫 sympy 提供了計算不定積分的功能，由函數 integrate 實現。函數的輸入值為被積函數的運算式，以及被積分變數，輸出值為不定積分的運算式。下面是範例程式，計算餘弦函數的不定積分。

```
from sympy import *
x = symbols ('x')
r = integrate (cos (x), x)
print(r)
```

程式執行結果為

```
sin (x)
```

這裡忽略了常數C。

1.6 定積分

定積分將函數對映成實數，是和式的極限。它最初用於解決幾何和物理問題，如計算函數曲線圍成的面積、曲線長度、運動物體的位移等。本節介紹定積分的概念與計算方法，以及典型應用，核心是牛頓-萊布尼茲公式。

1.6.1 定積分的定義與性質

定積分是和式的極限，常見的有黎曼積分和勒貝格積分，本書只介紹黎曼（Riemann）積分，即通常所說的定積分。勒貝格（Lebesgue）積分的知識可以閱讀實變函數教材。函數$f(x)$在區間$[a,b]$上的定積分是下面的極限

$$\lim_{\Delta x \to 0} \sum_{i=1}^{n} f(\xi_i)\Delta x_i \tag{1.29}$$

這裡用一系列點$a = x_0, x_1, \cdots, x_n = b$將區間$[a,b]$劃分成$n$份，第$i$份的區間長度為$\Delta x_i = x_i - x_{i-1}$，$\xi_i$為第$i$個區間$[x_{i-1}, x_i]$內的任意一個點。只要劃分的足夠細且函數$f(x)$滿足一定的條件，式 (1.29) 的極限存在。式 (1.29) 的定積分記為

$$\int_a^b f(x)\mathrm{d}x$$

若式 (1.29) 的極限存在，則稱函數在區間$[a,b]$內可積。定積分的幾何意義是函數在某一區間上與橫軸圍成的區域的面積，如圖 1.21 所示。在計算時採用了逐步逼近取極限的方法，式 (1.29) 右側的和即為圖 1.21 中矩形條的面積之和。矩形的寬度為Δx_i，高度為$[x_{i-1}, x_i]$內任意一點ξ_i的函數值$f(\xi_i)$。

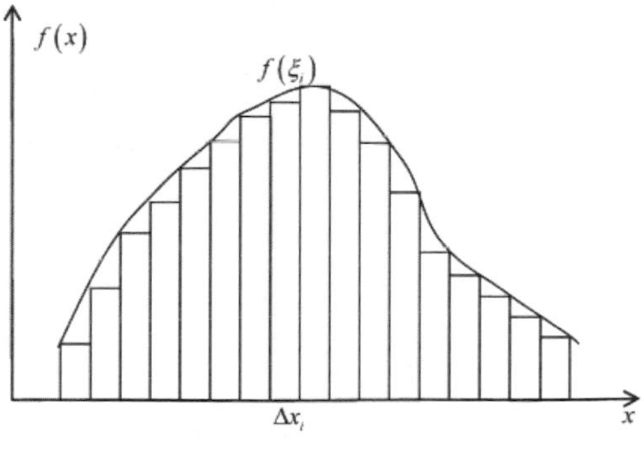

圖 1.21 定積分的幾何意義

定積分存在的條件是函數幾乎處處連續，不連續點的測度為 0。直觀解釋是不連續點的集合是有限集或無限可數集。

根據定義計算下面的定積分

$$\int_0^1 x^2 \mathrm{d}x$$

利用下面的公式

$$\sum_{i=1}^{n} i^2 = \frac{1}{6} n(n+1)(2n+1)$$

將區間[0,1]等距為n份，$\Delta x_i = \frac{1}{n}$，根據定積分的定義有

$$\int_0^1 x^2 \mathrm{d}x = \lim_{n \to +\infty} \sum_{i=1}^{n} \frac{1}{n} \left(\frac{i}{n}\right)^2 = \lim_{n \to +\infty} \frac{1}{n^3} \sum_{i=1}^{n} i^2 = \lim_{n \to +\infty} \frac{1}{n^3} \frac{n(n+1)(2n+1)}{6} = \frac{1}{3}$$

直接根據定義來計算定積分是煩瑣而困難的，利用 1.6.2 節將要介紹的牛頓-萊布尼茲公式可以簡化計算。

假設函數$f(x)$與$g(x)$在區間$[a,b]$內可積，λ是一個常數，則$f(x)+g(x)$與$\lambda f(x)$在區間$[a,b]$內也可積，且有

$$\int_a^b (f(x)+g(x)) \mathrm{d}x = \int_a^b f(x) \mathrm{d}x + \int_a^b g(x) \mathrm{d}x \quad \int_a^b \lambda f(x) \mathrm{d}x = \lambda \int_a^b f(x) \mathrm{d}x \tag{1.30}$$

式 (1.30) 表明定積分具有線性的性質。如果函數$f(x)$在區間$[a,c]$及其子區間$[a,b]$和$[b,c]$內均可積，則有

$$\int_a^b f(x) \mathrm{d}x + \int_b^c f(x) \mathrm{d}x = \int_a^c f(x) \mathrm{d}x \tag{1.31}$$

式 (1.31) 稱為區間可加性。將積分上下限顛倒，積分值反號

$$\int_b^a f(x) \mathrm{d}x = -\int_a^b f(x) \mathrm{d}x \tag{1.32}$$

1.6.2 牛頓-萊布尼茲公式

直接按照定義計算定積分非常煩瑣，更高效的方法是利用微積分基本定理，即牛頓-萊布尼茲（Newton-Leibniz）公式。牛頓-萊布尼茲公式建立了定積分與原函數的關係。如果函數$f(x)$在區間$[a,b]$內可積，則在此區間內定積分的值等於其原函數在區間兩個端點處函數值之差

$$\int_a^b f(x)\mathrm{d}x = F(b) - F(a) \tag{1.33}$$

其中$F(x)$是$f(x)$的原函數。通常將$F(b) - F(a)$記為$F(x)|_a^b$，牛頓-萊布尼茲公式也可以寫成

$$\int_a^b f(x)\mathrm{d}x = F(x)|_a^b$$

可以使用拉格朗日均值定理證明該定理。根據定積分的定義有

$$F(b) - F(a) = \sum_{i=1}^{n} (F(x_i) - F(x_{i-1})) = \sum_{i=1}^{n} F'(\eta_i)(x_i - x_{i-1}) = \sum_{i=1}^{n} f(\eta_i)\Delta x_i$$

令$\Delta x \to 0$取極限即可獲得結論。這一定理為計算定積分提供了統一的依據，是微積分中最重要的結論。只需要計算出原函數，然後即可根據原函數的值計算任意區間上的定積分。

下面用實例來說明定積分的計算。對於以下函數，其定積分為

$$\int_1^2 x^2\mathrm{d}x = \frac{1}{3}x^3\bigg|_1^2 = \frac{1}{3}2^3 - \frac{1}{3}1^3 = \frac{7}{3}$$

這也是函數x^2在區間[1,2]內與x軸圍成的區域的面積。

計算下面的定積分

$$\int_0 \sin(x)\mathrm{d}x$$

顯然有

$$\int_0 \sin(x)\mathrm{d}x = -\cos(x)|_0 = 2$$

在 Python 中，符號計算套件 sympy 提供了計算定積分的功能，由函數 integrate 實現。函數的輸入值為被積函數的運算式、被積變數，以及積分下限和上限，輸出值為定積分的值。下面是範例程式，計算餘弦函數在區間[−,]內的定積分。

```
from sympy import *
x = symbols ('x')
r = integrate (cos (x), (x, -pi, pi))
print(r)
```

程式執行結果為

```
0
```

1.6.3 定積分的計算

定積分的計算可以借助牛頓-萊布尼茲公式完成，因此問題的核心是計算不定積分。同樣可以使用代換法以及分部積分法。下面舉例說明。

第一類代換法透過湊微分而獲得原函數，在計算定積分時，直接將積分下限和上限代入原函數中即可獲得結果。用第一類代換法計算以下的定積分

$$\int_0^1 x\mathrm{e}^{x^2}\mathrm{d}x = \frac{1}{2}\int_0^1 \mathrm{e}^{x^2}\mathrm{d}x^2 = \frac{1}{2}\mathrm{e}^{x^2}|_0^1 = \frac{1}{2}\mathrm{e} - \frac{1}{2}$$

下面介紹第二類代換法，由於進行了變數取代，因此積分下限和上限要進行對應的改變。假設函數$f(x)$在區間$[a,b]$內可積。令$x = \varphi(t)$是一個單調函數，且

$$\varphi(\alpha) = a, \varphi(\beta) = b$$

對於第二類代換法有

$$\int_a^b f(x)\mathrm{d}x = \int_\alpha^\beta f(\varphi(t))\mathrm{d}\varphi(t)$$

或寫成

$$\int_a^b f(x)\mathrm{d}x = \int_\alpha^\beta f(\varphi(t))\varphi'(t)\mathrm{d}t$$

用代換法計算下面的定積分

$$\int_0^1 \sqrt{1-x^2}\mathrm{d}x$$

如果令$x = \sin(t)$，則有

$$\int_0^1 \sqrt{1-x^2}\mathrm{d}x = \int_0^{\frac{\pi}{2}} \cos(t)\mathrm{d}\sin(t) = \int_0^{\frac{\pi}{2}} \cos^2(t)\mathrm{d}t = \int_0^{\frac{\pi}{2}} \frac{1+\cos(2t)}{2}\mathrm{d}t$$

$$= \frac{1}{2}t + \frac{1}{4}\sin(2t)|_0^{\frac{\pi}{2}} = \frac{\pi}{4}$$

這剛好是 $\frac{1}{4}$ 的單位圓的面積。

對於定積分，其分部積分法為

$$\int_a^b f(x)g'(x)\mathrm{d}x = f(x)g(x)|_a^b - \int_a^b f'(x)g(x)\mathrm{d}x$$

用分部積分法計算下面的定積分

$$\int_0^{\pi} x\sin(x)\mathrm{d}x = -\int_0^{\pi} x\mathrm{d}\cos(x) = -x\cos(x)|_0^{\pi} + \int_0^{\pi} \cos(x)\mathrm{d}x = \pi$$

下面證明一個重要結論，這個結論在 4.8.2 節的歐拉-拉格朗日方程式推導中將被使用。假設函數$f(x)$在區間$[a,b]$內連續，函數$\eta(x)$滿足端點值限制條件$\eta(a) = \eta(b) = 0$，如果對任意的$\eta(x)$都有

$$\int_a^b f(x)\eta(x)\mathrm{d}x = 0 \tag{1.34}$$

則$f(x) \equiv 0$。下面用反證法證明。假設$f(x)$不恒為 0，由於$\eta(x)$是滿足端點值限制條件的任意函數，可以令

$$\eta(x) = -f(x)(x-a)(x-b)$$

顯然此函數滿足端點值限制條件，且在(a,b)內

$$-(x-a)(x-b) > 0$$

因此有

$$\int_a^b f(x)\eta(x)\mathrm{d}x = \int_a^b -f(x)f(x)(x-a)(x-b)\mathrm{d}x > 0$$

這與式 (1.34) 矛盾，因此結論成立。

1.6.4 變上限積分

變上限積分函數是以積分上限為引數的定積分對應的函數。假設函數$f(x)$在區間$[a,b]$內可積，$x \in [a,b]$，則變上限積分定義為

$$F(x) = \int_a^x f(u)\mathrm{d}u \tag{1.35}$$

如果$G(x)$是$f(x)$的原函數，根據牛頓-萊布尼茲公式有

$$F(x) = G(x) - G(a)$$

變上限積分函數是被積分函數的原函數。機率論中連續型隨機變數的分佈函數是典型的變上限積分函數，在 5.2.2 節介紹。

假設$f(x) = x^2$，則變上限積分對應的函數為

$$F(x) = \int_1^x u^2\mathrm{d}u = \frac{1}{3}u^3\bigg|_1^x = \frac{1}{3}x^3 - \frac{1}{3}$$

如果$f(x)$在區間$[a,b]$內連續，則變上限積分是可導的，且其導數為

$$F'(x) = \left(\int_a^x f(u)\mathrm{d}u\right) = f(x)$$

下面列出證明。假設$G(x)$是$f(x)$的原函數，則有

$$\left(\int_a^x f(u)\mathrm{d}u\right) = (G(x) - G(a))' = f(x)$$

下面利用這個公式計算變上限積分的導數。對於下面的變上限積分

$$\int_a^x \mathrm{e}^{t^2}\mathrm{d}t$$

其導數為

$$\left(\int_a^x \mathrm{e}^{t^2}\mathrm{d}t\right) = \mathrm{e}^{x^2}$$

下面考慮變上限積分的複合函數，對於以下的變上限積分函數

$$\int_a^{g(x)} f(u)\mathrm{d}u$$

根據複合函數的求導公式，其導數為

$$\left(\int_a^{g(x)} f(u)\mathrm{d}u\right) = f(g(x))g'(x) \tag{1.36}$$

計算下面的變上限積分的導數值

$$\int_a^{x^2} \mathrm{e}^{t^2}\mathrm{d}t$$

根據上面的公式有

$$\left(\int_a^{x^2} \mathrm{e}^{t^2}\mathrm{d}t\right) = \mathrm{e}^{(x^2)^2}(x^2)' = 2x\mathrm{e}^{x^4}$$

1.6.5 定積分的應用

定積分可以用於計算某些幾何量和物理量，包含曲線所圍成的面積、曲線的長度、運動物體的位移、變力的做功等。本節選取部分介紹。

函數在區間內的積分值為其代數面積，即以$[a,b]$區間的兩個端點、x軸、函數曲線圍成的封閉區域的面積，帶有正負號。這等於以下的定積分

$$\int_a^b f(x)\mathrm{d}x \tag{1.37}$$

計算橢圓$\frac{x^2}{a^2}+\frac{y^2}{b^2}=1$的面積。由於橢圓是對稱的，因此計算出它在第一象限內的面積，然 後乘以 4，即可獲得整個橢圓的面積。因此

$$S = 4\int_0^a y\mathrm{d}x = 4\int_0^a \sqrt{b^2\left(1-\frac{x^2}{a^2}\right)}\mathrm{d}x = 4b\int_0^a \sqrt{1-\frac{x^2}{a^2}}\mathrm{d}x$$

令$x = a\sin(t)$，利用倍角公式有

$$S = 4b\int_0^{\frac{\pi}{2}} \cos(t)\mathrm{d}a\sin(t) = 4ab\int_0^{\frac{\pi}{2}} \cos^2(t)\mathrm{d}t = 2ab\int_0^{\frac{\pi}{2}} (1+\cos(2t))\mathrm{d}t = \pi ab$$

假設有區間$[a,b]$內的可積函數$f(x)$與$g(x)$，則由直線$x=a$、$x=b$以及這兩條曲線所圍成的區域的面積為

$$\int_a^b (f(x)-g(x))\mathrm{d}x \tag{1.38}$$

如圖 1.22 所示，計算拋物線$y=x^2$與直線$y=x$所圍成的區域的面積。拋物線與直線的交點為(0,0)以及(1,1)。因此所圍成的區域的面積為

$$S=\int_0^1 (x-x^2)\mathrm{d}x=\frac{1}{2}x^2-\frac{1}{3}x^3\bigg|_0^1=\frac{1}{6}$$

接下來介紹如何利用定積分計算曲線的長度。首先考慮直角座標系的情況。計算$f(x)$在區間$[a,b]$內的弧長。這可以透過聚合線逼近函數曲線、累加聚合線的長度獲得，如圖 1.23 所示。其中實線為要計算長度的曲線，虛線是用聚合線對曲線進行近似的結果。當劃分得足夠細的時候，這些聚合線的長度之和的極限就是曲線的弧長。用點$a=x_0,x_1,\cdots,x_n=b$對區間$[a,b]$進行劃分，區間$[x_i,x_{i+1}]$內的聚合線長度為

$$\sqrt{(x_{i+1}-x_i)^2+(y_{i+1}-y_i)^2}=\sqrt{\Delta x_i^2+\Delta y_i^2}=\sqrt{1+\left(\frac{\Delta y_i}{\Delta x_i}\right)^2}\Delta x_i\approx\sqrt{1+y'^2}\Delta x_i$$

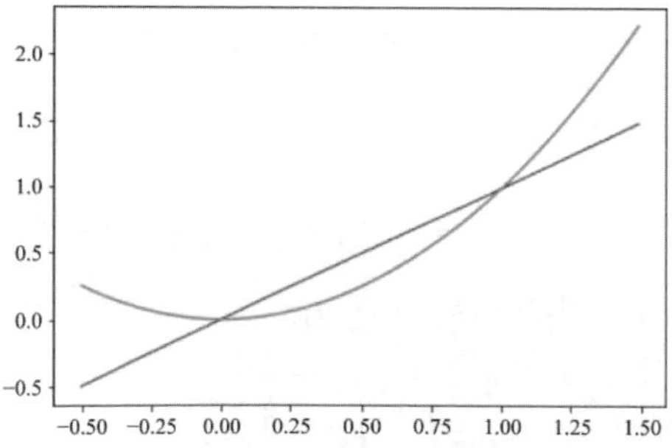

圖 1.22 拋物線與直線所圍成的區域的面積

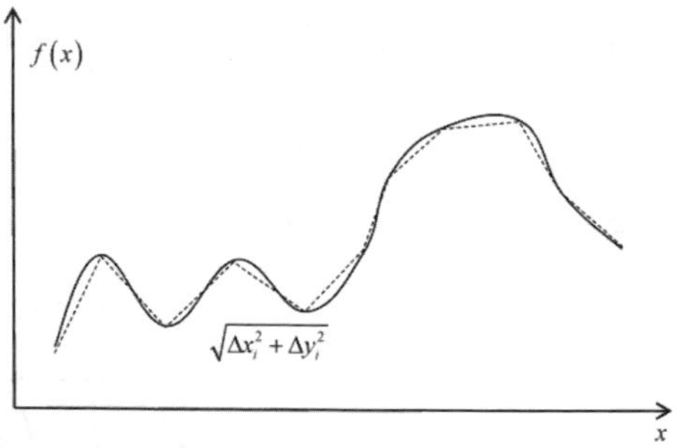

圖 1.23 用定積分計算曲線長度

令點$M_i=(x_i,y_i)$，則曲線的弧長為以下的極限

$$\lim_{\Delta x\to 0}\sum_{i=1}^{n}|M_{i-1}M_i|=\lim_{\Delta x\to 0}\sum_{i=1}^{n}\sqrt{1+y'^2}\Delta x_i$$

由此獲得曲線在區間$[a,b]$內的弧長為以下的定積分

$$s=\int_a^b\sqrt{1+y'^2}\mathrm{d}x \tag{1.39}$$

下面用一個實際實例說明弧長的計算。計算曲線$y=\frac{2}{3}x^{\frac{3}{2}}$在區間$[1,2]$內的弧長。根據式 (1.39) 有

$$s=\int_1^2\sqrt{1+(\left(\frac{2}{3}x^{\frac{3}{2}}\right))^2}\mathrm{d}x=\int_1^2\sqrt{1+(x^{\frac{1}{2}})^2}\mathrm{d}x=\int_1^2\sqrt{1+x}\mathrm{d}x=\frac{2}{3}(1+x)^{\frac{3}{2}}|_1^2$$

$$=\frac{2}{3}\times\left(3^{\frac{3}{2}}-2^{\frac{3}{2}}\right)$$

計算單位圓$x^2+y^2=1$的周長。由於圓是對稱的，因此只需要計算其在第一象限的弧長，然後乘以 4 即可。第一象限的曲線方程式為$y=\sqrt{1-x^2}$。因此有

$$s=4\int_0^1\sqrt{1+((\sqrt{1-x^2})')^2}\mathrm{d}x=4\int_0^1\sqrt{1+(-x(1-x^2)^{-\frac{1}{2}})^2}\mathrm{d}x=4\int_0^1\frac{1}{\sqrt{1-x^2}}\mathrm{d}x$$

$$=4\arcsin(x)|_0^1=2$$

接下來考慮參數方程式的情況。曲線的參數方程式為

$$x=\varphi(t)\qquad y=\psi(t)$$

其中$t\in[\alpha,\beta]$。假設$\varphi(t)$和$\psi(t)$在該區間上連續可導，則弧長元為

$$\mathrm{d}s=\sqrt{(\mathrm{d}x)^2+(\mathrm{d}y)^2}=\sqrt{\varphi'^2(t)+\psi'^2(t)}\mathrm{d}t$$

進一步獲得弧長的計算公式為

$$s=\int_\alpha^\beta\sqrt{\varphi'^2(t)+\psi'^2(t)}\mathrm{d}t \tag{1.40}$$

下面來看一個實際實例。計算星形線的弧長，其參數方程式為

$$x=a\cos^3t\qquad y=a\sin^3t$$

其形狀如圖 1.24 所示。

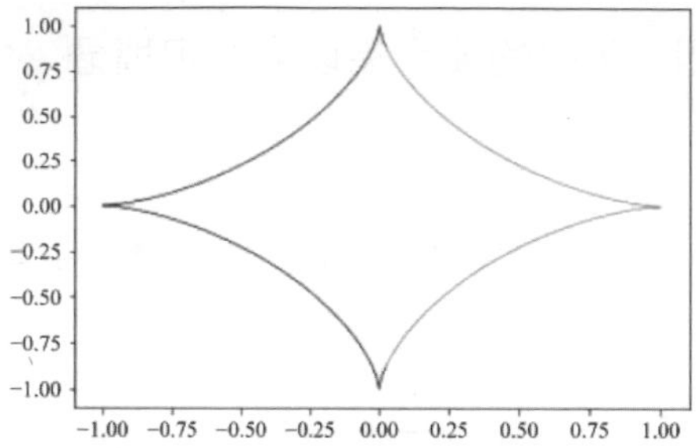

圖 1.24 星形線的形狀

由於星形線的形狀是對稱的，只用計算第一象限的曲線弧長，然後乘以 4 即可獲得整個星形線的弧長。根據式 (1.40) 有

$$s = 4\int_0^{\frac{\pi}{2}} \sqrt{9a^2\cos^4 t\sin^2 t + 9a^2\sin^4 t\cos^2 t}dt = 4 \times \frac{3}{2}a\int_0^{\frac{\pi}{2}} \sin 2t dt = 6a$$

1.6.6 廣義積分

廣義積分（Improper Integral）是定積分的推廣，用於積分區間為無限或積分區間有限但被積分函數無界的情況，也稱為反常積分。前者稱為無窮限廣義積分，或稱無窮積分；後者稱為無界函數的廣義積分，或稱瑕積分。

首先考慮積分區間無限的情況。此時可以使用牛頓-萊布尼茲公式的推廣。函數$f(x)$在$[a,+\infty)$內有定義且連續，$F(x)$是其原函數，如果下面的極限存在

$$\lim_{x\to+\infty} F(x) = F(+\infty)$$

則有

$$\int_a^{+\infty} f(x)\mathrm{d}x = F(+\infty) - F(a) = F(x)|_a^{+\infty} \tag{1.41}$$

對於下面的函數

$$f(x) = \mathrm{e}^{-x}$$

其曲線如圖 1.25 所示。

在區間$[0, +\infty)$內的廣義積分為

$$\int_0^{+\infty} \mathrm{e}^{-x}\mathrm{d}x = -\mathrm{e}^{-x}|_0^{+\infty} = \lim_{x\to+\infty} -\mathrm{e}^{-x} + 1 = 1$$

下面考慮函數值為無限的情況。函數$f(x)$在$[a, b)$內有定義且連續，$F(x)$是其原函數，如果下面的極限存在

$$\lim_{x\to b^-} F(x) = F(b^-)$$

則有

$$\int_a^b f(x)\mathrm{d}x = F(b^-) - F(a) = F(x)|_a^b \tag{1.42}$$

函數 $\frac{1}{\sqrt{1-x^2}}$ 的曲線如圖 1.25 所示。

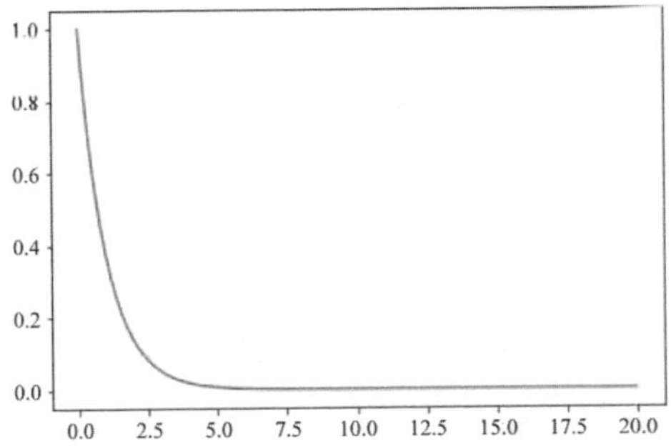

圖 1.25　e^{-x}的曲線

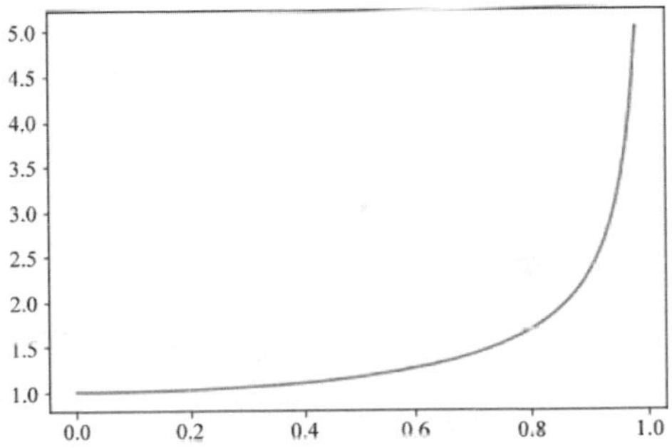

圖 1.26　$\frac{1}{\sqrt{1-x^2}}$的曲線

計算下面的廣義積分

$$\int_0^1 \frac{1}{\sqrt{1-x^2}}\mathrm{d}x = \arcsin x|_0^1 = \frac{\pi}{2}$$

對於某些連續型隨機變數，如正態分佈隨機變數，其機率密度函數的定義區間無限。這種隨機變數的數學期望和方差即為廣義積分，在第 5 章介紹。

1.7 常微分方程

微分方程（Differential Equation，DE）是含有引數、函數與其導數的方程式，方程式的解是函數。普通的代數方程如二次方程、三次方程式的解是實數或複數。微分方程的應用十分廣泛，可以解決很多要尋找符合要求的函數的問題。物理中有關變力的動力學問題，如空氣的阻力隨運動速度而變化的問題，可以用微分方程求解。

1.7.1 基本概念

含有引數、函數以及函數各階導數的方程式稱為常微分方程（Ordinary Differential Equation，ODE），它的解為一元函數。常微分方程可以寫成

$$f(x, y^{(n)}, \cdots, y', y) = 0$$

在這裡f是一個函數，y是x的函數。下面是一個常微分方程的實例

$$x^2y'' - x^3y' + 2y - 4x = 0$$

微分方程中出現的導數的最高階數稱為微分方程的階數，上面的方程式是二階方程式。如果微分方程是未知函數以及各階導數的一次方程，則稱為線性微分方程，否則為非線性微分方程。n階線性微分方程可以寫成以下形式

$$a_n(x)y^{(n)} + a_{n-1}(x)y^{(n-1)} + \cdots + a_0(x)y = g(x)$$

其中$a_n(x) \neq 0$。如果線性微分方程中未知函數項以及各階導數項的係數都是常數，則稱為常係數線性微分方程。下面是一個二階常係數微分方程

$$y'' - 2y' + y - 4x = 0$$

微分方程在物理學中經常被使用。以力學為例，物體在自由落體時如果不考慮空氣阻力，則只有重力加速度的作用。根據牛頓第二定律可以建立下面的微分方程

$$y'' = g$$

其中y為t時刻的位移，g為重力加速度，解此方程式可以獲得位移函數$y(t)$。如果考慮空氣的阻力，對於低速運動的物體，阻力大小與速度大小成正比，方向與重力的方向相反。速度是位移函數的一階導數y'，加速度是位移函數的二階導數y''。根據牛頓第二定律可以獲得下面的微分方程

$$my'' = mg - ky'$$

其中k為常數，m為物體的質量。變形後可以獲得

$$y'' + \frac{k}{m}y' - g = 0$$

大部分的情況下微分方程的解不唯一，加上限定條件可以確保解的唯一性。可以指定函數在某一點或某些點處的值

$$y(x_0) = c_0$$

或是其導數在某一點處的值

$$y'(x_0) = c_1$$

加上這種限定條件之後稱為初值問題。

並非所有微分方程的解都存在。對於初值問題，柯西-利普希茨（Cauchy-Lipschitz）定理列出了解的存在性和唯一性的判別條件。即使解存在，也只有少數簡單的微分方程可以求得解析解。在無法求得解析解時，可以利用數值計算的方法近似求解，常用的有龍格-庫塔（Runge-Kutta）法和理查森（Richardson）外插法。

1.7.2 一階線性微分方程

由於在機器學習和深度學習中所用到的通常是最簡單的方程式，尤其是一階方程式，因此本節只介紹幾種簡單的一階方程式的求解方法。對於最簡單的一階方程式

$$y' = f(x)$$

直接對其積分即可獲得方程式的解

$$y = \int f(x)\mathrm{d}x + C$$

對於方程式一側只含有更高階導數的方程式

$$y^{(n)} = f(x)$$

可以透過多次積分求解。這類方程式稱為可積分的微分方程。

對於下面的方程式

$$y' + ay = 0 \tag{1.43}$$

將方程式兩邊同乘以e^{ax}可得

$$\mathrm{e}^{ax}y' + ay\mathrm{e}^{ax} = 0$$

根據乘法的求導公式可以獲得

$$(\mathrm{e}^{ax}y)' = 0$$

因此

$$\mathrm{e}^{ax}y = C$$

進一步解得

$$y = C\mathrm{e}^{-ax}$$

對於更一般的方程式

$$y' + ay = b(x) \tag{1.44}$$

同樣的將方程式兩邊同乘以e^{ax}可得

$$\mathrm{e}^{ax}y' + ay\mathrm{e}^{ax} = \mathrm{e}^{ax}b(x)$$

即

$$(\mathrm{e}^{ax}y)' = \mathrm{e}^{ax}b(x)$$

進一步有

$$\mathrm{e}^{ax}y = \int \mathrm{e}^{ax}b(x)\mathrm{d}x + C$$

可以解得

$$y = \mathrm{e}^{-ax}\left(\int \mathrm{e}^{ax}b(x)\mathrm{d}x + C\right)$$

式 (1.43) 和式 (1.44) 的微分方程均為一階常係數線性微分方程，前者稱為齊次方程式 ，後者稱為非齊次方程式。

下面來看更複雜的情況。對於以下的方程式

$$y' + a(x)y = b(x)$$

這是一階線性微分方程。將方程式兩邊同乘以$\mathrm{e}^{\int a(x)\mathrm{d}x}$可得

$$y'\mathrm{e}^{\int a(x)\mathrm{d}x} + a(x)y\mathrm{e}^{\int a(x)\mathrm{d}x} = b(x)\mathrm{e}^{\int a(x)\mathrm{d}x}$$

即

$$(\mathrm{e}^{\int a(x)\mathrm{d}x}y)' = b(x)\mathrm{e}^{\int a(x)\mathrm{d}x}$$

因此

$$\mathrm{e}^{\int a(x)\mathrm{d}x}y = \int \mathrm{e}^{\int a(x)\mathrm{d}x}b(x)\mathrm{d}x + C$$

進一步可以解得

$$y = \mathrm{e}^{-\int a(x)\mathrm{d}x}\left(\int \mathrm{e}^{\int a(x)\mathrm{d}x}b(x)\mathrm{d}x + C\right)$$

這些方程式的求解都利用了指數函數求導的優良性質，方程式兩邊同乘以指數函數之後，利用乘積的求導公式，將方程式左側的兩項求和轉為某兩個函數相乘的導數。

《參考文獻》

[1] 同濟大學數學系. 高等數學[M].7 版. 北京：高等教育出版社，2014.

[2] 張築生. 數學分析新講[M]. 北京：北京大學出版社，1990.

Chapter

02

線性代數與矩陣論

線性代數在機器學習和深度學習中扮演注重要的角色。機器學習和深度學習演算法的輸入、輸出、中間結果通常是向量、矩陣或張量。如支援向量機的輸入資料是樣本的特徵向量；深度卷積神經網路的輸入資料為張量。機器學習演算法的模型參數也通常以向量或矩陣的形式表示，如 logistic 回歸的權重向量、全連接神經網路的權重矩陣、卷積神經網路的卷積核心矩陣。向量與矩陣可以簡潔而優雅地表述資料和問題。

線性代數是多元函數微積分的基礎。在圖論中，矩陣也有廣泛的用途，如圖的鄰接矩陣、可達性矩陣、拉普拉斯矩陣，用線性代數的方法研究圖是一種常用的想法。線性代數在隨機過程中也有廣泛的應用，如馬可夫過程的狀態傳輸矩陣。

本章介紹線性代數與矩陣論的核心知識。線性代數較為抽象，對於某些概念的解釋會使用 Python 程式。數值計算函數庫 Numpy 中的線性代數演算法類 linalg 實現了常見的線性代數演算法。某些重要的概念也會結合機器學習中的應用介紹。對線性代數深入和全面的學習可以閱讀參考文獻[1]，對矩陣論的系統學習可以閱讀參考文獻[2]。

2.1 向量及其運算

向量在機器學習中被廣泛使用，樣本資料的特徵向量是其典型代表，它是很多機器學習演算法的輸入資料。本節介紹向量的定義以及基本運算。

2.1.1 基本概念

向量（Vector）是具有大小和方向的量，是由多個數組成的一維陣列，每個數稱為向量的分量。向量分量的數量稱為向量的維數。

物理中的力、速度以及加速度是典型的向量。n維向量$\boldsymbol{x}$有n個分量，可以寫成行向量的形式

$$(x_1 \ \cdots \ x_n)$$

通常將向量寫成小寫黑體斜體字元，本書後續章節均遵守此標準。如果寫成列的形式則稱為列向量，這些分量在列方向排列

$$\begin{pmatrix} x_1 \\ \vdots \\ x_n \end{pmatrix}$$

如果向量的分量是實數，則稱為實向量；如果是複數，則稱為複向量。

與向量相對應的是純量（Scalar），純量只有大小而無方向。物理中的時間、質量以及電流是典型的純量。下面是一個三維向量

$$(0 \ 1 \ 0)$$

n維實向量的集合記為$\mathbb{R}^n$，後續章節中將經常使用這種寫法。在數學中通常把向量表示成列向量，而在電腦程式語言中向量一般按行儲存。因此演算法實現時與數學公式通常有所不同。

圖 2.1 是二維平面內的向量，其在x軸方向和y軸方向的分量分別為 3 和 1。寫成行向量形式為

$$(3 \ 1)$$

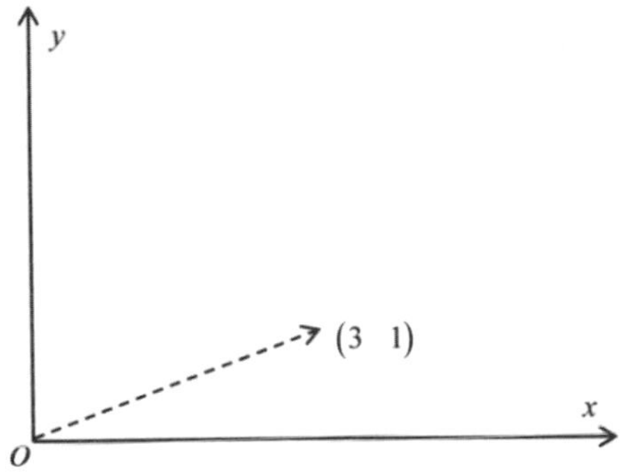

圖 2.1 二維平面內的向量

表 2.1 iris 資料集中的部分樣本

Sepal Length	Sepal Width	Petal Length	Petal Width	類型
5.1	3.5	1.4	0.2	setosa
4.9	3.0	1.4	0.2	setosa
7.0	3.2	4.7	1.4	versicolour
6.4	3.2	4.5	1.5	versicolour
6.3	3.3	6.0	2.5	virginica
5.8	2.7	5.1	1.9	virginica

圖 2.1 中的向量以虛線箭頭表示，起點為原點，終點是以向量的分量為座標的點。三維空間中的力是三維向量，力$\boldsymbol{F}$有 3 個分量，寫成向量形式為

$$(F_x \ \ F_y \ \ F_z)$$

力的加法遵守平行四邊形法則，與 2.1.2 節定義的向量加法一致。所有分量全為 0 的向量稱為零向量，記為 0，它的方向是不確定的。向量與空間中的點是一一對應的，向量$\boldsymbol{x}$以原點為起點，以$\boldsymbol{x}$點為終點。

在機器學習中，樣本資料通常用向量的形式表示，稱為特徵向量（Feature Vector），用於描述樣本的特徵。注意，不要將樣本的特徵向量與矩陣的特徵向量混淆，二者是不同的概念，後者將在 2.5 節介紹。表 2.1 列出了著名的 iris 資料集，包含 3 類鳶尾花的資料，分別為 setosa、versicolour、virginica，每類有 50 個樣本。樣本包含 4 個特徵，分別是花萼長度（Sepal

Length），花萼寬度（Sepal Width），花瓣長度（Petal Length），花瓣寬度（Petal Width）。因此特徵向量是 4 維的。限於篇幅，表 0 只顯示了一部分樣本。

2.1.2 基本運算

轉置運算（Transpose）將列向量變成行向量，將行向量變成列向量。向量$\boldsymbol{x}$的轉置記為$\boldsymbol{x}^{\mathrm{T}}$。下面是對一個行向量的轉置

$$(1\ \ 0\ \ 0)^{\mathrm{T}} = \begin{pmatrix} 1 \\ 0 \\ 0 \end{pmatrix}$$

兩個向量的加法定義為對應分量相加，它要求參與運算的兩個向量維數相等。向量$\boldsymbol{x}$和$\boldsymbol{y}$相加記為$\boldsymbol{x}+\boldsymbol{y}$。下面是加法運算的實例。

$$(1\ \ 2\ \ 3) + (4\ \ 0\ \ 1) = (1+4\ \ 2+0\ \ 3+1) = (5\ \ 2\ \ 4)$$

這與力的加法的平行四邊形法則一致，是其在高維空間中的推廣。圖 2.2 顯示了兩個二維向量的加法。

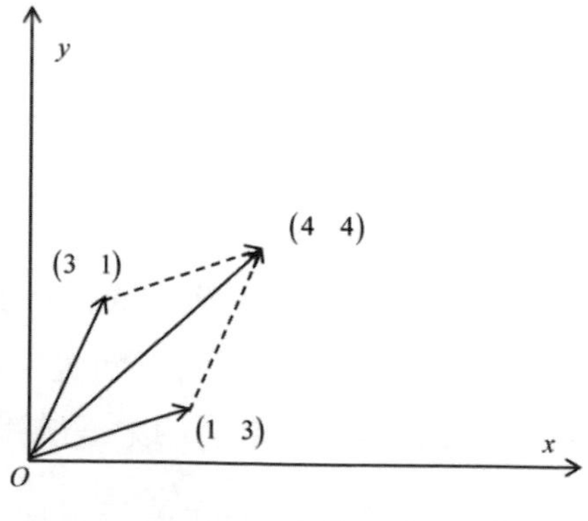

圖 2.2　向量的加法

向量加法滿足交換律與結合律

$$\boldsymbol{x}+\boldsymbol{y}=\boldsymbol{y}+\boldsymbol{x} \qquad\qquad \boldsymbol{x}+\boldsymbol{y}+\boldsymbol{z}=\boldsymbol{x}+(\boldsymbol{y}+\boldsymbol{z})$$

兩個向量的減法為它們對應分量相減，同樣要求參與運算的兩個向量維數

相等。向量$\boldsymbol{x}$和$\boldsymbol{y}$相減記為$\boldsymbol{x}-\boldsymbol{y}$。下面是減法運算的實例。

$$(1\ \ 2\ \ 3)-(4\ \ 0\ \ 1)=(1-4\ \ 2-0\ \ 3-1)=(-3\ \ 2\ \ 2)$$

與向量加法的平行四邊形法則相對應，向量減法符合三角形法則。$\boldsymbol{x}-\boldsymbol{y}$的結果是以$\boldsymbol{y}$為起點，以$\boldsymbol{x}$為終點的向量。

向量$\boldsymbol{x}$與純量k的乘積$k\boldsymbol{x}$定義為純量與向量的每個分量相乘，下面是一個純量乘的實例。

$$5\times(2\ \ 3\ \ 1)=(5\times2\ \ 5\times3\ \ 5\times1)=(10\ \ 15\ \ 5)$$

乘積運算可以改變向量的大小，還可以將向量反向。

加法和數乘滿足分配率

$$k(\boldsymbol{x}+\boldsymbol{y})=k\boldsymbol{x}+k\boldsymbol{y}$$

兩個向量$\boldsymbol{x}$和$\boldsymbol{y}$的內積（Inner Product）定義為它們對應分量乘積之和，即

$$\boldsymbol{x}^{\mathrm{T}}\boldsymbol{y}=\sum_{i=1}^{n}x_iy_i$$

內積也可以記為$\boldsymbol{x}\cdot\boldsymbol{y}$。下面是計算兩個向量內積的實例。

$$\begin{pmatrix}1\\2\\3\end{pmatrix}^{\mathrm{T}}\begin{pmatrix}1\\0\\1\end{pmatrix}=1\times1+2\times0+3\times1=4$$

兩個n維向量的內積運算需要執行n次乘法運算和$n-1$次加法運算。

內積運算滿足下面的規律

$$\boldsymbol{x}^{\mathrm{T}}\boldsymbol{y}=\boldsymbol{y}^{\mathrm{T}}\boldsymbol{x}(k\boldsymbol{x})^{\mathrm{T}} \qquad \boldsymbol{y}=k\boldsymbol{x}^{\mathrm{T}}\boldsymbol{y}$$

$$(\boldsymbol{x}+\boldsymbol{y})^{\mathrm{T}}\boldsymbol{z}=\boldsymbol{x}^{\mathrm{T}}\boldsymbol{z}+\boldsymbol{y}^{\mathrm{T}}\boldsymbol{z} \qquad \boldsymbol{z}^{\mathrm{T}}(\boldsymbol{x}+\boldsymbol{y})=\boldsymbol{z}^{\mathrm{T}}\boldsymbol{x}+\boldsymbol{z}^{\mathrm{T}}\boldsymbol{y}$$

利用內積可以簡化線性函數（一次函數）的表述。對於機器學習中廣泛使用的線性模型的預測函數

$$w_1x_1+\cdots+w_nx_n+b$$

定義係數（權重）向量$\boldsymbol{w} = (w_1 \ \cdots \ w_n)^{\mathrm{T}}$，輸入向量$\boldsymbol{x} = (x_1 \ \cdots \ x_n)^{\mathrm{T}}$，$b$為偏置項。預測函數寫成向量內積形式為

$$\boldsymbol{w}^{\mathrm{T}}\boldsymbol{x} + b$$

線性回歸和線性分類器的預測函數具有這種形式，在 2.1.7 節和 2.1.8 節介紹。

向量與本身內積的結果為其所有分量的平方和，即

$$\boldsymbol{x}^{\mathrm{T}}\boldsymbol{x} = \sum_{i=1}^{n} x_i^2$$

顯然$\boldsymbol{x}^{\mathrm{T}}\boldsymbol{x} \geqslant 0$，這一結論經常被使用。

如果兩個向量的內積為 0，則稱它們正交（Orthogonal）。正交是幾何中垂直這一概念在高維空間的推廣。下面兩個三維空間中的向量相互正交，它們的方向是兩個座標軸方向。

$$\begin{pmatrix}1\\0\\0\end{pmatrix}^{\mathrm{T}}\begin{pmatrix}0\\1\\0\end{pmatrix} = 0$$

兩個向量的阿達馬（Hadamard）積定義為它們對應分量相乘，結果為相同維數的向量，記為$\boldsymbol{x} \odot \boldsymbol{y}$。對於兩個向量

$$\boldsymbol{x} = (x_1 \ \cdots \ x_n)^{\mathrm{T}} \qquad \boldsymbol{y} = (y_1 \ \cdots \ y_n)^{\mathrm{T}}$$

它們的阿達馬乘積為

$$\boldsymbol{x} \odot \boldsymbol{y} = (x_1 y_1 \ \cdots \ x_n y_n)^{\mathrm{T}}$$

下面是阿達馬乘積的實例。

$$(1 \ 2 \ 3) \odot (4 \ 2 \ 5) = (1 \times 4 \ \ 2 \times 2 \ \ 3 \times 5) = (4 \ 4 \ 15)$$

阿達馬乘積可以簡化問題的表述，在反向傳播演算法、各種梯度下降法中被使用。

2.1.3 向量的範數

向量的範數（Norm）是向量的模（長度）這一概念的推廣。向量的 L-p 範數是一個純量，定義為

$$\| \boldsymbol{x} \|_p = \left(\sum_{i=1}^{n} |x_i|^p \right)^{1/p} \tag{2.1}$$

p為正整數。常用的是 L1 和 L2 範數，p的設定值分別為 1 和 2。L1 範數是所有分量的絕對值之和

$$\| \boldsymbol{x} \|_1 = \sum_{i=1}^{n} |x_i|$$

對於向量

$$\boldsymbol{x} = (1 \quad -1 \quad 2)$$

其 L1 範數為

$$\| \boldsymbol{x} \|_1 = |1| + |-1| + |2| = 4$$

L2 範數也稱為向量的模，即向量的長度，定義為

$$\| \boldsymbol{x} \|_2 = \sqrt{\sum_{i=1}^{n} (x_i)^2}$$

此即歐幾里德範數（Euclidean Norm）。L2 範數可以簡寫為$\| \boldsymbol{x} \|$。長度為 1 的向量稱為單位向量。上面這個向量的 L2 範數為

$$\| \boldsymbol{x} \|_2 = \sqrt{1^2 + (-1)^2 + 2^2} = \sqrt{6}$$

L1 範數和 L2 範數被用於建構機器學習中的正規化項。

根據範數的定義，向量數乘運算之後的範數為

$$\| k\boldsymbol{x} \| = |k| \cdot \| \boldsymbol{x} \|$$

顯然有

$$\boldsymbol{x}^{\mathrm{T}}\boldsymbol{x} = \| \boldsymbol{x} \|_2^2$$

對於非 0 向量，透過數乘向量模的倒數，可以將向量單位化（或稱為標準化），使得其長度為 1

$$\frac{\boldsymbol{x}}{\| \boldsymbol{x} \|}$$

對於上面的向量，單位化之後為

$$\left(\frac{1}{\sqrt{6}} \ \frac{-1}{\sqrt{6}} \ \frac{2}{\sqrt{6}}\right)$$

當$p = \infty$時，稱為 L-∞範數，其值為

$$\| \boldsymbol{x} \|_\infty = \max|x_i|$$

即向量分量絕對值的最大值。上面這個向量的 L-∞範數為

$$\| \boldsymbol{x} \|_\infty = \max(|1|, |-1|, |2|) = 2$$

L-∞範數是 L-p 範數的極限

$$\| \boldsymbol{x} \|_\infty = \lim_{p \to +\infty} \left(\sum_{i=1}^{n} |x_i|^p \right)^{1/p}$$

在 1.1.2 節已經證明了此結論。

如不作特殊說明，本書後續章節的向量範數均預設指 L2 範數。

向量內積和 L2 範數滿足著名的柯西-施瓦茲（Cauchy-Schwarz）不等式

$$\boldsymbol{x}^{\mathrm{T}}\boldsymbol{y} \leqslant \| \boldsymbol{x} \| \cdot \| \boldsymbol{y} \|$$

可以透過建構一元二次方程證明。由於

$$(\boldsymbol{x} + t\boldsymbol{y})^{\mathrm{T}}(\boldsymbol{x} + t\boldsymbol{y}) = \boldsymbol{y}^{\mathrm{T}}\boldsymbol{y}t^2 + 2\boldsymbol{x}^{\mathrm{T}}\boldsymbol{y}t + \boldsymbol{x}^{\mathrm{T}}\boldsymbol{x} \geqslant 0$$

對於t的一元二次方程

$$\boldsymbol{y}^{\mathrm{T}}\boldsymbol{y}t^2 + 2\boldsymbol{x}^{\mathrm{T}}\boldsymbol{y}t + \boldsymbol{x}^{\mathrm{T}}\boldsymbol{x} = 0$$

只有$\boldsymbol{x}+t\boldsymbol{y}=0$時才有實數解，根據二次方程的判別法則有

$$\Delta=(2\boldsymbol{x}^{\mathrm{T}}\boldsymbol{y})^2-4\boldsymbol{y}^{\mathrm{T}}\boldsymbol{y}\boldsymbol{x}^{\mathrm{T}}\boldsymbol{x}\leqslant 0$$

即

$$(\boldsymbol{x}^{\mathrm{T}}\boldsymbol{y})^2\leqslant\parallel\boldsymbol{x}\parallel^2\parallel\boldsymbol{y}\parallel^2$$

當且僅當$\boldsymbol{x}+t\boldsymbol{y}=0$即兩個向量成比例時不等式取等號。

向量內積、向量模與向量夾角之間的關係可以表述為

$$\boldsymbol{x}^{\mathrm{T}}\boldsymbol{y}=\parallel\boldsymbol{x}\parallel\cdot\parallel\boldsymbol{y}\parallel\cdot\cos\theta \tag{2.2}$$

其中θ為兩個向量之間的夾角，其設定值範圍為$[0,]$。變形後獲得向量夾角計算公式

$$\cos\theta=\frac{\boldsymbol{x}^{\mathrm{T}}\boldsymbol{y}}{\|\boldsymbol{x}\|\cdot\|\boldsymbol{y}\|} \tag{2.3}$$

根據此式可以計算兩個向量之間的夾角。當兩個向量之間的夾角超過 $\frac{\pi}{2}$ 時，它們的內積為負。

對於兩個長度確定的向量，當夾角為 0 時它們的內積有最大值，此時$\cos\theta=1$；夾角為π時它們的內積有最小值，此時$\cos\theta=-1$。這一結論在梯度下降法和最速下降法的推導中被使用。

對於向量$\boldsymbol{x}=(1\ \ 1\ \ 0)^{\mathrm{T}}$、$\boldsymbol{y}=(0\ \ 1\ \ 1)^{\mathrm{T}}$，它們夾角的餘弦為

$$\cos\theta=\frac{\boldsymbol{x}^{\mathrm{T}}\boldsymbol{y}}{\parallel\boldsymbol{x}\parallel\cdot\parallel\boldsymbol{y}\parallel}=\frac{1\times0+1\times1+0\times1}{\sqrt{1^2+1^2+0^2}\times\sqrt{0^2+1^2+1^2}}=\frac{1}{2}$$

因此它們的夾角為$\frac{\pi}{3}$。

對於向量$\boldsymbol{x}=(1\ \ 0\ \ 0)$與$\boldsymbol{y}=(0\ \ 1\ \ 0)$，它們夾角的餘弦為

$$\cos\theta=\frac{\boldsymbol{x}^{\mathrm{T}}\boldsymbol{y}}{\parallel\boldsymbol{x}\parallel\parallel\boldsymbol{y}\parallel}=\frac{1\times0+0\times1+0\times0}{\sqrt{1^2+0^2+0^2}\sqrt{0^2+1^2+0^2}}=0$$

這兩個向量正交。顯然，第一個向量方向為x軸方向，第二個向量方向為y軸方向。

範數滿足三角不等式，這是平面幾何中三角不等式的抽象。

$$\| \boldsymbol{x}+\boldsymbol{y} \| \leqslant \| \boldsymbol{x} \| + \| \boldsymbol{y} \|$$

將三角不等式兩邊同時平方，有

$$\| \boldsymbol{x}+\boldsymbol{y} \|^2 = (\boldsymbol{x}+\boldsymbol{y})^{\mathrm{T}}(\boldsymbol{x}+\boldsymbol{y}) = \boldsymbol{x}^{\mathrm{T}}\boldsymbol{x} + 2\boldsymbol{x}^{\mathrm{T}}\boldsymbol{y} + \boldsymbol{y}^{\mathrm{T}}\boldsymbol{y}$$

以及

$$(\| \boldsymbol{x} \| + \| \boldsymbol{y} \|)^2 = \| \boldsymbol{x} \|^2 + 2 \| \boldsymbol{x} \| \| \boldsymbol{y} \| + \| \boldsymbol{y} \|^2 = \boldsymbol{x}^{\mathrm{T}}\boldsymbol{x} + 2 \| \boldsymbol{x} \| \| \boldsymbol{y} \| + \boldsymbol{y}^{\mathrm{T}}\boldsymbol{y}$$

根據柯西-施瓦茲不等式，三角不等式成立。

兩個向量相減之後的 L2 範數是它們對應的點之間的距離，稱為歐氏距離

$$\| \boldsymbol{x}-\boldsymbol{y} \|$$

對於三維空間中的兩個點$\boldsymbol{x}_1 = (1,2,1)$與$\boldsymbol{x}_2 = (1,2,3)$，它們之間的距離為

$$d = \| \boldsymbol{x}_1 - \boldsymbol{x}_2 \| = \sqrt{(1-1)^2+(2-2)^2+(1-3)^2} = 2$$

除歐氏距離之外還可以定義其他距離函數。一個將兩個向量對映為實數的函數$d(\boldsymbol{x}_1,\boldsymbol{x}_2)$只要滿足下面的性質，均可作為距離函數。

（1）非負性。距離值必須是非負的，對於$\forall \boldsymbol{x}_1,\boldsymbol{x}_2 \in \mathbb{R}^n$，均有$d(\boldsymbol{x}_1,\boldsymbol{x}_2) \geqslant 0$。

（2）對稱性。距離函數是對稱的，對於$\forall \boldsymbol{x}_1,\boldsymbol{x}_2 \in \mathbb{R}^n$，均有$d(\boldsymbol{x}_1,\boldsymbol{x}_2) = d(\boldsymbol{x}_2,\boldsymbol{x}_1)$。

（3）三角不等式。對於$\forall \boldsymbol{x}_1,\boldsymbol{x}_2,\boldsymbol{x}_3 \in \mathbb{R}^n$，均有$d(\boldsymbol{x}_1,\boldsymbol{x}_2) + d(\boldsymbol{x}_2,\boldsymbol{x}_3) \geqslant d(\boldsymbol{x}_1,\boldsymbol{x}_3)$。

這些性質是歐氏幾何中距離特性的抽象。

2.1.4 解析幾何

下面介紹線性代數在解析幾何中的應用，所有結論均可以從二維平面和三維空間推廣到更高維的空間。

平面解析幾何中直線方程式為

$$ax + by + c = 0$$

空間解析幾何中平面方程式為

$$ax + by + cz + d = 0$$

將它們推廣到n維空間，獲得以下的超平面（Hyperplane）方程式

$$\boldsymbol{w}^{\mathrm{T}}\boldsymbol{x} + b = 0 \tag{2.4}$$

二維平面的直線、三維空間的平面是其特例。在這種表示中，$\boldsymbol{w}$稱為法向量，它與超平面內任意兩個不同點之間連成的直線垂直，如圖 2.3 所示。

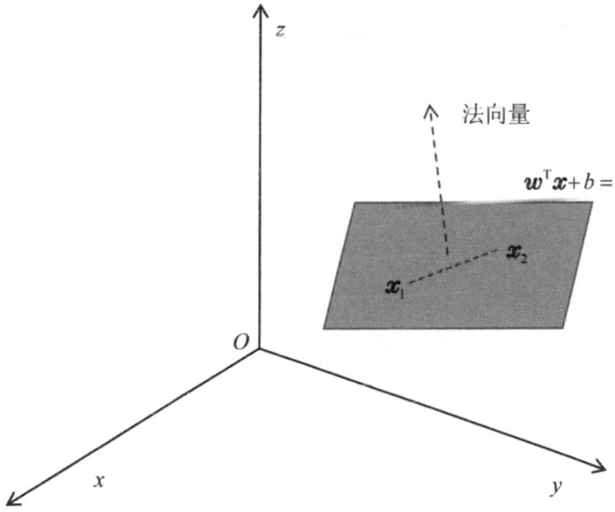

圖 2.3　平面的法向量

圖 2.3 中黑色虛線為平面的法向量，它與平面垂直，對於平面內任意兩點$\boldsymbol{x}_1$與$\boldsymbol{x}_2$，它們連起來的直線（平面上的虛線）均與法向量垂直。事實上，如果這兩個點在平面內，則它們滿足平面的方程式，有

$$\boldsymbol{w}^{\mathrm{T}}\boldsymbol{x}_1 + b = 0\boldsymbol{w}^{\mathrm{T}}\boldsymbol{x}_2 + b = 0$$

兩式相減可以獲得

$$\boldsymbol{w}^{\mathrm{T}}(\boldsymbol{x}_1 - \boldsymbol{x}_2) = 0$$

因此法向量$\boldsymbol{w}$與平面內任意兩點之間的連線$\boldsymbol{x}_1\boldsymbol{x}_2$正交。將線性方程式 (2.4) 的兩側同時乘以一個非 0 的係數，表示的還是同一個超平面。例如對於下面的直線方程式

$$x - y + 1 = 0$$

將方程式兩側同時乘以 2，獲得新的方程式

$$2x - 2y + 2 = 0$$

它和原方程式表示的是同一條直線。

下面介紹點到超平面的距離公式。在平面解析幾何中，點(x, y)到直線的距離為

$$d = \frac{|ax + by + c|}{\sqrt{a^2 + b^2}}$$

在空間解析幾何中，點到平面的距離為

$$d = \frac{|ax + by + cz + d|}{\sqrt{a^2 + b^2 + c^2}}$$

將其推廣到n維空間，根據向量內積和範數可以計算出點到超平面的距離。對於式 (2.4) 所定義的超平面，點$\boldsymbol{x}$到它的距離為

$$d = \frac{|\boldsymbol{w}^{\mathrm{T}}\boldsymbol{x} + b|}{\|\boldsymbol{w}\|_2} \tag{2.5}$$

這與二維平面、三維空間中點到直線和平面的距離公式在形式上是統一的。在支援向量機的推導過程中將使用此距離公式。

下面用一個實例說明。有以下的超平面

$$x_1 - 2x_2 + x_3 - 3x_4 + 1 = 0$$

根據式 (2.5)，點(1,1,1,1)到它的距離為

$$d = \frac{|1 - 2 \times 1 + 1 - 3 \times 1 + 1|}{\sqrt{1^2 + (-2)^2 + 1^2 + (-3)^2}} = \frac{2}{\sqrt{15}}$$

2.1.5 線性相關性

下面根據數乘和加法運算定義線性組合的概念。有向量組$\boldsymbol{x}_1,\cdots,\boldsymbol{x}_l$，如果存在一組實數$k_1,\cdots,k_l$使得

$$\boldsymbol{x}=k_1\boldsymbol{x}_1+\cdots+k_l\boldsymbol{x}_l \tag{2.6}$$

則稱向量$\boldsymbol{x}$可由向量組$\boldsymbol{x}_1,\cdots,\boldsymbol{x}_l$線性串列達。式 (2.6) 右側稱為向量組$\boldsymbol{x}_1,\cdots,\boldsymbol{x}_l$的線性組合（Linear Combination），$k_1,\cdots,k_l$為組合係數。對於以下的向量組

$$\boldsymbol{x}_1=(1\ \ 2\ \ 3)\qquad \boldsymbol{x}_2=(1\ \ 0\ \ 2)\qquad \boldsymbol{x}_3=(0\ \ 0\ \ 1)$$

向量$\boldsymbol{x}$

$$\boldsymbol{x}=\boldsymbol{x}_1+2\boldsymbol{x}_2+\boldsymbol{x}_3=(3\ \ 2\ \ 8)$$

可由該向量組線性串列達，組合係數為 1,2,1。

對於向量組$\boldsymbol{x}_1,\cdots,\boldsymbol{x}_l$，如果存在一組不全為 0 的數$k_1,\cdots,k_l$，使得

$$k_1\boldsymbol{x}_1+k_2\boldsymbol{x}_2+\cdots+k_l\boldsymbol{x}_l=0$$

則稱這組向量線性相關。如果不存在一組全不為 0 的數使得上式成立，則稱這組向量線性無關，也稱為線性獨立（Linear Independence）。

線性相關表示這組向量存在容錯，至少有一個向量可以由其他向量線性串列達。如果$k_i\neq 0$，則有

$$\boldsymbol{x}_i=-\frac{k_1}{k_i}\boldsymbol{x}_1-\cdots-\frac{k_{i-1}}{k_i}\boldsymbol{x}_{i-1}-\frac{k_{i+1}}{k_i}\boldsymbol{x}_{i+1}-\cdots-\frac{k_l}{k_i}\boldsymbol{x}_l$$

行向量組

$$\boldsymbol{x}_1=(1\ \ 0\ \ 0)\quad \boldsymbol{x}_2=(0\ \ 1\ \ 0)\quad \boldsymbol{x}_3=(0\ \ 0\ \ 1) \tag{2.7}$$

線性無關。指定組合係數k_1、k_2、k_3，有

$$k_1(1\ \ 0\ \ 0)+k_2(0\ \ 1\ \ 0)+k_3(0\ \ 0\ \ 1)=(k_1\ \ k_2\ \ k_3)$$

欲使該向量為 0，則有$k_1=k_2=k_3=0$，因此這組向量線性無關。

下面的行向量組

$$\boldsymbol{x}_1 = (1\ \ 1\ \ 0) \qquad \boldsymbol{x}_2 = (2\ \ 2\ \ 0) \qquad \boldsymbol{x}_3 = (3\ \ 3\ \ 0) \tag{2.8}$$

線性相關，因為存在以下的組合係數

$$1 \times (1\ \ 1\ \ 0) + 1 \times (2\ \ 2\ \ 0) + (-1) \times (3\ \ 3\ \ 0) = (0\ \ 0\ \ 0)$$

一個向量組數量最大的線性無關向量子集稱為相當大線性無關組。指定向量組$\boldsymbol{x}_1, \cdots, \boldsymbol{x}_l$，如果$\boldsymbol{x}_{i_1}, \boldsymbol{x}_{i_2}, \cdots, \boldsymbol{x}_{i_m}$線性無關，但任意加入一個向量$\boldsymbol{x}_{i_{m+1}}$之後線性相關，則$\boldsymbol{x}_{i_1}, \boldsymbol{x}_{i_2}, \cdots, \boldsymbol{x}_{i_m}$是相當大線性無關組。相當大線性無關組可能不唯一。對於式 (2.7) 的實例，其相當大線性無關組為$\boldsymbol{x}_1$、$\boldsymbol{x}_2$、$\boldsymbol{x}_3$。對於式 (2.8) 的實例，$\boldsymbol{x}_1$、$\boldsymbol{x}_2$或$\boldsymbol{x}_3$中的任意一個向量均可以作為相當大線性無關組。

可以證明，n維向量的相當大線性無關組最多有n個向量。這表示任意一個向量均可以由n個線性無關的n維向量線性串列達。

2.1.6 向量空間

有n維向量的集合X，如果在其上定義了加法運算和數乘運算，且對兩種運算封閉，即運算結果仍屬於此集合，則稱X為向量空間（Vector Space），也稱為線性空間。對於任意的向量$\boldsymbol{x}, \boldsymbol{y} \in X$，都有

$$\boldsymbol{x} + \boldsymbol{y} \in X \qquad\qquad k\boldsymbol{x} \in X$$

則集合X為向量空間。根據線性組合的定義，向量空間中任意向量的線性組合仍然屬於此空間。設S是向量空間X的子集，如果S對加法和數乘運算都封閉，則稱S為X的子空間。下面舉例說明。

由三維實向量組成的集合$\mathbb{R}^3$是一個線性空間。顯然對於任意的$\boldsymbol{x}, \boldsymbol{y} \in \mathbb{R}^3$以及$k \in \mathbb{R}$，都有

$$\boldsymbol{x} + \boldsymbol{y} \in \mathbb{R}^3 \qquad\qquad k\boldsymbol{x} \in \mathbb{R}^3$$

集合$S = \{\boldsymbol{x} \in \mathbb{R}^3, x_i > 0\}$，即分量全為正的三維向量的集合不是線性空

間，因為它對數乘不封閉。S中的向量$\boldsymbol{x}$數乘一個負數，結果向量的分量為負，不再屬於該集合。

向量空間的相當大線性無關組稱為空間的基，基所包含的向量數稱為空間的維數。

如果$\boldsymbol{u}_1, \cdots, \boldsymbol{u}_n$是空間的一組基，空間中的任意向量$\boldsymbol{x}$均可由這組基線性串列達

$$\boldsymbol{x} = k_1\boldsymbol{u}_1 + \cdots + k_n\boldsymbol{u}_n$$

$k_1, \cdots, k_n$稱為向量$\boldsymbol{x}$在這組基下的座標。

如果基向量$\boldsymbol{u}_1, \cdots, \boldsymbol{u}_n$相互正交

$$\boldsymbol{u}_i^{\mathrm{T}}\boldsymbol{u}_j = 0, i \neq j$$

則稱為正交基底。如果基向量相互正交且長度均為 1

$$\boldsymbol{u}_i^{\mathrm{T}}\boldsymbol{u}_j = 0, \qquad i \neq j\boldsymbol{u}_i^{\mathrm{T}}\boldsymbol{u}_i = 1$$

則稱為標準正交基底。

下面的向量組

$$(1\ \ 0\ \ 0) \quad (0\ \ 1\ \ 0) \quad (0\ \ 0\ \ 1)$$

為$\mathbb{R}^3$的一組標準正交基底，其方向對應三維空間中的 3 個座標軸方向。需要強調的是，空間的基和標準正交基底不是唯一的。

指定一組線性無關的向量，可以根據它們建構出標準正交基底，採用的方法是格拉姆-施密特（Gram-Schmidt）正交化。指定一組非 0 且線性無關的向量$\boldsymbol{x}_1, \cdots, \boldsymbol{x}_l$，格拉姆-施密特正交化先建構出一組正交基底$\boldsymbol{u}_1, \cdots, \boldsymbol{u}_l$，然後將這組正交基底進行標準化獲得標準正交基底$\boldsymbol{e}_1, \cdots, \boldsymbol{e}_l$。首先選擇向量$\boldsymbol{x}_1$作為第一個正交基底方向，令

$$\boldsymbol{u}_1 = \boldsymbol{x}_1$$

然後加入$\boldsymbol{x}_2$，建構$\boldsymbol{u}_1$和$\boldsymbol{x}_2$的線性組合，使得它與$\boldsymbol{u}_1$正交

$$\boldsymbol{u}_2 = \boldsymbol{x}_2 - \alpha_{21}\boldsymbol{u}_1$$

由於$\boldsymbol{u}_2$與$\boldsymbol{u}_1$正交，因此有

$$(\boldsymbol{x}_2 - \alpha_{21}\boldsymbol{u}_1)^{\mathrm{T}}\boldsymbol{u}_1 = 0$$

解得

$$\alpha_{21} = \frac{\boldsymbol{x}_2^{\mathrm{T}}\boldsymbol{u}_1}{\boldsymbol{u}_1^{\mathrm{T}}\boldsymbol{u}_1}$$

下面解釋這種做法的幾何意義，如圖 2.4 所示。由於

$$\boldsymbol{x}_2^{\mathrm{T}}\boldsymbol{u}_1 = \| \boldsymbol{x}_2 \| \| \boldsymbol{u}_1 \| \cos\theta$$

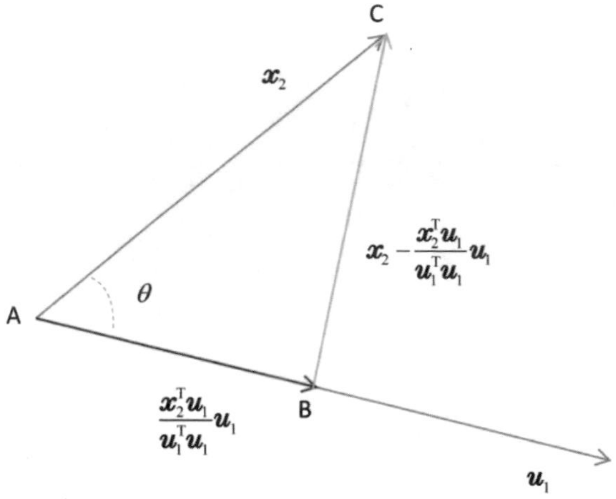

圖 2.4 透過向量投影建構垂直向量

因此$\frac{\boldsymbol{x}_2^{\mathrm{T}}\boldsymbol{u}_1}{\|\boldsymbol{u}_1\|} = \| \boldsymbol{x}_2 \| \cos\theta$就是$\boldsymbol{x}_2$在$\boldsymbol{u}_1$方向上投影向量的長度，是圖 2.4 中的直角三角形 ABC 的直角邊 AB 的長度，這裡$\boldsymbol{x}_2$是三角形的斜邊 AC。由於$\frac{\boldsymbol{u}_1}{\|\boldsymbol{u}_1\|}$是$\boldsymbol{u}_1$方向的單位向量，$\frac{\boldsymbol{x}_2^{\mathrm{T}}\boldsymbol{u}_1}{\|\boldsymbol{u}_1\|}\frac{\boldsymbol{u}_1}{\|\boldsymbol{u}_1\|} = \frac{\boldsymbol{x}_2^{\mathrm{T}}\boldsymbol{u}_1}{\boldsymbol{u}_1^{\mathrm{T}}\boldsymbol{u}_1}\boldsymbol{u}_1$就是$\boldsymbol{x}_2$在$\boldsymbol{u}_1$方向上的投影向量，是圖中的向量 AB。根據向量減法的三角形法則，$\boldsymbol{x}_2 - \frac{\boldsymbol{x}_2^{\mathrm{T}}\boldsymbol{u}_1}{\boldsymbol{u}_1^{\mathrm{T}}\boldsymbol{u}_1}\boldsymbol{u}_1$就是圖中的向量 BC，與$\boldsymbol{u}_1$垂直。

接下來加入$\boldsymbol{x}_3$，建構出$\boldsymbol{u}_3$，是$\boldsymbol{u}_1$、$\boldsymbol{u}_2$和$\boldsymbol{x}_3$的線性組合，使得它與$\boldsymbol{u}_1$及$\boldsymbol{u}_2$均正交

$$\boldsymbol{u}_3 = \boldsymbol{x}_3 - \alpha_{31}\boldsymbol{u}_1 - \alpha_{32}\boldsymbol{u}_2$$

由於$\boldsymbol{u}_3$與$\boldsymbol{u}_1$正交，因此有

$$(\boldsymbol{x}_3 - \alpha_{31}\boldsymbol{u}_1 - \alpha_{32}\boldsymbol{u}_2)^{\mathrm{T}}\boldsymbol{u}_1 = 0$$

而$\boldsymbol{u}_1$與$\boldsymbol{u}_2$正交，$(\alpha_{32}\boldsymbol{u}_2)^{\mathrm{T}}\boldsymbol{u}_1 = 0$，因此可以解得

$$\alpha_{31} = \frac{\boldsymbol{x}_3^{\mathrm{T}}\boldsymbol{u}_1}{\mathbf{u}_1^{\mathrm{T}}\boldsymbol{u}_1}$$

由於$\boldsymbol{u}_3$與$\boldsymbol{u}_2$正交，因此有

$$(\boldsymbol{x}_3 - \alpha_{31}\boldsymbol{u}_1 - \alpha_{32}\boldsymbol{u}_2)^{\mathrm{T}}\boldsymbol{u}_2 = 0$$

而$\boldsymbol{u}_1$與$\boldsymbol{u}_2$正交，$(\alpha_{31}\boldsymbol{u}_1)^{\mathrm{T}}\boldsymbol{u}_2 = 0$，因此可以解得

$$\alpha_{32} = \frac{\boldsymbol{x}_3^{\mathrm{T}}\boldsymbol{u}_2}{\boldsymbol{u}_2^{\mathrm{T}}\boldsymbol{u}_2}$$

依此類推，在加入$\boldsymbol{x}_k$時建構下面的線性組合

$$\boldsymbol{u}_k = \boldsymbol{x}_k - \sum_{i=1}^{k-1}\alpha_{ki}\boldsymbol{u}_i \tag{2.9}$$

由於它與$\boldsymbol{u}_1,\cdots,\boldsymbol{u}_{k-1}$均正交，因此

$$\left(\mathbf{x}_k - \sum_{i=1}^{k-1}\alpha_{ki}\mathbf{u}_i\right)^{\mathrm{T}}\mathbf{u}_j = 0, \qquad j = 1,\cdots,k-1$$

而$\mathbf{u}_j$與$\mathbf{u}_i, i = 1,\cdots,k-1, i \neq j$均正交，進一步解得

$$\alpha_{ki} = \frac{\mathbf{x}_k^{\mathrm{T}}\mathbf{u}_i}{\mathbf{u}_i^{\mathrm{T}}\mathbf{u}_i} \tag{2.10}$$

反覆執行上面的過程，獲得一組正交基底

$$\mathbf{u}_1,\cdots,\mathbf{u}_l$$

將它們分別標準化，獲得標準正交基底

$$\frac{\mathbf{u}_1}{\| \mathbf{u}_1 \|}, \cdots, \frac{\mathbf{u}_l}{\| \mathbf{u}_l \|}$$

下面解釋格拉姆-施密特正交化的幾何意義。首先考慮二維的情況，如圖 2.5 所示。

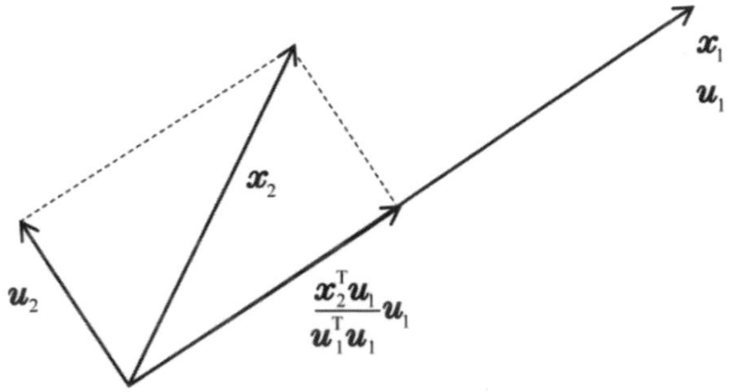

圖 2.5 二維平面的格拉姆-施密特正交化

圖 2.5 中向量$\frac{\mathbf{x}_2^{\mathrm{T}}\mathbf{u}_1}{\mathbf{u}_1^{\mathrm{T}}\mathbf{u}_1}\mathbf{u}_1$與$\mathbf{u}_1$同向，是向量$\mathbf{x}_2$在$\mathbf{x}_1$方向的投影，顯然$\mathbf{x}_2$減掉該投影之後的向量，即向量$\mathbf{u}_2$，與$\mathbf{u}_1$垂直。

下面考慮三維的情況，如圖 2.6 所示。首先建構出$\mathbf{u}_2$，與二維平面的方法相同，確保$\mathbf{u}_2$與$\mathbf{u}_1$垂直。然後處理$\mathbf{x}_3$，首先減掉其在$\mathbf{u}_1$方向的投影，確保相減之後與$\mathbf{u}_1$垂直。然後減掉在$\mathbf{u}_2$方向的投影，確保與$\mathbf{u}_2$垂直。

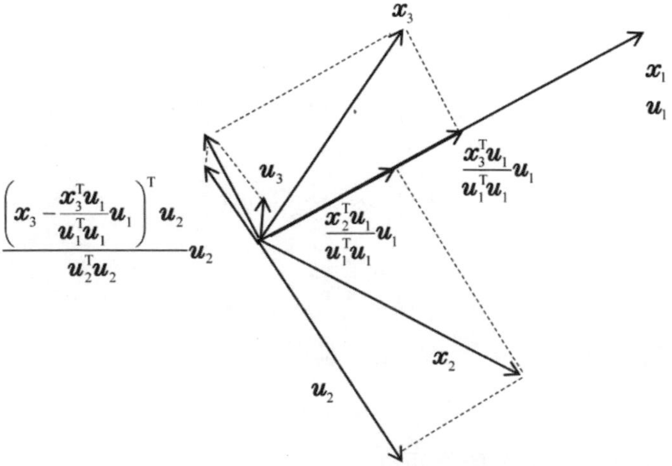

圖 2.6 三維空間的格拉姆-施密特正交化

下面舉例說明。有以下的向量組

$$\mathbf{x}_1=\begin{pmatrix}1\\0\\1\end{pmatrix},\mathbf{x}_2=\begin{pmatrix}1\\1\\0\end{pmatrix},\mathbf{x}_3=\begin{pmatrix}0\\1\\1\end{pmatrix}$$

首先生成$\boldsymbol{u}_1$

$$\mathbf{u}_1=\mathbf{x}_1=\begin{pmatrix}1\\0\\1\end{pmatrix}$$

然後生成$\mathbf{u}_2$，組合係數為

$$\alpha_{21}=\frac{\mathbf{x}_2^{\mathrm{T}}\mathbf{u}_1}{\mathbf{u}_1^{\mathrm{T}}\mathbf{u}_1}=\frac{1\times1+0\times1+1\times0}{1^2+0^2+1^2}=\frac{1}{2}$$

因此

$$\mathbf{u}_2=\mathbf{x}_2-\alpha_{21}\mathbf{u}_1=\begin{pmatrix}1\\1\\0\end{pmatrix}-\frac{1}{2}\begin{pmatrix}1\\0\\1\end{pmatrix}=\frac{1}{2}\begin{pmatrix}1\\2\\-1\end{pmatrix}$$

最後生成$\mathbf{u}_3$，組合係數為

$$\alpha_{31}=\frac{\mathbf{x}_3^{\mathrm{T}}\mathbf{u}_1}{\mathbf{u}_1^{\mathrm{T}}\mathbf{u}_1}=\frac{1\times0+0\times1+1\times1}{1^2+0^2+1^2}=\frac{1}{2}$$

以及

$$\alpha_{32}=\frac{\mathbf{x}_3^{\mathrm{T}}\mathbf{u}_2}{\mathbf{u}_2^{\mathrm{T}}\mathbf{u}_2}=\frac{\frac{1}{2}(1\times0+2\times1+(-1)\times1)}{\frac{1}{4}(1^2+2^2+(-1)^2)}=\frac{1}{3}$$

因此

$$\mathbf{u}_3=\mathbf{x}_3-\alpha_{31}\mathbf{u}_1-\alpha_{32}\mathbf{u}_2=\begin{pmatrix}0\\1\\1\end{pmatrix}-\frac{1}{2}\begin{pmatrix}1\\0\\1\end{pmatrix}-\frac{1}{3}\times\frac{1}{2}\begin{pmatrix}1\\2\\-1\end{pmatrix}=\frac{2}{3}\begin{pmatrix}-1\\1\\1\end{pmatrix}$$

最後對$\mathbf{u}_1$、$\mathbf{u}_2$和$\mathbf{u}_3$進行單位化

$$\mathbf{e}_1=\frac{\mathbf{u}_1}{\parallel\mathbf{u}_1\parallel}=\frac{1}{\sqrt{2}}\begin{pmatrix}1\\0\\1\end{pmatrix}\mathbf{e}_2=\frac{\mathbf{u}_2}{\parallel\mathbf{u}_2\parallel}=\frac{1}{\sqrt{6}}\begin{pmatrix}1\\2\\-1\end{pmatrix}\mathbf{e}_3=\frac{\mathbf{u}_3}{\parallel\mathbf{u}_3\parallel}=\frac{1}{\sqrt{3}}\begin{pmatrix}-1\\1\\1\end{pmatrix}$$

即為一組標準正交基底。

2.1.7 應用——線性回歸

線性模型是非常簡單的機器學習模型，本節介紹線性回歸。有l個樣本$(\mathbf{x}_i, y_i), i = 1, \cdots, l$，其中$\mathbf{x}_i \in \mathbb{R}^n$為特徵向量，$y_i \in \mathbb{R}$為實數標籤值。線性回歸用線性函數擬合這組樣本資料。指定輸入向量$\mathbf{x}$，其預測函數為

$$h(\mathbf{x}) = \mathbf{w}^{\mathrm{T}}\mathbf{x} + b \tag{2.11}$$

權重向量$\mathbf{w}$和偏置b是模型的參數。對於一維輸入向量，線性回歸擬合的是平面內的直線，橫軸為輸入資料，縱軸為實數標籤值。下面舉例説明。

對於表 2.2 的房價資料，現在用線性回歸進行預測，建立房屋面積與價格之間的關係。線性回歸所擬合出的直線如圖 2.7 所示。

表 2.2 房價資料

面積 / m^2	價格 / 萬元
150	6450
200	7450
250	8450
300	9450
350	11450
400	15450
600	18450

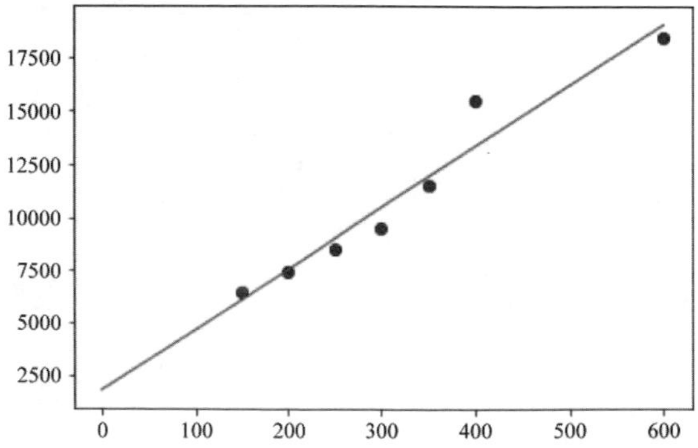

圖 2.7 一維資料的線性回歸

圖 2.7 中的直線為線性回歸擬合的函數，小數點為樣本點。橫軸為輸入變數，即面積，縱軸為預測的標籤值，即房屋的價格。任意指定一個$\mathbf{x}$值，代入式 (2.11) 均可預測出該面積的房屋的價格。

模型的參數$\mathbf{w}$和b透過訓練確定。訓練的目標通常是最小化均方誤差（Mean Squared Error，MSE）函數，它在機器學習中被廣泛使用，用於衡量兩個向量之間的差距，其中一個向量是真實值，另外一個向量是預測值。目標函數定義為

$$\frac{1}{2l}\sum_{i-1}^{l}(h(\mathbf{x}_i)-y_i)^2$$

將線性回歸的預測函數代入，可以獲得最佳化的目標為

$$L(\mathbf{w},b)=\frac{1}{2l}\sum_{i=1}^{l}(\mathbf{w}^{\mathrm{T}}\mathbf{x}_i+b-y_i)^2 \tag{212}$$

求式 (2.12) 多元函數的極小值即可獲得模型的參數，在 3.3.4 節將進一步討論如何求解此問題。

2.1.8 應用——線性分類器與支援向量機

分類演算法的目標是確定樣本的所屬類別。例如對於表 0 的 iris 資料集，根據花的各種特徵判斷它屬於哪一類。本節重點討論二分類問題，樣本可以分為正樣本和負樣本兩類，正樣本的標籤值為+1、負樣本的標籤值為−1。線性分類器是最簡單的分類器之一，是n維空間中的分類超平面，它將空間切分成兩部分。線性分類器的超平面方程式為

$$\mathbf{w}^{\mathrm{T}}\mathbf{x}+b=0$$

其中$\mathbf{x}$為輸入向量，$\mathbf{w}$是權重向量，b是偏置項，它們透過訓練獲得。對於一個樣本$\mathbf{x}$，如果滿足

$$\mathbf{w}^{\mathrm{T}}\mathbf{x}+b>0 \tag{2.13}$$

則被判斷為正樣本，否則被判斷為負樣本。圖 2.8 是一個線性分類器對二維平面進行分割的示意圖。

在圖 2.8 中，直線將平面分成兩部分。落在直線左側的點被判斷成第一類；落在直線右側的點被判斷成第二類。線性分類器的預測函數可以寫成

$$(\mathbf{w}^{\mathrm{T}}\mathbf{x}+b) \tag{2.14}$$

其中為符號函數，在 1.2.2 節已經定義，其輸出值為+1 或−1。指定一個樣本的向量$\mathbf{x}$，代入式 (2.14) 就可以獲得它的類別值±1。這分別對應正樣本和負樣本。

有一個問題是，究竟在超平面哪一側的樣本是正樣本，哪一側的樣本是負樣本？事實上，無論哪一側，都可以是正樣本。因為只要將超平面方程式乘以一個負數，即可實現式 (2.13) 的反號。下面用一個實例說明，如圖 2.9 所示。

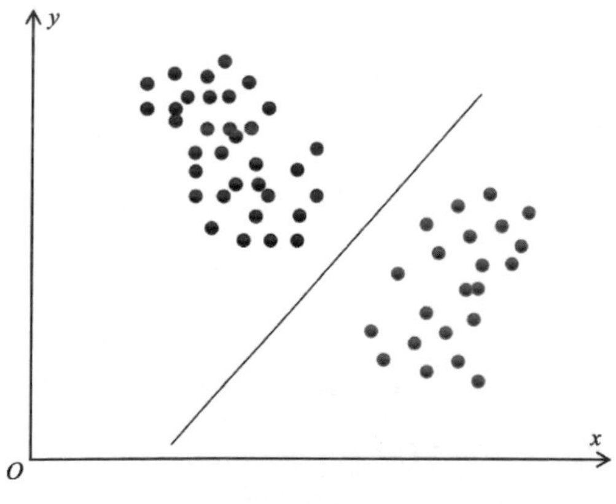

圖 2.8　二維平面中的線性分類器

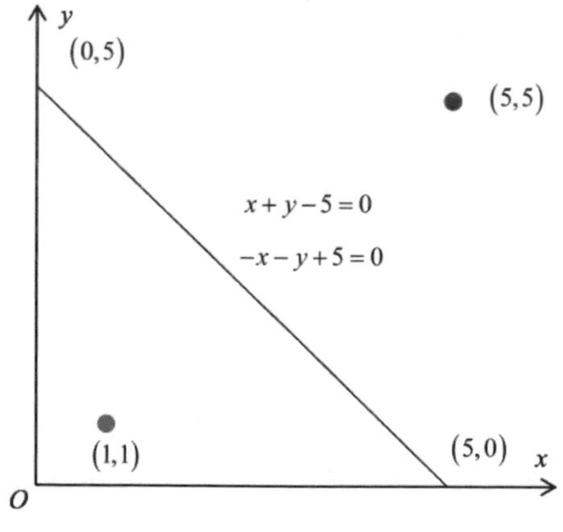

圖 2.9　二維平面中的線性分類器分割的平面

在圖 2.9 中，正樣本有一個樣本點(5,5)；負樣本有一個樣本點(1,1)。分類超平面即圖中的直線的方程式為

$$x+y-5=0$$

將正樣本的點代入上面的方程式，計算出的值為正。將負樣本的點代入，

計算出來的結果為負。但如果我們將方程式兩邊同乘以−1，獲得新的方程式

$$-x - y + 5 = 0$$

此方程式所表示的還是同一條直線，但將正樣本代入方程式之後，計算出的結果為負，負樣本則為正。因此，可以透過控制權重向量$\mathbf{w}$和偏置項b的值使得正樣本的預測值一定為正。

線性分類器的參數透過訓練獲得，其目標是最大化訓練樣本集的預測正確率。目前有多種最佳化目標的建構，在 4.9.1 節將介紹感知器模型的損失函數。

大部分的情況下，對於一個樣本集，可行的分類器是不唯一的。圖 2.10 是典型的實例，圖中兩條直線均可將兩種顏色的樣本分開。支援向量機（不考慮核心函數）是線性分類器的特例，是最大化分類間隔的線性分類器。其目標是尋找一個分類超平面，它不僅能正確地分類每一個樣本，並且要使得每一類樣本中距離超平面最近的樣本到超平面的距離盡可能遠，這樣有更好的泛化效能。只要樣本落在本側的間隔內，都能被正確分類。

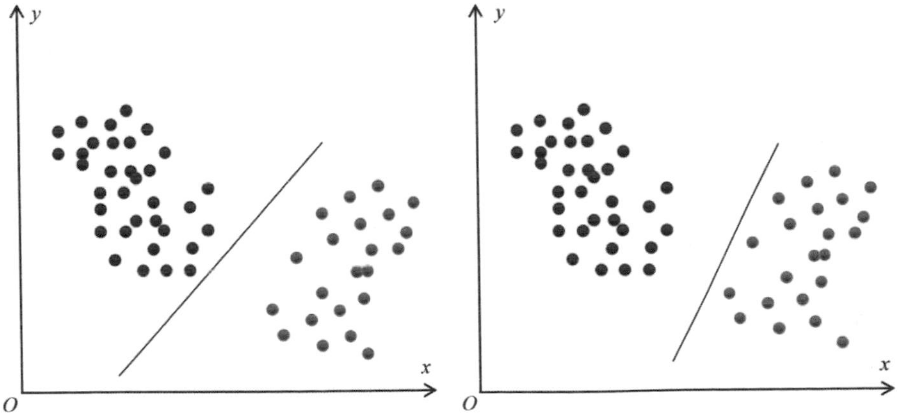

圖 2.10 兩個不同的線性分類器

假設訓練樣本集有l個樣本，特徵向量$\mathbf{x}_i$是n維向量，類別標籤y_i設定值為+1 或−1。支援向量機為這些樣本尋找一個最佳分類超平面，其方程式為

$$\mathbf{w}^{\mathrm{T}}\mathbf{x}+b=0$$

首先要確保每個樣本都被正確分類。對於正樣本有

$$\mathbf{w}^{\mathrm{T}}\mathbf{x}+b>0$$

對於負樣本有

$$\mathbf{w}^{\mathrm{T}}\mathbf{x}+b<0$$

這與線性分類器的做法相同。由於正樣本的的類別標籤為+1，負樣本的類別標籤為−1，可統一寫成以下不等式約束

$$y_i(\mathbf{w}^{\mathrm{T}}\mathbf{x}_i+b)>0$$

其次，要求超平面到兩類樣本的距離要盡可能遠。根據點到超平面的距離公式，每個樣本到分類超平面的距離為

$$d=\frac{|\mathbf{w}^{\mathrm{T}}\mathbf{x}_i+b|}{\parallel\mathbf{w}\parallel}$$

在 2.1.4 節已經介紹，上面的超平面方程式有容錯，將方程式兩邊都乘以不等於 0 的常數，還是同一個超平面，利用這個特點可以簡化求解的問題。對$\mathbf{w}$和b加上以下約束可以消掉容錯

$$\min_{\mathbf{x}_i}|\mathbf{w}^{\mathrm{T}}\mathbf{x}_i+b|=1$$

同時簡化點到超平面距離計算公式。對分類超平面的約束變成

$$y_i(\mathbf{w}^{\mathrm{T}}\mathbf{x}_i+b)\geqslant 1$$

這是上面那個不等式約束的加強版。該等式約束的意義是兩類樣本中離分類超平面最近的樣本點代入超平面方程式之後，其絕對值為 1。分類超平面與兩類樣本之間的間隔為

$$\begin{aligned}d(\mathbf{w},b)&=\min_{\mathbf{x}_i,y_i=-1}d(\mathbf{w},b;\mathbf{x}_i)+\min_{\mathbf{x}_i,y_i=1}d(\mathbf{w},b;\mathbf{x}_i)\\&=\min_{\mathbf{x}_i,y_i=-1}\frac{|\mathbf{w}^{\mathrm{T}}\mathbf{x}_i+b|}{\parallel\mathbf{w}\parallel}+\min_{\mathbf{x}_i,y_i=1}\frac{|\mathbf{w}^{\mathrm{T}}\mathbf{x}_i+b|}{\parallel\mathbf{w}\parallel}\end{aligned}$$

$$= \frac{1}{\| \mathbf{w} \|}\left(\min_{\mathbf{x}_i, y_i=-1} |\mathbf{w}^{\mathrm{T}}\mathbf{x}_i + b| + \min_{\mathbf{x}_i, y_i=1} |\mathbf{w}^{\mathrm{T}}\mathbf{x}_i + b|\right) = \frac{2}{\| \mathbf{w} \|}$$

目標是使得這個間隔最大化，這等於最小化下面的目標函數

$$\frac{1}{2} \| \mathbf{w} \|^2$$

加上前面定義的限制條件之後，求解的最佳化問題可以寫成

$$\begin{aligned} &\min \frac{1}{2} \mathbf{w}^{\mathrm{T}}\mathbf{w} \\ &y_i(\mathbf{w}^{\mathrm{T}}\mathbf{x}_i + b) \geqslant 1 \end{aligned} \tag{2.15}$$

這是一個帶不等式約束的二次函數極值問題，在第 4 章將介紹其求解方法。圖 2.11 是最大間隔分類超平面示意圖。

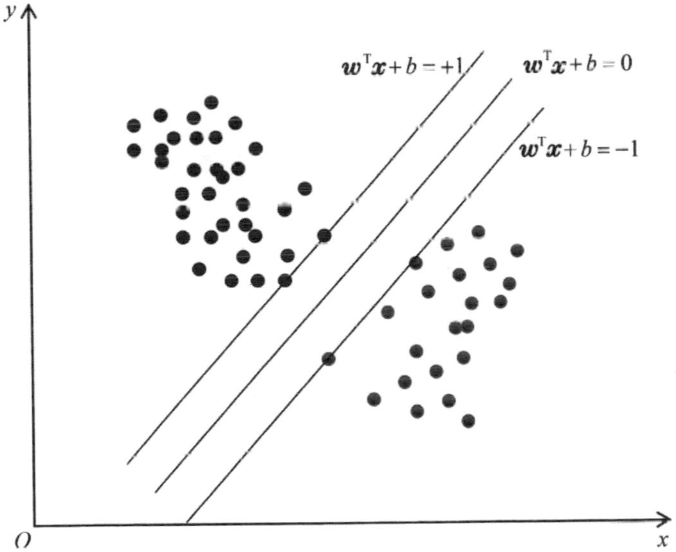

圖 2.11 最大化分類間隔

在圖 2.11 中，兩側的樣本點都有 2 個樣本點離分類直線最近。把同一類型的這些最近樣本點連接起來，形成兩條平行的直線，分類直線位於這兩條線的中間位置。若對支援向量機系統地進行了解，可以閱讀參考文獻[3]。

2.2 矩陣及其運算

矩陣即電腦程式語言中的二維陣列，是機器學習中使用最廣泛的資料類型之一。單通道的灰階影像是矩陣的典型代表，其每個元素為一個像素值。在數學和機器學習領域，矩陣都有廣泛的用途，典型的有圖的鄰接矩陣（見本書第 8 章）、隨機過程中的狀態傳輸矩陣（見本書第 7 章）。

2.2.1 基本概念

矩陣$\mathbf{A}$是二維陣列，一個$m \times n$的矩陣有m行和n列，每個位置(i, j)處的元素a_{ij}是一個數，記為

$$\begin{pmatrix} a_{11} & \cdots & a_{1n} \\ \vdots & & \vdots \\ a_{m1} & \cdots & a_{mn} \end{pmatrix}$$

矩陣通常用大寫的黑體、斜體字母表示，本書後續章節均遵守此約定。一張灰階影像可以看作矩陣，其每個元素對應影像的像素，矩陣的行數為影像的高度，矩陣的列數為影像的寬度。

矩陣的元素可以是實數，稱為實矩陣；也可以是複數，稱為複矩陣。全體$m \times n$實矩陣的集合記為$\mathbb{R}^{m \times n}$。

下面是一個2×3的矩陣

$$\begin{pmatrix} 1 & 2 & 3 \\ 3 & 2 & 1 \end{pmatrix}$$

如果矩陣的行數和列數相等，則稱為方陣。$n \times n$的方陣稱為n階方陣。如果一個方陣的元素滿足

$$a_{ij} = a_{ji}$$

則稱該矩陣為對稱矩陣。下面是一個對稱矩陣

$$\begin{pmatrix} 1 & 2 & 3 \\ 2 & 2 & 4 \\ 3 & 4 & 0 \end{pmatrix}$$

矩陣所有行號和列號相等的元素a_{ii}的全體稱為主對角線。如果一個矩陣除主對角線之外所有元素都為 0，則稱為對角矩陣。下面是一個對角矩陣

$$\begin{pmatrix} 1 & 0 & 0 \\ 0 & 2 & 0 \\ 0 & 0 & 3 \end{pmatrix}$$

該對角矩陣可以簡記為

$$(1,2,3)$$

通常將對角矩陣記為Λ。

如果一個矩陣的主對角線元素為 1、其他元素都為 0，則稱為單位矩陣，記為$\mathbf{I}$。下面是一個單位矩陣

$$\begin{pmatrix} 1 & 0 & 0 \\ 0 & 1 & 0 \\ 0 & 0 & 1 \end{pmatrix}$$

單位矩陣的作用類似於實數中的 1，在矩陣乘法和反矩陣中會作說明。n階單位矩陣記為$\mathbf{I}_n$。

如果一個矩陣的所有元素都為 0，則稱為零矩陣，記為 0，其作用類似於實數中的 0。如果方陣的主對角線以下位置的元素全為 0，則稱為上三角矩陣。下面是一個上三角矩陣

$$\begin{pmatrix} 1 & 1 & 0 \\ 0 & 2 & 1 \\ 0 & 0 & 3 \end{pmatrix}$$

如果方陣的主對角線以上位置的元素都為 0，則稱為下三角矩陣。下面是一個下三角矩陣

$$\begin{pmatrix} 1 & 0 & 0 \\ 4 & 2 & 0 \\ 6 & 5 & 3 \end{pmatrix}$$

一個向量組$\mathbf{x}_1, \cdots, \mathbf{x}_n$的格拉姆（Gram）矩陣是一個$n \times n$的矩陣，其每一個元素$G_{ij}$為向量$\mathbf{x}_i$與$\mathbf{x}_j$的內積。即

$$\mathbf{G}=\begin{pmatrix}\mathbf{x}_1^{\mathrm{T}}\mathbf{x}_1 & \mathbf{x}_1^{\mathrm{T}}\mathbf{x}_2 & \cdots & \mathbf{x}_1^{\mathrm{T}}\mathbf{x}_n \\ \mathbf{x}_2^{\mathrm{T}}\mathbf{x}_1 & \mathbf{x}_2^{\mathrm{T}}\mathbf{x}_2 & \cdots & \mathbf{x}_2^{\mathrm{T}}\mathbf{x}_n \\ \vdots & \vdots & & \vdots \\ \mathbf{x}_n^{\mathrm{T}}\mathbf{x}_1 & \mathbf{x}_n^{\mathrm{T}}\mathbf{x}_2 & \cdots & \mathbf{x}_n^{\mathrm{T}}\mathbf{x}_n\end{pmatrix}$$

由於

$$\mathbf{x}_i^{\mathrm{T}}\mathbf{x}_j=\mathbf{x}_j^{\mathrm{T}}\mathbf{x}_i$$

因此格拉姆矩陣是一個對稱矩陣。對於下面的向量組

$$\mathbf{x}_1=(1\ \ 2\ \ 3)^{\mathrm{T}}\mathbf{x}_2=(1\ \ 0\ \ 1)^{\mathrm{T}}$$

其格拉姆矩陣為

$$\mathbf{G}=\begin{pmatrix}\mathbf{x}_1^{\mathrm{T}}\mathbf{x}_1 & \mathbf{x}_1^{\mathrm{T}}\mathbf{x}_2 \\ \mathbf{x}_2^{\mathrm{T}}\mathbf{x}_1 & \mathbf{x}_2^{\mathrm{T}}\mathbf{x}_2\end{pmatrix}=\begin{pmatrix}14 & 4 \\ 4 & 2\end{pmatrix}$$

在機器學習中該矩陣經常出現，包含主成分分析、核心主成分分析、線性判別分析、線性回歸、logistic 回歸以及支援向量機的推導和證明。

2.2.2 基本運算

矩陣的轉置（Transpose）定義為行和列索引相互交換，一個$m\times n$的矩陣轉置之後為$n\times m$的矩陣。矩陣$\mathbf{A}$的轉置記為$\mathbf{A}^{\mathrm{T}}$，下面是一個矩陣轉置的實例

$$\begin{pmatrix}1 & 2 & 3 \\ 4 & 5 & 6\end{pmatrix}^{\mathrm{T}}=\begin{pmatrix}1 & 4 \\ 2 & 5 \\ 3 & 6\end{pmatrix}$$

兩個矩陣的加法為其對應位置元素相加，顯然執行加法運算的兩個矩陣必須有相同的尺寸。矩陣$\mathbf{A}$和$\mathbf{B}$相加記為

$$\mathbf{A}+\mathbf{B}$$

下面是兩個矩陣相加的實例

$$\begin{pmatrix}1 & 2 & 3 \\ 4 & 5 & 6\end{pmatrix}+\begin{pmatrix}7 & 8 & 9 \\ 10 & 11 & 12\end{pmatrix}=\begin{pmatrix}8 & 10 & 12 \\ 14 & 16 & 18\end{pmatrix}$$

加法和轉置滿足

$$(\mathbf{A}+\mathbf{B})^{\mathrm{T}}=\mathbf{A}^{\mathrm{T}}+\mathbf{B}^{\mathrm{T}}$$

加法滿足交換律與結合律

$$\mathbf{A}+\mathbf{B}=\mathbf{B}+\mathbf{A}\mathbf{A}+\mathbf{B}+\mathbf{C}=\mathbf{A}+(\mathbf{B}+\mathbf{C})$$

兩個矩陣的減法為對應位置元素相減，同樣地，執行減法運算的兩個矩陣必須尺寸相等。矩陣$\mathbf{A}$和$\mathbf{B}$相減記為

$$\mathbf{A}-\mathbf{B}$$

矩陣與純量的乘法，即數乘，定義為純量與矩陣的每個元素相乘。矩陣$\mathbf{A}$和k數乘記為

$$k\mathbf{A}$$

下面是數乘的實例

$$5\times\begin{pmatrix}1 & 2 & 3\\ 4 & 5 & 6\end{pmatrix}=\begin{pmatrix}5 & 10 & 15\\ 20 & 25 & 30\end{pmatrix}$$

數乘和加法滿足分配率

$$k(\mathbf{A}+\mathbf{B})=k\mathbf{A}+k\mathbf{B}$$

兩個矩陣的乘法定義為用第一個矩陣的每個行向量和第二個矩陣的每個列向量做內積，形成結果矩陣的每個元素，顯然第一個矩陣的列數要和第二個矩陣的行數相等。矩陣$\mathbf{A}$和$\mathbf{B}$相乘記為

$$\mathbf{AB}$$

一個$m\times p$和一個$p\times n$的矩陣相乘的結果為一個$m\times n$的矩陣。結果矩陣第i行第j列位置處的元素為$\mathbf{A}$的第i行與$\mathbf{B}$的第j列的內積 $\sum_{k=1}^{p} a_{ip}b_{pj}$。下面是兩個矩陣相乘的實例

$$\begin{pmatrix}1 & 1 & 0\\ 0 & 0 & 1\end{pmatrix}\times\begin{pmatrix}0 & 1\\ 0 & 0\\ 1 & 0\end{pmatrix}=\begin{pmatrix}1\times0+1\times0+0\times1 & 1\times1+1\times0+0\times0\\ 0\times0+0\times0+1\times1 & 0\times1+0\times0+1\times0\end{pmatrix}=\begin{pmatrix}0 & 1\\ 1 & 0\end{pmatrix}$$

結果矩陣的每個元素都需要執行p次乘法運算、$p-1$次加法運算獲得，結果矩陣有$m\times n$個元素，因此矩陣相乘的計算量是$m\times n\times p$次乘法、$m\times n\times(p-1)$次加法。借助圖形處理器（GPU），矩陣乘法可以高效率地平行實現。

使用矩陣乘法可以簡化線性方程組的表述，對於以下線性方程組

$$\begin{cases} a_{11}x_1+a_{12}x_2+\cdots+a_{1n}x_n=b_1 \\ \vdots \\ a_{n1}x_1+a_{n2}x_2+\cdots+a_{nn}x_n=b_n \end{cases}$$

定義係數矩陣為

$$\mathbf{A}=\begin{pmatrix} a_{11} & \cdots & a_{1n} \\ \vdots & & \vdots \\ a_{n1} & \cdots & a_{nn} \end{pmatrix}$$

定義解向量為

$$\mathbf{x}=\begin{pmatrix} x_1 \\ \vdots \\ x_n \end{pmatrix}$$

定義常數向量為

$$\mathbf{b}=\begin{pmatrix} b_1 \\ \vdots \\ b_n \end{pmatrix}$$

則可將方程組寫成矩陣乘法形式

$$\mathbf{Ax}=\mathbf{b} \tag{2.16}$$

這種表示可以與一元一次方程$ax=b$達成形式上的統一。係數矩陣和常數向量合併之後稱為增廣矩陣，記為$(\mathbf{A}\ \ \mathbf{b})$。對於下面的三元一次方程組

$$\begin{cases} x_1+x_2+x_3=1 \\ x_1-x_2+x_3=0 \\ x_1+x_2-x_3=1 \end{cases}$$

寫成矩陣形式為

$$\begin{pmatrix} 1 & 1 & 1 \\ 1 & -1 & 1 \\ 1 & 1 & -1 \end{pmatrix}\begin{pmatrix} x_1 \\ x_2 \\ x_3 \end{pmatrix}=\begin{pmatrix} 1 \\ 0 \\ 1 \end{pmatrix}$$

係數矩陣為

$$\begin{pmatrix} 1 & 1 & 1 \\ 1 & -1 & 1 \\ 1 & 1 & -1 \end{pmatrix}$$

常數向量為

$$\begin{pmatrix} 1 \\ 0 \\ 1 \end{pmatrix}$$

增廣矩陣為

$$\begin{pmatrix} 1 & 1 & 1 & 1 \\ 1 & -1 & 1 & 0 \\ 1 & 1 & -1 & 1 \end{pmatrix}$$

numpy 的 dot 函數提供了矩陣乘法的功能。函數的輸入參數為要計算乘積的兩個矩陣，傳回值是它們相乘的結果。下面是範例程式。

```
import numpy as np
A = np.array([1, 0], [0, 1])
B = np.array([[4, 1], [2, 2]])
C = np.dot(A, B)
print(C)
```

程式執行結果為

```
[[4, 1],
[2, 2]]
```

可以證明，單位矩陣與任意矩陣的左乘和右乘都等於該矩陣本身，即

$$\boldsymbol{IA} = \boldsymbol{A} \qquad \boldsymbol{AI} = \boldsymbol{A}$$

因此單位矩陣在矩陣乘法中的作用類似於 1 在純量乘法中的作用。下面舉例說明。

$$\begin{pmatrix} 1 & 0 & 0 \\ 0 & 1 & 0 \\ 0 & 0 & 1 \end{pmatrix}\begin{pmatrix} 1 & 2 & 3 \\ 4 & 5 & 6 \\ 7 & 8 & 9 \end{pmatrix} = \begin{pmatrix} 1 & 2 & 3 \\ 4 & 5 & 6 \\ 7 & 8 & 9 \end{pmatrix}\begin{pmatrix} 1 & 2 & 3 \\ 4 & 5 & 6 \\ 7 & 8 & 9 \end{pmatrix}\begin{pmatrix} 1 & 0 & 0 \\ 0 & 1 & 0 \\ 0 & 0 & 1 \end{pmatrix} = \begin{pmatrix} 1 & 2 & 3 \\ 4 & 5 & 6 \\ 7 & 8 & 9 \end{pmatrix}$$

矩陣$\boldsymbol{A}$左乘對角矩陣$\Lambda = (k_1, \cdots, k_n)$相當於將$\boldsymbol{A}$的第$i$行的所有元素都乘以$k_i$

$$\begin{pmatrix} k_1 & 0 & \cdots & 0 \\ 0 & k_2 & \cdots & 0 \\ \cdots & \cdots & \cdots & \cdots \\ 0 & 0 & \cdots & k_n \end{pmatrix} \begin{pmatrix} a_{11} & a_{12} & \cdots & a_{1n} \\ a_{21} & a_{22} & \cdots & a_{2n} \\ \cdots & \cdots & \cdots & \cdots \\ a_{n1} & a_{n2} & \cdots & a_{nn} \end{pmatrix} = \begin{pmatrix} k_1 a_{11} & k_1 a_{12} & \cdots & k_1 a_{1n} \\ k_2 a_{21} & k_2 a_{22} & \cdots & k_2 a_{2n} \\ \cdots & \cdots & \cdots & \cdots \\ k_n a_{n1} & k_n a_{n2} & \cdots & k_n a_{nn} \end{pmatrix}$$

矩陣$\boldsymbol{A}$右乘對角矩陣$\Lambda = (k_1, \cdots, k_n)$相當於將$\boldsymbol{A}$的第$i$列的所有元素都乘以$k_i$

$$\begin{pmatrix} a_{11} & a_{12} & \cdots & a_{1n} \\ a_{21} & a_{22} & \cdots & a_{2n} \\ \cdots & \cdots & \cdots & \cdots \\ a_{n1} & a_{n2} & \cdots & a_{nn} \end{pmatrix} \begin{pmatrix} k_1 & 0 & \cdots & 0 \\ 0 & k_2 & \cdots & 0 \\ \cdots & \cdots & \cdots & \cdots \\ 0 & 0 & \cdots & k_n \end{pmatrix} = \begin{pmatrix} k_1 a_{11} & k_2 a_{12} & \cdots & k_n a_{1n} \\ k_1 a_{21} & k_2 a_{22} & \cdots & k_n a_{2n} \\ \cdots & \cdots & \cdots & \cdots \\ k_1 a_{n1} & k_2 a_{n2} & \cdots & k_n a_{nn} \end{pmatrix}$$

根據 2.2.1 節的定義，向量組$\boldsymbol{x}_1, \boldsymbol{x}_2, \cdots, \boldsymbol{x}_n$的格拉姆矩陣可以寫成一個矩陣與其轉置的乘積

$$\boldsymbol{G} = \begin{pmatrix} \boldsymbol{x}_1^{\mathrm{T}} \\ \vdots \\ \boldsymbol{x}_n^{\mathrm{T}} \end{pmatrix} (\boldsymbol{x}_1 \quad \cdots \quad \boldsymbol{x}_n) = \boldsymbol{X}^{\mathrm{T}} \boldsymbol{X}$$

其中

$$\boldsymbol{X} = (\boldsymbol{x}_1 \quad \cdots \quad \boldsymbol{x}_n)$$

是所有向量按列形成的矩陣。

可以證明矩陣的乘法滿足結合律

$$(\boldsymbol{AB})\boldsymbol{C} = \boldsymbol{A}(\boldsymbol{BC}) \tag{2.17}$$

這由純量乘法的結合律可得。矩陣乘法和加法滿足左分配律和右分配律

$$\boldsymbol{A}(\boldsymbol{B} + \boldsymbol{C}) = \boldsymbol{AB} + \boldsymbol{AC}$$

$$(\boldsymbol{A} + \boldsymbol{B})\boldsymbol{C} = \boldsymbol{AC} + \boldsymbol{BC} \tag{2.18}$$

需要注意的是，矩陣的乘法不滿足交換律，即一般情況下

$$\boldsymbol{AB} \neq \boldsymbol{BA}$$

矩陣乘法和轉置滿足「穿脫原則」

$$(\boldsymbol{AB})^{\mathrm{T}} = \boldsymbol{B}^{\mathrm{T}} \boldsymbol{A}^{\mathrm{T}} \tag{2.19}$$

如果將矩陣$\boldsymbol{A}$和$\boldsymbol{B}$看作依次穿到身上的兩件衣服，在脫衣服的時候，外面的衣服要先脫掉，且翻過來（轉置運算），即先有$\boldsymbol{B}^{\mathrm{T}}$後有$\boldsymbol{A}^{\mathrm{T}}$。

與向量相同，兩個矩陣的阿達馬乘積是它們對應位置的元素相乘形成的矩陣，記為$\boldsymbol{A} \odot \boldsymbol{B}$。下面是兩個矩陣的阿達馬乘積。

$$\begin{pmatrix} 1 & 2 & 3 \\ 4 & 5 & 6 \end{pmatrix} \odot \begin{pmatrix} 1 & 2 & 4 \\ 3 & 6 & 9 \end{pmatrix} = \begin{pmatrix} 1 \times 1 & 2 \times 2 & 3 \times 4 \\ 4 \times 3 & 5 \times 6 & 6 \times 9 \end{pmatrix} = \begin{pmatrix} 1 & 4 & 12 \\ 12 & 30 & 54 \end{pmatrix}$$

有些時候會將矩陣用分段的形式表示，每個區塊是一個子矩陣。對於下面的矩陣

$$\boldsymbol{A} = \begin{pmatrix} 1 & 2 & 3 & 4 & 0 & 0 & 0 \\ 5 & 6 & 7 & 8 & 0 & 0 & 0 \\ 9 & 10 & 11 & 12 & 0 & 0 & 0 \\ 0 & 0 & 0 & 0 & 1 & 0 & 0 \\ 0 & 0 & 0 & 0 & 0 & 1 & 0 \\ 0 & 0 & 0 & 0 & 0 & 0 & 1 \\ 0 & 0 & 0 & 0 & 1 & 1 & 1 \end{pmatrix}$$

可以將其分段表示為

$$\boldsymbol{A} = \begin{pmatrix} \boldsymbol{A}_{11} & \boldsymbol{A}_{12} \\ \boldsymbol{A}_{21} & \boldsymbol{A}_{22} \end{pmatrix}$$

其中各個子矩陣為

$$\boldsymbol{A}_{11} = \begin{pmatrix} 1 & 2 & 3 & 4 \\ 5 & 6 & 7 & 8 \\ 9 & 10 & 11 & 12 \end{pmatrix}, \boldsymbol{A}_{12} = \begin{pmatrix} 0 & 0 & 0 \\ 0 & 0 & 0 \\ 0 & 0 & 0 \end{pmatrix} \boldsymbol{A}_{21} = \begin{pmatrix} 0 & 0 & 0 & 0 \\ 0 & 0 & 0 & 0 \\ 0 & 0 & 0 & 0 \\ 0 & 0 & 0 & 0 \end{pmatrix}, \boldsymbol{A}_{22} = \begin{pmatrix} 1 & 0 & 0 \\ 0 & 1 & 0 \\ 0 & 0 & 1 \\ 1 & 1 & 1 \end{pmatrix}$$

如果矩陣的子矩陣為 0 矩陣或單位矩陣等特殊類型的矩陣，這種表示會非常有效。

如果對矩陣$\boldsymbol{A}, \boldsymbol{B}$進行分段後各個區塊的尺寸以及水平、垂直方向的區塊數量均相容，那麼可以將區塊當作純量來計算乘積$\boldsymbol{AB}$。對於下面兩個分段矩陣

$$\boldsymbol{A} = \begin{pmatrix} \boldsymbol{A}_{11} & \cdots & \boldsymbol{A}_{1s} \\ \vdots & & \vdots \\ \boldsymbol{A}_{r1} & \cdots & \boldsymbol{A}_{rs} \end{pmatrix}, \boldsymbol{B} = \begin{pmatrix} \boldsymbol{B}_{11} & \cdots & \boldsymbol{B}_{1t} \\ \vdots & & \vdots \\ \boldsymbol{B}_{s1} & \cdots & \boldsymbol{B}_{st} \end{pmatrix}$$

如果各個位置處對應的兩個子區塊尺寸相容，那麼可以進行矩陣乘積運算。則有

$$\boldsymbol{AB}=\begin{pmatrix}\sum_{i=1}^{s}\boldsymbol{A}_{1i}\boldsymbol{B}_{i1} & \cdots & \sum_{i=1}^{s}\boldsymbol{A}_{1i}\boldsymbol{B}_{it}\\ \vdots & & \vdots\\ \sum_{i=1}^{s}\boldsymbol{A}_{ri}\boldsymbol{B}_{i1} & \cdots & \sum_{i=1}^{s}\boldsymbol{A}_{ri}\boldsymbol{B}_{it}\end{pmatrix}$$

這可以根據矩陣乘法的定義證明。下面舉例說明分段乘法的計算。對於以下的矩陣

$$\boldsymbol{A}=\begin{pmatrix}1&0&0&0&0\\0&1&0&0&0\\-1&2&1&0&0\\1&1&0&1&0\\-2&0&0&0&1\end{pmatrix},\boldsymbol{B}=\begin{pmatrix}3&2&0&1&0\\1&3&0&0&1\\-1&0&0&0&0\\0&-1&0&0&0\\0&0&-1&0&0\end{pmatrix}$$

將$\boldsymbol{A}$按照下面的方式分成 4 區塊

$$\boldsymbol{A}=\begin{pmatrix}\boldsymbol{I}_2&0_{2\times3}\\\boldsymbol{A}_1&\boldsymbol{I}_3\end{pmatrix},\boldsymbol{A}_1=\begin{pmatrix}-1&2\\1&1\\-2&0\end{pmatrix}$$

其中$0_{2\times3}$為2×3的0矩陣。將$\boldsymbol{B}$分段為

$$\boldsymbol{B}=\begin{pmatrix}\boldsymbol{B}_1&\boldsymbol{I}_2\\-\boldsymbol{I}_3&0_{3\times2}\end{pmatrix},\boldsymbol{B}_1=\begin{pmatrix}3&2&0\\1&3&0\end{pmatrix}$$

它們的乘積為

$$\boldsymbol{AB}=\begin{pmatrix}\boldsymbol{I}_2&0_{2\times3}\\\boldsymbol{A}_1&\boldsymbol{I}_3\end{pmatrix}\begin{pmatrix}\boldsymbol{B}_1&\boldsymbol{I}_2\\-\boldsymbol{I}_3&0_{3\times2}\end{pmatrix}=\begin{pmatrix}\boldsymbol{B}_1&\boldsymbol{I}_2\\\boldsymbol{A}_1\boldsymbol{B}_1-\boldsymbol{I}_3&\boldsymbol{A}_1\end{pmatrix}$$

其中

$$\boldsymbol{A}_1\boldsymbol{B}_1-\boldsymbol{I}_3=\begin{pmatrix}-1&2\\1&1\\-2&0\end{pmatrix}\begin{pmatrix}3&2&0\\1&3&0\end{pmatrix}-\begin{pmatrix}1&0&0\\0&1&0\\0&0&1\end{pmatrix}=\begin{pmatrix}-2&4&0\\4&4&0\\-6&-4&-1\end{pmatrix}$$

因此

$$\boldsymbol{AB} = \begin{pmatrix} 3 & 2 & 0 & 1 & 0 \\ 1 & 3 & 0 & 0 & 1 \\ -2 & 4 & 0 & -1 & 2 \\ 4 & 4 & 0 & 1 & 1 \\ -6 & -4 & -1 & -2 & 0 \end{pmatrix}$$

在 5.5.5 節的多維正態分佈中，將對協方差矩陣進行分段。

2.2.3 反矩陣

反矩陣對應純量的倒數運算。對於n階矩陣$\boldsymbol{A}$，如果存在另一個n階矩陣$\boldsymbol{B}$，使得它們的乘積為單位矩陣

$$\boldsymbol{AB} = \boldsymbol{I} \qquad \boldsymbol{BA} = \boldsymbol{I}$$

對於$\boldsymbol{AB} = \boldsymbol{I}$，$\boldsymbol{B}$稱為$\boldsymbol{A}$的右反矩陣，對於$\boldsymbol{BA} = \boldsymbol{I}$，$\boldsymbol{B}$稱為$\boldsymbol{A}$的左反矩陣。

如果矩陣的左反矩陣和右反矩陣存在，則它們相等，統稱為矩陣的逆，記為$\boldsymbol{A}^{-1}$。下面列出證明。假設$\boldsymbol{B}_1$是$\boldsymbol{A}$的左逆，$\boldsymbol{B}_2$是$\boldsymbol{A}$的右逆，則有

$$\boldsymbol{B}_1\boldsymbol{AB}_2 = (\boldsymbol{B}_1\boldsymbol{A})\boldsymbol{B}_2 = \boldsymbol{IB}_2 = \boldsymbol{B}_2 \qquad \boldsymbol{B}_1\boldsymbol{AB}_2 = \boldsymbol{B}_1(\boldsymbol{AB}_2) = \boldsymbol{B}_1\boldsymbol{I} = \boldsymbol{B}_1$$

因此$\boldsymbol{B}_1 = \boldsymbol{B}_2$。

如果矩陣的反矩陣存在，則稱其可逆（Invertable）。可反矩陣也稱為非奇異矩陣，不可逆矩陣也稱為奇異矩陣。

如果矩陣可逆，則其反矩陣唯一。下面列出證明。假設$\boldsymbol{B}$和$\boldsymbol{C}$都是$\boldsymbol{A}$的反矩陣，則有

$$\boldsymbol{AB} = \boldsymbol{BA} = \boldsymbol{I} \qquad \boldsymbol{AC} = \boldsymbol{CA} = \boldsymbol{I}$$

進一步有

$$\boldsymbol{CAB} = (\boldsymbol{CA})\boldsymbol{B} = \boldsymbol{IB} = \boldsymbol{B} \qquad \boldsymbol{CAB} = \boldsymbol{C}(\boldsymbol{AB}) = \boldsymbol{CI} = \boldsymbol{C}$$

因此$\boldsymbol{B} = \boldsymbol{C}$。

對於式 (2.16) 的線性方程組，如果能獲得係數矩陣的反矩陣，方程式兩邊同乘以該反矩陣，可以獲得方程式的解

$$\boldsymbol{A}^{-1}\boldsymbol{A}\boldsymbol{x} = \boldsymbol{A}^{-1}\boldsymbol{b} \Rightarrow \boldsymbol{x} = \boldsymbol{A}^{-1}\boldsymbol{b}$$

這與一元一次方程的求解在形式上是統一的

$$ax = b \Rightarrow x = a^{-1}b$$

如果對角矩陣$\boldsymbol{A}$的主對角線元素非 0，則其反矩陣存在，且反矩陣為對角矩陣，主對角線元素為矩陣$\boldsymbol{A}$的主對角線元素的逆。即有

$$\begin{pmatrix} a_{11} & \cdots & 0 \\ \cdots & \cdots & \cdots \\ 0 & \cdots & a_{nn} \end{pmatrix}^{-1} = \begin{pmatrix} a_{11}^{-1} & \cdots & 0 \\ \cdots & \cdots & \cdots \\ 0 & \cdots & a_{nn}^{-1} \end{pmatrix}$$

這很容易根據反矩陣的定義證明。對於下面的對角矩陣

$$\begin{pmatrix} 1 & 0 & 0 \\ 0 & 2 & 0 \\ 0 & 0 & 3 \end{pmatrix}$$

其反矩陣為

$$\begin{pmatrix} 1 & 0 & 0 \\ 0 & 1/2 & 0 \\ 0 & 0 & 1/3 \end{pmatrix}$$

可以證明，上三角矩陣的反矩陣仍然是上三角矩陣。

對於反矩陣，可以證明有下面公式成立

$$(\boldsymbol{AB})^{-1} = \boldsymbol{B}^{-1}\boldsymbol{A}^{-1} \qquad (\boldsymbol{A}^{-1})^{-1} = \boldsymbol{A}$$

$$(\boldsymbol{A}^{\mathrm{T}})^{-1} = (\boldsymbol{A}^{-1})^{\mathrm{T}} \qquad (\lambda\boldsymbol{A})^{-1} = \lambda^{-1}\boldsymbol{A}^{-1}$$

上面第 1 個等式與矩陣乘法的轉置類似。下面列出證明。

$$(\boldsymbol{AB})(\boldsymbol{B}^{-1}\boldsymbol{A}^{-1}) = \boldsymbol{ABB}^{-1}\boldsymbol{A}^{-1} = \boldsymbol{A}(\boldsymbol{BB}^{-1})\boldsymbol{A}^{-1} = \boldsymbol{AIA}^{-1} = \boldsymbol{AA}^{-1} = \boldsymbol{I}$$

因此第 1 個等式成立。這裡利用了矩陣乘法的結合律。由於

$$AA^{-1} = I$$

根據反矩陣的定義，第 2 個等式成立。由於

$$(A^{-1})^{\mathrm{T}}A^{\mathrm{T}} = (AA^{-1})^{\mathrm{T}} = I^{\mathrm{T}} = I$$

根據反矩陣的定義，第 3 個等式成立。根據該等式可以證明對稱矩陣的反矩陣也是對稱矩陣。用類似的方法可以證明第 4 個等式成立。

矩陣的秩定義為矩陣線性無關的行向量或列向量的最大數量，記為$r(\boldsymbol{A})$。對於下面的矩陣

$$\begin{pmatrix} 1 & 2 & 0 & 0 \\ 1 & 0 & 0 & 0 \\ 0 & 0 & 0 & 0 \\ 0 & 0 & 0 & 0 \end{pmatrix}$$

其秩為 2。該矩陣的相當大線性無關組為矩陣的前兩個行向量或列向量。如果n階方陣的秩為n，則稱其滿秩。矩陣可逆的充分必要條件是滿秩。

對於$m \times n$的矩陣$\boldsymbol{A}$，其秩滿足

$$r(\boldsymbol{A}) \leqslant \min(m, n)$$

即矩陣的秩不超過其行數和列數的較小值。關於矩陣的秩有以下結論成立

$$r(\boldsymbol{A}) = r\left(\boldsymbol{A}^{\mathrm{T}}\right) \quad r(\boldsymbol{A}+\boldsymbol{B}) \leqslant r(\boldsymbol{A}) + r(\boldsymbol{B}) \quad r(\boldsymbol{AB}) \leqslant \min(r(\boldsymbol{A}), r(\boldsymbol{B})) \quad (2.20)$$

可以透過初等行轉換計算反矩陣。所謂矩陣的初等行轉換是指以下 3 種轉換。

（1）用一個非零的數k乘矩陣的某一行。

（2）把矩陣的某一行的k倍加到另一行，這裡k是任意實數。

（3）互換矩陣中兩行的位置。

下面舉例說明。對於第 1 種初等行轉換，將矩陣的第 1 行乘以 2

$$\begin{pmatrix} 1 & 2 & 3 \\ 4 & 5 & 6 \\ 7 & 8 & 9 \end{pmatrix} \xrightarrow{r_1 \times 2} \begin{pmatrix} 2 & 4 & 6 \\ 4 & 5 & 6 \\ 7 & 8 & 9 \end{pmatrix}$$

對於第 2 種初等行轉換，將矩陣的第 1 行乘以 2 之後加到第 2 行

$$\begin{pmatrix}1&2&3\\4&5&6\\7&8&9\end{pmatrix}\xrightarrow{r_2+r_1\times 2}\begin{pmatrix}1&2&3\\6&9&12\\7&8&9\end{pmatrix}$$

對於第 3 種初等行轉換，交換矩陣第 2 行和第 3 行

$$\begin{pmatrix}1&2&3\\4&5&6\\7&8&9\end{pmatrix}\xrightarrow{\mathrm{r}_2\text{與}\mathrm{r}_3\text{互換}}\begin{pmatrix}1&2&3\\7&8&9\\4&5&6\end{pmatrix}$$

這 3 種初等行轉換對應於初等矩陣。初等矩陣是單位矩陣$\boldsymbol{I}$經過一次初等行轉換之後獲得的矩陣。對於第 1 種初等行轉換，對應的初等矩陣為

$$\begin{pmatrix}1&&&&&&\\&\ddots&&&&&\\&&1&&&&\\&&&k&&&\\&&&&1&&\\&&&&&\ddots&\\&&&&&&1\end{pmatrix}$$

其反矩陣為

$$\begin{pmatrix}1&&&&&&\\&\ddots&&&&&\\&&1&&&&\\&&&\frac{1}{k}&&&\\&&&&1&&\\&&&&&\ddots&\\&&&&&&1\end{pmatrix}$$

這表示，將單位矩陣的第i行乘以k，然後再乘以$\frac{1}{k}$，將變回單位矩陣。

對於第 2 種初等行轉換，對應的初等矩陣為

$$\begin{pmatrix}1&&&&&&\\&\ddots&&&&&\\&&1&&&&\\&&\vdots&\ddots&&&\\&&k&\cdots&1&&\\&&&&&\ddots&\\&&&&&&1\end{pmatrix}$$

其反矩陣為

$$\begin{pmatrix} 1 & & & & & & \\ & \ddots & & & & & \\ & & 1 & & & & \\ & & \vdots & \ddots & & & \\ & & -k & \cdots & 1 & & \\ & & & & & \ddots & \\ & & & & & & 1 \end{pmatrix}$$

這表示將單位矩陣的第i行乘以k之後加到第j行，然後將第i行乘以$-k$之後加到第j行，將變回單位矩陣。

對於第 3 種初等行轉換，對應的初等矩陣為

$$\begin{pmatrix} 1 & & & & & & \\ & \ddots & & & & & \\ & & 0 & \cdots & 1 & & \\ & & \vdots & \ddots & \vdots & & \\ & & 1 & \cdots & 0 & & \\ & & & & & \ddots & \\ & & & & & & 1 \end{pmatrix}$$

其反矩陣為該矩陣本身。這表示將單位矩陣的第i行與第j互換，然後再一次互換，將變回單位矩陣。

可以證明，對矩陣做初等行轉換，等於左乘對應的初等矩陣。下面進行驗證。對於第 1 種初等轉換有

$$\begin{pmatrix} 1 & 0 & 0 \\ 0 & k & 0 \\ 0 & 0 & 1 \end{pmatrix}\begin{pmatrix} a_{11} & a_{12} & a_{13} \\ a_{21} & a_{22} & a_{23} \\ a_{31} & a_{32} & a_{33} \end{pmatrix} = \begin{pmatrix} a_{11} & a_{12} & a_{13} \\ ka_{21} & ka_{22} & ka_{23} \\ a_{31} & a_{32} & a_{33} \end{pmatrix}$$

對於第 2 種初等行轉換有

$$\begin{pmatrix} 1 & 0 & 0 \\ 0 & 1 & 0 \\ 0 & k & 1 \end{pmatrix}\begin{pmatrix} a_{11} & a_{12} & a_{13} \\ a_{21} & a_{22} & a_{23} \\ a_{31} & a_{32} & a_{33} \end{pmatrix} = \begin{pmatrix} a_{11} & a_{12} & a_{13} \\ a_{21} & a_{22} & a_{23} \\ a_{31} + ka_{21} & a_{32} + ka_{22} & a_{33} + ka_{23} \end{pmatrix}$$

對於第 3 種初等行轉換有

$$\begin{pmatrix} 0 & 1 & 0 \\ 1 & 0 & 0 \\ 0 & 0 & 1 \end{pmatrix}\begin{pmatrix} a_{11} & a_{12} & a_{13} \\ a_{21} & a_{22} & a_{23} \\ a_{31} & a_{32} & a_{33} \end{pmatrix} = \begin{pmatrix} a_{21} & a_{22} & a_{23} \\ a_{11} & a_{12} & a_{13} \\ a_{31} & a_{32} & a_{33} \end{pmatrix}$$

下面介紹使用初等行轉換求反矩陣的方法。如果矩陣$\mathbf{A}$可逆，則可用初等行轉換將其化為單位矩陣，對應於依次左乘初等矩陣$\mathbf{P}_1, \mathbf{P}_2, \cdots, \mathbf{P}_s$

$$\mathbf{P}_s \cdots \mathbf{P}_2 \mathbf{P}_1 \mathbf{A} = \mathbf{I} \tag{2.21}$$

式 (2.21) 兩側同時右乘$\mathbf{A}^{-1}$可以獲得

$$\mathbf{P}_s \cdots \mathbf{P}_2 \mathbf{P}_1 \mathbf{I} = \mathbf{A}^{-1} \tag{2.22}$$

式 (2.21) 和式 (2.22) 表示同樣的初等行轉換序列，在將矩陣$\mathbf{A}$化為單位矩陣的同時，可將矩陣$\mathbf{I}$化為$\mathbf{A}^{-1}$，這就是我們想要的結果。下面舉例說明。

用初等行轉換求以下矩陣的反矩陣。

$$\mathbf{A} = \begin{pmatrix} 2 & 3 & 1 \\ 0 & 1 & 3 \\ 1 & 2 & 5 \end{pmatrix}$$

採用初等行轉換的求解過程以下

$$(\mathbf{A}\ \ \mathbf{I}) = \begin{pmatrix} 2 & 3 & 1 & 1 & 0 & 0 \\ 0 & 1 & 3 & 0 & 1 & 0 \\ 1 & 2 & 5 & 0 & 0 & 1 \end{pmatrix} \xrightarrow{\mathrm{r}_1\text{與}\mathrm{r}_3\text{互換}} \begin{pmatrix} 1 & 2 & 5 & 0 & 0 & 1 \\ 0 & 1 & 3 & 0 & 1 & 0 \\ 2 & 3 & 1 & 1 & 0 & 0 \end{pmatrix}$$

$$\xrightarrow{r_3 - 2\times r_1} \begin{pmatrix} 1 & 2 & 5 & 0 & 0 & 1 \\ 0 & 1 & 3 & 0 & 1 & 0 \\ 0 & -1 & -9 & 1 & 0 & -2 \end{pmatrix} \xrightarrow{r_3 + r_2} \begin{pmatrix} 1 & 2 & 5 & 0 & 0 & 1 \\ 0 & 1 & 3 & 0 & 1 & 0 \\ 0 & 0 & -6 & 1 & 1 & -2 \end{pmatrix}$$

$$\xrightarrow{r_3 \times \left(-\frac{1}{6}\right)} \begin{pmatrix} 1 & 2 & 5 & 0 & 0 & 1 \\ 0 & 1 & 3 & 0 & 1 & 0 \\ 0 & 0 & 1 & -1/6 & -1/6 & 1/3 \end{pmatrix} \xrightarrow{r_2 - r_3 \times 3} \begin{pmatrix} 1 & 2 & 5 & 0 & 0 & 1 \\ 0 & 1 & 0 & 1/2 & 3/2 & -1 \\ 0 & 0 & 1 & -1/6 & -1/6 & 1/3 \end{pmatrix}$$

$$\xrightarrow{r_1 - r_3 \times 5} \begin{pmatrix} 1 & 2 & 0 & 5/6 & 5/6 & -2/3 \\ 0 & 1 & 0 & 1/2 & 3/2 & -1 \\ 0 & 0 & 1 & -1/6 & -1/6 & 1/3 \end{pmatrix} \xrightarrow{r_1 - r_2 \times 2} \begin{pmatrix} 1 & 0 & 0 & -1/6 & -13/6 & 4/3 \\ 0 & 1 & 0 & 1/2 & 3/2 & -1 \\ 0 & 0 & 1 & -1/6 & -1/6 & 1/3 \end{pmatrix}$$

因此

$$\mathbf{A}^{-1} = \begin{pmatrix} -1/6 & -13/6 & 4/3 \\ 1/2 & 3/2 & -1 \\ -1/6 & -1/6 & 1/3 \end{pmatrix}$$

Python 中 linalg 的 inv 函數實現了計算反矩陣的功能。下面以範例程式計算以下矩陣的反矩陣

$$\begin{pmatrix} 1 & 0 & 0 \\ 0 & 1 & 0 \\ 0 & 0 & 5 \end{pmatrix}$$

程式碼如下。

```
import numpy as np
A = np.array ([[1, 0, 0], [0, 1, 0], [0, 0, 5]])
B = np.linalg.inv (A)
print (B)
```

程式執行結果如下。

```
[[1. 0. 0.]
 [0. 1. 0.]
 [0. 0. 0.2]]
```

如果一個方陣滿足

$$\mathbf{A}\mathbf{A}^{\mathrm{T}} = \mathbf{A}^{\mathrm{T}}\mathbf{A} = \mathbf{I}$$

則稱為正交矩陣（Orthogonal Matrix）。正交矩陣的行向量均為單位向量且相互正交，組成標準正交基底。對於列向量，也是如此。對矩陣按行分段，有

$$\mathbf{A}\mathbf{A}^{\mathrm{T}} = \begin{pmatrix} \mathbf{a}_1 \\ \mathbf{a}_2 \\ \vdots \\ \mathbf{a}_n \end{pmatrix} (\mathbf{a}_1^{\mathrm{T}} \quad \mathbf{a}_2^{\mathrm{T}} \quad \cdots \quad \mathbf{a}_n^{\mathrm{T}}) = \begin{pmatrix} \mathbf{a}_1\mathbf{a}_1^{\mathrm{T}} & \mathbf{a}_1\mathbf{a}_2^{\mathrm{T}} & \cdots & \mathbf{a}_1\mathbf{a}_n^{\mathrm{T}} \\ \mathbf{a}_2\mathbf{a}_1^{\mathrm{T}} & \mathbf{a}_2\mathbf{a}_2^{\mathrm{T}} & \cdots & \mathbf{a}_2\mathbf{a}_n^{\mathrm{T}} \\ \vdots & \vdots & & \vdots \\ \mathbf{a}_n\mathbf{a}_1^{\mathrm{T}} & \mathbf{a}_n\mathbf{a}_2^{\mathrm{T}} & \cdots & \mathbf{a}_n\mathbf{a}_n^{\mathrm{T}} \end{pmatrix} = \begin{pmatrix} 1 & 0 & \cdots & 0 \\ 0 & 1 & \cdots & 0 \\ \vdots & \vdots & & \vdots \\ 0 & 0 & \cdots & 1 \end{pmatrix}$$

因此有

$$\mathbf{a}_i\mathbf{a}_i^{\mathrm{T}} = 1$$

$$\mathbf{a}_i\mathbf{a}_j^{\mathrm{T}} = 0, i \neq j$$

如果一個矩陣是正交矩陣，根據反矩陣的定義，有

$$\mathbf{A}^{-1} = \mathbf{A}^{\mathrm{T}}$$

下面是一個正交矩陣的實例。

$$\begin{pmatrix} \frac{1}{\sqrt{2}} & -\frac{1}{\sqrt{2}} \\ \frac{1}{\sqrt{2}} & \frac{1}{\sqrt{2}} \end{pmatrix}$$

可以驗證其行向量和列向量均為單位向量，且相互正交。

正交矩陣的乘積仍然是正交矩陣。如果

$$\mathbf{A}^{-1} = \mathbf{A}^{\mathrm{T}}$$

$$\mathbf{B}^{-1} = \mathbf{B}^{\mathrm{T}}$$

則

$$(\mathbf{AB})^{-1} = \mathbf{B}^{-1}\mathbf{A}^{-1} = \mathbf{B}^{\mathrm{T}}\mathbf{A}^{\mathrm{T}} = (\mathbf{AB})^{\mathrm{T}}$$

正交矩陣的反矩陣仍然是正交矩陣。如果有

$$\mathbf{A}^{-1} = \mathbf{A}^{\mathrm{T}}$$

則

$$(\mathbf{A}^{-1})^{-1} = (\mathbf{A}^{\mathrm{T}})^{-1} = (\mathbf{A}^{-1})^{\mathrm{T}}$$

正交矩陣的轉置仍然是正交矩陣。因為

$$\mathbf{A}^{-1} = \mathbf{A}^{\mathrm{T}}$$

而$\mathbf{A}^{-1}$是正交矩陣，因此$\mathbf{A}^{\mathrm{T}}$也是正交矩陣。

2.2.4 矩陣的範數

在 2.1.3 節介紹了向量的範數，類似地可以定義矩陣的範數。矩陣$\mathbf{W}$的範數定義為

$$\parallel \mathbf{W} \parallel_p = \max_{\mathbf{x} \neq 0} \frac{\|\mathbf{Wx}\|_p}{\|\mathbf{x}\|_p} \tag{2.23}$$

該範數透過向量的 L-p 範數定義，因此也稱為誘導範數（Induced Norm）。式 (2.23) 右側分母為向量$\mathbf{x}$的 L-p 範數，分子是經過矩陣對應的線性對映

作用之後的向量的 L-p 範數。因此誘導範數的幾何意義是矩陣所代表的線性轉換對向量進行轉換後，向量長度的最大伸展倍數。如果$p = 2$，此時誘導範數稱為譜範數（Spectral Norm）。

$$\| \boldsymbol{W} \| = \max_{x \neq 0} \frac{\| \boldsymbol{Wx} \|}{\| \boldsymbol{x} \|}$$

在 2.5.7 節將討論譜範數與矩陣特徵值之間的關係。

矩陣的 Frobenius 範數（F 範數）定義為

$$\| \mathbf{W} \|_F = \sqrt{\sum_{i=1}^{m} \sum_{j=1}^{n} w_{ij}^2} \tag{2.24}$$

這等於向量的 L2 範數，將矩陣按行或列展開之後形成向量，然後計算 L2 範數。對於下面的矩陣

$$\mathbf{A} = \begin{pmatrix} 1 & 2 & 3 \\ 4 & 5 & 6 \end{pmatrix}$$

其 F 範數為

$$\| \mathbf{A} \|_F = \sqrt{1^2 + 2^2 + 3^2 + 4^2 + 5^2 + 6^2} = \sqrt{91}$$

根據柯西不等式，對於任意的$\mathbf{x}$，下面不等式成立

$$\| \mathbf{Wx} \| \leqslant \| \mathbf{W} \|_F \cdot \| \mathbf{x} \|$$

如果$\mathbf{x} \neq 0$，上式兩邊同時除以$\| \mathbf{x} \|$可以獲得

$$\frac{\| \mathbf{Wx} \|}{\| \mathbf{x} \|} \leqslant \| \mathbf{W} \|_F \tag{2.25}$$

因此 F 範數是譜範數的上界。矩陣的範數對於分析線性對映函數的特性有重要的作用，典型的應用是深度神經網路穩定性與泛化效能的分析。

2.2.5 應用——類神經網路

下面介紹矩陣在類神經網路中的應用。類神經網路是一種仿生的機器學習演算法，參考於大腦的神經系統工作原理。大腦的神經元透過突觸與其他神經元相連接，接收來自其他神經元的訊號，經過整理處理之後生成輸

出。在類神經網路中，神經元的作用與這類似。圖 2.12 是神經元的示意圖。左側為輸入資料，右側為輸出資料。

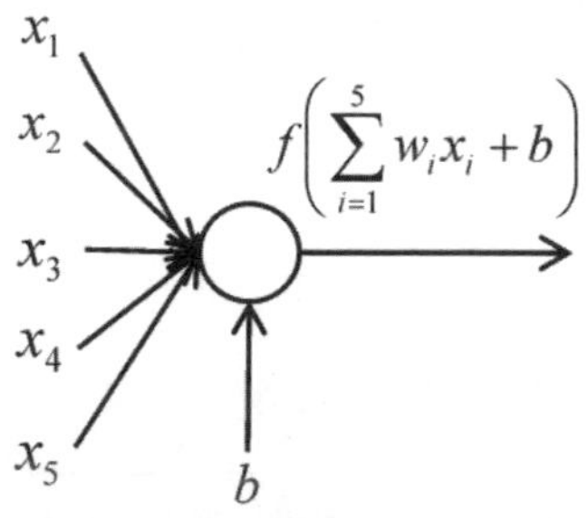

圖 2.12 單一神經元的示意圖

圖 2.12 所示神經元接收的輸入訊號為 $(x_1, x_2, x_3, x_4, x_5)^{\mathrm{T}}$；$(w_1, w_2, w_3, w_4, w_5)^{\mathrm{T}}$ 為輸入向量的組合權重；b為偏置項，是一個純量。神經元的作用是對輸入向量進行加權求和，並加上偏置項，最後經過啟動函數轉換生成輸出

$$y = f\left(\sum_{i=1}^{5} w_i x_i + b\right)$$

對於每個神經元，假設它從其他神經元接收的輸入向量為$\boldsymbol{x}$、本節點的權重向量為$\boldsymbol{w}$、偏置項為b，該神經元的輸出值為

$$f(\mathbf{w}^{\mathrm{T}}\mathbf{x} + b)$$

先計算輸入向量與權重向量的內積，加上偏置項，再送入啟動函數進行轉換，最後獲得輸出。一種典型的啟動函數是 sigmoid 函數，在 1.2.1 節已經介紹，該函數定義為

$$\sigma(x) = \frac{1}{1 + \exp(-x)}$$

這個函數也被用於 logistic 回歸。該函數的值域為$(0,1)$，是單調增函數。sigmoid 函數的導數為

$$\sigma'(x) = \sigma(x)(1 - \sigma(x))$$

按照該公式，根據函數值可以很方便地計算出導數值，在反向傳播演算法中會看到這種特性帶來的好處。

前面定義的是單一神經元。整個神經網路由多個層組成，每個層有多個神經元。每個神經元從前面層的所有神經元接收資料，作為其輸入向量。在經過轉換之後，將輸出值送入下一層的所有神經元。

下面我們來看一個簡單神經網路的實例，如圖 2.13 所示。

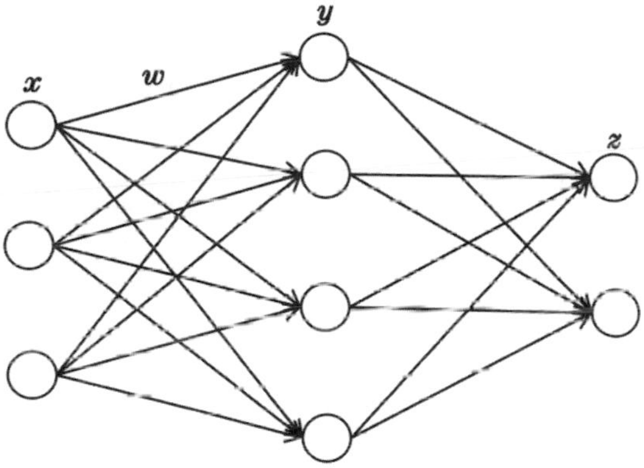

圖 2.13 一個簡單的神經網路

這個神經網路有 3 層。第 1 層是輸入層，有 3 個神經元，對應的輸入向量為$\boldsymbol{x}$，寫成分量形式為$(x_1, x_2, x_3)^{\mathrm{T}}$，神經元不對資料做任何處理，直接送入下一層。第 2 層是中間層，有 4 個神經元，接收的輸入資料為向量$\boldsymbol{x}$，輸出向量為$\boldsymbol{y}$，寫成分量形式為$(y_1, y_2, y_3, y_4)^{\mathrm{T}}$。第 3 層是輸出層，接收的輸入資料為向量$\boldsymbol{y}$，輸出向量為$\boldsymbol{z}$，寫成分量形式為$(z_1, z_2)^{\mathrm{T}}$。第 1 層到第 2 層的權重矩陣為$\boldsymbol{W}^{(1)}$，第 2 層到第 3 層的權重矩陣為$\boldsymbol{W}^{(2)}$。權重矩陣的每一行為一個權重向量，是上一層所有神經元到本層某一個神經元的連接權重，這裡的上標展現層號。

如果啟動函數選用 sigmoid 函數，第 2 層神經元的輸出值為

$$y_1 = \frac{1}{1 + \exp(-(w_{11}^{(1)} x_1 + w_{12}^{(1)} x_2 + w_{13}^{(1)} x_3 + b_1^{(1)}))}$$

$$y_2 = \frac{1}{1+\exp(-(w_{21}^{(1)}x_1 + w_{22}^{(1)}x_2 + w_{23}^{(1)}x_3 + b_2^{(1)}))}$$

$$y_3 = \frac{1}{1+\exp(-(w_{31}^{(1)}x_1 + w_{32}^{(1)}x_2 + w_{33}^{(1)}x_3 + b_3^{(1)}))}$$

$$y_4 = \frac{1}{1+\exp(-(w_{41}^{(1)}x_1 + w_{42}^{(1)}x_2 + w_{43}^{(1)}x_3 + b_4^{(1)}))}$$

第 3 層神經元的輸出值為

$$z_1 = \frac{1}{1+\exp(-(w_{11}^{(2)}y_1 + w_{12}^{(2)}y_2 + w_{13}^{(2)}y_3 + w_{14}^{(2)}y_4 + b_1^{(2)}))}$$

$$z_2 = \frac{1}{1+\exp(-(w_{21}^{(2)}y_1 + w_{22}^{(2)}y_2 + w_{23}^{(2)}y_3 + w_{24}^{(2)}y_4 + b_2^{(2)}))}$$

如果把y_i代入上面二式中，可以將輸出向量$\boldsymbol{z}$表示成輸入向量$\boldsymbol{x}$的函數。透過調整權重矩陣和偏置項可以實現不同的函數對映。

下面把上述簡單的實例推廣到更一般的情況。假設神經網路的輸入是n維向量$\boldsymbol{x}$，輸出是m維向量$\boldsymbol{y}$，它實現了向量到向量的對映

$$\mathbb{R}^n \to \mathbb{R}^m$$

將此函數記為

$$\mathbf{y} = h(\mathbf{x})$$

用於分類問題時，比較輸出向量中每個分量的大小，求其最大值，最大值對應的分量索引即為分類的結果。用於回歸問題時，直接將輸出向量作為回歸值。

神經網路第l層的轉換寫成矩陣和向量形式為

$$\boldsymbol{u}^{(l)} = \boldsymbol{W}^{(l)}\boldsymbol{x}^{(l-1)} + \boldsymbol{b}^{(l)}\mathbf{x}^{(l)} = f(\boldsymbol{u}^{(l)}) \tag{2.26}$$

其中$\boldsymbol{x}^{(l-1)}$為前一層（第$l-1$層）的輸出向量，也是本層的輸入向量。$\boldsymbol{W}^{(l)}$為本層神經元和上一層神經元的連接權重矩陣，是一個$s_l \times s_{l-1}$的矩陣，其中s_l為本層神經元數量，s_{l-1}為前一層神經元數量。$\boldsymbol{W}^{(l)}$的每行為本層一

個神經元與上一層所有神經元的權重向量。$\boldsymbol{b}^{(l)}$為本層的偏置向量，是一個s_l維的列向量。啟動函數作用於輸入向量的每一個分量，生成一個輸出向量。

在計算網路輸出值的時候，從輸入層開始，對於每一層都用式 (2.26) 的兩個公式進行計算，最後獲得神經網路的輸出，這個過程稱為正向傳播，用於神經網路的預測階段以及訓練時的正向傳播階段。

可以將前面實例中的 3 層神經網路實現的對映寫成以下的完整形式

$$\boldsymbol{z} = f(\boldsymbol{W}^{(2)} f(\boldsymbol{W}^{(1)}\boldsymbol{x} + \boldsymbol{b}^{(1)}) + \boldsymbol{b}^{(2)})$$

從上式可以看出這個神經網路是一個 2 層複合函數。從這裡可以看到啟動函數的作用，如果沒有啟動函數，無論經過多少次複合，神經網路的對映是一個線性函數，無法處理非線性問題。

神經網路的參數透過訓練獲得，通常使用反向傳播演算法與梯度下降法，在 3.5.2 節和 4.2.5 節介紹。若對類神經網路系統、深入地進行了解，可以閱讀參考文獻[3]。

2.2.6 線性轉換

矩陣與向量的乘法可以解釋為線性轉換（Linear Transformation），它將一個向量變成另外一個向量。對於線性空間X，如果在其上定義了一種轉換（即對映）A，對任意$\boldsymbol{x}$、$\boldsymbol{y} \in X$以及數域中的數k均滿足

$$A(\boldsymbol{x} + \boldsymbol{y}) = A(\boldsymbol{x}) + A(\boldsymbol{y})$$

以及

$$A(k\boldsymbol{x}) = kA(\boldsymbol{x})$$

即對加法和數乘具有線性關係，則稱這種對映為線性轉換。線性轉換對向量的加法與數乘運算具有線性。矩陣乘法是一種線性轉換，顯然它滿足線性轉換的定義要求。對任意的向量$\boldsymbol{x}, \boldsymbol{y} \in \mathbb{R}^n$以及實數$k$有

$$\boldsymbol{A}(\boldsymbol{x}+\boldsymbol{y})=\boldsymbol{A}\boldsymbol{x}+\boldsymbol{A}\boldsymbol{y} \qquad \boldsymbol{A}(k\boldsymbol{x})=k\boldsymbol{A}\boldsymbol{x}$$

幾何中的旋轉轉換是一種線性轉換，下面以二維平面的旋轉為例說明。對於二維平面內的向量$\boldsymbol{x}=(x_1\ \ x_2)^{\mathrm{T}}$，其在極座標系下的座標為$(r\ \ \theta)^{\mathrm{T}}$，從極座標系到直角座標系的轉換公式為

$$x_1=r\cos\theta \qquad x_2=r\sin\theta$$

將極座標為$(r\ \ \alpha)^{\mathrm{T}}$的向量$\boldsymbol{x}=(x_1\ \ x_2)^{\mathrm{T}}$逆時鐘旋轉$\alpha$度之後的結果向量$\boldsymbol{x}'$的極座標為$(r\ \ \alpha+\theta)^{\mathrm{T}}$，其直角座標為

$$\begin{aligned}\boldsymbol{x}'&=(r\cos(\alpha+\theta)\ \ r\sin(\alpha+\theta))^{\mathrm{T}}\\&=(r\cos(\alpha)\cos(\theta)-r\sin(\alpha)\sin(\theta)\ \ r\sin(\alpha)\cos(\theta)+r\cos(\alpha)\sin(\theta))^{\mathrm{T}}\\&=(x_1\cos(\theta)-x_2\sin(\theta)\ \ x_2\cos(\theta)+x_1\sin(\theta))^{\mathrm{T}}\\&=\begin{pmatrix}\cos\theta & -\sin\theta\\ \sin\theta & \cos\theta\end{pmatrix}\begin{pmatrix}x_1\\ x_2\end{pmatrix}\end{aligned}$$

因此旋轉轉換的轉換矩陣為

$$\mathbf{A}=\begin{pmatrix}\cos\theta & -\sin\theta\\ \sin\theta & \cos\theta\end{pmatrix} \tag{2.27}$$

二維平面的旋轉轉換如圖 2.14 所示。

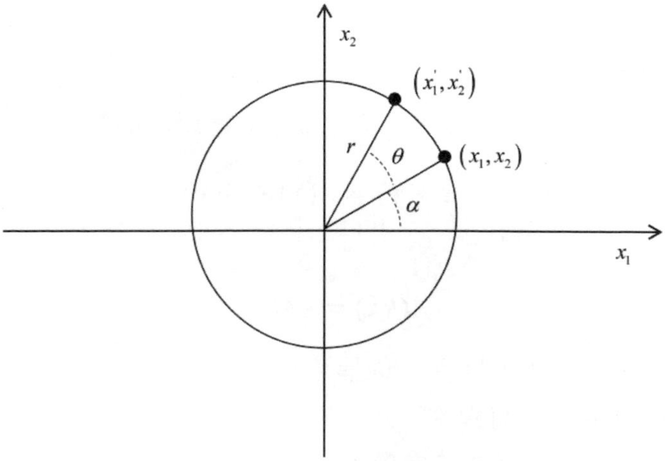

圖 2.14 二維平面的旋轉轉換

如果一個線性轉換能保持向量之間的角度以及向量的長度不變，即轉換之後兩個向量的夾角不變，且向量的長度不變，則稱為正交轉換。正交轉換對應的矩陣是正交矩陣。下面列出證明。

如果$\boldsymbol{A}$是正交矩陣，使用它對向量$\boldsymbol{x}$進行轉換之後的向量長度為

$$\| \mathbf{Ax} \| = \sqrt{(\mathbf{Ax})^{\mathrm{T}}(\mathbf{Ax})} = \sqrt{\mathbf{x}^{\mathrm{T}}\mathbf{A}^{\mathrm{T}}\mathbf{Ax}} = \sqrt{\mathbf{x}^{\mathrm{T}}(\mathbf{A}^{\mathrm{T}}\mathbf{A})\mathbf{x}} = \sqrt{\mathbf{x}^{\mathrm{T}}\mathbf{x}} = \| \mathbf{x} \|$$

轉換之後向量長度不變。對向量$\boldsymbol{x}$和$\boldsymbol{y}$轉換之後的內積為

$$(\boldsymbol{Ax})^T(\boldsymbol{Ay}) = \boldsymbol{x}^T\boldsymbol{A}^T\boldsymbol{Ay} = \boldsymbol{x}^T(\boldsymbol{A}^T\boldsymbol{A})\boldsymbol{y} = \boldsymbol{x}^T\boldsymbol{y}$$

根據向量夾角公式

$$\cos\theta = \frac{\boldsymbol{x}^T\boldsymbol{y}}{\| \boldsymbol{x} \| \| \boldsymbol{y} \|}$$

內積和向量長度均不變，因此保持向量夾角不變。

旋轉轉換是正交轉換。以二維平面的旋轉矩陣為例，有

$$\begin{aligned}\boldsymbol{A}^T\boldsymbol{A} &= \begin{pmatrix}\cos\theta & \sin\theta \\ -\sin\theta & \cos\theta\end{pmatrix}\begin{pmatrix}\cos\theta & -\sin\theta \\ \sin\theta & \cos\theta\end{pmatrix} \\ &= \begin{pmatrix}\cos^2\theta + \sin^2\theta & -\cos\theta\sin\theta + \sin\theta\cos\theta \\ -\sin\theta\cos\theta + \cos\theta\sin\theta & \sin^2\theta + \cos^2\theta\end{pmatrix} = \begin{pmatrix}1 & 0 \\ 0 & 1\end{pmatrix}\end{aligned}$$

旋轉轉換矩陣是正交矩陣，因此旋轉轉換是正交轉換。

幾何中的縮放轉換也是一種線性轉換。對於二維平面的向量$\mathbf{x} = (x_1 \ \ x_2)^{\mathrm{T}}$，如果有下面的縮放轉換矩陣

$$\boldsymbol{A} = \begin{pmatrix}2 & 0 \\ 0 & 3\end{pmatrix}$$

則轉換之後的向量為

$$\boldsymbol{x}' = \boldsymbol{Ax} = \begin{pmatrix}2 & 0 \\ 0 & 3\end{pmatrix}\begin{pmatrix}x_1 \\ x_2\end{pmatrix} = \begin{pmatrix}2x_1 \\ 3x_2\end{pmatrix}$$

這相當於在x_1方向伸展 2 倍，在x_2方向伸展 3 倍。縮放轉換對應的矩陣為對角矩陣，主對角線元素為在該方向上的伸展倍數，如果為負，則表示反

向。縮放轉換和旋轉轉換被廣泛應用於數位影像處理、電腦圖形學，以及機器視覺等領域，實現對幾何體和影像的旋轉和縮放等操作。

2.3 行列式

行列式（Determinant，det）是對矩陣的一種運算，它作用於方陣，將其對映成一個純量。本節介紹行列式的定義、性質以及計算方法。

2.3.1 行列式的定義與性質

n階方陣$\boldsymbol{A}$的行列式記為$|\boldsymbol{A}|$或$\det(\boldsymbol{A})$，稱為n階行列式。計算公式為

$$|\mathbf{A}| = \begin{vmatrix} a_{11} & a_{12} & \cdots & a_{1n} \\ a_{21} & a_{22} & \cdots & a_{2n} \\ \vdots & \vdots & & \vdots \\ a_{n_1} & a_{n2} & \cdots & a_{nn} \end{vmatrix} = \sum_{j_1 j_2 \cdots j_n \in S_n} (-1)^{\tau(j_1 j_2 \cdots j_n)} \prod_{i=1}^{n} a_{i,j_i} \quad (2.28)$$

其中$j_1 j_2 \cdots j_n$為正整數$1,2,\cdots,n$的排列，S_n是這n個正整數所有排列組成的集合，顯然有$n!$種排列。$\tau(j_1 j_2 \cdots j_n)$為排列$j_1 j_2 \cdots j_n$的反向數，對於一個排列$j_1 j_2 \cdots j_n$，如果$m < n$但$j_m > j_n$，則稱為一個反向，排列中所有反向的數量稱為排列的反向數。下面舉例說明。

對於 3 個正整數 1,2,3，其所有排列的集合S_n為

1,2,3	1,3,2	2,1,3
2,3,1	3,1,2	3,2,1

排列 3,2,1 的所有反向為

$$(3,2),(2,1),(3,1)$$

因此其反向數為 3。

排列 2,1,3 的所有反向為

$$(2,1)$$

因此其反向數為 1。按照式 (2.28) 的定義，n階行列式的求和項有$n!$項，每個求和項中的$\prod_{i=1}^{n} a_{i,j_i}$表示按行號遞增的順序從$\mathbf{A}$的每一行各取出一個元素相乘，且這些元素的列號不能重複。它們的列號$j_1 j_2 \cdots j_n$是$1,2,\cdots,n$的排列。$(-1)^{\tau(j_1 j_2 \cdots j_n)}$決定了求和項的符號，它表示如果這些元素的列號排列的反向數為偶數，則其值為 1；如果為奇數，則為-1。$n!$種排列中反向數為奇數的排列和反向數為偶數的排列各佔一半，因此求和項中正號和負號各佔一半。

下面按照定義計算 3 階行列式的值。

$$\begin{vmatrix} 1 & 2 & 3 \\ 1 & 0 & 1 \\ 1 & 1 & 0 \end{vmatrix} = (-1)^{\tau(1,2,3)} a_{11}a_{22}a_{33} + (-1)^{\tau(1,3,2)} a_{11}a_{23}a_{32} + (-1)^{\tau(2,1,3)} a_{12}a_{21}a_{33}$$

$$+(-1)^{\tau(2,3,1)} a_{12}a_{23}a_{31} + (-1)^{\tau(3,1,2)} a_{13}a_{21}a_{32} + (-1)^{\tau(3,2,1)} a_{13}a_{22}a_{31}$$

$$= (-1)^0 \times 1 \times 0 \times 0 + (-1)^1 \times 1 \times 1 \times 1 + (-1)^1 \times 2 \times 1 \times 0 + (-1)^2 \times 2 \times 1 \times 1$$

$$+(-1)^2 \times 3 \times 1 \times 1 + (-1)^3 \times 3 \times 0 \times 1$$

$$= 4$$

下面推導 2 階和 3 階行列式的計算公式。2 階矩陣的行列式的計算公式為

$$\begin{vmatrix} a_{11} & a_{12} \\ a_{21} & a_{22} \end{vmatrix} = (-1)^{\tau(1,2)} a_{11}a_{22} + (-1)^{\tau(2,1)} a_{12}a_{21} = a_{11}a_{22} - a_{12}a_{21}$$

下面的 2 階行列式值為

$$\begin{vmatrix} 1 & 2 \\ 3 & 4 \end{vmatrix} = 1 \times 4 - 2 \times 3 = -2$$

3 階矩陣的行列式的計算公式為

$$\begin{vmatrix} a_{11} & a_{12} & a_{13} \\ a_{21} & a_{22} & a_{23} \\ a_{31} & a_{32} & a_{33} \end{vmatrix} = (-1)^{\tau(1,2,3)} a_{11}a_{22}a_{33} + (-1)^{\tau(2,3,1)} a_{12}a_{23}a_{31} + (-1)^{\tau(3,1,2)} a_{13}a_{21}a_{32}$$

$$+(-1)^{\tau(3,2,1)} a_{13}a_{22}a_{31} + (-1)^{\tau(1,3,2)} a_{11}a_{23}a_{32} + (-1)^{\tau(2,1,3)} a_{12}a_{21}a_{33}$$

$$= a_{11}a_{22}a_{33} + a_{12}a_{23}a_{31} + a_{13}a_{21}a_{32} - a_{13}a_{22}a_{31} - a_{11}a_{23}a_{32} - a_{12}a_{21}a_{33}$$

下面的 3 階行列式值為

$$\begin{vmatrix} 1 & 2 & 3 \\ 4 & 5 & 6 \\ 1 & 2 & 2 \end{vmatrix} = 1 \times 5 \times 2 + 2 \times 6 \times 1 + 3 \times 4 \times 2 - 3 \times 5 \times 1 - 1 \times 6 \times 2 - 2 \times 4 \times 2 = 3$$

行列式可以表示平行四邊形與平行六面體的有向面積和體積，也是線性轉換的伸縮因數。如果將方陣看作線性轉換，則其行列式的絕對值表示該轉換導致的體積元變化係數。在第 3 章將要介紹的多元函數微積分中，雅可比行列式被廣泛應用於多元函數微分與積分的計算，代表了多元代換後的比例量。

按照定義，一個行列式可以按照行或列進行遞迴展開，稱為拉普拉斯展開（Laplace Expansion）

$$|\mathbf{A}| = a_{i1}A_{i1} + a_{i2}A_{i2} + \cdots + a_{in}A_{in} = a_{1j}A_{1j} + a_{2j}A_{2j} + \cdots + a_{nj}A_{nj} \quad (2.29)$$

其中

$$A_{ij} = (-1)^{i+j}\begin{vmatrix} a_{11} & \cdots & a_{1,j-1} & a_{1,j+1} & \cdots & a_{1n} \\ \vdots & & \vdots & \vdots & & \vdots \\ a_{i-1,1} & \cdots & a_{i-1,j-1} & a_{i-1,j+1} & \cdots & a_{i-1,n} \\ a_{i+1,1} & \cdots & a_{i+1,j-1} & a_{i+1,j+1} & \cdots & a_{i+1,n} \\ \vdots & & \vdots & \vdots & & \vdots \\ a_{n1} & \cdots & a_{n,j-1} & a_{n,j+1} & \cdots & a_{nn} \end{vmatrix}$$

是去掉矩陣$\mathbf{A}$的第i行和第j列之後的$n-1$階矩陣的行列式，並且帶有號$(-1)^{i+j}$，$i+j$為行號和列號之和。稱A_{ij}為a_{ij}的代數餘子式，不有號的子行列式則稱為餘子式。

按照式 (2.29) 的結論，下面的行列式可以按第一行展開為

$$\begin{vmatrix} 1 & 2 & 3 \\ 1 & 0 & 1 \\ 1 & 1 & 0 \end{vmatrix} = 1 \times (-1)^{1+1} \times \begin{vmatrix} 0 & 1 \\ 1 & 0 \end{vmatrix} + 2 \times (-1)^{1+2} \times \begin{vmatrix} 1 & 1 \\ 1 & 0 \end{vmatrix} + 3 \times (-1)^{1+3} \times \begin{vmatrix} 1 & 0 \\ 1 & 1 \end{vmatrix}$$

下面計算幾種特殊行列式的值。某一行（列）全為 0 的行列式值為 0。根據拉普拉斯展開可以獲得此結論，根據行列式的定義也可以直接獲得此結果，$n!$個求和項中每一項都必然包含某一行/列的元素。根據此結論，下面的行列式值為 0

$$\begin{vmatrix} 0 & 0 & 0 \\ 1 & 2 & 3 \\ 4 & 5 & 6 \end{vmatrix} = 0$$

根據式 (2.28) 的定義，如果一個矩陣為對角矩陣，則其行列式為矩陣主對

角線元素的乘積，這是因為$n!$個求和項中，除了全部由主對角線元素組成的項之外，其他的項的乘積中都含有 0。

$$\begin{vmatrix} a_{11} & 0 & 0 \\ 0 & \ddots & 0 \\ 0 & 0 & a_{nn} \end{vmatrix} = \prod_{i=1}^{n} a_{ii}$$

下面的對角矩陣的行列式值為

$$\begin{vmatrix} 1 & 0 & 0 \\ 0 & 2 & 0 \\ 0 & 0 & 3 \end{vmatrix} = 1 \times 2 \times 3 = 6$$

單位矩陣的行列式為 1

$$|\mathbf{I}| = \begin{vmatrix} 1 & \cdots & 0 \\ \vdots & \ddots & \vdots \\ 0 & \cdots & 1 \end{vmatrix} = 1 \times 1 \times \cdots \times 1 = 1$$

上三角矩陣和下三角矩陣的行列式為其主對角線元素的乘積。這是因為式 (2.28) 的$n!$個求和項中，除了全部由主對角線元素組成的項之外，其他的項的乘積中都含有 0。

$$\begin{vmatrix} a_{11} & \cdots & a_{1n} \\ \vdots & \ddots & \vdots \\ 0 & \cdots & a_{nn} \end{vmatrix} = \prod_{i=1}^{n} a_{ii}$$

根據這一結論有

$$\begin{vmatrix} 1 & 4 & 6 \\ 0 & 2 & 5 \\ 0 & 0 & 3 \end{vmatrix} = 1 \times 2 \times 3 = 6$$

下面介紹行列式的許多重要性質。行列式具有多線性，可以按照某一行或列的線性組合拆分成兩個行列式之和

$$\begin{vmatrix} a_{11} & \cdots & a_{1n} \\ \vdots & & \vdots \\ a_{i-1,1} & \cdots & a_{i-1,n} \\ \alpha a_{i1} + \beta b_{i1} & \cdots & \alpha a_{in} + \beta b_{in} \\ a_{i+1,1} & \cdots & a_{i+1,n} \\ \vdots & & \vdots \\ a_{n1} & \cdots & a_{nn} \end{vmatrix} = \alpha \begin{vmatrix} a_{11} & \cdots & a_{1n} \\ \vdots & & \vdots \\ a_{i-1,1} & \cdots & a_{i-1,n} \\ a_{i1} & \cdots & a_{in} \\ a_{i+1,1} & \cdots & a_{i+1,n} \\ \vdots & & \vdots \\ a_{n1} & \cdots & a_{nn} \end{vmatrix} + \beta \begin{vmatrix} a_{11} & \cdots & a_{1n} \\ \vdots & & \vdots \\ a_{i-1,1} & \cdots & a_{i-1,n} \\ b_{i1} & \cdots & b_{in} \\ a_{i+1,1} & \cdots & a_{i+1,n} \\ \vdots & & \vdots \\ a_{n1} & \cdots & a_{nn} \end{vmatrix} \tag{2.30}$$

因為

$$\begin{vmatrix} a_{11} & \cdots & a_{1n} \\ \vdots & & \vdots \\ a_{i-1,1} & \cdots & a_{i-1,n} \\ \alpha a_{i1}+\beta b_{i1} & \cdots & \alpha a_{in}+\beta b_{in} \\ a_{i+1,1} & \cdots & a_{i+1,n} \\ \vdots & & \vdots \\ a_{n1} & \cdots & a_{nn} \end{vmatrix} = \sum_{j_1 j_2 \cdots j_n} (-1)^{\tau(j_1 j_2 \cdots j_n)} a_{1j_1} \cdots (\alpha a_{ij_i} + \beta b_{ij_i}) \cdots a_{nj_n}$$

$$= \alpha \sum_{j_1 j_2 \cdots j_n} (-1)^{\tau(j_1 j_2 \cdots j_n)} a_{1j_1} \cdots a_{ij_i} \cdots a_{nj_n} + \beta \sum_{j_1 j_2 \cdots j_n} (-1)^{\tau(j_1 j_2 \cdots j_n)} a_{1j_1} \cdots b_{ij_i} \cdots a_{nj_n}$$

$$= \alpha \begin{vmatrix} a_{11} & \cdots & a_{1n} \\ \vdots & & \vdots \\ a_{i-1,1} & \cdots & a_{i-1,n} \\ a_{i1} & \cdots & a_{in} \\ a_{i+1,1} & \cdots & a_{i+1,n} \\ \vdots & & \vdots \\ a_{n1} & \cdots & a_{nn} \end{vmatrix} + \beta \begin{vmatrix} a_{11} & \cdots & a_{1n} \\ \vdots & & \vdots \\ a_{i-1,1} & \cdots & a_{i-1,n} \\ b_{i1} & \cdots & b_{in} \\ a_{i+1,1} & \cdots & a_{i+1,n} \\ \vdots & & \vdots \\ a_{n1} & \cdots & a_{nn} \end{vmatrix}$$

按照這一結論有

$$\begin{vmatrix} 1+2 & 2+3 & 3+4 \\ 1 & 0 & 0 \\ 0 & 1 & 1 \end{vmatrix} = \begin{vmatrix} 1 & 2 & 3 \\ 1 & 0 & 0 \\ 0 & 1 & 1 \end{vmatrix} + \begin{vmatrix} 2 & 3 & 4 \\ 1 & 0 & 0 \\ 0 & 1 & 1 \end{vmatrix}$$

如果行列式的兩行或列相等，那麼行列式的值為 0。即

$$\begin{vmatrix} a_{11} & \cdots & a_{1n} \\ \vdots & & \vdots \\ a_{i1} & \cdots & a_{in} \\ \vdots & & \vdots \\ a_{i1} & \cdots & a_{in} \\ \vdots & & \vdots \\ a_{n1} & \cdots & a_{nn} \end{vmatrix} = 0 \tag{2.31}$$

下面列出證明。假設行列式的第i行和第k行相等，式 (2.28) 中$n!$個求和項可以分成兩組，即

$$(-1)^{\tau(j_1 \cdots j_i \cdots j_k \cdots j_n)} a_{1j_1} \cdots a_{ij_i} \cdots a_{kj_k} \cdots a_{nj_n}$$

與

$$(-1)^{\tau(j_1\cdots j_k\cdots j_i\cdots j_n)}a_{1j_1}\cdots a_{ij_k}\cdots a_{kj_i}\cdots a_{nj_n}$$

由於$a_{ij_i}=a_{kj_i}, a_{kj_k}=a_{ij_k}$且排列$j_1\cdots j_i\cdots j_k\cdots j_n$與$j_1\cdots j_i\cdots j_k\cdots j_n$的反向數的交錯性相反（二者透過一次置換可以互相獲得），因此這兩項的符號相反，故行列式的值為 0。

根據這一結論，下面的行列式為 0

$$\begin{vmatrix}1 & 2 & 3\\ 1 & 1 & 1\\ 1 & 1 & 1\end{vmatrix}=0$$

根據這一結論可以建構出可反矩陣的反矩陣。對於矩陣

$$\mathbf{A}=\begin{pmatrix}a_{11} & a_{12} & \cdots & a_{1n}\\ a_{21} & a_{22} & \cdots & a_{2n}\\ \vdots & \vdots & & \vdots\\ a_{n1} & a_{n2} & \cdots & a_{nn}\end{pmatrix}$$

假設A_{ij}是a_{ij}的代數餘子式，利用它們建構以下的伴隨矩陣

$$\mathbf{A}^*=\begin{pmatrix}A_{11} & A_{21} & \cdots & A_{n1}\\ A_{12} & A_{22} & \cdots & A_{n2}\\ \vdots & \vdots & & \vdots\\ A_{1n} & A_{2n} & \cdots & A_{nn}\end{pmatrix}$$

根據拉普拉斯展開，第i行與其代數餘子式的內積為行列式本身

$$|\mathbf{A}|=a_{i1}A_{i1}+a_{i2}A_{i2}+\cdots+a_{in}A_{in}$$

第i行與第$j, j\neq i$行的代數餘子式的內積為 0，這是因為它是第j行與第i行相等的行列式的拉普拉斯展開，其值為 0

$$0=a_{i1}A_{j1}+a_{i2}A_{j2}+\cdots+a_{in}A_{jn}, j\neq i$$

因此有

$$\mathbf{AA}^*=\begin{pmatrix}a_{11} & a_{12} & \cdots & a_{1n}\\ a_{21} & a_{22} & \cdots & a_{2n}\\ \vdots & \vdots & & \vdots\\ a_{n1} & a_{n2} & \cdots & a_{nn}\end{pmatrix}\begin{pmatrix}A_{11} & A_{21} & \cdots & A_{n1}\\ A_{12} & A_{22} & \cdots & A_{n2}\\ \vdots & \vdots & & \vdots\\ A_{1n} & A_{2n} & \cdots & A_{nn}\end{pmatrix}=\begin{pmatrix}|\mathbf{A}| & 0 & \cdots & 0\\ 0 & |\mathbf{A}| & \cdots & 0\\ \vdots & \vdots & & \vdots\\ 0 & 0 & \cdots & |\mathbf{A}|\end{pmatrix}=|\mathbf{A}|\mathbf{I}$$

如果$|\mathbf{A}| \neq 0$，則有

$$\mathbf{A}\frac{1}{|\mathbf{A}|}\mathbf{A}^* = \mathbf{I}$$

因此

$$\mathbf{A}^{-1} = \frac{1}{|\mathbf{A}|}\mathbf{A}^*$$

這也證明了矩陣$\mathbf{A}$可逆的充分必要條件是$|\mathbf{A}| \neq 0$。

如果把行列式的某一行元素都乘以k，則行列式變為之前的k倍。即

$$\begin{vmatrix} a_{11} & \cdots & a_{1n} \\ \vdots & & \vdots \\ ka_{i1} & \cdots & ka_{in} \\ \vdots & & \vdots \\ a_{n1} & \cdots & a_{nn} \end{vmatrix} = k\begin{vmatrix} a_{11} & \cdots & a_{1n} \\ \vdots & & \vdots \\ a_{i1} & \cdots & a_{in} \\ \vdots & & \vdots \\ a_{n1} & \cdots & a_{nn} \end{vmatrix} \tag{2.32}$$

可以根據行列式的定義直接證明。

如果將行列式的兩行交換，行列式反號。根據式 (2.30) 與式 (2.31)

$$0 = \begin{vmatrix} a_{11} & \cdots & a_{1n} \\ \vdots & & \vdots \\ a_{i1}+a_{j1} & \cdots & a_{in}+a_{jn} \\ \vdots & & \vdots \\ a_{i1}+a_{j1} & \cdots & a_{in}+a_{jn} \\ \vdots & & \vdots \\ a_{n1} & \cdots & a_{nn} \end{vmatrix} = \begin{vmatrix} a_{11} & \cdots & a_{1n} \\ \vdots & & \vdots \\ a_{i1} & \cdots & a_{in} \\ \vdots & & \vdots \\ a_{i1}+a_{j1} & \cdots & a_{in}+a_{jn} \\ \vdots & & \vdots \\ a_{n1} & \cdots & a_{nn} \end{vmatrix} + \begin{vmatrix} a_{11} & \cdots & a_{1n} \\ \vdots & & \vdots \\ a_{j1} & \cdots & a_{jn} \\ \vdots & & \vdots \\ a_{i1}+a_{j1} & \cdots & a_{in}+a_{jn} \\ \vdots & & \vdots \\ a_{n1} & \cdots & a_{nn} \end{vmatrix}$$

$$= \begin{vmatrix} a_{11} & \cdots & a_{1n} \\ \vdots & & \vdots \\ a_{i1} & \cdots & a_{in} \\ \vdots & & \vdots \\ a_{i1} & \cdots & a_{in} \\ \vdots & & \vdots \\ a_{n1} & \cdots & a_{nn} \end{vmatrix} + \begin{vmatrix} a_{11} & \cdots & a_{1n} \\ \vdots & & \vdots \\ a_{i1} & \cdots & a_{in} \\ \vdots & & \vdots \\ a_{j1} & \cdots & a_{jn} \\ \vdots & & \vdots \\ a_{n1} & \cdots & a_{nn} \end{vmatrix} + \begin{vmatrix} a_{11} & \cdots & a_{1n} \\ \vdots & & \vdots \\ a_{j1} & \cdots & a_{jn} \\ \vdots & & \vdots \\ a_{i1} & \cdots & a_{in} \\ \vdots & & \vdots \\ a_{n1} & \cdots & a_{nn} \end{vmatrix} + \begin{vmatrix} a_{11} & \cdots & a_{1n} \\ \vdots & & \vdots \\ a_{j1} & \cdots & a_{jn} \\ \vdots & & \vdots \\ a_{j1} & \cdots & a_{jn} \\ \vdots & & \vdots \\ a_{n1} & \cdots & a_{nn} \end{vmatrix}$$

$$= \begin{vmatrix} a_{11} & \cdots & a_{1n} \\ \vdots & & \vdots \\ a_{i1} & \cdots & a_{in} \\ \vdots & & \vdots \\ a_{j1} & \cdots & a_{jn} \\ \vdots & & \vdots \\ a_{n1} & \cdots & a_{nn} \end{vmatrix} + \begin{vmatrix} a_{11} & \cdots & a_{1n} \\ \vdots & & \vdots \\ a_{j1} & \cdots & a_{jn} \\ \vdots & & \vdots \\ a_{i1} & \cdots & a_{in} \\ \vdots & & \vdots \\ a_{n1} & \cdots & a_{nn} \end{vmatrix}$$

因此

$$\begin{vmatrix} a_{11} & \cdots & a_{1n} \\ \vdots & & \vdots \\ a_{i1} & \cdots & a_{in} \\ \vdots & & \vdots \\ a_{j1} & \cdots & a_{jn} \\ \vdots & & \vdots \\ a_{n1} & \cdots & a_{nn} \end{vmatrix} = -\begin{vmatrix} a_{11} & \cdots & a_{1n} \\ \vdots & & \vdots \\ a_{j1} & \cdots & a_{jn} \\ \vdots & & \vdots \\ a_{i1} & \cdots & a_{in} \\ \vdots & & \vdots \\ a_{n1} & \cdots & a_{nn} \end{vmatrix}$$

根據這一結論，下面兩個行列式值相反

$$\begin{vmatrix} 1 & 1 & 1 \\ 1 & 2 & 3 \\ 4 & 5 & 6 \end{vmatrix} = -\begin{vmatrix} 1 & 2 & 3 \\ 1 & 1 & 1 \\ 4 & 5 & 6 \end{vmatrix}$$

根據式 (2.31) 與式 (2.32) 可以證明，如果一個行列式的兩個行成比例關係，則其值為 0。

$$\begin{vmatrix} a_{11} & \cdots & a_{1n} \\ \vdots & & \vdots \\ a_{i1} & \cdots & a_{in} \\ \vdots & & \vdots \\ ka_{i1} & \cdots & ka_{in} \\ \vdots & & \vdots \\ a_{n1} & \cdots & a_{nn} \end{vmatrix} = k\begin{vmatrix} a_{11} & \cdots & a_{1n} \\ \vdots & & \vdots \\ a_{i1} & \cdots & a_{in} \\ \vdots & & \vdots \\ a_{i1} & \cdots & a_{in} \\ \vdots & & \vdots \\ a_{n1} & \cdots & a_{nn} \end{vmatrix} = 0$$

按照這一結論，下面的行列式為 0。

$$\begin{vmatrix} 1 & 1 & 1 \\ 2 & 2 & 2 \\ 1 & 2 & 3 \end{vmatrix} = 0$$

根據式 (2.30) 與式 (2.31)、式 (2.32) 可以證明，行列式的行加上另一個行的k倍，行列式的值不變。這是因為

$$\begin{vmatrix} a_{11} & \cdots & a_{1n} \\ \vdots & & \vdots \\ a_{i1}+ka_{j1} & \cdots & a_{in}+ka_{jn} \\ \vdots & & \vdots \\ a_{j1} & \cdots & a_{jn} \\ \vdots & & \vdots \\ a_{n1} & \cdots & a_{nn} \end{vmatrix} = \begin{vmatrix} a_{11} & \cdots & a_{1n} \\ \vdots & & \vdots \\ a_{i1} & \cdots & a_{in} \\ \vdots & & \vdots \\ a_{j1} & \cdots & a_{jn} \\ \vdots & & \vdots \\ a_{n1} & \cdots & a_{nn} \end{vmatrix} + k\begin{vmatrix} a_{11} & \cdots & a_{1n} \\ \vdots & & \vdots \\ a_{j1} & \cdots & a_{jn} \\ \vdots & & \vdots \\ a_{j1} & \cdots & a_{jn} \\ \vdots & & \vdots \\ a_{n1} & \cdots & a_{nn} \end{vmatrix} = \begin{vmatrix} a_{11} & \cdots & a_{1n} \\ \vdots & & \vdots \\ a_{i1} & \cdots & a_{in} \\ \vdots & & \vdots \\ a_{j1} & \cdots & a_{jn} \\ \vdots & & \vdots \\ a_{n1} & \cdots & a_{nn} \end{vmatrix}$$

按照這一結論，下面兩個行列式的值相等

$$\begin{vmatrix} 1 & 1 & 1 \\ 1 & 2 & 3 \\ 4 & 5 & 6 \end{vmatrix} = \begin{vmatrix} 1+1 & 1+2 & 1+3 \\ 1 & 2 & 3 \\ 4 & 5 & 6 \end{vmatrix}$$

可以透過這種轉換將矩陣化為三角矩陣，然後計算其行列式的值。

根據拉普拉斯展開可以證明下面的結論成立

$$\begin{vmatrix} a_{11} & a_{12} & \cdots & a_{1n} & 0 & \cdots & \cdots & 0 \\ a_{21} & a_{22} & \cdots & a_{2n} & \cdots & \cdots & \cdots & \cdots \\ \vdots & \vdots & & \vdots & \vdots & \vdots & & \vdots \\ a_{n1} & a_{n2} & \cdots & a_{nn} & 0 & \cdots & \cdots & 0 \\ c_{11} & c_{12} & \cdots & c_{1n} & b_{11} & b_{12} & \cdots & b_{1m} \\ c_{21} & c_{22} & \cdots & c_{2n} & b_{21} & b_{22} & \cdots & b_{2m} \\ \vdots & \vdots & & \vdots & \vdots & \vdots & & \vdots \\ c_{m1} & c_{m2} & \cdots & c_{mn} & b_{m1} & b_{m2} & \cdots & b_{mm} \end{vmatrix} = \begin{vmatrix} a_{11} & a_{12} & \cdots & a_{1n} \\ a_{21} & a_{22} & \cdots & a_{2n} \\ \vdots & \vdots & & \vdots \\ a_{n1} & a_{n2} & \cdots & a_{nn} \end{vmatrix} \begin{vmatrix} b_{11} & b_{12} & \cdots & b_{1m} \\ b_{21} & b_{22} & \cdots & b_{2m} \\ \vdots & \vdots & & \vdots \\ b_{m1} & b_{m2} & \cdots & b_{mm} \end{vmatrix}$$

如果矩陣$\boldsymbol{A}$和$\boldsymbol{B}$是尺寸相同的n階矩陣，則有

$$|\boldsymbol{AB}| = |\boldsymbol{A}||\boldsymbol{B}| \tag{2.33}$$

即矩陣乘積的行列式等於矩陣行列式的乘積。下面列出證明，由於

$$|\boldsymbol{A}||\boldsymbol{B}| = \begin{vmatrix} a_{11} & a_{12} & \cdots & a_{1n} & 0 & \cdots & \cdots & 0 \\ a_{21} & a_{22} & \cdots & a_{2n} & \cdots & \cdots & \cdots & \cdots \\ \vdots & \vdots & & \vdots & \vdots & \vdots & & \vdots \\ a_{n1} & a_{n2} & \cdots & a_{nn} & 0 & \cdots & \cdots & 0 \\ -1 & 0 & \cdots & 0 & b_{11} & b_{12} & \cdots & b_{1n} \\ 0 & -1 & \cdots & \cdots & b_{21} & b_{22} & \cdots & b_{2n} \\ \vdots & \vdots & & \vdots & \vdots & \vdots & & \vdots \\ 0 & 0 & \cdots & -1 & b_{n1} & b_{n2} & \cdots & b_{nn} \end{vmatrix}$$

將$n+1$行乘以a_{11}加到第 1 行，第$n+2$行乘以a_{12}加到第 1 行，……，將第$2n$行乘以a_{1n}加到第 1 行，可以獲得

$$|\boldsymbol{A}||\boldsymbol{B}| = \begin{vmatrix} 0 & 0 & \cdots & 0 & \sum_{k=1}^{n} a_{1k}b_{k1} & \cdots & \cdots & \sum_{k=1}^{n} a_{1k}b_{kn} \\ a_{21} & a_{22} & \cdots & a_{2n} & \cdots & \cdots & \cdots & \cdots \\ \vdots & \vdots & & \vdots & \vdots & \vdots & & \vdots \\ a_{n1} & a_{n2} & \cdots & a_{nn} & 0 & \cdots & \cdots & 0 \\ -1 & 0 & \cdots & 0 & b_{11} & b_{12} & \cdots & b_{1n} \\ 0 & -1 & \cdots & \cdots & b_{21} & b_{22} & \cdots & b_{2n} \\ \vdots & \vdots & & \vdots & \vdots & \vdots & & \vdots \\ 0 & 0 & \cdots & -1 & b_{n1} & b_{n2} & \cdots & b_{nn} \end{vmatrix}$$

對第$2 \sim n$行執行類似的操作，將上式右側行列式的左上角全部消為 0，最後可以獲得

$$|\boldsymbol{A}||\boldsymbol{B}| = \begin{vmatrix} 0 & 0 & \cdots & 0 & \sum_{k=1}^{n} a_{1k}b_{k1} & \cdots & \cdots & \sum_{k=1}^{n} a_{1k}b_{kn} \\ 0 & 0 & \cdots & 0 & \sum_{k=1}^{n} a_{2k}b_{k1} & \cdots & \cdots & \sum_{k=1}^{n} a_{2k}b_{kn} \\ \vdots & \vdots & & \vdots & \vdots & \vdots & & \vdots \\ 0 & 0 & \cdots & 0 & \sum_{k=1}^{n} a_{nk}b_{k1} & \cdots & \cdots & \sum_{k=1}^{n} a_{nk}b_{kn} \\ -1 & 0 & \cdots & 0 & b_{11} & b_{12} & \cdots & b_{1n} \\ 0 & -1 & \cdots & \cdots & b_{21} & b_{22} & \cdots & b_{2n} \\ \vdots & \vdots & & \vdots & \vdots & \vdots & & \vdots \\ 0 & 0 & \cdots & -1 & b_{n1} & b_{n2} & \cdots & b_{nn} \end{vmatrix}$$

$$= \begin{vmatrix} 0 & \boldsymbol{AB} \\ -\boldsymbol{I} & \boldsymbol{B} \end{vmatrix} = (-1)^n \begin{vmatrix} \boldsymbol{AB} & 0 \\ \boldsymbol{B} & -\boldsymbol{I} \end{vmatrix} = (-1)^n |\boldsymbol{AB}||-\boldsymbol{I}| = (-1)^n |\boldsymbol{AB}|(-1)^n = |\boldsymbol{AB}|$$

上式第 3 步將行列式左側的n列與右側的n列對換，因此出現$(-1)^n$；第 4 步利用了拉普拉斯展開，第 5 步利用了對角矩陣的行列式計算公式。式 (2.33) 具有很強的實用價值，通常使用它計算矩陣乘積的行列式。

根據式 (2.33) 可以直接獲得下面的結論：如果矩陣可逆，則其行列式不為 0，且其反矩陣的行列式等於行列式的逆，即

$$|\boldsymbol{A}^{-1}| = |\boldsymbol{A}|^{-1}$$

這是因為$\boldsymbol{A}\boldsymbol{A}^{-1} = \boldsymbol{I}$，因此

$$|\boldsymbol{A}||\boldsymbol{A}^{-1}| = |\boldsymbol{I}| = 1$$

矩陣與純量乘法的行列式為

$$|\alpha\boldsymbol{A}| = \alpha^n|\boldsymbol{A}|$$

其中 n 為矩陣的階數。這可以根據行列式的定義直接證明。式 (2.28) 所有求和項 $(-1)^{\tau(j_1 j_2 \cdots j_n)} \prod_{i=1}^{n} a_{i,j_i}$中$a_{i,j_i}$均變為$\alpha a_{i,j_i}$，因此最後出現$\alpha^n$。根據這一結論有

$$\begin{vmatrix} 2 & 4 & 6 \\ 8 & 10 & 12 \\ 14 & 16 & 18 \end{vmatrix} = 2^3 \times \begin{vmatrix} 1 & 2 & 3 \\ 4 & 5 & 6 \\ 7 & 8 & 9 \end{vmatrix}$$

矩陣轉置之後行列式不變

$$|\boldsymbol{A}| = |\boldsymbol{A}^T|$$

這可以根據行列式的定義以及行列對換進行證明。

正交矩陣的行列式為± 1。如果$\boldsymbol{A}$是正交矩陣，則有

$$|\boldsymbol{A}\boldsymbol{A}^T| = |\boldsymbol{A}||\boldsymbol{A}^T| = |\boldsymbol{A}||\boldsymbol{A}| = |\boldsymbol{I}| = 1$$

因此$|\boldsymbol{A}| = \pm 1$。

2.3.2 計算方法

下面介紹行列式的計算，分為手動計算與程式設計計算兩種方式。對於手動計算，重點介紹將矩陣化為上三角矩陣這種方法。

上三角矩陣或下三角矩陣的行列式是易於計算的，等於其主對角線元素的乘積。根據下面的初等行轉換：

（1）將行列式的兩行交換；
（2）將行列式的某一行乘以k倍之後加到另外一行。

可以將行列式化為上三角形式。根據前面介紹的行列式的性質，第一種轉換使得行列式的值反號，第二種轉換確保行列式的值不變。下面舉例說明。

對於下面的行列式

$$\begin{vmatrix} 1 & 2 & 3 \\ 4 & 5 & 6 \\ 7 & 8 & 9 \end{vmatrix} \tag{2.34}$$

將其化為上三角矩陣，然後計算行列式的值

$$\begin{vmatrix} 1 & 2 & 3 \\ 4 & 5 & 6 \\ 7 & 8 & 9 \end{vmatrix} \xrightarrow{r_2-4\times r_1 \text{，} r_3-7\times r_1} \begin{vmatrix} 1 & 2 & 3 \\ 0 & -3 & -6 \\ 0 & -6 & -12 \end{vmatrix} \xrightarrow{r_3-2\times r_2} \begin{vmatrix} 1 & 2 & 3 \\ 0 & -3 & -6 \\ 0 & 0 & 0 \end{vmatrix} = 0$$

Python 中 linalg 的 det 函數實現了計算方陣行列式的功能。下面是計算矩陣行列式的範例程式。

```
import numpy as np
A = np.array ([[1, 0, 0], [0, 1, 0], [0, 0, 5]])
d = np.linalg.det (A)
print (d)
```

程式執行結果為 5，對角矩陣的行列式為主對角線元素的乘積。

下面用 Python 程式驗證式 (2.34) 的行列式值。程式如下。

```
import numpy as np
A = np.array ([[1, 2, 3], [4, 5, 6], [7, 8, 9]])
d = np.linalg.det (A)
print (d)
```

程式執行結果為 0，與手動計算結果一致。

2.4 線性方程組

線性方程組是線性代數研究的主體物件之一。本節介紹線性方程組的求解方法以及解的理論。

2.4.1 高斯消去法

高斯消去法（Gaussian Elimination Method）即加減消去法，是求解線性方程組的經典方法。透過將一個方程式減掉另一個方程式的倍數消掉未知數，獲得階梯型方程組，然後依次解出每一個未知數。下面用一個簡單的實例說明。對於以下的線性方程組

$$\begin{cases}2x_1 + x_2 + x_3 = 1 \\ 6x_1 + 2x_2 + x_3 = -1 \\ -2x_1 + 2x_2 + x_3 = 7\end{cases}$$

先消去方程式 2 和方程式 3 的第一個未知數。將方程式 2 減去方程式 1 的 3 倍，將方程式 3 加上方程式 1，消掉方程式 2 和方程式 3 中的x_1，得

$$\begin{cases}2x_1 + x_2 + x_3 = 1 \\ -x_2 - 2x_3 = -4 \\ 3x_2 + 2x_3 = 8\end{cases}$$

然後將方程式 3 加上方程式 2 的 3 倍，消掉方程式 3 中的x_2，得

$$\begin{cases}2x_1 + x_2 + x_3 = 1 \\ -x_2 - 2x_3 = -4 \\ -4x_3 = -4\end{cases}$$

根據方程式 3 可以解得

$$x_3 = 1$$

將x_3的值代入方程式 2 可以解得

$$x_2 = 2$$

再將x_2和x_3代入方程式 1，可以解得

$$x_1 = -1$$

下面用矩陣的形式描述這一求解過程，如下所示

$$\begin{pmatrix}2 & 1 & 1 & 1 \\ 6 & 2 & 1 & -1 \\ -2 & 2 & 1 & 7\end{pmatrix} \xrightarrow{r_2-3\times r_1,\ r_3+r_1} \begin{pmatrix}2 & 1 & 1 & 1 \\ 0 & -1 & -2 & -4 \\ 0 & 3 & 2 & 8\end{pmatrix} \xrightarrow{r_3+3\times r_2} \begin{pmatrix}2 & 1 & 1 & 1 \\ 0 & -1 & -2 & -4 \\ 0 & 0 & -4 & -4\end{pmatrix}$$

下面將這種消去法進行推廣。對於任意的線性方程組，採用以下的初等轉換變形，方程組的解不變。

（1）交換兩個方程式的位置。

（2）用非 0 的常數乘以某方程式的兩端。

（3）將一個方程式的常數倍加到另一個方程式上去。

採用這種初等轉換，每次消掉一個未知數，最後獲得一個階梯形方程組，即可求出方程式的解。

2.4.2 齊次方程組

齊次線性方程組（Homogeneous Linear Equations）是常數項全部為 0 的線性方程組。可以寫成以下形式

$$\boldsymbol{Ax} = 0$$

其中$\boldsymbol{A} \subset \mathbb{R}^{m\times n}$，$\boldsymbol{x} \in \mathbb{R}^n$。將係數矩陣$\boldsymbol{A}$按列分段為$(\boldsymbol{a}_1 \quad \cdots \quad \boldsymbol{a}_n)$，齊次方程式可以寫成

$$x_1\boldsymbol{a}_1 + \cdots + x_n\boldsymbol{a}_n = 0$$

以解向量$\boldsymbol{x} = (x_1 \quad \cdots \quad x_n)^{\mathrm{T}}$為組合係數，向量組$\boldsymbol{a}_1, \cdots, \boldsymbol{a}_n$的線性組合為 0 向量。顯然$\boldsymbol{x} = 0$是方程組的解，因此齊次方程式一定有解。更重要的是，除$\boldsymbol{x} = 0$之外的解，稱為非 0 解，下面討論這種解的存在性。

根據線性相關性的定義，如果向量組$\boldsymbol{a}_1, \cdots, \boldsymbol{a}_n$線性無關，則不存在一組不全為 0 的係數$\boldsymbol{x}$使得其線性組合為 0。如果向量組$\boldsymbol{a}_1, \cdots, \boldsymbol{a}_n$線性相關，則存在一組不全為 0 的係數$\boldsymbol{x}$使得其線性組合為 0。這就是方程組的非 0 解。前者對應於矩陣$\boldsymbol{A}$的秩為n，後者秩小於n。由此獲得齊次方程組解的存在性判斷條件，分下面兩種情況。

（1）如果$r(\boldsymbol{A}) = n$，方程組只有 0 解。

（2）如果$r(\boldsymbol{A}) < n$，方程組有非 0 解。

方程組有非 0 解的充分必要條件是$r(\boldsymbol{A}) < n$。如果$\boldsymbol{A}$是方陣，$r(\boldsymbol{A}) < n$等於$\boldsymbol{A}$不可逆。如果$m < n$，即方程式的數量小於未知數的數量，則有

$$r(\mathbf{A}) \leqslant \min(m,n) \leqslant m < n$$

此時方程組必定有非 0 解。對於以下的線性方程組

$$\begin{cases} x_1 - x_2 + x_3 = 0 \\ -x_1 + x_2 + x_3 = 0 \\ x_1 + x_2 - x_3 = 0 \end{cases}$$

其係數矩陣的秩為

$$r\left(\begin{pmatrix} 1 & -1 & 1 \\ -1 & 1 & 1 \\ 1 & 1 & -1 \end{pmatrix}\right) = 3$$

因此方程組只有 0 解。對於以下的方程組

$$\begin{cases} x_1 + x_2 + x_3 = 0 \\ 2x_1 + 2x_2 + 2x_3 = 0 \end{cases}$$

其係數矩陣的秩為

$$r\left(\begin{pmatrix} 1 & 1 & 1 \\ 2 & 2 & 2 \end{pmatrix}\right) = 1$$

因此方程組有非 0 解。

下面分析解的性質與結構。如果$\boldsymbol{x}_1, \cdots, \boldsymbol{x}_l$都是方程組的解，它們的任意線性組合$\sum_{i=1}^{l} k_i \boldsymbol{x}_i$也是方程組的解，證明如下。

$$\boldsymbol{A}\left(\sum_{i=1}^{l} k_i \boldsymbol{x}_i\right) = \sum_{i=1}^{l} k_i \boldsymbol{A} \boldsymbol{x}_i = \sum_{i=1}^{l} k_i 0 = 0$$

假設$\boldsymbol{x}_1, \cdots, \boldsymbol{x}_l$都是方程組的解，如果這組解線性無關且方程組的任意一個解都可以由這組解線性串列示，則稱$\boldsymbol{x}_1, \cdots, \boldsymbol{x}_l$是方程組的基礎解系。

如果$r(\mathbf{A}) < n$，則存在基礎解系，且基礎解系中包含$n - r(\mathbf{A})$個解。

下面介紹齊次線性方程組的求解方法。通常採用的是初等行轉換法，對應高斯消去法。經過初等行轉換將係數矩陣化為階梯形矩陣之後，如果出現自由未知數，可以將它們設為特殊值，形成基礎解系，然後獲得方程組的通解（General Solution）。如果$x_{r+1},\cdots,x_n$是自由未知數，通常將它們的值依次設為

$$(1\ \ 0\ \ \cdots\ \ 0)\qquad(0\ \ 1\ \ \cdots\ \ 0)\qquad\cdots\qquad(0\ \ 0\ \ \cdots\ \ 1)$$

這是$\mathbb{R}^{n-r}$空間一組最簡單的標準正交基底。然後根據它們的值解出其他的未知數。下面舉例說明。

對於以下的方程組

$$\begin{cases}x_1+2x_2+2x_3+x_4=0\\2x_1+x_2-2x_3-2x_4=0\\x_1-x_2-4x_3-3x_4=0\end{cases}$$

對其係數矩陣進行初等行轉換

$$\mathbf{A}=\begin{pmatrix}1&2&2&1\\2&1&-2&-2\\1&-1&-4&-3\end{pmatrix}\xrightarrow{r_2-2r_1\text{，}r_3-r_1}\begin{pmatrix}1&2&2&1\\0&-3&-6&-4\\0&-3&-6&-4\end{pmatrix}$$

$$\xrightarrow{r_3-r_2\text{，}r_2\times(-1/3)}\begin{pmatrix}1&2&2&1\\0&1&2&4/3\\0&0&0&0\end{pmatrix}\xrightarrow{r_1-2\times r_2}\begin{pmatrix}1&0&-2&-5/3\\0&1&2&4/3\\0&0&0&0\end{pmatrix}$$

由於$r(\mathbf{A})=2<4$，因此方程組有非 0 解，最後兩個未知數為自由變數。令$x_3=1,x_4=0$，獲得基礎解系的第一個解

$$\mathbf{x}_1=(2\ \ -2\ \ 1\ \ 0)^{\mathrm{T}}$$

令$x_3=0,x_4=1$，獲得基礎解系的第二個解

$$\boldsymbol{x}_2=(5/3\ \ -4/3\ \ 0\ \ 1)^{\mathrm{T}}$$

方程組的通解為

$$\boldsymbol{x}=k_1\boldsymbol{x}_1+k_2\boldsymbol{x}_2$$

其中k_1,k_2為任意常數。

2.4.3 非齊次方程組

非齊次線性方程組（Non-homogeneous Linear Equations）的常數項不全為0，寫入成以下形式

$$\boldsymbol{Ax} = \boldsymbol{b}$$

這與一元一次方程$ax = 0$在形式上是統一的。方程組的增廣矩陣是係數矩陣和常數向量合併組成的矩陣

$$\boldsymbol{B} = (\boldsymbol{A}\ \ \boldsymbol{b})$$

對於以下的線性方程組

$$\begin{cases} 2x_1 - 3x_2 + x_3 = 1 \\ 4x_1 - 2x_2 + x_3 = 2 \\ 3x_1 + 3x_2 + x_3 = 0 \end{cases}$$

其係數矩陣為

$$\begin{pmatrix} 2 & -3 & 1 \\ 4 & -2 & 1 \\ 3 & 3 & 1 \end{pmatrix}$$

增廣矩陣為

$$\begin{pmatrix} 2 & -3 & 1 & 1 \\ 4 & -2 & 1 & 2 \\ 3 & 3 & 1 & 0 \end{pmatrix}$$

假設$\boldsymbol{A} \in \mathbb{R}^{m \times n}$，$\mathbf{x} \in \mathbb{R}^n$。係數矩陣$\boldsymbol{A}$按列分段為$(\boldsymbol{a}_1\ \ \cdots\ \ \boldsymbol{a}_n)$，非齊次方程式可以寫成

$$x_1\boldsymbol{a}_1 + \cdots + x_n\boldsymbol{a}_n = \boldsymbol{b}$$

以$\boldsymbol{x}$為組合係數，向量組$\boldsymbol{a}_1, \cdots, \boldsymbol{a}_n$的線性組合為向量$\boldsymbol{b}$。如果$\boldsymbol{b}$可以由$\boldsymbol{A}$的列向量線性串列示，則方程組有解，否則方程組無解。用初等行轉換將增廣矩陣化為階梯矩陣

$$\begin{pmatrix} 1 & \cdots & c_{1r} & c_{1,r+1} & \cdots & c_{1n} & d_1 \\ \vdots & & \vdots & \vdots & & \vdots & \vdots \\ 0 & \cdots & 1 & c_{r,r+1} & \cdots & c_{rn} & d_r \\ 0 & \cdots & 0 & 0 & \cdots & 0 & d_{r+1} \\ 0 & \cdots & 0 & 0 & \cdots & 0 & 0 \\ \vdots & & \vdots & \vdots & & \vdots & \vdots \\ 0 & \cdots & 0 & 0 & \cdots & 0 & 0 \end{pmatrix}$$

如果$d_{r+1} \neq 0$，則表示出現矛盾方程式，方程式無解。如果$d_{r+1} = 0$，則方程組有解。對於第二種情況，增廣矩陣的秩與係數矩陣的秩相等；第一種情況是係數矩陣的秩小於增廣矩陣的秩，且

$$r(\boldsymbol{B}) = r(\boldsymbol{A}) + 1$$

由此獲得非齊次方程組解的存在性判斷條件。

（1）如果$r(\boldsymbol{A}) = r(\boldsymbol{B})$，那麼方程組的解存在。

（2）如果$r(\boldsymbol{A}) < r(\boldsymbol{B})$，那麼方程組的解不存在。

對於第　種情況，如果$r(\boldsymbol{A}) = n$，那麼方程組有唯一解。如果$r(\boldsymbol{A}) < n$，那麼方程組有無窮多組解。

下面分析解的性質與結構。如果$\boldsymbol{x}_1, \cdots, \boldsymbol{x}_l$是非齊次方程組所對應的齊次方程式的一組解，$\boldsymbol{x}^*$是非齊次方程式的解，則$\sum_{i=1}^{l} k_i \boldsymbol{x}_i + \boldsymbol{x}^*$是非齊次方程式的解。顯然

$$\boldsymbol{A}\left(\sum_{i=1}^{l} k_i \boldsymbol{x}_i + \boldsymbol{x}^*\right) = \sum_{i=1}^{l} k_i \boldsymbol{A}\boldsymbol{x}_i + \boldsymbol{A}\boldsymbol{x}^* = \sum_{i=1}^{l} k_i 0 + \boldsymbol{b} = \boldsymbol{b}$$

如果$\boldsymbol{x}_1, \cdots, \boldsymbol{x}_l$是齊次方程組的基礎解系，$\boldsymbol{x}^*$是非齊次方程組的解，則非齊次方程組的解可以表示為

$$\sum_{i=1}^{l} k_i \boldsymbol{x}_i + \boldsymbol{x}^*$$

同樣可以用初等行轉換求解非齊次方程組。其解為對應的齊次方程組的通解加上它的特解（Particular Solution）。齊次方程組通解的求解方法在前

面已經介紹，非齊次方程組的特解可以任意選取，通常令自由未知數的值全為 0。下面舉例説明。

用初等行轉換解下面的非齊次線性方程組

$$\begin{cases} x_1 + 5x_2 - x_3 - x_4 = -1 \\ x_1 - 2x_2 + x_3 + 3x_4 = 3 \\ 3x_1 + 8x_2 - x_3 + x_4 = 1 \\ x_1 - 9x_2 + 3x_3 + 7x_4 = 7 \end{cases}$$

對其增廣矩陣進行初等行轉換

$$\begin{pmatrix} 1 & 5 & -1 & -1 & -1 \\ 1 & -2 & 1 & 3 & 3 \\ 3 & 8 & -1 & 1 & 1 \\ 1 & -9 & 3 & 7 & 7 \end{pmatrix} \to \begin{pmatrix} 1 & 5 & -1 & -1 & -1 \\ 0 & -7 & 2 & 4 & 4 \\ 0 & 0 & 0 & 0 & 0 \\ 0 & 0 & 0 & 0 & 0 \end{pmatrix} \to \begin{pmatrix} 1 & 5 & -1 & -1 & -1 \\ 0 & 1 & -2/7 & -4/7 & -4/7 \\ 0 & 0 & 0 & 0 & 0 \\ 0 & 0 & 0 & 0 & 0 \end{pmatrix}$$

x_3, x_4是自由未知數。令$x_3 = x_4 = 0$，獲得一個特解

$$\boldsymbol{x}^* = \begin{pmatrix} 13/7 \\ -4/7 \\ 0 \\ 0 \end{pmatrix}$$

齊次方程組的基礎解系為

$$\boldsymbol{x}_1 = \begin{pmatrix} -3/7 \\ 2/7 \\ 1 \\ 0 \end{pmatrix}, \boldsymbol{x}_2 = \begin{pmatrix} -13/7 \\ 4/7 \\ 0 \\ 1 \end{pmatrix}$$

因此方程式的解為

$$\boldsymbol{x} = \boldsymbol{x}^* + k_1\boldsymbol{x}_1 + k_2\boldsymbol{x}_2$$

其中k_1, k_2為任意常數。

Python 中 linalg 的 solve 函數提供了求解非齊次線性方程組的功能。函數的傳入參數為係數矩陣$\boldsymbol{A}$，以及常數向量$\boldsymbol{b}$，傳回值是方程組$\boldsymbol{Ax} = \boldsymbol{b}$的解向量$\boldsymbol{x}$。對於方程組

$$3x_1 + x_2 = 9$$

$$x_1 + 2x_2 = 8$$

下面是求解該方程組的程式。

```
import numpy as np
A = np.array([3,1], [1,2]])
b = np.array([9,8])
x = np.linalg.solve(A, b)
print(x)
```

程式執行結果為

```
[2., 3.]
```

2.5 特徵值與特徵向量

特徵值（Eigenvalue）與特徵向量（Eigenvector，也稱為本徵向量）決定了矩陣的很多性質。從幾何的角度來看，特徵向量是經過矩陣的線性轉換仍然處於同一條直線上的向量。eigen 一詞來自德語，意為「本身的」。

2.5.1 特徵值與特徵向量

對於n階矩陣$\boldsymbol{A}$，其特徵向量是經過這個矩陣的線性轉換之後仍然處於同一條直線上的向量。新向量的方向可能會相反，長度可能會改變。即存在一個數λ及非 0 向量$\boldsymbol{x}$，滿足

$$\boldsymbol{A}\boldsymbol{x} = \lambda\boldsymbol{x} \tag{2.35}$$

則稱λ為矩陣$\boldsymbol{A}$的特徵值，$\boldsymbol{x}$為該特徵值對應的特徵向量。特徵值是特徵向量在矩陣的線性轉換下的縮放比例。如果特徵值大於 0，那麼經過線性轉換之後特徵向量的方向不變；如果特徵值小於 0，那麼經過線性轉換之後特徵向量的方向相反；如果特徵值為 0，則經過線性轉換之後特徵向量收縮回原點。式 (2.35) 變形後可以獲得

$$(\boldsymbol{A} - \lambda\boldsymbol{I})\boldsymbol{x} = 0 \tag{2.36}$$

$\boldsymbol{A} - \lambda\boldsymbol{I}$稱為特徵矩陣。 按照線性方程組的理論，上面的齊次方程式有非 0

解的條件是係數矩陣的行列式必須為 0，即

$$|\boldsymbol{A}-\lambda\boldsymbol{I}|=0 \tag{2.37}$$

式 (2.37) 稱為特徵方程式（Eigenvalue Equation）。對於矩陣

$$\boldsymbol{A}=\begin{pmatrix} a_{11} & a_{12} & \cdots & a_{1n} \\ a_{21} & a_{22} & \cdots & a_{2n} \\ \vdots & \vdots & & \vdots \\ a_{n1} & a_{n2} & \cdots & a_{nn} \end{pmatrix}$$

其特徵方程式為

$$|\boldsymbol{A}-\lambda\boldsymbol{I}|=\begin{vmatrix} a_{11}-\lambda & a_{12} & \cdots & a_{1n} \\ a_{21} & a_{22}-\lambda & \cdots & a_{2n} \\ \vdots & \vdots & & \vdots \\ a_{n1} & a_{n2} & \cdots & a_{nn}-\lambda \end{vmatrix}=0$$

上面的行列式展開之後是λ的n次多項式，稱為矩陣的特徵多項式（Characteristic Polynomial），為以下形式

$$c_n\lambda^n+c_{n-1}\lambda^{n-1}+c_{n-2}\lambda^{n-2}+\cdots+c_1\lambda+c_0 \tag{2.38}$$

稍後我們會推導此多項式某些項的係數。求解這個特徵多項式對應的特徵方程式可以獲得所有特徵值。方程式的根可能是複數，此時的特徵值為複數，特徵向量為複向量。

根據對角行列式的計算公式，對角矩陣的特徵為其主對角線元素。對於以下對角矩陣

$$\boldsymbol{A}=\begin{pmatrix} a_{11} & 0 & \cdots & 0 \\ 0 & a_{22} & \cdots & 0 \\ \vdots & \vdots & & \vdots \\ 0 & 0 & \cdots & a_{nn} \end{pmatrix}$$

其特徵方程式為

$$\begin{vmatrix} a_{11}-\lambda & 0 & \cdots & 0 \\ 0 & a_{22}-\lambda & \cdots & 0 \\ \vdots & \vdots & & \vdots \\ 0 & 0 & \cdots & a_{nn}-\lambda \end{vmatrix}=(a_{11}-\lambda)\cdots(a_{nn}-\lambda)=0$$

同理，上三角矩陣的特徵值為其主對角線元素。對於以下的上三角矩陣

$$A = \begin{pmatrix} a_{11} & a_{12} & \cdots & a_{1n} \\ 0 & a_{22} & \cdots & a_{2n} \\ \vdots & \vdots & & \vdots \\ 0 & 0 & \cdots & a_{nn} \end{pmatrix}$$

其特徵方程式為

$$\begin{vmatrix} a_{11}-\lambda & a_{12} & \cdots & a_{1n} \\ 0 & a_{22}-\lambda & \cdots & a_{2n} \\ \vdots & \vdots & & \vdots \\ 0 & 0 & \cdots & a_{nn}-\lambda \end{vmatrix} = (a_{11}-\lambda)\cdots(a_{nn}-\lambda) = 0$$

對於下三角矩陣有相同的結論。一種計算特徵值的方法是透過相似轉換將矩陣變為上三角矩陣，在後面會說明。

根據多項式分解定理，特徵方程式可以寫成

$$(\lambda-\lambda_1)^{n_1}(\lambda-\lambda_2)^{n_2}\cdots(\lambda-\lambda_{N_\lambda})^{n_{N_\lambda}} = 0$$

其中n_i稱為特徵值λ_i的代數重數（Algebraic Multiplicity）。根據代數方程的理論，有

$$\sum_{i=1}^{N_\lambda} n_i = n$$

所有N_λ個不同的特徵值組成的集合稱為矩陣的譜（Spectrum）。矩陣的譜半徑（Spectral Radius）定義為所有特徵值絕對值的最大值，記為

$$\rho(\boldsymbol{A}) = \max\{|\lambda_1|,\cdots,|\lambda_{N_\lambda}|\}$$

如果矩陣$\boldsymbol{A}$不可逆，則

$$|\boldsymbol{A}| = |\boldsymbol{A} - 0\boldsymbol{I}| = 0$$

因此 0 是它的特徵值。反之，如果可逆，則 0 不是它的特徵值。獲得每個特徵值λ_i之後，解下面的線性方程組

$$(\boldsymbol{A} - \lambda_i \boldsymbol{I})\boldsymbol{x} = 0$$

即可獲得其對應的特徵向量。此方程組有$1 \leqslant m_i \leqslant n_i$個線性無關的解，稱

m_i為λ_i的幾何重數（Geometric Multiplicity）。這些線性無關的解組成的空間稱為矩陣$\boldsymbol{A}$關於特徵值λ_i的特徵子空間，記為V_{λ_i}。根據齊次線性方程組解的理論，特徵子空間的維數為

$$m_i = n - r(\boldsymbol{A} - \lambda_i \boldsymbol{I})$$

稍後會證明，屬於不同特徵值的特徵向量線性無關。矩陣所有線性無關的特徵向量的數量為

$$N_{\boldsymbol{x}} = \sum_{i=1}^{N_\lambda} m_i$$

顯然有$N_{\boldsymbol{x}} \leqslant n$。

下面用一個實例來説明特徵值與特徵向量的計算。對於以下矩陣

$$\boldsymbol{A} = \begin{pmatrix} 1 & 2 \\ 0 & -1 \end{pmatrix}$$

其特徵多項式為

$$|\boldsymbol{A} - \lambda \boldsymbol{I}| = \begin{vmatrix} 1-\lambda & 2 \\ 0 & -1-\lambda \end{vmatrix} = -(1-\lambda)(1+\lambda)$$

特徵方程式$-(1-\lambda)(1+\lambda) = 0$的根為$\lambda = 1$與$\lambda = -1$，因此該矩陣的特徵值為 1 與$-1$。將特徵值 1 代入，可得

$$(\boldsymbol{A} - \lambda \boldsymbol{I})\boldsymbol{x} = \begin{pmatrix} 0 & 2 \\ 0 & -2 \end{pmatrix} \boldsymbol{x} = 0$$

該齊次方程式的解為

$$\boldsymbol{x} = \begin{pmatrix} 1 \\ 0 \end{pmatrix}$$

此即特徵值 1 對應的特徵向量。將另外一個特徵值-1 代入，可得

$$(\boldsymbol{A} - \lambda \boldsymbol{I})\boldsymbol{x} = \begin{pmatrix} 2 & 2 \\ 0 & 0 \end{pmatrix} \boldsymbol{x} = 0$$

該齊次方程式的解為

$$\boldsymbol{x} = \begin{pmatrix} 1 \\ -1 \end{pmatrix}$$

即特徵值-1 對應的特徵向量。

上三角矩陣的特徵值為其主對角線元素。對於以下矩陣

$$A = \begin{pmatrix} 1 & 1 & 1 \\ 0 & 2 & 2 \\ 0 & 0 & 3 \end{pmatrix}$$

根據前面的結論，其特徵多項式為

$$|A - \lambda I| = \begin{vmatrix} 1-\lambda & 1 & 1 \\ 0 & 2-\lambda & 2 \\ 0 & 0 & 3-\lambda \end{vmatrix} = (1-\lambda)(2-\lambda)(3-\lambda)$$

其特徵值為 1、2、3。

對於不超過 4 階的矩陣，可透過解特徵方程式獲得特徵值。但更高次方程的求根存在困難，阿貝爾-魯菲尼（Abel-Ruffini）定理指出，4 次以上的代數方程沒有公式解。對於一般的高次方程，方程式係數的有限次四則運算、開方運算的結果均不可能是方程式的根。這一結論在 4.1.2 節將再次被提及。因此高階矩陣的特徵值只能求近似解。直接求解特徵方程式並不是一種好的選擇，更有效的方法是迭代。通常所用的 QR 演算法在 2.5.4 節介紹。

Python 中 linalg 的 eig 函數實現了計算矩陣的特徵值與特徵向量的功能。函數的輸入為方陣，輸出為所有的特徵值以及這些特徵值對應的特徵向量。下面是範例程式：

```
import numpy as np
A = np.array ([[1, 0, 0], [0, 1, 0], [0, 0, 5]])
eigvalues,eigvectors = np.linalg.eig (A)
print (eigvalues)
print (eigvectors)
```

程式執行結果為

```
[1. 1. 5.]
[[1. 0. 0.]
 [0. 1. 0.]
 [0. 0. 1.]]
```

即該矩陣的特徵值為 1、1、5。$(1\ \ 0\ \ 0)^{\mathrm{T}}$、$(0\ \ 1\ \ 0)^{\mathrm{T}}$和$(0\ \ 0\ \ 1)^{\mathrm{T}}$是它們對應的特徵向量。

下面介紹特徵值與矩陣主對角線元素以及行列式的關係。矩陣的跡（Trace）定義為其主對角線元素之和

$$(\boldsymbol{A}) = \sum_{i=1}^{n} a_{ii}$$

對於以下矩陣

$$\boldsymbol{A} = \begin{pmatrix} 1 & 2 & 3 \\ 4 & 5 & 6 \\ 7 & 8 & 9 \end{pmatrix}$$

其跡為

$$(\boldsymbol{A}) = a_{11} + a_{22} + a_{33} = 1 + 5 + 9 = 15$$

關於矩陣的跡，有下面的公式成立

$$(\boldsymbol{A} + \boldsymbol{B}) = (\boldsymbol{A}) + (\boldsymbol{B})(k\boldsymbol{A}) = k(\boldsymbol{A})(\boldsymbol{AB}) = (\boldsymbol{BA})$$

根據韋達定理，下面的n次方程式

$$x^n + c_{n-1}x^{n-1} + \cdots + c_1 x + c_0 = 0 \tag{2.39}$$

所有根之和為

$$x_1 + x_2 + \cdots + x_n = -c_{n-1}$$

所有根的乘積為

$$x_1 x_2 \cdots x_n = (-1)^n c_0$$

下面計算n階矩陣的特徵多項式。首先將行列式寫成下面的形式

$$|\boldsymbol{A} - \lambda\boldsymbol{I}| = \begin{vmatrix} a_{11} - \lambda & a_{12} - 0 & \cdots & a_{1n} - 0 \\ a_{21} - 0 & a_{22} - \lambda & \cdots & a_{2n} - 0 \\ \vdots & \vdots & & \vdots \\ a_{n1} - 0 & a_{n2} - 0 & \cdots & a_{nn} - \lambda \end{vmatrix}$$

然後按照第 1 列拆開，變為兩個行列式之和

$$|\boldsymbol{A}-\lambda\boldsymbol{I}|=\begin{vmatrix}a_{11} & a_{12}-0 & \cdots & a_{1n}-0\\ a_{21} & a_{22}-\lambda & \cdots & a_{2n}-0\\ \vdots & \vdots & & \vdots\\ a_{n1} & a_{n2}-0 & \cdots & a_{nn}-\lambda\end{vmatrix}+\begin{vmatrix}-\lambda & a_{12}-0 & \cdots & a_{1n}-0\\ -0 & a_{22}-\lambda & \cdots & a_{2n}-0\\ \vdots & \vdots & & \vdots\\ -0 & a_{n2}-0 & \cdots & a_{nn}-\lambda\end{vmatrix}$$

接下來將這兩個行列式均按照第 2 列拆開，變為 4 個行列式之和

$$|\boldsymbol{A}-\lambda\boldsymbol{I}|=\begin{vmatrix}a_{11} & a_{12} & \cdots & a_{1n}-0\\ a_{21} & a_{22} & \cdots & a_{2n}-0\\ \vdots & \vdots & & \vdots\\ a_{n1} & a_{n2} & \cdots & a_{nn}-\lambda\end{vmatrix}+\begin{vmatrix}a_{11} & -0 & \cdots & a_{1n}-0\\ a_{21} & -\lambda & \cdots & a_{2n}-0\\ \vdots & \vdots & & \vdots\\ a_{n1} & -0 & \cdots & a_{nn}-\lambda\end{vmatrix}$$

$$+\begin{vmatrix}-\lambda & a_{12} & \cdots & a_{1n}-0\\ -0 & a_{22} & \cdots & a_{2n}-0\\ \vdots & \vdots & & \vdots\\ -0 & a_{n2} & \cdots & a_{nn}-\lambda\end{vmatrix}+\begin{vmatrix}-\lambda & -0 & \cdots & a_{1n}-0\\ -0 & -\lambda & \cdots & a_{2n}-0\\ \vdots & \vdots & & \vdots\\ -0 & -0 & \cdots & a_{nn}-\lambda\end{vmatrix}$$

依此類推，將上一步的結果中所有行列式按照下一列拆開。最後可以獲得 2^n個行列式，特徵值多項式是它們之和。這些行列式的展開結果中，含有 λ^n的只有

$$\begin{vmatrix}-\lambda & \cdots & 0\\ \vdots & & \vdots\\ 0 & \cdots & -\lambda\end{vmatrix}$$

因此特徵多項式的第一次項就是$(-1)^n\lambda^n$。含有λ^{n-1}的是下面n個行列式

$$\begin{vmatrix}a_{11} & -0 & \cdots & -0\\ a_{21} & -\lambda & \cdots & -0\\ \vdots & \vdots & & \vdots\\ a_{n1} & -0 & \cdots & -\lambda\end{vmatrix},\begin{vmatrix}-\lambda & a_{12} & \cdots & -0\\ -0 & a_{22} & \cdots & -0\\ \vdots & \vdots & & \vdots\\ -0 & a_{n2} & \cdots & -\lambda\end{vmatrix}\cdots$$

它們之和為

$$(-1)^{n-1}(a_{11}+\cdots+a_{nn})\lambda^{n-1}$$

因此特徵多項式的λ^{n-1}項係數是$(-1)^{n-1}\sum_{i=1}^{n}a_{ii}$。不含$\lambda$的只有下面一個行列式

$$\begin{vmatrix}a_{11} & a_{12} & \cdots & a_{1n}\\ a_{21} & a_{22} & \cdots & a_{2n}\\ \vdots & \vdots & & \vdots\\ a_{n1} & a_{n2} & \cdots & a_{nn}\end{vmatrix}$$

因此特徵多項式中常數項的係數為$|\boldsymbol{A}|$。由此可以獲得特徵多項式為

$$(-1)^n\lambda^n+(-1)^{n-1}(\boldsymbol{A})\lambda^{n-1}+c_{n-2}\lambda^{n-2}+\cdots+c_1\lambda+|\boldsymbol{A}|$$

將特徵多項式乘以$(-1)^n$可以變為式 (2.39) 的形式

$$\lambda^n-(\boldsymbol{A})\lambda^{n-1}+c_{n-2}\lambda^{n-2}+\cdots+c_1\lambda+(-1)^n|\boldsymbol{A}|$$

因此矩陣所有特徵值的和為矩陣的跡

$$\sum_{i=1}^{n}\lambda_i=(\boldsymbol{A})$$

所有特徵值的積為矩陣的行列式

$$\prod_{i=1}^{n}\lambda_i=(-1)^n(-1)^n|\boldsymbol{A}|=|\boldsymbol{A}|$$

下面介紹特徵值的許多重要性質。如果矩陣$\boldsymbol{A}$可逆且λ為它的特徵值，則λ^{-1}是$\boldsymbol{A}^{-1}$的特徵值。根據特徵值與特徵向量的定義有

$$\boldsymbol{Ax}=\lambda\boldsymbol{x}$$

上式兩邊同時左乘$\boldsymbol{A}^{-1}$，可以獲得

$$\boldsymbol{A}^{-1}\boldsymbol{Ax}=\boldsymbol{x}=\lambda\boldsymbol{A}^{-1}\boldsymbol{x}$$

即

$$\boldsymbol{A}^{-1}\boldsymbol{x}=\lambda^{-1}\boldsymbol{x}$$

因此λ^{-1}是$\boldsymbol{A}^{-1}$的特徵值，$\boldsymbol{x}$為對應的特徵向量。

如果λ是矩陣$\boldsymbol{A}$的特徵值，則λ^n是$\boldsymbol{A}^n$的特徵值。根據特徵值與特徵向量的定義有

$$\boldsymbol{Ax}=\lambda\boldsymbol{x}$$

反覆利用此式，有

$$\boldsymbol{A}^n\boldsymbol{x}=\boldsymbol{A}^{n-1}\boldsymbol{Ax}=\boldsymbol{A}^{n-1}\lambda\boldsymbol{x}=\lambda\boldsymbol{A}^{n-2}\boldsymbol{Ax}=\lambda\boldsymbol{A}^{n-2}\lambda\boldsymbol{x}=\cdots=\lambda^n\boldsymbol{x}$$

因此λ^n是$\boldsymbol{A}^n$的特徵值。類似地可以證明如果λ是矩陣$\mathbf{A}$的特徵值，則$k\lambda$是$k\boldsymbol{A}$的特徵值。對於以下的多項式

$$f(x) = a_n x^n + a_{n-1} x^{n-1} + \cdots + a_1 x$$

如果λ是矩陣$\boldsymbol{A}$的特徵值，則$f(\lambda)$是$f(\boldsymbol{A})$的特徵值。

矩陣$\boldsymbol{A}$與$\boldsymbol{A}^{\mathrm{T}}$有相同的特徵值。顯然

$$(\boldsymbol{A} - \lambda\boldsymbol{I})^{\mathrm{T}} = \boldsymbol{A}^{\mathrm{T}} - (\lambda\boldsymbol{I})^{\mathrm{T}} = \boldsymbol{A}^{\mathrm{T}} - \lambda\boldsymbol{I}$$

因此

$$|\boldsymbol{A} - \lambda\boldsymbol{I}| = |\boldsymbol{A}^{\mathrm{T}} - \lambda\boldsymbol{I}|$$

下面介紹特徵向量的許多重要性質。如果向量$\boldsymbol{x}_1, \cdots, \boldsymbol{x}_l$都是矩陣$\boldsymbol{A}$關於同一個特徵值$\lambda$的特徵向量，則它們的非 0 線性組合

$$\sum_{i=1}^{l} k_i \boldsymbol{x}_i$$

也是矩陣$\boldsymbol{A}$關於λ的特徵向量。根據特徵值與特徵向量的定義有

$$\boldsymbol{A}\left(\sum_{i=1}^{l} k_i \boldsymbol{x}_i\right) = \sum_{i=1}^{l} k_i \boldsymbol{A}\boldsymbol{x}_i = \sum_{i=1}^{l} k_i \lambda \boldsymbol{x}_i = \lambda \sum_{i=1}^{l} k_i \boldsymbol{x}_l$$

因此$\sum_{i=1}^{l} k_i \boldsymbol{x}_i$是關於$\lambda$的特徵向量。

矩陣屬於不同特徵值的特徵向量線性無關。假設矩陣$\boldsymbol{A}$的l個不同特徵值為$\lambda_1, \cdots, \lambda_l$，它們對應的特徵向量為$\boldsymbol{x}_1, \cdots, \boldsymbol{x}_l$。下面用歸納法進行證明。

當$l = 1$時結論成立，因為$\boldsymbol{x}_1 \neq 0$，如果$k_1 \boldsymbol{x}_1 = 0$，則必定有$k_1 = 0$。

假設當$l = m$時結論成立，當$l = m + 1$時，有

$$k_1 \boldsymbol{x}_1 + \cdots + k_m \boldsymbol{x}_m + k_{m+1} \boldsymbol{x}_{m+1} = 0 \tag{2.40}$$

式 (2.40) 兩邊左乘$\boldsymbol{A}$，有

$$\boldsymbol{A}(k_1 \boldsymbol{x}_1 + \cdots + k_m \boldsymbol{x}_m + k_{m+1} \boldsymbol{x}_{m+1}) = 0$$

由於

$$\boldsymbol{A}\boldsymbol{x}_i = \lambda_i \boldsymbol{x}_i$$

因此

$$k_1\lambda_1\boldsymbol{x}_1 + \cdots + k_m\lambda_m\boldsymbol{x}_m + k_{m+1}\lambda_{m+1}\boldsymbol{x}_{m+1} = 0 \tag{2.41}$$

將式 (2.40) 乘以λ_{m+1}，然後減去式 (2.41)，可得

$$k_1(\lambda_{m+1} - \lambda_1)\boldsymbol{x}_1 + \cdots + k_m(\lambda_{m+1} - \lambda_m)\boldsymbol{x}_m = 0$$

由於$\boldsymbol{x}_1, \cdots, \boldsymbol{x}_m$線性無關，因此

$$k_i(\lambda_{m+1} - \lambda_i) = 0, i = 1, \cdots, m$$

而$\lambda_{m+1} \neq \lambda_i, i = 1, \cdots, m$，因此$k_i = 0, i = 1, \cdots, m$，將$k_i = 0, i = 1, \cdots, m$代入式 (2.40) 可得

$$k_{m+1}\boldsymbol{x}_{m+1} = 0$$

由於是特徵向量，因此$\boldsymbol{x}_{m+1} \neq 0$，故$k_{m+1} = 0$。因此$\boldsymbol{x}_1, \cdots, \boldsymbol{x}_{m+1}$線性無關。

實對稱矩陣的特徵值均為實數。首先定義矩陣的共軛運算。複數矩陣$\boldsymbol{A}$的共軛$\overline{\boldsymbol{A}}$為將其所有元素共軛後形成的矩陣。舉例來說，對於下面的矩陣

$$\boldsymbol{A} = \begin{pmatrix} 1 - i & 1 \\ 1 & 1 + i \end{pmatrix}$$

其共軛矩陣為

$$\overline{\boldsymbol{A}} = \begin{pmatrix} 1 + i & 1 \\ 1 & 1 - i \end{pmatrix}$$

可以證明共軛運算滿足下面的性質

$$\overline{\boldsymbol{A}}^{\mathrm{T}} = \overline{\boldsymbol{A}^{\mathrm{T}}} \quad \overline{\boldsymbol{A} + \boldsymbol{B}} = \overline{\boldsymbol{A}} + \overline{\boldsymbol{B}} \quad \overline{k\boldsymbol{A}} = \overline{k}\overline{\boldsymbol{B}} \quad \overline{\boldsymbol{A}\boldsymbol{B}} = \overline{\boldsymbol{A}}\,\overline{\boldsymbol{B}} \quad \overline{(\boldsymbol{A}\boldsymbol{B})^{\mathrm{T}}} = \overline{\boldsymbol{B}}^{\mathrm{T}}\overline{\boldsymbol{A}}^{\mathrm{T}}$$

顯然對於實矩陣有

$$\overline{\boldsymbol{A}} = \boldsymbol{A}$$

假設λ是實對稱矩陣$\boldsymbol{A}$的特徵值，$\boldsymbol{x}$是對應的特徵向量。由於是實對稱矩

陣，因此$\overline{\boldsymbol{A}}^{\mathrm{T}}=\boldsymbol{A}$。由於$\boldsymbol{Ax}=\lambda\boldsymbol{x}$，因此

$$\overline{\boldsymbol{Ax}}^{\mathrm{T}}=\overline{\lambda\boldsymbol{x}}^{\mathrm{T}}$$

上式兩邊同時右乘$\boldsymbol{x}$可以獲得

$$\overline{\boldsymbol{Ax}}^{\mathrm{T}}\boldsymbol{x}=\overline{(\boldsymbol{Ax})^{\mathrm{T}}}\boldsymbol{x}=\overline{\boldsymbol{x}^{\mathrm{T}}\boldsymbol{A}^{\mathrm{T}}}\boldsymbol{x}=\overline{\boldsymbol{x}^{\mathrm{T}}}\,\overline{\boldsymbol{A}^{\mathrm{T}}}\boldsymbol{x}=\overline{\boldsymbol{x}}^{\mathrm{T}}\overline{\boldsymbol{A}}^{\mathrm{T}}\boldsymbol{x}=\overline{\lambda\boldsymbol{x}}^{\mathrm{T}}\boldsymbol{x}=(\bar{\lambda}\overline{\boldsymbol{x}})^{\mathrm{T}}\boldsymbol{x}=\bar{\lambda}\,\overline{\boldsymbol{x}^{\mathrm{T}}}\boldsymbol{x}$$

進一步有

$$\overline{\boldsymbol{x}}^{\mathrm{T}}\boldsymbol{Ax}=\overline{\boldsymbol{x}}^{\mathrm{T}}\lambda\boldsymbol{x}=\lambda\overline{\boldsymbol{x}^{\mathrm{T}}}\boldsymbol{x}=\bar{\lambda}\,\overline{\boldsymbol{x}^{\mathrm{T}}}\boldsymbol{x}$$

由於$\boldsymbol{x}\neq 0$，因此$\overline{\boldsymbol{x}^{\mathrm{T}}}\boldsymbol{x}>0$，可以獲得$\lambda=\bar{\lambda}$，這表示$\lambda$是實數。

實對稱矩陣屬於不同特徵值的特徵向量相互正交。下面列出證明。假設$\boldsymbol{A}$為實對稱矩陣，λ_1,λ_2是它的兩個不同的特徵值，$\boldsymbol{x}_1,\boldsymbol{x}_2$分別為屬於$\lambda_1,\lambda_2$的特徵向量。則有

$$\begin{aligned}\boldsymbol{Ax}_1&=\lambda_1\boldsymbol{x}_1\\ \boldsymbol{Ax}_2&=\lambda_2\boldsymbol{x}_2\end{aligned}\tag{2.42}$$

式 (2.42) 的第一式兩邊左乘$\boldsymbol{x}_2^{\mathrm{T}}$可以獲得

$$\boldsymbol{x}_2^{\mathrm{T}}\boldsymbol{Ax}_1=\lambda_1\boldsymbol{x}_2^{\mathrm{T}}\boldsymbol{x}_1$$

而

$$\boldsymbol{x}_2^{\mathrm{T}}\boldsymbol{Ax}_1=(\boldsymbol{A}^{\mathrm{T}}\boldsymbol{x}_2)^{\mathrm{T}}\boldsymbol{x}_1=(\boldsymbol{Ax}_2)^{\mathrm{T}}\boldsymbol{x}_1=\lambda_2\boldsymbol{x}_2^{\mathrm{T}}\boldsymbol{x}_1$$

因此有

$$\lambda_1\boldsymbol{x}_2^{\mathrm{T}}\boldsymbol{x}_1=\lambda_2\boldsymbol{x}_2^{\mathrm{T}}\boldsymbol{x}_1$$

由於$\lambda_1\neq\lambda_2$，因此$\boldsymbol{x}_2^{\mathrm{T}}\boldsymbol{x}_1=0$。機器學習中使用的矩陣一般為實對稱矩陣，因此特徵值均為實數，且不同特徵值的特徵向量正交。

特徵值和特徵向量被大量用於機器學習演算法，典型的包含主成分分析（PCA），線性判別分析（LDA），流形學習等降維演算法，在 4.6.2 節以及 8.4 節介紹。

2.5.2 相似轉換

透過相似轉換可以將一個矩陣變為對角矩陣，下面先介紹相似轉換的概念。如果有兩個矩陣$\boldsymbol{A}$、$\boldsymbol{B}$以及一個可反矩陣$\boldsymbol{P}$滿足

$$\boldsymbol{P}^{-1}\boldsymbol{A}\boldsymbol{P}=\boldsymbol{B} \tag{2.43}$$

則稱矩陣$\boldsymbol{A},\boldsymbol{B}$相似，記為$\boldsymbol{A}\sim\boldsymbol{B}$。式 (2.43) 稱為相似轉換，$\boldsymbol{P}$為相似轉換矩陣。

相似具有自反性。矩陣與其本身相似，即$\boldsymbol{A}\sim\boldsymbol{A}$。顯然

$$\boldsymbol{I}^{-1}\boldsymbol{A}\boldsymbol{I}=\boldsymbol{A}$$

相似具有對稱性。如果$\boldsymbol{A}\sim\boldsymbol{B}$，則$\boldsymbol{B}\sim\boldsymbol{A}$。由於

$$\boldsymbol{P}^{-1}\boldsymbol{A}\boldsymbol{P}=\boldsymbol{B}$$

上式兩邊左乘$\boldsymbol{P}$，右乘$\boldsymbol{P}^{-1}$，可以獲得

$$\boldsymbol{A}=\boldsymbol{P}\boldsymbol{B}\boldsymbol{P}^{-1}=(\boldsymbol{P}^{-1})^{-1}\boldsymbol{B}\boldsymbol{P}^{-1}$$

相似具有傳遞性。如果$\boldsymbol{A}\sim\boldsymbol{B}$且$\boldsymbol{B}\sim\boldsymbol{C}$，則$\boldsymbol{A}\sim\boldsymbol{C}$。由於$\boldsymbol{A}\sim\boldsymbol{B}$且$\boldsymbol{B}\sim\boldsymbol{C}$，因此有

$$\boldsymbol{P}_1^{-1}\boldsymbol{A}\boldsymbol{P}_1=\boldsymbol{B} \qquad \boldsymbol{P}_2^{-1}\boldsymbol{B}\boldsymbol{P}_2=\boldsymbol{C}$$

進一步有

$$\boldsymbol{P}_2^{-1}\boldsymbol{B}\boldsymbol{P}_2=\boldsymbol{P}_2^{-1}(\boldsymbol{P}_1^{-1}\boldsymbol{A}\boldsymbol{P}_1)\boldsymbol{P}_2=(\boldsymbol{P}_1\boldsymbol{P}_2)^{-1}\boldsymbol{A}(\boldsymbol{P}_1\boldsymbol{P}_2)=\boldsymbol{C}$$

相似矩陣有相同的特徵值，這表示相似轉換保持矩陣的特徵值不變。假設$\boldsymbol{A}\sim\boldsymbol{B}$，則存在可反矩陣$\boldsymbol{P}$使得

$$\boldsymbol{P}^{-1}\boldsymbol{A}\boldsymbol{P}=\boldsymbol{B}$$

因此

$$\begin{aligned}|\boldsymbol{B}-\lambda\boldsymbol{I}|&=|\boldsymbol{P}^{-1}\boldsymbol{A}\boldsymbol{P}-\lambda\boldsymbol{I}|=|\boldsymbol{P}^{-1}\boldsymbol{A}\boldsymbol{P}-\lambda\boldsymbol{P}^{-1}\boldsymbol{I}\boldsymbol{P}|=|\boldsymbol{P}^{-1}(\boldsymbol{A}-\lambda\boldsymbol{I})\boldsymbol{P}|\\&=|\boldsymbol{P}^{-1}||\boldsymbol{A}-\lambda\boldsymbol{I}||\boldsymbol{P}|=|\boldsymbol{A}-\lambda\boldsymbol{I}|\end{aligned}$$

這一性質可用於求解特徵值，透過相似轉換將矩陣$\boldsymbol{A}$變為對角矩陣或三角

矩陣，特徵值不變，對角矩陣或三角矩陣的主對角線元素即為$\boldsymbol{A}$的特徵值。

如果矩陣滿足一定的條件，透過相似轉換可將其轉化為對角矩陣。假設$\lambda_1,\cdots,\lambda_n$是$n$階矩陣$\boldsymbol{A}$的$n$個特徵值，$\boldsymbol{x}_1,\cdots,\boldsymbol{x}_n$是它們對應的特徵向量。根據特徵值與特徵向量的定義有

$$(\boldsymbol{A}\boldsymbol{x}_1 \quad \cdots \quad \boldsymbol{A}\boldsymbol{x}_n) = (\lambda_1\boldsymbol{x}_1 \quad \cdots \quad \lambda_n\boldsymbol{x}_n)$$

如果令矩陣$\boldsymbol{P} = (\boldsymbol{x}_1 \quad \cdots \quad \boldsymbol{x}_n)$，對角矩陣

$$\Lambda = \begin{pmatrix} \lambda_1 & \cdots & 0 \\ \vdots & & \vdots \\ 0 & \cdots & \lambda_n \end{pmatrix}$$

根據右乘對角矩陣的性質有

$$(\boldsymbol{A}\boldsymbol{x}_1 \quad \cdots \quad \boldsymbol{A}\boldsymbol{x}_n) = \boldsymbol{A}\boldsymbol{P} = (\lambda_1\boldsymbol{x}_1 \quad \cdots \quad \lambda_n\boldsymbol{x}_n) = \boldsymbol{P}\Lambda$$

即

$$\boldsymbol{A}\boldsymbol{P} = \boldsymbol{P}\Lambda$$

如果矩陣$\boldsymbol{P}$可逆，那麼上式兩邊同時左乘$\boldsymbol{P}^{-1}$可以獲得

$$\boldsymbol{P}^{-1}\boldsymbol{A}\boldsymbol{P} = \boldsymbol{P}^{-1}\boldsymbol{P}\Lambda = \Lambda$$

透過這種相似轉換可以將矩陣化為對角矩陣，稱為矩陣的相似對角化。

$$\boldsymbol{P}^{-1}\boldsymbol{A}\boldsymbol{P} = \Lambda \tag{2.44}$$

式 (2.44) 表示可以以矩陣$\boldsymbol{A}$的特徵向量為列建構一個矩陣$\boldsymbol{P}$，透過它將矩陣對角化，獲得以$\boldsymbol{A}$的特徵值為主對角線的對角矩陣Λ。這種做法成立的條件是矩陣$\boldsymbol{P}$可逆，即矩陣$\boldsymbol{A}$有n個線性無關的特徵向量。

2.5.3 正交轉換

對於實對稱矩陣，我們可以建構一個正交的相似轉換將其對角化。可以用歸納法證明實對稱矩陣一定可以對角化，這表示n階實對稱矩陣有n個線性

無關的特徵向量。實對稱矩陣$\boldsymbol{A}$屬於不同特徵值的特徵向量是相互正交的，如果用格拉姆--施密特正交化將同一個特徵值的所有特徵向量正交化，然後將所有特徵向量單位化，可以獲得一組標準正交基底$\boldsymbol{p}_1,\cdots,\boldsymbol{p}_n$。以它們為列建構相似轉換矩陣$\boldsymbol{P}$，則矩陣$\boldsymbol{P}$是正交矩陣。可透過正交轉換（Orthogonal Transformation）將矩陣化為對角陣

$$\boldsymbol{P}^{\mathrm{T}}\boldsymbol{A}\boldsymbol{P} = \Lambda$$

由於$\boldsymbol{P}^T = \boldsymbol{P}^{-1}$，因此這是一種更特殊的相似轉換。實現時只需要對同一個特徵值的不同特徵向量正交化，然後將所有正交化之後的特徵向量進行標準化即可。

下面舉例說明如何將矩陣透過正交轉換化為對角矩陣。對於下面的矩陣

$$\boldsymbol{A} = \begin{pmatrix} 0 & 1 & 1 \\ 1 & 0 & 1 \\ 1 & 1 & 0 \end{pmatrix}$$

其特徵多項式為

$$|\boldsymbol{A} - \lambda \boldsymbol{I}| = \begin{vmatrix} -\lambda & 1 & 1 \\ 1 & -\lambda & 1 \\ 1 & 1 & -\lambda \end{vmatrix} = -(\lambda - 2)(\lambda + 1)^2$$

因此其特徵值為 2，-1，-1。當$\lambda = 2$時，有

$$(\boldsymbol{A} - 2\boldsymbol{I})\boldsymbol{x} = 0$$

解得

$$\boldsymbol{x}_1 = (1 \ \ 1 \ \ 1)^{\mathrm{T}}$$

當$\lambda = -1$時，有

$$(\boldsymbol{I} + \boldsymbol{A})\boldsymbol{x} = 0$$

解得

$$\boldsymbol{x}_2 = (-1 \ \ 1 \ \ 0)^{\mathrm{T}} \boldsymbol{x}_3 = (-1 \ \ 0 \ \ 1)^{\mathrm{T}}$$

正交單位化之後為

$$\boldsymbol{p}_1 = \frac{1}{\sqrt{3}}(1 \ \ 1 \ \ 1)^{\mathrm{T}} \boldsymbol{p}_2 = \frac{1}{\sqrt{2}}(-1 \ \ 1 \ \ 0)^{\mathrm{T}} \boldsymbol{p}_3 = \frac{1}{\sqrt{6}}(-1 \ \ -1 \ \ 2)^{\mathrm{T}}$$

令

$$P = (p_1 \ p_2 \ p_3) = \begin{pmatrix} \frac{1}{\sqrt{3}} & -\frac{1}{\sqrt{2}} & -\frac{1}{\sqrt{6}} \\ \frac{1}{\sqrt{3}} & \frac{1}{\sqrt{2}} & -\frac{1}{\sqrt{6}} \\ \frac{1}{\sqrt{3}} & 0 & \frac{2}{\sqrt{6}} \end{pmatrix}$$

則有

$$P^{-1}AP = P^{T}AP = \begin{pmatrix} 2 & 0 & 0 \\ 0 & -1 & 0 \\ 0 & 0 & -1 \end{pmatrix}$$

正交轉換具有一個優良的性質，它可以保持矩陣的對稱性。假設$\boldsymbol{A}$是對稱矩陣，$\boldsymbol{P}$是正交矩陣。使用下面的正交轉換

$$\boldsymbol{B} = \boldsymbol{P}^{\mathrm{T}}\boldsymbol{A}\boldsymbol{P}$$

$\boldsymbol{B}$仍然是對稱矩陣。下面列出證明。顯然有

$$\boldsymbol{B}^{\mathrm{T}} = (\boldsymbol{P}^{\mathrm{T}}\boldsymbol{A}\boldsymbol{P})^{\mathrm{T}} = \boldsymbol{P}^{\mathrm{T}}\boldsymbol{A}^{\mathrm{T}}(\boldsymbol{P}^{\mathrm{T}})^{\mathrm{T}} = \boldsymbol{P}^{\mathrm{T}}\boldsymbol{A}\boldsymbol{P} = \boldsymbol{B}$$

下面介紹一種特殊的正交轉換——豪斯霍爾德（Householder）轉換，它在 QR 演算法以及其他矩陣演算法中有重要的應用。首先定義 Householder 矩陣，為以下形式

$$\boldsymbol{P} = \boldsymbol{I} - 2\boldsymbol{w}\boldsymbol{w}^{\mathrm{T}}$$

其中$\boldsymbol{w}$是n維非 0 列向量，且有$\| \boldsymbol{w} \| = 1$。顯然矩陣$\boldsymbol{P}$是對稱矩陣，並且是正交矩陣。由於$\boldsymbol{P}$是對稱矩陣，因此有

$$\boldsymbol{P}^{\mathrm{T}}\boldsymbol{P} = \boldsymbol{P}\boldsymbol{P} = (\boldsymbol{I} - 2\boldsymbol{w}\boldsymbol{w}^{\mathrm{T}})(\boldsymbol{I} - 2\boldsymbol{w}\boldsymbol{w}^{\mathrm{T}}) = \boldsymbol{I} - 4\boldsymbol{w}\boldsymbol{w}^{\mathrm{T}} + 4\boldsymbol{w}(\boldsymbol{w}^{\mathrm{T}}\boldsymbol{w})\boldsymbol{w}^{\mathrm{T}} = \boldsymbol{I}$$

故該矩陣是正交矩陣。通常將$\boldsymbol{P}$寫成以下形式

$$\boldsymbol{P} = \boldsymbol{I} - \frac{\boldsymbol{u}\boldsymbol{u}^{\mathrm{T}}}{H} \tag{2.45}$$

其中$\mathbf{u}$為任意非 0 向量且

$$\mathrm{H} = \frac{1}{2} \| \boldsymbol{u} \|^2$$

這裡用H對$\boldsymbol{u}$進行了標準化。

對於n維列向量$\boldsymbol{x}$，建構下面的向量

$$\boldsymbol{u} = \boldsymbol{x} \mp \| \boldsymbol{x} \| \boldsymbol{e_1}$$

其中單位向量$\boldsymbol{e_1} = (1 \ \ 0 \ \ \cdots \ \ 0)^{\mathrm{T}}$。根據$\boldsymbol{u}$用式 (2.45) 建構 Householder 矩陣$\boldsymbol{P}$，下面來看將向量$\boldsymbol{x}$左乘$\boldsymbol{P}$的結果。

$$\boldsymbol{Px} = (\boldsymbol{I} - \frac{\boldsymbol{uu}^T}{H})\boldsymbol{x} = \boldsymbol{x} - \frac{\boldsymbol{u}}{H}(\boldsymbol{x} \mp \| \boldsymbol{x} \| \boldsymbol{e}_1)^T \boldsymbol{x} = \boldsymbol{x} - \frac{2\boldsymbol{u}(\| \boldsymbol{x} \|^2 \mp \| \boldsymbol{x} \| x_1)}{(\boldsymbol{x} \mp \| \boldsymbol{x} \| \boldsymbol{e}_1)^T (\boldsymbol{x} \mp \| \boldsymbol{x} \| \boldsymbol{e}_1)}$$

$$= \boldsymbol{x} - \frac{2\boldsymbol{u}(\| \boldsymbol{x} \|^2 \mp \| \boldsymbol{x} \| x_1)}{2 \| \boldsymbol{x} \|^2 \mp 2 \| \boldsymbol{x} \| x_1} = \boldsymbol{x} - \boldsymbol{u} = \pm \| \boldsymbol{x} \| \boldsymbol{e}_1$$

其中x_1是$\mathbf{x}$的第 1 個分量。這表明將列向量$\boldsymbol{x}$左乘$\boldsymbol{P}$之後將零化$\boldsymbol{x}$除第 1 個元素之外的所有元素，同時保持向量的長度不變。將行向量右乘該矩陣之後有類似的效果。根據這一特性，我們可以建構以 Householder 矩陣為基礎的正交轉換，將矩陣轉化為類似對角矩陣的形式，零化主對角線之外的元素。

對於對稱矩陣$\boldsymbol{A}$，使用它的第 1 列計算向量$\boldsymbol{u}$，按照式 (2.45) 建構 Householder 矩陣$\boldsymbol{P}$。然後對$\boldsymbol{A}$進行正交轉換，這裡的正交轉換透過將矩陣$\boldsymbol{A}$先左乘$\boldsymbol{P}$，然後右乘$\boldsymbol{P}$實現

$$\boldsymbol{P}^{\mathrm{T}}\boldsymbol{AP} = \boldsymbol{PAP}$$

左乘$\boldsymbol{P}$實現$\boldsymbol{A}$的第 1 列的零化，右乘$\boldsymbol{P}$實現$\boldsymbol{A}$的第 1 行的零化。下面來看矩陣$\boldsymbol{P}$的建構。如果用$\boldsymbol{A}$的整個第 1 列作為向量，按照式 (2.45) 建構$\boldsymbol{P}$，雖然可在左乘$\boldsymbol{P}$之後將$\boldsymbol{A}$的第 1 列除第 1 個元素之外的所有元素全部零化，但會改變$\boldsymbol{A}$的第 1 行所有元素的值，接下來在右乘$\boldsymbol{P}$的時候無法保證將$\boldsymbol{PA}$的第 1 行零化。因此$\boldsymbol{P}$需要確保將$\boldsymbol{A}$的第 1 列的元素零化的同時確保$\boldsymbol{A}$的第 1 行的元素不變，以便在右乘$\boldsymbol{P}$的時候將這個行零化。我們可以按照下面的形式建構$\boldsymbol{P}$

$$\boldsymbol{P}=\begin{pmatrix}1 & 0 & 0 & \cdots & 0\\ 0 & p_{22} & p_{23} & \cdots & p_{2n}\\ 0 & p_{32} & p_{33} & \cdots & p_{3n}\\ \cdots & \cdots & \cdots & & \cdots\\ 0 & p_{n2} & p_{n3} & \cdots & p_{nn}\end{pmatrix}=\begin{pmatrix}\boldsymbol{I}_{1\times 1} & 0_{1\times(n-1)}\\ 0_{(n-1)\times 1} & \boldsymbol{P}_{(n-1)\times(n-1)}\end{pmatrix} \quad (2.46)$$

其中

$$\begin{pmatrix}p_{22} & p_{23} & \cdots & p_{2n}\\ p_{32} & p_{33} & \cdots & p_{3n}\\ \vdots & \vdots & \vdots & \vdots\\ p_{n2} & p_{n3} & \cdots & p_{nn}\end{pmatrix}$$

是用$\boldsymbol{A}$的第 1 列的後面$n-1$個元素按照式 (2.45) 建構的。我們將式 (2.46) 的矩陣作為第 1 次豪斯霍爾德轉換的矩陣，記為$\boldsymbol{P}_1$。將$\boldsymbol{A}$左乘$\boldsymbol{P}_1$之後可以確保$\boldsymbol{A}$的第 1 行元素不變，同時將$\boldsymbol{A}$的第 1 列的後面$n-2$個元素全部變為 0。

$$\boldsymbol{P}_1\boldsymbol{A}=\begin{pmatrix}1 & 0 & 0 & \cdots & 0\\ 0 & p_{22} & p_{23} & \cdots & p_{2n}\\ 0 & p_{32} & p_{33} & \cdots & p_{3n}\\ \vdots & \vdots & \vdots & & \vdots\\ 0 & p_{n2} & p_{n3} & \cdots & p_{nn}\end{pmatrix}\begin{pmatrix}a_{11} & a_{12} & a_{13} & \cdots & a_{1n}\\ a_{21} & * & * & \cdots & *\\ a_{31} & * & * & \cdots & *\\ \vdots & \vdots & \vdots & & \vdots\\ a_{n1} & * & * & \cdots & *\end{pmatrix}$$

$$=\begin{pmatrix}a_{11} & a_{12} & a_{13} & \cdots & a_{1n}\\ k & * & * & \cdots & *\\ 0 & * & * & \cdots & *\\ \vdots & \vdots & \vdots & & \vdots\\ 0 & * & * & \cdots & *\end{pmatrix}$$

接下來右乘$\boldsymbol{P}_1$，由於$\boldsymbol{A}$是對稱矩陣，因此第 1 列和第 1 行相同，右乘$\boldsymbol{P}_1$可以將第 1 行後面$n-2$個元素全部變為 0，並且不改變第 1 列所有元素的值，因此不會破壞前面的列零化結果。

$$\boldsymbol{A}_1=\boldsymbol{P}_1\boldsymbol{A}\boldsymbol{P}_1=\begin{pmatrix}a_{11} & a_{12} & a_{13} & \cdots & a_{1n}\\ k & * & * & \cdots & *\\ 0 & * & * & \cdots & *\\ \vdots & \vdots & \vdots & & \vdots\\ 0 & * & * & \cdots & *\end{pmatrix}\begin{pmatrix}1 & 0 & 0 & \cdots & 0\\ 0 & p_{22} & p_{23} & \cdots & p_{2n}\\ 0 & p_{32} & p_{33} & \cdots & p_{3n}\\ \cdots & \cdots & \cdots & \cdots & \cdots\\ 0 & p_{n2} & p_{n3} & \cdots & p_{nn}\end{pmatrix}$$

$$
= \begin{pmatrix} a_{11} & k & 0 & \cdots & 0 \\ k & * & * & \cdots & * \\ 0 & * & * & \cdots & * \\ \vdots & \vdots & \vdots & & \vdots \\ 0 & * & * & \cdots & * \end{pmatrix}
$$

然後進行第 2 次豪斯霍爾德轉換。由於正交轉換可以保持矩陣的對稱性，因此$\boldsymbol{A}_1$仍然是對稱矩陣。用$\boldsymbol{A}_1$的第 2 列的後面$n-2$個元素建構$\boldsymbol{P}_2$

$$
\boldsymbol{p}_2 = \begin{pmatrix} 1 & 0 & 0 & \cdots & 0 \\ 0 & 1 & 0 & \cdots & 0 \\ 0 & 0 & p_{33} & \cdots & p_{3n} \\ \vdots & \vdots & \vdots & & \vdots \\ 0 & 0 & p_{n3} & \cdots & p_{nn} \end{pmatrix} = \begin{pmatrix} \boldsymbol{I}_{2\times 2} & 0_{2\times(n-2)} \\ 0_{(n-2)\times 2} & \boldsymbol{P}_{(n-2)\times(n-2)} \end{pmatrix}
$$

其中

$$
\begin{pmatrix} p_{33} & \cdots & p_{3n} \\ \vdots & & \vdots \\ p_{n3} & \cdots & p_{nn} \end{pmatrix}
$$

根據$\boldsymbol{A}_1$的第 2 列的後面$n-2$個元素按照式 (2.45) 建構。經過第 2 次豪斯霍爾德轉換可以將$\boldsymbol{A}_1$的第 2 列的後面$n-3$個元素，第 2 行的後面$n-3$個元素全部變為 0。

$$
\boldsymbol{A}_2 = \boldsymbol{P}_2\boldsymbol{A}_1\boldsymbol{P}_2 = \begin{pmatrix} a_{11} & k & 0 & \cdots & 0 \\ k & s & t & \cdots & 0 \\ 0 & t & * & \cdots & * \\ \vdots & \vdots & \vdots & \vdots & \vdots \\ 0 & 0 & * & \cdots & * \end{pmatrix}
$$

依此類推，經過$n-2$次豪斯霍爾德轉換，可以將對稱矩陣化為以下的對稱三對角矩陣（Tridiagonal Matrix）

$$
\begin{pmatrix} b_{11} & b_{12} & \cdots & \cdots & 0 \\ b_{21} & b_{22} & b_{23} & \cdots & 0 \\ 0 & b_{32} & b_{33} & \cdots & 0 \\ \cdots & \cdots & \cdots & \cdots & \cdots \\ 0 & 0 & \cdots & b_{n,n-1} & b_{nn} \end{pmatrix}
$$

這種矩陣除主對角線、主對角線以上及以下的對角線之外，其他元素均為 0。

對於一般的n階矩陣$\boldsymbol{A}$，用同樣的方法建構豪斯霍爾德矩陣。左乘$\boldsymbol{P}$之後將$\boldsymbol{A}$的第 1 列後面$n-2$個元素零化，同時保持$\boldsymbol{A}$的第 1 行元素不變。由於$\boldsymbol{A}$不是對角矩陣，其行和列不相等，因此右乘$\boldsymbol{P}$的時候無法將其第 1 行元素零化。同樣不能用完整的列建構豪斯霍爾德轉換矩陣，否則右乘該矩陣的時候會破壞前面零化的結果。用和對稱矩陣相同的方法建構轉換矩陣。第一次豪斯霍爾德轉換之後的結果為

$$\boldsymbol{A}_1 = \boldsymbol{P}_1\boldsymbol{A}\boldsymbol{P}_1 = \begin{pmatrix} a_{11} & * & * & \cdots & * \\ k & * & * & \cdots & * \\ 0 & * & * & \cdots & * \\ \vdots & \vdots & \vdots & & \vdots \\ 0 & * & * & \cdots & * \end{pmatrix}$$

第二次豪斯霍爾德轉換可以將第 2 列的後面$n-3$個元素零化，轉換之後的結果為

$$\boldsymbol{A}_2 = \boldsymbol{P}_2\boldsymbol{A}_1\boldsymbol{P}_2 = \begin{pmatrix} a_{11} & * & * & * & \cdots & * \\ k & * & * & * & \cdots & * \\ 0 & s & * & * & \cdots & * \\ 0 & 0 & * & * & \cdots & * \\ \vdots & \vdots & \vdots & \vdots & & \vdots \\ 0 & 0 & * & * & \cdots & * \end{pmatrix}$$

依次類推，透過$n-2$次豪斯霍爾德轉換可以將$\boldsymbol{A}$化為以下形式的上海森堡矩陣（upper-Hessenberg form）

$$\begin{pmatrix} b_{11} & b_{12} & b_{13} & b_{14} & \cdots & b_{1n} \\ b_{21} & b_{22} & b_{23} & b_{24} & \cdots & b_{2n} \\ 0 & b_{32} & b_{33} & b_{34} & \cdots & b_{3n} \\ 0 & 0 & b_{43} & b_{44} & \cdots & b_{4n} \\ \vdots & \vdots & \vdots & \vdots & & \vdots \\ 0 & 0 & 0 & 0 & \cdots & b_{nn} \end{pmatrix}$$

這種矩陣除主對角線及以上，主對角線下面的對角線的元素外，其他的元素均為 0。

2.5.4 QR 演算法

下面介紹求解高階矩陣特徵值的 QR 演算法，它被譽為 20 世紀十大演算法之一。它依賴於 2.7.2 節介紹的 QR 分解，對於一個矩陣$\boldsymbol{A}$，QR 分解將其化為一個正交矩陣$\boldsymbol{Q}$與一個上三角矩陣$\boldsymbol{R}$的乘積

$$\boldsymbol{A} = \boldsymbol{QR} \tag{2.47}$$

QR 演算法是一種迭代，從矩陣$\boldsymbol{A}_0 = \boldsymbol{A}$開始，每次建構一個相似轉換，將$\boldsymbol{A}_{k-1}$轉為$\boldsymbol{A}_k$，最後$\boldsymbol{A}_k$收斂到一個上三角矩陣，主對角線元素即為其特徵值。由於矩陣$\boldsymbol{A}$與$\boldsymbol{A}_k$相似，因此它們有相同的特徵值，獲得了$\boldsymbol{A}_k$的特徵值即獲得了$\boldsymbol{A}$的特徵值。

問題的核心是如何建構這種相似轉換。這借助於 QR 分解實現，每次迭代時，首先對$\boldsymbol{A}_k$進行 QR 分解

$$\boldsymbol{A}_k = \boldsymbol{Q}_k \boldsymbol{R}_k \tag{2.48}$$

然後用分解結果建構一個新的矩陣$\boldsymbol{A}_{k+1}$，這裡將 QR 分解的結果矩陣交換順序後相乘

$$\boldsymbol{A}_{k+1} = \boldsymbol{R}_k \boldsymbol{Q}_k \tag{2.49}$$

式 (2.48) 與式 (2.49) 列出了根據目前矩陣建構下一個矩陣的方式，稱為 QR 迭代。$\boldsymbol{A}_k$與$\boldsymbol{A}_{k+1}$是相似的。式 (2.48) 兩邊同時左乘$\boldsymbol{Q}_k^{-1}$可以獲得

$$\boldsymbol{R}_k = \boldsymbol{Q}_k^{-1} \boldsymbol{A}_k$$

將其代入式 (2.49) 可得

$$\boldsymbol{A}_{k+1} = \boldsymbol{R}_k \boldsymbol{Q}_k = \boldsymbol{Q}_k^{-1} \boldsymbol{A}_k \boldsymbol{Q}_k$$

由於相似具有傳遞性，因此$\boldsymbol{A}$與$\boldsymbol{A}_k, k = 1, \cdots, n$相似。如果$\boldsymbol{A}$滿足一定的條件，那麼 QR 迭代所生成的矩陣序列$\{\boldsymbol{A}_k\}$將收斂到一個上三角矩陣，主對角線元素即為$\boldsymbol{A}$的特徵值。

QR 迭代是正交轉換，如果$\boldsymbol{A}$是對稱矩陣，這種轉換將保持對稱性，且收斂到上三角矩陣，因此最後會收斂到對角矩陣。對於實對稱矩陣$\boldsymbol{A}$，QR 迭代

生成的所有正交矩陣$\boldsymbol{Q}_k$的乘積的所有列即為$\boldsymbol{A}$的特徵向量。由於

$$\boldsymbol{A}_{k+1} = \boldsymbol{Q}_k^{-1}\boldsymbol{A}_k\boldsymbol{Q}_k$$

因此

$$\begin{aligned}\Lambda = \boldsymbol{A}_k &= \boldsymbol{Q}_{k-1}^{-1}\boldsymbol{A}_{k-1}\boldsymbol{Q}_{k-1} = \boldsymbol{Q}_{k-1}^{-1}\boldsymbol{Q}_{k-2}^{-1}\boldsymbol{A}_{k-2}\boldsymbol{Q}_{k-2}\boldsymbol{Q}_{k-1} = \cdots \\ &= \boldsymbol{Q}_{k-1}^{-1}\boldsymbol{Q}_{k-2}^{-1}\cdots\boldsymbol{Q}_0^{-1}\boldsymbol{A}_0\boldsymbol{Q}_0\cdots\boldsymbol{Q}_{k-2}\boldsymbol{Q}_{k-1} = (\boldsymbol{Q}_0\cdots\boldsymbol{Q}_{k-2}\boldsymbol{Q}_{k-1})^{-1}\boldsymbol{A}_0(\boldsymbol{Q}_0\cdots\boldsymbol{Q}_{k-2}\boldsymbol{Q}_{k-1}) \\ &= (\boldsymbol{Q}_0\cdots\boldsymbol{Q}_{k-2}\boldsymbol{Q}_{k-1})^{-1}\boldsymbol{A}(\boldsymbol{Q}_0\cdots\boldsymbol{Q}_{k-2}\boldsymbol{Q}_{k-1})\end{aligned}$$

如果令

$$\boldsymbol{P} = \boldsymbol{Q}_0\cdots\boldsymbol{Q}_{k-2}\boldsymbol{Q}_{k-1}$$

則

$$\Lambda = \boldsymbol{P}^{-1}\boldsymbol{A}\boldsymbol{P}$$

因此$\boldsymbol{P}$的列為$\boldsymbol{A}$的特徵向量。

下面來看 QR 演算法的實例。對於以下矩陣

$$\boldsymbol{A} = \begin{pmatrix} -149 & -50 & -154 \\ 537 & 180 & 546 \\ -27 & -9 & -25 \end{pmatrix}$$

QR 演算法第 1 次迭代的結果為

$$\boldsymbol{A}_1 = \boldsymbol{R}_0\boldsymbol{Q}_0 = \begin{pmatrix} 28.8263 & -259.8671 & 773.9292 \\ 1.0353 & -8.6686 & 33.1759 \\ -0.5973 & 5.5786 & -14.1578 \end{pmatrix}$$

再經過 5 次迭代後的結果為

$$\boldsymbol{A}_6 = \boldsymbol{R}_5\boldsymbol{Q}_5 = \begin{pmatrix} 3.0321 & -8.0851 & 804.6651 \\ 0.0017 & 0.9931 & 145.5046 \\ -0.0001 & 0.0005 & 1.9749 \end{pmatrix}$$

此時矩陣$\boldsymbol{A}_6$已經接近於上三角矩陣，主對角線元素接近於$\boldsymbol{A}$的特徵值。事實上，矩陣$\boldsymbol{A}$的特徵值為 1,2,3。

為了加快收斂速度，通常採用帶移位的 QR 演算法（Shifted QR Algorithm）。在第k次迭代時，對於設定的移位常數s_k，迭代公式為

$$A_k - s_k I = Q_k R_k A_{k+1} = R_k Q_k + s_k I \tag{2.50}$$

即先將矩陣$\boldsymbol{A}_k$減掉$s_k\boldsymbol{I}$後再進行 QR 分解，在建構$\boldsymbol{A}_{k+1}$時再將$s_k\boldsymbol{I}$加回來。按照這種迭代公式，$\boldsymbol{A}_k$與$\boldsymbol{A}_{k+1}$也是相似的。根據式 (2.50) 的 1 式有

$$\boldsymbol{R}_k = \boldsymbol{Q}_k^{-1}(\boldsymbol{A}_k - s_k\boldsymbol{I})$$

將其代入式 (2.50) 的 2 式，可得

$$\begin{aligned}\boldsymbol{A}_{k+1} &= \boldsymbol{R}_k\boldsymbol{Q}_k + s_k\boldsymbol{I} = \boldsymbol{Q}_k^{-1}(\boldsymbol{A}_k - s_k\boldsymbol{I})\boldsymbol{Q}_k + s_k\boldsymbol{I} = \boldsymbol{Q}_k^{-1}\boldsymbol{A}_k\boldsymbol{Q}_k - \boldsymbol{Q}_k^{-1}s_k\boldsymbol{I}\boldsymbol{Q}_k + s_k\boldsymbol{I} \\ &= \boldsymbol{Q}_k^{-1}\boldsymbol{A}_k\boldsymbol{Q}_k\end{aligned}$$

因此$\boldsymbol{A}_k$與$\boldsymbol{A}_{k+1}$相似。

下面介紹移位係數s_k的計算。一種方案是選擇$\boldsymbol{A}_k$右下角2×2子矩陣的兩個特徵值中接近於$\boldsymbol{A}_k$元素$a_{n,n}$的那個特徵值，以便於使得經過此次 QR 迭代後$\boldsymbol{A}_{k+1}$的$a_{n,n-1}$變得更接近於 0。計算此子矩陣的特徵值可以透過求解特徵方程式實現

$$\begin{vmatrix} a_{n-1,n-1} - \lambda & a_{n-1,n} \\ a_{n,n-1} & a_{n,n} - \lambda \end{vmatrix} = 0$$

反覆迭代直到$\boldsymbol{A}_{k+t}$的變為 0，$\boldsymbol{A}_{k+t}$的a_{nn}即為$\boldsymbol{A}$的特徵值，對剩下的$(n-1) \times (n-1)$矩陣繼續進行 QR 演算法迭代，獲得所有的特徵值。

對於一般的矩陣，QR 演算法的收斂速度可能很慢。如果將矩陣轉換成接近於三角陣，則能加快收斂速度。如果是對稱矩陣，可先用豪斯霍爾德轉換將其化為對稱三對角矩陣，然後用 QR 演算法進行迭代，收斂到對角矩陣。求解特徵值的整個流程為

對稱矩陣 → 對稱三對角矩陣 → 對角矩陣

對於普通矩陣，可用豪斯霍爾德轉換將其化為上海森堡矩陣。然後用 QR 演算法進行迭代，收斂到上三角矩陣。整個流程為

普通矩陣 → 上海森堡矩陣 → 三角矩陣

2.5.5 廣義特徵值

廣義特徵值（Generalized Eigenvalue）是特徵值的推廣，定義於兩個矩陣之上。對於方陣$\boldsymbol{A}$和$\boldsymbol{B}$，如果存在一個數λ及非 0 向量$\boldsymbol{x}$，滿足

$$\boldsymbol{A}\boldsymbol{x} = \lambda\boldsymbol{B}\boldsymbol{x} \tag{2.51}$$

則稱λ為廣義特徵值，$\boldsymbol{x}$為廣義特徵向量。類似的有特徵方程式

$$|\boldsymbol{A} - \lambda\boldsymbol{B}| = 0$$

如果矩陣$\boldsymbol{B}$可逆，對式 (2.51) 左乘$\boldsymbol{B}^{-1}$，式 (2.51) 的問題等於下面的特徵值問題

$$\boldsymbol{B}^{-1}\boldsymbol{A}\boldsymbol{x} = \lambda\boldsymbol{x} \tag{2.52}$$

廣義特徵值在機器學習中被廣泛使用，包含流形學習、譜集群演算法，以及線性判別分析等。

2.5.6 Rayleigh 商

對稱矩陣$\boldsymbol{A}$和非 0 向量$\boldsymbol{x}$的 Rayleigh 商定義為以下比值

$$R(\boldsymbol{A},\boldsymbol{x}) = \frac{\boldsymbol{x}^{\mathrm{T}}\boldsymbol{A}\boldsymbol{x}}{\boldsymbol{x}^{\mathrm{T}}\boldsymbol{x}} \tag{2.53}$$

根據式 (2.53) 的定義，對於任意的非 0 實數k，有

$$R(\boldsymbol{A},k\boldsymbol{x}) = R(\boldsymbol{A},\boldsymbol{x})$$

即對向量縮放之後其 Rayleigh 商不變，Rayleigh 商存在容錯。證明以下

$$R(\boldsymbol{A},k\boldsymbol{x}) = \frac{(k\boldsymbol{x})^{\mathrm{T}}\boldsymbol{A}(k\boldsymbol{x})}{(k\boldsymbol{x})^{\mathrm{T}}(k\boldsymbol{x})} = \frac{k^2\boldsymbol{x}^{\mathrm{T}}\boldsymbol{A}\boldsymbol{x}}{k^2\boldsymbol{x}^{\mathrm{T}}\boldsymbol{x}} = \frac{\boldsymbol{x}^{\mathrm{T}}\boldsymbol{A}\boldsymbol{x}}{\boldsymbol{x}^{\mathrm{T}}\boldsymbol{x}}$$

假設$\lambda_{\min}$是矩陣$\boldsymbol{A}$的最小特徵值，$\lambda_{\max}$是最大特徵值，則有

$$\lambda_{\min} \leqslant R(\boldsymbol{A},\boldsymbol{x}) \leqslant \lambda_{\max} \tag{2.54}$$

即 Rayleigh 商的最小值為矩陣的最小特徵值，最大值為矩陣的最大特徵值，並且當$\boldsymbol{x}$分別為最小和最大的特徵值對應的特徵向量的時候取得這兩

個值。可以用拉格朗日乘數法證明（拉格朗日乘數法將在 4.6.1 節介紹）。

由於將在量乘以非 0 係數之後 Rayleigh 商不變，因此式 (2.53) 極值問題的解不唯一。為此增加一個限制條件以確保解的唯一性，同時簡化問題的表述。限定$\boldsymbol{x}$為單位向量，有下面的等式約束

$$\boldsymbol{x}^{\mathrm{T}}\boldsymbol{x} = 1$$

增加此約束之後，Rayleigh 商變為

$$R(\boldsymbol{A},\boldsymbol{x}) = \boldsymbol{x}^{\mathrm{T}}\boldsymbol{A}\boldsymbol{x}$$

建構拉格朗日乘子函數

$$L(\boldsymbol{x},\lambda) = \boldsymbol{x}^{\mathrm{T}}\boldsymbol{A}\boldsymbol{x} + \lambda(\boldsymbol{x}^{\mathrm{T}}\boldsymbol{x} - 1)$$

對$\boldsymbol{x}$求梯度並令梯度為 0 可以獲得

$$2\boldsymbol{A}\boldsymbol{x} + 2\lambda\boldsymbol{x} = 0$$

這裡利用了 3.5.1 節的矩陣與向量求導公式。上式等於

$$\boldsymbol{A}\boldsymbol{x} = \lambda\boldsymbol{x}$$

此結果表示 Rayleigh 商的所有極值在矩陣的特徵值與特徵向量處取得。假設λ_i是$\boldsymbol{A}$的第i個特徵值，$\boldsymbol{x}_i$是其對應的特徵向量，將它們代入 Rayleigh 商的定義，可以獲得

$$R(\boldsymbol{A},\boldsymbol{x}_i) = \frac{\boldsymbol{x}_i^{\mathrm{T}}(\boldsymbol{A}\boldsymbol{x}_i)}{\boldsymbol{x}_i^{\mathrm{T}}\boldsymbol{x}_i} = \frac{\boldsymbol{x}_i^{\mathrm{T}}(\lambda_i\boldsymbol{x}_i)}{\boldsymbol{x}_i^{\mathrm{T}}\boldsymbol{x}_i} = \frac{\lambda_i\boldsymbol{x}_i^{\mathrm{T}}\boldsymbol{x}_i}{\boldsymbol{x}_i^{\mathrm{T}}\boldsymbol{x}_i} = \lambda_i$$

因此，在最大的特徵值處，Rayleigh 商有最大值；在最小的特徵值處，Rayleigh 商有最小值。Rayleigh 商在機器學習領域的典型應用是主成分分析。

下面對 Rayleigh 商進行推廣，獲得廣義 Rayleigh 商，對稱矩陣$\boldsymbol{A}$和$\boldsymbol{B}$的廣義 Rayleigh 商定義為

$$R(\boldsymbol{A},\boldsymbol{B},\boldsymbol{x})=\frac{\boldsymbol{x}^{\mathrm{T}}\boldsymbol{A}\boldsymbol{x}}{\boldsymbol{x}^{\mathrm{T}}\boldsymbol{B}\boldsymbol{x}} \tag{2.55}$$

同樣，廣義 Rayleigh 商存在容錯，將向量$\boldsymbol{x}$縮放之後廣義 Rayleigh 商不變。

假設對任意的非 0 向量$\boldsymbol{x}$，有$\boldsymbol{x}^{\mathrm{T}}\boldsymbol{B}\boldsymbol{x}>0$。如果令$\boldsymbol{B}=\boldsymbol{C}\boldsymbol{C}^{\mathrm{T}}$，這是對矩陣$\boldsymbol{B}$的科列斯基（Cholesky）分解（在 2.7.1 節介紹），同時令$\boldsymbol{x}=(\boldsymbol{C}^{\mathrm{T}})^{-1}\boldsymbol{y}$，則可以將廣義 Rayleigh 商轉化成 Rayleigh 商的形式

$$\frac{\boldsymbol{x}^{\mathrm{T}}\boldsymbol{A}\boldsymbol{x}}{\boldsymbol{x}^{\mathrm{T}}\boldsymbol{B}\boldsymbol{x}}=\frac{((\boldsymbol{C}^{\mathrm{T}})^{-1}\boldsymbol{y})^{\mathrm{T}}\boldsymbol{A}((\boldsymbol{C}^{\mathrm{T}})^{-1}\boldsymbol{y})}{((\boldsymbol{C}^{\mathrm{T}})^{-1}\boldsymbol{y})^{\mathrm{T}}\boldsymbol{C}\boldsymbol{C}^{\mathrm{T}}((\boldsymbol{C}^{\mathrm{T}})^{-1}\boldsymbol{y})}=\frac{\boldsymbol{y}^{\mathrm{T}}\boldsymbol{C}^{-1}\boldsymbol{A}(\boldsymbol{C}^{\mathrm{T}})^{-1}\boldsymbol{y}}{\boldsymbol{y}^{\mathrm{T}}\boldsymbol{C}^{-1}\boldsymbol{C}\boldsymbol{C}^{\mathrm{T}}(\boldsymbol{C}^{\mathrm{T}})^{-1}\boldsymbol{y}}=\frac{\boldsymbol{y}^{\mathrm{T}}\boldsymbol{C}^{-1}\boldsymbol{A}(\boldsymbol{C}^{\mathrm{T}})^{-1}\boldsymbol{y}}{\boldsymbol{y}^{\mathrm{T}}\boldsymbol{y}}$$

根據 Rayleigh 商的結論，廣義 Rayleigh 商的最大值和最小值由矩陣$\boldsymbol{C}^{-1}\boldsymbol{A}(\boldsymbol{C}^{\mathrm{T}})^{-1}$的最大和最小特徵值決定。

也可以直接透過廣義特徵值得到廣義 Rayleigh 商的極值。與 Rayleigh 商類似，加上等式約束消掉最佳解的容錯

$$\boldsymbol{x}^{\mathrm{T}}\boldsymbol{B}\boldsymbol{x}=1$$

廣義 Rayleigh 商變為

$$R(\boldsymbol{A},\boldsymbol{B},\boldsymbol{x})=\boldsymbol{x}^{\mathrm{T}}\boldsymbol{A}\boldsymbol{x}$$

可以用拉格朗日乘數法求解。建構拉格朗日乘子函數

$$L(\boldsymbol{x},\lambda)=\boldsymbol{x}^{\mathrm{T}}\boldsymbol{A}\boldsymbol{x}+\lambda(\boldsymbol{x}^{\mathrm{T}}\boldsymbol{B}\boldsymbol{x}-1)$$

對$\boldsymbol{x}$求梯度並令梯度為 0，可以獲得

$$2\boldsymbol{A}\boldsymbol{x}+2\lambda\boldsymbol{B}\boldsymbol{x}=0$$

這等於

$$\boldsymbol{A}\boldsymbol{x}=\lambda\boldsymbol{B}\boldsymbol{x}$$

這是廣義特徵值問題。如果矩陣$\boldsymbol{B}$可逆，那麼上式兩邊同乘以其反矩陣可以獲得

$$\boldsymbol{B}^{-1}\boldsymbol{A}\boldsymbol{x}=\lambda\boldsymbol{x}$$

因此廣義 Rayleigh 商的所有極值在上面的廣義特徵值處取得。假設λ_i是第i個廣義特徵值，$\boldsymbol{x}_i$是其對應的特徵向量，將它們代入廣義 Rayleigh 商的定義，可以獲得

$$R(\boldsymbol{A},\boldsymbol{B},\boldsymbol{x}_i)=\frac{\boldsymbol{x}_i^{\mathrm{T}}\boldsymbol{A}\boldsymbol{x}_i}{\boldsymbol{x}_i^{\mathrm{T}}\boldsymbol{B}\boldsymbol{x}_i}=\frac{\boldsymbol{x}_i^{\mathrm{T}}\lambda_i\boldsymbol{B}\boldsymbol{x}_i}{\boldsymbol{x}_i^{\mathrm{T}}\boldsymbol{B}\boldsymbol{x}_i}=\lambda_i$$

因此廣義 Rayleigh 商的極大值在最大廣義特徵值處取得，極小值在最小廣義特徵值處取得。線性判別分析的最佳化目標函數即為廣義 Rayleigh 商。

2.5.7 譜範數與特徵值的關係

在 2.2.4 節定義了譜範數的概念，可以證明矩陣$\boldsymbol{W}$的譜範數等於$\boldsymbol{W}^{\mathrm{T}}\boldsymbol{W}$的最大特徵值的平方根，即$\boldsymbol{W}$最大的奇異值

$$\|\boldsymbol{W}\|_2=\max\{\sigma_1,\cdots,\sigma_n\}$$

其中$\sigma_1,\cdots,\sigma_n$為$\boldsymbol{W}$的奇異值，是$\boldsymbol{W}^{\mathrm{T}}\boldsymbol{W}$的特徵值的平方根，奇異值將在 2.7.4 節詳細介紹。根據定義，譜範數的平方為

$$\|\boldsymbol{W}\|_2^2=\max_{\boldsymbol{x}\neq 0}\frac{\boldsymbol{x}^{\mathrm{T}}\boldsymbol{W}^{\mathrm{T}}\boldsymbol{W}\boldsymbol{x}}{\boldsymbol{x}^{\mathrm{T}}\boldsymbol{x}} \tag{2.56}$$

它就是 Rayleigh 商的極大值。在 2.5.6 節已經證明了這一最佳化問題的解是矩陣$\boldsymbol{W}^{\mathrm{T}}\boldsymbol{W}$的最大特徵值，因此結論成立。

Python 中 linalg 的 norm 函數提供了計算矩陣範數的功能。函數的輸入參數為要計算的矩陣，以及範數的類型，如果類型值為 2，則計算譜範數。下面是範例程式。

```
import numpy as np
A = np.array([[0, 1, 2, 3], [4, 5, 6, 7], [8, 9, 10, 11]])
n = np.linalg.norm(A, ord = 2)
print(n)
```

程式執行結果為 22。

2.5.8 條件數

如果矩陣$\boldsymbol{W}$可逆，條件數（Condition Number）定義為它的範數與它的反矩陣範數的乘積

$$(\boldsymbol{W}) = \| \boldsymbol{W} \| \cdot \| \boldsymbol{W}^{-1} \| \tag{2.57}$$

這裡的範數可以是任何一種範數。如果使用譜範數，則$\| \boldsymbol{W} \|$等於$\boldsymbol{W}$的最大奇異值，$\| \boldsymbol{W}^{-1} \|$等於$\boldsymbol{W}$最小奇異值的逆。根據譜範數的定義有

$$\| \boldsymbol{W}^{-1} \| = \max_{y \neq 0} \frac{\| \boldsymbol{W}^{-1} \boldsymbol{y} \|}{\| \boldsymbol{y} \|} = \max_{x \neq 0} \frac{\| \boldsymbol{x} \|}{\| \boldsymbol{W} \boldsymbol{x} \|} = \frac{1}{\min\limits_{x \neq 0} \frac{\| \boldsymbol{W} \boldsymbol{x} \|}{\| \boldsymbol{x} \|}}$$

上式第 2 步進行了代換，令$\boldsymbol{W}^{-1} \boldsymbol{y} = \boldsymbol{x}$。根據 2.5.6 節的結論，$\frac{\| \boldsymbol{W} \boldsymbol{x} \|}{\| \boldsymbol{x} \|}$的最小值為$\boldsymbol{W}$的最小奇異值。

此時條件數等於矩陣的最大奇異值與最小奇異值的比值

$$(\boldsymbol{W}) = \frac{\max\{\sigma_1, \cdots, \sigma_n\}}{\min\{\sigma_1, \cdots, \sigma_n\}}$$

其中$\sigma_1, \cdots, \sigma_n$為$\boldsymbol{W}$的奇異值。

顯然矩陣的條件數總是大於或等於 1。條件數決定了矩陣的穩定性，一個矩陣的條件數越大，則它越接近於不可逆矩陣，矩陣越「病態」。條件數在諸多演算法的穩定性分析中有重要的作用。

Python 中 linalg 的 cond 函數實現了計算矩陣條件數的功能。範例程式如下。

```
import numpy as np
A = np.array ([[1, 0, 0], [0, 1, 0], [0, 0, 5]])
c = np.linalg.cond (A)
print (c)
```

程式執行結果為 5.0，是該矩陣最大特徵值與最小特徵值的比值。在這裡，奇異值等於特徵值。

2.5.9 應用——譜歸一化與譜正規化

正規化是機器學習中減輕過擬合的一種技術，它迫使模型的參數值很小，使模型變得更簡單，一般情況下，簡單的模型有更好的泛化效能。正規化可以透過在目標函數中增加正規化項實現，正規化項通常為參數向量的 L1 範數，或 L2 範數的平方。譜正規化（Spectral Regularization）用譜範數建構正規化項。

另外一種技術是譜歸一化（Spectral Normalization），透過用譜範數對線性對映的矩陣進行譜歸一化而確保對映有較小的利普希茨常數，進一步保障機器學習模型對輸入資料的擾動不敏感。

2.2.5 節介紹了神經網路的原理，用權重矩陣$\boldsymbol{W}$與偏置向量$\boldsymbol{b}$對輸入資料$\boldsymbol{x}$進行對映，獲得輸出結果$\boldsymbol{W}\boldsymbol{x}+\boldsymbol{b}$，如果此對映滿足利普希茨條件（這裡將其推廣到多元函數，將式 (1.14) 中的絕對值改為向量的範數），則有

$$\| \boldsymbol{W}\boldsymbol{x}_1 + \boldsymbol{b} - \boldsymbol{W}\boldsymbol{x}_2 - \boldsymbol{b} \| = \| \boldsymbol{W}\boldsymbol{x}_1 - \boldsymbol{W}\boldsymbol{x}_2 \| \leqslant K \| \boldsymbol{x}_1 - \boldsymbol{x}_2 \| \tag{2.58}$$

其中K為利普希茨常數。將式 (2.58) 變形後可以獲得

$$\frac{\| \boldsymbol{W}(\boldsymbol{x}_1 - \boldsymbol{x}_2) \|}{\| \boldsymbol{x}_1 - \boldsymbol{x}_2 \|} \leqslant K$$

上式左側部分的極大值就是權重矩陣的譜範數。如果權重矩陣的譜範數存在一個較小的上界，則神經網路該層的對映有較小的利普希茨常數，進一步確保輸入值的較小改變不會導致輸出值的突變，對映更為平順。假設權重矩陣的譜範數為$\sigma(\boldsymbol{W})$，如果用它對矩陣進行歸一化

$$\overline{W}_{SN}(\boldsymbol{W}) = \boldsymbol{W}/\sigma(\boldsymbol{W})$$

則能確保歸一化之後的權重矩陣滿足$\sigma(\boldsymbol{W}) = 1$。這由矩陣乘以常數之後的特徵值的性質保證。2.5.7 節已經證明譜範數是矩陣$\boldsymbol{W}$的最大奇異值，計算矩陣奇異值的代價太大，因此在實現時需要對譜範數$\sigma(\boldsymbol{W})$的值近似計算，可以採用冪迭代。

接下來考慮如何用譜範數為神經網路的目標函數建構正規化項（Spectral

Norm Regularizer）。指定訓練樣本集$(\boldsymbol{x}_i, \boldsymbol{y}_i), i = 1, \cdots, N$，$\boldsymbol{x}_i$為輸入向量，$\boldsymbol{y}_i$為標籤向量。加上譜正規化項後的目標函數為

$$\frac{1}{N}\sum_{i=1}^{N} L(\boldsymbol{x}_i, \boldsymbol{y}_i) + \frac{\lambda}{2}\sum_{i=1}^{l} \sigma(\boldsymbol{W}^{(i)})^2$$

其中$L(\boldsymbol{x}_i, \boldsymbol{y}_i)$為對單一樣本的損失函數。$l$為神經網路的層數，$\boldsymbol{W}^{(i)}$為第$i$層的權重矩陣。上式第 2 項為譜正規化項，$\lambda > 0$為正規化項的權重。譜正規化項由神經網路所有層權重矩陣的譜範數平方之和組成，可以防止權重矩陣出現大的譜範數，進一步確保神經網路的對映有較小的利普希茨常數。

2.6 二次型

二次型是一種特殊的二次函數，只含有二次項。它在線性代數與多元函數微積分中被廣泛使用，在機器學習中二次型經常作為目標函數出現。

2.6.1 基本概念

二次型（Quadric Form）是由純二次項組成的函數，即二次齊次多項式。以下面的函數

$$2x^2 - 3xy + y^2 + z^2 \tag{2.59}$$

二次型可以寫成矩陣形式

$$\boldsymbol{x}^{\mathrm{T}}\boldsymbol{A}\boldsymbol{x}$$

其中$\boldsymbol{A}$是n階對稱矩陣，$\boldsymbol{x}$是一個列向量。上面的二次型展開之後為

$$\sum_{i=1}^{n}\sum_{j=1}^{n} a_{ij}x_i x_j$$

這裡要求$a_{ij} = a_{ji}$。需要注意的是，一般的二次函數不一定是二次型，它可能有一次項和常數項。

式 (2.59) 的二次型對應的矩陣為

$$\begin{pmatrix} 2 & -1.5 & 0 \\ -1.5 & 1 & 0 \\ 0 & 0 & 1 \end{pmatrix}$$

平方項ax_i^2的係數是矩陣的主對角線元素，交換乘積項ax_ix_j的係數由a_{ij}與a_{ji}均分。實對稱矩陣與二次型一一對應。

2.6.2 正定二次型與正定矩陣

在某些數學證明或計算中，會將二次函數配方成完全平方的形式以獲得想要的結果。以下面的實例

$$(x_1-2)^2+(x_2+5)^2+(x_3-7)^2$$

平方項是非負的，$(2,-5,7)$是該函數的極小值。由此引用二次型和矩陣正定的概念。如果一個二次型對於任意非 0 向量$\boldsymbol{x}$都有

$$\boldsymbol{x}^{\mathrm{T}}\boldsymbol{A}\boldsymbol{x}>0$$

則稱該二次型為正定（Positive Definite）二次型，矩陣$\boldsymbol{A}$為正定矩陣。如果對於任意非 0 向量$\boldsymbol{x}$都有

$$\boldsymbol{x}^{\mathrm{T}}\boldsymbol{A}\boldsymbol{x}\geqslant 0$$

則該二次型為半正定（Positive Semi-definite）二次型，矩陣$\boldsymbol{A}$為半正定矩陣。如果對於任意非 0 向量$\boldsymbol{x}$都有

$$\boldsymbol{x}^{\mathrm{T}}\boldsymbol{A}\boldsymbol{x}<0$$

則該二次型為負定（Negative Definite）二次型，矩陣$\boldsymbol{A}$為負定矩陣。類似地可以定義半負定的概念。如果既不正定也不負定，則稱為不定。

下面的二次型為正定二次型

$$f(x_1,x_2,x_3)=x_1^2+2x_2^2+x_3^2$$

其對應的矩陣為正定矩陣

$$\begin{pmatrix} 1 & 0 & 0 \\ 0 & 2 & 0 \\ 0 & 0 & 1 \end{pmatrix}$$

下面的二次型為半正定二次型

$$f(x_1, x_2, x_3) = x_1^2 + 2x_2^2$$

其對應的矩陣為半正定矩陣

$$\begin{pmatrix} 1 & 0 & 0 \\ 0 & 2 & 0 \\ 0 & 0 & 0 \end{pmatrix}$$

如果令$x_1 = 0, x_2 = 0, x_3 = 1$，二次型的值為 0。

下面的二次型是負定二次型

$$f(x_1, x_2, x_3) = -x_1^2 - 2x_2^2 - x_3^2$$

其對應的矩陣為負定矩陣

$$\begin{pmatrix} -1 & 0 & 0 \\ 0 & -2 & 0 \\ 0 & 0 & -1 \end{pmatrix}$$

正定二次型被用於多元函數極值的判斷法則，在 3.3.3 節介紹。

正定矩陣的所有主對角線元素$a_{ii} > 0, i = 1, \cdots, n$。根據正定的定義，由於對於任意非 0 向量$\boldsymbol{x}$都有$\boldsymbol{x}^{\mathrm{T}}\boldsymbol{A}\boldsymbol{x} > 0$，因此可以建構一個第$i$個分量為 1，其他分量均為 0 的向量$\boldsymbol{x}$

$$(0 \quad \cdots \quad 1 \quad \cdots \quad 0)^{\mathrm{T}}$$

則有

$$\boldsymbol{x}^{\mathrm{T}}\boldsymbol{A}\boldsymbol{x} = a_{ii} > 0$$

因此結論成立。

證明一個對稱矩陣$\boldsymbol{A}$正定可以按照定義進行。除此之外，還可以採用下面的方法。

（1）矩陣$\boldsymbol{A}$的n個特徵值$\lambda_1, \cdots, \lambda_n$均大於 0。
（2）存在可反矩陣$\boldsymbol{P}$使得$\boldsymbol{A} = \boldsymbol{P}^{\mathrm{T}}\boldsymbol{P}$。
（3）如果$\boldsymbol{A}$是正定矩陣，則$\boldsymbol{A}^{-1}$也是正定矩陣。
（4）矩陣$\boldsymbol{A}$的所有順序主子式均為正。

第一筆判斷規則可以透過正交轉換將二次型化為標準型證明，化為標準型（對應於對角矩陣）之後為正定二次型。化二次型為標準型的方法會在稍後介紹。

下面證明第 2 筆判斷規則。對於任意非 0 向量$\boldsymbol{x}$有

$$\boldsymbol{x}^{\mathrm{T}}\boldsymbol{A}\boldsymbol{x} = \boldsymbol{x}^{\mathrm{T}}\boldsymbol{P}^{\mathrm{T}}\boldsymbol{P}\boldsymbol{x} = (\boldsymbol{P}\boldsymbol{x})^{\mathrm{T}}\boldsymbol{P}\boldsymbol{x} > 0$$

因為$\boldsymbol{P}$可逆，對於任意非 0 向量$\boldsymbol{x}$有$\boldsymbol{P}\boldsymbol{x} \neq 0$。

下面證明第 3 筆判斷規則。如果$\boldsymbol{A}$是正定矩陣，對於任意非0向量$\boldsymbol{x}$，如果令$\boldsymbol{x} = \boldsymbol{A}\boldsymbol{y}$，則有

$$\boldsymbol{x}^{T}\boldsymbol{A}^{-1}\boldsymbol{x} = (\boldsymbol{A}\boldsymbol{y})^{\mathrm{T}}\boldsymbol{A}^{-1}(\boldsymbol{A}\boldsymbol{y}) = \boldsymbol{y}^{\mathrm{T}}\boldsymbol{A}^{\mathrm{T}}\boldsymbol{A}^{-1}\boldsymbol{A}\boldsymbol{y} = \boldsymbol{y}^{\mathrm{T}}\boldsymbol{A}^{\mathrm{T}}\boldsymbol{y} = \boldsymbol{y}^{\mathrm{T}}\boldsymbol{A}\boldsymbol{y} > 0$$

由於$\boldsymbol{A}$可逆且$\boldsymbol{x} \neq 0$，因此$\boldsymbol{y} \neq 0$。對於n階矩陣$\boldsymbol{A}$

$$\boldsymbol{A} = \begin{pmatrix} a_{11} & a_{12} & \cdots & a_{1n} \\ a_{21} & a_{22} & \cdots & a_{2n} \\ \vdots & \vdots & \ddots & \vdots \\ a_{n1} & a_{n2} & \cdots & a_{nn} \end{pmatrix}$$

其前$k, 1 \leqslant k \leqslant n$行前$k$列元素形成的行列式

$$\begin{vmatrix} a_{11} & \cdots & a_{1k} \\ \vdots & \ddots & \vdots \\ a_{k1} & \cdots & a_{kk} \end{vmatrix}$$

稱為順序主子式。這是矩陣左上角的子方陣形成的行列式。對於下面的 4 階矩陣

$$\boldsymbol{A} = \begin{pmatrix} 1 & 2 & 3 & 4 \\ 5 & 6 & 7 & 8 \\ 9 & 10 & 11 & 12 \\ 13 & 14 & 15 & 16 \end{pmatrix}$$

其 1 階順序主子式為

$$|1|$$

2 階順序主子式為

$$\begin{vmatrix} 1 & 2 \\ 5 & 6 \end{vmatrix}$$

3 階順序主子式為

$$\begin{vmatrix} 1 & 2 & 3 \\ 5 & 6 & 7 \\ 9 & 10 & 11 \end{vmatrix}$$

4 階順序主子式為

$$\begin{vmatrix} 1 & 2 & 3 & 4 \\ 5 & 6 & 7 & 8 \\ 9 & 10 & 11 & 12 \\ 13 & 14 & 15 & 16 \end{vmatrix}$$

矩陣$\boldsymbol{A}$不是正定的，因為其二階順序主子式為負

$$\begin{vmatrix} 1 & 2 \\ 5 & 6 \end{vmatrix} = 1 \times 6 - 2 \times 5 < 0$$

對於任意的$m \times n$矩陣$\boldsymbol{A}$，$\boldsymbol{A}^{\mathrm{T}}\boldsymbol{A}$是對稱半正定矩陣。下面列出證明。顯然該矩陣是對稱的

$$(\boldsymbol{A}^{\mathrm{T}}\boldsymbol{A})^{\mathrm{T}} = \boldsymbol{A}^{\mathrm{T}}(\boldsymbol{A}^{\mathrm{T}})^{\mathrm{T}} = \boldsymbol{A}^{\mathrm{T}}\boldsymbol{A}$$

對於任意非 0 向量$\boldsymbol{x}$，有

$$\boldsymbol{x}^{\mathrm{T}}\boldsymbol{A}^{\mathrm{T}}\boldsymbol{A}\boldsymbol{x} = (\boldsymbol{A}\boldsymbol{x})^{\mathrm{T}}(\boldsymbol{A}\boldsymbol{x}) \geqslant 0$$

類似地可以證明$\boldsymbol{A}\boldsymbol{A}^{\mathrm{T}}$也是對稱半正定矩陣。

在機器學習中，這種矩陣經常出現，如向量組的格拉姆矩陣，包含線性回歸、支援向量機以及 logistic 回歸等線性模型。它們目標函數的漢森矩陣為這種類型的矩陣，因此是凸函數，可以確保求得全域極小值點。漢森矩陣、多元凸函數的判斷法則在第 3 章介紹。

同理，實對稱矩陣負定可以透過下面的方法進行判斷。

（1）矩陣$\boldsymbol{A}$的n個特徵值$\lambda_1, \cdots, \lambda_n$均小於 0。

（2）存在可反矩陣$\boldsymbol{P}$使得$\boldsymbol{A} = -\boldsymbol{P}^{\mathrm{T}}\boldsymbol{P}$。

（3）矩陣$\boldsymbol{A}$的所有奇數階順序主子式均為負，偶數階順序主子式均為正。

2.6.3 標準型

標準型指對於任意的$i \neq j$，二次型中項$a_{ij}x_ix_j$的係數均為 0，二次型由純平方項組成。寫入成以下形式

$$\boldsymbol{x}^{\mathrm{T}}\boldsymbol{A}\boldsymbol{x} = d_1x_1^2 + d_2x_2^2 + \cdots + d_nx_n^2$$

下面是一個標準型

$$x_1^2 - 3x_2^2 + x_3^2$$

標準型對應的矩陣為對角矩陣。上面的標準型對應的矩陣為

$$\begin{pmatrix} 1 & 0 & 0 \\ 0 & -3 & 0 \\ 0 & 0 & 1 \end{pmatrix}$$

在標準型中，正平方項的數量稱為正慣性指數，負平方項的數量稱為負慣性指數。上面的標準型的正慣性指數為 2，負慣性指數為 1。

由於二次型的矩陣為對稱矩陣，因此一定可以對角化。透過正交轉換可以將二次型化為標準型，與實對稱矩陣的正交轉換對角化相同。對於二次型$\boldsymbol{x}^{\mathrm{T}}\boldsymbol{A}\boldsymbol{x}$，透過正交轉換將$\boldsymbol{A}$化為對角矩陣

$$\boldsymbol{A} = \boldsymbol{P}\Lambda\boldsymbol{P}^{\mathrm{T}}$$

進一步有

$$\boldsymbol{x}^{\mathrm{T}}\boldsymbol{A}\boldsymbol{x} = \boldsymbol{x}^{\mathrm{T}}\boldsymbol{P}\Lambda\boldsymbol{P}^{\mathrm{T}}\boldsymbol{x} = (\boldsymbol{P}^{\mathrm{T}}\boldsymbol{x})^{\mathrm{T}}\Lambda(\boldsymbol{P}^{\mathrm{T}}\boldsymbol{x})$$

這裡$\boldsymbol{P}$是正交矩陣。如果令$\boldsymbol{y} = \boldsymbol{P}^{\mathrm{T}}\boldsymbol{x}$或$\boldsymbol{x} = \boldsymbol{P}\boldsymbol{y}$，則$\boldsymbol{y}^{\mathrm{T}}\Lambda\boldsymbol{y}$是標準型。這對應於透過將$\boldsymbol{x}$代換為$\boldsymbol{y}$，使得代換之後的二次型為標準型。如果矩陣$\boldsymbol{A}$的$n$個特徵值$\lambda_1, \cdots, \lambda_n$均大於 0，則矩陣$\Lambda$正定。對於任意非0向量$\boldsymbol{x}$，由於$\boldsymbol{P}$是正交

矩陣，$\boldsymbol{y}=\boldsymbol{P}^{\mathrm{T}}\boldsymbol{x}\neq 0$，因此$\boldsymbol{A}$正定。

下面舉例説明。對於下面的二次型

$$x_1^2+5x_2^2+5x_3^2+2x_1x_2-4x_1x_3$$

其對應的係數矩陣為

$$\boldsymbol{A}=\begin{pmatrix}1 & 1 & -2\\ 1 & 5 & 0\\ -2 & 0 & 5\end{pmatrix}$$

特徵多項式為

$$|\boldsymbol{A}-\lambda\boldsymbol{I}|$$

$$=\begin{vmatrix}1-\lambda & 1 & -2\\ 1 & 5-\lambda & 0\\ -2 & 0 & 5-\lambda\end{vmatrix}\xrightarrow{r_3+2r_2}\begin{vmatrix}1-\lambda & 1 & -2\\ 1 & 5-\lambda & 0\\ 0 & 2(5-\lambda) & 5-\lambda\end{vmatrix}\xrightarrow{c_2-2\times c_3}\begin{vmatrix}1-\lambda & 5 & -2\\ 1 & 5-\lambda & 0\\ 0 & 0 & 5-\lambda\end{vmatrix}$$

$$=(5-\lambda)(\lambda^2-6\lambda)$$

解得特徵值為 $0, 5, 6$。

當$\lambda=5$時，有

$$\boldsymbol{A}-\lambda\boldsymbol{I}=\begin{pmatrix}-4 & 1 & -2\\ 1 & 0 & 0\\ -2 & 0 & 0\end{pmatrix}\rightarrow\begin{pmatrix}1 & 0 & 0\\ 0 & 1 & -2\\ 0 & 0 & 0\end{pmatrix}$$

方程式$(\boldsymbol{A}-\lambda\boldsymbol{I})\boldsymbol{x}=0$的解為

$$\boldsymbol{x}_1=(0\ \ 2\ \ 1)^{\mathrm{T}}$$

當$\lambda=6$時，有

$$\boldsymbol{A}-\lambda\boldsymbol{I}=\begin{pmatrix}-5 & 1 & -2\\ 1 & -1 & 0\\ -2 & 0 & -1\end{pmatrix}\rightarrow\begin{pmatrix}1 & 0 & 1/2\\ 0 & 1 & 1/2\\ 0 & 0 & 0\end{pmatrix}$$

方程式$(\boldsymbol{A}-\lambda\boldsymbol{I})\boldsymbol{x}=0$的解為

$$\boldsymbol{x}_2=(1\ \ 1\ \ -2)^{\mathrm{T}}$$

當$\lambda = 0$時，有

$$\boldsymbol{A} - \lambda \boldsymbol{I} = \begin{pmatrix} 1 & 1 & -2 \\ 1 & 5 & 0 \\ -2 & 0 & 5 \end{pmatrix} \rightarrow \begin{pmatrix} 1 & 0 & -5/2 \\ 0 & 1 & 1/2 \\ 0 & 0 & 0 \end{pmatrix}$$

方程式$(\boldsymbol{A} - \lambda \boldsymbol{I})\boldsymbol{x} = 0$的解為

$$\boldsymbol{x}_3 = (5 \quad -1 \quad 2)^{\mathrm{T}}$$

由於二次型的係數矩陣是實對稱矩陣，其不同特徵值對應的特徵向量相互正交，因此只需要將這些特徵向量單位化即可

$$\boldsymbol{\alpha}_1 = \frac{1}{\sqrt{5}}\begin{pmatrix} 0 \\ 2 \\ 1 \end{pmatrix}, \quad \boldsymbol{\alpha}_2 = \frac{1}{\sqrt{6}}\begin{pmatrix} 1 \\ 1 \\ -2 \end{pmatrix}, \quad \boldsymbol{\alpha}_3 = \frac{1}{\sqrt{30}}\begin{pmatrix} 5 \\ -1 \\ 2 \end{pmatrix}$$

令

$$\boldsymbol{P} = \begin{pmatrix} 0 & \frac{1}{\sqrt{6}} & \frac{5}{\sqrt{30}} \\ \frac{2}{\sqrt{5}} & \frac{1}{\sqrt{6}} & -\frac{1}{\sqrt{30}} \\ \frac{1}{\sqrt{5}} & -\frac{2}{\sqrt{6}} & \frac{2}{\sqrt{30}} \end{pmatrix}$$

透過正交轉換$\boldsymbol{x} = \boldsymbol{P}\boldsymbol{y}$可將二次型化為以下的標準型

$$\mathbf{5}\boldsymbol{y}_1^2 + \mathbf{6}\mathbf{y}_2^2$$

2.7 矩陣分解

矩陣分解是矩陣分析的重要內容，這種技術將一個矩陣分解為許多矩陣的乘積，通常為 2 個或 3 個矩陣的乘積。在求解線性方程組，計算反矩陣、行列式，以及特徵值，多重積分代換等問題上，矩陣分解有廣泛的應用。

2.7.1 科列斯基分解

對於n階對稱半正定矩陣$\boldsymbol{A}$，科列斯基（Cholesky）分解將其分解為n階下三角矩陣$\boldsymbol{L}$以及其轉置$\boldsymbol{L}^{\mathrm{T}}$的乘積

$$\boldsymbol{A}=\boldsymbol{L}\boldsymbol{L}^{\mathrm{T}} \tag{2.60}$$

如果$\boldsymbol{A}$是實對稱正定矩陣，則式 (2.60) 的分解唯一。下面是對稱矩陣科列斯基分解的實例

$$\begin{pmatrix}4 & 12 & -16\\ 12 & 37 & -43\\ -16 & -43 & 98\end{pmatrix}=\begin{pmatrix}2 & 0 & 0\\ 6 & 1 & 0\\ -8 & 5 & 3\end{pmatrix}\begin{pmatrix}2 & 6 & -8\\ 0 & 1 & 5\\ 0 & 0 & 3\end{pmatrix}$$

科列斯基分解可用於求解線性方程組。對於以下的線性方程組

$$\boldsymbol{A}\boldsymbol{x}=\boldsymbol{b}$$

如果$\boldsymbol{A}$是對稱正定矩陣，它可以分解為$\boldsymbol{L}\boldsymbol{L}^{\mathrm{T}}$，則有

$$\boldsymbol{L}\boldsymbol{L}^{\mathrm{T}}\boldsymbol{x}=\boldsymbol{b}$$

如果令

$$\boldsymbol{L}^{\mathrm{T}}\boldsymbol{x}=\boldsymbol{y}$$

則可先求解線性方程組

$$\boldsymbol{L}\boldsymbol{y}=\boldsymbol{b}$$

獲得$\boldsymbol{y}$。然後求解

$$\boldsymbol{L}^{\mathrm{T}}\boldsymbol{x}=\boldsymbol{y}$$

獲得$\boldsymbol{x}$。這兩個方程組的係數矩陣分別為下三角和上三角矩陣，均可高效率地求解。在實際應用中，如果係數矩陣$\boldsymbol{A}$不變而常數向量$\boldsymbol{b}$會改變，則預先將$\boldsymbol{A}$進行科列斯基分解，每次對於不同的$\boldsymbol{b}$均可高效率地求解。在求解最佳化問題的擬牛頓法中，需要求解以下的方程組

$$\boldsymbol{B}_k\boldsymbol{d}=-\boldsymbol{g}_k$$

其中$\boldsymbol{B}_k$為第k次迭代時的漢森（Hessian）矩陣的近似矩陣，$\boldsymbol{d}$為牛頓方

向，$\boldsymbol{g}_k$為第k次迭代時的梯度值。此方程式可以使用科列斯基分解求解。漢森矩陣和梯度將在第 3 章説明，擬牛頓法將在第 4 章説明。

科列斯基分解還可以用於檢查矩陣的正定性。對一個矩陣進行科列斯基分解，如果分解失敗，則説明矩陣不是半正定矩陣；否則為半正定矩陣。

下面以 3 階矩陣為例推導科列斯基分解的計算公式。如果

$$\boldsymbol{A}=\begin{pmatrix} a_{11} & a_{21} & a_{31} \\ a_{21} & a_{22} & a_{32} \\ a_{31} & a_{32} & a_{33} \end{pmatrix}=\boldsymbol{L}\boldsymbol{L}^{\mathrm{T}}=\begin{pmatrix} l_{11} & 0 & 0 \\ l_{21} & l_{22} & 0 \\ l_{31} & l_{32} & l_{33} \end{pmatrix}\begin{pmatrix} l_{11} & l_{21} & l_{31} \\ 0 & l_{22} & l_{32} \\ 0 & 0 & l_{33} \end{pmatrix}$$

則有

$$\begin{pmatrix} l_{11}^2 & l_{21}l_{11} & l_{31}l_{11} \\ l_{21}l_{11} & l_{21}^2+l_{22}^2 & l_{31}l_{21}+l_{32}l_{22} \\ l_{31}l_{11} & l_{31}l_{21}+l_{32}l_{22} & l_{31}^2+l_{32}^2+l_{33}^2 \end{pmatrix}=\begin{pmatrix} a_{11} & a_{21} & a_{31} \\ a_{21} & a_{22} & a_{32} \\ a_{31} & a_{32} & a_{33} \end{pmatrix}$$

首先可以獲得主對角的第一個元素

$$l_{11}=\sqrt{a_{11}}$$

根據l_{11}可以獲得第 2 行的所有元素

$$l_{21}=\frac{a_{21}}{l_{11}},l_{22}=\sqrt{a_{22}-l_{21}^2}$$

進一步獲得第 3 行的元素

$$l_{31}=\frac{a_{31}}{l_{11}},l_{32}=\frac{1}{l_{22}}(a_{32}-l_{31}l_{21}),l_{33}=\sqrt{a_{33}-(l_{31}^2+l_{32}^2)}$$

所有元素逐行算出。首先計算出第 1 行的元素l_{11}，然後計算第 2 行的元素l_{21},l_{22}，接下來計算l_{31},l_{32},l_{33}，依此類推。$l_{ij},1<j\leqslant i$與$l_{pq},p\leqslant i,q<j$有關，這些值已經被算出。對於n階矩陣，科列斯基分解的計算公式為

$$l_{ii}=\left(a_{ii}-\sum_{k=1}^{i-1}l_{ik}^2\right)^{\frac{1}{2}} \quad l_{ji}=\frac{1}{l_{ii}}\left(a_{ji}-\sum_{k=1}^{i-1}l_{ik}l_{jk}\right),j=i+1,\cdots,n$$

Python 中 linalg 的 cholesky 函數實現了對稱正定矩陣的科列斯基分解。函數的輸入是被分解矩陣$\boldsymbol{A}$，輸出為下三角矩陣$\boldsymbol{L}$。下面是實現這種分解的範例 Python 程式。

```
import numpy as np
A = np.array ([[6,3,4,8], [3,6,5,1], [4,5,10,7], [8,1,7,25]])
L = np.linalg.cholesky (A)
print (L)
```

程式輸出結果為

```
[[2.44948974 0.          0.          0.]
 [1.22474487  2.12132034  0.          0.]
 [1.63299316  1.41421356  2.30940108  0.]
 [3.26598632  -1.41421356  1.58771324  3.13249102]]
```

可以驗證矩陣$\boldsymbol{L}$與其轉置的乘積即為矩陣$\boldsymbol{A}$。

2.7.2 QR 分解

QR 分解（正交三角分解）將矩陣分解為正交矩陣與上三角矩陣的乘積，這種分解被廣泛地應用於求解某些問題，如矩陣的特徵值。事實上，QR 分解是格拉姆-施密特正交化的另外一種表現形式。首先考慮方陣的情況。對於任意的n階方陣$\boldsymbol{A}$，QR 分解將其分解為一個n階正交矩陣$\boldsymbol{Q}$與一個n階上三角矩陣$\boldsymbol{R}$的乘積

$$\boldsymbol{A} = \boldsymbol{Q}\boldsymbol{R} \tag{2.61}$$

如果矩陣$\boldsymbol{A}$可逆且要求矩陣$\boldsymbol{R}$的主對角元為正，則式 (2.61) 的分解唯一。如果$\boldsymbol{A}$有$m(m \leqslant n)$個線性無關的列，則$\boldsymbol{Q}$的前m個列組成$\boldsymbol{A}$的列空間的標準正交基底。

下面來看 QR 分解的實際實例。對於以下矩陣

$$\boldsymbol{A} = \begin{pmatrix} 7 & 2 \\ 2 & 4 \end{pmatrix}$$

其 QR 分解的結果為

$$\boldsymbol{A}=\boldsymbol{QR}=\begin{pmatrix}7 & 2\\ 2 & 4\end{pmatrix}=\begin{pmatrix}0.962 & -0.275\\ 0.275 & 0.962\end{pmatrix}\begin{pmatrix}7.28 & 3.02\\ 0 & 3.30\end{pmatrix}$$

下面考慮非方陣的情況，對於$m\times n,m>n$的矩陣$\boldsymbol{A}$，QR 分解將其分解為一個m階正交矩陣與以下形式的$m\times n$矩陣$\boldsymbol{R}$的乘積

$$\boldsymbol{A}=\boldsymbol{QR}=\boldsymbol{Q}\begin{pmatrix}\boldsymbol{R}_n\\ 0_{(m-n)\times n}\end{pmatrix}$$

其中$\boldsymbol{R}_n$是n階上三角矩陣，0 是一個$(m-n)\times n$的零矩陣。

如果$m<n$，則分解的結果為

$$\boldsymbol{A}=\boldsymbol{QR}=\boldsymbol{Q}(\boldsymbol{R}_m\ \ \boldsymbol{B}_{m\times(n-m)})$$

其中$\boldsymbol{Q}$是一個m階正交矩陣，$\boldsymbol{R}_m$是m階上三角矩陣，$\boldsymbol{B}_{m\times(n-m)}$是一個$m\times(n-m)$的矩陣。

QR 分解有 3 種實現方式，分別是格拉姆-施密特正交化、豪斯霍爾德轉換，以及吉文斯（Givens）旋轉。下面介紹格拉姆-施密特正交化以及豪斯霍爾德轉換。

考慮$\boldsymbol{A}$為n階方陣的情況，使用 2.1.6 節介紹的格拉姆-施密特正交化技術對矩陣$\boldsymbol{A}$的列進行正交化。將矩陣$\boldsymbol{A}$按列分段

$$\boldsymbol{A}=(\boldsymbol{a}_1\ \ \cdots\ \ \boldsymbol{a}_n)$$

假設這些列向量線性無關。首先將它的列正交化

$$\boldsymbol{u}_1=\boldsymbol{a}_1\boldsymbol{u}_2=\boldsymbol{a}_2-\frac{\boldsymbol{a}_2^{\mathrm{T}}\boldsymbol{u}_1}{\boldsymbol{u}_1^{\mathrm{T}}\boldsymbol{u}_1}\boldsymbol{u}_1\boldsymbol{u}_3=\boldsymbol{a}_3-\frac{\boldsymbol{a}_3^{\mathrm{T}}\boldsymbol{u}_1}{\boldsymbol{u}_1^{\mathrm{T}}\boldsymbol{u}_1}\boldsymbol{u}_1-\frac{\boldsymbol{a}_3^{\mathrm{T}}\boldsymbol{u}_2}{\boldsymbol{u}_2^{\mathrm{T}}\boldsymbol{u}_2}\boldsymbol{u}_2$$

$$\cdots\boldsymbol{u}_n=\boldsymbol{a}_n-\sum_{i=1}^{n-1}\frac{\boldsymbol{a}_n^{\mathrm{T}}\boldsymbol{u}_i}{\boldsymbol{u}_i^{\mathrm{T}}\boldsymbol{u}_i}\boldsymbol{u}_i$$

然後進行單位化

$$\boldsymbol{e}_i=\frac{\boldsymbol{u}_i}{\parallel\boldsymbol{u}_i\parallel},i=1,\cdots,n$$

$\boldsymbol{A}$的各個列向量在標準正交基底下的座標為其在各個基向量上的投影，由

於在進行格拉姆-施密特正交化時$\boldsymbol{e}_i$只與$\boldsymbol{a}_1,\cdots,\boldsymbol{a}_i$有關，因此$\boldsymbol{a}_i$在$\boldsymbol{e}_{i+1},\cdots,\boldsymbol{e}_n$方向的投影均為 0，有

$$\boldsymbol{a}_1 = \boldsymbol{a}_1^{\mathrm{T}}\boldsymbol{e}_1\boldsymbol{e}_1\boldsymbol{a}_2 = \boldsymbol{a}_2^{\mathrm{T}}\boldsymbol{e}_1\boldsymbol{e}_1 + \boldsymbol{a}_2^{\mathrm{T}}\boldsymbol{e}_2\boldsymbol{e}_2\boldsymbol{a}_3 = \boldsymbol{a}_3^{\mathrm{T}}\boldsymbol{e}_1\boldsymbol{e}_1 + \boldsymbol{a}_3^{\mathrm{T}}\boldsymbol{e}_2\boldsymbol{e}_2 + \boldsymbol{a}_3^{\mathrm{T}}\boldsymbol{e}_3\boldsymbol{e}_3$$

$$\cdots\boldsymbol{a}_n = \sum_{i=1}^{n} \boldsymbol{a}_n^{\mathrm{T}}\boldsymbol{e}_i\boldsymbol{e}_i$$

寫成矩陣形式為

$$(\boldsymbol{a}_1 \ \cdots \ \boldsymbol{a}_n) = (\boldsymbol{e}_1 \ \cdots \ \boldsymbol{e}_n)\begin{pmatrix} \boldsymbol{a}_1^{\mathrm{T}}\boldsymbol{e}_1 & \boldsymbol{a}_2^{\mathrm{T}}\boldsymbol{e}_1 & \boldsymbol{a}_3^{\mathrm{T}}\boldsymbol{e}_1 & \cdots \\ 0 & \boldsymbol{a}_2^{\mathrm{T}}\boldsymbol{e}_2 & \boldsymbol{a}_3^{\mathrm{T}}\boldsymbol{e}_2 & \cdots \\ 0 & 0 & \boldsymbol{a}_3^{\mathrm{T}}\boldsymbol{e}_3 & \cdots \\ \vdots & \vdots & \vdots & \end{pmatrix}$$

令

$$\boldsymbol{Q} = (\boldsymbol{e}_1 \ \cdots \ \boldsymbol{e}_n)$$

以及

$$\boldsymbol{R} = \begin{pmatrix} \boldsymbol{a}_1^{\mathrm{T}}\boldsymbol{e}_1 & \boldsymbol{a}_2^{\mathrm{T}}\boldsymbol{e}_1 & \boldsymbol{a}_3^{\mathrm{T}}\boldsymbol{e}_1 & \cdots \\ 0 & \boldsymbol{a}_2^{\mathrm{T}}\boldsymbol{e}_2 & \boldsymbol{a}_3^{\mathrm{T}}\boldsymbol{e}_2 & \cdots \\ 0 & 0 & \boldsymbol{a}_3^{\mathrm{T}}\boldsymbol{e}_3 & \cdots \\ \vdots & \vdots & \vdots & \end{pmatrix}$$

$\boldsymbol{Q}$的列是用$\boldsymbol{A}$的列建構的標準正交基底，$\boldsymbol{R}$的第i列為$\boldsymbol{A}$的第i列在前i個基向量方向的投影。此即$\boldsymbol{QR}$分解結果。

下面舉例說明。對於以下的矩陣

$$\boldsymbol{A} = \begin{pmatrix} 12 & -51 & 4 \\ 6 & 167 & -68 \\ -4 & 24 & -41 \end{pmatrix}$$

首先對它的列向量進行正交化，獲得以下矩陣

$$\boldsymbol{U} = (\boldsymbol{u}_1 \ \ \boldsymbol{u}_2 \ \ \boldsymbol{u}_3) = \begin{pmatrix} 12 & -69 & -58/5 \\ 6 & 158 & 6/5 \\ -4 & 30 & -33 \end{pmatrix}$$

然後將該矩陣的列單位化，可以獲得

$$\boldsymbol{Q} = \left(\frac{\boldsymbol{u}_1}{\| \boldsymbol{u}_1 \|} \quad \frac{\boldsymbol{u}_2}{\| \boldsymbol{u}_2 \|} \quad \frac{\boldsymbol{u}_3}{\| \boldsymbol{u}_3 \|}\right) = \begin{pmatrix} 6/7 & -69/175 & -58/175 \\ 3/7 & 158/175 & 6/175 \\ -2/7 & 6/35 & -33/35 \end{pmatrix}$$

由此可以獲得上三角矩陣

$$\boldsymbol{R} = \boldsymbol{Q}^{\mathrm{T}}\boldsymbol{A} = \begin{pmatrix} 14 & 21 & -14 \\ 0 & 175 & -70 \\ 0 & 0 & 35 \end{pmatrix}$$

用豪斯霍爾德轉換進行 QR 分解的想法與 2.5.3 節説明的類似。首先用矩陣$\boldsymbol{A}$的第 1 列建構第 1 個豪斯霍爾德矩陣$\boldsymbol{P}_1$

$$\begin{pmatrix} p_{11} & p_{12} & \cdots & p_{1n} \\ p_{21} & p_{22} & \cdots & p_{2n} \\ \vdots & \vdots & & \vdots \\ p_{n1} & p_{n2} & \cdots & p_{nn} \end{pmatrix}$$

左乘該矩陣將$\boldsymbol{A}$的第 1 列後面$n-1$個元素全部零化

$$\boldsymbol{P}_1\boldsymbol{A} = \begin{pmatrix} a_{11} & a_{12} & \cdots & a_{1n} \\ 0 & a_{22} & \cdots & a_{2n} \\ \vdots & \vdots & & \vdots \\ 0 & a_{n2} & \cdots & a_{nn} \end{pmatrix}$$

接下來建構第 2 個豪斯霍爾德矩陣$\boldsymbol{P}_2$，為以下形式

$$\begin{pmatrix} 1 & 0 & \cdots & 0 \\ 0 & p_{22} & \cdots & p_{2n} \\ \vdots & \vdots & & \vdots \\ 0 & p_{n2} & \cdots & p_{nn} \end{pmatrix}$$

其中

$$\begin{pmatrix} p_{22} & \cdots & p_{2n} \\ \vdots & & \vdots \\ p_{n2} & \cdots & p_{nn} \end{pmatrix}$$

使用$\boldsymbol{P}_1\boldsymbol{A}$的第 2 列的後面$n-1$個元素建構。將$\boldsymbol{P}_1\boldsymbol{A}$左乘$\boldsymbol{P}_2$，可以將其第 2 列後面$n-2$個元素零化

$$P_2P_1A=\begin{pmatrix}a_{11} & a_{12} & a_{13} & \cdots & a_{1n}\\ 0 & a_{22} & a_{23} & \cdots & a_{2n}\\ 0 & 0 & a_{33} & \cdots & a_{3n}\\ \vdots & \vdots & \vdots & & \vdots\\ 0 & 0 & a_{n3} & \cdots & a_{nn}\end{pmatrix}$$

建構第 3 個豪斯霍爾德矩陣$\boldsymbol{P}_3$，為以下形式

$$\begin{pmatrix}1 & 0 & 0 & \cdots & 0\\ 0 & 1 & 0 & \cdots & 0\\ 0 & 0 & p_{33} & \cdots & p_{3n}\\ \vdots & \vdots & \vdots & & \vdots\\ 0 & 0 & p_{n3} & \cdots & p_{nn}\end{pmatrix}$$

其中

$$\begin{pmatrix}p_{33} & \cdots & p_{3n}\\ \vdots & & \vdots\\ p_{n3} & \cdots & p_{nn}\end{pmatrix}$$

用$\boldsymbol{P}_2\boldsymbol{P}_1\boldsymbol{A}$的第 3 列的後面$n-2$個元素建構。將$\boldsymbol{P}_2\boldsymbol{P}_1\boldsymbol{A}$左乘$\boldsymbol{P}_3$，可以將其第 3 列後面$n-3$個元素零化

$$P_3P_2P_1A=\begin{pmatrix}a_{11} & a_{12} & a_{13} & a_{14} & \cdots & a_{1n}\\ 0 & a_{22} & a_{23} & a_{24} & \cdots & a_{2n}\\ 0 & 0 & a_{33} & a_{34} & \cdots & a_{3n}\\ 0 & 0 & 0 & a_{44} & \cdots & a_{4n}\\ \vdots & \vdots & \vdots & \vdots & & \vdots\\ 0 & 0 & 0 & a_{n4} & \cdots & a_{nn}\end{pmatrix}$$

依此類推，經過$n-1$次豪斯霍爾德轉換，可以將$\boldsymbol{A}$化為上三角矩陣

$$\boldsymbol{P}_{n-1}\cdots\boldsymbol{P}_2\boldsymbol{P}_1\boldsymbol{A}=\boldsymbol{R}$$

令

$$\boldsymbol{Q}=(\boldsymbol{P}_{n-1}\cdots\boldsymbol{P}_2\boldsymbol{P}_1)^{-1}=\boldsymbol{P}_1^{-1}\boldsymbol{P}_2^{-1}\cdots\boldsymbol{P}_{n-1}^{-1}=\boldsymbol{P}_1\boldsymbol{P}_2\boldsymbol{P}_{n-1}$$

由於$\boldsymbol{P}_i, i=1,\cdots,n-1$都是正交矩陣，因此$\boldsymbol{Q}$也是一個正交矩陣。這就是 QR 分解的結果。

QR 分解可以由 Python 中 linalg 的 qr 函數實現。函數的輸入為被分解矩陣 $\boldsymbol{A}$；輸出為正交矩陣$\boldsymbol{Q}$和上三角矩陣$\boldsymbol{R}$。下面用實例説明，首先考慮方陣。對於以下的方陣

$$\boldsymbol{A}=\begin{pmatrix}1 & 2 & 3\\4 & 5 & 6\\7 & 8 & 9\end{pmatrix}$$

其 QR 分解的程式如下。

```
import numpy as np
A = np.array ([[1, 2, 3], [4, 5, 6], [7, 8, 9]])
Q, R = np.linalg.qr (A)
print (Q)
print (R)
```

程式執行結果如下。

```
[[-0.12309149 0.90453403 0.40824829]
[-0.49236596 0.30151134 -0.81649658]
[-0.86164044 -0.30151134 0.40824829]]
[[-8.12403840e+00 -9.60113630e+00 -1.10782342e+01]
[0.00000000e+00 9.04534034e-01 1.80906807e+00]
[0.00000000e+00 0.00000000e+00 -8.88178420e-16]]
```

可以驗證這兩個矩陣的乘積就是原始矩陣$\boldsymbol{A}$。接下來考慮不是方陣的情況，對於以下的矩陣

$$\boldsymbol{A}=\begin{pmatrix}1 & 2 & 3\\4 & 5 & 6\end{pmatrix}$$

其 QR 分解的程式如下。

```
import numpy as np
A = np.array ([[1, 2, 3], [4, 5, 6]])
Q, R = np.linalg.qr (A)
print (Q)
print (R)
```

程式執行結果如下。

```
[[-0.24253563 -0.9701425]
 [-0.9701425 0.24253563]]
[[-4.12310563 -5.33578375 -6.54846188]
 [0. -0.72760688 -1.45521375]]
```

2.7.3 特徵值分解

特徵值分解（Eigen Decomposition）也稱為譜分解（Spectral Decomposition），是矩陣相似對角化的另一種表述。根據式 (2.44)，對於n階矩陣$\boldsymbol{A}$，如果它有n個線性無關的特徵向量，則可將其分解為以下 3 個矩陣的乘積

$$\boldsymbol{A} = \boldsymbol{Q}\Lambda\boldsymbol{Q}^{-1} \tag{2.62}$$

其中Λ為對角矩陣。矩陣Λ的對角線元素為矩陣$\boldsymbol{A}$的特徵值

$$\Lambda = \begin{pmatrix} \lambda_1 & & \\ & \ddots & \\ & & \lambda_n \end{pmatrix}$$

$\boldsymbol{Q}$為n階矩陣，它的列為$\boldsymbol{A}$的特徵向量，與對角矩陣中特徵值的排列順序一致

$$\boldsymbol{Q} = (\boldsymbol{x}_1 \ \cdots \ \boldsymbol{x}_n)$$

一個n階矩陣可以進行特徵值分解的充分必要條件是它有n個線性無關的特徵向量。大部分的情況下，這些特徵向量$\boldsymbol{x}_i$都是單位化的。

特徵值分解可以用於計算反矩陣。如果矩陣$\boldsymbol{A}$可以進行特徵值分解，且其所有特徵值都非 0，則

$$\boldsymbol{A} = \boldsymbol{Q}\Lambda\boldsymbol{Q}^{-1}$$

其反矩陣為

$$\boldsymbol{A}^{-1} = (\boldsymbol{Q}\Lambda\boldsymbol{Q}^{-1})^{-1} = \boldsymbol{Q}\Lambda^{-1}\boldsymbol{Q}^{-1}$$

對角矩陣的反矩陣容易計算，是主對角線所有元素的倒數。

特徵值分解還可用於計算矩陣的多項式或冪。對於以下多項式

$$f(x) = a_n x^n + a_{n-1} x^{n-1} + \cdots + a_1 x$$

如果矩陣$\boldsymbol{A}$可以進行特徵值分解，且

$$\boldsymbol{A} = \boldsymbol{Q}\Lambda\boldsymbol{Q}^{-1}$$

則有

$$\begin{aligned} f(\boldsymbol{A}) = f(\boldsymbol{Q}\Lambda\boldsymbol{Q}^{-1}) &= a_1\boldsymbol{Q}\Lambda\boldsymbol{Q}^{-1} + a_2\boldsymbol{Q}\Lambda\boldsymbol{Q}^{-1}\boldsymbol{Q}\Lambda\boldsymbol{Q}^{-1} + \cdots \\ &= a_1\boldsymbol{Q}\Lambda\boldsymbol{Q}^{-1} + a_2\boldsymbol{Q}\Lambda^2\boldsymbol{Q}^{-1} + \cdots \\ &= \boldsymbol{Q}(a_1\Lambda + a_2\Lambda^2 + \cdots)\boldsymbol{Q}^{-1} = \boldsymbol{Q}f(\Lambda)\boldsymbol{Q}^{-1} \end{aligned}$$

對角矩陣的冪仍然是對角矩陣，是主對角線元素分別求冪。因此有

$$f(\Lambda)_{ii} = f(\Lambda_{ii})$$

借助於特徵值分解，可以高效率地計算出$f(\boldsymbol{A})$。特別地，有

$$\boldsymbol{A}^n = \boldsymbol{Q}\Lambda^n\boldsymbol{Q}^{-1}$$

如果$\boldsymbol{A}$是實對稱矩陣，根據 2.5.3 節的結論，可對其特徵向量進行正交化，特徵值分解為

$$\boldsymbol{A} = \boldsymbol{Q}\Lambda\boldsymbol{Q}^{\mathrm{T}}$$

其中$\boldsymbol{Q}$為正交矩陣，它的列是$\boldsymbol{A}$的正交化特徵向量，Λ同樣為$\boldsymbol{A}$的所有特徵值組成的對角矩陣。

特徵值分解可以借助於 QR 演算法實現。機器學習中常用的矩陣如協方差矩陣等都是實對稱矩陣，因此都可以進行特徵值分解。

特徵值分解可以由 Python 中 linalg 的 eig 函數實現。函數的輸入為被分解矩陣$\boldsymbol{A}$，輸出為所有特徵值，以及這些特徵值對應的單位化特徵向量。下面是範例程式。

```
import numpy as np
A = np.array ([[1, 2, 3], [4, 5, 6], [7, 8, 9]])
V, U = np.linalg.eig (A)
print (U)
print (V)
```

程式結果如下。

```
[[-0.23197069 -0.78583024 0.40824829]
 [-0.52532209 -0.08675134 -0.81649658]
 [-0.8186735 0.61232756 0.40824829]]
 [1.61168440e+01 -1.11684397e+00 -1.30367773e-15]
```

這裡的 V 是所有特徵值形成的向量，U 的列是單位化的特徵向量。

2.7.4 奇異值分解

特徵值分解只適用於方陣，且要求方陣有n個線性無關的特徵向量。奇異值分解（Singular Value Decomposition，SVD）是對它的推廣，對於任意的矩陣均可用特徵值與特徵向量進行分解。其想法是對$\boldsymbol{A}\boldsymbol{A}^{\mathrm{T}}$和$\boldsymbol{A}^{\mathrm{T}}\boldsymbol{A}$進行特徵值分解，在 2.6.2 節已經證明，對於任意矩陣$\boldsymbol{A}$，這兩個矩陣都是對稱半正定矩陣，一定能進行特徵值分解。並且這兩個矩陣的特徵值都是非負的，後面將證明它們有相同的非 0 特徵值。

假設$\boldsymbol{A} \in \mathbb{R}^{m\times n}$，其中$m \geqslant n$，則有

$$\boldsymbol{U}^{\mathrm{T}}\boldsymbol{A}\boldsymbol{V} = \boldsymbol{\Sigma} \tag{2.63}$$

其中$\boldsymbol{U}$為m階正交矩陣，其列稱為矩陣$\boldsymbol{A}$的左奇異向量，也是$\boldsymbol{A}\boldsymbol{A}^{\mathrm{T}}$的特徵向量。$\boldsymbol{\Sigma}$為以下形式的$m \times n$矩陣

$$\boldsymbol{\Sigma} = \begin{pmatrix} \sigma_1 & 0 & \cdots & 0 \\ 0 & \sigma_2 & \cdots & 0 \\ \vdots & \vdots & \vdots & \vdots \\ 0 & 0 & \cdots & \sigma_n \\ 0 & 0 & \cdots & 0 \\ \vdots & \vdots & \vdots & \vdots \\ 0 & 0 & \cdots & \cdots \end{pmatrix} = \begin{pmatrix} \boldsymbol{\Sigma}_n \\ 0_{(m-n)\times n} \end{pmatrix}$$

其尺寸與$\boldsymbol{A}$相同。在這裡$\boldsymbol{\Sigma}_n$是n階對角矩陣且主對角線元素按照其值大小降冪排列

$$\boldsymbol{\Sigma}_n = (\sigma_1, \cdots, \sigma_n), \sigma_1 \geqslant \sigma_2 \geq \cdots \geqslant \sigma_n \geqslant 0$$

σ_i稱為$\boldsymbol{A}$的奇異值，是$\boldsymbol{A}\boldsymbol{A}^{\mathrm{T}}$特徵值的非負平方根，也是$\boldsymbol{A}^{\mathrm{T}}\boldsymbol{A}$特徵值的非負平方根。$\boldsymbol{V}$為$n$階正交矩陣，其行稱為矩陣$\boldsymbol{A}$的右奇異向量，也是$\boldsymbol{A}^{\mathrm{T}}\boldsymbol{A}$的特徵向量。

式 (2.63) 兩邊左乘$\boldsymbol{U}$，右乘$\boldsymbol{V}^{\mathrm{T}}$，由於$\boldsymbol{U}, \boldsymbol{V}$都是正交矩陣，因此有

$$\boldsymbol{A} = \boldsymbol{U}\boldsymbol{\Sigma}\boldsymbol{V}^{\mathrm{T}} \tag{2.64}$$

式 (2.64) 稱為矩陣的奇異值分解。對於$m \leqslant n$的情況，有類似的結果，此時

$$\boldsymbol{\Sigma} = \begin{pmatrix} \sigma_1 & 0 & \cdots & 0 & 0 & \cdots & \cdots \\ 0 & \sigma_2 & \cdots & 0 & 0 & \cdots & \cdots \\ \cdots & \cdots & \cdots & \cdots & 0 & \cdots & \cdots \\ 0 & 0 & \cdots & \sigma_m & 0 & \cdots & \cdots \end{pmatrix} = (\boldsymbol{\Sigma}_m \ \ 0_{m \times (n-m)})$$

下面證明$\boldsymbol{A}\boldsymbol{A}^{\mathrm{T}}$與$\boldsymbol{A}^{\mathrm{T}}\boldsymbol{A}$有相同的非 0 特徵值。假設$\lambda \neq 0$是$\boldsymbol{A}\boldsymbol{A}^{\mathrm{T}}$的特徵值，$\boldsymbol{x}$是對應的特徵向量，則有

$$\boldsymbol{A}\boldsymbol{A}^{\mathrm{T}}\boldsymbol{x} = \lambda\boldsymbol{x} \tag{2.65}$$

式 (2.65) 兩邊同時左乘$\boldsymbol{A}^{\mathrm{T}}$可以獲得

$$\boldsymbol{A}^{\mathrm{T}}\boldsymbol{A}\boldsymbol{A}^{\mathrm{T}}\boldsymbol{x} = \boldsymbol{A}^{\mathrm{T}}\lambda\boldsymbol{x}$$

即

$$\boldsymbol{A}^{\mathrm{T}}\boldsymbol{A}(\boldsymbol{A}^{\mathrm{T}}\boldsymbol{x}) = \lambda(\boldsymbol{A}^{\mathrm{T}}\boldsymbol{x})$$

下面證明$\boldsymbol{A}^{\mathrm{T}}\boldsymbol{x} \neq 0$。式 (2.65) 兩邊同時左乘$\boldsymbol{x}^{\mathrm{T}}$，由於$\lambda \neq 0, \boldsymbol{x} \neq 0$

$$\boldsymbol{x}^{\mathrm{T}}\boldsymbol{A}\boldsymbol{A}^{\mathrm{T}}\boldsymbol{x} = (\boldsymbol{A}^{\mathrm{T}}\boldsymbol{x})^{\mathrm{T}}\boldsymbol{A}^{\mathrm{T}}\boldsymbol{x} = \lambda\boldsymbol{x}^{\mathrm{T}}\boldsymbol{x} > 0$$

因此$\boldsymbol{A}^{\mathrm{T}}\boldsymbol{x} \neq 0$，$\lambda$是$\boldsymbol{A}^{\mathrm{T}}\boldsymbol{A}$的特徵值，$\boldsymbol{A}^{\mathrm{T}}\boldsymbol{x}$是對應的特徵向量。

同樣，如果$\lambda \neq 0$是$\boldsymbol{A}^{\mathrm{T}}\boldsymbol{A}$的特徵值，$\boldsymbol{x}$是對應的特徵向量，則有

$$\boldsymbol{A}^{\mathrm{T}}\boldsymbol{A}\boldsymbol{x} = \lambda\boldsymbol{x} \tag{2.66}$$

式 (2.66) 兩邊同時左乘$\boldsymbol{A}$可以獲得

$$\boldsymbol{A}\boldsymbol{A}^{\mathrm{T}}\boldsymbol{A}\boldsymbol{x} = \boldsymbol{A}\lambda\boldsymbol{x}$$

即

$$\boldsymbol{A}\boldsymbol{A}^{\mathrm{T}}(\boldsymbol{A}\boldsymbol{x}) = \lambda(\boldsymbol{A}\boldsymbol{x})$$

下面證明$\boldsymbol{A}\boldsymbol{x} \neq 0$。式 (2.66) 兩邊同時左乘$\boldsymbol{x}^{\mathrm{T}}$，由於$\lambda \neq 0, \boldsymbol{x} \neq 0$

$$\boldsymbol{x}^{\mathrm{T}}\boldsymbol{A}^{\mathrm{T}}\boldsymbol{A}\boldsymbol{x} = (\boldsymbol{A}\boldsymbol{x})^{\mathrm{T}}\boldsymbol{A}\boldsymbol{x} = \lambda\boldsymbol{x}^{\mathrm{T}}\boldsymbol{x} > 0$$

因此$\boldsymbol{A}\boldsymbol{x} \neq 0$，$\lambda$是$\boldsymbol{A}\boldsymbol{A}^{\mathrm{T}}$的特徵值，$\boldsymbol{A}\boldsymbol{x}$是對應的特徵向量。需要注意的是，$\boldsymbol{A}\boldsymbol{A}^{\mathrm{T}}$的 0 特徵值不一定是$\boldsymbol{A}^{\mathrm{T}}\boldsymbol{A}$的 0 特徵值。下面舉例說明。對於以下的矩陣

$$\boldsymbol{A} = \begin{pmatrix} 1 & 0 \\ 0 & 1 \\ 0 & 0 \end{pmatrix}$$

有

$$\boldsymbol{A}\boldsymbol{A}^{\mathrm{T}} = \begin{pmatrix} 1 & 0 \\ 0 & 1 \\ 0 & 0 \end{pmatrix}\begin{pmatrix} 1 & 0 & 0 \\ 0 & 1 & 0 \end{pmatrix} = \begin{pmatrix} 1 & 0 & 0 \\ 0 & 1 & 0 \\ 0 & 0 & 0 \end{pmatrix}$$

$\boldsymbol{A}\boldsymbol{A}^{\mathrm{T}}$的特徵值為$\lambda_1 = 1, \lambda_2 = 1, \lambda_3 = 0$。

$$\boldsymbol{A}^{\mathrm{T}}\boldsymbol{A} = \begin{pmatrix} 1 & 0 & 0 \\ 0 & 1 & 0 \end{pmatrix}\begin{pmatrix} 1 & 0 \\ 0 & 1 \\ 0 & 0 \end{pmatrix} = \begin{pmatrix} 1 & 0 \\ 0 & 1 \end{pmatrix}$$

$\boldsymbol{A}^{\mathrm{T}}\boldsymbol{A}$特徵值為$\lambda_1 = 1, \lambda_2 = 1$。0 是$\boldsymbol{A}\boldsymbol{A}^{\mathrm{T}}$的特徵值但不是$\boldsymbol{A}^{\mathrm{T}}\boldsymbol{A}$的特徵值。

下面來看奇異值分解的實例。對於以下的矩陣

$$\boldsymbol{A} = \begin{pmatrix} -1 & 3 \\ 3 & 1 \\ 1 & 1 \end{pmatrix}$$

有

$$\boldsymbol{A}\boldsymbol{A}^{\mathrm{T}} = \begin{pmatrix} 10 & 0 & 2 \\ 0 & 10 & 4 \\ 2 & 4 & 2 \end{pmatrix}$$

以及

$$\boldsymbol{A}^{\mathrm{T}}\boldsymbol{A}=\begin{pmatrix}11 & 1\\ 1 & 11\end{pmatrix}$$

$\boldsymbol{A}\boldsymbol{A}^{\mathrm{T}}$的特徵值為$\lambda_1=12,\lambda_2=10,\lambda_3=0$，$\boldsymbol{A}^{\mathrm{T}}\boldsymbol{A}$的特徵值為$\lambda_1=12,\lambda_2=10$。因此$\boldsymbol{A}$的非 0 奇異值為$\sigma_1=\sqrt{12},\sigma_2=\sqrt{10}$。計算$\boldsymbol{A}\boldsymbol{A}^{\mathrm{T}}$與$\boldsymbol{A}^{\mathrm{T}}\boldsymbol{A}$的特徵向量並進行單位化，最後獲得奇異值分解結果為

$$\boldsymbol{U}^{\mathrm{T}}\boldsymbol{A}\boldsymbol{V}=\begin{pmatrix}\frac{1}{\sqrt{6}} & \frac{2}{\sqrt{6}} & \frac{1}{\sqrt{6}}\\ \frac{2}{\sqrt{5}} & -\frac{1}{\sqrt{5}} & 0\\ \frac{1}{\sqrt{30}} & \frac{2}{\sqrt{30}} & -\frac{5}{\sqrt{30}}\end{pmatrix}^{\mathrm{T}}\begin{pmatrix}-1 & 3\\ 3 & 1\\ 1 & 1\end{pmatrix}\begin{pmatrix}\frac{1}{\sqrt{2}} & \frac{1}{\sqrt{2}}\\ \frac{1}{\sqrt{2}} & -\frac{1}{\sqrt{2}}\end{pmatrix}=\begin{pmatrix}\sqrt{12} & 0\\ 0 & \sqrt{10}\\ 0 & 0\end{pmatrix}$$

如果$m\geqslant n$，根據式 (2.64) 有

$$\boldsymbol{A}^{\mathrm{T}}\boldsymbol{A}=(\boldsymbol{U\Sigma V}^{\mathrm{T}})^{\mathrm{T}}\boldsymbol{U\Sigma V}^{\mathrm{T}}=\boldsymbol{V\Sigma}^{\mathrm{T}}\boldsymbol{U}^{\mathrm{T}}\boldsymbol{U\Sigma V}^{\mathrm{T}}=\boldsymbol{V\Sigma}^{\mathrm{T}}\boldsymbol{\Sigma V}^{\mathrm{T}}$$

即

$$\boldsymbol{A}^{\mathrm{T}}\boldsymbol{A}=\boldsymbol{V\Sigma}^{\mathrm{T}}\boldsymbol{\Sigma V}^{\mathrm{T}} \tag{2.67}$$

在這裡

$$\boldsymbol{\Sigma}^{\mathrm{T}}\boldsymbol{\Sigma}=\begin{pmatrix}\boldsymbol{\Sigma}_n\\ 0_{(m-n)\times n}\end{pmatrix}^{\mathrm{T}}\begin{pmatrix}\boldsymbol{\Sigma}_n\\ 0_{(m-n)\times n}\end{pmatrix}=(\boldsymbol{\Sigma}_n\ \ 0_{n\times(m-n)})\begin{pmatrix}\boldsymbol{\Sigma}_n\\ 0_{(m-n)\times n}\end{pmatrix}=\boldsymbol{\Sigma}_n^2$$

是n階對角陣。式 (2.67) 就是$\boldsymbol{A}^{\mathrm{T}}\boldsymbol{A}$的特徵值分解。

類似地有

$$\boldsymbol{A}\boldsymbol{A}^{\mathrm{T}}=\boldsymbol{U\Sigma V}^{\mathrm{T}}(\boldsymbol{U\Sigma V}^{\mathrm{T}})^{\mathrm{T}}=\boldsymbol{U\Sigma V}^{\mathrm{T}}\boldsymbol{V\Sigma}^{\mathrm{T}}\boldsymbol{U}^{\mathrm{T}}=\boldsymbol{U\Sigma\Sigma}^{\mathrm{T}}\boldsymbol{U}^{\mathrm{T}}$$

即

$$\boldsymbol{A}\boldsymbol{A}^{\mathrm{T}}=\boldsymbol{U\Sigma\Sigma}^{\mathrm{T}}\boldsymbol{U}^{\mathrm{T}} \tag{2.68}$$

在這裡

$$\boldsymbol{\Sigma}\boldsymbol{\Sigma}^{\mathrm{T}} = \begin{pmatrix} \boldsymbol{\Sigma}_n \\ 0_{(m-n)\times n} \end{pmatrix} \begin{pmatrix} \boldsymbol{\Sigma}_n \\ 0_{(m-n)\times n} \end{pmatrix}^{\mathrm{T}} = \begin{pmatrix} \boldsymbol{\Sigma}_n \\ 0_{(m-n)\times n} \end{pmatrix} (\boldsymbol{\Sigma}_n \ \ 0_{n\times(m-n)})$$

$$= \begin{pmatrix} \boldsymbol{\Sigma}_n^2 & \boldsymbol{\Sigma}_n \times 0_{n\times(m-n)} \\ 0_{(m-n)\times n} \times \boldsymbol{\Sigma}_n & 0_{(m-n)\times n} \times 0_{n\times(m-n)} \end{pmatrix} = \begin{pmatrix} \boldsymbol{\Sigma}_n^2 & 0_{n\times(m-n)} \\ 0_{(m-n)\times n} & 0_{(m-n)\times(m-n)} \end{pmatrix}$$

是m階對角陣。式 (2.68) 就是$\boldsymbol{A}\boldsymbol{A}^{\mathrm{T}}$的特徵值分解。對於$m \leqslant n$有相同的結論。

如果$\boldsymbol{A}$是對稱矩陣，則$\boldsymbol{A}^{\mathrm{T}}\boldsymbol{A} = \boldsymbol{A}\boldsymbol{A}^{\mathrm{T}} = \boldsymbol{A}\boldsymbol{A}$，因此$\boldsymbol{A}^{\mathrm{T}}\boldsymbol{A}$和$\boldsymbol{A}\boldsymbol{A}^{\mathrm{T}}$的特徵值分解是相同的，這表示$\boldsymbol{U}$和$\boldsymbol{V}$可以相同。假設$\lambda$是$\boldsymbol{A}$的特徵值，根據特徵值的性質，$\lambda^2$是$\boldsymbol{A}^{\mathrm{T}}\boldsymbol{A}$與$\boldsymbol{A}\boldsymbol{A}^{\mathrm{T}}$的特徵值，因此$\boldsymbol{A}$的奇異值為其特徵值的絕對值

$$\sigma = \sqrt{\lambda^2} = |\lambda|$$

Python 中 linalg 的 svd 函數實現了奇異值分解。函數的輸入值為被分解矩陣$\boldsymbol{A}$，輸出為正交矩陣$\boldsymbol{U}$和$\boldsymbol{V}^{\mathrm{T}}$，以及非 0 奇異值$\sigma_i$。下面是範例程式。

```
from numpy import *
data = [[1, 2, 3], [4, 5, 6]]
u, sigma, vt=linalg.svd (data)
print (u)
print (sigma)
print (vt)
```

輸出結果如下。

```
[[-0.3863177 -0.92236578]
 [-0.92236578 0.3863177]]
 [9.508032 0.77286964]
[[-0.42866713 -0.56630692 -0.7039467]
 [0.80596391 0.11238241 -0.58119908]
 [0.40824829 -0.81649658 0.40824829]]
```

這裡的 u 是公式中的$\boldsymbol{U}$，vt 是公式中的$\boldsymbol{V}^{\mathrm{T}}$，sigma 是所有非 0 奇異值，它們組成以下$2 \times 3$的矩陣$\boldsymbol{\Sigma}$

$$\begin{pmatrix} 9.508032 & 0 & 0 \\ 0 & 0.7728694 & 0 \end{pmatrix}$$

可以驗證，這 3 個矩陣的乘積為原始矩陣。

下面解釋奇異值分解的幾何意義。根據式 (2.64)，向量$\boldsymbol{x}$左乘任意矩陣$\boldsymbol{A}$所實現的線性轉換可以分解為 3 次轉換

$$\boldsymbol{Ax} = \boldsymbol{U\Sigma V}^{\mathrm{T}}\boldsymbol{x}$$

首先是$\boldsymbol{x}$左乘正交矩陣$\boldsymbol{V}^{\mathrm{T}}$所代表的旋轉轉換，接下來是$\boldsymbol{V}^{\mathrm{T}}\boldsymbol{x}$左乘矩陣$\boldsymbol{\Sigma}$所代表的伸展轉換，最後是$\boldsymbol{\Sigma V}^{\mathrm{T}}\boldsymbol{x}$左乘正交矩陣$\boldsymbol{U}$所代表的旋轉轉換。

奇異值分解揭示了矩陣的本質特徵，對分析矩陣的性質有重要的價值。2.5.7 節介紹了矩陣的譜範數與其奇異值之間的關係，2.5.8 節介紹了矩陣的條件數與它的奇異值之間的關係。在對類神經網路權重矩陣的理論分析中，奇異值和奇異向量經常被使用。在影像壓縮與推薦系統中，奇異值分解也有應用。

《參考文獻》

[1] 史蒂文 J.利昂. 線性代數[M]. 北京：機械工業出版社，2015.

[2] Horn R，Johnson C. 矩陣分析[M]. 張明堯，張凡，譯. 北京：機械工業出版社，2014.

[3] 雷明. 機器學習——原理、演算法與應用[M]. 北京：清華大學出版社，2019.

Chapter

03

多元函數微積分

本章介紹多元函數微積分，是微積分的下篇。主體內容包含多元函數微分、多重積分，以及無窮級數 3 部分。在機器學習中，使用更多的是多元函數，多元函數微分學為尋找合適的函數以及對函數的性質進行理論上的分析提供了依據。多重積分被用於機率論中的多維機率分佈，包含計算邊緣機率、數學期望等積分值，在機器學習中廣泛使用。無窮級數在離散型機率分佈、隨機過程、強化學習中都有應用。強化學習中的累計獎勵函數是典型的級數。對多元微積分的系統學習可以閱讀本章尾端的參考文獻[1]和參考文獻[2]。

3.1 偏導數

機器學習中所處理的函數大多是多元函數，如類神經網路和支援向量機的預測函數。對它們性質的分析、模型的訓練，有關多元函數微分學的內容，典型的是尋找多元函數的極值。這依賴於基本的概念——偏導數。偏導數與梯度是導數的直接推廣，也是多元函數微分學中最核心的概念。偏導數的計算方法與一元函數的導數相同。將一元複合函數求導法則推廣到多元函數可以獲得著名的連鎖律，是推導反向傳播演算法的基礎。

3.1.1 一階偏導數

導數是一元函數的變化值與引數變化值的比值的極限，$x+\Delta x$可以由左側或右側趨向於x。多元函數因為有多個引數，每個引數x_i的值都可以發生變化，情況更複雜。$\boldsymbol{x}+\Delta\boldsymbol{x}$可以從無窮多個方向趨向於$\boldsymbol{x}$。以二元函數為例，點$(x+\Delta x, y+\Delta y)$可以從[0,2]區間內的任何一個角度趨向於點$(x,y)$。如果將引數變化的方向加以限定，問題會獲得簡化。其中一種簡化是引數只允許沿著座標軸的方向變化。這表示只改變一個引數的值，其他引數的值固定不動，由此獲得偏導數。

偏導數（Partial Derivatives）是多元函數對各個引數的導數，是一元函數導數最直接和簡單的推廣。對於多元函數$f(x_1,\cdots,x_n)$，它在$(x_1,\cdots,x_n)$點處對x_i的偏導數定義為以下的極限

$$\frac{\partial f}{\partial x_i}=\lim_{\Delta x_i\to 0}\frac{f(x_1,\cdots,x_i+\Delta x_i,\cdots,x_n)-f(x_1,\cdots,x_i,\cdots,x_n)}{\Delta x_i}$$

這與導數的定義相同。其中∂為偏導數符號，函數對x_i的偏導數也可以記為f_{x_i}'。按照定義，計算偏導數的方法是對要求導的變數求導，將其他變數當作常數。因此偏導數的計算可以轉化為一元函數的求導問題，1.2.1 節介紹的基本函數、各種運算的求導方法都適用。

對於下面的函數

$$f(x,y)=(x^2+xy-y^2)\mathrm{e}^{xy}$$

其對x的偏導數為

$$\begin{aligned}\frac{\partial f}{\partial x}&=\frac{\partial(x^2+xy-y^2)}{\partial x}\mathrm{e}^{xy}+(x^2+xy-y^2)\frac{\partial \mathrm{e}^{xy}}{\partial x}\\&=(2x+y)\mathrm{e}^{xy}+(x^2+xy-y^2)y\mathrm{e}^{xy}\end{aligned}$$

對y的偏導數為

$$\begin{aligned}\frac{\partial f}{\partial y}&=\frac{\partial(x^2+xy-y^2)}{\partial y}\mathrm{e}^{xy}+(x^2+xy-y^2)\frac{\partial \mathrm{e}^{xy}}{\partial y}\\&=(x-2y)\mathrm{e}^{xy}+(x^2+xy-y^2)x\mathrm{e}^{xy}\end{aligned}$$

在計算$\frac{\partial(x^2+xy-y^2)}{\partial x}$時，$y^2$相對於$x$是常數，因此偏導數為 0。

多元函數在$\boldsymbol{x} = (c_1, \cdots, c_n)$點處的偏導數的幾何意義是曲面$z = f(x_1, \cdots, x_n)$與和$x_i z$平行的平面

$$x_1 = c_1, \cdots, x_{i-1} = c_{i-1}, x_{i+1} = c_{i+1}, \cdots, x_n = c_n$$

的交線

$$z = f(c_1, \cdots, c_{i-1}, x_i, c_{i+1}, \cdots, c_n)$$

在$(c_1, \cdots, c_n)$點處切線的斜率。對於二元函數，如圖 3.1 所示。

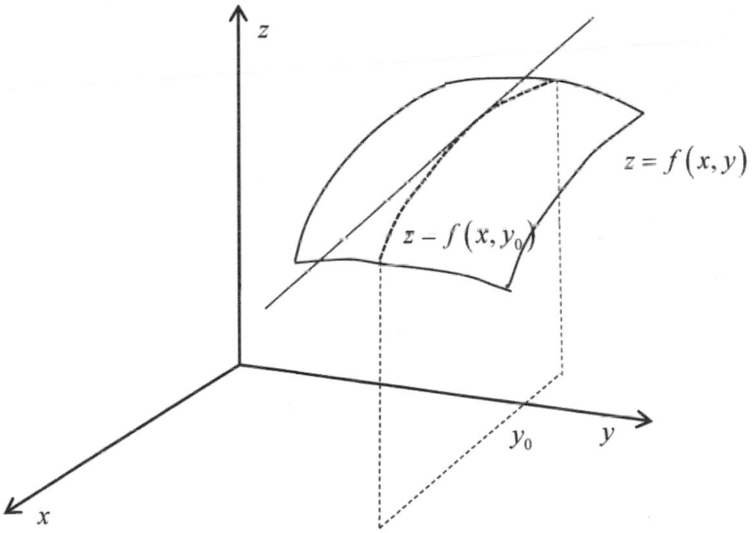

圖 3.1 偏導數的幾何意義

圖 3.1 中的曲面為函數$z = f(x, y)$，其與平面$y = y_0$的交線為$z = f(x, y_0)$。函數對x的偏導數$\frac{\partial z}{\partial x}$為交線在$(x, y_0)$點處在$x$方向切線的斜率。

3.1.2 高階偏導數

對偏導數繼續求偏導數可以獲得高階偏導數，比一元函數的高階導數複雜，每次求導時可以對多個變數進行求導，因此有多種組合。對於多元函

數$f(x_1,\cdots,x_n)$，下面的二階偏導數表示先對x_i求偏導數，然後將此一階偏導數 $\frac{\partial f}{\partial x_i}$ 對 x_j 繼續求偏導數。

$$\frac{\partial^2 f}{\partial x_i \partial x_j} = \frac{\partial}{\partial x_j}\left(\frac{\partial f}{\partial x_i}\right)$$

對於二元函數$f(x,y)$，下面的二階偏導數

$$\frac{\partial^2 f}{\partial x \partial y} = \frac{\partial}{\partial y}\left(\frac{\partial f}{\partial x}\right)$$

表示函數先對x求偏導數，然後對y求偏導數。此二階偏導數也可以簡記為

$$f_{xy}''$$

還會有另外 3 種組合，分別是

$$\frac{\partial^2 f}{\partial x \partial x}, \frac{\partial^2 f}{\partial y \partial x}, \frac{\partial^2 f}{\partial y \partial y}$$

其中$\frac{\partial^2 f}{\partial x \partial x}$可以記為$\frac{\partial^2 f}{\partial x^2}$，對於$\frac{\partial^2 f}{\partial y \partial y}$類似。如果每次求導的變數不同，稱為混合偏導數，對於二元函數有$\frac{\partial^2 f}{\partial x \partial y}$和$\frac{\partial^2 f}{\partial y \partial x}$兩種情況。高階偏導數的計算與高階導數相同，下面舉例説明。

對於函數

$$f(x,y) = x^2 + xy - y^2$$

它的一階偏導數為

$$\frac{\partial f}{\partial x} = 2x + y \frac{\partial f}{\partial y} = x - 2y$$

它的二階偏導數為

$$\frac{\partial^2 f}{\partial x \partial y} = \frac{\partial}{\partial y}(2x + y) = 1$$

另外兩個二階偏導數為

$$\frac{\partial^2 f}{\partial x^2} = \frac{\partial}{\partial x}(2x + y) = 2 \frac{\partial^2 f}{\partial y^2} = \frac{\partial}{\partial y}(x - 2y) = -2$$

如果二階混合偏導數連續，則與求導次序無關，即有

$$\frac{\partial^2 f}{\partial x \partial y} = \frac{\partial^2 f}{\partial y \partial x} \tag{3.1}$$

對於上面的函數，它的另外一個混合二階偏導數為

$$\frac{\partial^2 f}{\partial y \partial x} = \frac{\partial}{\partial x}(x - 2y) = 1$$

這也驗證了式 (3.1)。

對於一般的多元函數，如果混合二階偏導數都連續，則有

$$\frac{\partial^2 f}{\partial x_i \partial x_j} = \frac{\partial^2 f}{\partial x_j \partial x_i}$$

下面考慮更高階的偏導數。m階偏導數定義為

$$\frac{\partial^m f}{\partial x_{i_1} \partial x_{i_2} \cdots \partial x_{i_m}}$$

在這裡$i_1, \cdots, i_m$表示每次求導變數的索引。如果偏導數連續，混合偏導數與求導次序無關，則m階偏導數可以寫成

$$\frac{\partial^m f}{\partial x_1^{m_1} \partial x_2^{m_2} \cdots \partial x_n^{m_n}}$$

其中$m_1 + m_2 + \cdots + m_n = m$且$m_i \geqslant 0$。此偏導數表示對$x_i$求導$m_i$次。

多元函數的拉普拉斯運算元為所有引數的非混合二階偏導數之和

$$\Delta f = \sum_{i=1}^{n} \frac{\partial^2 f}{\partial x_i^2}$$

其中Δ為拉普拉斯運算元符號。對於上面的函數，其拉普拉斯運算元為

$$\Delta f = \frac{\partial^2 f}{\partial x^2} + \frac{\partial^2 f}{\partial y^2} = 2 - 2 = 0$$

對於三元函數$f(x, y, z)$，其拉普拉斯運算元為

$$\Delta f=\frac{\partial^2 f}{\partial x^2}+\frac{\partial^2 f}{\partial y^2}+\frac{\partial^2 f}{\partial z^2}$$

在影像處理中，拉普拉斯運算元可用於實現邊緣檢測。在物理學中，拉普拉斯運算元被大量使用。

偏導數的計算同樣由 Python 中 sympy 的 diff 函數實現。函數的傳入參數為被求導函數、被求導變數，以及導數的階數，傳回值為偏導數的運算式。下面是範例程式，計算e^{xy}對x的偏導數。

```
from sympy import *
x, y = symbols('x y')
expr = exp(x*y)
r = diff(expr, x)
print(r)
```

程式執行結果為：

```
y*exp(x*y)
```

3.1.3 全微分

全微分是微分對多元函數的推廣。首先考慮二元函數，函數$f(x,y)$在(x_0,y_0)的鄰域內有定義，如果存在兩個實數A、B，使得當$\sqrt{(\Delta x)^2+(\Delta y)^2}\to 0$時有下式成立

$$f(x_0+\Delta x,y_0+\Delta y)-f(x_0,y_0)=A\Delta x+B\Delta y+o(\sqrt{(\Delta x)^2+(\Delta y)^2})$$

其中A和B為不依賴於Δx和Δy的常數。即函數在該點處的增量可以表示成引數增量的線性組合與一個高階無限小項之和，則稱函數在點(x_0,y_0)處可微，並把

$$A\Delta x+B\Delta y$$

稱為它在點(x_0,y_0)處的全微分。通常把Δx記為$\mathrm{d}x$，把Δy記為$\mathrm{d}y$，全微分也可以記為

$$A\mathrm{d}x+B\mathrm{d}y$$

如果函數在點(x_0, y_0)處偏導數$\frac{\partial f}{\partial x}, \frac{\partial f}{\partial y}$存在且連續，則函數在該點處可微。且其全微分為

$$\frac{\partial f}{\partial x}(x_0, y_0)\mathrm{d}x + \frac{\partial f}{\partial y}(x_0, y_0)\mathrm{d}y$$

推廣到多元函數$f(x_1, \cdots, x_n)$，其在點$(x_1, \cdots, x_n)$處的全微分為

$$\frac{\partial f}{\partial x_1}\mathrm{d}x_1 + \cdots + \frac{\partial f}{\partial x_n}\mathrm{d}x_n$$

3.1.4 連鎖律

下面介紹多元複合函數求導的連鎖律（Chain Rule），是一元函數求導連鎖律的推廣。有多元複合函數

$$h = f(x, y, z)$$

其中z、y、z分別為u、v的函數，即

$$x = g_1(u, v), \quad y = g_2(u, v), \quad z = g_3(u, v)$$

則函數h對u、v的偏導數分別為

$$\frac{\partial h}{\partial u} = \frac{\partial h}{\partial x}\frac{\partial x}{\partial u} + \frac{\partial h}{\partial y}\frac{\partial y}{\partial u} + \frac{\partial h}{\partial z}\frac{\partial z}{\partial u}\frac{\partial h}{\partial v} = \frac{\partial h}{\partial x}\frac{\partial x}{\partial v} + \frac{\partial h}{\partial y}\frac{\partial y}{\partial v} + \frac{\partial h}{\partial z}\frac{\partial z}{\partial v} \tag{3.2}$$

下面根據連鎖律計算複合函數的偏導數。對於函數

$$h = x^2 + xy - 4z^2 + 3zx = \sin(u) + \ln vy = u^3 - v^2 + 4uvz$$
$$= -u^2 + v^2 - 4uv$$

根據式 (3.2) 有

$$\frac{\partial h}{\partial u} = \frac{\partial h}{\partial x}\frac{\partial x}{\partial u} + \frac{\partial h}{\partial y}\frac{\partial y}{\partial u} + \frac{\partial h}{\partial z}\frac{\partial z}{\partial u}$$
$$= (2x + y)\cos u + x(3u^2 + 4v) + (-8z + 3)(-2u - 4v)$$

同理，有

$$\frac{\partial h}{\partial v}=\frac{\partial h}{\partial x}\frac{\partial x}{\partial v}+\frac{\partial h}{\partial y}\frac{\partial y}{\partial v}+\frac{\partial h}{\partial z}\frac{\partial z}{\partial v}$$
$$=(2x+y)\frac{1}{v}+x(-2v+4u)+(-8z+3)(2v-4u)$$

考慮更一般的情況，對於下面的複合函數

$$h=f(x_1,x_2,\cdots,x_n)x_i=g_i(u_1,u_2,\cdots,u_m)$$

根據連鎖律，有

$$\frac{\partial h}{\partial u_j}=\sum_{i=1}^{n}\frac{\partial h}{\partial x_i}\frac{\partial x_i}{\partial u_j} \tag{3.3}$$

即對某一變數的偏導數與所有依賴於該變數的其他變數都有關。連鎖律也可以推廣到更深層的複合函數，展開之後為樹結構。

對於多元函數，同樣具有微分形式不變性。對於多元函數 $z=f(x_1,\cdots,x_n)$，其全微分為

$$\mathrm{dz}=\sum_{i=1}^{n}\frac{\partial f}{\partial x_i}\mathrm{d}x_i$$

如果x_i是$u_1,\cdots,u_m$的函數

$$x_i=g_i(u_1,\cdots,u_m)$$

這些函數的全微分為

$$\mathrm{d}x_i=\sum_{j=1}^{m}\frac{\partial x_i}{\partial u_j}\mathrm{d}u_j$$

根據連鎖律，有

$$\frac{\partial f}{\partial u_j}=\sum_{i=1}^{n}\frac{\partial f}{\partial x_i}\frac{\partial x_i}{\partial u_j}$$

因此有

$$\mathrm{d}z = \sum_{j=1}^{m} \frac{\partial f}{\partial u_j}\mathrm{d}u_j = \sum_{j=1}^{m}\left(\sum_{i=1}^{n}\frac{\partial f}{\partial x_i}\frac{\partial x_i}{\partial u_j}\right)\mathrm{d}u_j = \sum_{i=1}^{n}\sum_{j=1}^{m}\frac{\partial f}{\partial x_i}\frac{\partial x_i}{\partial u_j}\mathrm{d}u_j$$

$$= \sum_{i=1}^{n}\frac{\partial f}{\partial x_i}\left(\sum_{j=1}^{m}\frac{\partial x_i}{\partial u_j}\mathrm{d}u_j\right)$$

$$= \sum_{i=1}^{n}\frac{\partial f}{\partial x_i}\mathrm{d}x_i$$

這表示無論x_i是引數還是其他引數的函數，全微分的形式是不變的。

下面介紹全導數的概念。對於以下的複合函數

$$z = f(x,y)x = g_1(t)y = g_2(t)$$

它對t的全導數為

$$\frac{\mathrm{d}z}{\mathrm{d}t} = \frac{\partial z}{\partial x}\frac{\mathrm{d}x}{\mathrm{d}t} + \frac{\partial z}{\partial y}\frac{\mathrm{d}y}{\mathrm{d}t} \tag{3.4}$$

全導數即一元函數的導數，透過多元複合函數求導獲得。

連鎖律在機器學習和深度學習中具有廣泛的應用，在使用梯度下降法、牛頓法或擬牛頓法求解目標函數的極值時，通常需要使用它來計算目標函數對最佳化變數的梯度值。典型的代表是反向傳播演算法以及自動微分演算法，在 3.5.2 節和 8.1.2 節介紹。

3.2 梯度與方向導數

一階偏導數對一個變數求導，它只反映多元函數與一個引數之間的關係。梯度則包含了函數對所有引數的偏導數，綜合了對所有引數的關係，它刻畫了函數的許多重要性質。方向導數可看作偏導數的一般化，它可以實現任意方向的求導。

3.2.1 梯度

梯度（Gradient）是導數對多元函數的推廣，它是多元函數對各個引數偏導數形成的向量，其作用相當於一元函數的導數。函數$f(x_1,\cdots,x_n)$的梯度是對所有引數的偏導數形成的向量

$$\nabla f(\mathbf{x}) = \begin{pmatrix} \frac{\partial f}{\partial x_1} & \cdots & \frac{\partial f}{\partial x_n} \end{pmatrix}^{\mathrm{T}}$$

其中∇稱為梯度運算元，它作用於多元函數獲得一個向量。

對於函數

$$f(x,y) = x^2 + xy - y^2$$

它的偏導數為

$$\frac{\partial f}{\partial x} = 2x + y, \qquad \frac{\partial f}{\partial y} = x - 2y$$

其梯度為

$$\nabla(x^2 + xy - y^2) = (2x + y \;\; x - 2y)^{\mathrm{T}}$$

在點(1,2)處，梯度的值為

$$(4 \;\; -3)^{\mathrm{T}}$$

與一元函數的導數類似，梯度決定了多元函數的單調性與極值。對於函數$f(\boldsymbol{x})$，在$\boldsymbol{x}_0$點處可以沿著$\mathbb{R}^n$空間內的任意方向變動。假設$\boldsymbol{x}$的增量為$\Delta\boldsymbol{x}$，有下面幾種情況。

情況一：如果$\nabla f(\boldsymbol{x}_0)$與$\Delta\boldsymbol{x}$的夾角不超過$\frac{\pi}{2}$，則在$\Delta\boldsymbol{x}$方向函數值單調遞增，即$f(\boldsymbol{x}_0 + \Delta\boldsymbol{x}) \geqslant f(\boldsymbol{x}_0)$。特別地，當二者的夾角為 0 度，即$\Delta\boldsymbol{x}$沿著梯度方向時函數單調遞增。

情況二：如果$\nabla f(\boldsymbol{x}_0)$與$\Delta\boldsymbol{x}$的夾角超過$\frac{\pi}{2}$，則在$\Delta\boldsymbol{x}$方向函數值單調遞減，即$f(\boldsymbol{x}_0 + \Delta\boldsymbol{x}) \leqslant f(\boldsymbol{x}_0)$。特別地，當二者的夾角為$\pi$，即$\Delta\boldsymbol{x}$沿著梯度反方向時函數單調遞減。

可導函數在極值點處的梯度為 0，這是費馬引理對多元函數的推廣。同樣地，梯度為 0 的點稱為多元函數的駐點。

在 4.2.1 節將用泰勒公式證明上述結論，並用於著名的梯度下降法。

3.2.2 方向導數

偏導數沿著座標軸方向求導，方向導數（Directional Derivative）打破此限制，可以沿著任意的方向求導。方向導數是引數沿著某一方向變化時的導數。對於多元函數$f(\boldsymbol{x})$，其在點$\boldsymbol{x}$處沿著方向$\boldsymbol{v}$的方向導數定義為下面的極限

$$\frac{\mathrm{d}f_{\boldsymbol{v}}}{\mathrm{d}t}=\lim_{t\to 0}\frac{f(\boldsymbol{x}+t\boldsymbol{v})-f(\boldsymbol{x})}{t}$$

這是沿著$\boldsymbol{v}$方向趨向於$\boldsymbol{x}$時，函數值的改變量與此方向的步進值t的比值的極限。如果函數在點$\boldsymbol{x}$處的偏導數存在，則其方向導數可以根據梯度計算，計算公式為

$$\frac{\mathrm{d}f_{\boldsymbol{v}}}{\mathrm{d}t}=\boldsymbol{v}\cdot\nabla f$$

其中 "·" 為向量的內積運算。如果$\boldsymbol{v}$指向各個引數的座標軸方向，方向導數就是偏導數。

下面考慮二元函數的方向導數。對於函數$f(x,y)$，如果$\boldsymbol{v}=(\cos\theta,\sin\theta)$，沿著直線

$$x'=x+t\cos\theta$$

$$y'=y+t\sin\theta$$

趨向於(x,y)，方向導數為

$$\lim_{t\to 0}\frac{f(x+t\cos\theta,y+t\sin\theta)-f(x,y)}{t}=\frac{\partial f}{\partial x}\frac{\partial x}{\partial t}+\frac{\partial f}{\partial y}\frac{\partial y}{\partial t}=\cos\theta\frac{\partial f}{\partial x}+\sin\theta\frac{\partial f}{\partial y}$$

3.2.3 應用——邊緣檢測與 HOG 特徵

邊緣檢測是影像處理中的一種重要技術，其目標是找出影像中所有邊緣點，即變化劇烈的地方。導數反映了函數在某一點處的變化速度，因此導數絕對值較大的點可能是邊緣點。將灰階影像看作函數$f(x,y)$，函數值為在(x,y)位置處的像素值。計算影像在x（水平）和y（垂直）方向的偏導數的絕對值，該值超過指定設定值的位置，被認為是邊緣點。

數位影像是離散的，因此(x,y)只能取整數值，表示像素的列、行索引。影像座標系的原點位於影像的左上角。對應地，偏導數由差分近似代替。以索貝爾（Sobel）邊緣檢測運算元為例，x方向的偏導數由下面的中心差分公式近似計算

$$\frac{\partial f}{\partial x} \approx f(x+1,y-1) - f(x-1,y-1) + 2f(x+1,y) - 2f(x-1,y) + f(x+1,y+1) - f(x-1,y+1)$$

中心差分公式的原理在 1.2.1 節已經介紹。為了抵抗雜訊的干擾，這裡用$y-1,y,y+1$這 3 個行的中心差分值進行綜合。中間一行的權重為 2，第 1 行和第 3 行的權重為 1。上面的偏導數計算公式對應於用以下的卷積核心矩陣對影像進行卷積

$$\begin{pmatrix} -1 & 0 & +1 \\ -2 & 0 & +2 \\ -1 & 0 & +1 \end{pmatrix}$$

卷積核心矩陣的每一行對應水平方向的中心差分。同理，在y方向的偏導數的計算公式為

$$\frac{\partial f}{\partial y} \approx f(x-1,y+1) - f(x-1,y-1) + 2f(x,y+1) - 2f(x,y-1) + f(x+1,y+1) - f(x+1,y-1)$$

其對應的卷積核心矩陣為

$$\begin{pmatrix} -1 & -2 & -1 \\ 0 & 0 & 0 \\ +1 & +2 & +1 \end{pmatrix}$$

圖 3.2 是數位影像處理與電腦視覺中被廣泛用作測試影像的 Lena 影像。圖 3.3 是用索貝爾運算元對 Lena 影像進行水平方向邊緣檢測的結果。

圖 3.2 Lena 影像

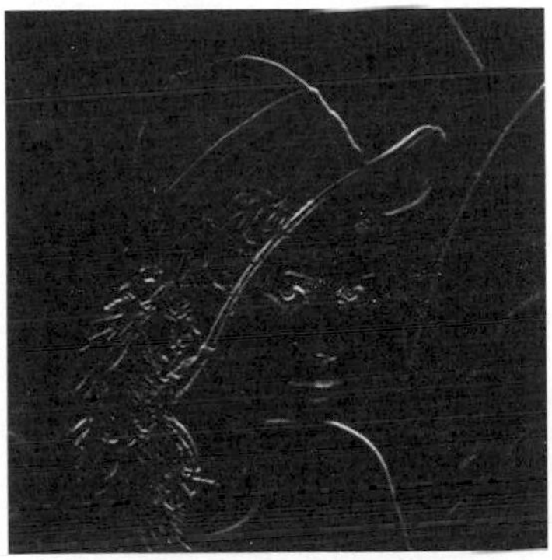

圖 3.3 索貝爾運算元對 Lena 影像水平方向邊緣檢測的結果

如果要綜合考慮水平和垂直方向的邊緣強度，則可以使用梯度的模，其計算公式為

$$\sqrt{\left(\frac{\partial f}{\partial x}\right)^2+\left(\frac{\partial f}{\partial y}\right)^2}$$

梯度模的值很大的位置被認為是邊緣像素。

邊緣特徵是影像的重要特徵，在影像分類、影像檢索中具有重要的價值。HOG（Histogram of Oriented Gradient，梯度方向直方圖）特徵是一種重要的影像特徵，統計圖像在所有點處的梯度朝向，形成梯度方向頻率分佈的直方圖。這種特徵可以有效地描述物體的輪廓形狀，被用於行人檢測等工作。

HOG 特徵計算影像在每一點處的梯度$\left(\frac{\partial f}{\partial x}\ \frac{\partial f}{\partial y}\right)$，然後計算梯度的模與方向，它們的計算公式分別為

$$M=\sqrt{\left(\frac{\partial f}{\partial x}\right)^2+\left(\frac{\partial f}{\partial y}\right)^2}\quad \alpha=\arctan\left(\frac{\partial f}{\partial y}\Big/\frac{\partial f}{\partial x}\right)$$

將梯度的朝向進行離散化，把[0,2]等距為n個區間，如果(x,y)位置處的梯度方向α落在第$i, i=1,\cdots,n$個區間內，則把梯度的模M累加到該區間。最後形成尺寸為n的直方圖。實作方式時還對影像進行了分段處理。

3.3 漢森矩陣

費馬引理列出了多元函數極值的必要條件，極值的充分條件由漢森矩陣的正定性決定。本節介紹漢森矩陣的定義與性質，以及它與多元函數極值、凹凸性的關係。

3.3.1 漢森矩陣的定義與性質

漢森矩陣是由多元函數的二階偏導數組成的矩陣。假設函數$f(x_1,\cdots,x_n)$二階可導，漢森矩陣由所有二階偏導數組成，定義為

$$\begin{pmatrix} \frac{\partial^2 f}{\partial x_1^2} & \frac{\partial^2 f}{\partial x_1 \partial x_2} & \cdots & \frac{\partial^2 f}{\partial x_1 \partial x_n} \\ \frac{\partial^2 f}{\partial x_2 \partial x_1} & \frac{\partial^2 f}{\partial x_2^2} & \cdots & \frac{\partial^2 f}{\partial x_2 \partial x_n} \\ \vdots & \vdots & & \vdots \\ \frac{\partial^2 f}{\partial x_n \partial x_1} & \frac{\partial^2 f}{\partial x_n \partial x_2} & \cdots & \frac{\partial^2 f}{\partial x_n^2} \end{pmatrix}$$

這是一個n階矩陣。一般情況下，多元函數的混合二階偏導數與求導次序無關

$$\frac{\partial^2 f}{\partial x_i \partial x_j} = \frac{\partial^2 f}{\partial x_j \partial x_i}$$

因此漢森矩陣是一個對稱矩陣，它可以看作二階導數對多元函數的推廣。漢森矩陣簡寫為$\nabla^2 f(\boldsymbol{x})$，事實上，它是由對梯度向量的每個分量再次求梯度獲得的，第二次求梯度時形成的是行向量。

$$\nabla^2 f(\boldsymbol{x}) = \nabla(\nabla f(\boldsymbol{x})) = \begin{pmatrix} \nabla\left(\frac{\partial f}{\partial x_1}\right) \\ \vdots \\ \nabla\left(\frac{\partial f}{\partial x_n}\right) \end{pmatrix} = \begin{pmatrix} \frac{\partial}{\partial x_1}\left(\frac{\partial f}{\partial x_1}\right) & \cdots & \frac{\partial}{\partial x_n}\left(\frac{\partial f}{\partial x_1}\right) \\ \vdots & & \vdots \\ \frac{\partial}{\partial x_1}\left(\frac{\partial f}{\partial x_n}\right) & \cdots & \frac{\partial}{\partial x_n}\left(\frac{\partial f}{\partial x_n}\right) \end{pmatrix}$$

對於以下多元函數

$$f(x,y,z) = 2x^2 - xy + y^2 - 3z^2$$

它的漢森矩陣為

$$\begin{pmatrix} \frac{\partial^2 f}{\partial x^2} & \frac{\partial^2 f}{\partial x \partial y} & \frac{\partial^2 f}{\partial x \partial z} \\ \frac{\partial^2 f}{\partial y \partial x} & \frac{\partial^2 f}{\partial y^2} & \frac{\partial^2 f}{\partial y \partial z} \\ \frac{\partial^2 f}{\partial z \partial x} & \frac{\partial^2 f}{\partial z \partial y} & \frac{\partial^2 f}{\partial z^2} \end{pmatrix} = \begin{pmatrix} 4 & -1 & 0 \\ -1 & 2 & 0 \\ 0 & 0 & -6 \end{pmatrix}$$

3.3.2 凹凸性

1.2.7 節定義了一元函數的凹凸性，下面推廣到多元函數。對於函數$f(\boldsymbol{x})$，如果對於其定義域內的任意兩點$\boldsymbol{x}$和$\boldsymbol{y}$，以及任意的實數$0 \leqslant \theta \leqslant 1$，都有

$$f(\theta\boldsymbol{x} + (1-\theta)\boldsymbol{y}) \leqslant \theta f(\boldsymbol{x}) + (1-\theta) f(\boldsymbol{y}) \tag{3.5}$$

則函數$f(\boldsymbol{x})$為凸函數，與一元凸函數定義一致。

如果式 (3.5) 的不等式嚴格成立

$$f(\theta\boldsymbol{x} + (1-\theta)\boldsymbol{y}) < \theta f(\boldsymbol{x}) + (1-\theta) f(\boldsymbol{y})$$

則函數$f(\boldsymbol{x})$為嚴格凸函數。如果有

$$f(\theta\boldsymbol{x} + (1-\theta)\boldsymbol{y}) \geqslant \theta f(\boldsymbol{x}) + (1-\theta) f(\boldsymbol{y})$$

則函數$f(\boldsymbol{x})$為凹函數。類似地可以定義嚴格凹函數。

從影像上來看，如果一個二元函數是凸函數，那麼它的曲面是向下凸的。

用直線連接函數上的任何兩點$\boldsymbol{a}$和$\boldsymbol{b}$，線段$\boldsymbol{ab}$上的點都在函數曲面的上方。凹函數則相反，它向上凸。

根據凸函數的定義可以證明$f(x,y)=x^2+y^2$是凸函數，其影像如圖 3.4 所示。對於 $\forall(x_1,y_1),(x_2,y_2)$ 以及 $0\leq\theta\leq 1$，有

$f(\theta x_1+(1-\theta)x_2,\theta y_1+(1-\theta)y_2)=(\theta x_1+(1-\theta)x_2)^2+(\theta y_1+(1-\theta)y_2)^2$

$\theta f(x_1,y_1)+(1-\theta)f(x_2,y_2)=\theta x_1^2+(1-\theta)x_2^2+\theta y_1^2+(1-\theta)y_2^2$

根據 1.2.7 節證明x^2是凸函數時的結論，有

$$\theta x_1^2+(1-\theta)x_2^2-(\theta x_1+(1-\theta)x_2)^2\geq 0$$

$$\theta y_1^2+(1-\theta)y_2^2-(\theta y_1+(1-\theta)y_2)^2\geq 0$$

因此有

$$f(\theta x_1+(1-\theta)x_2,\theta y_1+(1-\theta)y_2)\leq\theta f(x_1,y_1)+(1-\theta)f(x_2,y_2)$$

同樣可以證明$f(x,y)=-x^2-y^2$是凹函數，其影像如圖 3.5 所示。

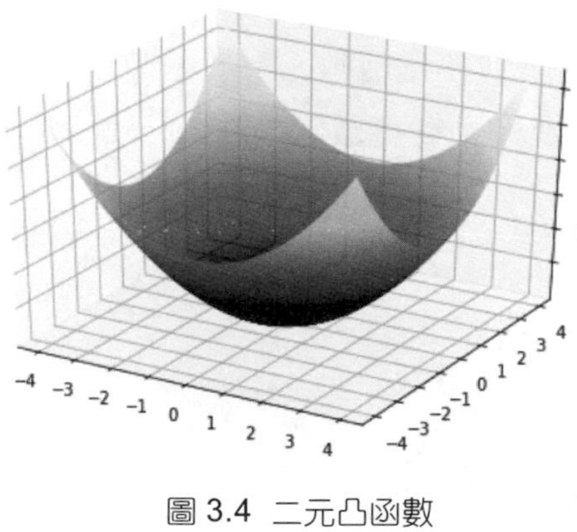

圖 3.4 二元凸函數

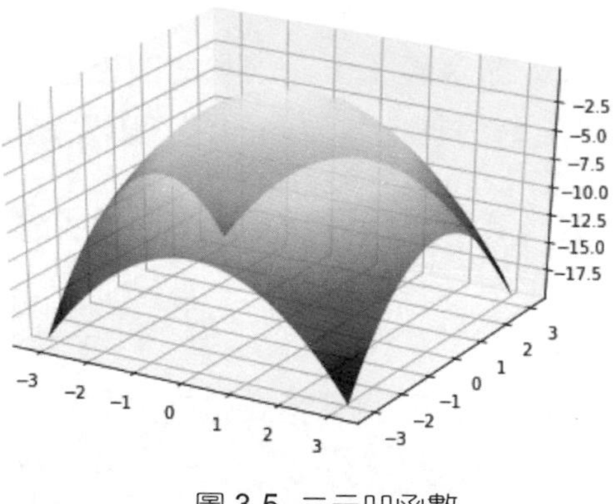

圖 3.5 二元凹函數

二階可導的一元函數是凸函數的充分必要條件是其二階導數大於或等於 0

$$f''(x)\geqslant 0$$

對於多元函數，則根據漢森矩陣判斷。假設$f(\boldsymbol{x})$二階可導。如果函數的漢森矩陣半正定，則函數是凸函數；如果漢森矩陣正定，則函數為嚴格凸函

數。反之，如果漢森矩陣半負定，則函數為凹函數；如果漢森矩陣負定，則函數是嚴格凹函數。漢森矩陣的半正定性等於二階導數的非負性，正定性則等於二階導數為正。下面舉例說明。

對於圖 3.4 的實例，其漢森矩陣為

$$\begin{pmatrix} \frac{\partial^2 f}{\partial x^2} & \frac{\partial^2 f}{\partial x \partial y} \\ \frac{\partial^2 f}{\partial y \partial x} & \frac{\partial^2 f}{\partial y^2} \end{pmatrix} = \begin{pmatrix} 2 & 0 \\ 0 & 2 \end{pmatrix}$$

特徵值全為正，矩陣嚴格正定，因此是嚴格凸函數。

對於圖 3.5 的實例，漢森矩陣為

$$\begin{pmatrix} -2 & 0 \\ 0 & -2 \end{pmatrix}$$

特徵值全為負，矩陣嚴格負定，因此函數為嚴格凹函數。

對於函數

$$f(x,y) = (x + x^2 + y^3)\mathrm{e}^{-x^2-y^2}$$

可以驗證其漢森矩陣不滿足半正定和半負定的條件，既不是凸函數也不是凹函數，其形狀如圖 3.6 所示。在某些區域，漢森矩陣正定；在某些區域，漢森矩陣負定。

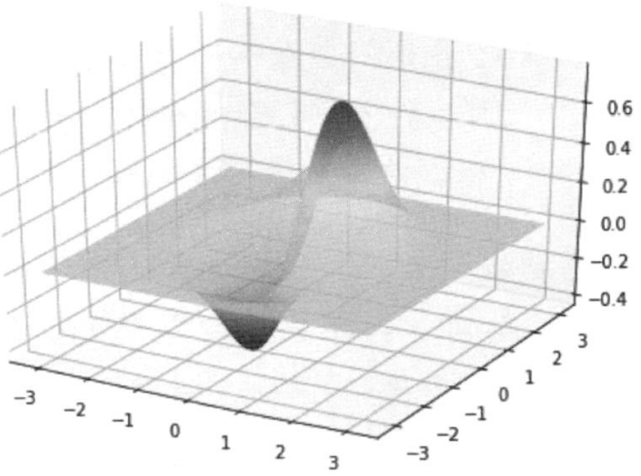

圖 3.6 二元非凸函數

如果$f_i(\boldsymbol{x}), i = 1,\cdots,m$都是凸函數，且$w_i \geqslant 0$，則它們的非負線性組合

$$\sum_{i=1}^{m} w_i f_i(\boldsymbol{x})$$

也是凸函數。這可以直接根據凸函數的定義證明，留作練習由讀者完成。

多元凸函數在最佳化理論中具有重要的作用，凸最佳化問題要求其目標函數是凸函數，這類最佳化問題具有優良的性質，在 4.5 節介紹。

3.3.3 極值判別法則

一元可導函數極值的必要條件由一階導數列出，充分條件由二階導數列出。多元函數取得極值的必要條件已經在 3.2.1 節介紹，是費馬引理對多元函數的推廣，它要求極值點處的梯度為 0。多元函數極值的充分條件同樣由二階導數決定，在這裡為漢森矩陣。假設$\boldsymbol{x}_0$是函數$f(\boldsymbol{x})$的駐點，在該點處漢森矩陣的正定性有以下幾種情況。

情況一：漢森矩陣正定，函數在該點有嚴格極小值。
情況二：漢森矩陣負定，函數在該點有嚴格極大值。
情況三：漢森矩陣不定，則該點不是極值點，稱為鞍點。

在這裡，漢森矩陣正定類似於一元函數的二階導數大於 0，負定則類似於一元函數的二階導數小於 0。二者在形式上是統一的。下面舉例說明。

對於圖 3.4 所示的函數，其在(0,0)點處的梯度為 0，且在該點處漢森矩陣正定，因此是極小值點。對於圖 3.5 所示的函數，其在(0,0)點處的梯度為 0，且在該點處漢森矩陣負定，因此是極大值點。

計算多元函數極值的方法是首先求其梯度，解方程式獲得所有駐點。然後計算在所有駐點處的漢森矩陣，判斷這些駐點是否為極值點，以及是極大值還是極小值。下面來看一個完整的實例。計算以下函數的極值

$$f(x,y) = x^3 - y^3 + 3x^2 + 3y^2 - 9x$$

首先計算所有偏導數，並令其為 0，獲得下面的方程組

$$\frac{\partial f}{\partial x} = 3x^2 + 6x - 9 = 0$$

$$\frac{\partial f}{\partial y} = -3y^2 + 6y = 0$$

解得其駐點為(1,0)，(1,2)，(−3,0)，(−3,2)。其漢森矩陣為

$$\begin{pmatrix} 6x+6 & 0 \\ 0 & -6y+6 \end{pmatrix}$$

在(1,0)點處的漢森矩陣為

$$\begin{pmatrix} 12 & 0 \\ 0 & 6 \end{pmatrix}$$

該矩陣正定，因此是極小值點。在(1,2)點處的漢森矩陣為

$$\begin{pmatrix} 12 & 0 \\ 0 & -6 \end{pmatrix}$$

該矩陣不定，因此不是極值點。在(−3,0)點處的漢森矩陣為

$$\begin{pmatrix} -12 & 0 \\ 0 & 6 \end{pmatrix}$$

該矩陣不定，因此不是極值點。在(−3,2)點處的漢森矩陣為

$$\begin{pmatrix} -12 & 0 \\ 0 & -6 \end{pmatrix}$$

該矩陣負定，因此是極大值點。

檢查函數

$$f(x,y) = -x^2 + y^2$$

(0,0)為其鞍點。此函數的形狀如圖 3.7 所示。鞍點的形狀類似於馬鞍面，因此而得名。

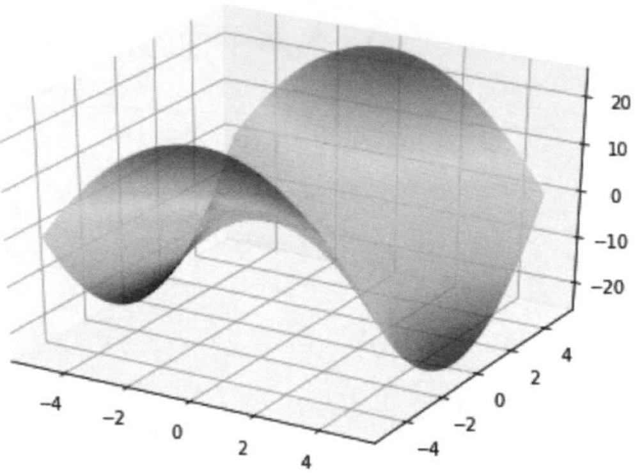

圖 3.7 二元函數的鞍點

該函數的漢森矩陣為

$$\begin{pmatrix} \frac{\partial^2 f}{\partial x^2} & \frac{\partial^2 f}{\partial x \partial y} \\ \frac{\partial^2 f}{\partial y \partial x} & \frac{\partial^2 f}{\partial y^2} \end{pmatrix} = \begin{pmatrix} -2 & 0 \\ 0 & 2 \end{pmatrix}$$

顯然在(0,0)點處該矩陣不定，矩陣的特徵值為$\lambda_1 = -2, \lambda_2 = 2$，有正也有負。在該點處，函數在$x$方向取極大值，在$y$方向取極小值。

對於二元函數$f(x, y)$，如果(x, y)是其駐點，在該點處的漢森矩陣為

$$\begin{pmatrix} \frac{\partial^2 f}{\partial x^2} & \frac{\partial^2 f}{\partial x \partial y} \\ \frac{\partial^2 f}{\partial y \partial x} & \frac{\partial^2 f}{\partial y^2} \end{pmatrix} = \begin{pmatrix} A & B \\ B & C \end{pmatrix}$$

如果在該點處漢森矩陣正定，根據 2.6.2 節正定矩陣的判斷規則，其所有順序主子式均大於 0，因此有

$$|A| = A > 0$$

以及

$$\begin{vmatrix} A & B \\ B & C \end{vmatrix} = AC - B^2 > 0$$

此時該點為極小值點。如果在該點處漢森矩陣負定，其所有奇數階順序主子式均小於 0，偶數階順序主子式均大於 0，因此有

$$|A| = A < 0$$

以及

$$\begin{vmatrix} A & B \\ B & C \end{vmatrix} = AC - B^2 > 0$$

此時該點為極大值點。

綜合這兩種情況，可以獲得下面的二元函數極值判斷規則。

（1）如果$AC - B^2 > 0$，則該點是極值點，如果$A > 0$，則為極小值點，如果$A < 0$，則為極大值點。

（2）如果$AC - B^2 < 0$，則表示漢森矩陣不定，不是極值點。

根據極值判別法則，如果一個函數是嚴格凸函數，則其駐點一定是局部極小值點，因為該點處的漢森矩陣正定。如果一個函數是嚴格凹函數，則其駐點一定是局部極大值點。凸函數的漢森矩陣半正定，因此不存在鞍點。

3.3.4 應用——最小平方法

下面介紹求解線性回歸問題的最小平方法（Lease Square Method）。對於 2.1.7 節的線性回歸預測函數，對權重向量和特徵向量進行增廣，即對$\boldsymbol{w}$和b進行合併以簡化表達，特徵向量做對應的擴充，擴充後的向量為

$$[\boldsymbol{w}, b] \rightarrow \boldsymbol{w}$$

$$\rightarrow \boldsymbol{x}$$

使用均方誤差，訓練時的目標函數為

$$L(\boldsymbol{w}) = \frac{1}{2l}\sum_{i=1}^{l} (\boldsymbol{w}^{\mathrm{T}}\boldsymbol{x}_i - y_i)^2 \tag{3.6}$$

目標函數的一階偏導數為

$$\frac{\partial L}{\partial w_i} = \frac{1}{l}\sum_{k=1}^{l} (\boldsymbol{w}^{\mathrm{T}}\boldsymbol{x}_k - y_k)x_{ki}$$

目標函數的二階偏導數為

$$\frac{\partial^2 L}{\partial w_i \partial w_j} = \frac{1}{l}\sum_{k=1}^{l} x_{ki}x_{kj}$$

其中x_{ki}為第k個樣本的特徵向量的第i個分量。目標函數的漢森矩陣為

$$\frac{1}{l}\begin{pmatrix} \sum_{k=1}^{l} x_{k1}x_{k1} & \cdots & \sum_{k=1}^{l} x_{k1}x_{kn} \\ \vdots & & \vdots \\ \sum_{k=1}^{l} x_{kn}x_{k1} & \cdots & \sum_{k=1}^{l} x_{kn}x_{kn} \end{pmatrix}$$

簡寫成矩陣形式為

$$\frac{1}{l}(\mathbf{x}_1 \quad \cdots \quad \boldsymbol{x}_l)\begin{pmatrix} \mathbf{x}_1^{\mathrm{T}} \\ \vdots \\ \mathbf{x}_l^{\mathrm{T}} \end{pmatrix} = \frac{1}{l}\mathbf{X}^{\mathrm{T}}\mathbf{X}$$

其中$\boldsymbol{X}$是所有樣本的特徵向量按照行組成的矩陣。對於任意非 0 向量$\boldsymbol{x}$，有

$$\boldsymbol{x}^{\mathrm{T}}\boldsymbol{X}^{\mathrm{T}}\boldsymbol{X}\boldsymbol{x} = (\boldsymbol{X}\boldsymbol{x})^{\mathrm{T}}(\boldsymbol{X}\boldsymbol{x}) \geqslant 0$$

漢森矩陣是半正定矩陣，式 (3.6) 的目標函數是凸函數，存在極小值。可以直接尋找梯度為 0 的點來解此問題，即經典的最小平方法。對w_j求導並且令導數為 0，可以獲得下面的線性方程組

$$\sum_{i=1}^{l}\left(\sum_{k=1}^{n} w_k x_{ik} - y_i\right)x_{ij} = 0$$

變形之後可以獲得

$$\sum_{i=1}^{l}\sum_{k=1}^{n} x_{ik}x_{ij}w_k = \sum_{i=1}^{l} y_i x_{ij}$$

寫成矩陣形式為下面的線性方程組

$$(\boldsymbol{X}^{\mathrm{T}}\boldsymbol{X})\boldsymbol{w} = \boldsymbol{X}^{\mathrm{T}}\boldsymbol{y}$$

矩陣$\boldsymbol{X}$的定義和前面相同。

如果係數矩陣可逆，上面這個線性方程組的解為

$$\boldsymbol{w} = (\boldsymbol{X}^{\mathrm{T}}\boldsymbol{X})^{-1}\boldsymbol{X}^{\mathrm{T}}\boldsymbol{y}$$

借助於向量和矩陣求導公式，在 3.5.1 節將列出此問題更簡潔的推導。

3.4 雅可比矩陣

雅可比矩陣（Jacobian Matrix）是向量函數的所有偏導數組成的矩陣。它可以簡化連鎖律的表達，在多元函數的代換法（如重積分的轉換）中有應用。

3.4.1 雅可比矩陣的定義和性質

雅可比矩陣是由多個多元函數的梯度組成的矩陣。檢查以下向量到向量的對映

$$\boldsymbol{y} = f(\boldsymbol{x})$$

其中向量$\boldsymbol{x} \in \mathbb{R}^n$，$\boldsymbol{y} \in \mathbb{R}^m$。將這個對映寫成分量形式，每個分量都是一個多元函數

$$y_1 = f_1(x_1, x_2, \cdots, x_n) \qquad y_2 = f_2(x_1, x_2, \cdots, x_n) \qquad \cdots \qquad y_m = f_m(x_1, x_2, \cdots, x_n)$$

雅可比矩陣為輸出向量的每個分量對輸入向量的每個分量的一階偏導數組成的矩陣

$$\frac{\partial \boldsymbol{y}}{\partial \boldsymbol{x}} = \begin{pmatrix} \frac{\partial y_1}{\partial x_1} & \frac{\partial y_1}{\partial x_2} & \cdots & \frac{\partial y_1}{\partial x_n} \\ \frac{\partial y_2}{\partial x_1} & \frac{\partial y_2}{\partial x_2} & \cdots & \frac{\partial y_2}{\partial x_n} \\ \vdots & \vdots & & \vdots \\ \frac{\partial y_m}{\partial x_1} & \frac{\partial y_m}{\partial x_2} & \cdots & \frac{\partial y_m}{\partial x_n} \end{pmatrix}$$

這是一個m行n列的矩陣，每一行為一個多元函數的梯度。

對於以下向量函數

$$u = x^2 + 2xy + z \qquad\qquad v = x - y^2 + z^2$$

它的雅可比矩陣為

$$\begin{pmatrix} \frac{\partial u}{\partial x} & \frac{\partial u}{\partial y} & \frac{\partial u}{\partial z} \\ \frac{\partial v}{\partial x} & \frac{\partial v}{\partial y} & \frac{\partial v}{\partial z} \end{pmatrix} = \begin{pmatrix} 2x+2y & 2x & 1 \\ 1 & -2y & 2z \end{pmatrix}$$

如果$\boldsymbol{x} \in \mathbb{R}^n, \boldsymbol{y} \in \mathbb{R}^m$以及$\boldsymbol{A} \in \mathbb{R}^{m\times n}$，對於下面的線性對映

$$\boldsymbol{y} = \boldsymbol{A}\boldsymbol{x}$$

其雅可比矩陣為

$$\frac{\partial \boldsymbol{y}}{\partial \boldsymbol{x}} = \boldsymbol{A}$$

因為

$$\begin{pmatrix} y_1 \\ \vdots \\ y_m \end{pmatrix} = \begin{pmatrix} a_{11} & \cdots & a_{1n} \\ \vdots & \vdots & \vdots \\ a_{m1} & \cdots & a_{mn} \end{pmatrix} \begin{pmatrix} x_1 \\ \vdots \\ x_n \end{pmatrix} = \begin{pmatrix} a_{11}x_1 + a_{12}x_2 + \cdots + a_{1n}x_n \\ \vdots \\ a_{m1}x_1 + a_{m2}x_2 + \cdots + a_{mn}x_n \end{pmatrix}$$

因此有

$$\frac{\partial y_i}{\partial x_j} = a_{ij}$$

根據此結論，對於下面的線性對映

$$\begin{pmatrix} y_1 \\ y_2 \end{pmatrix} = \begin{pmatrix} 1 & 2 & 3 \\ 4 & 5 & 6 \end{pmatrix} \begin{pmatrix} x_1 \\ x_2 \\ x_3 \end{pmatrix}$$

其雅可比矩陣為

$$\frac{\partial \boldsymbol{y}}{\partial \boldsymbol{x}} = \begin{pmatrix} 1 & 2 & 3 \\ 4 & 5 & 6 \end{pmatrix}$$

下面介紹雅可比矩陣在多元函數代換中的應用。考慮極座標轉換，由極座

標系到直角座標系的轉化公式為

$$x = r\cos\theta \qquad\qquad y = r\sin\theta$$

其雅可比矩陣為

$$\frac{\partial(x,y)}{\partial(r,\theta)} = \begin{pmatrix} \frac{\partial x}{\partial r} & \frac{\partial x}{\partial \theta} \\ \frac{\partial y}{\partial r} & \frac{\partial y}{\partial \theta} \end{pmatrix} = \begin{pmatrix} \cos\theta & -r\sin\theta \\ \sin\theta & r\cos\theta \end{pmatrix} \tag{3.7}$$

如果雅可比矩陣是方陣，則它的行列式稱為雅可比行列式（Jacobian Determinant）。雅可比行列式為多元代換法的體積元變化係數，在多重積分中會介紹。

式 (3.7) 對應的雅可比行列式為

$$\left|\frac{\partial(x,y)}{\partial(r,\theta)}\right| = \begin{vmatrix} \cos\theta & -r\sin\theta \\ \sin\theta & r\cos\theta \end{vmatrix} = r\cos^2\theta + r\sin^2\theta = r$$

這一結論將在二重積分的極座標轉換中使用。

考慮 2.2.6 節介紹的旋轉轉換矩陣

$$\begin{pmatrix} x_1' \\ x_2' \end{pmatrix} = \begin{pmatrix} \cos\theta & -\sin\theta \\ \sin\theta & \cos\theta \end{pmatrix} \begin{pmatrix} x_1 \\ x_2 \end{pmatrix}$$

其雅可比矩陣為

$$\frac{\partial(x_1', x_2')}{\partial(x_1, x_2)} = \begin{pmatrix} \cos\theta & -\sin\theta \\ \sin\theta & \cos\theta \end{pmatrix}$$

其雅可比行列式為

$$\left|\frac{\partial(x_1', x_2')}{\partial(x_1, x_2)}\right| = \begin{vmatrix} \cos\theta & -\sin\theta \\ \sin\theta & \cos\theta \end{vmatrix} = \cos^2\theta + \sin^2\theta = 1$$

因此旋轉轉換不改變二維平面內幾何體的面積。

對於定義在區域D內$\mathbb{R}^n$到$\mathbb{R}^n$的對映$\boldsymbol{y} = \varphi(\boldsymbol{x})$，如果其雅可比行列式非 0

$$\left|\frac{\partial \boldsymbol{y}}{\partial \boldsymbol{x}}\right| \neq 0$$

則其逆對映$\boldsymbol{x} = \varphi^{-1}(\boldsymbol{y})$存在，且逆對映在$\boldsymbol{y}$點處的雅可比矩陣是正向對映在$\boldsymbol{x}$點處雅可比矩陣的反矩陣

$$\frac{\partial \boldsymbol{x}}{\partial \boldsymbol{y}} = \left(\frac{\partial \boldsymbol{y}}{\partial \boldsymbol{x}}\right)^{-1} \tag{3.8}$$

我們將在 3.4.2 節證明這一結論。作為式 (3.8) 的推論，逆對映的雅可比行列式則為正向對映雅可比行列式的逆

$$\left|\frac{\partial \boldsymbol{x}}{\partial \boldsymbol{y}}\right| = \left|\frac{\partial \boldsymbol{y}}{\partial \boldsymbol{x}}\right|^{-1}$$

這是一元函數反函數求導的推廣，式 (3.8) 與式 (1.18) 在形式上是統一的。雅可比行列式將在 3.8 節的多重積分、5.5.6 節的多維機率分佈轉換中被使用。

3.4.2 連鎖律的矩陣形式

借助雅可比矩陣，可以簡化連鎖律的表述。對於下面的多元複合函數

$$z = f(y_1, \cdots, y_m) \qquad y_j = g_j(x_1, \cdots, x_n),\ \ j = 1, \cdots, m$$

根據連鎖律，z對x_i的偏導數可以透過z對所有y_j的偏導數以及y_j對x_i的偏導數計算

$$\frac{\partial z}{\partial x_i} = \sum_{j=1}^{m} \frac{\partial z}{\partial y_j}\frac{\partial y_j}{\partial x_i}$$

寫成矩陣形式為

$$\begin{pmatrix} \frac{\partial z}{\partial x_1} \\ \vdots \\ \frac{\partial z}{\partial x_n} \end{pmatrix} = \begin{pmatrix} \sum_{j=1}^{m} \frac{\partial z}{\partial y_j}\frac{\partial y_j}{\partial x_1} \\ \vdots \\ \sum_{j=1}^{m} \frac{\partial z}{\partial y_j}\frac{\partial y_j}{\partial x_n} \end{pmatrix} = \begin{pmatrix} \frac{\partial y_1}{\partial x_1} & \cdots & \frac{\partial y_m}{\partial x_1} \\ \vdots & & \vdots \\ \frac{\partial y_1}{\partial x_n} & \cdots & \frac{\partial y_m}{\partial x_n} \end{pmatrix} \begin{pmatrix} \frac{\partial z}{\partial y_1} \\ \vdots \\ \frac{\partial z}{\partial y_m} \end{pmatrix} = \left(\frac{\partial \boldsymbol{y}}{\partial \boldsymbol{x}}\right)^{\mathrm{T}} \begin{pmatrix} \frac{\partial z}{\partial y_1} \\ \vdots \\ \frac{\partial z}{\partial y_m} \end{pmatrix}$$

其中 $\frac{\partial \boldsymbol{y}}{\partial \boldsymbol{x}}$ 為雅可比矩陣。上式可以簡寫為

$$\nabla_{\boldsymbol{x}} z = \left(\frac{\partial \boldsymbol{y}}{\partial \boldsymbol{x}}\right)^{\mathrm{T}} \nabla_{\boldsymbol{y}} z \tag{3.9}$$

與求和形式相比，這種寫法更為簡潔。

下面來看一個實例。對於以下的複合函數

$$u = 2x + 3y + z \qquad v = -4x - 5y + 2z$$

如果有u、v的函數

$$f(u,v) = u^2 + v^2$$

計算$\frac{\partial f}{\partial x}$、$\frac{\partial f}{\partial y}$、$\frac{\partial f}{\partial z}$。根據連鎖律，有

$$\frac{\partial f}{\partial x} = \frac{\partial f}{\partial u}\frac{\partial u}{\partial x} + \frac{\partial f}{\partial v}\frac{\partial v}{\partial x} = 2u \times 2 + 2v \times (-4) = 4u - 8v$$

同理，有

$$\frac{\partial f}{\partial y} = \frac{\partial f}{\partial u}\frac{\partial u}{\partial y} + \frac{\partial f}{\partial v}\frac{\partial v}{\partial y} = 2u \times 3 + 2v \times (-5) = 6u - 10v$$

以及

$$\frac{\partial f}{\partial z} = \frac{\partial f}{\partial u}\frac{\partial u}{\partial z} + \frac{\partial f}{\partial v}\frac{\partial v}{\partial z} = 2u \times 1 + 2v \times 2 = 2u + 4v$$

借助雅可比矩陣，寫成矩陣形式為

$$\begin{pmatrix} \frac{\partial f}{\partial x} \\ \frac{\partial f}{\partial y} \\ \frac{\partial f}{\partial z} \end{pmatrix} = \begin{pmatrix} \frac{\partial u}{\partial x} & \frac{\partial v}{\partial x} \\ \frac{\partial u}{\partial y} & \frac{\partial v}{\partial y} \\ \frac{\partial u}{\partial z} & \frac{\partial v}{\partial z} \end{pmatrix} \begin{pmatrix} \frac{\partial f}{\partial u} \\ \frac{\partial f}{\partial v} \end{pmatrix} = \begin{pmatrix} 2 & -4 \\ 3 & -5 \\ 1 & 2 \end{pmatrix} \begin{pmatrix} 2u \\ 2v \end{pmatrix}$$

下面驗證式 (3.8) 的結論，顯然逆對映與正向對映的複合函數是恒等轉換，即

$$\varphi^{-1}(\varphi(\boldsymbol{x})) = \boldsymbol{x}$$

在這裡$\boldsymbol{y}=\varphi(\boldsymbol{x})$，寫成分量形式為

$$z_i=\varphi_i^{-1}(\varphi(\boldsymbol{x}))=x_i$$

其中φ_i^{-1}是逆對映φ^{-1}的第i個分量對映。上式兩邊同時對$\boldsymbol{x}$求梯度，根據式(3.9)，有

$$\nabla_{\boldsymbol{x}}z_i=\left(\frac{\partial\boldsymbol{y}}{\partial\boldsymbol{x}}\right)^{\mathrm{T}}\nabla_{\boldsymbol{y}}\varphi_i^{-1}=\nabla_{\boldsymbol{x}}x_i=(0\ \cdots\ 1\ \cdots\ 0)^{\mathrm{T}}$$

上式最右邊向量的第i個分量為 1，其他均為 0，考慮逆對映的所有分量，寫成矩陣形式為

$$(\nabla_{\boldsymbol{x}}z_1\ \cdots\ \nabla_{\boldsymbol{x}}z_n)=\left(\frac{\partial\boldsymbol{y}}{\partial\boldsymbol{x}}\right)^{\mathrm{T}}(\nabla_{\boldsymbol{y}}\varphi_1^{-1}\ \cdots\ \nabla_{\boldsymbol{y}}\varphi_n^{-1})=\begin{pmatrix}1&\cdots&0\\ \vdots&&\vdots\\ 0&\cdots&1\end{pmatrix}=\boldsymbol{I}$$

而

$$(\nabla_{\boldsymbol{y}}\varphi_1^{-1}\ \cdots\ \nabla_{\boldsymbol{y}}\varphi_n^{-1})=\left(\frac{\partial\boldsymbol{x}}{\partial\boldsymbol{y}}\right)^{\mathrm{T}}$$

因此有

$$\left(\frac{\partial\boldsymbol{y}}{\partial\boldsymbol{x}}\right)^{\mathrm{T}}\left(\frac{\partial\boldsymbol{x}}{\partial\boldsymbol{y}}\right)^{\mathrm{T}}=\boldsymbol{I}$$

即

$$\frac{\partial\boldsymbol{x}}{\partial\boldsymbol{y}}\frac{\partial\boldsymbol{y}}{\partial\boldsymbol{x}}=\boldsymbol{I}$$

因此式 (3.8) 成立。

雅可比矩陣可以簡潔地表述神經網路訓練時的反向傳播演算法以及自動微分演算法，分別在 3.5.2 節和 8.1.2 節介紹。

3.5 向量與矩陣求導

為了簡化表達，通常將函數寫成矩陣和向量運算的形式，下面推導機器學習中常用的矩陣和向量函數求導公式。

3.5.1 常用求導公式

首先計算向量內積函數的梯度。$\boldsymbol{x} \in \mathbb{R}^n, \boldsymbol{w} \in \mathbb{R}^n$，對於下面的向量內積函數

$$y = \boldsymbol{w}^{\mathrm{T}}\boldsymbol{x}$$

其引數為$\boldsymbol{x}$。將它展開寫成求和形式為

$$y = \sum_{i=1}^{n} w_i x_i$$

函數對每個引數的偏導數為

$$\frac{\partial y}{\partial x_i} = w_i$$

進一步獲得梯度的計算公式為

$$\nabla \boldsymbol{w}^{\mathrm{T}}\boldsymbol{x} = \boldsymbol{w} \tag{3.10}$$

這與下面的一元一次函數求導公式在形式上是統一的

$$(ax)' = a$$

下面舉例說明。對於以下的函數

$$y = 2x_1 - 3x_2 + 4x_3 = (2 \quad -3 \quad 4)\begin{pmatrix} x_1 \\ x_2 \\ x_3 \end{pmatrix}$$

其梯度為

$$\nabla y = \begin{pmatrix} 2 \\ -3 \\ 4 \end{pmatrix}$$

下面計算二次函數的梯度。$\boldsymbol{x} \in \mathbb{R}^n, \boldsymbol{w} \in \mathbb{R}^{n\times n}$，對於以下的二次函數

$$y = \boldsymbol{x}^{\mathrm{T}}\boldsymbol{A}\boldsymbol{x}$$

其引數為$\boldsymbol{x}$。展開之後寫成求和形式為

$$y = \sum_{p=1}^{n}\sum_{q=1}^{n} a_{pq}x_p x_q$$

根據展開式可以獲得對每個引數的偏導數為

$$\frac{\partial y}{\partial x_i}=\frac{\partial\left(\sum_{p=1}^{n}\sum_{q=1}^{n}a_{pq}x_px_q\right)}{\partial x_i}=\sum_{q=1}^{n}a_{iq}x_q+\sum_{p=1}^{n}a_{pi}x_p$$

進一步獲得梯度的計算公式為

$$\nabla\boldsymbol{x}^{\mathrm{T}}\boldsymbol{A}\boldsymbol{x}=(\boldsymbol{A}+\boldsymbol{A}^{\mathrm{T}})\boldsymbol{x} \tag{3.11}$$

如果$\boldsymbol{A}$是對稱矩陣，則為二次型，式 (3.11) 可以簡化為

$$\nabla\boldsymbol{x}^{\mathrm{T}}\boldsymbol{A}\boldsymbol{x}=2\boldsymbol{A}\boldsymbol{x} \tag{3.12}$$

這與下面的一元二次函數求導公式在形式上是統一的

$$(ax^2)'=2ax$$

下面舉例說明。對於以下的函數

$$(x_1\ \ x_2\ \ x_3)\begin{pmatrix}1&2&1\\2&2&4\\1&4&3\end{pmatrix}\begin{pmatrix}x_1\\x_2\\x_3\end{pmatrix}=x_1^2+2x_2^2+3x_3^2+4x_1x_2+2x_1x_3+8x_2x_3$$

係數矩陣是對稱矩陣，其梯度為

$$2\begin{pmatrix}1&2&1\\2&2&4\\1&4&3\end{pmatrix}\begin{pmatrix}x_1\\x_2\\x_3\end{pmatrix}=\begin{pmatrix}2x_1+4x_2+2x_3\\4x_1+4x_2+8x_3\\2x_1+8x_2+6x_3\end{pmatrix}$$

對於前面定義的二次函數，根據上面的展開式，二階偏導數為

$$\frac{\partial^2 y}{\partial x_i\partial x_j}=\frac{\partial^2}{\partial x_i\partial x_j}(a_{ij}x_ix_j+a_{ji}x_jx_i)=a_{ij}+a_{ji}$$

上式成立是因為只有這兩個求和項含有x_ix_j，其他求和項的偏導數都為0。寫成矩陣形式，可以獲得漢森矩陣為

$$\nabla^2\boldsymbol{x}^{\mathrm{T}}\boldsymbol{A}\boldsymbol{x}=\boldsymbol{A}+\boldsymbol{A}^{\mathrm{T}} \tag{3.13}$$

如果$\boldsymbol{A}$是對稱矩陣，式 (3.13) 可以簡化為

$$\nabla^2\boldsymbol{x}^{\mathrm{T}}\boldsymbol{A}\boldsymbol{x}=2\boldsymbol{A} \tag{3.14}$$

這與下面的一元二次函數求導公式在形式上是統一的

$$(ax^2)'' = 2a$$

上面實例函數的漢森矩陣為

$$2\begin{pmatrix} 1 & 2 & 1 \\ 2 & 2 & 4 \\ 1 & 4 & 3 \end{pmatrix} = \begin{pmatrix} 2 & 4 & 2 \\ 4 & 4 & 8 \\ 2 & 8 & 6 \end{pmatrix}$$

考慮下面的矩陣與向量乘積，它在神經網路中經常被使用，其中 $\boldsymbol{x} \in \mathbb{R}^n, \boldsymbol{y} \in \mathbb{R}^m$以及$\boldsymbol{W} \in \mathbb{R}^{m \times n}$。

$$\boldsymbol{y} = \boldsymbol{W}\boldsymbol{x} \tag{3.15}$$

假設有函數$f(\boldsymbol{y})$，如果把$\boldsymbol{x}$看成常數，$\boldsymbol{y}$看成$\boldsymbol{W}$的函數，下面根據$\nabla_{\boldsymbol{y}} f$計算$\nabla_{\boldsymbol{W}} f$。

根據連鎖律，由於w_{ij}只和y_i有關，和其他的$y_k, k \neq i$無關，因此有

$$\frac{\partial f}{\partial w_{ij}} = \sum_{k=1}^{m} \frac{\partial f}{\partial y_k} \frac{\partial y_k}{\partial w_{ij}} = \sum_{k-1}^{m} \left(\frac{\partial f}{\partial y_k} \frac{\partial \sum_{l=1}^{n} (w_{kl} x_l)}{\partial w_{ij}} \right) = \frac{\partial f}{\partial y_i} \frac{\partial \sum_{l=1}^{n} (w_{il} x_l)}{\partial w_{ij}}$$
$$= \frac{\partial f}{\partial y_i} x_j$$

對於$\boldsymbol{W}$的所有元素，有

$$\begin{pmatrix} \frac{\partial f}{\partial w_{11}} & \cdots & \frac{\partial f}{\partial w_{1n}} \\ \vdots & & \vdots \\ \frac{\partial f}{\partial w_{m1}} & \cdots & \frac{\partial f}{\partial w_{mn}} \end{pmatrix} = \begin{pmatrix} \frac{\partial f}{\partial y_1} x_1 & \cdots & \frac{\partial f}{\partial y_1} x_n \\ \vdots & & \vdots \\ \frac{\partial f}{\partial y_m} x_1 & \cdots & \frac{\partial f}{\partial y_m} x_n \end{pmatrix} = \begin{pmatrix} \frac{\partial f}{\partial y_1} \\ \vdots \\ \frac{\partial f}{\partial y_m} \end{pmatrix} (x_1 \ \cdots \ x_n)$$

寫成矩陣形式為

$$\nabla_{\boldsymbol{W}} f = (\nabla_{\boldsymbol{y}} f) \boldsymbol{x}^{\mathrm{T}} \tag{3.16}$$

如果將$\boldsymbol{W}$看成常數，$\boldsymbol{y}$看成$\boldsymbol{x}$的函數，下面根據$\nabla_{\boldsymbol{y}} f$計算$\nabla_{\boldsymbol{x}} f$。根據式 (3.10) 和線性對映的雅可比矩陣計算公式，有

$$\nabla_{\boldsymbol{x}} f = \left(\frac{\partial \boldsymbol{y}}{\partial \boldsymbol{x}}\right)^{\mathrm{T}} \nabla_{\boldsymbol{y}} f = \boldsymbol{W}^{\mathrm{T}} \nabla_{\boldsymbol{y}} f \tag{3.17}$$

這是一個對稱的結果，在計算函數值時用矩陣$\boldsymbol{W}$乘以向量$\boldsymbol{x}$獲得$\boldsymbol{y}$，在求梯

度時用矩陣$\boldsymbol{W}$的轉置乘以$\boldsymbol{y}$的梯度獲得$\boldsymbol{x}$的梯度。神經網路的全連接層即為這種對映，在推導反向傳播演算法時將使用此結論。

假設$\boldsymbol{x} \in \mathbb{R}^n, \boldsymbol{y} \in \mathbb{R}^n$，對於下面的向量到向量的對映

$$\boldsymbol{y} = g(\boldsymbol{x}) \tag{3.18}$$

寫成分量形式為

$$y_i = g(x_i)$$

在這裡，每個y_i只和對應的x_i有關，和其他所有$x_j, j \neq i$無關，且每個分量採用了相同的對映函數g。對於函數$f(\boldsymbol{y})$，下面根據$\nabla_{\boldsymbol{y}} f$計算$\nabla_{\boldsymbol{x}} f$。

根據連鎖律，由於每個y_i只和對應的x_i有關，有

$$\frac{\partial f}{\partial x_i} = \frac{\partial f}{\partial y_i}\frac{\partial y_i}{\partial x_i}$$

寫成矩陣形式為

$$\nabla_{\boldsymbol{x}} f = \nabla_{\boldsymbol{y}} f \odot g'(\boldsymbol{x}) \tag{3.19}$$

是兩個向量的阿達馬乘積，其中$g'(\boldsymbol{x}) = (g'(x_1) \cdots g'(x_n))^{\mathrm{T}}$。類神經網路的啟動函數是這種類型的對映。事實上，這種對映的雅可比矩陣為對角矩陣

$$\frac{\partial \boldsymbol{y}}{\partial \boldsymbol{x}} = \begin{pmatrix} \frac{\partial y_1}{\partial x_1} & 0 & \cdots & 0 \\ 0 & \frac{\partial y_2}{\partial x_2} & \cdots & 0 \\ \vdots & \vdots & & \vdots \\ 0 & 0 & \cdots & \frac{\partial y_n}{\partial x_n} \end{pmatrix}$$

因此式 (3.19) 是式 (3.9) 的特殊情況。

考慮更複雜的情況，如果有下面的複合函數

$$\begin{gathered} \boldsymbol{u} = \boldsymbol{W}\boldsymbol{x} \\ \boldsymbol{y} = g(\boldsymbol{u}) \end{gathered} \tag{3.20}$$

其中g是向量對應元素一對一對映，即

$$y_i = g(x_i)$$

如果有函數$f(\boldsymbol{y})$，那麼下面根據$\nabla_{\boldsymbol{y}} f$計算$\nabla_{\boldsymbol{x}} f$。

在這裡有兩層複合，首先是從$\boldsymbol{x}$到$\boldsymbol{u}$，然後是從$\boldsymbol{u}$到$\boldsymbol{y}$。根據式 (3.17) 與式 (3.19) 的結論，有

$$\nabla_{\boldsymbol{x}} f = \boldsymbol{W}^{\mathrm{T}}(\nabla_{\boldsymbol{u}} f) = \boldsymbol{W}^{\mathrm{T}}((\nabla_{\boldsymbol{y}} f) \odot g'(\boldsymbol{u})) \tag{3.21}$$

下面計算歐氏距離損失函數（即均方誤差函數）的梯度，假設$\boldsymbol{x} \in \mathbb{R}^n, \boldsymbol{a} \in \mathbb{R}^n$，該函數是向量二範數的平方，定義為

$$f(\boldsymbol{x}) = \frac{1}{2} \| \boldsymbol{x} - \boldsymbol{a} \|^2$$

將函數展開之後為

$$f(\boldsymbol{x}) = \frac{1}{2} \sum_{i=1}^{n} (x_i - a_i)^2$$

由於

$$\frac{\partial f}{\partial x_i} = x_i - a_i$$

因此有

$$\nabla_{\boldsymbol{x}} f = \boldsymbol{x} - \boldsymbol{a} \tag{3.22}$$

表 3.1 列出了這些求導公式，它們將在機器學習與深度學習中廣泛使用。

表 3.1 常用的向量和矩陣求導公式

函數	求導公式
$y = \boldsymbol{w}^{\mathrm{T}}\boldsymbol{x}$	$\nabla \boldsymbol{w}^{\mathrm{T}}\boldsymbol{x} = \boldsymbol{w}$
$y = \boldsymbol{x}^{\mathrm{T}}\boldsymbol{A}\boldsymbol{x}$	$\nabla \boldsymbol{x}^{\mathrm{T}}\boldsymbol{A}\boldsymbol{x} = (\boldsymbol{A} + \boldsymbol{A}^{\mathrm{T}})\boldsymbol{x}$
$y = \boldsymbol{x}^{\mathrm{T}}\boldsymbol{A}\boldsymbol{x}$	$\nabla^2 \boldsymbol{x}^{\mathrm{T}}\boldsymbol{A}\boldsymbol{x} = \boldsymbol{A} + \boldsymbol{A}^{\mathrm{T}}$

下面用這些求導公式推導 3.3.4 節最小平方法的梯度與漢森矩陣。將所有樣本的特徵向量按照行排列，組成矩陣$\boldsymbol{X}$

$$\boldsymbol{X}=\begin{pmatrix}\boldsymbol{x}_1^{\mathrm{T}}\\ \vdots \\ \boldsymbol{x}_l^{\mathrm{T}}\end{pmatrix}$$

列向量$\boldsymbol{y}$為所有樣本的標籤值組成的向量

$$\boldsymbol{y}=\begin{pmatrix}y_1\\ \vdots \\ y_l\end{pmatrix}$$

式 (3.6) 的目標函數可以寫成

$$\begin{aligned}L(\boldsymbol{w})&=\frac{1}{2l}\parallel \boldsymbol{X}\boldsymbol{w}-\boldsymbol{y}\parallel^2=\frac{1}{2l}(\boldsymbol{X}\boldsymbol{w}-\boldsymbol{y})^{\mathrm{T}}(\boldsymbol{X}\boldsymbol{w}-\boldsymbol{y})\\&=\frac{1}{2l}(\boldsymbol{w}^{\mathrm{T}}\boldsymbol{X}^{\mathrm{T}}\boldsymbol{X}\boldsymbol{w}-(\boldsymbol{X}\boldsymbol{w})^{\mathrm{T}}\boldsymbol{y}-\boldsymbol{y}^{\mathrm{T}}\boldsymbol{X}\boldsymbol{w}+\boldsymbol{y}^{\mathrm{T}}\boldsymbol{y})\\&=\frac{1}{2l}(\boldsymbol{w}^{\mathrm{T}}\boldsymbol{X}^{\mathrm{T}}\boldsymbol{X}\boldsymbol{w}-2\boldsymbol{y}^{\mathrm{T}}\boldsymbol{X}\boldsymbol{w}+\boldsymbol{y}^{\mathrm{T}}\boldsymbol{y})=\frac{1}{2l}(\boldsymbol{w}^{\mathrm{T}}\boldsymbol{X}^{\mathrm{T}}\boldsymbol{X}\boldsymbol{w}-2(\boldsymbol{X}^{\mathrm{T}}\boldsymbol{y})^{\mathrm{T}}\boldsymbol{w}+\boldsymbol{y}^{\mathrm{T}}\boldsymbol{y})\end{aligned}$$

顯然$\boldsymbol{X}^{\mathrm{T}}\boldsymbol{X}$是對稱矩陣，根據式 (3.10) 與式 (3.12)，目標函數的梯度為

$$\nabla_{\boldsymbol{w}}L=\frac{1}{2l}(2\boldsymbol{X}^{\mathrm{T}}\boldsymbol{X}\boldsymbol{w}-2\boldsymbol{X}^{\mathrm{T}}\boldsymbol{y})$$

因此駐點方程式為

$$2\boldsymbol{X}^{\mathrm{T}}\boldsymbol{X}\boldsymbol{w}=2\boldsymbol{X}^{\mathrm{T}}\boldsymbol{y}$$

根據式 (3.14)，漢森矩陣為

$$\nabla^2L=\frac{1}{2l}2\boldsymbol{X}^{\mathrm{T}}\boldsymbol{X}=\frac{1}{l}\boldsymbol{X}^{\mathrm{T}}\boldsymbol{X}$$

這與 3.3.4 節的結論是一致的。

3.5.2 應用——反向傳播演算法

在 2.2.5 節介紹了類神經網路的原理，下面介紹它的訓練演算法，即著名的反向傳播演算法。反向傳播演算法是訓練類神經網路的經典方法，由魯姆哈特（Rumelhart）等人在 1986 年提出。其目標是解決類神經網路訓練

時的目標函數對神經網路參數的求導問題，獲得目標函數對參數的梯度值，然後與梯度下降法配合使用，完成網路的訓練。

假設有m個訓練樣本$(\boldsymbol{x}_i, \boldsymbol{y}_i)$，其中$\boldsymbol{x}_i$為輸入向量，$\boldsymbol{y}_i$為標籤向量。訓練目標是最小化樣本標籤值與神經網路預測值之間的誤差。如果使用均方誤差即歐氏距離損失函數，最佳化的目標為

$$L(\boldsymbol{w}) = \frac{1}{2m}\sum_{i=1}^{m} \|h(\boldsymbol{x}_i) - \boldsymbol{y}_i\|^2$$

其中$\boldsymbol{w}$為神經網路所有參數形成的向量，包含各層的權重和偏置。可以用梯度下降法求解該問題，其原理是 3.2.1 節所說明的費馬引理，尋找函數的駐點，因此需要計算目標函數的梯度。

我們將上面的損失函數寫成對單一樣本損失函數的平均值形式

$$L(\boldsymbol{w}) = \frac{1}{m}\sum_{i=1}^{m} \left(\frac{1}{2} \| h(\boldsymbol{x}_i) - \boldsymbol{y}_i \|^2\right)$$

定義對單一樣本$(\boldsymbol{x}, \boldsymbol{y})$的損失函數為

$$L(\boldsymbol{w}; \boldsymbol{x}, \boldsymbol{y}) = \frac{1}{2} \| h(\boldsymbol{x}) - \boldsymbol{y} \|^2$$

如果採用定義在單一樣本上的損失函數，則梯度下降法第$t+1$次迭代時參數的更新公式為

$$\boldsymbol{w}_{t+1} = \boldsymbol{w}_t - \alpha \nabla_{\boldsymbol{w}} L(\boldsymbol{w}_t)$$

梯度下降法的原理將在 4.2.1 節說明。如果要用所有樣本進行迭代，根據單一樣本的損失函數梯度計算總損失梯度即可，是所有樣本梯度的平均值。

需要解決的核心問題是如何計算損失函數對參數的梯度值。目標函數是一個多層的複合函數，因為神經網路中每一層都有權重矩陣和偏置向量，且每一層的輸出將作為下一層的輸入。因此，直接計算損失函數對所有權重和偏置的梯度很複雜，需要使用複合函數的求導公式進行遞推計算。

根據 3.5.1 節的結論可以方便地推導出神經網路的求導公式。假設神經網路有n_l層。第l層從第$l-1$層接收的輸入向量為$\boldsymbol{x}^{(l-1)}$，本層的權重矩陣為$\boldsymbol{W}^{(l)}$，偏置向量為$\boldsymbol{b}^{(l)}$，輸出向量為$\boldsymbol{x}^{(l)}$。該層的輸出可以寫成以下形式

$$\boldsymbol{u}^{(l)} = \boldsymbol{W}^{(l)}\boldsymbol{x}^{(l-1)} + \boldsymbol{b}^{(l)}$$

$$\boldsymbol{x}^{(l)} = f(\boldsymbol{u}^{(l)})$$

$\boldsymbol{u}^{(l)}$是臨時變數，用於簡化求導時的問題表達。根據定義，$\boldsymbol{W}^{(l)}$和$\boldsymbol{b}^{(l)}$是目標函數的引數，$\boldsymbol{u}^{(l)}$和$\boldsymbol{x}^{(l)}$可以看成是它們的函數。

如果將神經網路的運算過程逐層展開，則最佳化的目標函數為

$$L(\boldsymbol{w}) = \frac{1}{2}\parallel f(\boldsymbol{W}^{(n_l)}f(\boldsymbol{W}^{(n_l-1)}f(\cdots f(\boldsymbol{W}^{(1)}\boldsymbol{x} + \boldsymbol{b}^{(1)})\cdots) + \boldsymbol{b}^{(n_l-1)}) + \boldsymbol{b}^{(n_l)}) - \boldsymbol{y}\parallel^2$$

目標是計算$\nabla_{\boldsymbol{W}^{(i)}}L, \nabla_{\boldsymbol{b}^{(i)}}L, i = 1, \cdots, n_l$。從複合函數的的最外層算起，首先計算$\nabla_{\boldsymbol{W}^{(n_l)}}L, \nabla_{\boldsymbol{b}^{(n_l)}}L$，然後計算$\nabla_{\boldsymbol{W}^{(n_l-1)}}L, \nabla_{\boldsymbol{b}^{(n_l-1)}}L$，逐層向內計算。實現時，首先計算出$\nabla_{\boldsymbol{u}^{(n_l)}}L$，然後借助於它計算出$\nabla_{\boldsymbol{W}^{(n_l)}}L, \nabla_{\boldsymbol{b}^{(n_l)}}L$，以及$\nabla_{\boldsymbol{u}^{(n_l-1)}}L$。接下來借助於$\nabla_{\boldsymbol{u}^{(n_l-1)}}L$計算出$\nabla_{\boldsymbol{W}^{(n_{l-1})}}L, \nabla_{\boldsymbol{b}^{(n_l-1)}}L$，以及$\nabla_{\boldsymbol{u}^{(n_l-2)}}L$。依此類推，這個過程如圖 3.8 所示。

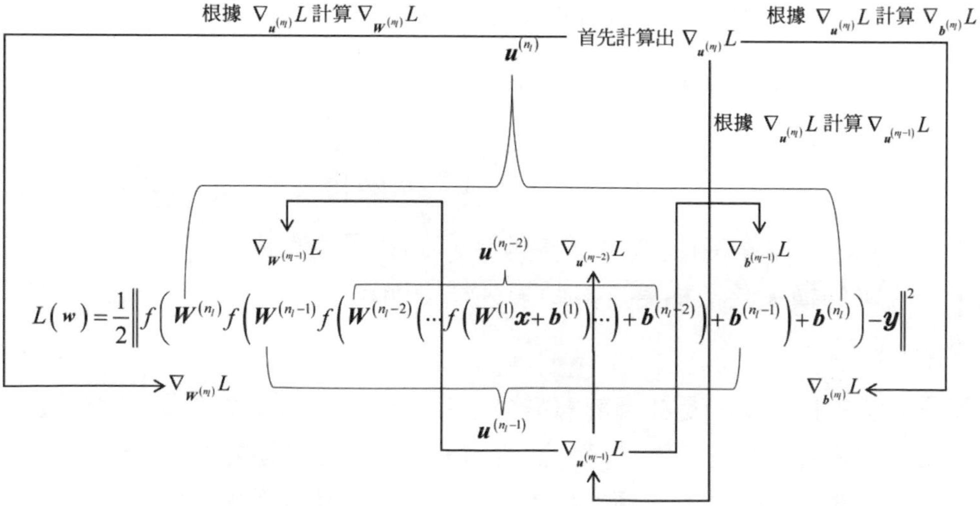

圖 3.8 反向傳播演算法的求導順序

首先考慮權重矩陣與偏置向量的梯度計算。對於每一層，如果$\nabla_{\boldsymbol{u}^{(l)}}L$已經算出，$\boldsymbol{u}^{(l)}$與$\boldsymbol{W}^{(l)}$和$\boldsymbol{b}^{(l)}$的關係是

$$\boldsymbol{u}^{(l)} = \boldsymbol{W}^{(l)}\boldsymbol{x}^{(l-1)} + \boldsymbol{b}^{(l)}$$

根據式 (3.16) 的結論，損失函數對權重矩陣的梯度為

$$\nabla_{\boldsymbol{W}}^{(l)}L = (\nabla_{\boldsymbol{u}}^{(l)}L)(\boldsymbol{x}^{(l-1)})^{\mathrm{T}}$$

對偏置向量的梯度為

$$\nabla_{\boldsymbol{b}^{(l)}}L = \nabla_{\boldsymbol{u}^{(l)}}L$$

現在的問題是計算梯度$\nabla_{\boldsymbol{u}^{(l)}}L$。這裡分兩種情況討論，如果第$l$層是輸出層，在這裡只考慮對單一樣本的損失函數，由於$L = \frac{1}{2}\parallel \boldsymbol{x}^{(n_l)} - \boldsymbol{y} \parallel^2, \boldsymbol{x}^{(n_l)} = f(\boldsymbol{u}^{(n_l)})$，根據式 (3.19) 與式 (3.22) 的結論，這個梯度為

$$\nabla_{\boldsymbol{u}^{(l)}}L = (\nabla_{\boldsymbol{x}^{(l)}}L) \odot f'(\boldsymbol{u}^{(l)}) = (\boldsymbol{x}^{(l)} - \boldsymbol{y}) \odot f'(\boldsymbol{u}^{(l)}) \quad (3.23)$$

這樣我們獲得輸出層權重的梯度為

$$\nabla_{\boldsymbol{W}^{(l)}}L = (\boldsymbol{x}^{(l)} - \boldsymbol{y}) \odot f'(\boldsymbol{u}^{(l)})(\boldsymbol{x}^{(l-1)})^{\mathrm{T}}$$

損失函數對輸出層偏置項的梯度為

$$\nabla_{\boldsymbol{b}^{(l)}}L = (\boldsymbol{x}^{(l)} - y) \odot f'(\boldsymbol{u}^{(l)})$$

下面考慮第 2 種情況。如果第l層是隱含層，則有

$$\boldsymbol{u}^{(l+1)} = \boldsymbol{W}^{(l+1)}\boldsymbol{x}^{(l)} + \boldsymbol{b}^{(l+1)} = \boldsymbol{W}^{(l+1)}f(\boldsymbol{u}^{(l)}) + \boldsymbol{b}^{(l+1)}$$

假設梯度$\nabla_{\boldsymbol{u}}^{(l+1)}L$已經求出，根據式 (3.21) 的結論，有

$$\nabla_{\boldsymbol{u}^{(l)}}L = (\nabla_{\boldsymbol{x}^{(l)}}L) \odot f'(\boldsymbol{u}^{(l)}) = ((\boldsymbol{W}^{(l+1)})^{\mathrm{T}}\nabla_{\boldsymbol{u}^{(l+1)}}L) \odot f'(\boldsymbol{u}^{(l)}) \quad (3.24)$$

式 (3.24) 是一個遞推的關係，透過$\nabla_{\boldsymbol{u}^{(l+1)}}L$可以計算出$\nabla_{\boldsymbol{u}^{(l)}}L$，遞推的起點是輸出層，而輸出層的梯度值在式 (3.23) 已經算出。由於根據$\nabla_{\boldsymbol{u}^{(l)}}L$可以計算出$\nabla_{\boldsymbol{W}^{(l)}}L$和$\nabla_{\boldsymbol{b}^{(l)}}L$，因此可以計算出任意層權重與偏置的梯度值。

為此，我們定義誤差項為損失函數對臨時變數$\boldsymbol{u}$的梯度

$$\boldsymbol{\delta}^{(l)} = \nabla_{\boldsymbol{u}^{(l)}} L = \begin{cases} (\boldsymbol{x}^{(l)} - y) \odot f'(\boldsymbol{u}^{(l)}), & l = n_l \\ ((\boldsymbol{W}^{(l+1)})^{\mathrm{T}}(\boldsymbol{\delta}^{(l+1)}) \odot f'(\boldsymbol{u}^{(l)}), & l \neq n_l \end{cases}$$

向量$\boldsymbol{\delta}^{(l)}$的尺寸和本層神經元的個數相同。這是一個遞推的定義，根據$\boldsymbol{\delta}^{(l+1)}$可以計算出$\boldsymbol{\delta}^{(l)}$，遞推的起點是輸出層，它的誤差項可以直接求出。

首先計算輸出層的誤差項，根據它獲得輸出層權重和偏置項的梯度，這是起點；根據上面的遞推公式，逐層向前，利用後一層的誤差項計算出本層的誤差項，進一步獲得本層權重和偏置項的梯度。在計算過程中需要使用$\boldsymbol{x}^{(l)}$的值，因此需要先用正向傳播演算法對輸入向量進行預測，獲得每一層的輸出值。對反向傳播演算法的進一步了解可以閱讀參考文獻[4]。

3.6 微分演算法

第 1 章介紹了一元函數的求導方法，本章介紹了多元函數的求導方法。所謂微分演算法是指透過程式設計實現求導。目前有 4 種實現：手動微分、符號微分、數值微分，以及自動微分。下面分別介紹。

3.6.1 符號微分

手動微分的做法是先人工推導目標函數對求導變數的導數計算公式，然後程式設計實現。這種方法費時費力，容易出錯。對於每一個目標函數都需要手動進行推導，因此通用性和靈活性差。早期的神經網路函數庫（如 OpenCV 和 Caffe）採用了這種方法，根據手動推導出的反向傳播演算法計算公式撰寫程式。

符號微分（Symbolic Differentiation）屬於符號計算的範圍，其計算結果是導函數的解析運算式。符號計算用於求解數學中的解析解，獲得解的運算式而非實際的數值。這透過使用人工設定的求導規則而實現，近年來，也有用深度學習進行符號計算的研究。在獲得導數的解析運算式之後，將引數的值代入，可以獲得任意點處的導數值。

根據第 1 章介紹的基本函數的求導公式以及四則運算、複合函數的求導法則，符號微分演算法可以獲得任意可微函數的導數運算式，與人工計算的過程類似。

以下面的函數為例

$$z = \ln x + x^2 y - \sin xy$$

根據 1.2 節介紹的求導公式，符號計算獲得對x的偏導數為

$$\frac{\partial z}{\partial x} = \frac{1}{x} + 2xy - y\cos xy$$

然後將引數的值代入導數公式，獲得該點處的導數值。符號微分計算出的運算式需要用字串或其他資料結構儲存，如運算式樹（語法樹）。數學軟體如 Mathematica、Maple、MATLAB 中實現了這種技術。Python 的符號計算函數庫 sympy 也提供了這類演算法，在第 1 章和第 3 章已經介紹，並列出了範例程式。

對於深層複合函數，如神經網路的對映函數，符號微分演算法獲得的導數計算公式將非常冗長，稱為運算式膨脹（Expression Swell）。對於機器學習中的應用，不需要獲得導數的運算式，而只需要計算函數在某一點處的導數值。因此，符號微分存在計算上的容錯且成本高昂。

以下面的函數為例

$$l_1 = x, \cdots, l_{n+1} = 4l_n(1 - l_n)$$

如果採用符號微分演算法，當$n = 1,2,3,4$時的l_n及其導數如表 3.2 所示。

表 3.2 符號微分

乘積項數	函數	導數運算式	簡化後的導數運算式
1	x	1	1
2	$4x(1-x)$	$4(1-x)-4x$	$4-8x$

乘積項數	函數	導數運算式	簡化後的導數運算式
3	$16x(1-x)(1-2x)^2$	$16(1-x)(1-2x)^2-16x(1-2x)$ $-64x(1-x)(1-2x)$	$16(1-10x+24x^2-16x^3)$
4	$64x(1-x)(1-2$ $(1-8x+8x^2)^2$	$128x(1-x)(-8+16x)(1-2x)^2$ $(1-8x+8x^2)$ $+64(1-x)(1-2x)^2$ $(1-8x+8x^2)^2-64x(1-2x)^2$ $(1-8x+8x^2)^2$ $-256x(1-x)(1-2x)$ $(1-8x+8x^2)^2$	$64\begin{pmatrix}1-42x+504x^2-2640x^3\\+7040x^4-9984x^5-\\7168x^6-2048x^7\end{pmatrix}$

從表 3.2 可以看出，當乘積項數增加時，符號微分計算出的導數解析式膨脹得非常嚴重。對於機器學習中的複雜函數，這種方法不具有太多實用價值。

3.6.2 數值微分

數值微分（Numerical Differentiation）屬數值計算方法，它計算導數的近似值，通常用差分作為近似。只需要列出函數值以及引數的差值，數值微分演算法就可計算出導數值。單側差分公式根據導數的定義直接近似計算某一點處的導數值。對於一元函數，根據導數的定義，正向差分公式為

$$f'(x)\approx\frac{f(x+h)-f(x)}{h}$$

其中h為接近於 0 的正數，如 0.00001。更準確的是中心差分（Center Difference Approximation）公式

$$f'(x)\approx\frac{f(x+h)-f(x-h)}{2h}$$

這是因為在 1.2.1 節證明了下面的極限成立

$$\lim_{h\to0}\frac{f(x+h)-f(x-h)}{2h}=f'(x)$$

它比單側差分公式有更小的誤差和更好的穩定性。數值微分會導致誤差，即使對於很小的h，也會有截斷誤差（使用近似所帶來的誤差）。

對於多元函數，變數x_i偏導數的中心差分公式為

$$\frac{\partial f}{\partial x_i} \approx \frac{f(x_1, \cdots, x_{i-1}, x_i + h, x_{i+1}, \cdots, x_n) - f(x_1, \cdots, x_{i-1}, x_i - h, x_{i+1}, \cdots, x_n)}{2h}$$

按照上面的公式，對每個引數求偏導時都需要兩次計算函數值，因此有計算量大的問題。在機器學習領域，數值微分通常只用於檢驗其他演算法結果的正確性，例如在實現反向傳播演算法的時候，用數值微分演算法檢驗反向傳播演算法所求導數的正確性。這透過將其他演算法所計算出的導數值與數值微分演算法所計算出的導數值進行比較而實現。

3.6.3 自動微分

自動微分（Automatic Differentiation）也稱為自動求導，演算法能夠計算可導函數在某點處的導數值，是反向傳播演算法的一般化。自動微分要解決的核心問題是計算複雜函數，通常是多層複合函數在某一點處的導數、梯度，以及漢森矩陣。它對使用者隱藏了煩瑣的求導細節和過程。目前知名的深度學習開放原始碼函數庫均提供了自動微分的功能，包含 TensorFlow、PyTorch 等。參考文獻[3]對機器學習中的自動微分技術進行了整體說明。

自動微分是介於符號微分和數值微分之間的一種方法。數值微分一開始就將引數的數值代入函數中，近似計算該點處的導數值；符號微分先獲得導數的運算式，最後才代入引數的值得到該點處的導數值。自動微分將符號微分應用於最基本的運算（或稱最小操作），如常數、冪函數、指數函數、對數函數、三角函數等基本函數，代入引數的值得到其導數值，作為中間結果進行保留。然後，根據這些基本運算單元的求導結果計算出整個函數的導數值。

與手動微分相比，自動微分有以下優勢。

（1）靈活性強。對各種神經網路結構的支援更為靈活，無須手動推導這些網路的梯度計算公式。

（2）開發效率高。導數的計算由框架自動進行，無須再手動推導並撰寫煩瑣的程式實現導數計算。

（3）不易出錯，將導數的計算納入到一個統一的框架，一次編碼，多處執行。

自動微分的靈活強，由於它只對基本函數或常數運用符號微分法則，因此可以靈活地結合程式語言的迴圈、分支等結構，根據連鎖律，借助於計算圖來計算出任意複雜函數的導數值。由於存在上述優點，因此該方法在現代深度學習函數庫中獲得廣泛使用。自動微分在實現時有正向模式和反向模式兩種方案，將在 8.1.2 節介紹。

3.7 泰勒公式

下面將泰勒公式推廣到多元函數。它建立了多元函數在某一點鄰域內的函數值與該點處各階偏導數的關係。

首先介紹多項式定理，是二項式定理的推廣。多個數求和之後的次方可以展開為

$$(u_1 + \cdots + u_m)^n = \sum_{p_1+\cdots+p_m=n} \frac{n!}{p_1! \cdots p_m!} u_1^{p_1} \cdots u_m^{p_m}$$

如果$m = 2$，即為二項式定理。

現在考慮如何用一個多元多項式近似代替某一多元函數。與一元函數類似， 建構一個多項式然後求其各階偏導數，並與函數的各階偏導數進行比較，可以獲得多項式的係數。下面直接列出結果。如果函數$f(x_1, \cdots, x_m)$在$\boldsymbol{a} = (a_1, \cdots, a_m)^{\mathrm{T}}$點處$n$階可導，在該點處的泰勒公式為

$$f(a_1 + \Delta x_1, \cdots, a_m + \Delta x_m)$$

$$= \sum_{p=0}^{n} \frac{1}{p!}\left(\Delta x_1 \frac{\partial}{\partial x_1} + \cdots + \Delta x_m \frac{\partial}{\partial x_m}\right)^p f(a_1, \cdots, a_m) + o(\| \Delta \boldsymbol{x} \|^n)$$

其中 $\Delta\boldsymbol{x}=(\Delta x_1,\cdots,\Delta x_m)^{\mathrm{T}}$ 是引數的增量。這裡約定，$(\Delta x_1\frac{\partial}{\partial x_1}+\cdots+\Delta x_m\frac{\partial}{\partial x_m})^p f(a_1,\cdots,a_m)$按照多項式定理展開為

$$\sum_{p_1+\cdots+p_m=p}\frac{p!}{p_1!\cdots p_m!}\Delta x_1^{p_1}\cdots\Delta x_m^{p_m}\frac{\partial^p f(a_1,\cdots,a_m)}{\partial x_1^{p_1}\cdots\partial x_m^{p_m}}$$

由所有p階偏導數組成。如果$p=0$，則有

$$\left(\Delta x_1\frac{\partial}{\partial x_1}+\cdots+\Delta x_m\frac{\partial}{\partial x_m}\right)^0 f(a_1,\cdots,a_m)=f(a_1,\cdots,a_m)$$

如果$p=1$，則有

$$\left(\Delta x_1\frac{\partial}{\partial x_1}+\cdots+\Delta x_m\frac{\partial}{\partial x_m}\right)^1 f(a_1,\cdots,a_m)=\sum_{i=1}^{m}\frac{\partial f}{\partial x_i}\Delta x_i$$

如果$p=2$，則有

$$\left(\Delta x_1\frac{\partial}{\partial x_1}+\cdots+\Delta x_m\frac{\partial}{\partial x_m}\right)^2 f(a_1,\cdots,a_m)=\sum_{i=1}^{m}\sum_{j=1}^{m}\frac{\partial^2 f}{\partial x_i\partial x_j}\Delta x_i\Delta x_j$$

因此二階泰勒公式為

$$f(a_1+\Delta x_1,\cdots,a_m+\Delta x_m)$$
$$=f(a_1,\cdots,a_m)+\sum_{i=1}^{m}\frac{\partial f}{\partial x_i}\Delta x_i+\frac{1}{2}\sum_{i=1}^{m}\sum_{j=1}^{m}\frac{\partial^2 f}{\partial x_i\partial x_j}\Delta x_i\Delta x_j+o(\|\Delta\boldsymbol{x}\|^2)$$

或寫成

$$f(x_1,\cdots,x_m)=f(a_1,\cdots,a_m)+\sum_{i=1}^{m}\frac{\partial f}{\partial x_i}(x_i-a_i)$$
$$+\frac{1}{2}\sum_{i=1}^{m}\sum_{j=1}^{m}\frac{\partial^2 f}{\partial x_i\partial x_j}(x_i-a_i)(x_j-a_j)+o(\|\boldsymbol{x}-\boldsymbol{a}\|^2)$$

泰勒多項式的常數項是在該點的函數值，一次項是該點的梯度值與引數增量的內積，二次項是以該點處的漢森矩陣為係數的二次型。寫成下面的矩陣形式更為簡潔。

$$f(\boldsymbol{x}) = f(\boldsymbol{a}) + (\nabla f(\boldsymbol{a}))^{\mathrm{T}}(\boldsymbol{x}-\boldsymbol{a}) + \frac{1}{2}(\boldsymbol{x}-\boldsymbol{a})^{\mathrm{T}}\boldsymbol{H}(\boldsymbol{x}-\boldsymbol{a}) + o(\|\boldsymbol{x}-\boldsymbol{a}\|^2) \quad (3.25)$$

其中$\boldsymbol{H}$為函數在點$\boldsymbol{a}$處的漢森矩陣，式 (3.25) 形式上與一元函數泰勒公式是統一的。一次項$(\nabla f(\boldsymbol{a}))^{\mathrm{T}}(\boldsymbol{x}-\boldsymbol{a})$對應一元函數泰勒公式中的$f'(a)(x-a)$。二次項$\frac{1}{2}(\boldsymbol{x}-\boldsymbol{a})^{\mathrm{T}}\boldsymbol{H}(\boldsymbol{x}-\boldsymbol{a})$對應一元函數泰勒公式中的$\frac{1}{2}f''(a)(x-a)^2$。因此非常容易記憶。

下面舉例說明。對以下的函數在(0,0)點處做二階泰勒展開

$$f(x,y) = \mathrm{e}^{xy}$$

在(0,0)點處的函數值為 1。首先計算其在(0,0)點處的一階偏導數

$$\frac{\partial f}{\partial x} = y\mathrm{e}^{xy}, \frac{\partial f}{\partial y} = x\mathrm{e}^{xy}$$

將(0,0)代入，獲得該點處的梯度為

$$\nabla f(0) = (0 \;\; 0)^{\mathrm{T}}$$

接下來計算其漢森矩陣

$$\begin{pmatrix} \frac{\partial^2 f}{\partial x^2} & \frac{\partial^2 f}{\partial x \partial y} \\ \frac{\partial^2 f}{\partial y \partial x} & \frac{\partial^2 f}{\partial x^2} \end{pmatrix} = \begin{pmatrix} y^2\mathrm{e}^{xy} & \mathrm{e}^{xy} + xy\mathrm{e}^{xy} \\ \mathrm{e}^{xy} + xy\mathrm{e}^{xy} & x^2\mathrm{e}^{xy} \end{pmatrix}$$

將(0,0)代入，獲得該點處的漢森矩陣為

$$\begin{pmatrix} 0 & 1 \\ 1 & 0 \end{pmatrix}$$

因此其二階泰勒展開為

$$f(\boldsymbol{x}) = 1 + \frac{1}{2}\boldsymbol{x}^{\mathrm{T}}\begin{pmatrix} 0 & 1 \\ 1 & 0 \end{pmatrix}\boldsymbol{x} + o(\|\boldsymbol{x}\|^2)$$

利用泰勒公式可以推導出多元函數極值的判別法則。對於函數$f(\boldsymbol{x})$，如果$\boldsymbol{x} = \boldsymbol{a}$是其駐點，則在該點處的泰勒展開為

$$f(\boldsymbol{a}+\boldsymbol{h}) = f(\boldsymbol{a}) + (\nabla f(\boldsymbol{a}))^{\mathrm{T}}\boldsymbol{h} + \frac{1}{2}\boldsymbol{h}^{\mathrm{T}}\boldsymbol{H}\boldsymbol{h} + o(\| \boldsymbol{h} \|^2)$$

$$= f(\boldsymbol{a}) + \frac{1}{2}\boldsymbol{h}^{\mathrm{T}}\boldsymbol{H}\boldsymbol{h} + o(\|\ \boldsymbol{h}\ \|^2)$$

其中$\boldsymbol{h}$為引數的增量。如果在$\boldsymbol{a}$處漢森矩陣$\boldsymbol{H}$正定，則對於任意非0的$\boldsymbol{h}$都有

$$\boldsymbol{h}^{\mathrm{T}}\boldsymbol{H}\boldsymbol{h} > 0$$

如果$\boldsymbol{h}$足夠小，則泰勒展開中的高階無窮小可以忽略，進一步獲得

$$f(\boldsymbol{a}+\boldsymbol{h}) - f(\boldsymbol{a}) = \frac{1}{2}\boldsymbol{h}^{\mathrm{T}}\boldsymbol{H}\boldsymbol{h} + o(\|\ \boldsymbol{h}\ \|^2) > 0$$

即$\boldsymbol{a}$的δ去心鄰域內的任意點$\boldsymbol{a}+\boldsymbol{h}$處的函數值都大於點$\boldsymbol{a}$處的函數值，因此$\boldsymbol{a}$是一個極小值點。

如果在$\boldsymbol{a}$處漢森矩陣$\boldsymbol{H}$負定，則對於任意的$\boldsymbol{h}$都有

$$\boldsymbol{h}^{\mathrm{T}}\boldsymbol{H}\boldsymbol{h} < 0$$

如果$\boldsymbol{h}$足夠小，則泰勒展開中的高階無窮小可以忽略，進一步獲得

$$f(\boldsymbol{a}+\boldsymbol{h}) - f(\boldsymbol{a}) = \frac{1}{2}\boldsymbol{h}^{\mathrm{T}}\boldsymbol{H}\boldsymbol{h} + o(\|\ \boldsymbol{h}\ \|^2) < 0$$

即$\boldsymbol{a}$的δ去心鄰域內的任意點$\boldsymbol{a}+\boldsymbol{h}$處的函數值都小於點$\boldsymbol{a}$處的函數值，因此$\boldsymbol{a}$是一個極大值點。

在求解最佳化問題的數值演算法中，通常用泰勒多項式近似代替目標函數，梯度下降法使用一階泰勒展開，牛頓法與擬牛頓法使用二階泰勒展開，式 (3.25) 是推導這些演算法的基礎。

3.8 多重積分

多重積分是定積分對多元函數的推廣。對於二元函數為二重積分；對於三元函數為三重積分；可以依此類推到引數為任意維數的函數。在計算時，通常將多重積分轉為累次的一元積分，依次計算。一元函數定積分的代換法也可以推廣到多元函數的情況，借助於雅可比行列式，形式上是統一

的。典型的是二重積分的極座標轉換，三重積分的球座標和柱座標轉換。

3.8.1 二重積分

假設D為二維平面（xy平面）內可求面積的封閉區域，函數$z = f(x, y)$在該區域內有定義且連續。我們要計算以D為底，以曲面$z = f(x, y)$為頂的曲頂柱體體積。如果D為一個矩形區域，則如圖 3.9 所示。

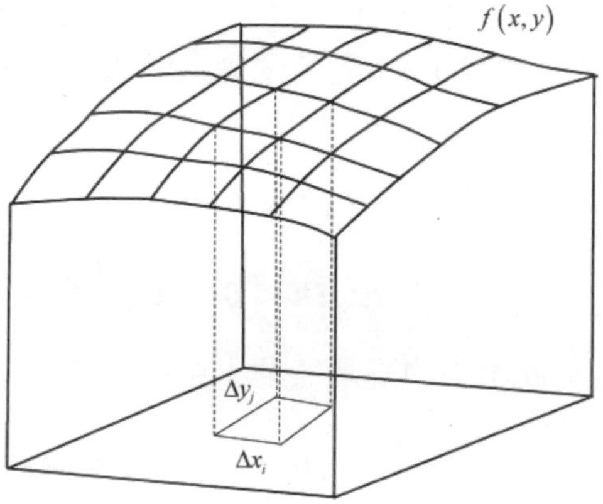

圖 3.9 二重積分的幾何意義

仿照定積分的做法，將區域D劃分為許多可求面積的小區塊$D_1, \cdots, D_p$，將D_i的面積記為$\Delta\sigma_i$。在D_i內取一點(ξ_i, η_i)，則$f(\xi_i, \eta_i)\Delta\sigma_i$可以作為以$D_i$為底，以$z = f(x, y)$為頂的小曲頂柱體體積的近似值，將這些小柱體的體累積加即可獲得整個曲頂柱體體積的近似值

$$\sum_{i=1}^{p} f(\xi_i, \eta_i)\Delta\sigma_i$$

分割得越精細，逼近程度越高。如果分割得足夠細，且函數滿足一定的條件，則上面的和的極限就是該曲頂柱體的體積

$$\lim_{\Delta\sigma\to 0}\sum_{i=1}^{p} f(\xi_i, \eta_i)\Delta\sigma_i$$

這個極限就是二重積分，記為

$$\iint_D f(x,y)\mathrm{d}\sigma$$

下面考慮一種特殊的區域分割方式。對區域D用平行於x軸和y軸的線進行分割，在x軸方向的分割點為$x_0,x_1,\cdots,x_m$，在y軸方向的分割點為$y_0,y_1,\cdots,y_n$。令$\Delta x_i=x_i-x_{i-1}$，$\Delta y_j=y_j-y_{j-1}$，則小區域為矩形，其面積為$\Delta\sigma_k=\Delta x_i\times\Delta y_j$，上面的極限可以寫成

$$\lim_{\Delta x,\Delta y\to 0}\sum_{i=1}^{m}\sum_{j=1}^{n}f(\xi_{ij},\eta_{ij})\Delta x_i\Delta y_j$$

在這裡，矩形的邊長$\Delta x,\Delta y$都趨向於 0。與上面的極限相對應，二重積分可以記為

$$\iint_D f(x,y)\mathrm{d}x\mathrm{d}y \tag{3.26}$$

或寫成

$$\iint_D f(x,y)\mathrm{d}(x,y)$$

這裡稱$\mathrm{d}x\mathrm{d}y$為面積元。二重積分具有與定積分類似的各種性質，在這裡不重複說明。

在計算時，一般轉化成兩次定積分，稱為累次積分，對任意一個變數先進行積分均可。對於式 (3.26) 的二重積分，可按下面的累次積分進行計算

$$\iint_D f(x,y)\mathrm{d}x\mathrm{d}y=\int_V\left(\int_W f(x,y)\mathrm{d}y\right)\mathrm{d}x=\int_W\left(\int_V f(x,y)\mathrm{d}x\right)\mathrm{d}y \tag{3.27}$$

其中V為x的區間範圍，W為y的區間範圍。如果先對y進行積分，則W的下界和上界一般情況下是x的函數，V的下界和上界為常數。因此有

$$\iint_D f(x,y)\mathrm{d}x\mathrm{d}y=\int_a^b\left(\int_{\varphi(x)}^{\psi(x)} f(x,y)\mathrm{d}y\right)\mathrm{d}x \tag{3.28}$$

這種累次積分的區間如圖 3.10 所示。對y積分時將x看作常數。

假設D為$y=x^2$與$y=x$圍成的區域，計算下面的二重積分

$$\iint_D (x^2+y^2)\mathrm{d}x\mathrm{d}y$$

曲線$y=x^2$與$y=x$的交點為(0,0)與(1,1)，積分區域如圖 3.11 所示。

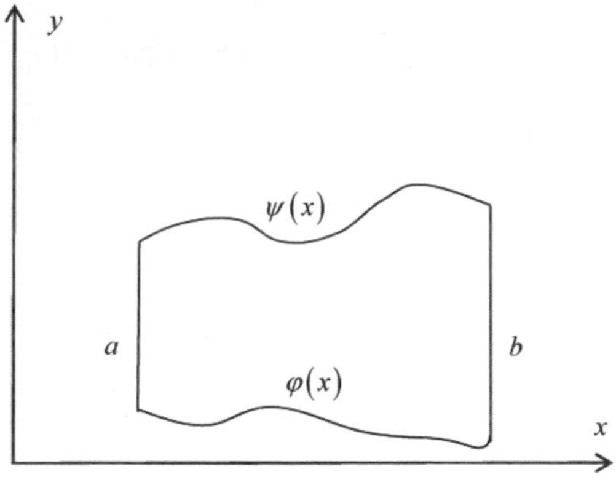

圖 3.10 二重積分轉化為累次積分時的區間

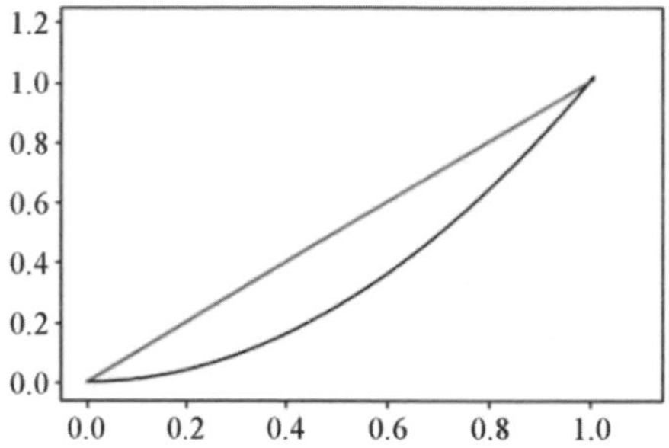

圖 3.11 二重積分的積分區域

選擇先對y積分，再對x積分，有

$$\iint_D (x^2+y^2)\mathrm{d}x\mathrm{d}y = \int_0^1 \int_{x^2}^{x} (x^2+y^2)\mathrm{d}y\mathrm{d}x = \int_0^1 \left(x^2y + \frac{1}{3}y^3\Big|_{x^2}^{x} \right)\mathrm{d}x$$

$$= \int_0^1 \left(x^3 - x^4 + \frac{1}{3}x^3 - \frac{1}{3}x^6 \right)\mathrm{d}x = \frac{1}{3}x^4 - \frac{1}{5}x^5 - \frac{1}{21}x^7\Big|_0^1 = \frac{2}{7} - \frac{1}{5} = \frac{3}{35}$$

也可以先對x積分再對y積分，結果是相同的。

積分區域D為$x^2+y^2 \leqslant 2ax$與$x^2+y^2 \leqslant 2ay$的公共部分（$a>0$），將下面的二重積分化為累次積分

$$\iint_D f(x,y)\mathrm{d}x\mathrm{d}y$$

$x^2+y^2 \leqslant 2ax$與$x^2+y^2 \leqslant 2ay$是兩個半徑均為a的圓，其圓心分別為$(a,0)$與$(0,a)$，它們的交點為(0,0)與(a,a)。積分區域的影像如圖 3.12 所示。

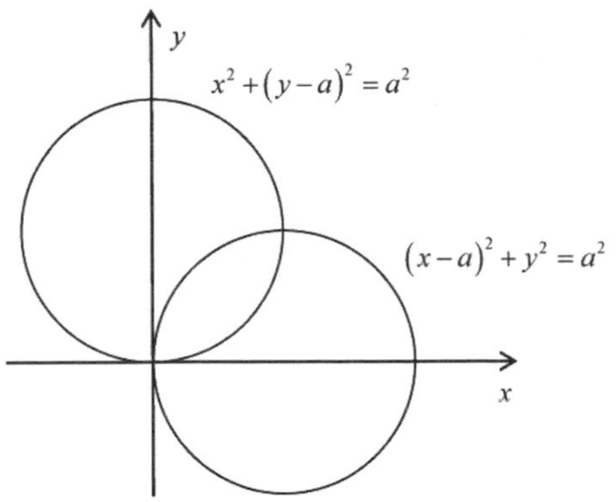

圖 3.12 二重積分的積分區域

如果選擇先對y積分，則有

$$\iint_D f(x,y)\mathrm{d}x\mathrm{d}y=\int_0^a \mathrm{d}x\int_{a-\sqrt{a^2-x^2}}^{\sqrt{2ax-x^2}} f(x,y)\mathrm{d}y$$

如果先對x積分，則有

$$\iint_D f(x,y)\mathrm{d}x\mathrm{d}y=\int_0^a \mathrm{d}y\int_{a-\sqrt{a^2-y^2}}^{\sqrt{2ay-y^2}} f(x,y)\mathrm{d}x$$

二重積分的積分區域可以為無窮，被積函數可以無界，與一元函數的廣義積分類似。使用累次積分的策略，可以化為一元的廣義積分。

與定積分類似，某些二重積分難以直接計算，此時可以採用代換法。極座標轉換是一種常用的代換法，用於計算某些在直角座標系下難以計算的二重積分，這可以看作定積分代換法對二元函數的推廣。

令$x=r\cos\theta$且$y=r\sin\theta$，則可將積分從直角座標系轉換到極座標系，轉換公式為

$$\iint_D f(x,y)\mathrm{d}x\mathrm{d}y=\iint_{D'} f(r\cos\theta,r\sin\theta)r\mathrm{d}r\mathrm{d}\theta \tag{3.29}$$

其中D'為D在極座標系下對應的區域，由r,θ的下界和上界組成。式 (3.29) 右側的被積函數中多出了r這一項，在 3.8.3 節中我們將進行推導。在極座標系下，同樣需要轉為累次積分計算。

下面用極座標轉換來計算一個重要的積分。對於以下的二重積分

$$\int_{-\infty}^{+\infty}\int_{-\infty}^{+\infty} \mathrm{e}^{-x^2-y^2}\mathrm{d}x\mathrm{d}y$$

其被積函數稱為二維高斯函數，在機率論中被廣泛使用，正態分佈的機率密度函數具有這種形式。其被積函數形狀如圖 3.13 所示。

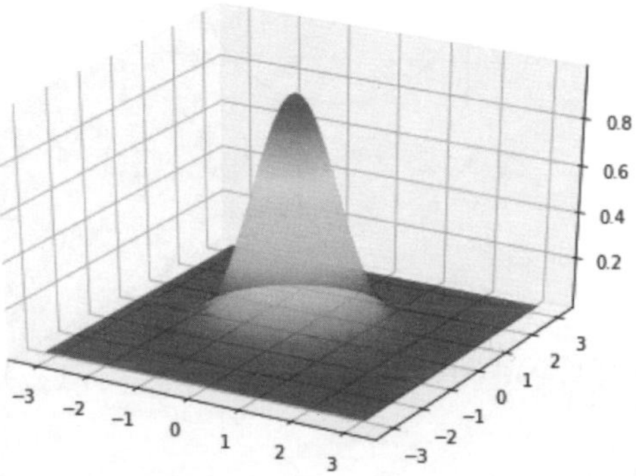

圖 3.13 二維高斯函數的形狀

採用極座標轉換，因為$-x^2-y^2=-r^2$，在極座標系下的積分區域為

$$D' = \{(r,\theta)|0 \leqslant \theta \leqslant 2, 0 \leqslant r < +\infty\}$$

因此有

$$\int_{-\infty}^{+\infty}\int_{-\infty}^{+\infty} \mathrm{e}^{-x^2-y^2}\mathrm{d}x\mathrm{d}y = \int_0^2\int_0^{+\infty} \mathrm{e}^{-r^2} r\mathrm{d}r\mathrm{d}\theta = \int_0^2 \left(-\frac{1}{2}\mathrm{e}^{-r^2}|_0^{+\infty}\right)\mathrm{d}\theta = \int_0^2 \frac{1}{2}\mathrm{d}\theta$$

$$= \pi$$

而

$$\int_{-\infty}^{+\infty}\int_{-\infty}^{+\infty} \mathrm{e}^{-x^2-y^2}\mathrm{d}x\mathrm{d}y = \int_{-\infty}^{+\infty}\int_{-\infty}^{+\infty} \mathrm{e}^{-x^2}\mathrm{e}^{-y^2}\mathrm{d}x\mathrm{d}y = \left(\int_{-\infty}^{+\infty} \mathrm{e}^{-x^2}\mathrm{d}x\right)\left(\int_{-\infty}^{+\infty} \mathrm{e}^{-y^2}\mathrm{d}y\right)$$

由此可得

$$\int_{-\infty}^{+\infty} \mathrm{e}^{-x^2}\mathrm{d}x = \sqrt{\pi} \tag{3.30}$$

在 5.3.6 節正態分佈以及 5.5.5 節多維正態分佈中將使用此結果。

3.8.2 三重積分

有三維空間的封閉區域D，函數$f(x,y,z)$在該區域內有定義且連續，其值為(x,y,z)點處的密度。我們要計算區域D內物體的質量。仿照 3.8.1 節的方法，將區域D分割成小區域$D_1, D_2, \cdots, D_p$，假設D_i的體積為Δv_i。在D_i內任取一點(ξ_i, η_i, ζ_i)，該區域的質量近似為$f(\xi_i, \eta_i, \zeta_i)\Delta v_i$。整個區域的質量近似為

$$\sum_{i=1}^{p} f(\xi_i, \eta_i, \zeta_i)\Delta v_i$$

如果劃分得足夠細，且函數滿足一定的條件，則下面的極限即為我們要計算的質量

$$\lim_{\Delta v \to 0} \sum_{i=1}^{p} f(\xi_i, \eta_i, \zeta_i)\Delta v_i$$

此極限可以記為

$$\iiint_D f(x,y,z)\mathrm{d}v$$

稱為三重積分。如果用平行於x, y, z軸的平面對D進行分割，則小區域為長方體，其體積為$\Delta v_t = \Delta x_i \times \Delta y_j \times \Delta z_k$，上面的極限可以寫成

$$\lim_{\Delta x, \Delta y, \Delta z \to 0} \sum_{i=1}^{m} \sum_{j=1}^{n} \sum_{k=1}^{l} f(\xi_{ijk}, \eta_{ijk}, \zeta_{ijk})\Delta x_i \Delta y_j \Delta z_k$$

對應地，三重積分可以記為

$$\iiint_D f(x,y,z)\mathrm{d}x\mathrm{d}y\mathrm{d}z \tag{3.31}$$

或寫成

$$\iiint_D f(x,y,z)\mathrm{d}(x,y,z)$$

同樣，三重積分可以轉為累次積分進行計算。如果選擇按照z, y, x的順序進行積分，z的上下限是x, y的函數，y的上下限是x的函數。積分區域可以寫成

$$D = \left\{(x, y, z)\middle|\varphi(x, y) \leqslant z \leqslant \psi(x, y), (x, y) \in D_{xy}\right\}$$

$$D_{xy} = \{(x, y)|\varphi(x) \leqslant y \leqslant \psi(x), \varphi \leqslant x \leqslant \psi\}$$

式 (3.31) 的三重積分轉為累計積分後為

$$\iiint_D f(x, y, z)\mathrm{d}x\mathrm{d}y\mathrm{d}z = \int_{\varphi}^{\psi} \mathrm{d}x \int_{\varphi(x)}^{\psi(x)} \mathrm{d}y \int_{\varphi(x,y)}^{\psi(x,y)} f(x, y, z)\mathrm{d}z \tag{3.32}$$

按照其他的順序進行積分也是可以的。對z積分時將x和y看作常數。

積分區域D由 3 個座標面以及平面$x + y + 2z = 2$圍成，計算下面的三重積分

$$\iiint_D x\mathrm{d}x\mathrm{d}y\mathrm{d}z$$

積分區域可以寫成

$$D = \{(x, y, z)|0 \leqslant z \leqslant 1 - \frac{1}{2}(x + y), (x, y) \in D_{xy}\}$$

$$D_{xy} = \{(x, y)|x \geqslant 0, y \geqslant 0, x \leqslant 2 - y\}$$

如圖 3.14 所示。

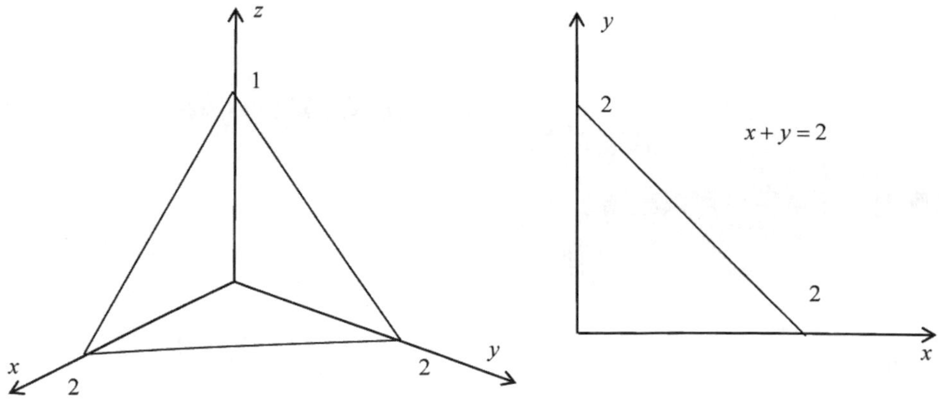

圖 3.14 三重積分的積分區域

因此有

$$\iiint_D x\mathrm{d}x\mathrm{d}y\mathrm{d}z = \iint_{D_{xy}} \mathrm{d}x\mathrm{d}y \int_0^{1-\frac{1}{2}(x+y)} x\mathrm{d}z = \iint_{D_{xy}} \left(1 - \frac{1}{2}(x+y)\right) x\mathrm{d}x\mathrm{d}y$$

$$= \int_0^2 \mathrm{d}y \int_0^{2-y} \left(1 - \frac{1}{2}(x+y)\right) x\mathrm{d}x = \int_0^2 \left(\left(1 - \frac{1}{2}y\right)\frac{1}{2}x^2 - \frac{1}{6}x^3\right)\Bigg|_0^{2-y} \mathrm{d}y$$

$$= \frac{1}{12}\int_0^2 (2-y)^3 \mathrm{d}y = \frac{1}{3}$$

對於某些在直角座標系下難以計算的三重積分，可以用球座標轉換和柱座標轉換進行計算。如果令

$$x = r\cos\theta\sin\phi \quad y = r\sin\theta\sin\phi \quad z = r\cos\phi$$

則可將三重積分轉換到球座標系上計算。

如圖 3.15 所示，點A在直角座標系下的座標為(x, y, z)，在這裡r為A與原點的距離，ϕ為原點與A之間的連線OA與z軸正半軸的夾角，類似於緯度（與緯度剛好互補），如果A在x, y平面內的投影為B，則θ為OB與x正半軸的夾角，類似於經度。球座標系下各分量的設定值範圍為

$$0 \leqslant r \leqslant +\infty 0 \leqslant \phi \leqslant 0 \leqslant \theta \leqslant 2$$

三重積分從直角座標系轉換到球座標系的公式為

$$\iiint_D f(x, y, z)\mathrm{d}x\mathrm{d}y\mathrm{d}z = \iiint_{D'} f(r\cos\theta\sin\phi, r\sin\theta\sin\phi, r\cos\phi) r^2 \sin\phi \mathrm{d}r\mathrm{d}\theta\mathrm{d}\phi \quad (3.33)$$

其中D'為D在球座標系下對應的區域。式 (3.33) 右側積分函數中多出了$r^2\sin\phi$這一項，在 3.8.3 節將進行推導。

用球座標轉換計算下面的積分

$$\iiint_D (x^2 + y^2 + z^2)\mathrm{d}x\mathrm{d}y\mathrm{d}z$$

其中D是由圓錐$z = \sqrt{x^2 + y^2}$與球面$x^2 + y^2 + z^2 = a^2$所圍成的區域。球面決定了r的變化範圍，圓錐決定了ϕ的變化範圍，在球座標系下的積分區域為

$$D' = \{(r, \theta, \phi)|0 \leqslant r \leqslant a, 0 \leqslant \theta \leqslant 2,0 \leqslant \phi \leqslant/4\}$$

由於$x^2 + y^2 + z^2 = r^2$，使用球座標轉換有

$$\iiint_D (x^2 + y^2 + z^2)\mathrm{d}x\mathrm{d}y\mathrm{d}z = \int_0^{\frac{\pi}{4}} \mathrm{d}\phi \int_0^2 \mathrm{d}\theta \int_0^a r^4 \cos\phi \mathrm{d}r = \frac{2 - \sqrt{2}}{5} a^5$$

積分區域D為$x^2 + y^2 + z^2 \leqslant 2z$，用球座標轉換計算下面的積分

$$\iiint_D \left(\sqrt{x^2 + y^2 + z^2}\right)^5 \mathrm{d}x\mathrm{d}y\mathrm{d}z$$

積分區域是球體$x^2 + y^2 + (z-1)^2 = 1$。在極座標系下的積分區域為

$$D' = \left\{(r, \phi, \theta) \middle| 0 \leqslant \theta \leqslant 2,0 \leqslant \phi \leqslant \frac{\pi}{2}, 0 \leqslant r \leqslant 2\cos\phi\right\}$$

因此有

$$\iiint_D \left(\sqrt{x^2 + y^2 + z^2}\right)^5 \mathrm{d}x\mathrm{d}y\mathrm{d}z = \int_0^2 \mathrm{d}\theta \int_0^{\frac{\pi}{2}} \mathrm{d}\phi \int_0^{2\cos\phi} r^5 \cdot r^2 \sin\phi \mathrm{d}r$$

$$= 2\int_0^{\frac{\pi}{2}} \sin\phi \frac{1}{8} r^8 \Big|_0^{2\cos\phi} \mathrm{d}\phi = -\frac{\pi}{4}\int_0^{\frac{\pi}{2}} 64\cos^8\phi \mathrm{d}\cos\phi = \frac{64}{9}$$

將極座標轉換推廣到三維空間，保持z座標不變，可以獲得柱座標轉換。由柱座標系到直角座標系的轉換公式為

$$x = r\cos\theta \qquad y = r\sin\theta \qquad z = z$$

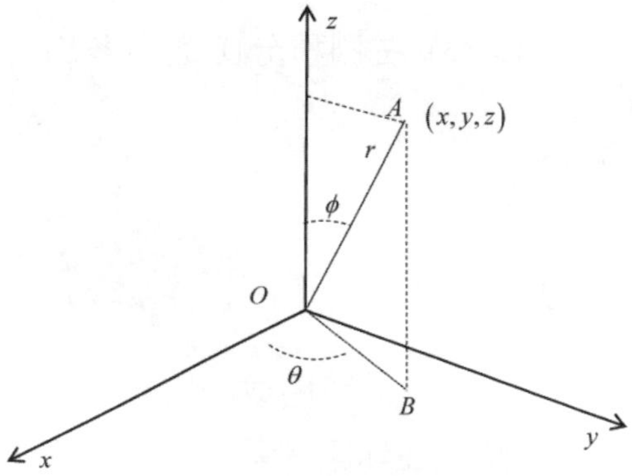

圖 3.15　球座標系

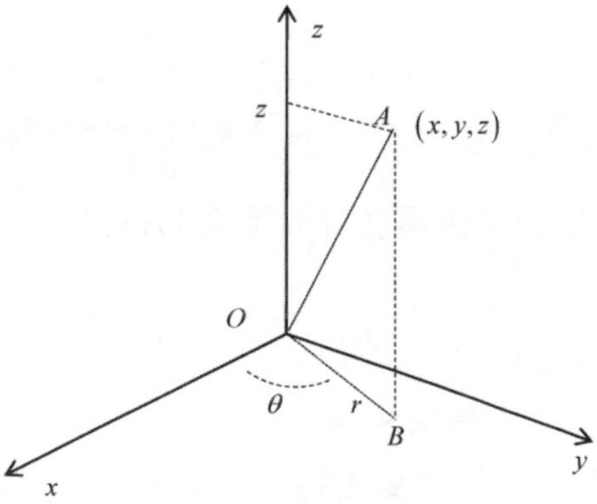

圖 3.16 柱座標系

點A在直角座標系下的座標為(x,y,z)，其在xy平面的投影為B，如圖 3.16 所示，則柱座標系下的座標z仍然為直角座標系下的z。r為B到原點的距離，θ為OB與x軸正半軸的夾角。

柱座標系下各分量的變動範圍為

$$0 \leqslant r \leqslant +\infty 0 \leqslant \theta \leqslant 2 - \infty < z < +\infty$$

從直角座標系到柱座標系的轉換公式為

$$\iiint_D f(x,y,z)\mathrm{d}x\mathrm{d}y\mathrm{d}z = \iiint_{D'} f(r\cos\theta, r\sin\theta, z) r\mathrm{d}r\mathrm{d}\theta\mathrm{d}z \qquad (3.34)$$

其中D'為D在柱座標系下對應的區域。式 (3.34) 右側的被積函數中多出了r這一項，與極座標轉換相同。

積分區域為$D: x^2 + y^2 \leqslant 2z, z \leqslant 2$，用柱座標轉換計算下面的積分

$$\iiint_D (x^2 + y^2)\mathrm{d}x\mathrm{d}y\mathrm{d}z$$

積分區域是旋轉拋物面$x^2 + y^2 = 2z$與平面$z \leqslant 2$所圍成的區域，前者為z的下限，後者為z的上限。採用柱座標轉換，則積分區域在柱座標系下為

$$D' = \left\{(r,\theta,z) \middle| \frac{1}{2}r^2 \leqslant z \leqslant 2, 0 \leqslant r \leqslant 2, 0 \leqslant \theta \leqslant 2\right\}$$

由於$x^2 + y^2 = r^2$，因此有

$$\iiint_D (x^2 + y^2)\mathrm{d}x\mathrm{d}y\mathrm{d}z = \iiint_{D'} r^2 \cdot r\mathrm{d}r\mathrm{d}\theta\mathrm{d}z$$

$$= \int_0^2 \mathrm{d}\theta \int_0^2 \mathrm{d}r \int_{\frac{1}{2}r^2}^2 r^3 \mathrm{d}z = 2\int_0^2 r^3\left(2 - \frac{1}{2}r2\right)\mathrm{d}r = \frac{16}{3}$$

3.8.3 n重積分

對二重積分和三重積分進行推廣可以獲得n重積分。n重積分記為

$$\int \cdots \int_D f(x_1, \cdots, x_n)\mathrm{d}x_1 \cdots \mathrm{d}x_n$$

其中D為$\mathbb{R}^n$空間中的封閉區域。上面的積分也可以寫成

$$\int \cdots \int_D f(x_1,\cdots,x_n)\mathrm{d}(x_1,\cdots,x_n)$$

在計算時，同樣轉化成累次積分，對x_i積分時將$x_1,\cdots,x_{i-1}$看作常數

$$\int \cdots \int_D f(x_1,\cdots,x_n)\mathrm{d}x_1 \cdots \mathrm{d}x_n = \int_\varphi^\psi \mathrm{d}x_1 \int_{\varphi(x_1)}^{\psi(x_1)} \mathrm{d}x_2 \cdots \int_{\varphi(x_1,\cdots,x_{n-1})}^{\psi(x_1,\cdots,x_{n-1})} f(x_1,\cdots,x_n)\mathrm{d}x_n \tag{3.35}$$

其中φ和ψ分別為積分下界和上界。為簡化表述，在本書的後續章節中將多重積分記為

$$\int_D f(\boldsymbol{x})\mathrm{d}\boldsymbol{x}$$

下面計算一個重要的n重積分

$$\begin{aligned}\int_{\mathbb{R}^n} \exp\left(-\boldsymbol{x}^\mathrm{T}\boldsymbol{x}\right)\mathrm{d}\boldsymbol{x} &= \int_{-\infty}^{+\infty} \cdots \int_{-\infty}^{+\infty} \mathrm{e}^{-x_1^2-x_2^2-\cdots-x_n^2}\mathrm{d}x_1 \cdots \mathrm{d}x_n \\ &= \int_{-\infty}^{+\infty} \mathrm{e}^{-x_1^2}\mathrm{d}x_1 \cdots \int_{-\infty}^{+\infty} \mathrm{e}^{-x_n^2}\mathrm{d}x_n \\ &=^{n/2}\end{aligned}$$

這裡使用了式 (3.30) 的結論，這一結果將用於多維正態分佈。

下面介紹多重積分的代換法。首先回顧一元函數積分代換法。有閉區間$I=[\alpha,\beta]$，$\varphi(t)$是一個連續可微函數且滿足

$$\varphi'(t) \neq 0, \alpha < t < \beta$$

假設$f(x)$在區間$\varphi(I)$內連續，如果$\varphi(t)$單調增即$\varphi'(t) > 0$，令$x=\varphi(t)$，則有

$$\int_{\varphi(\alpha)}^{\varphi(\beta)} f(x)\mathrm{d}x = \int_\alpha^\beta f(\varphi(t))\varphi'(t)\mathrm{d}t$$

如果$\varphi(t)$單調減即$\varphi'(t) < 0$，則積分上下限需要互換，有

$$\int_{\varphi(\beta)}^{\varphi(\alpha)} f(x)\mathrm{d}x = \int_{\alpha}^{\beta} f(\varphi(t))\varphi'(t)\mathrm{d}t$$

即

$$\int_{\varphi(\alpha)}^{\varphi(\beta)} f(x)\mathrm{d}x = -\int_{\alpha}^{\beta} f(\varphi(t))\varphi'(t)\mathrm{d}t$$

綜合這兩種情況，可以寫成

$$\int_{\varphi(\alpha)}^{\varphi(\beta)} f(x)\mathrm{d}x = \int_{\alpha}^{\beta} f(\varphi(t))|\varphi'(t)|\mathrm{d}t \tag{3.36}$$

對於多元積分有類似的代換法則。對多重積分進行以下的$\mathbb{R}^n \to \mathbb{R}^n$轉換

$$\boldsymbol{x} = \varphi(\boldsymbol{y})$$

如果該轉換的雅可比行列式非 0

$$\det\left(\frac{\partial \boldsymbol{x}}{\partial \boldsymbol{y}}\right) \neq 0$$

借助於雅可比行列式，多重積分的轉換公式為

$$\iint \cdots \int_D f(\boldsymbol{x})\mathrm{d}\boldsymbol{x} = \iint \cdots \int_{D'} f(\varphi(\boldsymbol{y})) \left|\det\left(\frac{\partial \boldsymbol{x}}{\partial \boldsymbol{y}}\right)\right| \mathrm{d}\boldsymbol{y} \tag{3.37}$$

其中D'為轉換後的積分區域，$\left|\det\left(\frac{\partial \boldsymbol{x}}{\partial \boldsymbol{y}}\right)\right|$為此轉換的雅可比行列式的絕對值。式 (3.36) 與式 (3.37) 形式上是統一的，在這裡，雅可比行列式充當了一元函數積分代換公式中一階導數的角色。

對於二重積分，使用轉換

$$x = g_1(u, v) \quad y = g_2(u, v)$$

雅可比行列式為

$$\det\left(\frac{\partial(x, y)}{\partial(u, v)}\right) = \begin{vmatrix} \frac{\partial x}{\partial u} & \frac{\partial x}{\partial v} \\ \frac{\partial y}{\partial u} & \frac{\partial y}{\partial v} \end{vmatrix}$$

式 (3.37) 變為

$$\iint_D f(x,y)\mathrm{d}x\mathrm{d}y = \iint_{D'} f(g_1(u,v), g_2(u,v)) \left|\det\left(\frac{\partial(x,y)}{\partial(u,v)}\right)\right| \mathrm{d}u\mathrm{d}v$$

二重積分的極座標轉換，三重積分的球座標轉換、柱座標轉換是式 (3.37) 的特例。對於極座標轉換，雅可比行列式為

$$\left|\frac{\partial(x,y)}{\partial(r,\theta)}\right| = \begin{vmatrix} \cos\theta & -r\sin\theta \\ \sin\theta & r\cos\theta \end{vmatrix} = r$$

對於球座標轉換，雅可比行列式為

$$\left|\frac{\partial(x,y,z)}{\partial(r,\theta,\phi)}\right| = \begin{vmatrix} \cos\theta\sin\phi & -r\sin\theta\sin\phi & r\cos\theta\cos\phi \\ \sin\theta\sin\phi & r\cos\theta\sin\phi & r\sin\theta\cos\phi \\ \cos\phi & 0 & -r\sin\phi \end{vmatrix} = -r^2\sin\phi$$

對於柱座標轉換，雅可比行列式為

$$\left|\frac{\partial(x,y,z)}{\partial(r,\theta,z)}\right| = \begin{vmatrix} \cos\theta & -r\sin\theta & 0 \\ \sin\theta & r\cos\theta & 0 \\ 0 & 0 & 1 \end{vmatrix} = r$$

下面舉例說明多元函數積分代換法的使用。對於下面的二重積分

$$\iint_D \sqrt{\frac{x^2}{a^2} + \frac{y^2}{b^2}}\mathrm{d}x\mathrm{d}y$$

其中D為$\frac{x^2}{a^2} + \frac{y^2}{b^2} \leqslant 1$。進行以下轉換

$$x = ar\cos\theta, y = br\sin\theta$$

則

$$\sqrt{\frac{x^2}{a^2} + \frac{y^2}{b^2}} = \sqrt{\frac{a^2r^2\cos^2\theta}{a^2} + \frac{b^2r^2\sin^2\theta}{b^2}} = r$$

該轉換的雅可比行列式為

$$\left|\frac{\partial(x,y)}{\partial(r,\theta)}\right| = \begin{vmatrix} a\cos\theta & -ar\sin\theta \\ b\sin\theta & br\cos\theta \end{vmatrix} = abr$$

轉換之後的積分區域為$D'=\{(r,\theta)|0\leqslant r\leqslant 1,0\leqslant\theta\leqslant 2\}$。因此有

$$\iint_D\sqrt{\frac{x^2}{a^2}+\frac{y^2}{b^2}}\mathrm{d}x\mathrm{d}y=\int_0^2\int_0^1 r\left|\det\left(\frac{\partial(x,y)}{\partial(r,\theta)}\right)\right|\mathrm{d}r\mathrm{d}\theta=\int_0^2\int_0^1 abr^2\mathrm{d}r\mathrm{d}\theta=\frac{2}{3}ab$$

用代換法計算下面的積分

$$\iiint_D(x+y-z)(-x+y+z)(x-y+z)\mathrm{d}x\mathrm{d}y\mathrm{d}z$$

區域D為

$$0\leqslant x+y-z\leqslant 1,0\leqslant -x+y+z\leqslant 1,0\leqslant x-y+z\leqslant 1$$

進行以下轉換

$$u=x+y-z,v=-x+y+z,w=x-y+z$$

其雅可比行列式為

$$\det\left(\frac{\partial(u,v,w)}{\partial(x,y,z)}\right)=\begin{vmatrix}1&1&-1\\-1&1&1\\1&-1&1\end{vmatrix}=4$$

逆轉換的雅可比行列式為其逆

$$\det\left(\frac{\partial(x,y,z)}{\partial(u,v,w)}\right)=\frac{1}{4}$$

轉換之後的積分區域為$D'=\{(u,v,w)|0\leqslant u\leqslant 1,0\leqslant v\leqslant 1,0\leqslant w\leqslant 1\}$。因此有

$$\iiint_D(x+y-z)(-x+y+z)(x-y+z)\mathrm{d}x\mathrm{d}y\mathrm{d}z$$

$$=\frac{1}{4}\int_0^1\int_0^1\int_0^1 uvw\mathrm{d}u\mathrm{d}v\mathrm{d}w=\frac{1}{32}$$

3.9 無窮級數

無窮級數是常數列或函數列無窮多項求和的結果，是研究函數性質以及實現數值演算法的有力工具。本節介紹常數項級數與函數項級數的核心知識，它們將被用於機率論、隨機過程以及強化學習。

3.9.1 常數項級數

常數項級數是對常數列的所有項求和的結果。對於常數項數列

$$a_1, a_2, \cdots, a_n, \cdots$$

其所有項求和的結果稱為無窮級數

$$a_1 + a_2 + \cdots + a_n + \cdots$$

記為$\sum_{n=1}^{+\infty} a_n$，在這裡，a_n稱為級數的一般項。如果$a_n \geqslant 0$，則稱該級數為正項級數。數列$\{a_n\}$的前n項和稱為級數的部分和，記為

$$s_n = a_1 + a_2 + \cdots + a_n$$

這些部分和$s_1, \cdots, s_n, \cdots$組成一個新的數列。對於正項級數，部分和數列是一個單調遞增的數列。根據部分和數列的收斂性可以定義無窮級數的收斂性。如果級數$\sum_{n=1}^{+\infty} a_n$的部分和數列$\{s_n\}$的極限存在，即

$$\lim_{n \to +\infty} s_n = s$$

則稱級數$\sum_{n=1}^{+\infty} a_n$收斂，數列$\{s_n\}$的極限s稱為級數的和。如果$\{s_n\}$的極限不存在，則稱級數$\sum_{n=1}^{+\infty} a_n$發散。

對於下面的級數

$$1 + 2 + \cdots + n + \cdots$$

它的部分和為

$$s_n = 1 + 2 + \cdots + n = \frac{1}{2}n(n+1)$$

由於

$$\lim_{n\to+\infty} s_n = +\infty$$

因此該級數發散。

對於下面的等比級數（也稱為幾何級數），其中$a \neq 0$

$$\sum_{n=0}^{+\infty} aq^n = a + aq + aq^2 + \cdots + aq^n + \cdots$$

如果$q \neq 1$，根據等比數列的求和公式，則其部分和為

$$s_n = a + aq + aq^2 + \cdots + aq^n = a\frac{1-q^{n+1}}{1-q}$$

如果$|q| < 1$，則

$$\lim_{n\to+\infty} a\frac{1-q^{n+1}}{1-q} = \frac{a}{1-q}$$

此時級數收斂於$\frac{a}{1-q}$。如果$|q| > 1$，則

$$\lim_{n\to+\infty} a\frac{1-q^{n+1}}{1-q} = \infty$$

此時級數發散。當$q = 1$時，$s_n = an$，由於

$$\lim_{n\to+\infty} an = \infty$$

因此級數發散。如果$q = -1$，當n為奇數時，$s_n = 0$，當n為偶數時，$s_n = a$，因此級數發散。

級數 $\sum_{n=1}^{+\infty} \frac{1}{n(n+1)}$ 是收斂的，因為其部分和為

$$s_N = \sum_{n=1}^{N} \frac{1}{n(n+1)} = \sum_{n=1}^{N}\left(\frac{1}{n} - \frac{1}{n+1}\right) = 1 - \frac{1}{2} + \frac{1}{2} - \frac{1}{3} + \cdots + \frac{1}{N-1} - \frac{1}{N} + \frac{1}{N} - \frac{1}{N+1}$$

$$= 1 - \frac{1}{N+1}$$

因此

$$\sum_{n=1}^{+\infty} \frac{1}{n(n+1)} = 1$$

下面介紹收斂級數的性質。如果$\sum_{n=1}^{+\infty} a_n = a$，$\sum_{n=1}^{+\infty} b_n = b$。對於不為 0 的$c$，有

$$\sum_{n=1}^{+\infty} ca_a = ca$$

以及

$$\sum_{n=1}^{+\infty} (a_a + b_n) = a + b$$

級數收斂的必要條件是其一般項a_n趨向於 0

$$\lim_{n\to+\infty} a_n = 0$$

這可以用部分和數列的收斂性進行證明。需要注意的是，這是級數收斂的必要條件而非充分條件。滿足該條件的級數不一定是收斂的。對於下面的級數

$$1 + \frac{1}{2} + \frac{1}{3} + \cdots + \frac{1}{n} + \cdots$$

顯然它滿足上面的條件，但是發散。下面用反證法證明。假設該級數收斂，即$\lim_{n\to+\infty} s_n = s$，則部分和數列$s_{2n}$也收斂，且有$\lim_{n\to+\infty} s_{2n} = s$。因此

$$\lim_{n\to+\infty} s_{2n} - s_n = s - s = 0$$

另一方面

$$s_{2n} - s_n = \frac{1}{n+1} + \frac{1}{n+2} + \cdots + \frac{1}{2n} > \frac{1}{2n} + \frac{1}{2n} + \cdots + \frac{1}{2n} = \frac{1}{2}$$

這與前面的結論矛盾。

下面檢查正項級數的收斂性。由於正項級數的部分和數列是單調增的，根據數列的收斂性原理，如果部分和數列存在上界，則級數收斂。

正項級數$\sum_{n=1}^{+\infty}\frac{1}{n^2}$是收斂的，因為

$$\sum_{n=1}^{N}\frac{1}{n^2}\leqslant 1+\sum_{n=2}^{N}\frac{1}{n(n-1)}=1+\sum_{n=2}^{N}\left(\frac{1}{n-1}-\frac{1}{n}\right)=2-\frac{1}{N}<2$$

部分和數列存在上界，因此級數收斂。

下面介紹正項級數的比較判別法，它根據一個已知收斂性的級數判斷另外一個級數的收斂性，二者的一般項存在某種穩定的比較關係。如果級數$\sum_{n=1}^{+\infty}b_n$收斂，並且存在$c\geqslant 0$和$n_0\in\mathbb{N}$使得對任意$n\geqslant n_0$都有

$$a_n\leqslant cb_n$$

則級數$\sum_{n=1}^{+\infty}a_n$收斂。這可以透過級數$\sum_{n=1}^{+\infty}a_n$的部分和存在上界進行證明。

同理，如果級數$\sum_{n=1}^{+\infty}b_n$發散，並且存在$c>0$和$n_0\in\mathbb{N}$使得對任意$n\geqslant n_0$都有

$$a_n\geqslant cb_n$$

則級數$\sum_{n=1}^{+\infty}a_n$發散。

更常用的是比較判別法的極限形式。對於正項級數$\sum_{n=1}^{+\infty}a_n$和$\sum_{n=1}^{+\infty}b_n$，如果

$$\lim_{n\to+\infty}\frac{a_n}{b_n}=l,0<l<+\infty$$

則$\sum_{n=1}^{+\infty}a_n$和$\sum_{n=1}^{+\infty}b_n$同時收斂或同時發散。這可以透過極限的定義以及前面的比較判別法證明。

根據這一判別法，$\sum_{n=1}^{+\infty} \sin\frac{1}{n}$發散。因為

$$\lim_{n\to+\infty} \frac{\sin\frac{1}{n}}{\frac{1}{n}} = 1$$

而$\sum_{n=1}^{+\infty} \frac{1}{n}$發散，因此$\sum_{n=1}^{+\infty} \sin\frac{1}{n}$發散。

下面介紹正項級數的比值判別法，它透過級數兩個相鄰的一般項的比值來判斷級數的收斂性。對於正項級數$\sum_{n=1}^{+\infty} a_n$，計算下面的極限

$$\lim_{n\to+\infty} \frac{a_{n+1}}{a_n} = \rho$$

當$\rho < 1$時，級數收斂，當$\rho > 1$或$\rho = +\infty$時，級數發散，當$\rho = 1$時，級數可能收斂也可能發散。用比值判別法判斷下面級數的收斂性

$$\frac{1}{1} + \frac{1}{1\times 2} + \frac{1}{1\times 2\times 3} + \cdots + \frac{1}{1\times 2\times \cdots \times n} + \cdots$$

因為

$$\lim_{n\to+\infty} \frac{a_{n+1}}{a_n} = \lim_{n\to+\infty} \frac{\frac{1}{1\times 2\times\cdots\times n\times(n+1)}}{\frac{1}{1\times 2\times\cdots\times n}} = \lim_{n\to+\infty} \frac{1}{n+1} = 0 < 1$$

因此級數是收斂的。

3.9.2 函數項級數

函數項級數是對函數項數列所有項求和的結果。對於定義在區間I內的函數列

$$a_1(x), a_2(x), \cdots, a_n(x), \cdots$$

它們的和

$$a_1(x) + a_2(x) + \cdots + a_n(x) + \cdots$$

稱為定義於I內的函數項級數，記為$\sum_{n=1}^{+\infty} a_n(x)$。指定$x$的值$x_0 \in I$，如果函數項級數在該點處對應的常數項級數

$$a_1(x_0) + a_2(x_0) + \cdots + a_n(x_0) + \cdots$$

收斂，則稱x_0是函數項級數的收斂點，如果在該點處發散，則稱該點為函數項級數的發散點。所有收斂點組成的集合稱為收斂域，所有發散點組成的集合稱為發散域。

對於收斂域內的任意一點x，函數項級數成為一個收斂的常數項級數，有一個確定的和s。因此，在收斂域內，函數項級數的和是x的函數，記為$s(x)$，稱為函數項級數的和函數，可以寫成

$$s(x) = a_1(x) + a_2(x) + \cdots + a_n(x) + \cdots$$

同理，將函數項級數前n項的和記為$s_n(x)$。

下面介紹函數項級數中一種特殊的類型——冪級數。它是各項都是冪函數的函數項級數

$$a_0 + a_1 x + a_2 x^2 + \cdots + a_n x^n + \cdots$$

記為$\sum_{n=0}^{+\infty} a_n x^n$。這可看作是多項式的推廣，是無窮次的多項式。冪級數各項的係數也是一個數列。下面是冪級數的實例

$$1 + x + \frac{1}{2!}x^2 + \cdots + \frac{1}{n!}x^n + \cdots$$

對於下面的冪級數

$$1 + x + x^2 + \cdots + x^n + \cdots$$

在 3.9.1 節已經證明，當$|x| < 1$時，它收斂於$\frac{1}{1-x}$，因此，在該收斂域內級數的和函數為

$$\frac{1}{1-x} = 1 + x + x^2 + \cdots + x^n + \cdots$$

下面介紹冪級數的收斂性。對於冪級數$\sum_{n=0}^{+\infty} a_n x^n$，如果當$x = x_0, x_0 \neq 0$時級數收斂，則對於$\forall |x| < |x_0|$，級數收斂；如果$x = x_0$時級數發散，則對於$\forall |x| > |x_0|$，級數發散。在收斂域內，和函數連續。

如果冪級數$\sum_{n=0}^{+\infty} a_n x^n$不是只在$x = 0$點處收斂，也不是在整個實數軸上收斂，則必定存在一個確定的正數R，使得$|x| < R$時級數收斂，$|x| > R$時級數發散，$x = \pm R$時級數可能收斂也可能發散。R稱為冪級數的收斂半徑。

下面介紹收斂半徑的的計算方法。對於冪級數$\sum_{n=0}^{+\infty} a_n x^n$，計算下面的極限

$$\lim_{n \to +\infty} \left| \frac{a_{n+1}}{a_n} \right| = \rho$$

則其收斂半徑為

$$R = \begin{cases} \frac{1}{\rho}, & \rho \neq 0 \\ +\infty, & \rho = 0 \\ 0, & \rho = +\infty \end{cases}$$

對於下面的冪級數

$$x - \frac{x^2}{2} + \frac{x^3}{3} + \cdots + (-1)^{n-1} \frac{x^n}{n} + \cdots$$

由於

$$\lim_{n \to +\infty} \left| \frac{a_{n+1}}{a_n} \right| = \lim_{n \to +\infty} \frac{\frac{1}{n+1}}{\frac{1}{n}} = \lim_{n \to +\infty} 1 - \frac{1}{n+1} = 1$$

因此其收斂半徑為 1。

在收斂域內冪級數是可導的，且其和函數的導數等於各求和項逐項求導之後形成的級數。假設冪級數$\sum_{n=0}^{+\infty} a_n x^n$的收斂半徑為$R, R > 0$，則其和函數$s(x)$在區間$(-R, R)$可導，且有下面的求導公式

$$s'(x)=\left(\sum_{n=0}^{+\infty} a_n x^n\right)=\sum_{n=0}^{+\infty}(a_n x^n)'=\sum_{n=0}^{+\infty} n a_n x^{n-1}$$

下面根據該公式計算$\sum_{n=0}^{+\infty}\frac{1}{n+1}x^n$在$(-1,1)$內的和函數。假設和函數為$s(x)$，則

$$s(x)=\sum_{n=0}^{+\infty}\frac{1}{n+1}x^n$$

進一步有

$$xs(x)=\sum_{n=0}^{+\infty}\frac{1}{n+1}x^{n+1}$$

由於

$$(xs(x))'=\left(\sum_{n=0}^{+\infty}\frac{1}{n+1}x^{n+1}\right)=\sum_{n=0}^{+\infty}x^n=\frac{1}{1-x}$$

進一步有

$$xs(x)=\int\frac{1}{1-x}\mathrm{d}x=-\ln(1-x)+C$$

當$x\neq 0$時，有

$$s(x)=-\frac{\ln(1-x)}{x}+\frac{C}{x}$$

由於$s(0)=1$，而

$$\lim_{x\to 0}-\frac{\ln(1-x)}{x}=1$$

因此$C=0$。由於和函數在$(-1,1)$內連續，因此，當$x=0$時，$s(x)=1$。在 5.3.5 節計算幾何分佈的數學期望和方差時將使用冪級數的求導公式。

《參考文獻》

[1] 同濟大學數學系. 高等數學[M]. 北京：高等教育出版社，2014.

[2] 張築生. 數學分析新講[M]. 北京：北京大學出版社，1990.

[3] Baydin A, Pearlmutter B, Radul A, Siskind J. Automatic differentiation in machine learning: a survey[J]. Journal of Machine Learning Research，2017.

[4] 雷明. 機器學習——原理、演算法與應用[M]. 北京：清華大學出版社，2019.

Chapter

04

最佳化方法

最佳化方法在機器學習領域處於中心地位，絕大多數演算法最後都歸結於求解最佳化問題，進一步確定模型參數，或直接獲得預測結果。前者的典型代表是有監督學習，透過最小化損失函數或最佳化其他類型的目標函數確定模型的參數；後者的典型代表是資料降維演算法，透過最佳化某種目標函數確定降維後的結果，如主成分分析。

本章介紹機器學習中所用的最佳化演算法（Optimization Algorithm）。按照最佳化變數的類型，可以將最佳化問題分為連續型最佳化問題與離散型最佳化問題。連續型最佳化問題的最佳化變數是連續變數，一般可借助導數求解。離散型最佳化問題的最佳化變數則為離散值。連續型最佳化問題又可分為凸最佳化問題與非凸最佳化問題，凸最佳化問題可以確保求得全域最佳解。按照目標函數的數量，可以分為單目標最佳化與多目標最佳化，前者只有一個目標函數，後者則有多個目標函數。按照是否帶有限制條件，可以分為不帶約束的最佳化與帶約束的最佳化。

按照求解方式可分為數值最佳化與解析解。前者求問題的近似解，後者求精確的公式解。以機率為基礎的最佳化演算法是最佳化演算法家族中一種特殊的存在，在第 5 章與第 7 章介紹，典型的是遺傳演算法與貝氏最佳化。

大部分的情況下最佳化問題是求函數的極值，其最佳化變數是整數或實數。有一類特殊的最佳化問題，其目標是尋找某一函數，使得泛函數的值最大化或最小化。變分法是求解這種問題的經典方法。圖 4.1 展示了本書所說明的方法的知識系統結構。

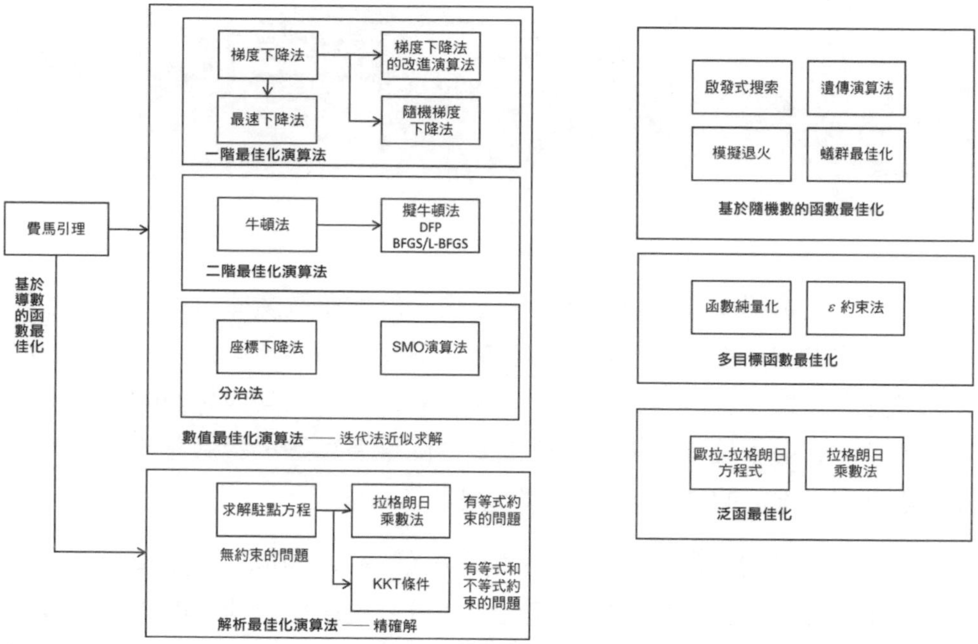

圖 4.1 最佳化方法的知識系統

本章尾端的參考文獻[1]和參考文獻[2]是最佳化演算法的經典教材，變分法的系統說明可以閱讀參考文獻[3]。對機器學習中數值最佳化演算法的系統性介紹可以閱讀參考文獻[4]。

4.1 基本概念

最佳化問題的目標是求函數或泛函數的極值（Extrema），在基礎數學、計算數學、應用數學，以及工程、管理、經濟學領域均有應用。最佳化演算法是求解最佳化問題的方法，確定最佳化目標函數之後，需要根據問題的特點以及現實條件的限制選擇合適的演算法。在機器學習中，最佳化方法具有非常重要的作用，是實現很多機器學習演算法與模型的核心。

在機器學習與深度學習函數庫中，最佳化演算法通常以最佳化器（Optimizer）或求解器（Solver）的形式出現。在深度學習開放原始碼函數庫 TensorFlow 中，求解目標函數極值由 Optimizer 類實現，在 Caffe 中則由 Solver 類實現。在支援向量機的開放原始碼函數庫 libsvm 以及線性模型的開放原始碼函數庫 liblinear 中，則由 Solver 類實現。

4.1.1 問題定義

接下來考慮的最佳化問題是求解函數極值的問題，包含極大值與極小值。要計算極值的函數稱為目標函數，其引數稱為最佳化變數。對於函數

$$f(x) = (x-2)^2 + 5$$

其極小值在$x=2$點處取得，此時函數值為 5，$x=2$為該問題的解。

一般將最佳化問題統一表述為極小值問題。對於極大值問題，只需要將目標函數反號，即可轉化為極小值問題。要求$f(\boldsymbol{x})$的極大值，等於求$-f(\boldsymbol{x})$的極小值。

最佳化問題可以形式化地定義為

$$\min_{\boldsymbol{x}} f(\boldsymbol{x}) \qquad \boldsymbol{x} \in X$$

其中$\boldsymbol{x}$為最佳化變數；f為目標函數；$X \subseteq \mathbb{R}^n$為最佳化變數允許的設定值集合，稱為可行域（Feasible Set），它由目標函數的定義域、等式及不等式約束（Constraint Function）共同確定。可行域之內的解稱為可行解（Feasible Solution）。下面是一個典型的最佳化問題

$$\min_{x}(x^3 - 4x^2 + 5) \qquad x \in [-10,10]$$

該問題的可行域為區間$[-10,10]$。如不進行特殊說明，本章的目標函數均指多元函數，一元函數為其特例，無須單獨討論。

如果目標函數為一次函數（線性函數），則稱為線性規劃。如果目標函數是非線性函數，則稱為非線性規劃。非線性規劃的一種特例是目標函數為二次函數，稱為二次規劃。

很多實際應用問題可能帶有等式和不等式限制條件，可以寫成

$$\min_{\boldsymbol{x}} f(\boldsymbol{x}) \qquad g_i(\boldsymbol{x}) = 0, i = 1, \cdots, p \qquad h_i(\boldsymbol{x}) \leqslant 0, i = 1, \cdots, q$$

這裡將不等式約束統一寫成小於或等於號的形式。滿足等式和不等式限制條件的解稱為可行解，否則稱為不可行解。下面是一個帶有等式和不等式約束的最佳化問題

$$\min_{x,y}(x^2 + 2y^2 - 3xy + 4y) \qquad x + y = 1 \qquad x^2 + y^2 \leqslant 4$$

等式和不等式約束定義的區域與目標函數定義域的交集為可行域。此問題的可行域為限制條件$x + y = 1$與$x^2 + y^2 \leqslant 4$所定義的交集，是直線位於圓內的部分，如圖 4.2 所示。

在很多實際問題中出現的二次規劃可以寫成下面的形式

$$\min_{\boldsymbol{x}} \left(\frac{1}{2}\boldsymbol{x}^{\mathrm{T}}\boldsymbol{Q}\boldsymbol{x} + \boldsymbol{c}^{\mathrm{T}}\boldsymbol{x}\right)$$

$$\boldsymbol{A}\boldsymbol{x} \leqslant \boldsymbol{b}$$

其中$\boldsymbol{x} \in \mathbb{R}^n$，$\boldsymbol{Q}$是$n \times n$的二次項係數矩陣，$\boldsymbol{c} \in \mathbb{R}^n$是一次項係數向量。$\boldsymbol{A}$是$m \times n$的不等式約束係數矩陣，$\boldsymbol{b} \in \mathbb{R}^m$是不等式約束的常數向量。

下面列出局部最佳解與全域最佳解的定義。假設$\boldsymbol{x}^*$是一個可行解，如果對可行域內所有點$\boldsymbol{x}$都有$f(\boldsymbol{x}^*) \leqslant f(\boldsymbol{x})$，則稱$\boldsymbol{x}^*$為全域極小值。類似地可以定義全域極大值。全域極小值是最佳化問題的解。

對於可行解$\boldsymbol{x}^*$，如果存在其δ鄰域，使得該鄰域內的所有點即所有滿足$\| \boldsymbol{x} - \boldsymbol{x}^* \| \leqslant \delta$的點$\boldsymbol{x}$，都有$f(\boldsymbol{x}^*) \leqslant f(\boldsymbol{x})$，則稱$\boldsymbol{x}^*$為局部極小值。類似地可以定義局部極大值。局部極小值可能是最佳化問題的解，也可能不是。

最佳化演算法的目標是尋找目標函數的全域極值點而非局部極值點。圖

4.3 為全域最佳解與局部最佳解的示意圖，目標函數為

$$f(x) = (-x^4 + 10x^3 + 100x^2 + 10)\mathrm{e}^{-x^2}$$

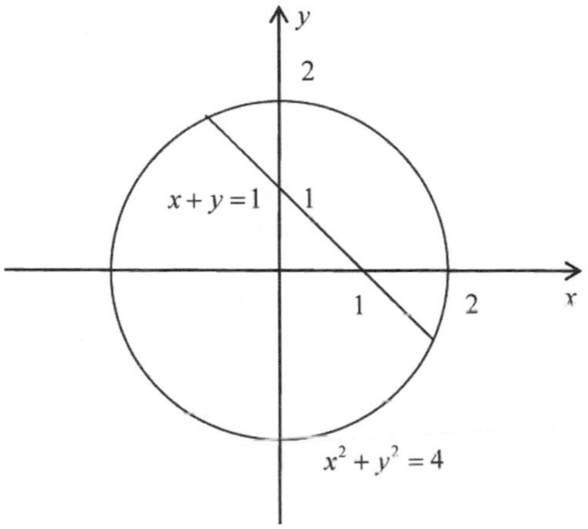

圖 4.2 可行域示意圖

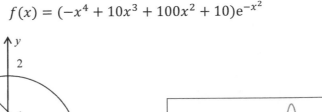

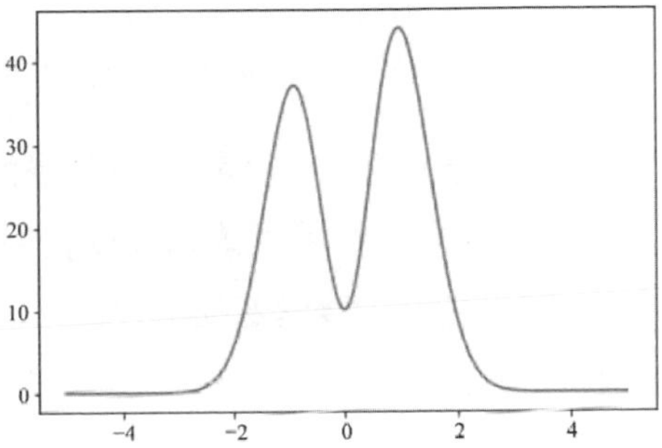

圖 4.3 全域最佳解與局部最佳解

圖 4.3 中的目標函數有兩個局部極大值點、1 個局部極小值點。區間[0,2]內的局部極大值點也是全域極大值點。

4.1.2 迭代的基本思想

如果目標函數可導，那麼可以利用導數資訊確定極值點。微積分為求解可導函數極值提供了統一的方法，即尋找函數的駐點。根據費馬引理，對於一元函數，局部極值點必定是導數為 0 的點；對於多元函數則是梯度為 0 的點（在數值計算中，也稱為靜止點，Stationary Point）。機器學習中絕大多數目標函數可導，因此這種方法是適用的。

透過求解駐點來尋找極值雖然在理論上可行，但實現時卻存在困難。實際問題中目標函數梯度為 0 的方程組通常難以求解。對於下面的二元目標函數

$$f(x,y) = x^3 - 2x^2 + \mathrm{e}^{xy} - y^3 + 10y^2 + 100\sin(xy)$$

對x和y分別求偏導數並令它們為 0，獲得以下方程組

$$\begin{cases} 3x^2 - 4x + ye^{xy} + 100y\cos(xy) = 0 \\ xe^{xy} - 3y^2 + 20y + 100x\cos(xy) = 0 \end{cases}$$

顯然，這個方程組很難求解。含有指數函數、對數函數、三角函數以及反三角函數的方程式一般情況下沒有公式解，稱為超越方程式。即使是代數方程（多項式方程式），4 次以上的方程式沒有求根公式。方程式係數的有限次加減乘除以及開方運算均不可能是方程式的根。因此，直接解導數為 0 的方程組不是一種可行的方法。

對於大多數最佳化問題通常只能近似求解，稱為數值最佳化。一般採用迭代，從一個初始可行點$\boldsymbol{x}_0$開始，反覆使用某種規則迭代直到收斂到最佳解。實際地，在第k次迭代時，從目前點$\boldsymbol{x}_{k-1}$移動到下一個點$\boldsymbol{x}_k$。如果能建構一個數列$\{\boldsymbol{x}_k\}$，確保它收斂到梯度為 0 的點，即下面的極限成立

$$\lim_{k\to+\infty} \nabla f(\boldsymbol{x}_k) = 0$$

則能找到函數的極值點。這類演算法的核心是如何定義從上一個點移動到下一個點的規則。這些規則一般利用一階導數（梯度）或二階導數（漢森矩陣）。因此，迭代的核心是獲得如式 (4.1) 形式的迭代公式

$$\boldsymbol{x}_{k+1} = h(\boldsymbol{x}_k) \tag{4.1}$$

梯度下降法、牛頓法及擬牛頓法均採用了此想法，區別在於建構迭代公式的方法不同。迭代的原理如圖 4.4 所示。

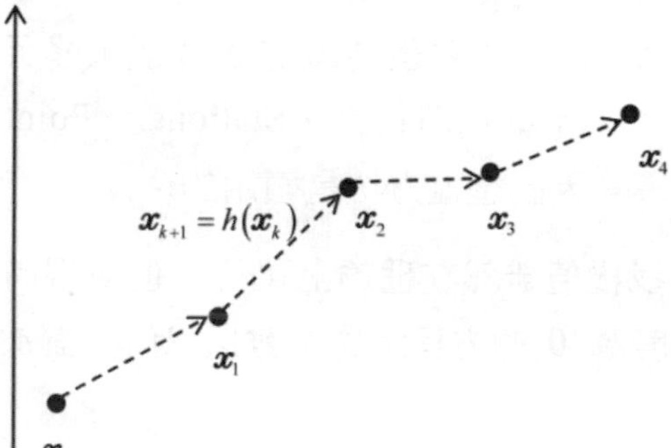

圖 4.4 迭代的原理

迭代的另外一個核心問題是初始點$\boldsymbol{x}_0$的選擇，通常用常數或亂數進行初始化。演算法要確保對任意可行的$\boldsymbol{x}_0$均收斂到極值點處。初值設定的細節將在本章後續小節中詳細介紹。

4.2 一階最佳化演算法

一階最佳化演算法利用目標函數的一階導數建構式 (4.1) 的迭代公式，典型代表是梯度下降法及其變種。本節介紹基本的梯度下降法、最速下降法、梯度下降法的其他改進版本（包含動量項、AdaGrad、RMSProp、AdaDelta、Adam 演算法等）以及隨機梯度下降法。

4.2.1 梯度下降法

梯度下降法（Gradient Descent Method）由數學家柯西提出，它沿著目前點$\boldsymbol{x}_k$處梯度相反的方向進行迭代，獲得$\boldsymbol{x}_{k+1}$，直到收斂到梯度為 0 的點。其理論依據：在梯度不為 0 的任意點處，梯度正方向是函數值上升的方向，梯度反方向是函數值下降的方向。下面先透過實例說明，然後列出嚴格的證明。

首先考慮一元函數的情況，如圖 4.5 所示。對於一元函數，梯度是一維的，只有兩個方向：沿著x軸向右和向左。如果導數為正，則梯度向右；否則向左。當導數為正時，是增函數，x變數向右移動時（即沿著梯度方向）函數值增大，否則減小。

對於圖 4.5 所示的函數，當$x < x_0$時，導數為正，此時向左前進函數值減小，向右則增大。當$x > x_0$時，導數為負，此時向左前進函數值增大，向右則減小。

接下來考慮二元函數，二元函數的梯度有無窮多個方向。對於函數$x^2 + y^2$，其在(x, y)點處的梯度值為$(2x, 2y)$。函數在$(0,0)$點處有極小值，在任意點(x,y)處，從$(0,0)$點指向(x,y)方向（即梯度方向）的函數值都是單調遞增的。該函數的形狀如圖 4.6 所示。

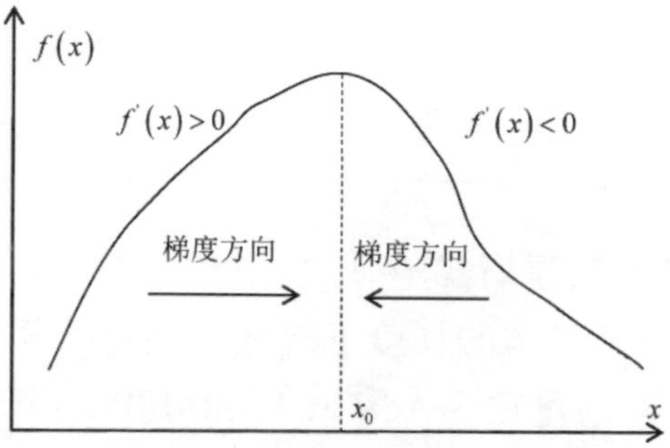

圖 4.5 一元函數的導數值與函數單調性的關係

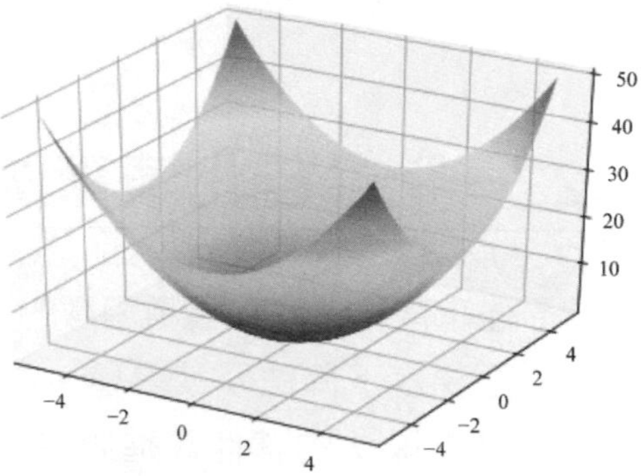

圖 4.6 x^2+y^2的形狀

圖 4.7 為該函數的等高線，在同一條等高線上的所有點處函數值相等。在任意點處，梯度均為從原點指向該點，是遠離原點的方向，函數值單調增。

下面考慮函數$-x^2-y^2$，其在(x,y)點處的梯度值為$(-2x,-2y)$。函數在$(0,0)$點處有極大值，在任意點(x,y)處，從(x,y)點指向$(0,0)$方向的函數值都是單調遞增的，$(-x,-y)$即梯度方向。圖 4.8 為該目標函數的形狀。

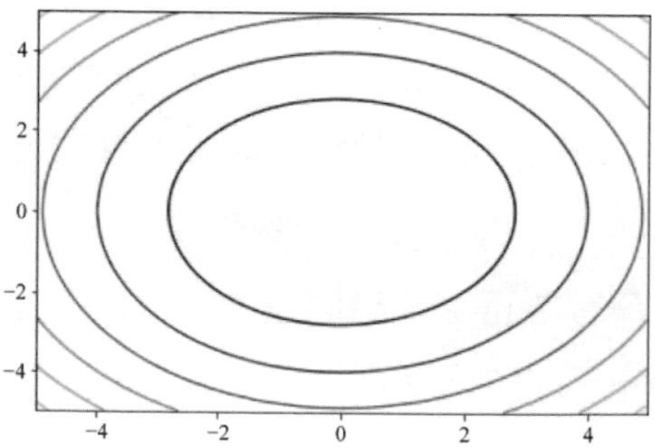

圖 4.7 x^2+y^2的等高線

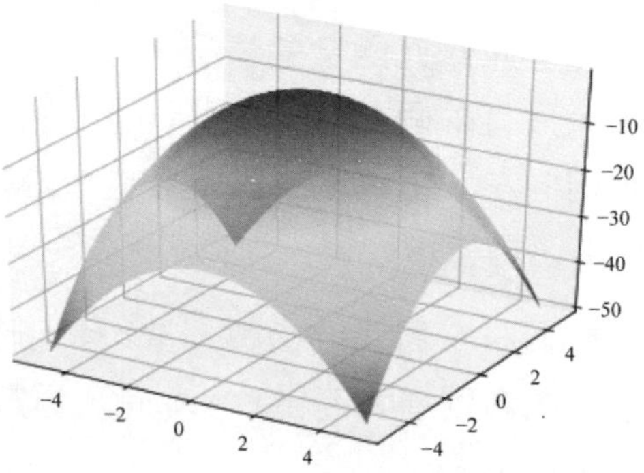

圖 4.8 $-x^2-y^2$的形狀

下面列出嚴格的證明。將函數在$\boldsymbol{x}$點處作一階泰勒展開

$$f(\boldsymbol{x}+\Delta\boldsymbol{x})=f(\boldsymbol{x})+(\nabla f(\boldsymbol{x}))^{\mathrm{T}}\Delta\boldsymbol{x}+o(\|\Delta\boldsymbol{x}\|)$$

對上式變形，函數的增量與引數增量、函數梯度的關係為

$$f(\boldsymbol{x}+\Delta\boldsymbol{x})-f(\boldsymbol{x})=(\nabla f(\boldsymbol{x}))^{\mathrm{T}}\Delta\boldsymbol{x}+o(\|\Delta\boldsymbol{x}\|)$$

如果令$\Delta\boldsymbol{x}=\nabla f(\boldsymbol{x})$，則有

$$f(\boldsymbol{x}+\Delta\boldsymbol{x})-f(\boldsymbol{x})=(\nabla f(\boldsymbol{x}))^{\mathrm{T}}\nabla f(\boldsymbol{x})+o(\|\Delta\boldsymbol{x}\|)$$

如果$\Delta\boldsymbol{x}$足夠小，則可以忽略高階無限小項，有

$$f(\boldsymbol{x}+\Delta\boldsymbol{x})-f(\boldsymbol{x})\approx(\nabla f(\boldsymbol{x}))^{\mathrm{T}}\nabla f(\boldsymbol{x})\geqslant 0$$

如果在$\boldsymbol{x}$點處梯度不為 0，則能確保移動到$\boldsymbol{x}+\Delta\boldsymbol{x}$時函數值增大。相反地，如果令$\Delta\boldsymbol{x}=-\nabla f(\boldsymbol{x})$，則有

$$f(\boldsymbol{x}+\Delta\boldsymbol{x})-f(\boldsymbol{x})\approx-(\nabla f(\boldsymbol{x}))^{\mathrm{T}}\nabla f(\boldsymbol{x})\leqslant 0$$

即函數值減小。事實上，只要確保

$$(\nabla f(\boldsymbol{x}))^{\mathrm{T}}\Delta\boldsymbol{x}\leqslant 0$$

則有

$$f(\boldsymbol{x}+\Delta\boldsymbol{x})\leqslant f(\boldsymbol{x})$$

因此，選擇合適的增量$\Delta\boldsymbol{x}$就能確保函數值下降，負梯度方向是其中的特例。接下來證明：增量的模一定時，在負梯度方向，函數值是下降最快的。

由於

$$(\nabla f(\boldsymbol{x}))^{\mathrm{T}}\Delta\boldsymbol{x}=\|\nabla f(\boldsymbol{x})\|\cdot\|\Delta\boldsymbol{x}\|\cdot\cos\theta$$

其中θ為$\nabla f(\boldsymbol{x})$與$\Delta\boldsymbol{x}$之間的夾角。因此，如果$\theta<\frac{\pi}{2}$，則$\cos\theta>0$，進一步有

$$(\nabla f(\boldsymbol{x}))^{\mathrm{T}}\Delta\boldsymbol{x}\geqslant 0$$

此時函數值增大

$$f(\boldsymbol{x}+\Delta\boldsymbol{x}) \geqslant f(\boldsymbol{x})$$

$\Delta\boldsymbol{x}$沿著正梯度方向是其特例。如果$\theta > \frac{\pi}{2}$，則$\cos\theta < 0$，進一步有

$$(\nabla f(\boldsymbol{x}))^{\mathrm{T}}\Delta\boldsymbol{x} \leqslant 0$$

此時函數值下降

$$f(\boldsymbol{x}+\Delta\boldsymbol{x}) \leqslant f(\boldsymbol{x})$$

$\Delta\boldsymbol{x}$沿著負梯度方向即$\theta=\pi$是其特例。由於$-1 \leqslant \cos\theta \leqslant 1$，因此，如果向量$\Delta\boldsymbol{x}$的模大小一定，則$\Delta\boldsymbol{x}=-\nabla f(\boldsymbol{x})$，即在梯度相反的方向函數值下降最快，此時$\cos\theta=-1$。

梯度下降法每次的迭代增量為

$$\Delta\boldsymbol{x}=-\alpha\nabla f(\boldsymbol{x})$$

其中α為人工設定的接近於 0 的正數，稱為步進值或學習率，其作用是保障$\boldsymbol{x}+\Delta\boldsymbol{x}$在$\boldsymbol{x}$的鄰域內，進一步可以忽略泰勒公式中的$o(\|\Delta\boldsymbol{x}\|)$項，否則不能保證每次迭代時函數值下降。使用該增量則有

$$(\nabla f(\boldsymbol{x}))^{\mathrm{T}}\Delta\boldsymbol{x}=-\alpha(\nabla f(\boldsymbol{x}))^{\mathrm{T}}(\nabla f(\boldsymbol{x})) \leqslant 0$$

函數值下降，由此獲得梯度下降法的迭代公式。從初始點$\boldsymbol{x}_0$開始，反覆使用以下迭代公式

$$\boldsymbol{x}_{k+1}=\boldsymbol{x}_k-\alpha\nabla f(\boldsymbol{x}_k) \tag{4.2}$$

只要沒有到達梯度為 0 的點，函數值會沿序列$\boldsymbol{x}_k$遞減，最後收斂到梯度為 0 的點。從$\boldsymbol{x}_0$出發，用式 (4.2) 進行迭代，會形成一個函數值遞減的序列$\{\boldsymbol{x}_i\}$

$$f(\boldsymbol{x}_0) \geqslant f(\boldsymbol{x}_1) \geqslant f(\boldsymbol{x}_2) \geqslant \cdots \geqslant f(\boldsymbol{x}_k)$$

迭代終止的條件是函數的梯度值為 0（實作方式時是接近於 0 即可），此時認為已經達到極值點。梯度下降法的流程如演算法 0 所示。

演算法 4.1 梯度下降法

初始化$\boldsymbol{x}_0, k = 0$

While $\| \nabla f(\boldsymbol{x}_k) \| >$ eps and $k < N$ **do**

$\boldsymbol{x}_{k+1} = \boldsymbol{x}_k - \alpha \nabla f(\boldsymbol{x}_k)$

$k = k + 1$

end while

$\boldsymbol{x}_0$可初始化為固定值，如 0，或亂數（通常為均勻分佈或正態分佈），後者在訓練神經網路時經常被採用。eps 為人工指定的接近於 0 的正數，用於判斷梯度是否已經接近於 0；N為最大迭代次數，防止無窮迴圈的出現。

梯度下降法在每次迭代時只需要計算函數在目前點處的梯度值，具有計算量小、實現簡單的優點。只要未到達駐點處且學習率設定恰當，每次迭代時均能保證函數值下降。

圖 4.9 為用梯度下降法求解$x^2 + y^2$極值的過程。迭代初值（圖中的大小數點）設定為(0,4)，學習率設定為 0.1。每次迭代時的值$\boldsymbol{x}_i$以小圓點顯示。

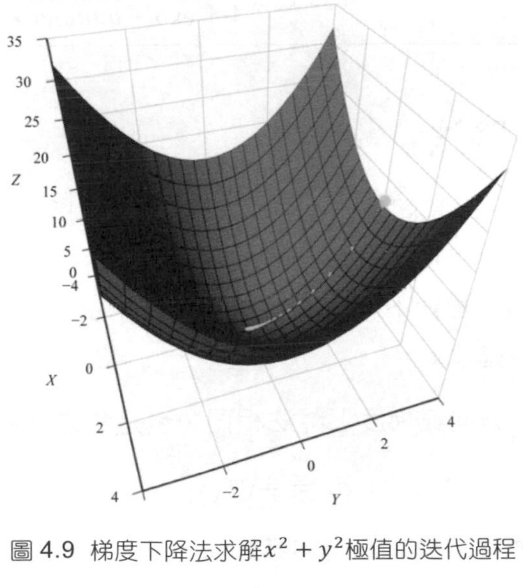

圖 4.9 梯度下降法求解$x^2 + y^2$極值的迭代過程

學習率α的設定也是需要考慮的問題，一般情況下設定為固定的常數，如10^{-5}。在深度學習中，採用了更複雜的策略，可以在迭代時動態調整其值。表 4.1 列出了深度學習開放原始碼函數庫 Caffe 中動態調整學習率的策略。其中 base_lr 為人工設定的基礎學習率，iter 為迭代次數，其他參數均為人工設定的值。

表 4.1 Caffe 中各種學習率計算策略

策略	學習率計算公式
fixed	$base\_lr$
step	$base\_lr \times gamma^{floor(iter/step)}$
exp	$base\_lr \times gamma^{iter}$
inv	$base\_lr \times (1 + gamma \times iter)^{-power}$
multistep	與 step 類似
poly	$base\_lr \times (1 - iter/max\_iter)^{power}$
sigmoid	$base\_lr \times \frac{1}{1 + \exp(-gamma \times (iter - stepsize))}$

4.2.2 最速下降法

梯度下降法中步進值α是固定的，或根據某種人工指定的策略動態調整。最速下降法（Steepest Descent Method）是對梯度下降法的改進，它用演算法自動確定步進值。最速下降法同樣沿著梯度相反的方向進行迭代，但每次需要計算最佳步進值α。

最速下降法的搜尋方向與梯度下降法相同，也是負梯度方向

$$\boldsymbol{d}_k = -\nabla f(\boldsymbol{x}_k)$$

在該方向上尋找使得函數值最小的步進值，透過求解以下一元函數最佳化問題實現

$$\alpha_k = \underset{\alpha}{\operatorname{argmin}} f(\boldsymbol{x}_k + \alpha \boldsymbol{d}_k) \tag{4.3}$$

最佳化變數是α。實現時有兩種方案。第一種方案是將α的設定值離散化，取典型值$\alpha_1, \cdots, \alpha_n$，分別計算取這些值的目標函數值，然後確定最佳值。第二種方案是直接求解式 (4.3) 目標函數的駐點，對於有些情況可獲得解析解。這類方法也稱為直線搜尋（Line Search），它沿著某一確定的方向在直線上尋找最佳步進值。

4.2.3 梯度下降法的改進

梯度下降法在某些情況下存在收斂速度慢、收斂效果差的問題，因此出現了大量改進方案。本節選擇有代表性的改進方案介紹。

標準的梯度下降法可能存在振盪問題，實際表現為在最佳化變數的某些分量方向上來回振盪，導致收斂速度慢。圖 4.10 顯示了用梯度下降法求解$0.1x_1^2 + 2x_2^2$的極值時的迭代過程，可以看到，迭代序列在x_2方向來回振盪。

動量項梯度下降法透過引用動量項解決此問題，類似於物理中的動量，依靠慣性保持迭代時的前進方向。動量項的計算公式為

$$\boldsymbol{v}_k = -\alpha \nabla f(\boldsymbol{x}_k) + \mu \boldsymbol{v}_{k-1} \tag{4.4}$$

它是上次迭代時的動量項與本次負梯度值的加權和，其中α是學習率，其作用與標準的梯度下降法相同，$0 < \mu < 1$是動量項係數。如果按照時間線展開，則第k次迭代時使用了從 1 到k次迭代時的所有負梯度值，且負梯度值按係數μ指數級衰減，即使用了移動指數加權平均。反覆利用式 (4.4)，展開之後的動量項為

$$\begin{aligned}
\boldsymbol{v}_k &= -\alpha \nabla f(\boldsymbol{x}_k) + \mu \boldsymbol{v}_{k-1} = -\alpha \nabla f(\boldsymbol{x}_k) + \mu(-\alpha \nabla f(\boldsymbol{x}_{k-1}) + \mu \boldsymbol{v}_{k-2}) \\
&= -\alpha \nabla f(\boldsymbol{x}_k) - \alpha\mu \nabla f(\boldsymbol{x}_{k-1}) + \mu^2 \boldsymbol{v}_{k-2} \\
&= -\alpha \nabla f(\boldsymbol{x}_k) - \alpha\mu \nabla f(\boldsymbol{x}_{k-1}) + \mu^2(-\alpha \nabla f(\boldsymbol{x}_{k-2}) + \mu \boldsymbol{v}_{k-3}) \\
&= -\alpha \nabla f(\boldsymbol{x}_k) - \alpha\mu \nabla f(\boldsymbol{x}_{k-1}) - \alpha\mu^2 \nabla f(\boldsymbol{x}_{k-2}) + \mu^3 \boldsymbol{v}_{k-3}
\end{aligned}$$

$$\vdots$$

$$= -\alpha\nabla f(\boldsymbol{x}_k) - \alpha\mu\nabla f(\boldsymbol{x}_{k-1}) - \alpha\mu^2\nabla f(\boldsymbol{x}_{k-2}) - \alpha\mu^3\nabla f(\boldsymbol{x}_{k-3})\cdots$$

更新最佳化變數值時使用動量項代替負梯度項，梯度下降更新公式為

$$\boldsymbol{x}_{k+1} = \boldsymbol{x}_k + \boldsymbol{v}_k$$

動量項加快了梯度下降法的收斂速度，它使用歷史資訊對目前梯度值進行修正，消除病態條件問題上的來回振盪。圖 4.11 顯示了用動量項梯度下降法求解$0.1x_1^2 + 2x_2^2$極值時的迭代過程，與圖 4.10 相比，迭代序列更為平順，且收斂更快。

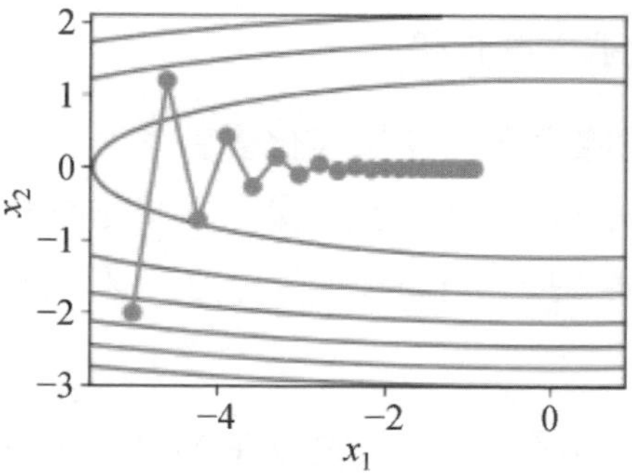

圖 4.10 梯度下降法的振盪問題

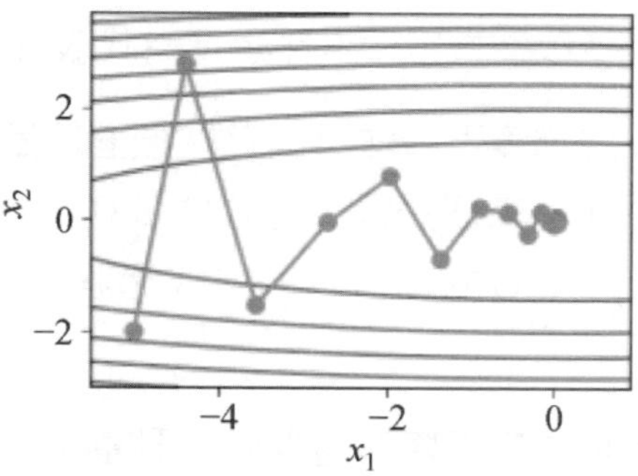

圖 4.11 使用動量項後的迭代軌跡

標準梯度下降法的步進值難以確定，且最佳化變數的各個分量採用了相同的步進值。AdaGrad（Adaptive Gradient）演算法（見參考文獻[5]）根據前幾輪迭代時的歷史梯度值動態計算步進值，且最佳化向量的每一個分量都有自己的步進值。梯度下降迭代公式為

$$(\boldsymbol{x}_{k+1})_i = (\boldsymbol{x}_k)_i - \alpha\frac{(\boldsymbol{g}_k)_i}{\sqrt{\sum_{j=1}^{k}((\boldsymbol{g}_j)_i)^2+\varepsilon}} \tag{4.5}$$

α 是人工設定的全域學習率，$\boldsymbol{g}_k$是第k次迭代時的梯度在量，ε是為避免除 0 操作而增加的接近於 0 的正數，i為向量的分量索引，這裡的計算針對向量的每個分量分別進行。與標準梯度下降法相比，式 (4.5) 多了分母項，它累積了到本次迭代為止的梯度的歷史值資訊，用於計算步進值。歷史導

數值的絕對值越大，在該分量上的學習率越小，反之越大。雖然實現了自我調整學習率，但這種演算法還會有問題：需要人工設定全域學習率α；隨著時間的累積，式 (4.5) 中的分母會越來越大，導致學習率趨向於 0，最佳化變數無法有效更新。

RMSProp 演算法（見參考文獻[6]）是對 AdaGrad 的改進，避免了長期累積梯度值所導致的學習率趨向於 0 的問題。演算法維持一個梯度平方累加值的向量 $E[\boldsymbol{g}^2]$，其初值為 0，更新公式為

$$E[\boldsymbol{g}^2]_k = \delta E[\boldsymbol{g}^2]_{k-1} + (1-\delta)\boldsymbol{g}_k^2$$

這裡的$\boldsymbol{g}^2$是對梯度向量的每個分量分別進行平方，$0 < \delta < 1$是人工設定的衰減係數。不同於 AdaGrad 直接累加所有歷史梯度的平方和，RMSProp 將歷史梯度平方值按照係數δ指數級衰減之後再累加，即使用了移動指數加權平均。梯度下降法更新公式為

$$(\boldsymbol{x}_{k+1})_i = (\boldsymbol{x}_k)_i - \alpha \frac{(\boldsymbol{g}_k)_i}{\sqrt{(E[\boldsymbol{g}^2]_k)_i + \varepsilon}}$$

α是人工設定的全域學習率。與標準梯度下降方法相比，這裡也只多了一個分母項。

AdaDelta 演算法（見參考文獻[7]）也是對 AdaGrad 的改進，避免了長期累積梯度值所導致的學習率趨向於 0 的問題，還去掉了對人工設定全域學習率的依賴。演算法定義了兩個向量，初值均為 0

$$E[\boldsymbol{g}^2]_0 = 0 E[\Delta\boldsymbol{x}^2]_0 = 0$$

$E[\boldsymbol{g}^2]$是梯度平方（對每個分量分別平方）的累計值，與 RMSProp 演算法相同，更新公式為

$$E[\boldsymbol{g}^2]_k = \rho E[\boldsymbol{g}^2]_{k-1} + (1-\rho)\boldsymbol{g}_k^2$$

$\boldsymbol{g}^2$是向量每個元素分別計算平方，後面所有的計算公式都是對向量的每個分量分別進行計算。接下來計算 RMS 向量

$$\mathrm{RMS}[\boldsymbol{g}]_k = \sqrt{E[\boldsymbol{g}^2]_k + \varepsilon}$$

然後計算最佳化變數的更新值

$$\Delta\boldsymbol{x}_k = -\frac{\mathrm{RMS}[\Delta\boldsymbol{x}]_{k-1}}{\mathrm{RMS}[\boldsymbol{g}]_k}\boldsymbol{g}_k$$

$\mathrm{RMS}[\Delta\boldsymbol{x}]_{k-1}$根據$E[\Delta\boldsymbol{x}^2]$計算，計算公式與$RMS[\boldsymbol{g}]_k$相同。這個更新值同樣透過梯度來建構，但學習率是透過梯度的歷史值確定的。$E[\Delta\boldsymbol{x}^2]$是最佳化變數更新值的平方累加值，它們的更新公式為

$$E[\Delta\boldsymbol{x}^2]_k = \rho E[\Delta\boldsymbol{x}^2]_{k-1} + (1-\rho)\Delta\boldsymbol{x}_k^2$$

在這裡，$\Delta\boldsymbol{x}_k^2$是對$\Delta\boldsymbol{x}_k$的每個分量進行平方。梯度下降的迭代公式為

$$\boldsymbol{x}_{k+1} = \boldsymbol{x}_k + \Delta\boldsymbol{x}_k$$

Adam（Adaptive Moment Estimation）演算法（見參考文獻[8]）整合了自我調整學習率與動量項。演算法用梯度建構了兩個向量$\boldsymbol{m}$和$\boldsymbol{v}$，初值為 0，更新公式為

$$(\boldsymbol{m}_k)_i = \beta_1(\boldsymbol{m}_{k-1})_i + (1-\beta_1)(\boldsymbol{g}_k)_i$$

$$(\boldsymbol{v}_k)_i = \beta_2(\boldsymbol{v}_{k-1})_i + (1-\beta_2)(\boldsymbol{g}_k)_i^2$$

$0 < \beta_1, \beta_2 < 1$是人工指定的參數。梯度下降的迭代公式為

$$(\boldsymbol{x}_{k+1})_i = (\boldsymbol{x}_k)_i - \alpha\frac{\sqrt{1-\beta_2^k}}{1-\beta_1^k}\frac{(\boldsymbol{m}_k)_i}{\sqrt{(\boldsymbol{v}_k)_i} + \varepsilon}$$

$\boldsymbol{m}$的作用相當於於動量項，$\boldsymbol{v}$用於建構學習率。

圖 4.12 列出了梯度下降法改進的想法，包含每種演算法的改進點。

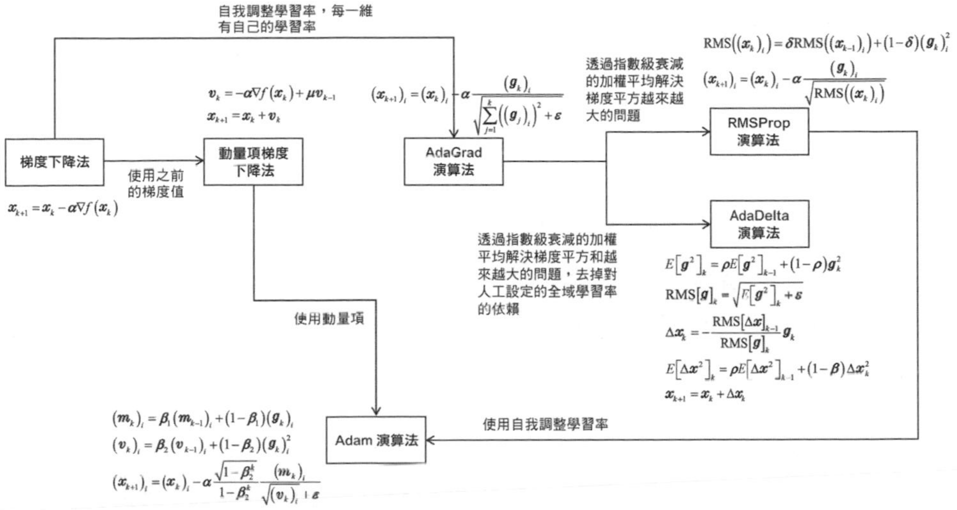

圖 4.12 梯度下降法的改進想法

4.2.4 隨機梯度下降法

在機器學習中，目標函數通常定義在一個訓練樣本集上。假設訓練樣本集有N個樣本，機器學習模型在訓練時最佳化的目標是這個資料集上的平均損失函數

$$L(\boldsymbol{w})=\frac{1}{N}\sum_{i=1}^{N}L(\boldsymbol{w},\boldsymbol{x}_i,y_i)$$

其中$L(\boldsymbol{w},\boldsymbol{x}_i,y_i)$是對單一訓練樣本$(\boldsymbol{x}_i,y_i)$的損失函數，$\boldsymbol{w}$是機器學習模型需要學習的參數，是最佳化變數。顯然 $\nabla L(\boldsymbol{w})=\frac{1}{N}\sum_{i=1}^{N}\nabla L(\boldsymbol{w},\boldsymbol{x}_i,y_i)$，因此計算目標函數梯度時需要計算對每個訓練樣本損失函數的梯度，然後求平均值。如果訓練時每次迭代都用所有樣本，那麼計算成本太高。作為改進，可以在每次迭代時選取一批樣本，將損失函數定義在這些樣本上，作為整個樣本集的損失函數的近似值。

小量隨機梯度下降法（Mini Batch Gradient Descent Method）在每次迭代時使用上面目標函數的隨機逼近值，只使用$M \ll N$個樣本來近似計算損失

函數。在每次迭代時，要最佳化的目標函數變為

$$L(\boldsymbol{w}) \approx \frac{1}{M}\sum_{i=1}^{M} L(\boldsymbol{w}, \boldsymbol{x}_i, y_i) \tag{4.6}$$

隨機梯度下降法在數學期望的意義下收斂，隨機取樣生成的梯度的期望值是真實的梯度。在實作方式時，每次先對所有訓練樣本進行隨機洗牌，打亂順序；然後將其均勻分成多份，每份M個樣本；接下來依次用每一份執行梯度下降法迭代。一種特殊情況是$M = 1$，每次迭代只使用一個訓練樣本。

隨機梯度下降法並不能保證每次迭代後目標函數值下降，事實上，每次迭代時使用的是不同的目標函數。但大部分的情況下目標函數的整體趨勢是下降的，能夠收斂到局部極值點處。圖 4.13 是用隨機梯度下降法訓練神經網路時損失函數的曲線，橫軸為迭代次數，縱軸為損失函數的值。可以看到，迭代時函數的值會出現振盪，但整體趨勢是下降的，最後收斂。深度學習中使用隨機梯度下降法的技巧可以閱讀參考文獻[10]。

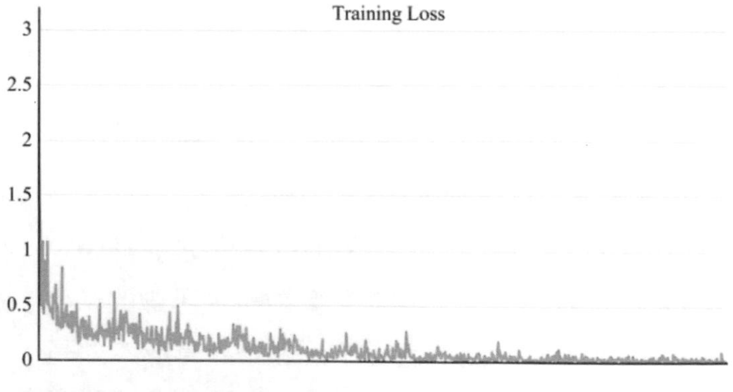

圖 4.13 用隨機梯度下降法訓練神經網路時的損失函數曲線

除具有實現效率高的優點之外，隨機梯度下降法還會影響收斂的效果。對於深度神經網路，隨機梯度下降法比批次梯度下降法更容易收斂到一個好的極值點處。

4.2.5 應用——類神經網路

下面介紹梯度下降法在神經網路訓練中的應用。假設有N個訓練樣本$(\boldsymbol{x}_i, \boldsymbol{y}_i)$，其中$\boldsymbol{x}_i$為輸入向量，$\boldsymbol{y}_i$為標籤向量。訓練的目標是最小化樣本標籤值與神經網路預測值之間的誤差，如果使用均方誤差，則最佳化的目標為

$$L(\boldsymbol{w}) = \frac{1}{2N}\sum_{i=1}^{N} \| h(\boldsymbol{x}_i) - \boldsymbol{y}_i \|^2$$

其中$\boldsymbol{w}$為神經網路所有參數的集合，包含各層的權重和偏置，$h(\boldsymbol{x})$是神經網路實現的對映。這個最佳化問題是一個不帶限制條件的問題，可以用梯度下降法求解。如果計算出了損失函數對參數的梯度值，梯度下降法第k次迭代時參數的更新公式為

$$\boldsymbol{w}_{k+1} = \boldsymbol{w}_k - \alpha\nabla L(\boldsymbol{w}_k)$$

梯度值的計算透過反向傳播演算法實現，在 3.5.2 節已經介紹。參數的初始化是一個需要考慮的問題，一般用亂數進行初始化。如果訓練樣本數很大，那麼通常採用隨機梯度下降法。在訓練深度神經網路時，動量項和最佳化變數初始化方法的重要性可以閱讀參考文獻[9]。大部分的情況下，隨機梯度下降法有很好的收斂效果。

4.3 二階最佳化演算法

梯度下降法只利用了一階導數資訊，收斂速度慢。大部分的情況下，利用二階導數資訊可以加快收斂速度，典型代表是牛頓法、擬牛頓法。牛頓法在每個迭代點處將目標函數近似為二次函數，然後透過求解梯度為 0 的方程式獲得迭代方向。牛頓法在每次迭代時需要計算梯度向量與漢森矩陣，並求解一個線性方程組，計算量大且面臨漢森矩陣不可逆的問題。擬牛頓法是對它的改進，演算法建構出一個矩陣作為漢森矩陣或其反矩陣的近似。

4.3.1 牛頓法

牛頓法（Newton Method）尋找目標函數作二階近似後梯度為 0 的點，逐步逼近極值點。根據費馬引理，函數在點$\boldsymbol{x}$處取得極值的必要條件是梯度為 0

$$\nabla f(\boldsymbol{x}) = 0$$

在 4.1.2 節已經說明：直接計算函數的梯度然後解上面的方程組通常很困難。和梯度下降法類似，可以採用迭代近似求解。

對目標函數在$\boldsymbol{x}_0$處作二階泰勒展開

$$f(\boldsymbol{x}) = f(\boldsymbol{x}_0) + \nabla f(\boldsymbol{x}_0)^{\mathrm{T}}(\boldsymbol{x} - \boldsymbol{x}_0) + \frac{1}{2}(\boldsymbol{x} - \boldsymbol{x}_0)^{\mathrm{T}}\nabla^2 f(\boldsymbol{x}_0)(\boldsymbol{x} - \boldsymbol{x}_0) + o(\| \boldsymbol{x} - \boldsymbol{x}_0 \|^2)$$

忽略二次以上的項，將目標函數近似成二次函數，等式兩邊同時對$\boldsymbol{x}$求梯度，可得

$$\nabla f(\boldsymbol{x}) \approx \nabla f(\boldsymbol{x}_0) + \nabla^2 f(\boldsymbol{x}_0)(\boldsymbol{x} - \boldsymbol{x}_0)$$

其中$\nabla^2 f(\boldsymbol{x}_0)$為在$\boldsymbol{x}_0$處的漢森矩陣。從上面可以看出，這裡至少要展開到二階。如果只有一階，那麼無法建立梯度為 0 的方程組，因為此時一次近似函數的梯度值為常數。令函數的梯度為 0，有

$$\nabla f(\boldsymbol{x}_0) + \nabla^2 f(\boldsymbol{x}_0)(\boldsymbol{x} - \boldsymbol{x}_0) = 0$$

解這個線性方程組可以獲得

$$\boldsymbol{x} = \boldsymbol{x}_0 - (\nabla^2 f(\boldsymbol{x}_0))^{-1}\nabla f(\boldsymbol{x}_0) \tag{4.7}$$

如果將梯度向量簡寫為$\boldsymbol{g}$，漢森矩陣簡記為$\boldsymbol{H}$，式 (4.7) 可以簡寫為

$$\boldsymbol{x} = \boldsymbol{x}_0 - \boldsymbol{H}^{-1}\boldsymbol{g} \tag{4.8}$$

由於在泰勒公式中忽略了高階項將函數進行了近似，因此這個解不一定是目標函數的駐點，需要反覆用式 (4.8) 進行迭代。從初始點$\boldsymbol{x}_0$處開始，計算函數在目前點處的漢森矩陣和梯度向量，然後用下面的公式進行迭代

$$\boldsymbol{x}_{k+1} = \boldsymbol{x}_k - \alpha \boldsymbol{H}_k^{-1}\boldsymbol{g}_k \tag{4.9}$$

直到收斂到駐點處。即在每次迭代之後，在目前點處將目標函數近似成二次函數，然後尋找梯度為 0 的點。$-\boldsymbol{H}^{-1}\boldsymbol{g}$稱為牛頓方向。迭代終止的條件是梯度的模接近於 0，或達到指定的迭代次數。牛頓法的流程如演算法 3.1 所示。其中α是人工設定的學習率。需要學習率的原因與梯度下降法相同，是為了確保能夠忽略泰勒公式中的高階無限小項。如果目標函數是二次函數，則漢森矩陣是一個常數矩陣，且泰勒公式中的高階項為 0，對於任意指定的初始點$\boldsymbol{x}_0$，牛頓法只需要一次迭代即可收斂到駐點。

演算法 4.2 牛頓法

初始化$\boldsymbol{x}_0, k = 0$

while $k < N$ **do**

  計算目前點處的梯度值$\boldsymbol{g}_k$以及漢森矩陣$\boldsymbol{H}_k$

  if $\| \boldsymbol{g}_k \| <$ eps **then**

    停止迭代

  end if

  $\boldsymbol{d}_k = -\boldsymbol{H}_k^{-1}\boldsymbol{g}_k$

  $\boldsymbol{x}_{k+1} = \boldsymbol{x}_k + \alpha\boldsymbol{d}_k$

  $k = k + 1$

end while

與梯度下降法不同，牛頓法無法保證每次迭代時目標函數值下降。為了確定學習率的值，通常使用直線搜尋技術。實際做法是讓α取一些典型的離散值，以下面的值

$$0.0001, 0.001, 0.01$$

選擇使得$f(\boldsymbol{x}_k + \alpha\boldsymbol{d}_k)$最小化的步進值作為最佳步進值，確保迭代之後的函數值充分下降。

與梯度下降法相比，牛頓法有更快的收斂速度，但每次迭代的成本也更高。按照式 (4.9)，每次迭代時需要計算梯度向量與漢森矩陣，並計算漢森矩陣的反矩陣，最後計算矩陣與向量乘積。實現時通常不直接求漢森矩陣

的反矩陣，而是求解以下方程組

$$\boldsymbol{H}_k \boldsymbol{d} = -\boldsymbol{g}_k \tag{4.10}$$

求解線性方程組可使用迭代，如共軛梯度法。牛頓法面臨的另一個問題是漢森矩陣可能不可逆，進一步導致其故障。

4.3.2 擬牛頓法

4.3.1 節介紹了牛頓法存在的問題，擬牛頓法（Quasi-Newton Methods）對此進行了改進。其核心想法是不精確計算目標函數的漢森矩陣然後求反矩陣，而是透過其他方法獲得漢森矩陣的逆。實際做法是建構一個近似漢森矩陣或其反矩陣的正定對稱矩陣，用該矩陣進行牛頓法迭代。

由於要推導下一個迭代點$\boldsymbol{x}_{k+1}$的漢森矩陣需要滿足的條件，並建立與上一個迭代點$\boldsymbol{x}_k$處的函數值、導數值之間的關係，以指導近似矩陣的建構，因此需要在$\boldsymbol{x}_{k+1}$點處作泰勒展開，並將$\boldsymbol{x}_k$的值代入泰勒公式。將函數在$\boldsymbol{x}_{k+1}$點處作二階泰勒展開，忽略高次項，有

$$f(\boldsymbol{x}) \approx f(\boldsymbol{x}_{k+1}) + \nabla f(\boldsymbol{x}_{k+1})^{\mathrm{T}}(\boldsymbol{x} - \boldsymbol{x}_{k+1}) + \frac{1}{2}(\boldsymbol{x} - \boldsymbol{x}_{k+1})^{\mathrm{T}} \nabla^2 f(\boldsymbol{x}_{k+1})(\boldsymbol{x} - \boldsymbol{x}_{k+1})$$

上式兩邊同時對$\boldsymbol{x}$取梯度，可以獲得

$$\nabla f(\boldsymbol{x}) \approx \nabla f(\boldsymbol{x}_{k+1}) + \nabla^2 f(\boldsymbol{x}_{k+1})(\boldsymbol{x} - \boldsymbol{x}_{k+1})$$

如果令$\boldsymbol{x} = \boldsymbol{x}_k$，則有

$$\nabla f(\boldsymbol{x}_{k+1}) - \nabla f(\boldsymbol{x}_k) \approx \nabla^2 f(\boldsymbol{x}_{k+1})(\boldsymbol{x}_{k+1} - \boldsymbol{x}_k)$$

將梯度向量與漢森矩陣簡寫，則有

$$\boldsymbol{g}_{k+1} - \boldsymbol{g}_k \approx \boldsymbol{H}_{k+1}(\boldsymbol{x}_{k+1} - \boldsymbol{x}_k) \tag{4.11}$$

如果令

$$\boldsymbol{s}_k = \boldsymbol{x}_{k+1} - \boldsymbol{x}_k \boldsymbol{y}_k = \boldsymbol{g}_{k+1} - \boldsymbol{g}_k \tag{4.12}$$

則式 (4.11) 可簡寫為

$$\boldsymbol{y}_k \approx \boldsymbol{H}_{k+1}\boldsymbol{s}_k \tag{4.13}$$

這裡的$\boldsymbol{s}_k$和$\boldsymbol{y}_k$都可以根據之前的迭代結果直接算出。如果$\boldsymbol{H}_{k+1}$可逆，那麼式 (4.13) 等於

$$\boldsymbol{s}_k \approx \boldsymbol{H}_{k+1}^{-1}\boldsymbol{y}_k \tag{4.14}$$

式 (4.13) 與式 (4.14) 稱為擬牛頓條件，用於近似代替漢森矩陣和它的反矩陣的矩陣需要滿足該條件。利用該條件，根據上一個迭代點$\boldsymbol{x}_k$和目前迭代點$\boldsymbol{x}_{k+1}$的值以及這兩點處的梯度值，就可以近似計算出目前點的漢森矩陣或其反矩陣。由於漢森矩陣與它的反矩陣均對稱，因此它們的近似矩陣也要求是對稱的。此外，通常還要求近似矩陣正定。擬牛頓法透過各種方法建構出滿足上述條件的近似矩陣，下面介紹典型的實現：DFP 演算法以及 BFGS 演算法。

問題的核心是建構漢森矩陣或其反矩陣的近似矩陣$\boldsymbol{H}_k$，確保滿足擬牛頓條件。首先為該矩陣設定初值，然後在每次迭代時更新此近似矩陣

$$\boldsymbol{H}_{k+1} = \boldsymbol{H}_k + \boldsymbol{E}_k$$

其中$\boldsymbol{E}_k$稱為校正矩陣，現在的工作變為尋找該矩陣。根據式 (4.14)，如果以$\boldsymbol{H}_k$充當漢森矩陣反矩陣的近似，有

$$(\boldsymbol{H}_k + \boldsymbol{E}_k)\boldsymbol{y}_k = \boldsymbol{s}_k$$

上式變形後獲得

$$\boldsymbol{E}_k\boldsymbol{y}_k = \boldsymbol{s}_k - \boldsymbol{H}_k\boldsymbol{y}_k \tag{4.15}$$

DFP 演算法採用了這種想法。DFP（Davidon-Fletcher-Powell）演算法以其 3 位發明人的名字命名。演算法建構漢森矩陣反矩陣的近似（Inverse Hessian Approximation），其初值為單位矩陣$\boldsymbol{I}$，每次迭代時按照下式更新該矩陣

$$\boldsymbol{H}_{k+1} = \boldsymbol{H}_k + \alpha_k\boldsymbol{u}_k\boldsymbol{u}_k^{\mathrm{T}} + \beta_k\boldsymbol{v}_k\boldsymbol{v}_k^{\mathrm{T}} \tag{4.16}$$

即校正矩陣為

$$\boldsymbol{E}_k = \alpha_k \boldsymbol{u}_k \boldsymbol{u}_k^{\mathrm{T}} + \beta_k \boldsymbol{v}_k \boldsymbol{v}_k^{\mathrm{T}} \tag{4.17}$$

其中$\boldsymbol{u}_k$和$\boldsymbol{v}_k$為待定的n維向量，α_k和β_k為待定的係數。顯然，按照上式建構的$\boldsymbol{H}_k$是一個對稱矩陣。根據式 (4.15)，校正矩陣必須滿足

$$(\alpha_k \boldsymbol{u}_k \boldsymbol{u}_k^{\mathrm{T}} + \beta_k \boldsymbol{v}_k \boldsymbol{v}_k^{\mathrm{T}})\boldsymbol{y}_k = \boldsymbol{s}_k - \boldsymbol{H}_k \boldsymbol{y}_k \tag{4.18}$$

即

$$\alpha_k \boldsymbol{u}_k \boldsymbol{u}_k^{\mathrm{T}} \boldsymbol{y}_k + \beta_k \boldsymbol{v}_k \boldsymbol{v}_k^{\mathrm{T}} \boldsymbol{y}_k = \boldsymbol{s}_k - \boldsymbol{H}_k \boldsymbol{y}_k$$

此方程式的解不唯一，可以取某些特殊值進一步簡化問題的求解。這裡令

$$\alpha_k \boldsymbol{u}_k \boldsymbol{u}_k^{\mathrm{T}} \boldsymbol{y}_k = \boldsymbol{s}_k \beta_k \boldsymbol{v}_k \boldsymbol{v}_k^{\mathrm{T}} \boldsymbol{y}_k = -\boldsymbol{H}_k \boldsymbol{y}_k$$

同時令

$$\boldsymbol{u}_k = \boldsymbol{s}_k \boldsymbol{v}_k = \boldsymbol{H}_k \boldsymbol{y}_k$$

將這兩個解代入上面的兩個方程式，可以獲得

$$\alpha_k \boldsymbol{s}_k \boldsymbol{s}_k^{\mathrm{T}} \boldsymbol{y}_k = \alpha_k \boldsymbol{s}_k (\boldsymbol{s}_k^{\mathrm{T}} \boldsymbol{y}_k) = \alpha_k (\boldsymbol{s}_k^{\mathrm{T}} \boldsymbol{y}_k) \boldsymbol{s}_k = \boldsymbol{s}_k$$

以及

$$\beta_k \boldsymbol{H}_k \boldsymbol{y}_k (\boldsymbol{H}_k \boldsymbol{y}_k)^{\mathrm{T}} \boldsymbol{y}_k = \beta_k \boldsymbol{H}_k \boldsymbol{y}_k \boldsymbol{y}_k^{\mathrm{T}} \boldsymbol{H}_k^{\mathrm{T}} \boldsymbol{y}_k = \beta_k \boldsymbol{H}_k \boldsymbol{y}_k \boldsymbol{y}_k^{\mathrm{T}} \boldsymbol{H}_k \boldsymbol{y}_k$$

$$= \beta_k \boldsymbol{H}_k \boldsymbol{y}_k (\boldsymbol{y}_k^{\mathrm{T}} \boldsymbol{H}_k \boldsymbol{y}_k) = \beta_k (\boldsymbol{y}_k^{\mathrm{T}} \boldsymbol{H}_k \boldsymbol{y}_k) \boldsymbol{H}_k \boldsymbol{y}_k = -\boldsymbol{H}_k \boldsymbol{y}_k$$

上面兩個結果利用了矩陣乘法的結合律以及$\boldsymbol{H}_k$是對稱矩陣這一條件。在這裡$\boldsymbol{s}_k^{\mathrm{T}} \boldsymbol{y}_k$與$\boldsymbol{y}_k^{\mathrm{T}} \boldsymbol{H}_k \boldsymbol{y}_k$均為純量。進一步解得

$$\alpha_k = \frac{1}{\boldsymbol{s}_k^{\mathrm{T}} \boldsymbol{y}_k} \beta_k = -\frac{1}{\boldsymbol{y}_k^{\mathrm{T}} \boldsymbol{H}_k \boldsymbol{y}_k}$$

將上面的解代入式 (4.16)，由此獲得矩陣$\boldsymbol{H}_k$的更新公式

$$\boldsymbol{H}_{k+1} = \boldsymbol{H}_k - \frac{\boldsymbol{H}_k \boldsymbol{y}_k \boldsymbol{y}_k^{\mathrm{T}} \boldsymbol{H}_k}{\boldsymbol{y}_k^{\mathrm{T}} \boldsymbol{H}_k \boldsymbol{y}_k} + \frac{\boldsymbol{s}_k \boldsymbol{s}_k^{\mathrm{T}}}{\boldsymbol{y}_k^{\mathrm{T}} \boldsymbol{s}_k} \tag{4.19}$$

此更新公式可以確保$\boldsymbol{H}_k$的對稱正定性。每次迭代時，獲得矩陣$\boldsymbol{H}_k$之後用牛頓法進行更新。由於建構的是漢森矩陣反矩陣的近似，因此可以直接將其與梯度向量相乘進一步獲得牛頓方向。DFP 演算法的流程如演算法 3.2 所示。

演算法 4.3 DFP 演算法

初始化$\boldsymbol{x}_0, \boldsymbol{H}_0 = \boldsymbol{I}, k = 0$

while $k < N$ **do**

  $\boldsymbol{d}_k = -\boldsymbol{H}_k \boldsymbol{g}_k$

  用直線搜尋獲得步進值λ_k

  $\boldsymbol{s}_k = \lambda_k \boldsymbol{d}_k, \boldsymbol{x}_{k+1} = \boldsymbol{x}_k + \boldsymbol{s}_k$

  if $\| \boldsymbol{g}_{k+1} \| <$ eps **then**

    結束迴圈

  end if

  $\boldsymbol{y}_k = \boldsymbol{g}_{k+1} - \boldsymbol{g}_k$

  $\boldsymbol{H}_{k+1} = \boldsymbol{H}_k - \frac{\boldsymbol{H}_k \boldsymbol{y}_k \boldsymbol{y}_k^{\mathrm{T}} \boldsymbol{H}_k}{\boldsymbol{y}_k^{\mathrm{T}} \boldsymbol{H}_k \boldsymbol{y}_k} + \frac{\boldsymbol{s}_k \boldsymbol{s}_k^{\mathrm{T}}}{\boldsymbol{y}_k^{\mathrm{T}} \boldsymbol{s}_k}$

  $k = k + 1$

end while

如果用單位矩陣初始化$\boldsymbol{H}_k$，則第一次迭代時

$$\boldsymbol{d}_0 = -\boldsymbol{H}_0 \boldsymbol{g}_0 = -\boldsymbol{I} \boldsymbol{g}_0 = -\boldsymbol{g}_0$$

這相當於使用梯度下降法，後面逐步細化$\boldsymbol{H}_k$，使其更精確地逼近目前點處漢森矩陣的反矩陣。

BFGS（Broyden-Fletcher-Goldfarb-Shanno）演算法以其 4 位發明人的名字命名。演算法建構漢森矩陣的近似矩陣$\boldsymbol{B}_k$並用下式迭代更新這個矩陣

$$\boldsymbol{B}_{k+1} = \boldsymbol{B}_k + \Delta \boldsymbol{B}_k$$

該矩陣的初值$\boldsymbol{B}_0$為單位陣$\boldsymbol{I}$。要解決的問題就是每次的校正矩陣$\Delta \boldsymbol{B}_k$的建構。根據式 (4.13)，漢森矩陣的近似矩陣$\boldsymbol{B}_k$需要滿足

$$(\boldsymbol{B}_k + \Delta \boldsymbol{B}_k) \boldsymbol{s}_k = \boldsymbol{y}_k \tag{4.20}$$

與 DFP 演算法相同，校正矩陣建構為以下形式

$$\Delta\boldsymbol{B}_k = \alpha_k \boldsymbol{u}_k \boldsymbol{u}_k^{\mathrm{T}} + \beta_k \boldsymbol{v}_k \boldsymbol{v}_k^{\mathrm{T}}$$

將其代入式 (4.20)，可以獲得

$$(\boldsymbol{B}_k + \alpha_k \boldsymbol{u}_k \boldsymbol{u}_k^{\mathrm{T}} + \beta_k \boldsymbol{v}_k \boldsymbol{v}_k^{\mathrm{T}})\boldsymbol{s}_k = \boldsymbol{y}_k$$

整理後可得

$$\alpha_k(\boldsymbol{u}_k^{\mathrm{T}}\boldsymbol{s}_k)\boldsymbol{u}_k + \beta_k(\boldsymbol{v}_k^{\mathrm{T}}\boldsymbol{s}_k)\boldsymbol{v}_k = \boldsymbol{y}_k - \boldsymbol{B}_k\boldsymbol{s}_k$$

同樣，可以取這個方程式的一組特殊解。這裡直接令

$$\alpha_k(\boldsymbol{u}_k^{\mathrm{T}}\boldsymbol{s}_k)\boldsymbol{u}_k = \boldsymbol{y}_k \beta_k(\boldsymbol{v}_k^{\mathrm{T}}\boldsymbol{s}_k)\boldsymbol{v}_k = -\boldsymbol{B}_k\boldsymbol{s}_k$$

同時令兩個向量為

$$\boldsymbol{u}_k = \boldsymbol{y}_k \boldsymbol{v}_k = \boldsymbol{B}_k\boldsymbol{s}_k$$

將它們的值代入上面兩個方程式，可得

$$\alpha_k(\boldsymbol{y}_k^{\mathrm{T}}\boldsymbol{s}_k)\boldsymbol{y}_k = \boldsymbol{y}_k$$

以及

$$\beta_k(\boldsymbol{B}_k\boldsymbol{s}_k)^{\mathrm{T}}\boldsymbol{s}_k\boldsymbol{B}_k\boldsymbol{s}_k = \beta_k\boldsymbol{s}_k^{\mathrm{T}}\boldsymbol{B}_k^{\mathrm{T}}\boldsymbol{s}_k\boldsymbol{B}_k\boldsymbol{s}_k = \beta_k(\boldsymbol{s}_k^{\mathrm{T}}\boldsymbol{B}_k\boldsymbol{s}_k)\boldsymbol{B}_k\boldsymbol{s}_k = -\boldsymbol{B}_k\boldsymbol{s}_k$$

進一步解得兩個係數為

$$\alpha_k = \frac{1}{\boldsymbol{y}_k^{\mathrm{T}}\boldsymbol{s}_k} \beta_k = -\frac{1}{\boldsymbol{s}_k^{\mathrm{T}}\boldsymbol{B}_k\boldsymbol{s}_k}$$

由此獲得校正矩陣為

$$\Delta\boldsymbol{B}_k = \frac{\boldsymbol{y}_k\boldsymbol{y}_k^{\mathrm{T}}}{\boldsymbol{y}_k^{\mathrm{T}}\boldsymbol{s}_k} - \frac{\boldsymbol{B}_k\boldsymbol{s}_k\boldsymbol{s}_k^{\mathrm{T}}\boldsymbol{B}_k}{\boldsymbol{s}_k^{\mathrm{T}}\boldsymbol{B}_k\boldsymbol{s}_k} \tag{4.21}$$

如果初值$\boldsymbol{B}_0$是正定矩陣，且在每次迭代時$\boldsymbol{y}_k^{\mathrm{T}}\boldsymbol{s}_k > 0$，則每次更新後獲得的$\boldsymbol{B}_k$都是正定的。由於 BFGS 演算法建構的是漢森矩陣的近似，因此還需要求解方程組以獲得牛頓方向。而$\boldsymbol{B}_k$是正定對稱矩陣，可以採用高效的方法

求解此線性方程組。比較 DFP 演算法的式 (4.19) 與 BFGS 演算法的式 (4.21) 可以發現，二者的校正矩陣計算公式互為對偶，將$\boldsymbol{s}_k$與$\boldsymbol{y}_k$的角色進行了對換。BFGS 演算法的流程如演算法 4.4 所示。

演算法 4.4 BFGS 演算法

初始化$\boldsymbol{x}_0, \boldsymbol{B}_0 = \boldsymbol{I}, k = 0$

while $k < N$ **do**

$\boldsymbol{d}_k = -\boldsymbol{B}_k^{-1}\boldsymbol{g}_k$

直線搜尋獲得步進值λ_k

$\boldsymbol{s}_k = \lambda_k \boldsymbol{d}_k, \boldsymbol{x}_{k+1} = \boldsymbol{x}_k + \boldsymbol{s}_k$

if $\| \boldsymbol{g}_{k+1} \| <$ eps **then**

結束迴圈

end if

$\boldsymbol{y}_k = \boldsymbol{g}_{k+1} - \boldsymbol{g}_k$

$\boldsymbol{B}_{k+1} = \boldsymbol{B}_k + \frac{\boldsymbol{y}_k \boldsymbol{y}_k^{\mathrm{T}}}{\boldsymbol{y}_k^{\mathrm{T}} \boldsymbol{s}_k} - \frac{\boldsymbol{B}_k \boldsymbol{s}_k \boldsymbol{s}_k^{\mathrm{T}} \boldsymbol{B}_k}{\boldsymbol{s}_k^{\mathrm{T}} \boldsymbol{B}_k \boldsymbol{s}_k}$

$k = k + 1$

end while

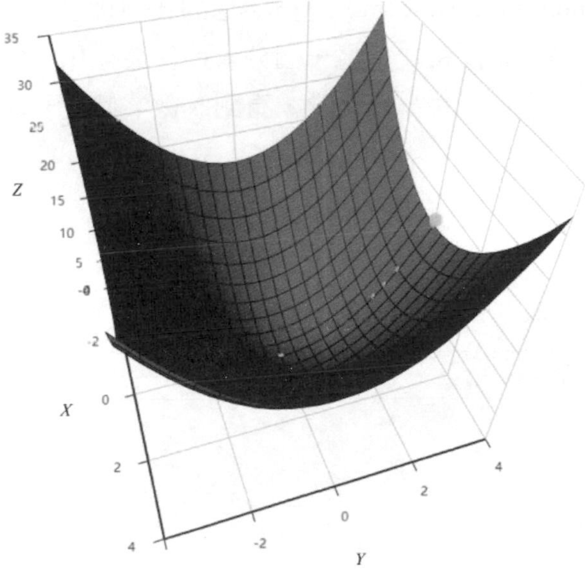

圖 4.14 L-BFGS 演算法求解$x^2 + y^2$極值的迭代過程

BFGS 演算法在每次迭代時需要計算$n \times n$的矩陣$\boldsymbol{B}_k$，當n很大時，儲存該矩陣將耗費大量記憶體。為此，提出了改進方案 L-BFGS 演算法（有限儲存的 BFGS 演算法），其思想是不儲存完整的矩陣$\boldsymbol{B}_k$，只儲存向量$\boldsymbol{s}_k$和$\boldsymbol{y}_k$。對於大多數目標函數，BFGS 演算法有很好的收斂效果。圖 4.14 是用 L-BFGS 演算法求解$x^2 + y^2$極值的迭代過程。演算法只需要迭代 4 次即可收斂到極小值點處。

4.4 分治法

分治法是演算法設計中常用的想法，它把一個問題拆分成多個子問題，大部分的情況下，子問題更容易求解。在求得子問題的解之後，將其合併獲得整個問題的解。在用於最佳化方法時的通行做法是每次只最佳化部分變數，將高維最佳化問題分解為低維最佳化問題。

4.4.1 座標下降法

座標下降法（Coordinate Descent）是分治法的典型代表。對於多元函數的最佳化問題，座標下降法每次只對一個分量進行最佳化，將其他分量固定不動。演算法依次最佳化每一個變數，直到收斂。假設要求解的最佳化問題為

$$\min_{\mathbf{x}} f(\mathbf{x}), \mathbf{x} = (x_1, x_2, \cdots, x_n)$$

演算法在每次迭代時依次選擇$x_1, \cdots, x_n$進行最佳化，求解單一變數的最佳化問題。完整的演算法流程如演算法 4.1 所示。

演算法 4.5 座標下降法

初始化$\boldsymbol{x}_0$
while 沒有收斂 **do**
  for $i = 1,2, \cdots, n$ **do**
    求解$\min_{x_i} f(\mathbf{x})$
  end for
end while

演算法每次迭代時在目前點處沿一個座標軸方向進行一維搜尋，固定其他座標軸方向對應的分量，求解一元函數的極值。在整個過程中依次迴圈使用不同座標軸方向對應的分量進行迭代，更新這些分量的值，一個週期的一維搜尋迭代過程相當於一次梯度下降法迭代完成對最佳化變數每個分量的一次更新。

座標下降法的求解過程如圖 4.15 所示，這裡是二維最佳化問題。在每次迭代時，首先固定y軸分量，最佳化x軸分量；然後固定x軸分量，最佳化y軸分量。整個最佳化過程在各個座標軸方向之間輪換。

座標下降法具有計算量小、實現效率高的優點，在機器學習領域獲得了成功的應用，典型的是求解線性模型的訓練問題，在開放原始碼函數庫 liblinear 中有實現，此外，在求解非負矩陣分解問題中也有應用。前者在 4.4.4 節說明。座標下降法的缺點是對非光滑（不可導）的多元目標函數可能無法進行有效處理，以及難以平行化。考慮下面的目標函數

$$f(x,y) = |x+y| + 3|y-x|$$

如果目前迭代點為$(-2,-2)$，單獨在x軸和y軸方向進行迭代均無法保證目標函數值下降，此時座標下降法故障。如圖 4.16 所示，圖中畫出了目標函數的等高線，$(0,0)$是極小值點，在$(-2,-2)$點處，單獨改變x或y的值均不能使目標函數值下降。

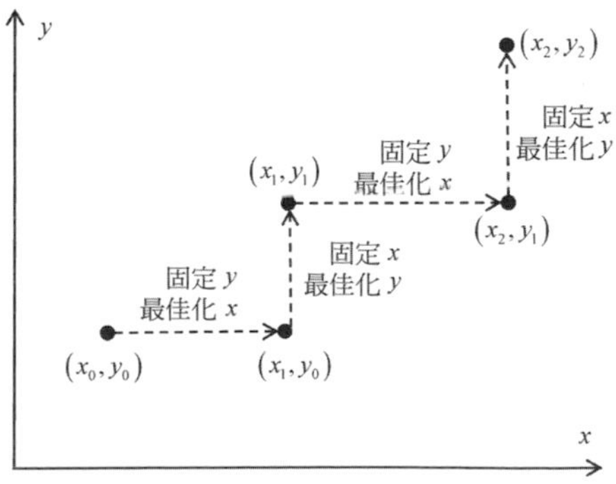

圖 4.15 座標下降法求解二維最佳化問題的迭代過程

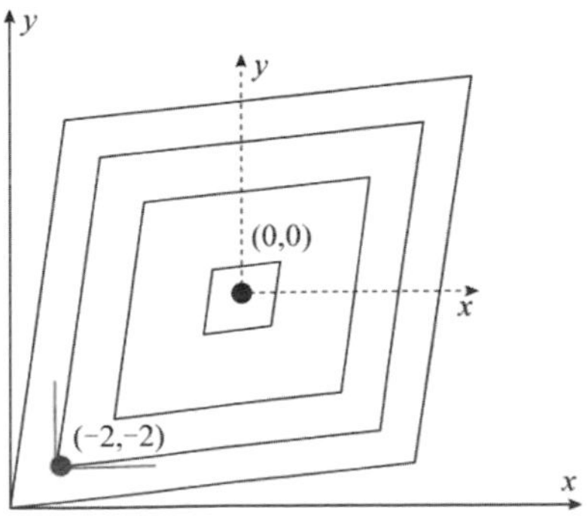

圖 4.16 座標下降法故障的實例

4.4.2 SMO 演算法

SMO（Sequential Minimal Optimization）演算法（見參考文獻[11]）是求解支援向量機對偶問題的高效演算法。演算法的核心思想是每次從最佳化變數中挑出兩個分量進行最佳化，讓其他分量固定，這樣能確保滿足等式限制條件。假設訓練樣本集為$(\boldsymbol{x}_i, y_i), i = 1, \cdots, l$，其中$\boldsymbol{x} \in \mathbb{R}^n$為樣本的特徵向量，$y = \pm 1$為標籤值。在使用核心函數之後，支援向量機在訓練時求解的對偶問題為

$$\begin{aligned}&\min_{\boldsymbol{\alpha}} \frac{1}{2}\sum_{i=1}^{l}\sum_{j=1}^{l} \alpha_i\alpha_j y_i y_j K(\boldsymbol{x}_i, \boldsymbol{x}_j) - \sum_{i=1}^{l}\alpha_i \\ &0 \leqslant \alpha_i \leqslant C \\ &\sum_{j=1}^{l}\alpha_j y_j = 0\end{aligned} \tag{4.22}$$

C為懲罰因數，是人工設定的正常數。核心矩陣的元素為

$$K_{ij} = K(\boldsymbol{x}_i, \boldsymbol{x}_j)$$

這裡$K(\boldsymbol{x}_i, \boldsymbol{x}_j)$為核心函數，將兩個向量$\boldsymbol{x}_i, \boldsymbol{x}_j$對映為一個實數。該對偶問題是一個二次規劃問題，問題的規模由訓練樣本數l決定，其值很大時，正常的求解演算法將面臨計算效率低和儲存空間佔用太大的問題。

SMO 演算法每次選擇兩個變數進行最佳化，假設選取的兩個分量為α_i和α_j，其他分量都固定，當成常數。由於$y_i y_i = 1$、$y_j y_j = 1$，對這兩個變數的目標函數可以寫成

$$f(\alpha_i, \alpha_j) = \frac{1}{2}K_{ii}\alpha_i^2 + \frac{1}{2}K_{jj}\alpha_j^2 + sK_{ij}\alpha_i\alpha_j + y_i v_i \alpha_i + y_j v_j \alpha_j - \alpha_i - \alpha_j + c$$

其中c是一個常數。這裡定義

$$s = y_i y_j v_i = \sum_{k=1,k\neq i,k\neq j}^{l} y_k \alpha_k^* K_{ik} v_j = \sum_{k=1,k\neq i,k\neq j}^{l} y_k \alpha_k^* K_{jk}$$

這裡的α^*為α在上一輪迭代後的值。子問題的目標函數是二元二次函數，可以直接列出最小值的解析解。這個問題的限制條件為

$$0 \leqslant \alpha_i \leqslant C 0 \leqslant \alpha_j \leqslant C y_i\alpha_i + y_j\alpha_j = -\sum_{k=1,k\neq i,k\neq j}^{l} y_k\alpha_k = \xi$$

利用上面的等式約束可以消掉α_i，進一步只剩下變數α_j。目標函數是α_j的二次函數，直接求得解析解。

4.4.3 分階段最佳化

AdaBoost 演算法在訓練時同樣採取了分治法的策略，每次迭代時先訓練弱分類器，然後確定弱分類器的權重係數（見參考文獻[12]）。AdaBoost 演算法在訓練時的目標是最小化指數損失函數。假設強分類器為$F(\boldsymbol{x})$，$\boldsymbol{x} \in \mathbb{R}^n$為特徵向量，$y = \pm 1$為標籤值。單一訓練樣本的指數損失函數為

$$L(y, F(\boldsymbol{x})) = \exp(-yF(\boldsymbol{x}))$$

強分類器是弱分類器的加權組合，定義為

$$F(\boldsymbol{x}) = \sum_{i=1}^{M} \beta_i f_i(\boldsymbol{x})$$

其中$f_i(\boldsymbol{x})$是第i個弱分類器，β_i是其權重，M為弱分類器的數量。訓練時依次訓練每個弱分類器，將其加入強分類器中。將強分類器的計算公式代入上面的損失函數中，獲得訓練第j個弱分類器時對整個訓練樣本集的訓練損失函數為

$$(\beta_j, f_j) = \underset{\beta,f}{\operatorname{argmin}} \sum_{i=1}^{l} \exp(-y_i(F_{j-1}(\boldsymbol{x}_i) + \beta f(\boldsymbol{x}_i))) \quad (4.23)$$

這裡將強分類器拆成兩部分，第一部分是之前的迭代已經獲得的強分類器F_{j-1}，第二部分是目前要訓練的弱分類器f與其權重β的乘積對訓練樣本的損失函數。前者在之前的迭代中已經求出，因此可以看成常數。式 (4.23) 目標函數可以簡化為

$$\min_{\beta,f} \sum_{i=1}^{l} w_i^{j-1} \exp(-\beta y_i f(\boldsymbol{x}_i)) \quad (4.24)$$

其中

$$w_i^{j-1} = \exp(-y_i F_{j-1}(\boldsymbol{x}_i))$$

它只和前面迭代獲得的強分類器有關，與目前的弱分類器、弱分類器權重無關，這就是樣本權重。式 (4.24) 的問題可以分兩步求解，首先將β看成常數，由於y_i和$f(\boldsymbol{x}_i)$的設定值只能為+1 或−1，且樣本權重非負，要讓式 (4.24) 的目標函數最小化，必須讓二者相等。因此損失函數對$f(\boldsymbol{x})$的最佳解為

$$f_j = \underset{f}{\operatorname{argmin}} \sum_{i=1}^{l} w_i^{j-1} \boldsymbol{I}(y_i \neq f(\boldsymbol{x}_i))$$

其中$\boldsymbol{I}$是指標函數，如果括號裡的條件成立，其值為 1，否則為 0。上式的最佳解是使得對樣本的加權誤差最小的弱分類器。在獲得弱分類器之後，式 (4.24) 的最佳化目標可以表示成β的函數

$$L(\beta) = \mathrm{e}^{-\beta} \times \sum_{y_i = f_j(\mathbf{x}_i)} w_i^{j-1} + \mathrm{e}^{\beta} \times \sum_{y_i \neq f_j(\mathbf{x}_i)} w_i^{j-1}$$

上式前半部分是被目前的弱分類器正確分類的樣本，此時 y_i 與 $f(\boldsymbol{x}_i)$ 同號且 $y_i f(\boldsymbol{x}_i) = 1$，$\exp(-\beta y_i f(\boldsymbol{x}_i)) = \exp(-\beta)$，後半部分是被目前的弱分類器錯誤分類的樣本，這種情況有$y_i f(\boldsymbol{x}_i) = -1, \exp(-\beta y_i f(\boldsymbol{x}_i)) = \exp(\beta)$。目標函數可以進一步寫成

$$L(\beta) = (\mathrm{e}^{\beta} - \mathrm{e}^{-\beta}) \times \sum_{i=1}^{l} w_i^{j-1} \boldsymbol{I}(y_i \neq f_j(\boldsymbol{x}_i)) + \mathrm{e}^{-\beta} \times \sum_{i=1}^{l} w_i^{j-1}$$

實際推導過程為

$$\begin{aligned}
&\mathrm{e}^{-\beta} \cdot \sum_{y_i = f_j(\boldsymbol{x}_i)} w_i^{j-1} + \mathrm{e}^{\beta} \cdot \sum_{y_i \neq f_j(\boldsymbol{x}_i)} w_i^{j-1} \\
&= \mathrm{e}^{-\beta} \cdot \sum_{y_i = f_j(\boldsymbol{x}_i)} w_i^{j-1} + \mathrm{e}^{-\beta} \cdot \sum_{y_i \neq f_j(\boldsymbol{x}_i)} w_i^{j-1} - \mathrm{e}^{-\beta} \cdot \sum_{y_i \neq f_j(\boldsymbol{x}_i)} w_i^{j-1} + \mathrm{e}^{\beta} \cdot \sum_{y_i \neq f_j(\boldsymbol{x}_i)} w_i^{j-1} \\
&= \mathrm{e}^{-\beta} \cdot \sum_{i=1}^{l} w_i^{j-1} + (\mathrm{e}^{\beta} - \mathrm{e}^{-\beta}) \cdot \sum_{y_i \neq f_j(\boldsymbol{x}_i)} w_i^{j-1}
\end{aligned}$$

$$= \mathrm{e}^{-\beta} \cdot \sum_{i=1}^{l} w_i^{j-1} + (\mathrm{e}^{\beta} - \mathrm{e}^{-\beta}) \cdot \sum_{i=1}^{l} w_i^{j-1} \boldsymbol{I}(y_i \neq f_j(\boldsymbol{x}_i))$$

函數在極值點的導數為 0，對β求導並令其為 0

$$(\mathrm{e}^{\beta} + \mathrm{e}^{-\beta}) \cdot \sum_{i=1}^{l} w_i^{j-1} \boldsymbol{I}(y_i \neq f_j(\boldsymbol{x}_i)) - \mathrm{e}^{-\beta} \cdot \sum_{i=1}^{l} w_i^{j-1} = 0$$

上式兩邊同除以$\sum_{i=1}^{l} w_i^{j-1}$，由此獲得關於β的方程式

$$(\mathrm{e}^{\beta} + \mathrm{e}^{-\beta}) \cdot \mathrm{err}_j - \mathrm{e}^{-\beta} = 0$$

最後獲得最佳解為

$$\beta = \frac{1}{2} \ln \frac{1 - \mathrm{err}_j}{\mathrm{err}_j}$$

其中err_j為目前弱分類器對訓練樣本集的加權錯誤率

$$\mathrm{err}_j = \left(\sum_{i=1}^{l} w_i^{j-1} \boldsymbol{I}(y_i \neq f_j(\boldsymbol{x}_i)) \right) \Big/ \left(\sum_{i=1}^{l} w_i^{j-1} \right)$$

在獲得目前弱分類器之後，對強分類器進行更新

$$F_j(\boldsymbol{x}) = F_{j-1}(\boldsymbol{x}) + \beta_j f_j(\boldsymbol{x})$$

下次迭代時樣本的權重為

$$w_i^j = w_i^{j-1} \cdot \mathrm{e}^{-\beta_j y_i f_j(x_i)}$$

此即 AdaBoost 訓練演算法中的樣本權重更新公式。對 AdaBoost 演算法的系統了解可以閱讀參考文獻[19]。

4.4.4 應用——logistic 回歸

下面介紹座標下降法在求解 logistic 回歸訓練問題中的應用。指定l個訓練樣本$(\boldsymbol{x}_i, y_i), i = 1, \cdots, l$，其中$\boldsymbol{x}_i \in \mathbb{R}^n$為特徵向量，$y_i = \pm 1$為標籤值。L2 正規化 logistic 回歸的對偶問題（見參考文獻[13]）為

$$\min_{\boldsymbol{\alpha}} D_{LR}(\boldsymbol{\alpha}) = \frac{1}{2}\boldsymbol{\alpha}^{\mathrm{T}}\boldsymbol{Q}\boldsymbol{\alpha} + \sum_{i:\alpha_i>0} \alpha_i \ln\alpha_i + \sum_{i:\alpha_i<C} (C-\alpha_i)\ln(C-\alpha_i)$$
$$0 \leqslant \alpha_i \leqslant C, i = 1, \cdots, l \tag{4.25}$$

其中C為懲罰因數，矩陣$\boldsymbol{Q}$定義為

$$Q_{ij} = y_i y_j \boldsymbol{x}_i^{\mathrm{T}} \boldsymbol{x}_j$$

如果定義

$$0\log 0 = 0$$

它與下面的極限是一致的

$$\lim_{x\to 0^+} x\ln x = 0$$

本書後續章節會遵循此約定。式 (4.25) 可以簡化為

$$\min_{\boldsymbol{\alpha}} D_{LR}(\boldsymbol{\alpha}) = \frac{1}{2}\boldsymbol{\alpha}^{\mathrm{T}}\boldsymbol{Q}\boldsymbol{\alpha} + \sum_{i=1}^{l} (\alpha_i\ln\alpha_i + (C-\alpha_i)\ln(C-\alpha_i))$$
$$0 \leqslant \alpha_i \leqslant C, i = 1, \cdots, l \tag{4.26}$$

上式的目標函數中帶有對數函數，可以採用座標下降法求解。與其他最佳化方法（如共軛梯度法、擬牛頓法）相比，座標下降法有更快的迭代速度，更適合大規模問題的求解。下面我們介紹帶限制條件的座標下降法求解想法。

在用座標下降法求解時，採用了一個技巧，不是直接最佳化一個變數，而是最佳化該變數的增量。假設本次迭代時要最佳化α_i，將其他的$\alpha_j, j \neq i$固定不動。假設本次迭代之後α_i的值為$\alpha_i + z$。在這裡，α_i為一個常數，是α_i上一次迭代後的值。用$\alpha_i + z$取代α_i，式 (4.26) 的目標函數以及不等式約束可以寫成z的函數

$$\min_z g(z) = (c_1+z)\ln(c_1+z) + (c_2-z)\ln(c_2-z) + \frac{a}{2}z^2 + bz$$
$$-c_1 \leqslant z \leqslant c_2 \tag{4.27}$$

其中所有常數定義為

$$c_1 = \alpha_i, c_2 = C - \alpha_i, a = Q_{ii}, b = (\boldsymbol{Q}\boldsymbol{\alpha})_i$$

因為目標函數含有對數函數，上面的函數是一個超越函數，無法列出極值的公式解。採用牛頓法求解上面的問題，不考慮不等式限制條件 $-c_1 \leqslant z \leqslant c_2$，迭代公式為

$$z_{k+1} = z_k + dd = -\frac{g'(z_k)}{g''(z_k)}$$

這是牛頓法對一元函數的情況，梯度為一階導數，漢森矩陣為二階導數。子問題目標函數的一階導數和二階導數分別為

$$g'(z) = az + b + \ln\frac{c_1 + z}{c_2 - z} g''(z) = a + \frac{c_1 + c_2}{(c_1 + z)(c_2 - z)}$$

為了確保牛頓法收斂，還需要使用直線搜尋，檢查迭代之後的函數值是否充分下降。對 logistic 回歸的系統了解可以閱讀參考文獻[19]。

4.5 凸最佳化問題

求解一般的最佳化問題的全域最佳解通常是困難的，至少會面臨局部極值與鞍點問題，如果對最佳化問題加以限定，則可以有效地避免這些問題，確保求得全域極值點。典型的限定問題為凸最佳化（Convex Optimization）問題。

4.5.1 數值最佳化演算法面臨的問題

以導數為基礎的數值最佳化演算法判斷收斂的依據是梯度為 0，但梯度為 0 只是函數取得局部極值的必要條件而非充分條件，更不是取得全域極值的充分條件。因此，這類演算法會面臨以下問題。

（1）無法收斂到梯度為 0 的點，此時演算法不收斂。

（2）能夠收斂到梯度為 0 的點，但在該點處漢森矩陣不正定，因此不是局部極值點，稱為鞍點問題。

（3）能夠收斂到梯度為 0 的點，在該點處漢森矩陣正定，找到了局部極值點，但不是全域極值點。

在 3.3.3 節介紹了鞍點的概念，圖 4.17 是鞍點的示意圖。

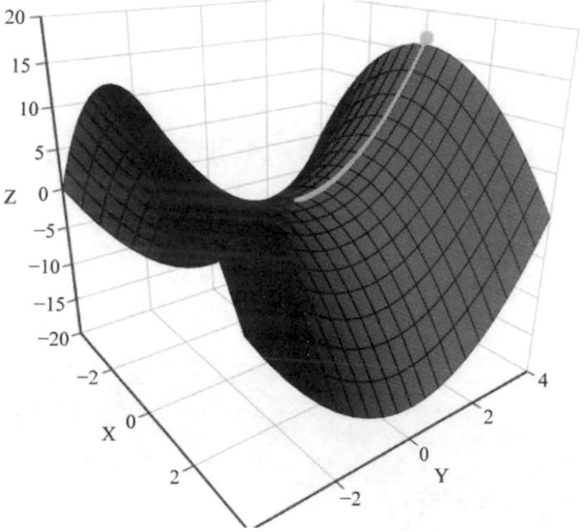

圖 4.17 $-x^2+y^2$的鞍點

對於圖 4.17 所示的目標函數，如果以(0,4)作為初始迭代點，迭代最後會陷入鞍點(0,0)。在(0,0)點處梯度為 0，漢森矩陣為

$$\begin{pmatrix} -2 & 0 \\ 0 & 2 \end{pmatrix}$$

該矩陣的特徵值為-2 和 2，顯然矩陣不定。相比鞍點，判斷一個局部極小值點是否為全域極小值點更為困難，因為目標函數可能存在多個局部極值。需要找到所有的局部極值，然後進行比較，通常是一個 NP 難問題。

對於讓迭代如何擺脫局部極小值以及鞍點，在機器學習與深度學習領域已經有大量的研究。4.2.3 節介紹的梯度下降法的各種改進版本以及 4.2.4 節介紹的隨機梯度下降法，均有某種程度的解決這兩個問題的能力。

4.5.2 凸集

首先介紹凸集（Convex Set）的概念。對於n維空間中的點集C，如果對該集合中的任意兩點$\boldsymbol{x}$和$\boldsymbol{y}$，以及實數$0 \leqslant \theta \leqslant 1$，都有

$$\theta \boldsymbol{x} + (1-\theta)\boldsymbol{y} \in C$$

則稱該集合為凸集。從直觀上來看，凸集的形狀是凸的，沒有凹進去的地方。把集合中的任意兩點用直線連起來，直線段上的所有點都屬於該集合。

$$\theta \boldsymbol{x} + (1-\theta)\boldsymbol{y}$$

稱為點$\boldsymbol{x}$和$\boldsymbol{y}$的凸組合。圖 4.18 是凸集和非凸集的範例，左邊為凸集，右邊為非凸集。

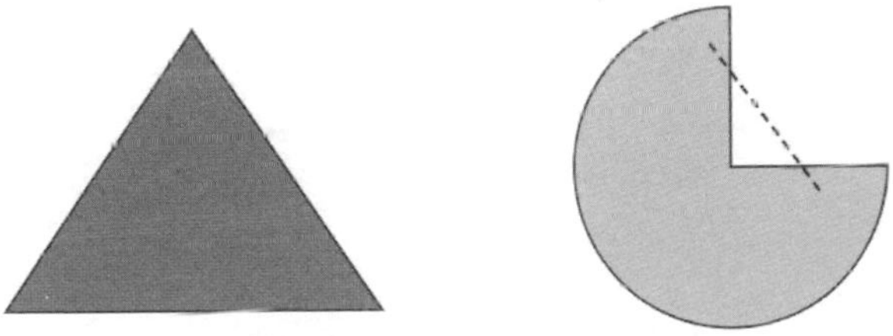

圖 4.18 凸集和非凸集範例

下面列舉實際應用中常見的凸集。

n維實向量空間$\mathbb{R}^n$是凸集。顯然，如果$\boldsymbol{x}, \boldsymbol{y} \in \mathbb{R}^n$，則有

$$\theta \boldsymbol{x} + (1-\theta)\boldsymbol{y} \in \mathbb{R}^n$$

指定$m \times n$矩陣$\boldsymbol{A}$和m維向量$\boldsymbol{b}$，仿射子空間

$$\{\boldsymbol{A}\boldsymbol{x} = \boldsymbol{b}, \boldsymbol{x} \in \mathbb{R}^n\}$$

是非齊次線性方程組的解，也是凸集。假設$\boldsymbol{x}, \boldsymbol{y} \in \mathbb{R}^n$並且$\boldsymbol{A}\boldsymbol{x} = \boldsymbol{b}, \boldsymbol{A}\boldsymbol{y} = \boldsymbol{b}$，對於任意$0 \leqslant \theta \leqslant 1$，有

$$\boldsymbol{A}(\theta \boldsymbol{x} + (1-\theta)\boldsymbol{y}) = \theta \boldsymbol{A}\boldsymbol{x} + (1-\theta)\boldsymbol{A}\boldsymbol{y} = \theta \boldsymbol{b} + (1-\theta)\boldsymbol{b} = \boldsymbol{b}$$

因此結論成立。這一結論表示，由一組線性等式限制條件定義的可行域是凸集。

多面體是以下線性不等式組定義的向量集合

$$\{\boldsymbol{Ax} \leqslant \boldsymbol{b}, \boldsymbol{x} \in \mathbb{R}^n\}$$

它也是凸集。對於任意$\boldsymbol{x}, \boldsymbol{y} \in \mathbb{R}^n$並且$\boldsymbol{Ax} \leqslant \boldsymbol{b}, \boldsymbol{Ay} \leqslant \boldsymbol{b}, 0 \leqslant \theta \leqslant 1$，都有

$$\boldsymbol{A}(\theta\boldsymbol{x} + (1-\theta)\boldsymbol{y}) = \theta\boldsymbol{Ax} + (1-\theta)\boldsymbol{Ay} \leqslant \theta\boldsymbol{b} + (1-\theta)\boldsymbol{b} = \boldsymbol{b}$$

因此結論成立。此結論表示由線性不等式限制條件定義的可行域是凸集。實際問題中等式和不等式約束通常是線性的，因此它們確定的可行域是凸集。

多個凸集的交集也是凸集。假設$C_1, \cdots, C_k$為凸集，它們的交集為$\bigcap_{i=1}^k C_i$。對於任意點$\boldsymbol{x}, \boldsymbol{y} \in \bigcap_{i=1}^k C_i$，並且$0 \leqslant \theta \leqslant 1$，由於$C_1, \cdots, C_k$為凸集，因此有

$$\theta\boldsymbol{x} + (1-\theta)\boldsymbol{y} \in C_i, \forall i = 1, \cdots, k$$

由此獲得

$$\theta\boldsymbol{x} + (1-\theta)\boldsymbol{y} \in \bigcap_{i=1}^k C_i$$

這個結論表示如果每個等式或不等式限制條件定義的集合都是凸集，那麼這些條件聯合起來定義的集合還是凸集。凸集的聯集不是凸集，這樣的反例很容易建構。

指定一個凸函數$f(\boldsymbol{x})$以及實數α，此函數的α下水平集（Sub-level Set）定義為函數值小於或等於α的點組成的集合

$$\{f(\boldsymbol{x}) \leqslant \alpha, \boldsymbol{x} \in D(f)\}$$

其中$D(f)$為函數$f(\boldsymbol{x})$的定義域。對於下水平集中的任意兩點$\boldsymbol{x}, \boldsymbol{y}$，它們滿足

$$f(\boldsymbol{x}) \leqslant \alpha f(\boldsymbol{y}) \leqslant \alpha$$

對於$0 \leqslant \theta \leqslant 1$，根據凸函數的定義有

$$f(\theta \boldsymbol{x} + (1-\theta)\boldsymbol{y}) \leqslant \theta f(\boldsymbol{x}) + (1-\theta) f(\boldsymbol{y}) \leqslant \theta \alpha + (1-\theta)\alpha = \alpha$$

$\theta \boldsymbol{x} + (1-\theta)\boldsymbol{y}$也屬於該下水平集，因此下水平集是凸集。下面舉例說明。對於以下凸函數

$$f(x,y) = x^2 + y^2$$

如果$\alpha = 1$，則下水平集$x^2 + y^2 \leqslant 1$是圓心為原點的單位圓所圍成的區域，為凸集； 如果$f(\boldsymbol{x})$不是凸函數，則不能保證下水平集是凸集。對於下面的凹函數

$$f(x,y) = -x^2 - y^2$$

如果$\alpha = 1$，則下水平集$-x^2 - y^2 \leqslant 1$為二維空間除掉單位圓之後的區域，顯然不是凸集。

這一結論的用途在於我們需要確保最佳化問題中一些不等式限制條件定義的可行域是凸集。

4.5.3 凸最佳化問題及其性質

如果一個最佳化問題的可行域是凸集且目標函數是凸函數，則該問題為凸最佳化問題。凸最佳化問題可以形式化地寫成

$$\min_{\boldsymbol{x}} f(\boldsymbol{x}), \boldsymbol{x} \in C$$

其中$\boldsymbol{x}$為最佳化變數；f為凸目標函數；C是最佳化變數的可行域，為凸集。凸最佳化問題的另一種通用寫法是

$$\begin{aligned} &\min_{\boldsymbol{x}} f(\boldsymbol{x}) \\ &g_i(\boldsymbol{x}) \leqslant 0, \quad i = 1, \cdots, m \\ &h_i(\boldsymbol{x}) = 0, \quad i = 1, \cdots, p \end{aligned} \tag{4.28}$$

其中$g_i(\boldsymbol{x})$是不等式約束函數，為凸函數；$h_i(\boldsymbol{x})$是等式約束函數，為仿射（線性）函數。式 (4.28) 中不等式的方向非常重要，因為一個凸函數的 0 下水平集是凸集，對於凹函數則不成立。這些不等式共同定義的可行域是

一組凸集的交集，仍然為凸集。透過將大於或等於號形式的不等式兩邊同時乘以-1，可以把不等式統一寫成小於或等於號的形式。前面已經證明仿射空間是凸集，因此加上這些等式約束後可行域還是凸集。需要強調的是，如果等式約束不是仿射函數，那麼通常無法保證其定義的可行域是凸集。例如等式約束$x^2 + y^2 + z^2 = 1$確定的可行域是三維空間的球面，顯然不是凸集。

上面的定義也列出了證明一個最佳化問題是凸最佳化問題的一般性方法，即證明目標函數是凸函數，等式和不等式約束組成的可行域是凸集。證明目標函數是凸函數的方法在 3.3.2 節已經介紹。

對於凸最佳化問題，所有局部最佳解都是全域最佳解。這個特性可以確保在求解時不會陷入局部極值問題。如果找到了問題的局部最佳解，則它一定也是全域最佳解，這相當大地簡化了問題的求解。下面採用反證法證明此結論。

假設$\boldsymbol{x}$是一個局部最佳解但不是全域最佳解，則存在一個可行解$\boldsymbol{y}$，滿足

$$f(\boldsymbol{x}) > f(\boldsymbol{y})$$

根據局部最佳解的定義，對於指定的鄰域半徑δ，不存在滿足$\| \boldsymbol{x} - \boldsymbol{z} \|_2 < \delta$並且$f(\boldsymbol{z}) < f(\boldsymbol{x})$的點$\boldsymbol{z}$。選擇一個點

$$\boldsymbol{z} = \theta \boldsymbol{y} + (1 - \theta)\boldsymbol{x}$$

其中

$$\theta = \frac{\delta}{2 \| \boldsymbol{x} - \boldsymbol{y} \|_2}$$

則有

$$\| \boldsymbol{x} - \boldsymbol{z} \|_2 = \left\| \boldsymbol{x} - \left(\frac{\delta}{2 \| \boldsymbol{x} - \boldsymbol{y} \|_2} \boldsymbol{y} + \left(1 - \frac{\delta}{2 \| \boldsymbol{x} - \boldsymbol{y} \|_2}\right) \boldsymbol{x} \right) \right\|_2$$
$$= \left\| \frac{\delta}{2 \| \boldsymbol{x} - \boldsymbol{y} \|_2} (\boldsymbol{x} - \boldsymbol{y}) \right\|_2 = \frac{\delta}{2} < \delta$$

即該點在$\boldsymbol{x}$的δ鄰域內。根據凸函數的性質以及前面的假設有

$$f(\boldsymbol{z}) = f(\theta\boldsymbol{y} + (1-\theta)\boldsymbol{x}) \leqslant \theta f(\boldsymbol{y}) + (1-\theta)f(\boldsymbol{x}) < f(\boldsymbol{x})$$

這與$\boldsymbol{x}$是局部最佳解矛盾。如果一個局部最佳解不是全域最佳解，在它的任何鄰域內還可以找到函數值比該點函數值更小的點，這與該點是局部最佳解矛盾。

之所以凸最佳化問題的定義要求目標函數是凸函數，並且最佳化變數的可行域是凸集，是因為缺少其中任何一個條件都不能保證局部最佳解是全域最佳解。下面來看兩個反例。

情況一：可行域是凸集，目標函數不是凸函數。這樣的實例如圖 4.19 所示。顯然，此非凸函數存在多個局部極小值點，但只有一個是全域極小值點。

情況二：可行域不是凸集，目標函數是凸函數。這樣的實例如圖 4.20 所示。

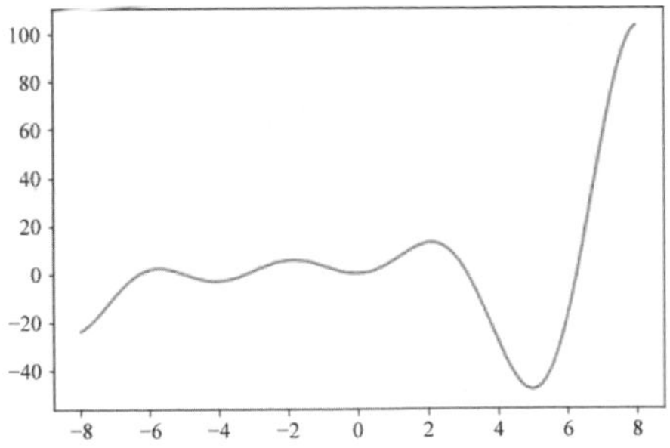

圖 4.19 可行域是凸集，目標函數不是凸函數

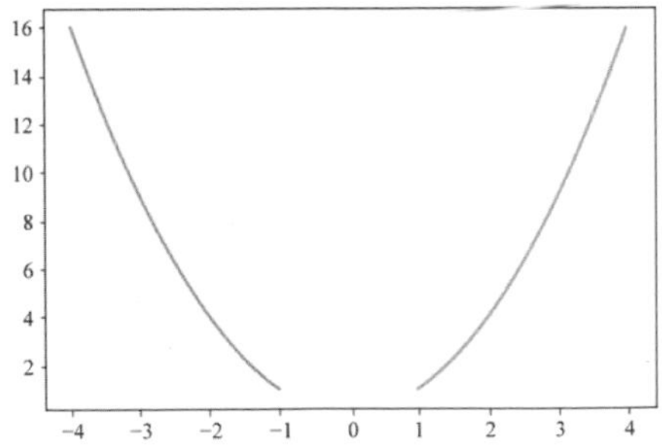

圖 4.20 可行域不是凸集，目標函數是凸函數

在圖 4.20 中可行域不是凸集，中間有斷裂，目標函數是凸函數。左邊和右邊的曲線各有一個局部極小值點，分別為$x = -1$以及$x = 1$，不能保證局部極小值就是全域極小值。可以很容易把這個實例推廣到三維空間裡的二元函數（曲面）。

由於凸函數的漢森矩陣是半正定的，不存在鞍點，因此凸最佳化問題也不會出現鞍點問題。

4.5.4 機器學習中的凸最佳化問題

下面介紹機器學習中典型的凸最佳化問題，如表 4.2 所示。對於這些問題，最佳化演算法可以確保找到全域極值點，因此訓練時的收斂性是有保障的。

表 4.2 機器學習中的典型凸最佳化問題

機器學習演算法	目標函數
線性回歸	$\min_{\boldsymbol{w}} \frac{1}{2l}\sum_{i=1}^{l}(\boldsymbol{w}^{\mathrm{T}}\boldsymbol{x}_i - y_i)^2$
logistic 回歸	$\min_{\boldsymbol{w}} -\sum_{i=1}^{l}(y_i \ln h(\boldsymbol{x}_i) + (1-y_i)\ln(1-h(\boldsymbol{x}_i)))$ $h(\boldsymbol{x}) = \frac{1}{1+\exp(-\boldsymbol{w}^{\mathrm{T}}\boldsymbol{x})}$
支援向量機 （線性核心，原問題）	$\min_{\boldsymbol{w},\xi} \frac{1}{2}\boldsymbol{w}^{\mathrm{T}}\boldsymbol{w} + C\sum_{i=1}^{l}\xi_i$ $y_i(\boldsymbol{w}^{\mathrm{T}}\boldsymbol{x}_i + b) \geq 1 - \xi_i$ $\xi_i \geq 0, i = 1, \cdots, l$
softmax 回歸	$\min_{\boldsymbol{\theta}_i} -\sum_{i=1}^{l}\sum_{j=1}^{k}\left(y_{ij}\ln\frac{\exp(\boldsymbol{\theta}_j^{\mathrm{T}}\boldsymbol{x}_i)}{\sum_{t=1}^{k}\exp(\boldsymbol{\theta}_t^{\mathrm{T}}\boldsymbol{x}_i)}\right)$

線性回歸的目標函數是凸函數的證明見 3.3.4 節；logistic 回歸的目標函數是凸函數的證明見 5.7.5 節；支援向量機的目標函數是凸函數的證明見 4.6.5 節；softmax 回歸的目標函數是凸函數的證明作為練習題由讀者自己完成。

在常用的機器學習演算法中，目標函數不是凸函數的典型代表是類神經網路。對於多層神經網路，4.2.5 節定義的目標函數通常不是凸函數。它在訓練時無法保證收斂到局部極值點，更無法保證收斂到全域最佳解處，將面臨前面所說明的局部極值以及鞍點問題。圖 4.21 列出了類神經網路的目標函數曲面，是將參數投影到二維平面後的結果，來自參考文獻[16]。

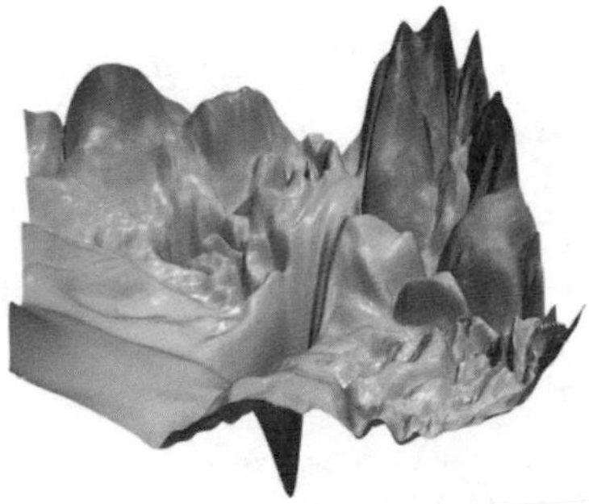

圖 4.21 類神經網路的目標函數曲面

4.6 帶約束的最佳化問題

上一節介紹的最佳化演算法沒有考慮等式與不等式約束，本節介紹帶限制條件的問題的求解方法。

4.6.1 拉格朗日乘數法

拉格朗日乘數法（Lagrange Multiplier Method）用於求解帶等式限制條件的函數極值，列出了這種問題取得極值的一階必要條件（First-order Necessary Conditions）。假設有以下極值問題

$$\min_{\boldsymbol{x}} f(\boldsymbol{x})$$

$$h_i(\boldsymbol{x}) = 0, i = 1, \cdots, p$$

拉格朗日乘數法建構以下拉格朗日乘子函數

$$L(\boldsymbol{x},) = f(\boldsymbol{x}) + \sum_{i=1}^{p} \lambda_i h_i(\boldsymbol{x})$$

其中為新引用的引數，稱為拉格朗日乘子（Lagrange Multipliers）。在建構該函數之後，去掉了對最佳化變數的等式約束。對拉格朗日乘子函數的所有引數求偏導數，並令其為 0。這包含對$\boldsymbol{x}$求導、對求導。獲得下列方程組

$$\begin{aligned} \nabla_{\boldsymbol{x}} f(\boldsymbol{x}) + \textstyle\sum_{i=1}^{p} \lambda_i \nabla_{\boldsymbol{x}} h_i(\boldsymbol{x}) &= 0 \\ h_i(\boldsymbol{x}) &= 0 \end{aligned} \tag{4.29}$$

求解該方程組即可獲得函數的候選極值點。顯然，方程組的解滿足所有的等式限制條件。拉格朗日乘數法的幾何解釋：在極值點處目標函數的梯度是約束函數梯度的線性組合

$$\nabla_{\boldsymbol{x}} f(\boldsymbol{x}) = -\sum_{i=1}^{p} \lambda_i \nabla_{\boldsymbol{x}} h_i(\boldsymbol{x})$$

下面用一個實際實例來說明拉格朗日乘數法的使用。求解以下極值問題

$$\min_{x,y}(x^2 + 2y^2)$$

$$x + y = 1$$

首先建構拉格朗日乘子函數

$$L(x, y, \lambda) = x^2 + 2y^2 + \lambda(x + y - 1)$$

對最佳化變數、乘子變數求偏導數，並令其為 0，獲得下面的方程組

$$\frac{\partial L}{\partial x} = 2x + \lambda = 0 \frac{\partial L}{\partial y} = 4y + \lambda = 0 \frac{\partial L}{\partial \lambda} = x + y - 1 = 0$$

最後解得

$$x = \frac{2}{3} y = \frac{1}{3}$$

目標函數的漢森矩陣為

$$\begin{pmatrix} \dfrac{\partial^2 f}{\partial x^2} & \dfrac{\partial^2 f}{\partial x \partial y} \\ \dfrac{\partial^2 f}{\partial y \partial x} & \dfrac{\partial^2 f}{\partial y^2} \end{pmatrix} = \begin{pmatrix} 2 & 0 \\ 0 & 4 \end{pmatrix}$$

漢森矩陣正定，因此該極值點是極小值點。

如果三角形的周長確定，為常數$2C$，證明當三角形為等邊三角形的時候面積最大。假設三角形三個邊長度為x、y、z。顯然有

$$x + y + z = 2C$$

根據海倫公式，三角形的面積為

$$S = \sqrt{C(C-x)(C-y)(C-z)}$$

建構拉格朗日乘子函數

$$L(x,y,z,\lambda) = \sqrt{C(C-x)(C-y)(C-z)} + \lambda(x+y+z-2C)$$

對最佳化變數以及乘子變數求偏導數，並令它們為 0，獲得下面的方程組

$$\frac{\partial L}{\partial x} = -\frac{C(C-y)(C-z)}{2\sqrt{C(C-x)(C-y)(C-z)}} + \lambda = 0$$

$$\frac{\partial L}{\partial y} = -\frac{C(C-x)(C-z)}{2\sqrt{C(C-x)(C-y)(C-z)}} + \lambda = 0$$

$$\frac{\partial L}{\partial z} = -\frac{C(C-x)(C-y)}{2\sqrt{C(C-x)(C-y)(C-z)}} + \lambda = 0$$

$$\frac{\partial L}{\partial \lambda} = x + y + z - 2C = 0$$

解此方程組可以獲得

$$x = y = z = \frac{2C}{3}$$

這就證明了面積最大時三角形是等邊三角形。

4.6.2 應用——線性判別分析

下面介紹拉格朗日乘數法在線性判別分析中的應用。線性判別分析的目標是將向量投影到低維空間，使得同一類樣本之間的距離盡可能近，不同類樣本之間的距離盡可能遠。類內距離由類內散佈矩陣描述，類間距離由類

間散佈矩陣描述。假設$\boldsymbol{S}_B$為總類間散佈矩陣，$\boldsymbol{S}_W$為總類內散佈矩陣。演算法要最佳化的目標函數為下面的廣義 Rayleigh 商

$$L(\boldsymbol{w}) = \frac{\boldsymbol{w}^{\mathrm{T}}\boldsymbol{S}_B\boldsymbol{w}}{\boldsymbol{w}^{\mathrm{T}}\boldsymbol{S}_W\boldsymbol{w}}$$

上式的分母為類內差異，分子為類間差異，$\boldsymbol{w}$為投影方向向量。這個最佳化問題的解不唯一，可以證明如果$\boldsymbol{w}^*$是最佳解，將它乘上一個非零係數k之後，$k\boldsymbol{w}^*$還是最佳解。因此可以加上一個限制條件消掉容錯，同時簡化問題

$$\boldsymbol{w}^{\mathrm{T}}\boldsymbol{S}_W\boldsymbol{w} = 1$$

這樣上面的最佳化問題轉化為帶等式約束的極大值問題

$$\max_{\boldsymbol{w}}(\boldsymbol{w}^{\mathrm{T}}\boldsymbol{S}_B\boldsymbol{w})$$

$$\boldsymbol{w}^{\mathrm{T}}\boldsymbol{S}_W\boldsymbol{w} = 1$$

下面用拉格朗日乘數法求解。建構拉格朗日乘子函數

$$L(\boldsymbol{w},\lambda) = \boldsymbol{w}^{\mathrm{T}}\boldsymbol{S}_B\boldsymbol{w} + \lambda(\boldsymbol{w}^{\mathrm{T}}\boldsymbol{S}_W\boldsymbol{w} - 1)$$

對$\boldsymbol{w}$求梯度並令梯度為 0，可以獲得

$$\boldsymbol{S}_B\boldsymbol{w} + \lambda\boldsymbol{S}_W\boldsymbol{w} = 0$$

即有

$$\boldsymbol{S}_B\boldsymbol{w} = \lambda\boldsymbol{S}_W\boldsymbol{w}$$

如果$\boldsymbol{S}_W$可逆，上式兩邊左乘$\boldsymbol{S}_W^{-1}$後可以獲得

$$\boldsymbol{S}_W^{-1}\boldsymbol{S}_B\boldsymbol{w} = \lambda\boldsymbol{w}$$

即λ是矩陣$\boldsymbol{S}_W^{-1}\boldsymbol{S}_B$的特徵值，$\boldsymbol{w}$為對應的特徵向量。假設$\lambda$和$\boldsymbol{w}$是上面廣義特徵值問題的解，代入目標函數可以獲得

$$\frac{\boldsymbol{w}^{\mathrm{T}}\boldsymbol{S}_B\boldsymbol{w}}{\boldsymbol{w}^{\mathrm{T}}\boldsymbol{S}_W\boldsymbol{w}} = \frac{\boldsymbol{w}^{\mathrm{T}}(\lambda\boldsymbol{S}_W\boldsymbol{w})}{\boldsymbol{w}^{\mathrm{T}}\boldsymbol{S}_W\boldsymbol{w}} = \lambda$$

這裡的目標是要讓該比值最大化，因此最大的特徵值λ及其對應的特徵向量是最佳解。

4.6.3 拉格朗日對偶

對偶是求解最佳化問題的一種方法，它將一個最佳化問題轉化為另外一個更容易求解的問題，這兩個問題是等值的。本節介紹拉格朗日對偶。對於以下帶等式約束和不等式約束的最佳化問題

$$\min_{\boldsymbol{x}} f(\boldsymbol{x})$$
$$g_i(\boldsymbol{x}) \leqslant 0 \quad i = 1, \cdots, m$$
$$h_i(\boldsymbol{x}) = 0 \quad i = 1, \cdots, p$$

仿照拉格朗日乘數法建構廣義拉格朗日乘子函數

$$L(\boldsymbol{x},,\boldsymbol{\nu}) - f(\boldsymbol{x}) + \sum_{i=1}^{m} \lambda_i g_i(\boldsymbol{x}) + \sum_{i=1}^{p} \nu_i h_i(\boldsymbol{x}) \tag{4.30}$$

稱和$\boldsymbol{\nu}$為拉格朗日乘子，λ_i必須滿足$\lambda_i \geqslant 0$的約束，稍後會解釋原因。接下來將上面的問題轉化為如下所謂的原問題，其最佳解為p^*

$$p^* = \min_{\boldsymbol{x}} \max_{,\boldsymbol{\nu},\lambda_i \geqslant 0} L(\boldsymbol{x},,\boldsymbol{\nu}) = \min_{\boldsymbol{x}} \theta_P(\boldsymbol{x}) \tag{4.31}$$

式 (4.31) 第一個等號右邊的含義是先固定變數$\boldsymbol{x}$，將其看成常數，讓拉格朗日函數對乘子變數和$\boldsymbol{\nu}$求極大值；消掉變數和$\boldsymbol{\nu}$之後，再對變數$\boldsymbol{x}$求極小值。為了簡化表述，定義以下極大值問題

$$\theta_P(\boldsymbol{x}) = \max_{,\boldsymbol{\nu},\lambda_i \geqslant 0} L(\boldsymbol{x},,\boldsymbol{\nu}) \tag{4.32}$$

這是一個對變數和$\boldsymbol{\nu}$求函數L的極大值的問題，將$\boldsymbol{x}$看成常數。這樣，原始問題被轉化為先對變數和$\boldsymbol{\nu}$求極大值，再對$\boldsymbol{x}$求極小值。這個原問題和我們要求解的原始問題有同樣的解，下面列出證明。對於任意的$\boldsymbol{x}$，分兩種情況進行討論。

（1）如果$\boldsymbol{x}$是不可行解，對於某些i有$g_i(\boldsymbol{x}) > 0$，即$\boldsymbol{x}$違反了不等式限制條件，我們讓拉格朗日乘子$\lambda_i = +\infty$，最後使得目標函數值$\theta_P(\boldsymbol{x}) = +\infty$。如果對於某些$i$有$h_i(\boldsymbol{x}) \neq 0$，違反了等式約束，我們可以讓

$$\nu_i = +\infty \cdot (h_i(\boldsymbol{x}))$$

進一步使得

$$\theta_P(\boldsymbol{x}) = +\infty$$

即對於任意不滿足等式或不等式限制條件的$\boldsymbol{x}$，$\theta_P(\boldsymbol{x})$的值是$+\infty$。

（2）如果$\boldsymbol{x}$是可行解，這時$\theta_P(\boldsymbol{x}) = f(\boldsymbol{x})$。因為有$h_i(\boldsymbol{x}) = 0$，並且$g_i(\boldsymbol{x}) \leqslant 0$，而我們要求$\lambda_i \geqslant 0$，因此$\theta_P(\boldsymbol{x})$的極大值就是$f(\boldsymbol{x})$。為了達到這個極大值，我們讓$\lambda_i$和$\nu_i$為 0，函數$f(\boldsymbol{x}) + \sum_{i=1}^{p} \nu_i h_i(\boldsymbol{x})$的極大值就是$f(\boldsymbol{x})$。

綜合以上兩種情況，問題$\theta_P(\boldsymbol{x})$和我們要最佳化的原始問題的關係可以表述為

$$\theta_P(\boldsymbol{x}) = \begin{cases} f(\boldsymbol{x}), & g_i(\boldsymbol{x}) \leqslant 0, h_i(\boldsymbol{x}) = 0 \\ +\infty, & \text{其他} \end{cases}$$

即$\theta_P(\boldsymbol{x})$是原始最佳化問題的無約束版本。對任何不可行的$\boldsymbol{x}$，有$\theta_P(\boldsymbol{x}) = +\infty$，進一步使得原始問題的目標函數值趨向於無限大，排除掉$\boldsymbol{x}$的不可行區域，最後只剩下可行的$\boldsymbol{x}$組成的區域。這樣我們要求解的帶約束最佳化問題被轉化成了對$\boldsymbol{x}$不帶約束的最佳化問題，並且二者等值。

接下來定義對偶問題與其最佳解d^*

$$d^* = \max_{,\boldsymbol{\nu},\lambda_i \geqslant 0} \min_{\boldsymbol{x}} L(\boldsymbol{x},,\boldsymbol{\nu}) = \max_{,\boldsymbol{\nu},\lambda_i \geqslant 0} \theta_D(,\boldsymbol{\nu}) \tag{4.33}$$

其中

$$\theta_D(,\boldsymbol{\nu}) = \min_{\boldsymbol{x}} L(\boldsymbol{x},,\boldsymbol{\nu})$$

與上面的定義相反，這裡是先固定拉格朗日乘子和$\boldsymbol{\nu}$，調整$\boldsymbol{x}$讓拉格朗日函數對$\boldsymbol{x}$求極小值；然後調整和$\boldsymbol{\nu}$對函數求極大值。

原問題和對偶問題只是改變了求極大值和極小值的順序，每次操控的變數是一樣的。如果原問題和對偶問題都存在最佳解，則對偶問題的最佳值不大於原問題的最佳值，即

$$d^* = \max_{,\boldsymbol{v},\lambda_i \geqslant 0} \min_{\boldsymbol{x}} L(\boldsymbol{x},,\boldsymbol{v}) \leqslant \min_{\boldsymbol{x}} \max_{,\boldsymbol{v},\lambda_i \geqslant 0} L(\boldsymbol{x},,\boldsymbol{v}) = p^* \qquad (4.34)$$

這一結論稱為弱對偶定理（Weak Duality）。下面列出證明。假設原問題的最佳解為 $\boldsymbol{x}_{1,1}, \boldsymbol{v}_1$，對偶問題的最佳解為 $\boldsymbol{x}_{2,2}, \boldsymbol{v}_2$，由於原問題是先對 $(,\boldsymbol{v})$ 取極大值，對偶問題是先對 $\boldsymbol{x}$ 取極小值，因此有

$$L(\boldsymbol{x}_{1,1}, \boldsymbol{v}_1) \geqslant L(\boldsymbol{x}_{1,2}, \boldsymbol{v}_2) \qquad L(\boldsymbol{x}_{2,2}, \boldsymbol{v}_2) \leqslant L(\boldsymbol{x}_{1,2}, \boldsymbol{v}_2)$$

進一步獲得

$$L(\boldsymbol{x}_{1,1}, \boldsymbol{v}_1) \geqslant L(\boldsymbol{x}_{2,2}, \boldsymbol{v}_2)$$

首先用矩陣弱對偶的實例解釋其直觀含義。對於圖 4.22 的矩陣

$$\begin{array}{c} x\ 方向 \\ \lambda\ 方向 \left[\begin{array}{cccc} 1 & 3 & 2 & 5 \\ 1 & 6 & 9 & 7 \\ 3 & 1 & 8 & 2 \end{array} \right] \end{array}$$

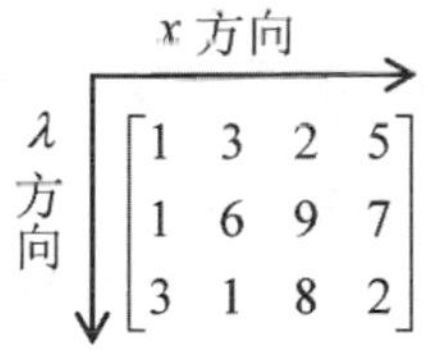

圖 4.22 矩陣的弱對偶

假設行方向（水平方向）為 x 方向，列方向（垂直方向）為 λ 方向。原問題首先固定 x，變動 λ，求極大值，即取每一列的極大值，獲得

$$(3\ 6\ 9\ 7)$$

然後變動 x，求上面這個行的極小值，結果為 3。對偶問題首先固定 λ，變動 x，求極小值，即先求每一行的極小值，獲得

$$\begin{pmatrix} 1 \\ 1 \\ 1 \end{pmatrix}$$

然後求這個列的極大值，結果為 1。可以看到原問題的最佳解比對偶問題的最佳解要大。

弱對偶的原理如圖 4.23 所示。圖中橫軸方向為最佳化變數$\boldsymbol{x}$，縱軸為乘子變數和$\boldsymbol{\nu}$。為了直觀，將這些變數都顯示為一維的情況。

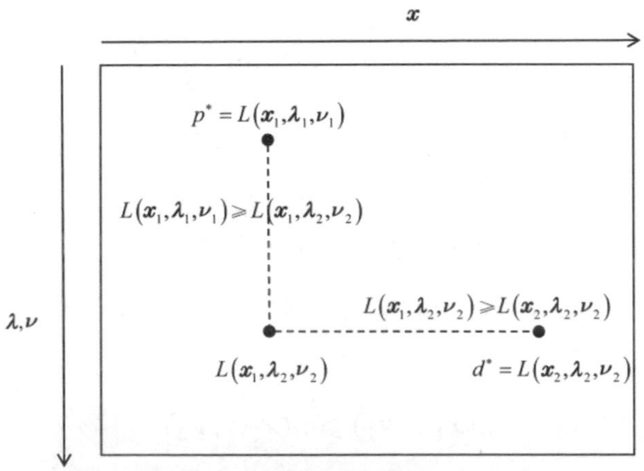

圖 4.23 弱對偶證明過程

值得注意的是，弱對偶定理對於所有最佳化問題都是成立的。

原問題最佳值和對偶問題最佳值的差$p^* - d^*$稱為對偶間隙。如果原問題和對偶問題有相同的最佳解，那麼我們就可以把求解原問題轉化為求解對偶問題，此時對偶間隙為 0，這種情況稱為強對偶。強對偶成立的一種充分條件就是下面要說明的 Slater 條件。

Slater 條件指出，一個凸最佳化問題如果存在一個候選$\boldsymbol{x}$使得所有不等式約束都是嚴格滿足的，即對於所有的i都有$g_i(\boldsymbol{x}) < 0$，也就是說，在不等式約束區域的內部至少有一個可行點（非邊界點），則存在$(\boldsymbol{x}^*,^*,\boldsymbol{\nu}^*)$使得它們同時為原問題和對偶問題的最佳解

$$p^* = d^* = L(\boldsymbol{x}^*,^*,\boldsymbol{\nu}^*)$$

Slater 條件是強對偶成立的充分條件而非必要條件。強對偶的意義在於我們可以將求解原始問題轉化為求解對偶問題，有些時候對偶問題比原問題更容易求解。強對偶只是將原問題轉化成對偶問題，而這個對偶問題怎麼求解則是另外一個問題。

下面舉例說明如何將一個最佳化問題轉化為拉格朗日對偶問題。對於以下的最佳化問題

$$\min_{x_1,x_2,x_3} (x_1^2 + x_2^2)$$

$$x_1 + x_2 + x_3 \leqslant -1$$

$$2x_1 + x_2 + x_3 \geqslant 1$$

$$x_1 + 2x_2 + x_3 \geqslant 1$$

顯然目標函數是凸函數，可行域是線性不等式圍成的區域，是凸集，因此這是一個凸最佳化問題。下面的一組解即可使得不等式約束嚴格滿足

$$x_1 = 3, x_2 = 3, x_3 = -7.5$$

顯然

$$x_1 + x_2 + x_3 = 3 + 3 - 7.5 = -1.5 < -1$$

$$2x_1 + x_2 + x_3 = 6 + 3 - 7.5 = 1.5 > 1$$

$$x_1 + 2x_2 + x_3 = 3 + 6 - 7.5 = 1.5 > 1$$

因此 Slater 條件成立。將不等式約束寫成標準形式

$$x_1 + x_2 + x_3 + 1 \leqslant 0 - 2x_1 - x_2 - x_3 + 1 \leqslant 0 - x_1 - 2x_2 - x_3 + 1 \leqslant 0$$

建構廣義拉格朗日乘子函數

$$L(x_1, x_2, x_3, \lambda_1, \lambda_2, \lambda_3) = x_1^2 + x_2^2 + \lambda_1(x_1 + x_2 + x_3 + 1)$$
$$+\lambda_2(-2x_1 - x_2 - x_3 + 1) + \lambda_3(-x_1 - 2x_2 - x_3 + 1)$$

原問題為

$$\min_{x_1,x_2,x_3} \max_{\lambda_1,\lambda_2,\lambda_3} L(x_1, x_2, x_3, \lambda_1, \lambda_2, \lambda_3) = x_1^2 + x_2^2 + \lambda_1(x_1 + x_2 + x_3 + 1)$$
$$+\lambda_2(-2x_1 - x_2 - x_3 + 1) + \lambda_3(-x_1 - 2x_2 - x_3 + 1) \quad \lambda_i \geqslant 0, i = 1, \cdots, 3$$

對偶問題為

$$\max_{\lambda_1,\lambda_2,\lambda_3} \min_{x_1,x_2,x_3} L(x_1, x_2, x_3, \lambda_1, \lambda_2, \lambda_3) = x_1^2 + x_2^2 + \lambda_1(x_1 + x_2 + x_3 + 1)$$
$$+\lambda_2(-2x_1 - x_2 - x_3 + 1) + \lambda_3(-x_1 - 2x_2 - x_3 + 1) \quad \lambda_i \geqslant 0, i = 1, \cdots, 3$$

下面求解對偶問題。對x_i求偏導數並令其為 0，可以獲得

$$\frac{\partial L}{\partial x_1}=2x_1+\lambda_1-2\lambda_2-\lambda_3=0\frac{\partial L}{\partial x_2}=2x_2+\lambda_1-\lambda_2-2\lambda_3=0\frac{\partial L}{\partial x_3}=\lambda_1-\lambda_2-\lambda_3=0$$

解得

$$x_1=\frac{1}{2}(-\lambda_1+2\lambda_2+\lambda_3)x_2=\frac{1}{2}(-\lambda_1+\lambda_2+2\lambda_3)\lambda_1-\lambda_2-\lambda_3=0$$

然後將其代入拉格朗日乘子函數，消掉這些變數

$$\begin{aligned}L(x_1,x_2,x_3,\lambda_1,\lambda_2,\lambda_3)&=\frac{1}{4}(-\lambda_1+2\lambda_2+\lambda_3)^2+\frac{1}{4}(-\lambda_1+\lambda_2+2\lambda_3)^2\\&+\lambda_1\left(\frac{1}{2}(-\lambda_1+2\lambda_2+\lambda_3)+\frac{1}{2}(-\lambda_1+\lambda_2+2\lambda_3)+x_3+1\right)\\&+\lambda_2(-(-\lambda_1+2\lambda_2+\lambda_3)-\frac{1}{2}(-\lambda_1+\lambda_2+2\lambda_3)-x_3+1)\\&+\lambda_3(-\frac{1}{2}(-\lambda_1+2\lambda_2+\lambda_3)-(-\lambda_1+\lambda_2+2\lambda_3)-x_3+1)\\&=-\frac{1}{2}\lambda_1^2-\frac{5}{4}\lambda_2^2-\frac{5}{4}\lambda_3^2+\frac{3}{2}\lambda_1\lambda_2+\frac{3}{2}\lambda_1\lambda_3-2\lambda_2\lambda_3+\lambda_1+\lambda_2+\lambda_3\end{aligned}$$

原始問題的拉格朗日對偶問題為

$$\max_{\lambda_1,\lambda_2,\lambda_3}-\frac{1}{2}\lambda_1^2-\frac{5}{4}\lambda_2^2-\frac{5}{4}\lambda_3^2+\frac{3}{2}\lambda_1\lambda_2+\frac{3}{2}\lambda_1\lambda_3-2\lambda_2\lambda_3+\lambda_1+\lambda_2+\lambda_3$$

$$\lambda_1-\lambda_2-\lambda_3=0,\lambda_1\geqslant 0,\lambda_2\geqslant 0,\lambda_3\geqslant 0$$

這裡的等式約束是在消掉原始最佳化變數的過程中引用的。

4.6.4 KKT 條件

KKT（Karush-Kuhn-Tucker）條件（見參考文獻[14]和[15]）用於求解帶有等式和不等式約束的最佳化問題，是拉格朗日乘數法的推廣。KKT 條件列出了這類問題取得極值的一階必要條件。對於以下帶有等式和不等式約束的最佳化問題

$$\min_{\boldsymbol{x}} f(\boldsymbol{x})$$
$$g_i(\boldsymbol{x}) \leqslant 0 \quad i = 1, \cdots, q$$
$$h_i(\boldsymbol{x}) = 0 \quad i = 1, \cdots, p$$

與拉格朗日對偶的做法類似，為其建構拉格朗日乘子函數消掉等式和不等式約束

$$L(\boldsymbol{x},,\boldsymbol{\mu}) = f(\boldsymbol{x}) + \sum_{j=1}^{p} \lambda_j h_j(\boldsymbol{x}) + \sum_{i=1}^{q} \mu_i g_i(\boldsymbol{x})$$

和$\boldsymbol{\mu}$稱為 KKT 乘子，其中$\mu_i \geqslant 0, i = 1, \cdots, q$。原始最佳化問題的最佳解在拉格朗日乘子函數的鞍點處取得，對於$\boldsymbol{x}$取極小值，對於 KKT 乘子變數取極大值。最佳解$\boldsymbol{x}$滿足以下條件

$$\nabla_{\boldsymbol{x}} L(\boldsymbol{x},,\boldsymbol{\mu}) = 0 \quad \mu_i \geqslant 0 \quad \mu_i g_i(\boldsymbol{x}) = 0 \quad h_j(\boldsymbol{x}) = 0 \quad g_i(\boldsymbol{x}) \leqslant 0 \tag{4.35}$$

等式約束$h_j(\boldsymbol{x}) = 0$和不等式約束$g_i(\boldsymbol{x}) \leqslant 0$是本身應該滿足的約束，$\nabla_{\boldsymbol{x}} L(\boldsymbol{x},,\boldsymbol{\mu}) = 0$和拉格朗日乘數法相同。只多了關於$g_i(\boldsymbol{x})$以及其對應的乘子變數$\mu_i$的方程式

$$\mu_i g_i(\boldsymbol{x}) = 0$$

這可以分兩種情況討論。

情況一：如果對於某個k有

$$g_k(\boldsymbol{x}) < 0$$

要滿足$\mu_k g_k(\boldsymbol{x}) = 0$的條件，則有$\mu_k = 0$。因此有

$$\begin{aligned}\nabla_{\boldsymbol{x}} L(\boldsymbol{x},,\boldsymbol{\mu}) &= \nabla_{\boldsymbol{x}} f(\boldsymbol{x}) + \sum_{j=1}^{p} \lambda_j \nabla_{\boldsymbol{x}} h_j(\boldsymbol{x}) + \sum_{i=1}^{q} \mu_i \nabla_{\boldsymbol{x}} g_i(\boldsymbol{x}) \\ &= \nabla_{\boldsymbol{x}} f(\boldsymbol{x}) + \sum_{j=1}^{p} \lambda_j \nabla_{\boldsymbol{x}} h_j(\boldsymbol{x}) + \sum_{i=1, i \neq k}^{q} \mu_i \nabla_{\boldsymbol{x}} g_i(\boldsymbol{x}) = 0\end{aligned}$$

這表示第k個不等式約束不有作用，此時極值在不等式約束圍成的區域內部取得。這種情況如圖 4.24a 所示。

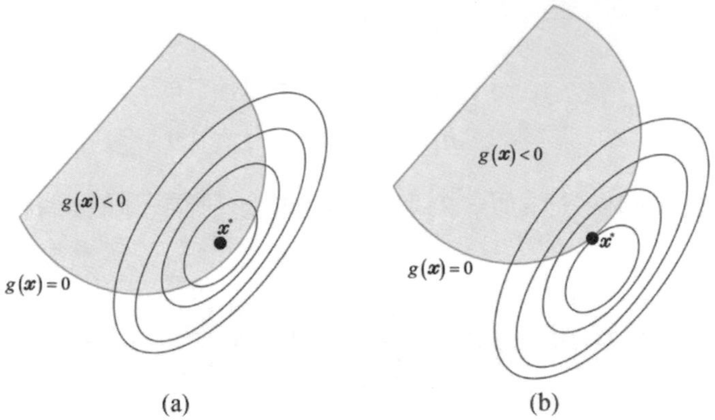

圖 4.24 KKT 條件中不等式約束的乘子變數各種設定值情況

情況二：如果對於某個k有

$$g_k(\boldsymbol{x}) = 0$$

則μ_k的設定值自由，只要滿足大於或等於 0 即可，此時極值在不等式圍成的區域的邊界點處取得，不等式約束有作用。這種情況如圖 4.24(b)所示。

需要注意的是，KKT 條件只是取得極值的必要條件而非充分條件。如果一個最佳化問題是凸最佳化問題，則 KKT 條件是取得極小值的充分條件。

4.6.5 應用——支援向量機

下面介紹拉格朗日對偶、凸最佳化以及 KKT 條件在支援向量機中的應用。在 2.1.8 節已經介紹了支援向量機的基本原理。支援向量機的目標是尋找一個分類超平面，它不僅能正確地分類每一個訓練樣本，並且要使得每一類樣本中距離超平面最近的樣本到超平面的距離盡可能遠。對於二分類問題，假設訓練樣本集有l個樣本，特徵向量$\boldsymbol{x}_i$是n維向量，類別標籤y_i設定值為$+1$ 或-1，分別對應正樣本和負樣本。支援向量機訓練時求解的最佳化問題可以寫成

$$\min_{\boldsymbol{w},b} \frac{1}{2}\boldsymbol{w}^{\mathrm{T}}\boldsymbol{w}$$

$$y_i(\boldsymbol{w}^{\mathrm{T}}\boldsymbol{x}_i + b) \geqslant 1$$

除掉b之外，根據式 (3.14)，目標函數的漢森矩陣是n階單位矩陣$\boldsymbol{I}$，是嚴格正定矩陣，因此目標函數是凸函數。可行域是由線性不等式圍成的區域，是一個凸集。因此這個最佳化問題是一個凸最佳化問題。由於假設資料是線性可分的，因此一定存在$\boldsymbol{w}$和b使得不等式約束滿足。如果$\boldsymbol{w}$和b是一個可行解，即有

$$y_i(\boldsymbol{w}^{\mathrm{T}}\boldsymbol{x}_i + b) \geqslant 1$$

則$2\boldsymbol{w}$和$2b$也是可行解，且

$$y_i(2\boldsymbol{w}^{\mathrm{T}}\boldsymbol{x}_i + 2b) \geqslant 2 > 1$$

Slater 條件成立。該問題帶有大量不等式約束，不易求解。由於滿足 Slater 條件，因此可以將該問題轉為對偶問題求解。建構拉格朗日乘子函數

$$L(\boldsymbol{w}, b, \boldsymbol{\alpha}) = \frac{1}{2}\boldsymbol{w}^{\mathrm{T}}\boldsymbol{w} - \sum_{i=1}^{l}\alpha_i(y_i(\boldsymbol{w}^{\mathrm{T}}\boldsymbol{x}_i + b) - 1)$$

限制條件為$a_i \geqslant 0$。下面求解對偶問題，先固定住拉格朗日乘子$\boldsymbol{\alpha}$，調整$\boldsymbol{w}$和b，使得拉格朗日乘子函數取極小值。把$\boldsymbol{\alpha}$看成常數，對$\boldsymbol{w}$和b求偏導數並令它們為 0，獲得以下方程組

$$\nabla_{\boldsymbol{w}}L = \boldsymbol{w} - \sum_{i=1}^{l}\alpha_i y_i \boldsymbol{x}_i = 0 \qquad \frac{\partial L}{\partial b} = \sum_{i=1}^{l}\alpha_i y_i = 0$$

解得

$$\sum_{i=1}^{l}\alpha_i y_i = 0 \qquad \boldsymbol{w} = \sum_{i=1}^{l}\alpha_i y_i \boldsymbol{x}_i$$

將解代入拉格朗日乘子函數消掉$\boldsymbol{w}$和b

$$\frac{1}{2}\boldsymbol{w}^{\mathrm{T}}\boldsymbol{w} - \sum_{i=1}^{l}\alpha_i(y_i(\boldsymbol{w}^{\mathrm{T}}\boldsymbol{x}_i + b) - 1) = \frac{1}{2}\boldsymbol{w}^{\mathrm{T}}\boldsymbol{w} - \sum_{i=1}^{l}(\alpha_i y_i \boldsymbol{w}^{\mathrm{T}}\boldsymbol{x}_i + \alpha_i y_i b - \alpha_i)$$

$$= \frac{1}{2}\boldsymbol{w}^{\mathrm{T}}\boldsymbol{w} - \sum_{i=1}^{l}\alpha_i y_i \boldsymbol{w}^{\mathrm{T}}\boldsymbol{x}_i - \sum_{i=1}^{l}\alpha_i y_i b + \sum_{i=1}^{l}\alpha_i = \frac{1}{2}\boldsymbol{w}^{\mathrm{T}}\boldsymbol{w} - \boldsymbol{w}^{\mathrm{T}}\sum_{i=1}^{l}\alpha_i y_i \boldsymbol{x}_i - b\sum_{i=1}^{l}\alpha_i y_i + \sum_{i=1}^{l}\alpha_i$$

$$=\frac{1}{2}\boldsymbol{w}^{\mathrm{T}}\boldsymbol{w}-\boldsymbol{w}^{\mathrm{T}}\boldsymbol{w}+\sum_{i=1}^{l}\alpha_i=-\frac{1}{2}\boldsymbol{w}^{\mathrm{T}}\boldsymbol{w}+\sum_{i=1}^{l}\alpha_i=-\frac{1}{2}\left(\sum_{i=1}^{l}\alpha_i y_i \boldsymbol{x}_i\right)^{\mathrm{T}}\left(\sum_{j=1}^{l}\alpha_j y_j \boldsymbol{x}_j\right)+\sum_{i=1}^{l}\alpha_i$$

接下來調整乘子變數$\boldsymbol{\alpha}$，使得拉格朗日乘子函數取極大值

$$\max_{a}\left(-\frac{1}{2}\sum_{i=1}^{l}\sum_{j=1}^{l}\alpha_i\alpha_j y_i y_j \boldsymbol{x}_i^{\mathrm{T}}\boldsymbol{x}_j+\sum_{i=1}^{l}\alpha_i\right)$$

這等於最小化下面的函數

$$\min_{a}\left(\frac{1}{2}\sum_{i=1}^{l}\sum_{j=1}^{l}\alpha_i\alpha_j y_i y_j \boldsymbol{x}_i^{\mathrm{T}}\boldsymbol{x}_j-\sum_{i=1}^{l}\alpha_i\right)$$

限制條件為

$$a_i \geqslant 0, \qquad i=1,\cdots,l\sum_{i=1}^{l}a_i y_i=0$$

這就是拉格朗日對偶問題，與原始問題相比，有了很大的簡化。

線性可分的支援向量機不具有太多的實用價值，因為在現實應用中樣本通常不是線性可分的，接下來對它進行擴充，以處理線性不可分問題。透過使用鬆弛變數和懲罰因數對違反不等式約束的樣本進行懲罰，可以獲得以下最佳化問題

$$\begin{aligned}&\min_{\boldsymbol{w},b,\boldsymbol{\xi}}\left(\tfrac{1}{2}\boldsymbol{w}^{\mathrm{T}}\boldsymbol{w}+C\textstyle\sum_{i=1}^{l}\xi_i\right)\\&y_i\left(\boldsymbol{w}^{\mathrm{T}}\boldsymbol{x}_i+b\right)\geq 1-\xi_i\\&\xi_i\geq 0, i=1,\cdots,l\end{aligned}\tag{4.36}$$

其中ξ_i是鬆弛變數，如果它不為 0，就表示樣本違反了不等式限制條件。C為懲罰因數，是人工設定的大於 0 的參數，用來對違反不等式限制條件的樣本進行懲罰。

已經證明目標函數的前半部分是凸函數，後半部分是線性函數，顯然也是凸函數，兩個凸函數的非負線性組合還是凸函數。上面最佳化問題的不等

式約束都是線性約束，組成的可行域顯然是凸集。因此該最佳化問題是凸最佳化問題。

式 (4.36) 的問題是滿足 Slater 條件的。如果令$\boldsymbol{w}=0$、$b=0$、$\xi_i=2$，則有

$$y_i(\boldsymbol{w}^{\mathrm{T}}\boldsymbol{x}_i+b)=0>1-\xi_i=1-2=-1$$

不等式條件嚴格滿足，因此強對偶成立。下面將其轉化為拉格朗日對偶問題。

首先將原問題的等式和不等式約束寫成標準形式

$$y_i(\boldsymbol{w}^{\mathrm{T}}\boldsymbol{x}_i+b)\geqslant 1-\xi_i \Rightarrow -(y_i(\boldsymbol{w}^{\mathrm{T}}\boldsymbol{x}_i+b)-1+\xi_i)\leqslant 0$$

$$\xi_i\geqslant 0\Rightarrow -\xi_i\leqslant 0$$

然後建構拉格朗日乘子函數

$$L(\boldsymbol{w},b,\boldsymbol{\alpha},\boldsymbol{\xi},\boldsymbol{\beta})=\frac{1}{2}\boldsymbol{w}^{\mathrm{T}}\boldsymbol{w}+C\sum_{i=1}^{l}\xi_i-\sum_{i=1}^{l}\alpha_i(y_i(\boldsymbol{w}^{\mathrm{T}}\boldsymbol{x}_i+b)-1+\xi_i)-\sum_{i=1}^{l}\beta_i\xi_i$$

其中$\boldsymbol{\alpha}$和$\boldsymbol{\beta}$是拉格朗日乘子。首先固定乘子變數$\boldsymbol{\alpha}$和$\boldsymbol{\beta}$，對$\boldsymbol{w}$、b、$\boldsymbol{\xi}$求偏導數並令它們為 0，獲得以下方程組

$$\nabla_{\boldsymbol{w}}L=\boldsymbol{w}-\sum_{i=1}^{l}\alpha_i y_i\boldsymbol{x}_i=0 \qquad \frac{\partial L}{\partial b}=\sum_{i=1}^{l}\alpha_i y_i=0 \qquad \frac{\partial L}{\partial \xi_i}=C-\alpha_i-\beta_i=0$$

解得

$$\sum_{i=1}^{l}\alpha_i y_i=0 \qquad \alpha_i+\beta_i=C \qquad \boldsymbol{w}=\sum_{i=1}^{l}\alpha_i y_i\boldsymbol{x}_i$$

將上面的解代入拉格朗日乘子函數中，獲得關於$\boldsymbol{\alpha}$和$\boldsymbol{\beta}$的函數

$$L(\boldsymbol{w},b,\boldsymbol{\alpha},\boldsymbol{\xi},\boldsymbol{\beta})=\frac{1}{2}\boldsymbol{w}^{\mathrm{T}}\boldsymbol{w}+C\sum_{i=1}^{l}\xi_i-\sum_{i=1}^{l}\alpha_i(y_i(\boldsymbol{w}^{\mathrm{T}}\boldsymbol{x}_i+b)-1+\xi_i)-\sum_{i=1}^{l}\beta_i\xi_i$$

$$
\begin{aligned}
&= \frac{1}{2}\boldsymbol{w}^{\mathrm{T}}\boldsymbol{w} + C\sum_{i=1}^{l}\xi_i - \sum_{i=1}^{l}\beta_i\xi_i - \sum_{i=1}^{l}\alpha_i\xi_i - \sum_{i=1}^{l}\alpha_i(y_i(\boldsymbol{w}^{\mathrm{T}}\boldsymbol{x}_i + b) - 1) \\
&= \frac{1}{2}\boldsymbol{w}^{\mathrm{T}}\boldsymbol{w} + \sum_{i=1}^{l}(C - \alpha_i - \beta_i)\xi_i - \sum_{i=1}^{l}(\alpha_i y_i \boldsymbol{w}^{\mathrm{T}}\boldsymbol{x}_i + \alpha_i y_i b - \alpha_i) \\
&= \frac{1}{2}\boldsymbol{w}^{\mathrm{T}}\boldsymbol{w} - \sum_{i=1}^{l}\alpha_i y_i \boldsymbol{w}^{\mathrm{T}}\boldsymbol{x}_i - \sum_{i=1}^{l}\alpha_i y_i b + \sum_{i=1}^{l}\alpha_i \\
&= \frac{1}{2}\boldsymbol{w}^{\mathrm{T}}\boldsymbol{w} - \boldsymbol{w}^{\mathrm{T}}\boldsymbol{w} + \sum_{i=1}^{l}\alpha_i = -\frac{1}{2}\boldsymbol{w}^{\mathrm{T}}\boldsymbol{w} + \sum_{i=1}^{l}\alpha_i \\
&= -\frac{1}{2}\sum_{i=1}^{l}\sum_{j=1}^{l}\alpha_i\alpha_j y_i y_j \boldsymbol{x}_i^{\mathrm{T}}\boldsymbol{x}_j + \sum_{i=1}^{l}\alpha_i
\end{aligned}
$$

接下來調整乘子變數，求解以下極大值問題

$$
\max_{\alpha}\left(-\frac{1}{2}\sum_{i=1}^{l}\sum_{j=1}^{l}\alpha_i\alpha_j y_i y_j \boldsymbol{x}_i^{\mathrm{T}}\boldsymbol{x}_j + \sum_{i=1}^{l}\alpha_i\right)
$$

由於$\alpha_i + \beta_i = C$並且$\beta_i \geqslant 0$，因此有$\alpha_i \leqslant C$。這等於以下最佳化問題

$$
\min_{\alpha}\left(\frac{1}{2}\sum_{i=1}^{l}\sum_{j=1}^{l}\alpha_i\alpha_j y_i y_j \boldsymbol{x}_i^{\mathrm{T}}\boldsymbol{x}_j - \sum_{i=1}^{l}\alpha_i\right) \quad 0 \leqslant \alpha_i \leqslant C \quad \sum_{j=1}^{l}\alpha_j y_j = 0
$$

這就是式 (4.36) 問題的拉格朗日對偶問題。 將$\boldsymbol{w}$的值代入超平面方程式，獲得分類決策函數為

$$
\left(\sum_{i=1}^{l}\alpha_i y_i \boldsymbol{x}_i^{\mathrm{T}} x + b\right)
$$

如果$\alpha_i = 0$，則樣本在預測函數中不有作用。所有$\alpha_i \neq 0$ 的樣本的特徵向量$\boldsymbol{x}_i$稱為支援向量。為了簡化表述，定義矩陣$\boldsymbol{Q}$，其元素為

$$
Q_{ij} = y_i y_j \boldsymbol{x}_i^{\mathrm{T}}\boldsymbol{x}_j
$$

對偶問題可以寫成矩陣和向量形式

$$\min_{\alpha} \frac{1}{2}\boldsymbol{\alpha}^{\mathrm{T}}\boldsymbol{Q}\boldsymbol{\alpha} - \boldsymbol{e}^{\mathrm{T}}\boldsymbol{\alpha}$$

$$0 \leqslant \alpha_i \leqslant C$$

$$\boldsymbol{y}^{\mathrm{T}}\boldsymbol{\alpha} = 0$$

其中$\boldsymbol{e}$是分量全為 1 的向量，$\boldsymbol{y}$是樣本的類別標籤向量。可以證明$\boldsymbol{Q}$是半正定矩陣，這個矩陣可以寫成一個矩陣和其本身轉置的乘積

$$\boldsymbol{Q} = \boldsymbol{X}^{\mathrm{T}}\boldsymbol{X}$$

矩陣$\boldsymbol{X}$為所有樣本的特徵向量分別乘以該樣本的標籤值組成的矩陣

$$\boldsymbol{X} = (y_1\boldsymbol{x}_1, \cdots, y_l\boldsymbol{x}_l)$$

對於任意非0向量$\boldsymbol{x}$，有

$$\boldsymbol{x}^{\mathrm{T}}\boldsymbol{Q}\boldsymbol{x} = \boldsymbol{x}^{\mathrm{T}}(\boldsymbol{X}^{\mathrm{T}}\boldsymbol{X})\boldsymbol{x} = (\boldsymbol{X}\boldsymbol{x})^{\mathrm{T}}(\boldsymbol{X}\boldsymbol{x}) \geqslant 0$$

因此矩陣$\boldsymbol{Q}$半正定，它就是目標函數的漢森矩陣，目標函數是凸函數。對偶問題的等式和不等式限制條件都是線性的，可行域是凸集，故對偶問題也是凸最佳化問題。

在最佳點處必須滿足 KKT 條件，將其應用於原問題，對於原問題，式 (4.36) 中的兩組不等式約束，必須滿足

$$\alpha_i(y_i(\boldsymbol{w}^{\mathrm{T}}\boldsymbol{x}_i + b) - 1 + \xi_i) = 0, \quad i = 1, \cdots, l$$

$$\beta_i\xi_i = 0, \quad i = 1, \cdots, l$$

對於第一個方程式，如果$\alpha_i > 0$，則必須有$y_i(\boldsymbol{w}^{\mathrm{T}}\boldsymbol{x}_i + b) - 1 + \xi_i = 0$，即

$$y_i(\boldsymbol{w}^{\mathrm{T}}\boldsymbol{x}_i + b) = 1 - \xi_i$$

而由於$\xi_i \geqslant 0$，因此有

$$y_i(\boldsymbol{w}^{\mathrm{T}}\boldsymbol{x}_i + b) \leqslant 1$$

如果$\alpha_i = 0$，則對$y_i(\boldsymbol{w}^{\mathrm{T}}\boldsymbol{x}_i + b) - 1 + \xi_i$的值沒有約束。由於有$\alpha_i + \beta_i = C$的約束，因此$\beta_i = C$；又因為$\beta_i\xi_i = 0$的限制，如果$\beta_i > 0$，則必須有$\xi_i = 0$。由於原問題中有限制條件$y_i(\boldsymbol{w}^{\mathrm{T}}\boldsymbol{x}_i + b) \geqslant 1 - \xi_i$，而$\xi_i = 0$，因此有：

$$y_i(\boldsymbol{w}^{\mathrm{T}}\boldsymbol{x}_i + b) \geqslant 1$$

對於$\alpha_i > 0$的情況，我們又可以細分為$\alpha_i < C$和$\alpha_i = C$。如果$\alpha_i < C$，由於有$\alpha_i + \beta_i = C$的約束，因此有$\beta_i > 0$，因為有$\beta_i\xi_i = 0$的約束，因此$\xi_i = 0$，不等式約束$y_i(\boldsymbol{w}^{\mathrm{T}}\boldsymbol{x}_i + b) \geqslant 1 - \xi_i$變為$y_i(\boldsymbol{w}^{\mathrm{T}}\boldsymbol{x}_i + b) \geqslant 1$。由於$0 < \alpha_i < C$時，既要滿足$y_i(\boldsymbol{w}^{\mathrm{T}}\boldsymbol{x}_i + b) \leqslant 1$，又要滿足$y_i(\boldsymbol{w}^{\mathrm{T}}\boldsymbol{x}_i + b) \geqslant 1$，因此有

$$y_i(\boldsymbol{w}^{\mathrm{T}}\boldsymbol{x}_i + b) = 1$$

將三種情況合併起來，在最佳點處，所有樣本都必須要滿足下面的條件

$$\alpha_i = 0 \Rightarrow y_i(\boldsymbol{w}^{\mathrm{T}}\boldsymbol{x}_i + b) \geqslant 1$$

$$0 < \alpha_i < C \Rightarrow y_i(\boldsymbol{w}^{\mathrm{T}}\boldsymbol{x}_i + b) = 1$$

$$\alpha_i = C \Rightarrow y_i(\boldsymbol{w}^{\mathrm{T}}\boldsymbol{x}_i + b) \leqslant 1$$

上面第一種情況對應的是自由變數，即非支援向量；第二種情況對應的是支援向量；第三種情況對應的是違反不等式約束的樣本。在 SMO 演算法中，會應用此條件來選擇最佳化變數。圖 4.25 是支援向量範例。圖中位於中間直線兩側的樣本分別為正負樣本，位於$\boldsymbol{w}^{\mathrm{T}}\boldsymbol{x}_i + b = +1$上側和$\boldsymbol{w}^{\mathrm{T}}\boldsymbol{x}_i + b = -1$下側的樣本對應的乘子變數是自由變數，有$\alpha_i = 0$。位於$\boldsymbol{w}^{\mathrm{T}}\boldsymbol{x}_i + b = +1$和$\boldsymbol{w}^{\mathrm{T}}\boldsymbol{x}_i + b = -1$上的樣本是支援向量，有$0 < \alpha_i < C$，它們決定了分類超平面。

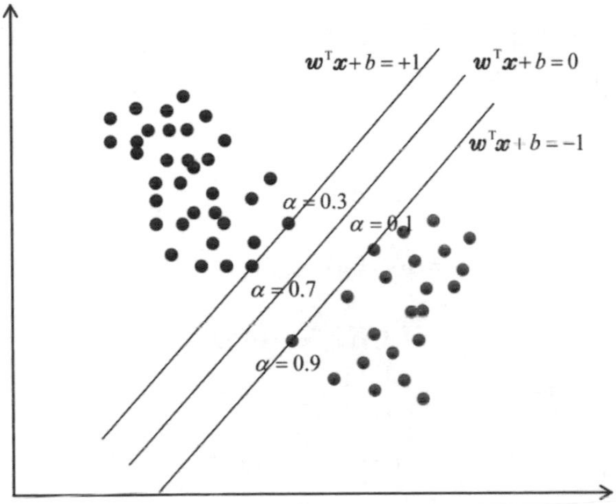

圖 4.25 支援向量範例

4.7 多目標最佳化問題

前面説明的最佳化演算法求解的是單目標函數的極值，對於某些應用，需要同時最佳化多個目標。例如要設計一個方案使得運輸速度最快，而運費又最少。這類問題稱為多目標最佳化（Multi-Objective Optimization）問題。

4.7.1 基本概念

多目標最佳化問題有多個目標函數，也稱為向量最佳化。可以形式化地表述為

$$\min_{\boldsymbol{x}}(f_1(\boldsymbol{x}), f_2(\boldsymbol{x}), \cdots, f_p(\boldsymbol{x})), \quad \boldsymbol{x} \in X$$

其中X為最佳化變數的可行域，p為目標函數的數量。所有目標函數的值形成一個p維向量，因此多目標最佳化的目標函數是以下的對映

$$\mathbb{R}^n \to \mathbb{R}^p : f(\boldsymbol{x}) = (f_1(\boldsymbol{x}), \cdots, f_p(\boldsymbol{x}))^{\mathrm{T}}$$

在單目標最佳化中很容易定義最佳解的概念。但在多目標最佳化問題中最佳解的定義更為困難，因為多個目標函數之間可能存在衝突，無法使得它們同時達到最佳值。一般情況下，不存在一個最佳解$\boldsymbol{x}^*$使得所有目標函數在該點處取得極小值，各個解之間可能無法比較優劣。

如果有兩個可行解$\boldsymbol{x}_1$和$\boldsymbol{x}_2$，對於任意一個目標函數$f_i(\boldsymbol{x})$都有

$$f_i(\boldsymbol{x}_1) \leqslant f_i(\boldsymbol{x}_2)$$

並且至少存在一個i使得

$$f_i(\boldsymbol{x}_1) < f_i(\boldsymbol{x}_2)$$

則稱$\boldsymbol{x}_1$優於$\boldsymbol{x}_2$，即在所有其他目標函數的值不增加的前提下至少有一個目標函數的值更小。這一概念的直觀解釋是帕雷托改進（Pareto Improvement）。對於多目標最佳化問題，在不降低其他所有目標函數的值的情況下，使得至少一個目標函數的值得到改進，稱為帕雷托改進。

有一個可行解$\boldsymbol{x}^*$，如果對於可行域中的任意解$\boldsymbol{x}$，$\boldsymbol{x}^*$都優於$\boldsymbol{x}$，則稱$\boldsymbol{x}^*$是最佳解。最佳解是使所有目標函數同時達到最佳的解，對於大多數多目標最佳化問題，最佳解是不存在的。

對於下面的問題

$$\min_x((x-2)^2+1,(x-2)^2+15)$$

此問題存在最佳解，為$x=2$。兩個目標函數的最小值點剛好重合，如圖 4.26 所示。圖 4.26 中下方的曲線為目標函數$(x-2)^2+1$，上方的曲線為目標函數$(x-2)^2+15$。

對於多目標最佳化問題，如果$\boldsymbol{x}^*$是一個可行解並且不存在比$\boldsymbol{x}^*$更優的解，則稱其為柏拉圖最適解（Pareto Optimality）。柏拉圖最適解只是一個不壞的解，且在很多情況下存在多個柏拉圖最適解。

對於以下最佳化問題

$$\min_x(0.3(x+2)^2+1,0.3(x-2)^2+1)$$

其中目標函數

$$f_1(x) = 0.3(x+2)^2 + 1 f_2(x) = 0.3(x-2)^2 + 1$$

該問題的最佳解不存在，區間[−2,2]為柏拉圖最適解，這一區間內的任意兩點之間無法比較優劣。對於該區間的兩個不同點x_1、x_2，若$x_1 < x_2$，則$f_1(x_1) < f_1(x_2)$而$f_2(x_1) > f_2(x_2)$，因此這兩個點無法比較優劣。對該區間內的任意點x_1，均不存在其他點優於該點。如果$x_1 \in (-\infty, -2)$，則總能找到至少一個x_2使得x_2優於x_1，如$x_2 = -2$即可滿足要求。對於$x_1 \in (-2, +\infty)$有同樣的結論，因此這兩個區間內的解不是柏拉圖最適解。該最佳化問題的目標函數如圖 4.27 所示。圖中l_1曲線為$0.3(x+2)^2+1$，l_2曲線為$0.3(x-2)^2+1$。

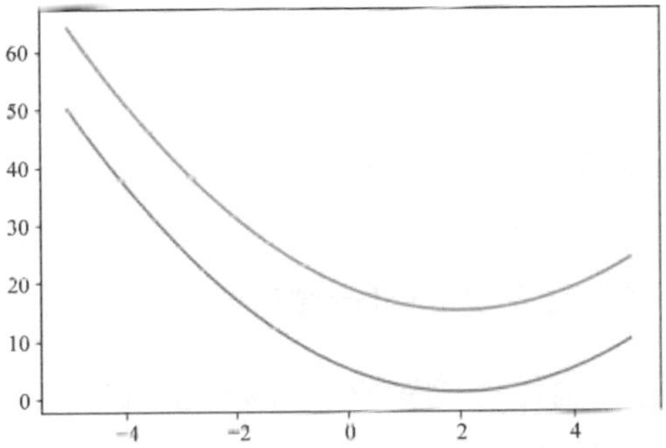

圖 4.26 多目標最佳化問題的最佳解

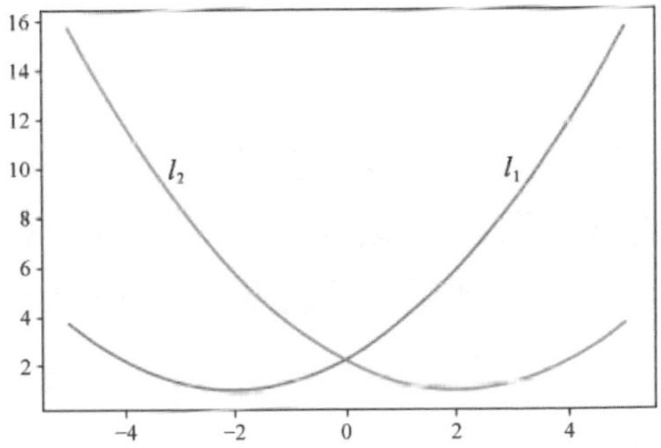

圖 4.27 柏拉圖最適解

柏拉圖最適來自經濟學，是資源設定的一種理想狀態。指定一群人和一些可分配的資源，如果從一種分配狀態到另一種分配狀態的變化中，在沒有使任何人境況變壞的前提下，使得至少一個人變得更好，則稱為帕雷托改進。柏拉圖最適的狀態是不可能再有帕雷托改進的狀態。

對於多目標最佳化問題，一種解決想法是找到柏拉圖最適解的集合，然後從該集合中選擇一個解作為問題的解。

4.7.2 求解演算法

求解多目標最佳化問題的一種想法是轉化為單目標最佳化問題，包含純量化、ε約束法，下面分別介紹。

純量化根據多個目標函數設計出單一目標函數，使得單目標最佳化問題的最佳解是多目標最佳化問題的柏拉圖最適解。附加要求是對於某些純量化參數，所有柏拉圖最適解對於單目標最佳化問題都是可達的。對於不同的純量化參數，會生成不同的柏拉圖最適解。

對於以下最佳化問題

$$\min_{\boldsymbol{x}}(f_1(\boldsymbol{x}), f_2(\boldsymbol{x}), \cdots, f_p(\boldsymbol{x})), \quad \boldsymbol{x} \in X \tag{4.37}$$

它的純量化問題可以寫成下面的形式

$$\min_{\boldsymbol{x}} g(f_1(\boldsymbol{x}), \cdots, f_p(\boldsymbol{x}), \boldsymbol{\theta}), \quad \boldsymbol{x} \in X_{\boldsymbol{\theta}}$$

在這裡，g是人工設計的純量化函數，以所有目標函數輸出值$f_1(\boldsymbol{x}), \cdots, f_1(\boldsymbol{x})$以及人工設定的參數向量$\boldsymbol{\theta}$作為輸入，輸出一個純量值。$X_{\boldsymbol{\theta}} \subseteq X$為純量化問題的可行域，由參數$\boldsymbol{\theta}$以及原始的可行域決定。

線性純量化是最簡單的純量化，透過對多個目標函數線性加權建構出單目標函數。式 (4.37) 的問題線性純量化之後變為

$$\min_{\boldsymbol{x}} \sum_{i=1}^{p} w_i f_i(\boldsymbol{x}), \quad \boldsymbol{x} \in X$$

$w_i > 0$為權重係數，人工設定。除線性純量化之外，還可以用其他函數將多目標函數合併成單目標函數，4.7.3 節將介紹加權乘積法。

ε約束法只保留一個目標函數，將其他目標函數轉化為不等式約束，轉化之後的最佳化問題變為

$$\min_{\boldsymbol{x}} f_j(\boldsymbol{x})$$

$$f_i(\boldsymbol{x}) \leqslant \varepsilon_i, i \in \{1, \cdots, p\} \backslash j$$

$$\boldsymbol{x} \in X$$

參數ε由人工設定。其意義是在確保$f_i(\boldsymbol{x}), i \neq j$不太差的前提下最佳化$f_j(\mathbf{x})$。求解帶不等式約束的最佳化問題可以獲得原始問題的解。

4.7.3 應用——多目標神經結構搜尋

下面介紹多目標最佳化在神經結構搜尋中的應用。神經結構搜尋（Neural Architecture Search，NAS）屬於自動化機器學習（AutoML）的範圍，其目標是用演算法自動設計出神經網路結構，確保神經網路有高的精度。多目標神經結構搜尋（Multi-objective Neural Architecture Search，MONAS）的目標則是用演算法設計出高精度且計算量小、佔用儲存空間小的神經網路結構，需要同時滿足多個目標。對於有些應用，模型大小、預測時間也非常重要，尤其是對於運算能力弱的平台，如嵌入式系統、行動端。對於這些應用場景，NAS 演算法需要考慮精度之外的目標，因此需要多目標 NAS 演算法。

多目標 NAS 可抽象為多目標最佳化問題。一般採用柏拉圖最適原則來尋找網路結構，柏拉圖最適在 4.7.1 節已經介紹。多目標 NAS 演算法以此為準則在各種目標之間做出折中最佳化。這些演算法在搜尋空間、搜尋策略上與單目標 NAS 演算法類似，主要區別在於目標函數建構，需要考慮除精度之外的其他因素。常用的有下面一些最佳化指標。

（1）神經網路執行時期的功耗，對於能量敏感的場景，功耗是核心指標。

（2）神經網路執行時期的預測時間，也稱為延遲。

（3）神經網路的參數量與模型大小，用於限制對儲存空間的佔用。

（4）神經網路預測時的運算量，典型的是 FLOPS，即每秒的浮點運算次數。

搜尋演算法可以採用強化學習、遺傳演算法、貝氏最佳化。它們以神經網路的結構為最佳化變數，使得最佳化目標（如神經網路的預測精度）最佳化，以此找到最佳的神經網路結構。以遺傳演算法為基礎的 NAS 在 8.2.5

節介紹。本節重點介紹 MONAS（見參考文獻[16]）和 MnasNet（見參考文獻[17]）的目標函數設計。

MONAS 的目標是同時最佳化神經網路的精度與功耗，或運算量。整體上採用了和 NAS 類似的方法，由一個稱為 Robot Network（RN）的網路生成 CNN 的超參數序列。在評估階段，訓練此 CNN，稱為 Target Network（TN）。以目標網路的精度，功耗作為 RN 的獎勵值，用強化學習演算法對 RN 進行更新。演算法每次迭代時獲得一個網路結構，取獎勵值最高的網路結構作為搜尋演算法的傳回結果。關鍵的問題是最佳化目標（即獎勵值）的定義。這裡考慮了多個指標，包含精度值、模型預測時的峰值功耗和平均功耗。獎勵函數的計算公式為

$$\alpha \times ACC(m) - (1-\alpha) \times Energy(m)$$

其中 ACC 為神經網路的預測精度值，$Energy$ 為神經網路執行時期的功耗，m是神經網路模型，為演算法的最佳化變數，$0 < \alpha < 1$為人工設定的權重係數。它的目標是最大化預測精度的同時最小化功耗，以使得此獎勵函數最大化。這種目標函數綜合考慮了精度值和功耗值，使用線性純量化將多目標最佳化問題轉化為單目標最佳化問題。

MnasNet 用加權乘積法將多目標最佳化問題純量化，同時最佳化神經網路的精度與預測時間。指定模型m，記$ACC(m)$為它對目標工作的精度，$LAT(m)$為其在目標行動裝置上的預測延遲（即預測時間），T為目標延遲。對於本工作，模型是柏拉圖最適的，當且僅當在不增加延遲時其精度是最高的，或在不降低精度時其延遲是最小的。MnasNet 採用加權乘積法逼近柏拉圖最適解，目標函數定義為

$$\max_{m}\left(ACC(m) \times \left(\frac{LAT(m)}{T}\right)^{w}\right)$$

其中w為權重因數，定義為

$$w = \begin{cases} \alpha, & LAT(m) \leqslant T \\ \beta, & LAT(m) > T \end{cases}$$

α和β為與應用相關的常數，根據經驗設定它們的值，使得在延遲超過指定設定值時目標函數的值更小。

4.8 泛函數極值與變分法

到目前為止，本章說明的最佳化問題均為求解函數極值。在實際應用中，有一類最佳化問題，其最佳化變數不是數而是函數，稱為泛函數極值問題。求解這類問題的經典方法是變分法。由於問題的解是函數，因此可以猜測從取得極值的必要條件所匯出的是微分方程。

4.8.1 泛函數與變分

函數是從數集到數集的對映，如實變函數將實數對映為實數，複變函數將複數對映成複數。泛函數是對函數的擴充，是從函數集到數集的對映

$$y(x) \to \mathbb{R}$$

可將函數看作空間中的「點」，稱為函數空間（Function Space），泛函數實現從這種「點」到實數集的對映，因此也稱為函數的函數（Functions of Functions）。這裡的函數集稱為泛函數的定義域。需要注意泛函數與複合函數的區別，前者將函數對映成實數，後者還是一個將實數對映成實數的函數。下面是一個最簡單的泛函數

$$F[y] = \int_0^1 y(x)\mathrm{d}x$$

它對函數計算[0,1]內的定積分，對於此區間上任意的可積函數$y(x)$都有一個實數積分值。此泛函數的定義域為[0,1]上可積分函數的全體，值域為實數集$\mathbb{R}$。指定一個可積分函數可以獲得它的泛函數的值。如果函數為

$$y(x) = x^2$$

其泛函數值為

$$F[y]=\int_0^1 x^2\mathrm{d}x=\frac{1}{3}x^3\bigg|_0^1=\frac{1}{3}$$

如果函數為

$$y(x)=\mathrm{e}^x$$

則泛函數的值為

$$F[y]=\int_0^1 \mathrm{e}^x\mathrm{d}x=\mathrm{e}^x|_0^1=\mathrm{e}-1$$

定積分將可積函數對映成實數，因此大部分的情況下泛函數以定積分的形式出現，以下面的泛函數

$$F[y]=\int_a^b y(x)\mathrm{d}x$$

被積函數中除函數$y(x)$之外，還可以包含其各階導數。如區間$[a,b]$內曲線$y(x)$弧長的計算公式是一個泛函數，其中包含一階導數

$$S[y]=\int_a^b \sqrt{1+(y')^2}\mathrm{d}x$$

第 5 章將要介紹的數學期望和方差，第 6 章將要介紹的熵也是泛函數。隨機變數X的數學期望是以下的積分

$$E[X]=\int_{-\infty}^{+\infty} xp(x)\mathrm{d}x$$

其中$p(x)$為機率密度函數。與函數類似，可以定義泛函數的極值。指定一個函數$y_0(x)$，如果對於泛函數定義域中任意函數$y(x)$都有

$$F[y]\geqslant F[y_0] \tag{4.38}$$

則稱$y_0(x)$為泛函數的極小值。如有

$$F[y]\leqslant F[y_0] \tag{4.39}$$

則稱$y_0(x)$為泛函數的極大值。如果對於$y_0(x)$鄰域內的所有$y(x)$都有式 (4.38) 成立，則稱$y_0(x)$為泛函數的局部極小值；如果式 (4.39) 成立，則稱

$y_0(x)$為泛函數的局部極大值。這裡的鄰域由函數之間的距離來定義。對於定義在區間$[a,b]$內的兩個一階可導函數$y_1(x), y_2(x)$，它們的距離可以定義為

$$d(y_1(x), y_2(x)) = \max_{a<x<b}\{|y_1(x) - y_2(x)|, |y'_1(x) - y'_2(x)|\}$$

這裡用兩個函數在區間內所有點處的函數值以及導數值的差衡量它們的差異，除此之外，也可以有其他距離定義方式。函數$y_0(x)$的δ鄰域定義為

$$\{y(x)|d(y(x), y_0(x)) < \delta\}$$

如果定義在區間$[a,b]$內的兩個函數$y(x)$與$y_0(x)$在a和b點處函數值相等，則稱$y(x) - y_0(x)$為函數$y(x)$在$y_0(x)$點處的變分（Variation），記為δy

$$\delta y = y(x) - y_0(x)$$

可將變分類比為微分。與微分不同的是，變分是函數變化、引數不變所導致的變化；而微分則是函數不變、引數改變所導致的變化。

對於大多數實際問題，泛函數可以寫成以下的一般形式

$$F[y] = \int_a^b L(x, y(x), y'(x))dx \tag{4.40}$$

函數L稱為泛函數的核心，它包含了函數的引數x，函數本身y以及其一階導數y'。在這裡，y是二階連續可導的函數，L對其引數x, y, y'二階連續可導（將函數y以及其一階導數y'均看作普通的變數）。後面的推導中如不作特殊說明均使用這種形式的泛函數。

4.8.2 歐拉--拉格朗日方程式

計算泛函數極值點的問題稱泛函數極值問題，其最佳解為函數而非函數極值問題中的數。以等周問題為例，對於平面內的封閉曲線，在曲線弧長一定的情況下圓的面積最大。假設曲線經過$(-a,0)$和$(a,0)$兩點，此問題的限制條件為

$$\int_{-a}^{a}\sqrt{1+y'^2}dx = C$$

它限制曲線的弧長。目標泛函數為

$$F[y]=\int_{-a}^{a} y\mathrm{d}x$$

是曲線$y(x)$與x軸所圍成的區域的面積。如果$a=2$，此問題的解為半圓弧線，其方程式為

$$y=\sqrt{4-x^2}$$

半圓的曲線如圖 4.28 所示。

求解泛函數極值問題的經典方法是變分法（Calculus of Variations），其核心是歐拉-拉格朗日方程式。在微積分中，透過求解駐點而獲得極值點。在泛函數中，透過求解變分為 0 的點而求解泛函數的極值，這裡的變分類似於函數的導數（微分）。對於下面的泛函數

$$F[y]=\int_{a}^{b} L(x,y(x),y'(x))\mathrm{d}x \tag{4.41}$$

通常限定函數$y(x)$在起點和終點處的函數值，稱為邊界條件。

歐拉-拉格朗日方程式（Euler-Lagrange Equation，E-L 方程式）是一個微分方程，列出了泛函數取得極值的必要條件。對於式 (4.41) 的泛函數，其取得極值的$y(x)$需要滿足

$$\frac{\partial L}{\partial y}-\frac{\mathrm{d}}{\mathrm{d}x}\left(\frac{\partial L}{\partial y'}\right)=0 \tag{4.42}$$

式 (4.42) 左邊第一項是泛函數的核L對y求偏導，將y當作變數；第二項是L先對y'求偏導數，再對x求導。解此微分方程即可獲得泛函數的極值。該方程式的作用類似於費馬引理所確定的函數極值。需要注意的是，該方程式是泛函數取得極值的必要條件而非充分條件。下面對一維情況的歐拉-拉格朗日方程式進行推導，其想法是將泛函數極值問題轉化為函數極值問題。

對於式 (4.41) 的泛函數，目標是尋找滿足邊界條件$y(a)=A$、$y(b)=B$且使得泛函數取極值的$y(x)$。假設L二階連續可微，如果$y(x)$使得泛函數取

極大值，則對$y(x)$的任何擾動都會導致泛函數的值變小，對於泛函數取極小值的情況則導致泛函數的值變大。假設

$$g_\varepsilon(x) = y(x) + \varepsilon\eta(x)$$

是對$y(x)$擾動後的結果。其中$\varepsilon\eta(x)$是擾動項；ε是一個很小的實數；$\eta(x)$是可微函數且滿足$\eta(a) = \eta(b) = 0$，以確保擾動之後還滿足邊界條件。這種隨機擾動的原理如圖 4.29 所示。

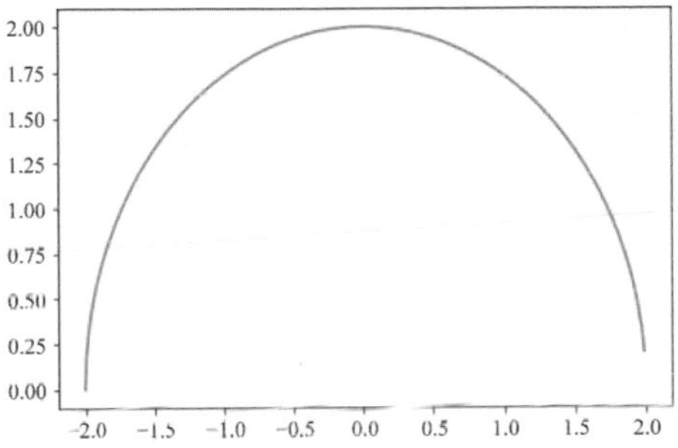

圖 4.28 等周問題的半圓曲線

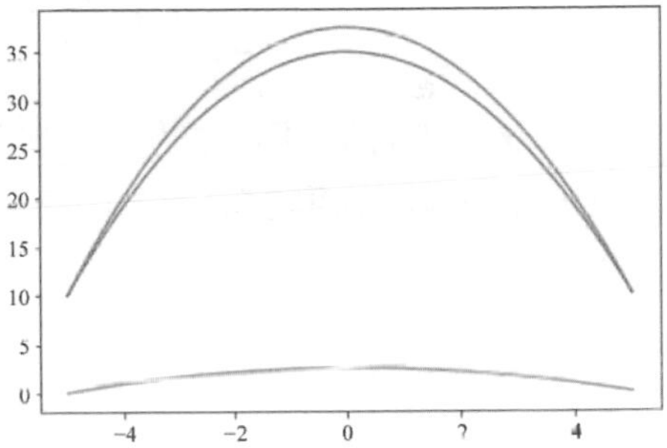

圖 4.29 對函數進行擾動

圖 4.29 中中間的曲線為擾動之前的函數$y(x)$，最下方的曲線為擾動函數$\varepsilon\eta(x)$，最上方的曲線為擾動之後的函數$y(x) + \varepsilon\eta(x)$。定義泛函數

$$F_\varepsilon = \int_a^b L(x, g_\varepsilon(x), g_\varepsilon{}'(x))\mathrm{d}x = \int_a^b L_\varepsilon \mathrm{d}x \tag{4.43}$$

其中$L_\varepsilon = L(x, g_\varepsilon(x), g_\varepsilon{}'(x))$。要確保在$y(x)$點處泛函數取得極值，則對它的任何擾動都會導致泛函數值變大或變小，因此必定有$\varepsilon = 0$。將式 (4.43) 的泛函數看作ε的函數，對ε求導，則在$\varepsilon = 0$點處導數值為 0。由於求導和求積分可以交換次序，有

$$\frac{\mathrm{d}F_\varepsilon}{\mathrm{d}\varepsilon} = \frac{\mathrm{d}}{\mathrm{d}\varepsilon}\int_a^b L_\varepsilon \mathrm{d}x = \int_a^b \frac{\mathrm{d}L_\varepsilon}{\mathrm{d}\varepsilon}\mathrm{d}x$$

根據全導數公式有

$$\frac{\mathrm{d}L_\varepsilon}{\mathrm{d}\varepsilon} = \frac{\partial L_\varepsilon}{\partial x}\frac{\mathrm{d}x}{\mathrm{d}\varepsilon} + \frac{\partial L_\varepsilon}{\partial g_\varepsilon}\frac{\mathrm{d}g_\varepsilon}{\mathrm{d}\varepsilon} + \frac{\partial L_\varepsilon}{\partial g_\varepsilon{}'}\frac{\mathrm{d}g_\varepsilon{}'}{\mathrm{d}\varepsilon} = \frac{\partial L_\varepsilon}{\partial g_\varepsilon}\frac{\mathrm{d}g_\varepsilon}{\mathrm{d}\varepsilon} + \frac{\partial L_\varepsilon}{\partial g_\varepsilon{}'}\frac{\mathrm{d}g_\varepsilon{}'}{\mathrm{d}\varepsilon} = \frac{\partial L_\varepsilon}{\partial g_\varepsilon}\eta(x) + \frac{\partial L_\varepsilon}{\partial g_\varepsilon{}'}\eta'(x)$$

在這裡

$$\frac{\mathrm{d}g_\varepsilon}{\mathrm{d}\varepsilon}=\frac{\mathrm{d}(y(x)+\varepsilon\eta(x))}{\mathrm{d}\varepsilon}=\eta(x)$$

以及

$$\frac{\mathrm{d}g_\varepsilon{}'}{\mathrm{d}\varepsilon}=\frac{\mathrm{d}(y'(x)+\varepsilon\eta'(x))}{\mathrm{d}\varepsilon}=\eta'(x)$$

因此有

$$\frac{\mathrm{d}F_\varepsilon}{\mathrm{d}\varepsilon}=\int_a^b\left(\frac{\partial L_\varepsilon}{\partial g_\varepsilon}\eta(x)+\frac{\partial L_\varepsilon}{\partial g_\varepsilon{}'}\eta'(x)\right)\mathrm{d}x$$

由於在$y(x)$點處，即$\varepsilon=0$是泛函數的極值點。根據費馬引理，在$\varepsilon=0$點處，函數F_ε對ε的導數必定為 0。在$\varepsilon=0$點處$L_\varepsilon=L$、$g_\varepsilon=y$、$g_\varepsilon{}'=y'$。因此有

$$\left.\frac{\mathrm{d}F_\varepsilon}{\mathrm{d}\varepsilon}\right|_{\varepsilon=0}=\left.\int_a^b\left(\frac{\partial L_\varepsilon}{\partial g_\varepsilon}\eta(x)+\frac{\partial L_\varepsilon}{\partial g_\varepsilon{}'}\eta'(x)\right)\mathrm{d}x\right|_{\varepsilon=0}=\int_a^b\left(\frac{\partial L}{\partial y}\eta(x)+\frac{\partial L}{\partial y'}\eta'(x)\right)\mathrm{d}x$$
$$=0$$

使用分部積分法，上式第二個等式中的第二項為

$$\int_a^b\frac{\partial L}{\partial y'}\eta'(x)\mathrm{d}x=\int_a^b\frac{\partial L}{\partial y'}\mathrm{d}\eta(x)=\left.\frac{\partial L}{\partial y'}\eta(x)\right|_a^b-\int_a^b\eta(x)\frac{\mathrm{d}}{\mathrm{d}x}\frac{\partial L}{\partial y'}\mathrm{d}x$$

因此有

$$\int_a^b\left(\frac{\partial L}{\partial y}-\frac{\mathrm{d}}{\mathrm{d}x}\frac{\partial L}{\partial y'}\right)\eta(x)\mathrm{d}x+\left.\left(\eta(x)\frac{\partial L}{\partial y'}\right)\right|_a^b=0 \tag{4.44}$$

由於有邊值條件$\eta(a)=\eta(b)=0$，因此上式左側第二項的值為 0。式 (4.44) 變為

$$\int_a^b\left(\frac{\partial L}{\partial y}-\frac{\mathrm{d}}{\mathrm{d}x}\frac{\partial L}{\partial y'}\right)\eta(x)\mathrm{d}x=0 \tag{4.45}$$

由於對任意滿足邊值條件的$\eta(x)$，式 (4.45) 都成立，根據 1.6.3 節證明的結論，有

$$\frac{\partial L}{\partial y}-\frac{\mathrm{d}}{\mathrm{d}x}\frac{\partial L}{\partial y'}=0$$

大部分的情況下，上面的方程式是一個二階常微分方程，解此方程式可以獲得泛函數的極值點。

4.8.3 應用——證明兩點之間直線最短

下面用歐拉-拉格朗日方程式證明幾何中的基本結論：兩點之間直線最短。假設曲線$y(x)$透過(a,A)與(b,B)兩點，即有邊界條件$y(a)=A$、$y(b)=B$。根據曲線長度公式，有

$$F[y]=\int_a^b\sqrt{1+y'^2}\mathrm{d}x$$

在這裡，泛函數的核心為$L(x,y,y')=\sqrt{1+y'^2}$。根據歐拉-拉格朗日方程式，有

$$\frac{\partial L}{\partial y'}=\frac{y'}{\sqrt{1+y'^2}}\frac{\partial L}{\partial y}=0$$

因此有

$$\frac{\mathrm{d}}{\mathrm{d}x}\frac{y'}{\sqrt{1+y'^2}}=0$$

上式對x求積分有

$$\frac{y'}{\sqrt{1+y'^2}}=C$$

其中C為常數，解得

$$y'=\frac{C}{\sqrt{1-C^2}}$$

對上式進行積分，可以獲得

$$y(x)=\frac{C}{\sqrt{1-C^2}}x+C'$$

其中C'為常數，這就是直線的方程式。根據邊界條件可以確定 $\frac{C}{\sqrt{1-C^2}}$，C'的值。

在 6.1.2 節將用變分法證明在指定數學期望和方差的值時，在所有定義於$\mathbb{R}$上的連續型機率分佈中，正態分佈的熵最大。變分推斷和變分自動編碼器也使用了變分法的概念。

4.9 目標函數的建構

之前已經介紹了各種最佳化方法，本節介紹機器學習與深度學習中許多典型的目標函數建構方法。它們是對問題進行建模的關鍵環節，一旦確定了機器學習模型的目標函數，剩下的就是求解最佳化問題。針對各類應用問題，在建構目標函數時可以參考已有的經驗與技巧。下面分有監督學習、無監督學習、強化學習 3 部分介紹常用的目標函數。

4.9.1 有監督學習

有監督學習（Supervised Learning）演算法有訓練過程，演算法用訓練集進行學習，然後用學習獲得的模型（Model）進行預測。通常所見的機器學習應用，如影像識別、語音辨識等屬於有監督學習問題。有監督學習的樣本由輸入值與標籤值組成

$$(\mathbf{x}, y)$$

其中$\boldsymbol{x}$為樣本的特徵向量，是機器學習模型的輸入值；y為標籤值，是模型的輸出值。標籤值可以是整數也可以是實數，還可以是向量。對於訓練集，樣本的標籤值是由人工事先標記好的，例如為每張手寫阿拉伯數位影像標記其對應的數字。

有監督學習訓練時的目標是指定訓練樣本集$(\boldsymbol{x}_i, y_i), i = 1, \cdots, l$，根據它確定一個對映函數（也稱為假設，Hypothesis）

$$y = h(\boldsymbol{x})$$

實現從輸入值$\boldsymbol{x}$到輸出值y的對映。確定此函數的依據是它能夠極佳地預測這批訓練樣本，即$h(\boldsymbol{x}_i)$與y_i盡可能接近。這透過最佳化某一目標函數實現。對於大多數演算法，一般事先確定函數的形式，訓練時確定函數的參數$\boldsymbol{\theta}$。如果函數是線性的，稱為線性模型；否則為非線性模型。建立目標函數並透過最佳化目標函數而確定模型的過程即訓練過程。

如果樣本標籤是整數則稱為分類問題。此時的目標是確定樣本的類別，以整數編號。預測函數是向量到整數的對映

$$\mathbb{R}^n \to \mathbb{Z}$$

這種機器學習模型稱為分類器（Classifier）。分類問題的樣本標籤通常從 0 或 1 開始，以整數設定值。手寫數字影像識別問題是典型的分類問題。

如果類別數為 2，稱為二分類問題，類別標籤通常設定為+1 和−1，或 0 和 1。分別對應於正樣本和負樣本。舉例來說，要判斷一封郵件是否為垃圾郵件，則正樣本為垃圾郵件，負樣本為正常郵件。如果有多個類，則稱為多分類問題。

如果標籤值是連續實數，則稱為回歸（regression）問題。此時預測函數是向量到實數的對映

$$\mathbb{R}^n \to \mathbb{R}$$

舉例來說，根據一個人的學歷、工作年限等特徵預測其收入，是典型的回歸問題，收入是實數值而非類別標籤。

某些實際應用問題可能既包含分類問題，又包含回歸問題。電腦視覺中的目標檢測問題是找到影像中所有指定類型的目標，包含確定其類別、位置與大小。以人臉檢測問題為例，要找到影像中所有的人臉，如圖 4.30 所示。檢測問題包含分類和定位兩部分，分類用於判斷某一影像區域的目標類型；定位則確定物體的位置與大小，是回歸問題。

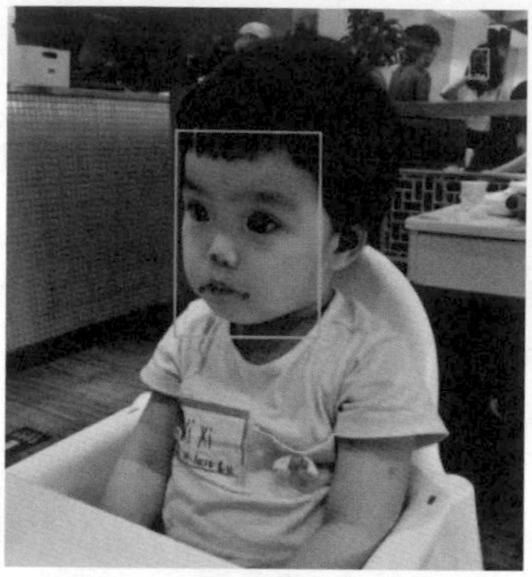

圖 4.30 人臉檢測問題

在 2.1.8 節介紹了線性分類器的原理。感知器演算法是最簡單的線性分類器訓練演算法，它的目標是讓所有訓練樣本盡可能分類正確。對於二分類問題，標籤值設定為+1 或 − 1，線性分類器的判別函數為

$$(\boldsymbol{w}^{\mathrm{T}}\boldsymbol{x}+b)$$

樣本的標籤值為+1 或−1，分別對應正樣本和負樣本。如果線性函數預測出來的值和樣本的真實標籤值不同號，則預測錯誤；如果同號，則預測正確。指定訓練樣本集$(\boldsymbol{x}_i, y_i), i=1,\cdots,l$，其中$\boldsymbol{x}_i \in \mathbb{R}^n$為特徵向量，$y_i=\pm 1$為標籤值。感知器演算法的目標函數為

$$\min_{\boldsymbol{w},b}\sum_{i=1}^{l}-y_i(\boldsymbol{w}^{\mathrm{T}}\boldsymbol{x}_i+b)$$

此損失函數的意義為對於每個訓練樣本，如果預測正確，即$\boldsymbol{w}^{\mathrm{T}}\boldsymbol{x}_i+b$與標籤值$y_i$同號，則會有一個負的損失，否則有一個正的損失。這裡的目標是將損失最小化。

與感知器損失類似的是合頁損失（Hinge Loss）函數。對於二分類問題，定義為

$$\min_{\boldsymbol{\theta}}\sum_{i=1}^{l}\max(0,1-y_i h(\boldsymbol{x}_i;\boldsymbol{\theta}))$$

其中$h(\boldsymbol{x}_i;\boldsymbol{\theta})$為模型的預測函數，$\boldsymbol{\theta}$為模型的參數。在這裡，樣本標籤值$y_i = \pm 1$。其意義為當

$$1 - y_i h(\boldsymbol{x}_i;\boldsymbol{\theta}) \leqslant 0$$

即當模型的預測值與樣本標籤值同號，且預測值$h(\boldsymbol{x}_i;\boldsymbol{\theta})$的絕對值比較大，滿足下面的不等式時

$$y_i h(\boldsymbol{x}_i;\boldsymbol{\theta}) \geqslant 1$$

該樣本的損失是 0。不然樣本的損失是正數。如果預測值與真實標籤值異號，那麼損失函數的值一定大於 1。這種函數迫使模型的預測值有大的間隔，距離分類界線盡可能遠。

離散型 AdaBoost 演算法採用了指數損失函數，對於二分類問題，標籤值設定為+1 或 − 1，定義為

$$\min_{\boldsymbol{\theta}} \sum_{i=1}^{l} \mathrm{e}^{-y_i F(\boldsymbol{x}_i;\boldsymbol{\theta})}$$

其中$F(\boldsymbol{x};\boldsymbol{\theta})$是強分類器，$\boldsymbol{\theta}$是其參數。指數函數是增函數，如果標籤值$y_i$與強分類器的預測值$F(\boldsymbol{x}_i;\boldsymbol{\theta})$同號，且強分類器預測值的絕對值越大，損失函數的值越小，預測值的絕對值越小，損失函數值越大。如果預測值與真實標籤值異號，則有較大的損失函數值。

對於二分類和多分類問題，都可以用歐氏距離作為分類的損失函數。對於多分類問題，一般不直接用類別編號作為預測值，而是對類別進行向量化編碼，如 One-Hot 編碼。因為類別無法比較大小，直接相減沒有意義。如果樣本屬於第i個類，則其向量化的標籤值為

$$0,0,\cdots,1,0,\cdots,0$$

此時向量的第i個分量為 1，其餘的均為 0。指定l個訓練樣本，$h(\boldsymbol{x}_i;\boldsymbol{\theta})$為模型預測值，是一個向量，$\boldsymbol{y}_i$為樣本的真實標籤向量，$\boldsymbol{\theta}$是模型的參數。歐氏距離損失函數定義為

$$\min_{\boldsymbol{\theta}} \frac{1}{2l} \sum_{i=1}^{l} \| h(\boldsymbol{x}_i; \boldsymbol{\theta}) - \boldsymbol{y}_i \|_2^2$$

它是向量二範數的平方，衡量了兩個向量之間的差異，這裡對所有訓練樣本的損失函數計算平均值。在類神經網路發展的早期，這種函數被廣泛使用，對於多分類問題，目前更偏好使用交叉熵損失函數。交叉熵、KL 散度等以資訊理論為基礎的目標函數將在第 6 章介紹。

對於回歸問題，通常採用歐氏距離作為損失函數。除此之外，還可以使用絕對值損失，以及 Huber 損失。

指定訓練樣本集$(\boldsymbol{x}_i, y_i), i = 1, \cdots, l$，其中$\boldsymbol{x}_i \in \mathbb{R}^n$為特徵向量，$y_i$為實數標籤值。假設模型的預測輸出為$h(\boldsymbol{x}_i; \boldsymbol{\theta})$，$\boldsymbol{\theta}$是模型的參數。歐氏距離損失定義為

$$\min_{\boldsymbol{\theta}} \frac{1}{2l} \sum_{i=1}^{l} (y_i - h(\boldsymbol{x}_i; \boldsymbol{\theta}))^2$$

它迫使所有訓練樣本的預測值與真實標籤值盡可能接近。絕對值損失定義為

$$\min_{\boldsymbol{\theta}} \frac{1}{l} \sum_{i=1}^{l} |y_i - h(\boldsymbol{x}_i; \boldsymbol{\theta})|$$

與歐氏距離類似，預測值與真實標籤值越接近，損失函數的值越小。與歐氏距離相比，在預測值與真實標籤值相差較大時，絕對值損失函數的值比歐氏距離損失函數的值更小，因此對雜訊資料更穩固。需要注意的是，絕對值函數在 0 點處是不可導的。Huber 損失函數是歐氏距離損失函數和絕對值損失函數的結合，綜合了二者的優點，對單一樣本的 Huber 損失定義為

$$L(y, h(\boldsymbol{x}; \boldsymbol{\theta})) = \begin{cases} \frac{1}{2}(y - h(\boldsymbol{x}; \boldsymbol{\theta}))^2, & |y - h(\boldsymbol{x}; \boldsymbol{\theta})| \leqslant \delta \\ \delta\left(|y - h(\boldsymbol{x}; \boldsymbol{\theta})| - \frac{\delta}{2}\right), & |y - h(\boldsymbol{x}; \boldsymbol{\theta})| > \delta \end{cases}$$

其中δ為人工設定的正參數，函數在δ點處也連續可導。當預測值與真實標籤值接近即二者的差的絕對值不超過δ時，使用歐氏距離損失，如果二者相差較大時，則使用絕對值損失。這種做法可以減小預測值與真實標籤值差距較大時的損失函數值，因此 Huber 損失對雜訊資料有更好的穩固性。

對於目標檢測問題，演算法要找出影像中各種大小、位置、種類的目標，即要同時判斷出每個目標的類型（是人，是車，還是其他類型的東西）以及目標所在的位置、大小，如圖 4.31 所示。

圖 4.31 目標檢測問題

目標的位置和大小通常用矩形框定義，稱為外接矩形（Bounding Box），用參數表示為(x, y, w, h)，其中(x, y)是矩形左上角的座標，w為寬度，h為高度。判斷物體的類別是一個分類問題，確定物體的位置與大小是一個回歸問題。為了同時完成這兩個工作，設計出了多工損失函數（Multi-task Loss Function）。此函數由兩部分組成，第一部分為分類損失，即要正確地判斷每個目標的類別；第二部分為定位損失，即要正確地確定目標所處的位置。以 Fast R-CNN（見參考文獻[18]）為例，它的損失函數為

$$L(\boldsymbol{p}, \boldsymbol{u}, \boldsymbol{t}^u, \boldsymbol{v}) = L_{cls}(\boldsymbol{p}, \boldsymbol{u}) + \lambda[u \geqslant 1]L_{loc}(\boldsymbol{t}^u, \boldsymbol{v})$$

前半部分為分類損失，可以採用交叉熵損失函數。後半部分為定位損失，確定矩形框的大小和位置，採用了 smooth L_1損失，定義為

$$\text{smooth}_{L_1} = \begin{cases} 0.5x^2 & |x| < 1 \\ |x| - 0.5 & |x| \geqslant 1 \end{cases}$$

這是一種 Huber 損失，其優點在前面已經介紹。函數在$|x| = 1$點處也連續可導。λ是人工設定的權重，用於平衡分類損失和定位損失。在之後的 Faster R-CNN、YOLO 和 SSD 等目標檢測演算法中，均採用了這種多工損失函數的想法。

4.9.2 無監督學習

無監督學習（Unsupervised Learning）對無標籤的樣本進行分析，發現樣本集的結構或分佈規律，它沒有訓練過程。其典型代表是集群，以及資料降維。下面介紹資料降維與集群的目標函數。

資料降維演算法將n維空間中的向量$\boldsymbol{x}$透過函數對映到更低維的m維空間中，在這裡$m \ll n$

$$\boldsymbol{y} = h(\boldsymbol{x})$$

降維之後的資料要保持原始資料的某些特徵。透過降維可以使得資料更容易進一步處理。如果降維到二維或三維空間，還可以將資料視覺化。

集群演算法將一組樣本劃分成k個類$S_i, i = 1, \cdots, k$，確保同一類中的樣本差異盡可能小，而不同類的樣本之間差異盡可能大。指定一組樣本$\boldsymbol{x}_j, j = 1, \cdots, n$，可以以這一思想為基礎建構損失函數

$$\min_S \sum_{i=1}^{k} \sum_{\boldsymbol{x}_j \in S_i} \| \boldsymbol{x}_j - \boldsymbol{\mu}_i \|^2$$

其中$\boldsymbol{\mu}_i$為第i個類的中心向量。該損失函數的目標是使得每個類的所有樣本距離該類的類中心盡可能近，可以視為每個類的方差。K 平均值集群（K means）演算法採用了此函數。更多的集群演算法目標函數可以閱讀參考文獻[19]。

資料降維演算法要確保將向量投影到低維空間之後，仍然盡可能地保留之前的一些資訊，至於這些資訊是什麼，則有各種不同了解，由此誕生了各種不同的降維演算法。主成分分析（PCA）的最佳化目標是最小化重構誤差，用投影到低維空間中的向量近似重構原始向量，二者之間的誤差要盡可能小。指定一組樣本$\boldsymbol{x}_i, i = 1, \cdots, n$，演算法將這些樣本投影到用一組標準正交基底$\boldsymbol{e}_i, i = 1, \cdots, d'$表示的$d'$維空間中。最小化重構誤差的目標為

$$\min_{a_{ij}, \boldsymbol{e}_j} \sum_{i=1}^{n} \left\| \boldsymbol{m} + \sum_{j=1}^{d'} a_{ij}\boldsymbol{e}_j - \boldsymbol{x}_i \right\|^2$$

其中$\boldsymbol{e}_j$為第j個投影方向，a_{ij}為樣本$\boldsymbol{x}_i$在$\boldsymbol{e}_j$方向的投影結果，$\boldsymbol{m}$是這組樣本的平均值。$\boldsymbol{m} + \sum_{j=1}^{d'} a_{ij}\boldsymbol{e}_j$是用投影結果近似重構出的原始向量$\boldsymbol{x}_i$，歐氏距離反映了它們之間的差距。求解此最佳化問題即可獲得投影方向以及投影後的座標。該問題最後又歸結為矩陣的特徵值和特徵向量問題。流形學習降維演算法的目標函數將在 6.3.4 節和 8.4.3 節介紹。對資料降維演算法更深入的了解可以閱讀參考文獻[19]。

4.9.3 強化學習

強化學習（Reinforcement Learning，RL）類似於有監督學習，其目標是在目前狀態s下執行某一動作a，然後進行下一個狀態，並收到一個獎勵值。反覆執行這一過程，以達到某種目的。演算法需要確定一個稱為策略函數（Policy Function）的函數，實現從狀態到動作的對映

$$a = (s)$$

對於某些實際問題，動作的選擇是隨機的，策略函數列出在狀態s下執行每種動作的條件機率值

$$(a|s)$$

在每個時刻t，演算法在狀態s_t下執行動作a_t之後，系統隨機性地進入下一個狀態s_{t+1}，並列出一個獎勵值R_{t+1}。強化學習演算法在訓練時透過隨機

地執行動作，收集回饋，進一步學會想要的行為。系統對正確的動作作出獎勵（Reward），對錯誤的動作進行懲罰，訓練完成之後用獲得的策略函數進行預測。這裡的獎勵（也稱為回報）機制類似於有監督學習中的損失函數，用於對策略的優劣進行評估。

強化學習的目標是最大化累計獎勵，從t時刻起的累計獎勵定義為

$$G_t = R_{t+1} + \gamma R_{t+2} + \gamma^2 R_{t+3} + \cdots = \sum_{k=0}^{+\infty} \gamma^k R_{t+k+1}$$

其中γ稱為折扣因數（Discount Factor），用於表現未來的不確定性，使得越遠的未來所得到的回報具有越高的不確定性；同時確保上面的級數收斂。更詳細的原理將在 7.1.7 節介紹。

演算法需要確保在所有狀態按照某一策略執行，獲得的累計回報均最大化。因此，可以定義狀態價值函數（States Value）。在狀態$s_t = s$下，反覆地按照策略執行，所得到的累計獎勵的數學期望稱為該狀態的價值函數

$$V_\pi(s) = E_\pi[G_t|s_t = s] = E_\pi\left[\sum_{k=0}^{+\infty} \gamma^k R_{t+k+1}|s_t = s\right]$$

使用數學期望是因為系統具有隨機性，需要對所有情況的累計獎勵計算平均值。類似地可以定義動作價值函數（Action Value），它是在目前狀態$s_t = s$下執行動作$a_t = a$，然後按照策略執行，所得到的累計獎勵的數學期望

$$Q_\pi(s,a) = E_\pi[G_t|s_t = s, a_t = a] = E_\pi\left[\sum_{k=0}^{+\infty} \gamma^k R_{t+k+1}|s_t = s, a_t = a\right]$$

在建構出目標函數之後，尋找最佳策略可以透過最佳化演算法實現。典型的求解演算法有動態規劃演算法、蒙地卡羅演算法，以及蒙地卡羅演算法的特例-時序差分演算法。如果用神經網路表示策略，則可以將這些目標函數作為神經網路的目標函數，使用梯度下降法完成訓練。對強化學習的進一步了解可以閱讀參考文獻[20]。

無論是哪種機器學習演算法，在建構出目標函數之後，剩下的就是用最佳化方法求解，這通常有標準的解決方案。

《參考文獻》

[1] Boyd S. 凸最佳化[M]. 北京：清華大學出版社，2013.

[2] Bertsekas D. 非線性規劃[M]. 2 版. 北京：清華大學出版社，2013.

[3] 歐斐君. 變分法及其應用：物理、力學、工程中的經典建模[M]. 北京，高等教育出版社，2013.

[4] Sra S, Nowozin S, Wright SJ. Optimization for machine learning[M]. MIT Press, Cambridge, Massachusetts, 2013.

[5] Duchi, Hazan E, Singer Y. Adaptive Subgradient Methods for Online Learning and Stochastic Optimization[J]. The Journal of Machine Learning Research, 2011.

[6] Tieleman T, Hinton G. RMSProp: Divide the gradient by a running average of its recent magnitude. COURSERA: Neural Networks for Machine Learning. Technical report, 2012.

[7] Zeiler M. ADADELTA: An Adaptive Learning Rate Method. arXiv preprint, 2012.

[8] Kingma D, Ba J. Adam: A Method for Stochastic Optimization[C]. International Conference for Learning Representations, 2015.

[9] Sutskever I, Martens J, Dahl G, and Hinton G. On the Importance of Initialization and Momentum in Deep Learning[C]. Proceedings of the 30th International Conference on Machine Learning, 2013.

[10] Bottou L. Stochastic Gradient Descent Tricks. Neural Networks: Tricks of the Trade. Springer, 2012.

[11] Platt J. Fast training of support vector machines using sequential minimal optimization[C]. advances in Kernel Methods: Support Vector Learning. Cambridge, MA: The MIT Press, 1998.

[12] Friedman J, Hastie T, Tibshirani R. Additive logistic regression: a statistical view of boosting[J]. Annals of Statistics 28(2), 2000.

[13] Fan R, Chang K, Hsieh C, Wang X, Lin C. LIBLINEAR: A Library for Large Linear Classification[J]. Journal of Machine Learning Research, 2008.

[14] Karush W. Minima of Functions of Several Variables with Inequalities as Side Constraints. M.Sc. Dissertation. Dept. of Mathematics, Univ. of Chicago, Chicago, Illinois, 1939.

[15] Kuhn, H W, Tucker, A. W. Nonlinear programming[C]. Proceedings of 2nd Berkeley Symposium. Berkeley: University of California Press. pp. 481–492. MR 0047303,1951.

[16] Hsu C, Chang S, Juan D, Pan J, Chen Y, Wei W, Chang S. Monas: Multi-objective neural architecture search using reinforcement learning. arXiv preprint arXiv:1806.10332,2018.

[17] Tan M, Chen B, Pang R, Vasudevan V, Le Q. Mnasnet: Platform-aware neural architecture search for mobile. arXiv preprint arXiv:1807.11626, 2018.

[18] Girshick R. Fast R-CNN[C]. international conference on computer vision, 2015.

[19] 雷明. 機器學習——原理、演算法與應用[M]. 北京：清華大學出版社，2019.

[20] Sutton R, Barto A. 強化學習[M]. 俞凱，譯. 2 版. 北京：電子工業出版社，2019.

Chapter

05

機率論

機率論同樣在機器學習和深度學習中有非常重要的作用。如果將機器學習演算法的輸入資料和輸出資料看作隨機變數，則可用機率論的方法對資料進行計算，以此對不確定性進行建模。使用機率模型，可以輸出機率值而非確定性的值，這對某些應用是非常重要的。對於某些應用問題，需要對變數之間的機率依賴關係進行建模，也需要機率論的技術，機率圖模型是典型代表。亂數生成演算法，即取樣演算法，需要以機率論作為理論指導。某些隨機演算法，如蒙地卡羅演算法、遺傳演算法，同樣需要以機率論作為理論或實現依據。

本章介紹機器學習與深度學習所需的機率論核心知識，包含隨機事件與機率、隨機變數與常用機率分佈、隨機變數的機率分佈轉換、隨機向量、極限定理、參數估計、隨機演算法，以及取樣演算法。同樣，某些核心概念與理論，將用其在機器學習中的實際應用說明。

圖 5.1 列出了機率論的知識系統。對機率論的系統學習可以閱讀參考文獻[1]、參考文獻[2]和參考文獻[5]。

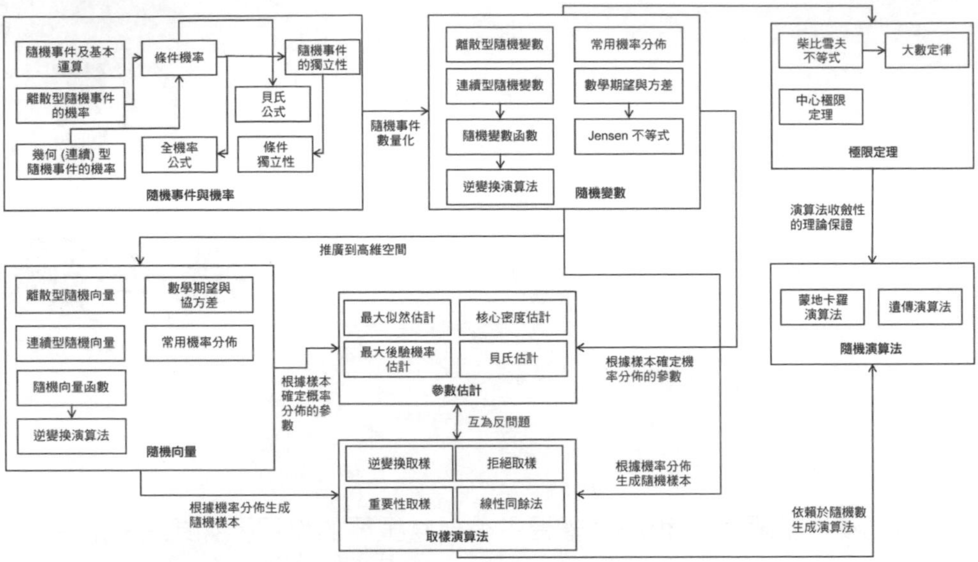

圖 5.1 機率論的知識系統

5.1 隨機事件與機率

隨機事件和機率是機率論中基本的概念，也是了解隨機變數的基礎。本節介紹兩種典型的隨機事件機率——離散型隨機事件的機率（其特例是古典型機率）以及幾何型隨機事件的機率（幾何型機率）的計算方法，條件機率、貝氏公式、全機率公式，以及條件獨立。

5.1.1 隨機事件機率

隨機事件是可能發生也可能不發生的事件，這種事件每次出現的結果具有不確定性。舉例來說，天氣可能是晴天、雨天、陰天；考試分數可能為 0 與 100 之間的整數；擲骰子，1 到 6 這幾種點數都可能出現。下面以集合論作為工具，列出隨機事件的定義。對於一個隨機試驗，其所有可能結果組成的集合稱為樣本空間，記為Ω。隨機試驗可能的結果稱為樣本點，記為ω，它是樣本空間Ω中的元素。對於天氣，樣本空間為

$$\Omega = \{晴天,陰天,雨天\}$$

每種天氣均為一個樣本點。對於考試成績，樣本空間為

$$\Omega = \{0,1,\cdots,100\}$$

每個分數均為一個樣本點。對於擲骰子，樣本空間為

$$\Omega = \{1,2,3,4,5,6\}$$

樣本空間可以是有限集，也可以是無限集。對於無限的樣本空間，可以是可數集（離散的），也可以是不可數集（連續的）。有限樣本空間與無限可數樣本空間中定義的隨機事件稱為離散型隨機事件。無限不可數樣本空間中的隨機事件則稱為連續型隨機事件。

下面列出無限可數樣本空間的實例。拋一枚硬幣，如果令n為第一次出現正面時所試驗的次數，則其設定值為$[1,+\infty)$內的整數。這種情況的樣本空間是無限可數集。如果記事件A_n為直到扔到第n次才第一次出現正面朝上，則這樣的事件有無窮多個。

下面列出無限不可數樣本空間的實例。在區間$[0,1]$內隨機扔一個點，這個點的設定值為此區間內所有實數，是無限不可數集。此時，我們無法將樣本空間中所有的樣本點列出。

樣本空間Ω的元素組成的集合稱為隨機事件，通常用大寫斜體字母表示，如記為A。顯然，Ω也是隨機事件，它一定會發生，稱為必然事件。空集$\emptyset$則不可能發生，稱為不可能事件。

隨機事件發生的可能性用機率進行度量。隨機事件A發生的機率記為$p(A)$，表示此事件發生的可能性，其值滿足

$$0 \leqslant p(A) \leqslant 1$$

機率值越大則事件越可能發生。一般情況下，假設樣本空間中每個樣本點發生的機率是相等的（稱為等機率假設），因此事件A發生的機率是該集合的基數與整個樣本空間基數的比值：

$$p(A)=\frac{|A|}{|\Omega|} \tag{5.1}$$

根據定義，所有單一樣本點組成的隨機事件的機率之和為 1。

$$\sum_{i=1}^{n} p(A_i)=1$$

其中$A_1,\cdots,A_n$為樣本空間中所有單一樣本點組成的隨機事件。

對於有限樣本空間中的隨機事件，可直接根據集合的基數計算式 (5.1) 的機率值。下面用一個實例說明。

拋硬幣問題。記正面朝上為事件A，反面朝上為事件B，則有

$$p(A)=p(B)=\frac{1}{2}$$

正面朝上和反面朝上的機率是相等的。

擲骰子問題。記事件A為出現的點數為 1，則有

$$p(A)=\frac{1}{6}$$

1 到 6 點出現的機率相等，均為$\frac{1}{6}$。

顯然，不可能事件發生的機率為 0；必然事件發生的機率為 1

$$p(\Omega)=1$$

對應集合的交運算與並運算，可以定義兩個隨機事件同時發生的機率，以及兩個隨機事件至少有一個發生的機率。兩個隨機事件A和B同時發生即為它們的交集，記為$A\cap B$，其機率為

$$p(A\cap B)=\frac{|A\cap B|}{|\Omega|}$$

以擲骰子為例，記A為出現的點數為奇數，B為出現的點數不超過 3，則有

$$A\cap B=\{1,3\}$$

因此

$$p(A \cap B) = \frac{2}{6}$$

兩個事件同時發生的機率也可以簡記為 $p(A, B)$。由於

$$|A \cap B| \leqslant |A||A \cap B| \leqslant |B|$$

因此有

$$p(A, B) \leqslant \min(p(A), p(B))$$

可以將兩個事件同時發生的機率推廣到多個事件：

$$p(A_1, \cdots, A_n) = \frac{|A_1 \cap \cdots \cap A_n|}{|\Omega|}$$

如果兩個隨機事件滿足

$$A \cap B = \emptyset$$

則稱為互不相容事件，即兩個事件不可能同時發生，因此互不相容事件同時發生的機率為 0。

兩個隨機事件A和B至少有一個發生即為它們的聯集，記為$A \cup B$。由於

$$|A \cup B| = |A| + |B| - |A \cap B|$$

因此有

$$p(A \cup B) = p(A) + p(B) - p(A \cap B) \tag{5.2}$$

式 (5.2) 稱為加法公式，這一結論的原理如圖 5.2 所示。圖中兩個集合的聯集元素數等於它們元素數之和減掉它們重複的部分，因為重複的部分被算了兩次。

由於$p(A \cap B) \geqslant 0$，根據式 (5.2) 可以獲得

$$p(A \cup B) \leqslant p(A) + p(B)$$

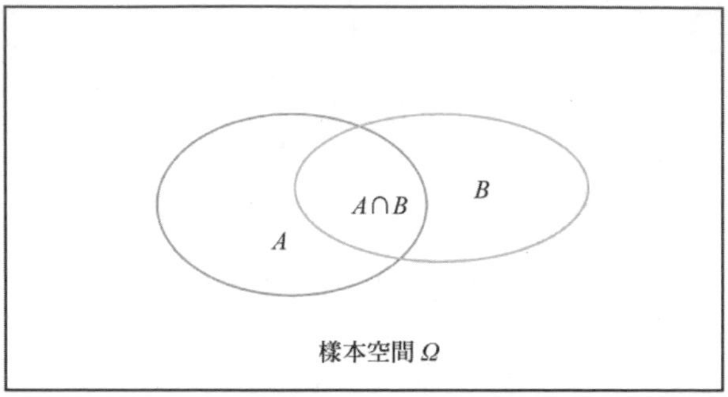

圖 5.2 加法公式的原理

考慮擲骰子問題，定義事件A為點數大於或等於 2，定義事件B為點數小於或等於 4，即

$$A = \{2,3,4,5,6\} B = \{1,2,3,4\}$$

則有

$$A \cup B = \{1,2,3,4,5,6\}$$

因此有

$$p(A \cup B) = \frac{6}{6} = 1$$

如果用加法公式進行計算，則有

$$p(A \cup B) = p(A) + p(B) - p(A \cap B) = \frac{5}{6} + \frac{4}{6} - \frac{3}{6} = 1$$

如果兩個事件A和B是互不相容的，則加法公式變為

$$p(A \cup B) = p(A) + p(B)$$

這一結論可以推廣到多個隨機事件的情況。

如果事件$A_1, \cdots, A_n$兩兩之間互不相容，且其聯集為全集Ω，則稱它們為完備事件組

$$A_i \cap A_j = \emptyset, i \neq j \qquad A_1 \cup A_2 \cup \cdots \cup A_n = \Omega$$

完備事件組是對樣本空間的劃分。顯然，對於完備事件組，有

$$p(A_i, A_j) = 0, i \neq j \qquad \sum_{i=1}^{n} p(A_i) = 1$$

最後考慮集合的補運算，對應於對立事件。事件A的補集稱為它的對立事件，記為$\overline{A}$，即A不發生。顯然有

$$p(A) + p(\overline{A}) = 1$$

對於擲骰子問題，如果記A為出現的點數為偶數，則其對立事件為出現的點數為奇數，因為點數不是偶數就是奇數。

下面考慮無限可數的樣本空間。做一個試驗，每次成功的機率為p，假設各次試驗之間無關，事件A_n定義為試驗n次才取得第一次成功，即前面$n-1$次都失敗，第n次成功。顯然，整個樣本空間為

$$A_1, A_2, \cdots, A_n, \cdots$$

可以獲得機率值

$$p(A_n) = (1-p)^{n-1}p$$

其中$(1-p)^{n-1}$是前面$n-1$次都失敗的機率，p是第n次時成功的機率。顯然有

$$\sum_{n=1}^{+\infty} p(A_n) = \sum_{n=1}^{+\infty} (1-p)^{n-1}p = p\frac{1}{1-(1-p)} = 1$$

滿足所有基本事件的機率之和為 1 的要求。這裡利用了下面的冪級數求和結果

$$\sum_{n=0}^{+\infty} p^n = \frac{1}{1-p}, \qquad 0 < p < 1$$

前面介紹的機率均針對有限的或無限可數的樣本空間。下面介紹無限不可數樣本空間機率的計算，稱為幾何型機率。幾何型機率定義在無限不可數集上，根據積分值（也稱為測度值，如長度、面積、體積）定義。事件A發生的機率為區域A的測度值與Ω測度值的比值，即

$$p(A) = \frac{s(A)}{s(\Omega)}$$

其中$s(A)$為集合A的測度。這裡同樣假設落在區域內任意點處的可能性相等，同時確保整個樣本空間的機率為 1。下面計算一維幾何型機率值。在[0,1]區間內隨機扔一個點，計算該點落在[0,0.7]內的機率。假設點的座標為x，落在區間[0,0.7]內，即$0 \leqslant x \leqslant 0.7$。由於落在區間中任意點處的可能性相等，因此機率值為

$$\frac{\text{區間}[0,0.7]\text{的長度}}{\text{區間}[0,1]\text{的長度}} = \frac{0.7}{1} = 0.7$$

這一機率如圖 5.3 所示，是短線段與長線段的長度之比。

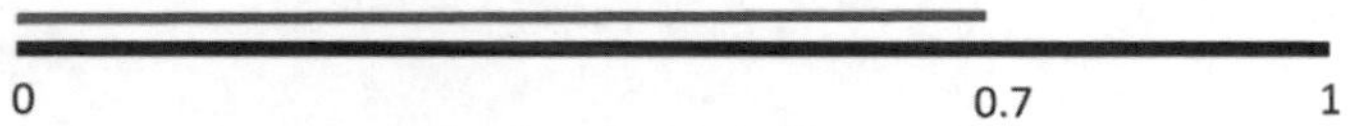

圖 5.3 一維幾何型機率的計算

推廣到二維的情況，可用面積計算機率。在單位正方形$0 \leqslant x, y \leqslant 1$內部隨機地扔一個點，計算該點落在區域$x \leqslant 0.2, y \leqslant 0.3$內的機率。由於落在任意點處的可能性相等，因此

$$p(x \leqslant 0.2, y \leqslant 0.3) = \frac{0.2 \times 0.3}{1 \times 1} = 0.06$$

這是兩個矩形區域的面積之比，如圖 5.4 所示，是淺色矩形與深色矩形面積之比。

下面考慮一個更複雜的實例。在圓周上隨機選擇兩個點 ，計算這兩個點與圓心的連線之間沿著逆時鐘方向的夾角是銳角的機率。這裡假設點落在圓周上任意位置處的可能性相等。

根據圖 5.5，假設圓周上的兩個點A、B與圓心的連線和x軸正半軸的夾角（按照逆時鐘方向計算）分別為θ_1與θ_2，顯然有$0 \leqslant \theta_1, \theta_2 \leqslant 2\pi$。這裡採用弧度作為計量單位。兩個點與圓心的連線之間的夾角為$\theta = |\theta_1 - \theta_2|$，夾角為銳角，即$|\theta_1 - \theta_2| \leqslant \frac{\pi}{2}$，這等於

$$-\frac{\pi}{2} \leqslant \theta_1 - \theta_2 \leqslant \frac{\pi}{2}$$

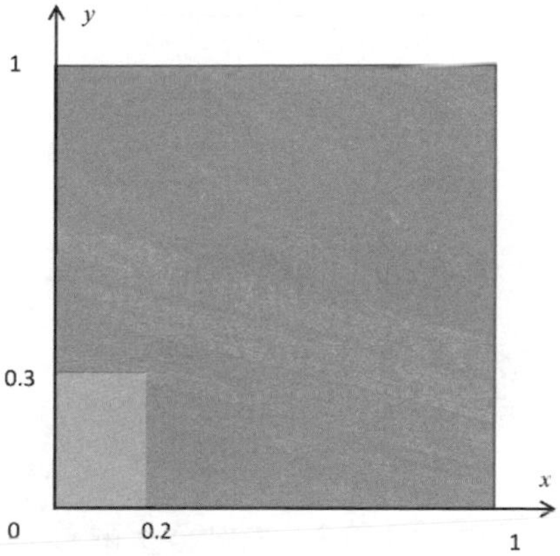

圖 5.4 二維幾何型機率的計算

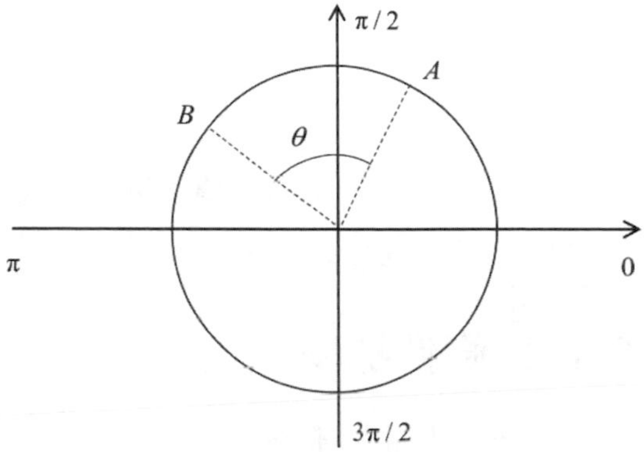

圖 5.5 圓周上兩點與圓心的連線之間的夾角

如果用影像表示，則如圖 5.6 所示。夾角為銳角的區域為直線$\theta_1 - \theta_2 = -\frac{\pi}{2}$之下、直線$\theta_1 - \theta_2 = \frac{\pi}{2}$之上的區域，因此是夾在這兩條直線之間的區域。

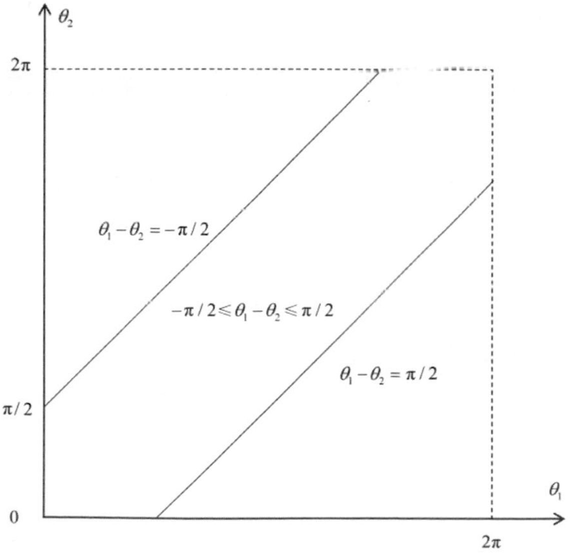

圖 5.6 圓周上兩點之間逆時鐘方向的夾角為銳角的區域

根據圖 5.6 所示，兩點之間逆時鐘方向夾角為銳角的機率為

$$\frac{帶狀區域的面積}{[0,2\pi]正方形的面積} = \frac{[0,2\pi]正方形的面積 - [\frac{\pi}{2},2\pi]正方形的面積}{[0,2\pi]正方形的面積}$$

$$= \frac{2\pi \times 2\pi - \frac{3}{2}\pi \times \frac{3}{2}\pi}{2\pi \times 2\pi} = \frac{7}{16}$$

對於三維的情況，可用體積值來計算機率值。對於更高維的情況，則借助多重積分的值進行計算。

5.1.2 條件機率

下面討論多個隨機事件的機率關係。對於隨機事件A和B，在A發生的條件下B發生的機率稱為條件機率，記為$p(B|A)$。如果事件A的機率大於 0，則條件機率可按下式計算

$$p(B|A) = \frac{p(A,B)}{p(A)} \tag{5.3}$$

根據定義，條件機率是A和B同時發生的機率與A發生的機率的比值。下面用一個實例說明條件機率的計算。

對於擲骰子問題，假設事件A為點數是奇數，事件B為點數小於或等於 3，則二者的條件機率為

$$p(A|B) = \frac{p(A,B)}{p(B)} = \frac{p(\{1,3,5\} \cap \{1,2,3\})}{p(\{1,2,3\})} = \frac{2/6}{3/6} = \frac{2}{3}$$

同理，有

$$p(B|A) = \frac{p(A,B)}{p(A)} = \frac{p(\{1,3,5\} \cap \{1,2,3\})}{p(\{1,3,5\})} = \frac{2/6}{3/6} = \frac{2}{3}$$

對式 (5.3) 進行變形，可以獲得

$$p(A,B) = p(A)p(B|A) \tag{5.4}$$

同理，有

$$p(A,B) = p(B)p(A|B) \tag{5.5}$$

這稱為乘法公式。

下面將條件機率推廣到兩個以上的隨機事件，對於兩組隨機事件$A_1, \cdots, A_m$與$B_1, \cdots, B_n$，它們的條件機率定義為

$$p(A_1, \cdots, A_m | B_1, \cdots, B_n) = \frac{p(A_1, \cdots, A_m, B_1, \cdots, B_n)}{p(B_1, \cdots, B_n)}$$

將乘法公式推廣到 3 個隨機事件，可以獲得

$$p(A, B, C) = p(A, B)p(C|A, B) = p(A)(B|A)p(C|A, B)$$

需要注意的是，這種分解的順序不是唯一的。

推廣到n個隨機事件，有

$$p(A_1, \cdots, A_n) = p(A_1)p(A_2|A_1)p(A_3|A_1, A_2) \cdots p(A_n|A_1, \cdots, A_{n-1})$$

下面定義隨機事件的獨立性。如果$p(B|A) = p(B)$，或$p(A|B) = p(A)$，則稱隨機事件A和B獨立。隨機事件獨立表示一個事件是否發生並不影響另外一個事件。如果隨機事件A和B獨立，根據式 (5.4)，有

$$p(A, B) = p(A)p(B) \tag{5.6}$$

將上面的定義進行推廣，如果n個隨機事件$A_i, i = 1, \cdots, n$相互獨立，則對所有可能的組合$1 \leqslant i < j < k < \cdots \leqslant n$，都有

$$p(A_i, A_j) = p(A_i)p(A_j)$$

$$p(A_i, A_j, A_k) = p(A_i)p(A_j)p(A_k)$$

$$\vdots$$

$$p(A_1, \cdots, A_n) = \prod_{i=1}^{n} p(A_i)$$

特別地，有

$$p(A_1, \cdots, A_n) = \prod_{i=1}^{n} p(A_i)$$

5.1.3 全機率公式

如果隨機事件$A_1, \cdots, A_n$是一個完備事件組，且$p(A_i) > 0, i = 1, \cdots, n$，$B$是任意隨機事件，則有

$$p(B) = \sum_{i=1}^{n} p(A_i)p(B|A_i) \tag{5.7}$$

式 (5.7) 稱為全機率公式。借助於條件機率，全機率公式將對複雜事件的機率計算問題轉化為在不同情況下發生的簡單事件的機率的求和問題。下面用實例說明。

假設有 3 個箱子。第 1 個箱子有 6 個紅球，4 個白球；第 2 個箱子有 5 個紅球，5 個白球；第 3 個箱子有 2 個紅球，8 個白球。先隨機取出一個箱子，然後從中隨機取出一個球，計算抽中紅球的機率。令A_i為抽中第i個箱子，B為抽中紅球。根據全機率公式，有

$$\begin{aligned} p(B) &= p(A_1)p(B|A_1) + p(A_2)p(B|A_2) + p(A_3)p(B|A_3) \\ &= \frac{1}{3} \times \frac{6}{10} + \frac{1}{3} \times \frac{5}{10} + \frac{1}{3} \times \frac{2}{10} = \frac{13}{30} \end{aligned}$$

全機率公式可以推廣到隨機變數的情況，將在 5.5 節說明。

5.1.4 貝氏公式

貝氏公式由數學家貝氏（Bayes）提出，它闡明了隨機事件之間的因果機率關係。根據條件機率的定義，有

$$p(A, B) = p(A)p(B|A) = p(B)p(A|B) \tag{5.8}$$

式 (5.8) 變形可得

$$p(A|B) = \frac{p(A)p(B|A)}{p(B)} \tag{5.9}$$

式 (5.9) 稱為貝氏公式，它描述了先驗機率和後驗機率之間的關係。如果事件A是因，事件B是果，則稱$p(A)$為先驗機率（Prior Probability），意為事先已經知道其值。$p(A|B)$稱為後驗機率（Posterior Probability），意為事後才知道其值。條件機率$p(B|A)$則稱為似然函數。先驗機率是根據以往

經驗和分析獲得的機率，在隨機事件發生之前已經知道，是「原因」發生的機率。後驗機率是根據「結果」資訊所計算出的導致該結果的原因所出現的機率。後驗機率用於在事情已經發生的條件下，分析使得這件事情發生的原因機率，根據貝氏公式可以實現這種因果推理，這在機器學習中是常用的。

如果事件$A_1,\cdots,A_n$組成一個完備事件組，且$p(A_i)>0$，$p(B)>0$，根據全機率公式與貝氏公式，將式 (5.7) 代入式 (5.9)，可以獲得

$$p(A_m|B)=\frac{p(A_m)p(B|A_m)}{p(B)}=\frac{p(A_m)p(B|A_m)}{\sum_{i=1}^{n}p(A_i)p(B|A_i)} \tag{5.10}$$

下面用一個實例說明。假設有 3 個箱子。第 1 個箱子有 5 個紅球，5 個黑球；第 2 個箱子有 7 個紅球，3 個黑球；第 3 個箱子有 9 個紅球，1 個黑球。首先隨機地取出一個箱子，然後從中隨機取出一個球，如果抽中的是紅球，計算這個球來自每個箱子的機率。

令$A_i,i=1,2,3$表示抽中第i個箱子，B表示抽中紅球。根據式 (5.10)，這個紅球來自第 1 個箱子的機率為

$$p(A_1|B)=\frac{\frac{1}{3}\times\frac{5}{10}}{\frac{1}{3}\times\frac{5}{10}+\frac{1}{3}\times\frac{7}{10}+\frac{1}{3}\times\frac{9}{10}}=\frac{5}{21}$$

來自第 2 個箱子的機率為

$$p(A_2|B)=\frac{\frac{1}{3}\times\frac{7}{10}}{\frac{1}{3}\times\frac{5}{10}+\frac{1}{3}\times\frac{7}{10}+\frac{1}{3}\times\frac{9}{10}}=\frac{7}{21}$$

來自第 3 個箱子的機率為

$$p(A_3|B)=\frac{\frac{1}{3}\times\frac{9}{10}}{\frac{1}{3}\times\frac{5}{10}+\frac{1}{3}\times\frac{7}{10}+\frac{1}{3}\times\frac{9}{10}}=\frac{9}{21}$$

5.1.5 條件獨立

將隨機事件的獨立性與條件機率相結合，可以獲得條件獨立的概念。如果隨機事件A, B, C滿足

$$p(A|B,C) = p(A|C) \tag{5.11}$$

則稱A和B關於事件C條件獨立。直觀含義是在C發生的情況下，B是否發生並不影響A，它們之間相互獨立。這表示事件C的發生使得A和B相互獨立。根據式 (5.11) 與條件機率的計算公式，有

$$p(A,B|C) = p(A|B,C)p(B|C) = p(A|C)p(B|C) \tag{5.12}$$

A和B關於C條件獨立可以記為

$$A \perp B|C$$

這裡多工了幾何中的垂直符號⊥表示獨立。條件獨立的概念在機率圖模型中被廣泛使用，機率圖模型將在 8.1.3 節介紹。

5.2 隨機變數

普通的變數只允許設定值可變，隨機變數（Random Variable）是設定值可變並且取每個值都有一個機率的變數。從另外一個角度來看，隨機變數是用於表示隨機試驗結果的變數。隨機變數通常用大寫斜體字母表示，如X。隨機變數的設定值一般用小寫斜體字母表示，如x_i。

隨機變數可分為離散型和連續型兩種。前者的設定值集合為有限集或無限可數集，對應 5.1.1 節介紹的離散型隨機事件；後者的設定值集合為無限不可數集，對應 5.1.1 節介紹的幾何型隨機事件。

5.2.1 離散型隨機變數

離散型隨機變數的設定值集合是離散集合，為有限集或無限可數集，可以將所有設定值列列出來。舉例來説，擲骰子出現的點數即為離散型隨機變數，設定值集合為 1 和 6 之間的整數。

描述離散型隨機變數設定值機率的是機率質量函數（Probability Mass Function，PMF）。機率質量函數由隨機變數取每個值的機率

$$p(X = x_i) = p(x_i)$$

排列組成。後面會將$p(X = x_i)$簡記為$p(x_i)$。這裡的「質量」與物理學中的質量相對應，可看作是一些有質量的質點，機率質量函數值對應這些點的質量。

機率質量函數必須滿足以下限制條件

$$p(x_i) \geqslant 0 \sum_i p(x_i) = 1$$

表 5.1 是一個離散型隨機變數的機率質量函數，其設定值集合為{1,2,3,4}。

表 5.1 一個隨機變數的機率質量函數

隨機變數設定值	機率質量函數值
1	0.1
2	0.5
3	0.2
4	0.2

離散型隨機變數的設定值可能為無限可數集，此時要確保下面的級數收斂，並且其值為 1

$$\sum_{i=1}^{+\infty} p(x_i) = 1$$

累積分佈函數（Cumulative Distribution Function，CDF）也稱為分佈函

數，是機率質量函數的累加，定義為

$$p(X \leqslant x_j) = \sum_{i=1}^{j} p(x_i)$$

對於表 5.1 所示的隨機變數，其累積分佈函數如表 5.1 所示。

表 5.2 累積分佈函數

隨機變數設定值	累積分佈函數值
1	0.1
2	0.6
3	0.8
4	1.0

5.2.2 連續型隨機變數

與 5.1.1 節介紹的幾何型隨機事件對應的是連續型隨機變數。連續型隨機變數的設定值集合為無限不可數集，一般為實數軸上的或多個區間，或是整個實數集ℝ。舉例來說，我們要觀測每個時間點的溫度，是一個連續值，為連續型隨機變數。

考慮 5.1.1 節中計算一維幾何型隨機事件機率的實例。圖 5.3 中計算結果表明，隨機點落在$[0, x]$區間內的機率就是x，這是$X \leqslant x$這一隨機事件的機率

$$p(X \leqslant x) = x$$

其中X是一個連續型隨機變數，是隨機點的一維座標，其允許的設定值範圍為[0,1]。對上面的函數進行擴充，使得X的設定值範圍為整個實數集ℝ，可以獲得以下的函數

$$p(X \leqslant x) = \begin{cases} 0, & x < 0 \\ x, & 0 \leqslant x \leqslant 1 \\ 1, & x > 1 \end{cases}$$

這個函數的曲線如圖 5.7 所示。該函數稱為累積分佈函數。

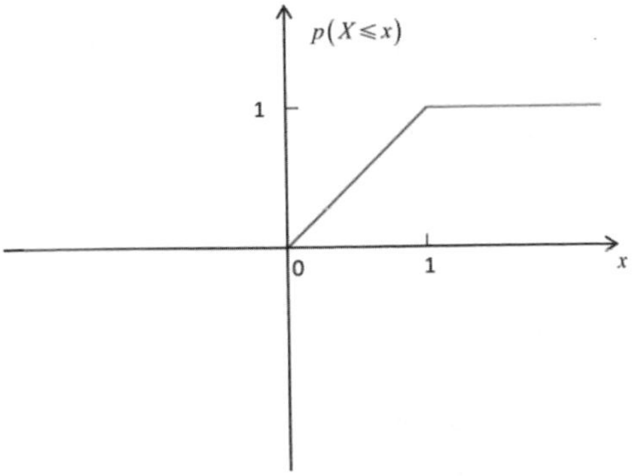

圖 5.7 均勻分佈的累積分佈函數

對累積分佈函數進行求導，即可獲得機率密度函數，表示連續型隨機變數在每一個設定值點處的「機率密度」值。除去 0 和 1 這兩點，上面的累積分佈函數是可導的，其導數為

$$p'(x) = \begin{cases} 0, & x < 0 \\ 1, & 0 \leqslant x \leqslant 1 \\ 0, & x > 1 \end{cases}$$

此函數在區間[0,1]內所有點處的設定值相等，這表示點x落在[0,1]內所有點處的可能性相等。下面列出機率密度函數與累積分佈函數的定義。

機率密度函數（Probability Density Function，PDF）定義了連續型隨機變數的機率分佈。其函數值表示隨機變數取該值的可能性（注意，不是機率）。機率密度函數必須滿足以下限制條件

$$f(x) \geqslant 0 \qquad \int_{-\infty}^{+\infty} f(x)\mathrm{d}x = 1$$

這可以看作是離散型隨機變數的推廣，積分值為 1 對應取各個值的機率之和為 1。連續型隨機變數落在某一點處的機率值為 0，落在某一區間內的機率值為機率密度函數在該區間內的定積分

$$p(x_1 \leqslant X \leqslant x_2) = \int_{x_1}^{x_2} f(x)\mathrm{d}x = F(x_2) - F(x_1) \tag{5.13}$$

其中$F(x)$是$f(x)$的原函數，也稱為分佈函數。近似地有

$$p(x \leqslant X \leqslant x+\Delta x) \approx f(\xi)\Delta x$$

其中ξ是$[x, x+\Delta x]$內的點。圖 5.8 是連續型隨機變數機率密度函數以及落在某一區間內機率的範例。

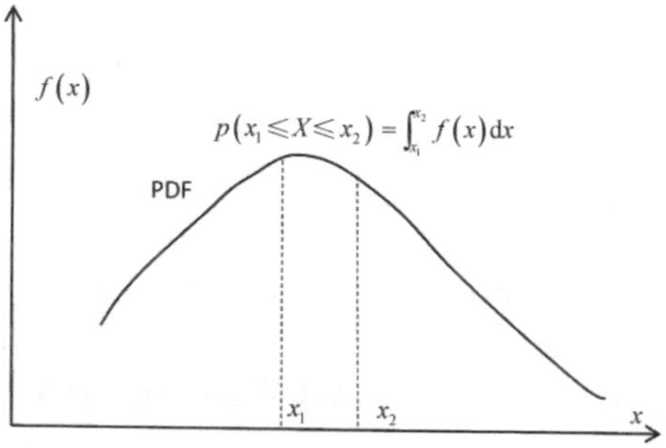

圖 5.8 機率密度函數與積分

機率密度函數中的「密度」可類比物理學中的密度。機率質量函數在每一點處的值為隨機變數取該值的機率，而機率密度函數在每一點處的值並不是機率值，只有區間上的積分值才是隨機變數落入此區間的機率。隨機變數X服從機率分佈$f(x)$，一般可以簡記為

$$X \sim f(x)$$

對於連續型隨機變數，分佈函數是機率密度函數的變上限積分，定義為

$$F(y) = p(X \leqslant y) = \int_{-\infty}^{y} f(x)\mathrm{d}x \tag{5.14}$$

顯然這是增函數。分佈函數的意義是隨機變數$X \leqslant y$的機率。

根據分佈函數的定義有

$$\lim_{x \to -\infty} F(x) = 0 \qquad \lim_{x \to +\infty} F(x) = 1$$

根據定義，分佈函數單調遞增。考慮指數分佈，其機率密度函數為

$$f(x) = \begin{cases} \lambda \mathrm{e}^{-\lambda x}, & x \geqslant 0 \\ 0, & 其他 \end{cases}$$

其中$\lambda > 0$。下面計算它的分佈函數。如果$x < 0$，則有

$$F(x) = \int_{-\infty}^{x} 0\,\mathrm{d}u = 0$$

如果$x \geqslant 0$，則有

$$F(x) = \int_{-\infty}^{x} f(u)\mathrm{d}u = \int_{0}^{x} \lambda \mathrm{e}^{-\lambda u}\mathrm{d}u = \int_{0}^{x} \mathrm{e}^{-\lambda u}\mathrm{d}\lambda u = -\mathrm{e}^{-\lambda u}|_{0}^{x} = 1 - \mathrm{e}^{-\lambda x}$$

因此其分佈函數為

$$F(x) = \begin{cases} 1 - \mathrm{e}^{-\lambda x}, & x \geqslant 0 \\ 0, & 其他 \end{cases}$$

下面以 logistic 回歸為例說明機率密度函數與分佈函數在機器學習中的應用。logistic 回歸的分佈函數為 logistic 函數，定義為

$$F(x) = \frac{1}{1 + \mathrm{e}^{-x}}$$

其形狀如圖 1.11 所示，該函數單調遞增，且有

$$\lim_{x \to -\infty} F(x) = 0 \qquad \lim_{x \to +\infty} F(x) = 1$$

滿足分佈函數的定義要求。在 1.2.1 節推導過其機率密度函數為$F(x)(1 - F(x))$，機率密度函數的影像如圖 5.9 所示。

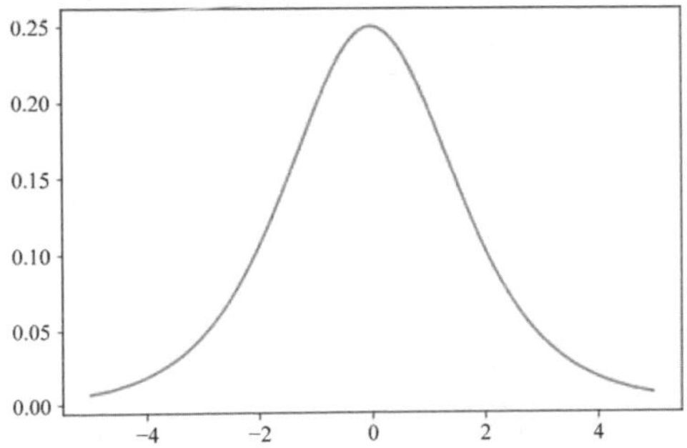

圖 5.9 logistic 函數的機率密度函數

考慮這樣一個應用，我們要根據一個使用者的收入、年齡、線上時長來預測他購買某一個商品的機率。描述使用者的 3 個特徵形成以下的特徵向量

$$\boldsymbol{x} = (\text{收入}\ \ \text{年齡}\ \ \text{在線時長})^{\mathrm{T}}$$

現在的問題是如何根據此特徵向量計算客戶購買商品即是正樣本的機率值。可以先對特徵向量進行線性對映

$$\boldsymbol{w}^{\mathrm{T}}\boldsymbol{x} + b$$

獲得一個純量值，然後用 logistic 函數對此純量進行對映，即可獲得樣本屬於正樣本的機率值

$$p(\boldsymbol{x}) = \frac{1}{1 + \exp(-(\boldsymbol{w}^{\mathrm{T}}\boldsymbol{x} + b))}$$

這一過程如圖 5.10 所示。圖 5.10 中第一步為線性對映，將特徵向量對映為純量；第二步為 logistic 對映，將純量值對映為(0,1)內的機率值。

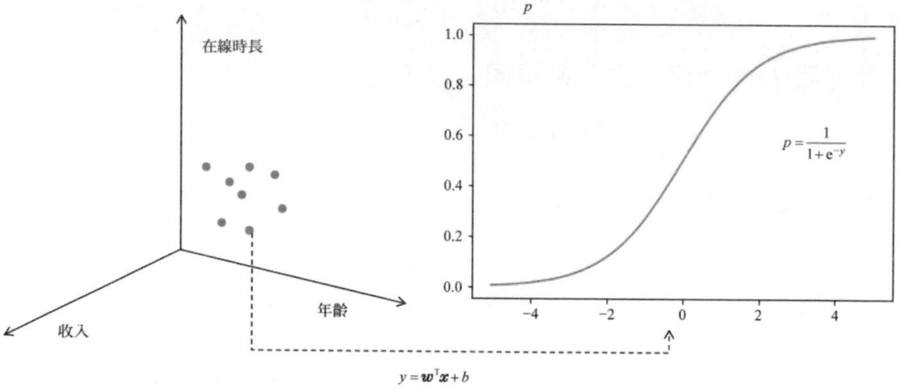

圖 5.10 logistic 回歸的原理

考慮 1.2.2 節所說明的 ReLU 函數。如果用該函數作為啟動函數，將啟動函數的引數看作連續型隨機變數，其不可導點為$x = 0$。在用梯度下降法和反向傳播演算法訓練神經網路時，落在該不可導點處的機率為 0，可忽略不計。更一般地，如果啟動函數的不可導點集合為有限集或無限可數集，這些點的測度（在數軸上的長度）為 0，輸入變數落到不可導點處的機率為 0。因此對啟動函數的要求是幾乎處處可導。

5.2.3 數學期望

數學期望（Mathematical Expectation）是平均值的推廣，是加權平均值的抽象，對於隨機變數，是其在機率意義下的平均值。普通的平均值沒有考慮權重或機率。對於n個變數$x_1, \cdots, x_n$，它們的算術平均值為

$$\frac{1}{n}\sum_{i=1}^{n} x_i$$

這可看作變數取每個值的可能性相等，或每個設定值的權重相等。但對於很多應用，變數取每個值有不同的機率，因此這種簡單的平均值無法刻畫出變數的性質。表 5.2 為買彩券時各種獎的中獎金額以及對應的機率值，中獎金額可看作離散型隨機變數。

表 5.2 彩券的中獎機率

中獎金額	中獎機率
0	0.9
10	0.09
1000	0.009
10000	0.00099
1000000	0.00001

如果要計算買一張彩券時的平均中獎金額，那麼直接用各種獎的中獎金額計算平均值顯然不合理。正確的做法是考慮中各種獎的機率，以其作為權重來計算平均值

$$0 \times 0.9 + 10 \times 0.09 + 1000 \times 0.009 + 10000 \times 0.00099 + 1000000 \times 0.00001 = 29.8$$

這種計算方式就是求數學期望。對於離散型隨機變數X，數學期望定義為

$$E[X] = \sum_i x_i p(x_i) \tag{5.15}$$

數學期望也可以寫成$E_{X\sim p(x)}[X]$或$E_{p(x)}[X]$，表示用機率分佈$p(x)$對隨機變數X計算數學期望。如果式 (5.15) 的級數收斂，則稱數學期望存在。對於表 1 中的隨機變數，它的數學期望為

$$E[X] = 1 \times 0.1 + 2 \times 0.5 + 3 \times 0.2 + 4 \times 0.2 = 2.5$$

對於連續型隨機變數，數學期望透過定積分定義。假設連續型隨機變數X的機率密度函數是$f(x)$，它的數學期望為

$$E[X] = \int_{-\infty}^{+\infty} xf(x)\mathrm{d}x \tag{5.16}$$

根據定積分的定義，連續型是離散型數學期望的極限情況。按照 4.8 節的定義，對於連續型隨機變數，其數學期望是一個泛函數。

根據定義，常數的數學期望為其本身，即

$$E[c] = c$$

根據數學期望的定義，下面的公式成立

$$E[kX] = kE[X]$$

其中k為常數。如果$g(X)$是隨機變數X的函數，則由它定義的隨機變數的數學期望為

$$E[g(X)] = \sum_i g(x_i)p(x_i)$$

一般簡記為

$$E_{X\sim p(x)}[g(X)]$$

對於連續型隨機變數X，其函數$g(X)$的數學期望為

$$E[g(X)] = \int_{-\infty}^{+\infty} g(x)f(x)\mathrm{d}x$$

根據這種定義，下面的公式成立

$$E[g(X) + h(X)] = E[g(X)] + E[h(X)]$$

以表 5.1 中的隨機變數為例，X^2的數學期望為

$$E[X^2] = 1^2 \times 0.1 + 2^2 \times 0.5 + 3^2 \times 0.2 + 4^2 \times 0.2 = 7.1$$

下面以指數分佈為例計算連續型機率分佈的數學期望。如果X服從參數為λ的指數分佈，則其數學期望為

$$E[X]=\int_0^{+\infty}x\lambda\mathrm{e}^{-\lambda x}\mathrm{d}x=-\int_0^{+\infty}x\mathrm{d}\mathrm{e}^{-\lambda x}=-x\mathrm{e}^{-\lambda x}|_0^{+\infty}+\int_0^{+\infty}\mathrm{e}^{-\lambda x}\mathrm{d}x$$
$$=-\frac{1}{\lambda}\mathrm{e}^{-\lambda x}|_0^{+\infty}=\frac{1}{\lambda}$$

如果將隨機變數看作物體各點在空間中的座標，機率密度函數是其在空間各點處的密度，則數學期望的物理意義是物體的質心。

5.2.4 方差與標準差

方差（Variance，var）反映隨機變數設定值的波動程度，是隨機變數與其數學期望差值平方的數學期望

$$\mathrm{var}[X]=E[(X-E[X])^2] \tag{5.17}$$

方差也可記為$D[X]$。如果不使用平方，則隨機變數取所有值與其數學期望的差值之和為 0。對於離散型隨機變數，方差定義為

$$\mathrm{var}[X]=\sum_i(x_i-E[X])^2p(x_i)$$

對於表 1 中的隨機變數，它的方差為

$$\mathrm{var}[X]=(1-2.5)^2\times0.1+(2-2.5)^2\times0.5+(3-2.5)^2\times0.2+(4-2.5)^2\times0.2=0.85$$

對於連續型隨機變數，方差同樣透過積分定義

$$\mathrm{var}[X]=\int_{-\infty}^{+\infty}(x-E[X])^2f(x)\mathrm{d}x \tag{5.18}$$

其中，$f(x)$為機率密度函數。根據定義，方差是非負的。

下面計算指數分佈的方差。在 5.2.3 節已經計算出其數學期望為$1/\lambda$，其方差為

$$\text{var}[X] = \int_0^{+\infty} \left(x - \frac{1}{\lambda}\right)^2 \lambda e^{-\lambda x} dx = -\int_0^{+\infty} \left(x - \frac{1}{\lambda}\right)^2 de^{-\lambda x}$$

$$= -\left(x - \frac{1}{\lambda}\right)^2 e^{-\lambda x}|_0^{+\infty} + \int_0^{+\infty} 2\left(x - \frac{1}{\lambda}\right) e^{-\lambda x} dx = \frac{1}{\lambda^2} - \int_0^{+\infty} \frac{2}{\lambda}\left(x - \frac{1}{\lambda}\right) de^{-\lambda x}$$

$$= \frac{1}{\lambda^2} - \frac{2}{\lambda}\left(x - \frac{1}{\lambda}\right) e^{-\lambda x}|_0^{+\infty} + \int_0^{+\infty} \frac{2}{\lambda} e^{-\lambda x} dx = -\frac{1}{\lambda^2} - \frac{2}{\lambda^2} e^{-\lambda x}|_0^{+\infty} = \frac{1}{\lambda^2}$$

方差反映了隨機變數偏離平均值的程度。方差越小，隨機變數的變化幅度越小，反之則越大。標準差（Standard Deviation）定義為方差的平方根，即

$$\sigma = \sqrt{\text{var}[X]}$$

根據方差的定義，下面公式成立

$$\begin{aligned} \text{var}[X] &= E[(X - E[X])^2] = E[X^2 - 2XE[X] + E^2[X]] \\ &= E[X^2] - E[2XE[X]] + E[E^2[X]] \\ &= E[X^2] - 2E[X]E[X] + E^2[X] = E[X^2] - E^2[X] \end{aligned} \quad (5.19)$$

實際計算方差時經常採用此式，在機器學習中被廣泛使用。根據方差的定義，有

$$\text{var}[kX] = k^2 \text{var}[X]$$

這是因為

$$\begin{aligned} \text{var}[kX] &= E[(kX - E[kX])^2] = E[(kX - kE[X])^2] = k^2 E[(X - E[X])^2] \\ &= k^2 \text{var}[X] \end{aligned}$$

這表示將隨機變數的設定值擴大k倍，其方差擴大k^2倍。如果將隨機變數看作物體各點在空間中的座標，機率密度函數是其在空間各點處的密度，則方差的物理意義是物體的轉動慣量。

5.2.5 Jensen 不等式

下面介紹關於數學期望的重要不等式，Jensen 不等式（Jensen's Inequality），它在機器學習某些演算法的推導中具有非常重要的作用。回顧 1.2.7 節對凸函數的定義，如果$f(x)$是一個凸函數，$0 \le \theta \le 1$，則有

$$f(\theta x_1 + (1-\theta)x_2) \leqslant \theta f(x_1) + (1-\theta)f(x_2) \tag{5.20}$$

將式 (5.20) 從兩個點推廣到m個點，如果

$$a_i \geqslant 0, i = 1,2,\cdots,m \qquad a_1 + \cdots + a_m = 1$$

可以獲得，對於$\forall x_1,\cdots,x_m$有

$$f(a_1x_1 + \cdots + a_mx_m) \leqslant a_1f(x_1) + \cdots + a_mf(x_m) \tag{5.21}$$

如果將x看作是一個隨機變數，$p(x = x_i) = a_i$是其機率分佈，則有

$$E[x] = a_1x_1 + \cdots + a_mx_m \qquad E[f(x)] = a_1f(x_1) + \cdots + a_mf(x_m)$$

進一步獲得 Jensen 不等式

$$E[f(x)] \geqslant f(E[x]) \tag{5.22}$$

對於凹函數，上面的不等式反號。

可以根據式 (5.20) 用歸納法證明式 (5.21) 成立。首先考慮$m = 2$的情況，$a_1 \geqslant 0, a_2 \geqslant 0$且$a_1 + a_2 = 1$，即$a_2 = 1 - a_1$，根據凸函數的定義，對於$\forall x_1, x_2$有

$$\begin{aligned} f(a_1x_1 + a_2x_2) &= f(a_1x_1 + (1-a_1)x_2) \leqslant a_1f(x_1) + (1-a_1)f(x_2) \\ &= a_1f(x_1) + a_2f(x_2) \end{aligned}$$

假設$m = n$時不等式成立，當$m = n + 1$時有

$$\begin{aligned} f\left(\sum_{i=1}^{n+1} a_ix_i\right) &= f\left(a_1x_1 + (1-a_1)\sum_{i=2}^{n+1}\frac{a_i}{1-a_1}x_i\right) \leqslant a_1f(x_1) + (1-a_1)f\left(\sum_{i=2}^{n+1}\frac{a_i}{1-a_1}x_i\right) \\ &\leqslant a_1f(x_1) + (1-a_1)\sum_{i=2}^{n+1}\frac{a_i}{1-a_1}f(x_i) = a_1f(x_1) + \sum_{i=2}^{n+1}a_if(x_i) = \sum_{i=1}^{n+1}a_if(x_i) \end{aligned}$$

上面第 2 步利用了凸函數的定義，第 3 步成立是因為

$$\sum_{i=2}^{n+1}\frac{a_i}{1-a_1}=\frac{\sum_{i=2}^{n+1}a_i}{1-a_1}=\frac{1-a_1}{1-a_1}=1$$

根據歸納法的假設，$m=n$時不等式成立。如果$f(x)$是嚴格凸函數且x不是常數，則有

$$E[f(x)]>f(E[x])$$

這同樣可以用歸納法證明，與前面的證明過程類似。如果$f(x)$是嚴格凸函數，當且僅當隨機變數x是常數時，不等式取等號

$$E[f(x)]=f(E[x])$$

下面列出證明。如果隨機變數x是常數，則有

$$x_1=x_2=\cdots=x_m=c$$

因此

$$f(a_1x_1+\cdots+a_mx_m)=f(a_1c+\cdots+a_mc)=f((a_1+\cdots+a_m)c)=f(c)$$

以及

$$a_1f(x_1)+\cdots+a_mf(x_m)=a_1f(c)+\cdots+a_mf(c)=(a_1+\cdots+a_m)f(c)=f(c)$$

因此有

$$f(a_1x_1+\cdots+a_mx_m)=a_1f(x_1)+\cdots+a_mf(x_m)$$

接下來證明如果不等式取等號，則有$x_1=x_2=\cdots=x_m$。可用反證法證明。如果$x_i\neq x_j, i\neq j$，由於$f(x)$是嚴格凸函數，根據前面的結論有

$$f(a_1x_1+\cdots+a_mx_m)<a_1f(x_1)+\cdots+a_mf(x_m)$$

Jensen 不等式可以推廣到隨機向量的情況。在 5.7.6 節將利用此不等式推導出求解含有隱變數的最大似然估計問題的 EM 演算法。

5.3 常用機率分佈

下面介紹在機器學習中各種常用的機率分佈。離散型機率分佈包含均勻分佈、伯努利分佈、二項分佈、多項分佈、幾何分佈，連續型機率分佈包含均勻分佈、正態分佈，以及t分佈。它們將在各種演算法中被廣泛使用。

5.3.1 均勻分佈

對於離散型隨機變數X，如果服從均勻分佈（Uniform Distribution），則其取每個值的機率相等，即

$$p(X = x_i) = \frac{1}{n}, i = 1, \cdots, n$$

對於連續型隨機變數X，如果服從區間$[a, b]$上的均勻分佈，則其機率密度函數為分段常數函數，定義為

$$f(x) = \begin{cases} \frac{1}{b-a}, & a \leqslant x \leqslant b \\ 0, & x < a, x > b \end{cases}$$

在允許設定值的區間內，機率密度函數值相等，等於區間長度的倒數。下面計算它的分佈函數。如果$x < a$，則有

$$F(x) = \int_{-\infty}^{x} f(x)\mathrm{d}x = \int_{-\infty}^{x} 0\mathrm{d}x = 0$$

如果$a \leqslant x \leqslant b$，則有

$$F(x) = \int_{-\infty}^{x} f(x)\mathrm{d}x = \int_{-\infty}^{a} 0\mathrm{d}x + \int_{a}^{x} \frac{1}{b-a}\mathrm{d}x = \frac{x-a}{b-a}$$

如果$x > b$，則有

$$F(x) = \int_{-\infty}^{x} f(x)\mathrm{d}x = \int_{-\infty}^{a} 0\mathrm{d}x + \int_{a}^{b} \frac{1}{b-a}\mathrm{d}x + \int_{b}^{x} 0\mathrm{d}x = 1$$

因此，其分佈函數為

$$F(x)=\begin{cases}0, & x<a\\ \dfrac{x-a}{b-a}, & a\leqslant x\leqslant b\\ 1, & x>b\end{cases}$$

分佈函數的影像是形如圖 5.7 的聚合線。

隨機變數X服從區間$[a,b]$上的均勻分佈，簡記為$X\sim U(a,b)$。圖 5.11 是服從[1,2]上均勻分佈的隨機變數的機率密度函數。其機率密度函數為

$$f(x)=\begin{cases}1, & 1\leqslant x\leqslant 2\\ 0, & x<1, x>2\end{cases}$$

Python 提供了生成均勻分佈樣本的功能，由 random 的 rand 函數實現，該函數支援隨機整數和隨機浮點數的生成，可指定亂數的區間，預設生成的是區間[0,1]上的均勻分佈亂數。

圖 5.12 為用 Python 生成的 5000 個[0,1]上均勻分佈的隨機樣本，將區間等距為多個子區間，對每個子區間內的樣本數進行了統計，以柱狀圖顯示。可以看到，每個區間內生成的隨機樣本數大致相等。均勻分佈亂數的生成演算法將在 5.8.1 節說明。

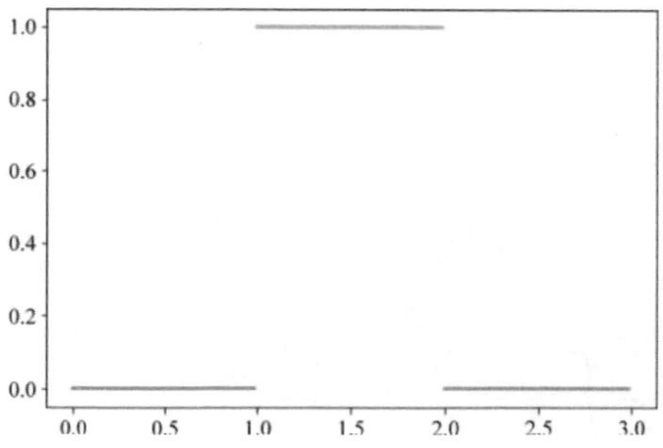

圖 5.11 均勻分佈的機率密度函數

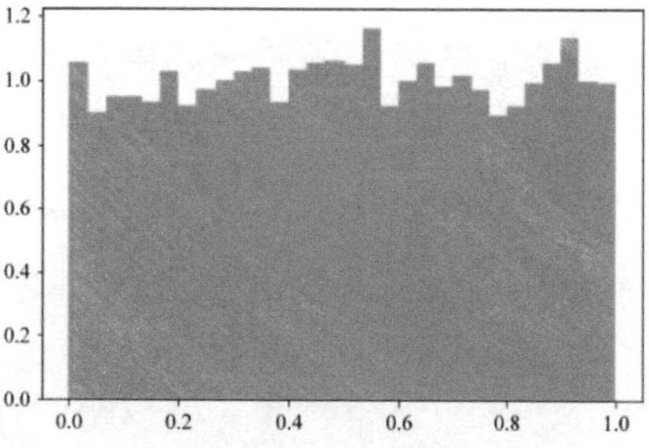

圖 5.12 演算法生成的一組一維均勻分佈亂數

下面計算服從區間$[a,b]$上均勻分佈的隨機變數的數學期望和方差。根據數學期望的定義

$$E[X]=\int_a^b \frac{1}{b-a}x\mathrm{d}x=\frac{1}{2(b-a)}x^2|_a^b=\frac{a+b}{2}$$

因此，均勻分佈的平均值為區間的中點。根據方差的定義

$$\mathrm{var}[X]=\int_a^b\left(x-\frac{a+b}{2}\right)^2\frac{1}{b-a}\mathrm{d}x=\frac{1}{3(b-a)}\left(x-\frac{a+b}{2}\right)^3\Big|_a^b=\frac{(b-a)^2}{12}$$

均勻分佈的方差與區間長度的平方成正比。

均勻分佈是最簡單的機率分佈，在程式設計中各種機率分佈的亂數一般透過均勻分佈亂數建構。演算法生成的亂數不是真隨機而是偽隨機。大部分的情況下，基本的亂數生成演算法生成的是某一區間$[0,n_{\max}]$上均勻分佈的隨機整數。

對均勻分佈隨機整數進行轉換，可以將其變為另外一個區間上的均勻分佈亂數。舉例來說，對$[0,n_{\max}]$上均勻分佈隨機整數x除以其最大值$n_{\max}$

$$\frac{x}{n_{\max}}$$

可以將其轉為區間[0,1]上的連續型均勻亂數。如果要生成某一區間上均勻分佈的整數，則可借助於取餘數運算實現。如果要生成$[0,k]$上均勻分佈的整數，則可以將x除以$k+1$取餘數

$$x \bmod (k+1)$$

這裡假設$k<n_{\max}$。顯然，該餘數在$[0,k]$上均勻分佈。

5.3.2 伯努利分佈

服從伯努利分佈（Bernoulli Distribution）的隨機變數X的設定值為 0 或 1 兩種情況，該分佈也稱為 0-1 分佈。設定值為 1 的機率為p，設定值為 0 的機率為$1-p$，其中p為$(0,1)$內的實數，是此機率分佈的參數。即

$$p(X=1)=p \qquad p(X=0)=1-p$$

機率質量函數可統一寫成

$$p(X=x)=p^x(1-p)^{1-x}$$

其中$x \in \{0,1\}$。如果$x = 0$，則有

$$p(X = 0) = p^0(1 - p)^{1-0} = 1 - p$$

如果$x = 1$，則有

$$p(X = 1) = p^1(1 - p)^{1-1} = p$$

如果$p = \frac{1}{2}$，那麼此時的伯努利分佈為離散型均勻分佈。為方便起見，通常將$1 - p$簡記為q。對於幾何分佈、二項分佈，後面會沿用這種慣例。

如果將隨機變數設定值為 1 看作試驗成功，設定值為 0 看作試驗失敗，則伯努利分佈是描述試驗結果的一種機率分佈。隨機變數X服從參數為p的伯努利分佈簡記為

$$X \sim B(p)$$

機器學習中的二分類問題可以用伯努利分佈描述，logistic 回歸擬合的是這種分佈。根據定義，伯努利分佈的數學期望為

$$E[X] = 0 \times (1 - p) + 1 \times p = p$$

方差為

$$\text{var}[X] = (0 - p)^2 \times (1 - p) + (1 - p)^2 p = p(1 - p)$$

可以看到，當$p = \frac{1}{2}$時，方差有極大值。

根據服從均勻分佈的亂數可以生成服從伯努利分佈的亂數。對於伯努利分佈

$$p(X = 1) = p$$

將[0,1]區間劃分成兩個子區間，第 1 個子區間的長度為p，第二個子區間的長度為$1 - p$。如果有一個[0,1]上均勻分佈的亂數，則它落在第 1 個子區間內的機率即為p，落在第 2 個子區間內的機率即為$1 - p$。因此，可以先生成[0,1]上均勻分佈的亂數ζ，然後判斷其所在的子區間，如果它落在第 1 個子區間，即

$$\zeta < p$$

則輸出 1，否則輸出 0。演算法輸出的值即服從伯努利分佈。深度學習中的 Dropout 機制、稀疏自動編碼器都使用了伯努利分佈。

5.3.3 二項分佈

n個獨立同分佈的伯努利分佈隨機變數之和服從n重伯努利分佈，也稱為二項分佈（Binomial Distribution）。此時，隨機變數X表示n次試驗中有k次成功的機率，其機率質量函數為

$$p(X=k)=C_n^k p^k(1-p)^{n-k}, \qquad k=0,1,\cdots,n$$

其中C_n^k為組合數，是n個數中有k個設定值是 1 的所有可能情況數，p是每次試驗時成功的機率，設定值範圍為(0,1)。二項分佈的機率$p(X=k)$也是對$(p+(1-p))^n$進行二項式展開時第$k+1$個展開項，因此而得名。在n次試驗中，k次成功的機率為p^k，$n-k$次失敗的機率為$(1-p)^{n-k}$，而k次成功可以是n次試驗中的任意k次，因此有組合係數C_n^k。

隨機變數X服從參數為n,p的二項分佈，可以簡記為

$$X \sim B(n,p)$$

圖 5.13 是一個二項分佈的影像，其中$n=5,p=0.5$。橫軸為隨機變數的設定值，縱軸為取各離散值的機率。此時二項分佈的展開項是對稱的，因此其機率質量函數的影像是對稱的。

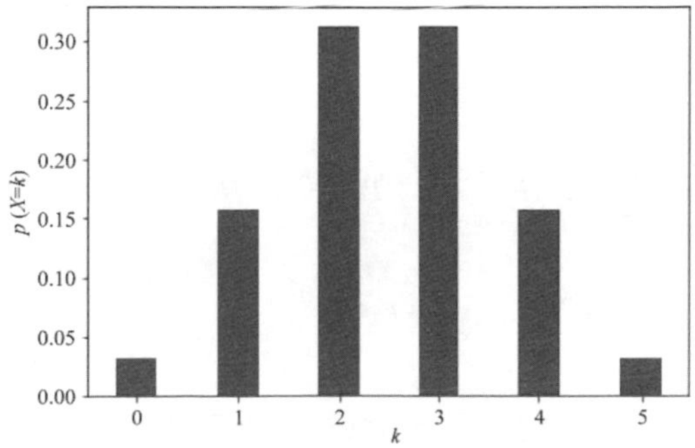

圖 5.13 一個二項分佈的影像

從圖 5.13 中可以看出，二項分佈在中間位置的機率值更大，在兩端處的機率值更小。隨著n的值增大，它將以正態分佈為極限分佈，在 5.6.3 節將說明。

下面計算二項分佈的數學期望。根據定義有

$$E[X]=\sum_{k=0}^{n}k\times \mathrm{C}_n^k p^k(1-p)^{n-k}=\sum_{k=1}^{n}k\times \mathrm{C}_n^k p^k(1-p)^{n-k}$$

$$=\sum_{k=1}^{n}k\times\frac{n!}{k!\,(n-k)!}p^k(1-p)^{n-k}$$

$$=\sum_{k=1}^{n}\frac{n!}{(k-1)!\,(n-k)!}p^k(1-p)^{n-k}=np\sum_{k=1}^{n}\frac{(n-1)!}{(k-1)!\,(n-k)!}p^{k-1}(1-p)^{n-k}$$

$$=np\sum_{a=0}^{b}\frac{b!}{a!\,(b-a)!}p^a(1-p)^{b-a}=np\sum_{a=0}^{b}\mathrm{C}_b^a p^a(1-p)^{b-a}=np$$

上式第 6 步進行了代換，令$a=k-1,b=n-1,n-k=b-a$。方差為

$$\mathrm{var}[X]=E[X^2]-E^2[X]$$

而

$$E[X^2]=\sum_{k=0}^{n}k^2\times \mathrm{C}_n^k p^k(1-p)^{n-k}$$

$$=\mathrm{C}_n^1 p(1-p)^{n-1}+\sum_{k=2}^{n}n\mathrm{C}_{n-1}^{k-1}p^k(1-p)^{n-k}+\sum_{k=2}^{n}n(n-1)\mathrm{C}_{n-2}^{k-1}p^k(1-p)^{n-k}$$

$$=np(1-p)^{n-1}+np\sum_{k=1}^{n}\mathrm{C}_{n-1}^{k-1}p^{k-1}(1-p)^{n-k}-np\mathrm{C}_{n-1}^{0}(1-p)^{n-1}$$

$$+n(n-1)p^2\sum_{k=2}^{n}\mathrm{C}_{n-2}^{k-2}p^{k-2}(1-p)^{n-k}$$

$$=np(1-p)^{n-1}+np(p+1-p)^{n-1}-np(1-p)^{n-1}+n(n-1)p^2(p+1-p)^{n-2}$$

$$=np(1-p)^{n-1}+np-np(1-p)^{n-1}+n(n-1)p^2=np(1-p)+n^2p^2$$

上式第 2 步利用了$k^2 C_n^k = nC_{n-1}^{k-1} + n(n-1)C_{n-2}^{k-2}$。因此

$$\mathrm{var}[X] = E[X^2] - E^2[X] = np(1-p) + n^2p^2 - (np)^2 = np(1-p)$$

由於二項分佈是多個相互獨立同分佈的伯努利分佈之和，因此其平均值與方差和伯努利分佈剛好為n倍的關係。

5.3.4 多項分佈

多項分佈（Multinomial Distribution）是伯努利分佈的推廣，隨機變數X的設定值有k種情況。假設設定值為$\{1, \cdots, k\}$內的整數，則有

$$p(X = i) = p_i, i = 1, \cdots, k$$

對X的設定值進行 One-Hot 向量編碼，由k個分量組成，如果X設定值為i，則第i個分量為 1，其餘分量均為 0。假設 One-Hot 編碼結果為$[b_1\ b_2\ \cdots\ b_k]$，則機率質量函數可以統一寫成

$$p(X = i) = p_1^{b_1} p_2^{b_2} \cdots p_k^{b_k}$$

顯然

$$p(X = i) = p_1^0 \cdots p_i^1 \cdots p_k^0 = p_i$$

如果$p_i = \frac{1}{k}, i = 1, \cdots, k$，則多項分佈為離散型均勻分佈。多項分佈對應多分類問題，softmax 回歸擬合的是這種分佈，在 6.2.3 節說明。

根據服從均勻分佈的亂數可以生成服從多項分佈的亂數，其方法與生成伯努利分佈亂數相同。對於多項分佈

$$p(X = i) = p_i, i = 1, \cdots, k$$

將[0,1]區間劃分成k個子區間，第i個子區間的長度為p_i。如果有一個[0,1]上均勻分佈的亂數，則它落在第i個子區間內的機率即為p_i。因此，可以先生成[0,1]上均勻分佈的亂數ζ，然後判斷其所在的子區間，如果它落在第i個子區間，即

$$\sum_{j=1}^{i-1} p_j \leqslant \zeta < \sum_{j=1}^{i} p_j$$

則輸出i。演算法輸出的數即服從多項分佈。

借助於多項分佈亂數可以實現對多個樣本按照權重抽樣。有n個樣本$x_1, \cdots, x_n$，它們對應的歸一化權重為$w_1, \cdots, w_n$。現在要對這些數進行抽樣，確保抽中每個樣本x_i的機率為w_i。借助於$1 \sim n$內多項分佈的亂數，即可實現此功能。在粒子濾波器、遺傳演算法中均有這樣的需求。

5.3.5 幾何分佈

在 5.1.1 節已經舉例說明了無限可數樣本空間的機率值，幾何分佈是這種設定值為無限種可能的離散型機率分佈。做一個試驗，每次成功的機率為p，假設各次試驗之間相互獨立，事件A_n定義為試驗n次才取得第一次成功，與其對應，定義隨機變數X表示第一次取得成功所需要的試驗次數，其機率為

$$p(X = n) = (1 - p)^{n-1} p, n = 1,2, \cdots$$

如果令$q = 1 - p$，則上式可以寫成

$$p(X = n) = q^{n-1} p$$

這就是幾何分佈（Geometric Distribution）。幾何分佈因其分佈函數為幾何級數而得名。隨機變數X服從參數為p的幾何分佈，可以簡記為$X \sim \mathrm{Geo}(p)$。

下面計算幾何分佈的分佈函數，根據定義，有

$$F(n) = p(X \leqslant n) = \sum_{i=1}^{n} q^{i-1} p = p \sum_{i=0}^{n-1} q^i = p \frac{1 - q^n}{1 - q} = 1 - (1 - p)^n$$

幾何分佈的數學期望為

$$E[X] = \sum_{n=1}^{+\infty} n q^{n-1} p = p \sum_{n=1}^{+\infty} (q^n)' = p \left(q \sum_{n=0}^{+\infty} q^n \right) = p \left(\frac{q}{1 - q} \right) = p \frac{1}{(1 - q)^2} = \frac{1}{p}$$

上式利用了 3.9.2 節的冪級數求導公式，當$0 < q < 1$時，冪級數$\sum_{n=0}^{+\infty} q^n$收斂於$\frac{1}{1-q}$。根據方差的定義，有

$$\mathrm{var}[X] = E[X^2] - E^2[X] = E[X(X-1)] + E[X] - E^2[X]$$

而

$$E[X(X-1)] = \sum_{n=1}^{+\infty} n(n-1)(1-p)^{n-1}p = \sum_{n=2}^{+\infty} n(n-1)(1-p)^{n-1}p$$

$$= p(1-p)\sum_{n=2}^{+\infty} n(n-1)q^{n-2}$$

$$= p(1-p)\sum_{n=2}^{+\infty} (q^n)'' = p(1-p)\sum_{n=0}^{+\infty} (q^n)'' = p(1-p)\left(\frac{1}{1-q}\right)$$

$$= 2p(1-p)\frac{1}{(1-q)^3} = \frac{2(1-p)}{p^2}$$

同樣，這裡利用了冪級數求導公式，因此幾何分佈的方差為

$$\mathrm{var}[X] = \frac{2(1-p)}{p^2} + \frac{1}{p} - \frac{1}{p^2} = \frac{1-p}{p^2}$$

幾何分佈的亂數也可以借助於均勻分佈的亂數生成，方法與伯努利分佈類似。演算法循環進行嘗試，每次生成一個伯努利分佈亂數，如果遇到 1，則結束迴圈，傳回嘗試的次數。

5.3.6 正態分佈

正態分佈（Normal Distribution）也稱為高斯分佈（Gaussian Distribution），它的機率密度函數為

$$f(x) = \frac{1}{\sqrt{2\pi}\sigma}\mathrm{e}^{-\frac{(x-\mu)^2}{2\sigma^2}}$$

其中μ和σ^2分別為平均值和方差。該函數在$(-\infty, +\infty)$上的積分為 1。令$t = \frac{x-\mu}{\sqrt{2}\sigma}$，則有

$$\int_{-\infty}^{+\infty} \frac{1}{\sqrt{2\pi}\sigma} \mathrm{e}^{-\frac{(x-\mu)^2}{2\sigma^2}} \mathrm{d}x = \int_{-\infty}^{+\infty} \frac{1}{\sqrt{2\pi}\sigma} \mathrm{e}^{-t^2} \mathrm{d}(\sqrt{2}\sigma t + \mu) = \frac{1}{\sqrt{\pi}} \int_{-\infty}^{+\infty} \mathrm{e}^{-t^2} \mathrm{d}t = 1$$

這裡利用了式 (3.30) 的結論。

顯然，機率密度函數關於數學期望$x = \mu$對稱，且在該點處有極大值。在遠離數學期望時，機率密度函數的值單調遞減。實際地，在$(-\infty, \mu)$內單調遞增，在$(\mu, +\infty)$內單調遞減。該函數的極限為

$$\lim_{x \to +\infty} f(x) = 0 \qquad \lim_{x \to -\infty} f(x) = 0$$

現實世界中的很多資料，例如人的身高、體重、壽命等，近似服從正態分佈。

隨機變數X服從平均值為μ、方差為σ^2的正態分佈，簡記為$X \sim N(\mu, \sigma^2)$。如果正態分佈的平均值為 0，方差為 1，則稱為標準正態分佈。此時的機率密度函數為

$$f(x) = \frac{1}{\sqrt{2\pi}} \mathrm{e}^{-\frac{x^2}{2}}$$

該函數是一個偶函數。圖 5.14 為標準正態分佈的機率密度函數影像，其形狀像鐘，因此也稱為鐘形分佈。

圖 5.15 顯示了各種平均值與方差的正態分佈的機率密度函數曲線。正態分佈的平均值決定了其機率密度函數峰值出現的位置，方差則決定了曲線的寬和窄，方差越大，曲線越寬，反之則越窄。

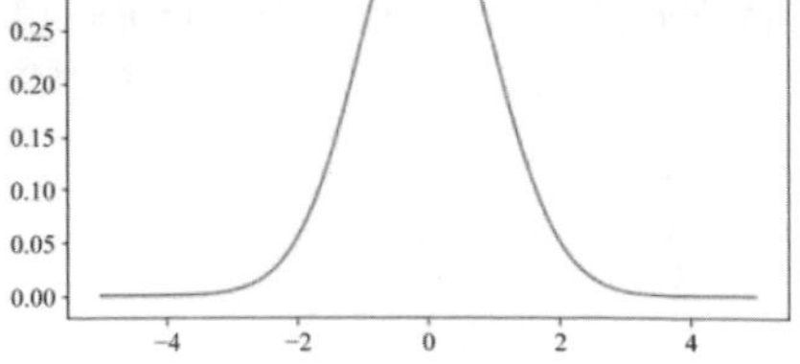

圖 5.14 標準正態分佈的機率密度函數

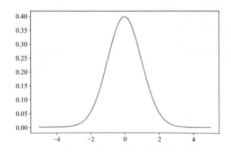

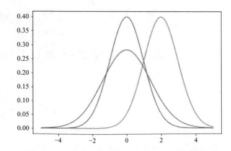

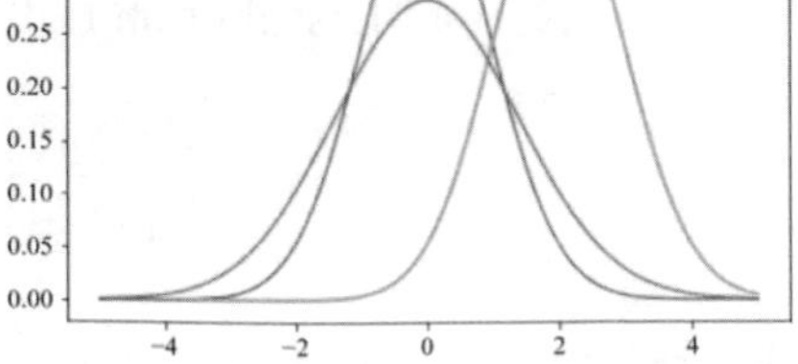

圖 5.15 各種平均值與方差的正態分佈的機率密度函數

正態分佈$N(\mu,\sigma^2)$的分佈函數為

$$F(x)=\int_{-\infty}^{x}\frac{1}{\sqrt{2\pi}\sigma}\mathrm{e}^{-\frac{(u-\mu)^2}{2\sigma^2}}\mathrm{d}u$$

由於e^{-x^2}的不定積分不是初等函數，因此該函數無解析運算式。

假設隨機變數Z服從標準正態分佈$N(0,1)$，則隨機變數$X=\sigma Z+\mu$服從正態分佈$N(\mu,\sigma^2)$。實際證明在 5.4.1 節列出。

相反，如果隨機變數X服從正態分佈$N(\mu,\sigma^2)$，則隨機變數$Z=\frac{X-\mu}{\sigma}$服從標準正態分佈$N(0,1)$。

正態分佈的$k\sigma$信賴區間定義為$[\mu-k\sigma,\mu+k\sigma]$，其中$k$為一個正整數。隨機變數落入該區間的機率為

$$p(\mu-k\sigma<X<\mu+k\sigma)=F(\mu+k\sigma)-F(\mu-k\sigma)$$

隨機變數在$\sigma,2\sigma,3\sigma$區間內的機率分別為

$$p(\mu-\sigma<X<\mu+\sigma)=0.6827$$

$$p(\mu-2\sigma<X<\mu+2\sigma)=0.9545$$

$$p(\mu-3\sigma<X<\mu+3\sigma)=0.9973$$

下面計算正態分佈的數學期望。使用代換法，令

$$z=\frac{x-\mu}{\sigma}$$

則有

$$x=\mu+\sigma z$$

根據數學期望的定義，有

$$E[X]=\int_{-\infty}^{+\infty}x\frac{1}{\sqrt{2\pi}\sigma}\mathrm{e}^{-\frac{(x-\mu)^2}{2\sigma^2}}\mathrm{d}x=\int_{-\infty}^{+\infty}(\sigma z+\mu)\frac{1}{\sqrt{2\pi}\sigma}\mathrm{e}^{-\frac{z^2}{2}}\mathrm{d}(\sigma z+\mu)$$

$$=\frac{1}{\sqrt{2\pi}}\int_{-\infty}^{+\infty}(\sigma z+\mu)\mathrm{e}^{-\frac{z^2}{2}}\mathrm{d}z=\frac{\sigma}{\sqrt{2\pi}}\int_{-\infty}^{+\infty}z\mathrm{e}^{-\frac{z^2}{2}}\mathrm{d}z+\frac{\mu}{\sqrt{2\pi}}\int_{-\infty}^{+\infty}\mathrm{e}^{-\frac{z^2}{2}}\mathrm{d}z=0+\frac{\mu}{\sqrt{2\pi}}\sqrt{2\pi}$$

$$=\mu$$

上式第 5 步成立是因為$ze^{-\frac{z^2}{2}}$是奇函數，它在$(-\infty,+\infty)$上的積分為 0。第 6 步利用了下面的結論

$$\int_{-\infty}^{+\infty} e^{-\frac{z^2}{2}} dz = \sqrt{2\pi}$$

這可以用式 (3.30) 與代換法證明。下面計算方差，同樣令$z=\frac{x-\mu}{\sigma}$，則有

$$\mathrm{var}[X] = \int_{-\infty}^{+\infty} (x-\mu)^2 \frac{1}{\sqrt{2\pi}\sigma} e^{-\frac{(x-\mu)^2}{2\sigma^2}} dx = \int_{-\infty}^{+\infty} \sigma^2 z^2 \frac{1}{\sqrt{2\pi}\sigma} e^{-\frac{z^2}{2}} d(\sigma z+\mu)$$

$$= \frac{\sigma^2}{\sqrt{2\pi}} \int_{-\infty}^{+\infty} z^2 e^{-\frac{z^2}{2}} dz = -\frac{\sigma^2}{\sqrt{2\pi}} \int_{-\infty}^{+\infty} z de^{-\frac{z^2}{2}} = -\frac{\sigma^2}{\sqrt{2\pi}} \left(ze^{-\frac{z^2}{2}} |_{-\infty}^{+\infty} - \int_{-\infty}^{+\infty} e^{-\frac{z^2}{2}} dz \right)$$

$$= \frac{\sigma^2}{\sqrt{2\pi}} \int_{-\infty}^{+\infty} e^{-\frac{z^2}{2}} dz = \sigma^2$$

上式第 5 步利用了分部積分法。第 6 步成立是因為

$$\lim_{x\to+\infty} ze^{-\frac{z^2}{2}} = 0 \qquad \lim_{x\to-\infty} ze^{-\frac{z^2}{2}} = 0$$

正態分佈的機率密度函數由平均值和方差決定，這是非常好的性質，透過控制這兩個參數，即可控制平均值和方差。中心極限定理指出，正態分佈是某些機率分佈的極限分佈。正態分佈具有$(-\infty,+\infty)$的支撐區間，且在所有定義於此區間內的連續型機率分佈中，正態分佈的熵最大（將在 6.1.2 節證明）。這些優良的性質使得正態分佈在機器學習中獲得了大量的使用。

多個正態分佈的加權組合可形成高斯混合模型，是混合模型的一種，它可以逼近任意連續型機率分佈，將在 5.5.7 節說明。正態分佈亂數的生成演算法將在 5.8.1 節說明。正態分佈熵的計算在 6.1.2 節說明。兩個正態分佈的 KL 散度的計算在 6.3.1 節說明。

5.3.7 t分佈

t分佈其機率密度函數為

$$f(x)=\frac{\Gamma\left(\frac{\nu+1}{2}\right)}{\sqrt{\nu\pi}\Gamma(\frac{\nu}{2})}\left(1+\frac{x^2}{\nu}\right)^{-\frac{\nu+1}{2}}$$

其中Γ為伽馬函數，ν為自由度，是一個正整數。顯然，當$x=0$時，機率密度函數有極大值且函數是偶函數。伽馬函數是階乘的推廣，將其從正整數推廣到正實數，透過積分定義

$$\Gamma(x)=\int_0^{+\infty}t^{x-1}\mathrm{e}^{-t}\mathrm{d}t$$

此函數的定義域為$(0,+\infty)$且在該定義域內連續。根據定義，有

$$\Gamma(1)=\int_0^{+\infty}t^0\mathrm{e}^{-t}\mathrm{d}t=-\mathrm{e}^{-t}|_0^{+\infty}=1$$

伽馬函數滿足與階乘相同的遞推關係

$$\Gamma(x+1)=x\Gamma(x)$$

這可以透過分部積分驗證

$$\Gamma(x+1)=\int_0^{+\infty}t^x\mathrm{e}^{-t}\mathrm{d}t=-t^x\mathrm{e}^{-t}|_0^{+\infty}+x\int_0^{+\infty}t^{x-1}\mathrm{e}^{-t}\mathrm{d}t=x\Gamma(x)$$

根據這兩個結果，對於$n\in\mathbb{N}$，有

$$\Gamma(n)=(n-1)!$$

t分佈機率密度函數的形狀與正態分佈類似，如圖 5.16 所示。其分佈函數為

$$F(x)=\frac{1}{2}+x\Gamma\left(\frac{\nu+1}{2}\right)\frac{{}_2F_1\left(\frac{1}{2},\frac{\nu+1}{2};\frac{3}{2};-\frac{x^2}{\nu}\right)}{\sqrt{\pi\nu}\Gamma\left(\frac{\nu}{2}\right)}$$

其中${}_2F_1$為超幾何函數（Hypergeometric Function），定義為

$${}_2F_1(a,b;c;z)=\sum_{n=0}^{+\infty}\frac{(a)_n(b)_n}{(c)_n}\frac{z^n}{n!}$$

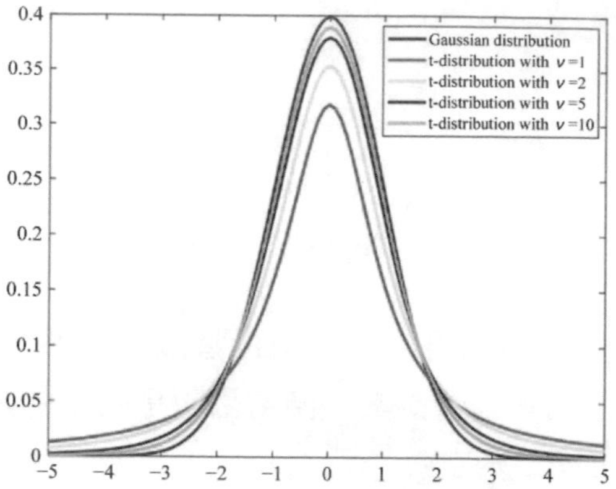

圖 5.16　t 分佈的機率密度函數

圖 5.16 顯示了各種自由度設定值時的t分佈機率密度函數曲線以及標準正態分佈的機率密度函數曲線。t分佈具有長尾的特點，在遠離中心點的位置依然有較大的機率密度函數值，且自由度越小，長尾性越強。隨著自由度的增加，它以標準正態分佈為極限分佈。下面考慮$\nu \to +\infty$時的極限情況，有

$$\lim_{\nu \to +\infty} \left(1 + \frac{x^2}{\nu}\right)^{-\frac{\nu+1}{2}} = \lim_{\nu \to +\infty} \mathrm{e}^{-\frac{\nu+1}{2}\ln\left(1+\frac{x^2}{\nu}\right)} = \lim_{t \to 0} \mathrm{e}^{-\frac{1+t}{2t}\ln(1+x^2 t)}$$
$$= \lim_{t \to 0} \mathrm{e}^{-\frac{1+t}{2}\frac{\ln(1+x^2 t)}{t}} = \mathrm{e}^{-\frac{1}{2}x^2}$$

上面第 2 步進行了代換，令$t = \frac{1}{\nu}$，第 4 步利用了 1.1.7 節的等值無限小。另外有

$$\lim_{\nu \to +\infty} \frac{\Gamma\left(\frac{\nu+1}{2}\right)}{\sqrt{\nu\pi}\,\Gamma\left(\frac{\nu}{2}\right)} = \frac{1}{\sqrt{2}}$$

因此，$\nu \to +\infty$時t分佈的極限分佈是標準正態分佈。

t分佈具有長尾的特點，遠離機率密度函數中心點的位置仍然有較大的機率密度函數值，因此更易於生成遠離平均值的樣本，它在機器學習中的典型應用是t-SNE 降維演算法。

5.3.8 應用——顏色直方圖

影像的顏色直方圖（Histogram）是機率分佈在影像處理與機器學習中的典型應用。顏色直方圖對一張影像中所有顏色出現的機率進行統計，獲得機率分佈。這裡將像素顏色的設定值看作隨機變數X，服從多項分佈。

圖 5.17 是水果影像，有 RGB（紅、綠、藍）三個通道，每個像素均有一組 RGB 值（可看作三維向量），即該點處的顏色。三個通道的顏色設定值均為[0,255]內的整數。對影像中所有像素的顏色值進行整理，可以計算出每種顏色值出現的機率，進一步獲得直方圖。圖 5.18 是該影像的顏色直方圖。

圖 5.17 彩色水果影像（來自 OpenCV）

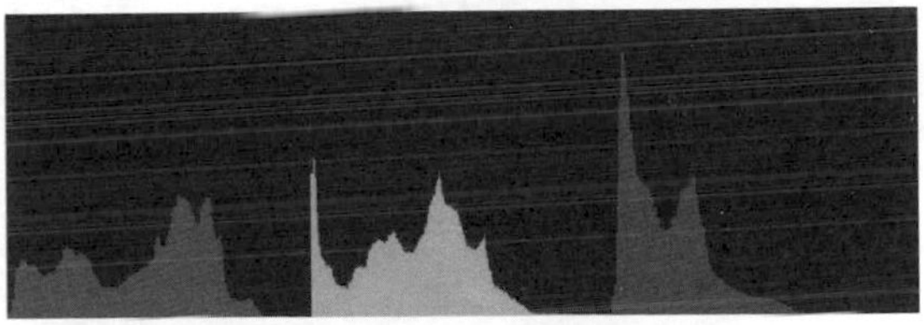

圖 5.18 彩色水果影像的顏色直方圖（來自 OpenCV）

每個通道都有一個顏色直方圖，在圖 5.18 中以不同的顏色顯示。水平座標為像素顏色設定值，垂直座標為每種顏色的機率。以紅色通道為例，其顏色直方圖的每個值p_i表示紅色通道中，像素的設定值為i的機率

$$p(X=i)=p_i,\quad i=0,1,\cdots,255$$

顏色直方圖可以作為描述影像的特徵，用於影像分類、檢索等工作。

5.3.9 應用——貝氏分類器

下面介紹貝氏公式在貝氏分類器中的應用。對於有因果關係的兩個隨機事件a和b，根據貝氏公式，有

$$p(b|a)=\frac{p(a|b)p(b)}{p(a)}$$

分類問題中樣本的特徵向量設定值$\boldsymbol{x}$與樣本所屬類別y具有因果關係。因為樣本屬於類別y，所以具有這種類別的特徵值$\boldsymbol{x}$。我們要區分男性和女性，選用的特徵為腳的尺寸和身高。一般情況下，男性的腳比女性的大，身高更高。因為一個人是男性，所以才具有這樣的特徵。分類器要做的則相反，是在已知樣本的特徵向量為$\boldsymbol{x}$的條件下推理樣本所屬的類別。根據貝氏公式，有

$$p(y|\boldsymbol{x})=\frac{p(\boldsymbol{x}|y)p(y)}{p(\boldsymbol{x})}$$

如果已知特徵向量的機率分佈$p(\boldsymbol{x})$、每個類出現的機率即類先驗機率$p(y)$，以及每個類樣本的條件機率（類條件機率）$p(\boldsymbol{x}|y)$，就可以計算出樣本屬於每個類的機率（後驗機率）$p(y|\boldsymbol{x})$。

分類問題只需要預測類別，而無須獲得樣本屬於每個類的機率值，比較樣本屬於每一類的機率值大小，找出該值最大的那一類即可，因此可以忽略$p(\boldsymbol{x})$，因為它對所有類都是相同的。簡化後分類器的判別函數為

$$\underset{y}{\operatorname{argmax}} p(\boldsymbol{x}|y) \qquad p(y)$$

實現貝氏分類器需要知道每類樣本的特徵向量所服從的機率分佈。現實中的很多隨機變數近似服從正態分佈，因此常用正態分佈來表示特徵向量的機率分佈，此時稱為常態貝氏分類器，將在 5.5.5 節說明。

5.4 分佈轉換

已知服從某一機率分佈的隨機變數X，可以對它進行轉換，獲得服從其他機率分佈的隨機變數Y，即根據一個機率分佈的樣本獲得另一個機率分佈的樣本。

5.4.1 隨機變數函數

隨機變數函數是以隨機變數為引數的函數，它將一個隨機變數對映成另外一個隨機變數，二者一般有不同的分佈。

假設隨機變數X的機率密度函數為$f_X(x)$，分佈函數為$F_X(x)$。對於X的函數

$$Y = g(X)$$

假設該函數嚴格單調，反函數存在且$g^{-1}(x) = h(x)$。現在計算Y所服從的機率分佈。首先計算Y的分佈函數，由於X的分佈函數是已知的，因此需要借助於它的分佈函數，如果$g(x)$單調增，根據分佈函數的定義，Y的分佈函數為

$$\begin{aligned} F_Y(y) &= p(Y \leqslant y) = p(g(X) \leqslant y) = p(X \leqslant g^{-1}(y)) = F_X(h(y)) \\ &= \int_{-\infty}^{h(y)} f_X(x)\mathrm{d}x \end{aligned}$$

即有

$$F_Y(y) = F_X(h(y))$$

對該函數進行求導即可獲得Y的機率密度函數，根據變上限積分與複合函數求導公式，有

$$f_Y(y) = \left(\int_{-\infty}^{h(y)} f_X(x)\mathrm{d}x\right) = f_X(h(y))h'(y)$$

如果$g(X)$單調減，則有

$$F_Y(y) = p(g(X) \leqslant y) = p(X \geqslant g^{-1}(y)) = 1 - F_X(h(y)) = 1 - \int_{-\infty}^{h(y)} f_X(x)\mathrm{d}x$$

機率密度函數為

$$f_Y(y) = \left(1 - \int_{-\infty}^{h(y)} f_X(x)\mathrm{d}x\right) = -f_X(h(y))h'(y)$$

此時$h'(x) < 0$。綜合這兩種情況，有

$$f_Y(y) = f_X(h(y))|h'(y)| \tag{5.23}$$

這與式 (3.36) 是一致的，本質上是定積分的代換法。下面來看一個實際實例。假設隨機變數X服從均勻分佈$U(0,1)$，計算$Y = \exp(X)$的機率分佈。X的機率密度函數為

$$f_X(x) = 1, 0 \leqslant x \leqslant 1$$

根據式 (5.23)，當$1 \leqslant y \leqslant \mathrm{e}$時，有

$$f_Y(y) = f_X(h(y))|h'(y)| = 1 \times (\ln(y))' = 1/y$$

根據式 (5.23) 可以獲得逆轉換取樣演算法，實現各種機率分佈之間的轉換，對服從簡單分佈的亂數進行轉換，獲得想要的機率分佈的亂數，將在 5.4.2 節說明。

下面證明 5.3.6 節列出的重要結論：假設隨機變數Z服從標準正態分佈$N(0,1)$，則隨機變數$X = \sigma Z + \mu$服從正態分佈$N(\mu, \sigma^2)$。從Z到X的轉換函數為

$$X = \sigma Z + \mu$$

其反函數為

$$Z = \frac{X - \mu}{\sigma}$$

反函數的導數為

$$\frac{\mathrm{d}Z}{\mathrm{d}X} = \frac{1}{\sigma}$$

利用式 (5.23) ，X的機率密度函數為

$$f_X(x) = f_Z(h(x))|h'(x)| = \frac{1}{\sqrt{2\pi}} \mathrm{e}^{-\frac{(\frac{x-\mu}{\sigma})^2}{2}} \cdot \frac{1}{\sigma} = \frac{1}{\sqrt{2\pi}\sigma} \mathrm{e}^{-\frac{(x-\mu)^2}{2\sigma^2}}$$

因此，隨機變數X服從正態分佈$N(\mu, \sigma^2)$。類似地可以證明其反結論。

5.4.2 逆轉換取樣演算法

在機器學習中，通常需要生成某種機率分佈的亂數，稱為取樣。取樣可以透過機率分佈轉換而實現。在電腦中，能夠直接獲得的亂數通常是均勻分佈的亂數（事實上是虛擬亂數），對它進行轉換，可以獲得我們想要的機率分佈的亂數。本節介紹的逆轉換演算法（Inverse Transform Sampling）是一種典型的取樣演算法。

下面利用 5.4.1 節所介紹的隨機變數函數來生成想要的亂數。假設隨機變數X的分佈函數為$F_X(x)$，隨機變數Y的分佈函數為$F_Y(y)$，它們均已知。Y透過單調遞增的隨機變數函數$Y = g(X)$對X進行轉換而獲得，現在要確定該函數。在 5.4.1 節已經證明

$$F_X(g^{-1}(y)) = F_Y(y)$$

由於分佈函數是單調遞增的，可以解得

$$g^{-1}(y) = F_X^{-1}(F_Y(y)) \tag{5.24}$$

根據X和Y的分佈函數可以確定此轉換。

下面假設X或Y為均勻分佈的亂數，根據式 (5.24) 來計算此轉換函數，獲得以下的兩個結論。

結論 1：假設隨機變數X的分佈函數為$F_X(x)$，該函數是嚴格單調增函數，則隨機變數$Y = F_X(X)$服從均勻分佈$U(0,1)$。下面列出證明，根據分佈函數的定義，有

$$F_Y(y) = p(Y \leqslant y) = p(F_X(X) \leqslant y) = p(X \leqslant F_X^{-1}(y)) = F_X(F_X^{-1}(y)) = y$$

這就是均勻分佈的分佈函數。上式第 1 步和第 4 步使用了分佈函數的定義，第 5 步使用了反函數的恒等式

$$f(f^{-1}(x)) = x$$

這一結論列出了根據一個已知機率分佈的亂數建構均勻分佈亂數的方法。也可以根據式 (5.24) 直接解出$g(X)$。由於Y服從均勻分佈$U(0,1)$，因此$F_Y(y)=y$，進一步有

$$g^{-1}(y)=F_X^{-1}(F_Y(y))=F_X^{-1}(y)$$

即

$$g(X)=F_X(X)$$

結論 2：假設隨機變數X服從均勻分佈$U(0,1)$，隨機變數Y的分佈函數為$F_Y(y)$，則隨機變數$Y=F_Y^{-1}(X)$服從機率分佈$F_Y(y)$。下面列出證明，根據分佈函數的定義，有

$$F_Y(y)=p(Y\leqslant y)=p(F_Y^{-1}(X)\leqslant y)=p(X\leqslant F_Y(y))=F_Y(y)$$

上式第 1 步利用了分佈函數的定義，第 4 步成立是因為X服從均勻分佈，其分佈函數為

$$p(X\leqslant x)=x$$

此結論列出了根據均勻分佈亂數建構出某一分佈函數已知的機率分佈亂數的方法，只需要將均勻分佈亂數X用目標機率分佈$F_Y(y)$的反函數$F_Y^{-1}(X)$進行對映。

同樣，根據式 (5.24) 可以直接解出$g(X)$。由於X服從均勻分佈，因此

$$F_X^{-1}(x)=x$$

進一步有

$$g^{-1}(y)=F_X^{-1}(F_Y(y))=F_Y(y)$$

即

$$g(y)=F_Y^{-1}(y)$$

下面以指數分佈為例說明逆轉換取樣演算法。在 5.2.2 節已經推導了其分佈函數為

$$F(x) = \begin{cases} 1 - \mathrm{e}^{-\lambda x}, & x > 0 \\ 0, & \text{其他} \end{cases}$$

其反函數為

$$F^{-1}(x) = -\frac{1}{\lambda}\ln(1 - x)$$

首先生成均勻分佈$U(0,1)$的亂數u，然後計算

$$x = -\frac{1}{\lambda}\ln(1 - u)$$

則x就是我們想要的指數分佈的亂數。

逆轉換取樣演算法可以根據均勻分佈的亂數生成任意機率分佈的亂數，但實現時可能存在困難。對於某些機率分佈，我們無法獲得分佈函數反函數$F_Y^{-1}(x)$的解析運算式，如正態分佈。

5.5 隨機向量

向量是純量的推廣，將隨機變數推廣到多維即為隨機向量，每個分量都是隨機變數，因此隨機向量是帶有機率值的向量。描述隨機向量的是多維機率分佈。

5.5.1 離散型隨機向量

5.2 節定義的隨機變數是單一變數，推廣到多個變數可以獲得隨機向量。隨機向量$\boldsymbol{x}$是一個向量，它的每個分量都是隨機變數，各分量之間可能存在相關性。舉例來說，描述一個人的基本資訊的向量

(性別 年齡 學歷 收入)

是一個隨機向量，各個分量之間存在依賴關係，收入與學歷、年齡有關。性別為男和女的機率各為 0.5，年齡為 0 和 120 之間的整數，服從各年齡段的人口統計分佈規律。

隨機向量也分為離散型和連續型兩種情況。描述離散型隨機向量分佈的是聯合機率質量函數，是機率質量函數的推廣，定義了隨機向量取每個值的機率

$$p(\boldsymbol{x} = \boldsymbol{x}_i) = p(\boldsymbol{x}_i)$$

對於二維離散型隨機向量，聯合機率質量函數是一個二維度資料表（矩陣），每個位置處的元素為隨機向量 $\boldsymbol{x}$ 取該位置對應值的機率

$$p(X = x_i, Y = y_j) = p_{ij}$$

聯合機率質量函數必須滿足以下約束

$$p(\boldsymbol{x}_i) \geqslant 0 \sum_i p(\boldsymbol{x}_i) = 1$$

表 5.4 是一個二維隨機向量的聯合機率質量函數。

表 5.4 一個隨機向量的聯合機率質量函數

X \ Y	1	2	3	4
1	0.1	0.1	0.1	0.0
2	0.25	0.0	0.15	0.05
3	0.1	0.15	0.0	0.0

表 5.4 中第 3 行第 4 列的元素表示X設定值為 2、Y設定值為 3 的機率為 0.15。

對聯合機率質量函數中某些變數的所有設定值情況求和，可以獲得邊緣機率質量函數（Marginal Probability Mass Function），也稱為邊緣分佈。對於二維隨機向量，對X和Y分別求和可以獲得另外一個變數的邊緣分佈

$$p_X(x) = \sum_y p(x,y) \qquad p_Y(y) = \sum_x p(x,y) \tag{5.25}$$

有時候會將$p_X(x)$簡寫為$p(x)$。對於表 5-2 所示的聯合機率質量函數，其邊緣分佈函數如表 5-4 和表 5-6 所示。對X的邊緣分佈是對聯合機率質量函數按行求和的結果。

邊緣分佈可看作是將聯合機率質量函數投影到某一個座標軸後的結果。對Y的邊緣分佈函數是對聯合機率質量函數按列求和的結果。

下面將邊緣分佈推廣到隨機向量的多個分量。有 n 維隨機向量$\boldsymbol{x}$，將它拆分成子向量 $\boldsymbol{x}_A = (x_1 \quad \cdots \quad x_r)^{\mathrm{T}}$ 和 $\boldsymbol{x}_B = (x_{r+1} \quad \cdots \quad x_n)^{\mathrm{T}}$。對 $\boldsymbol{x}_A$ 的邊緣分佈是對 $\boldsymbol{x}_B$ 的所有分量取各個值時的聯合機率質量函數求和的結果

$$p_{\boldsymbol{x}_A}(\boldsymbol{x}_A) = \sum_{x_{r+1}} \cdots \sum_{x_n} p(\boldsymbol{x})$$

類似地有

$$p_{\boldsymbol{x}_B}(\boldsymbol{x}_B) = \sum_{x_1} \cdots \sum_{x_r} p(\boldsymbol{x})$$

表 5.5 對X的邊緣分佈

X	1	2	3
1	0.3	0.45	0.25

表 5.6 對Y的邊緣分佈

Y	1	2	3	4
1	0.45	0.25	0.25	0.05

類似於條件機率，條件分佈定義為

$$p_{X|Y}(x|y) = \frac{p(x,y)}{p_Y(y)} \qquad p_{Y|X}(y|x) = \frac{p(x,y)}{p_X(x)}$$

有時候會將$p_{X|Y}(x|y)$簡寫為$p(x|y)$。將條件分佈推廣到隨機向量的多個分量，按照本節前面的隨機向量拆分方案，有

$$p_{\boldsymbol{x}_A|\boldsymbol{x}_B}(\boldsymbol{x}_A|\boldsymbol{x}_B) = \frac{p(\boldsymbol{x})}{p_{\boldsymbol{x}_B}(\boldsymbol{x}_B)}$$

對於二維隨機向量，如果對$\forall x, y$滿足

$$p_{X|Y}(x|y) = p_X(x) \qquad p_{Y|X}(y|x) = p_Y(y)$$

或寫成

$$p(x,y) = p_X(x)p_Y(y)$$

則稱隨機變數X和Y相互獨立，這與隨機事件獨立性的定義一致。推廣到n維隨機向量，如果$\forall x_1, x_2, \cdots, x_n$滿足

$$p(\boldsymbol{x}) = p_{X_1}(x_1)p_{X_2}(x_2)\cdots p_{X_n}(x_n) \tag{5.26}$$

則稱這些隨機變數相互獨立。對於離散型隨機變數，貝氏公式同樣適用。

考慮表 3 的聯合機率質量函數。

表 5.7 一個隨機向量的聯合機率質量函數

X \ Y	1	2	3
1	1/12	4/12	1/12
2	1/12	4/12	1/12

對X的邊緣分佈如表 5.8 所示。

表 5.8 對X的邊緣分佈

X	1	2
1	1/2	1/2

對Y的邊緣分佈如表 5.9 所示。

表 5.9 對Y的邊緣分佈

Y	1	2	3
1	1/6	2/3	1/6

可以驗證對所有X和Y設定值x_i和y_j，有

$$p(X = x_i, Y = y_j) = p_X(X = x_i)p_Y(Y = y_j)$$

例如

$$p(X = 2, Y = 2) = p_X(X = 2)p_Y(Y = 2) = \frac{1}{2} \times \frac{2}{3}$$

因此X和Y相互獨立。

5.5.2 連續型隨機向量

描述連續型隨機向量的是聯合機率密度函數，是機率密度函數的推廣。聯合機率密度函數必須滿足以下限制條件

$$f(\boldsymbol{x}) \geqslant 0 \qquad \int_{\mathbb{R}^n} f(\boldsymbol{x})\mathrm{d}\boldsymbol{x} = 1$$

第 2 個等式為n重積分。對於二維隨機向量，其聯合機率密度函數滿足的限制條件為

$$f(x,y) \geqslant 0 \qquad \int_{-\infty}^{+\infty}\int_{-\infty}^{+\infty} f(x,y)\mathrm{d}x\mathrm{d}y = 1$$

連續型隨機向量在某一點處的機率為 0。分佈函數為聯合機率密度函數對所有變數的變上限積分。對於二維隨機向量，分佈函數為

$$F(x,y) = p(X \leqslant x, Y \leqslant y) = \int_{-\infty}^{x}\int_{-\infty}^{y} f(u,v)\mathrm{d}u\mathrm{d}v$$

邊緣機率密度函數（Marginal Probability Density Function）將離散型隨機向量邊緣機率質量函數計算公式中的求和換成積分。對每個隨機變數的邊緣密度為對其他變數積分後的結果，對於二維隨機向量為

$$f_X(x) = \int_{-\infty}^{+\infty} f(x,y)\mathrm{d}y f_Y(y) = \int_{-\infty}^{+\infty} f(x,y)\mathrm{d}x$$

下面將邊緣機率密度函數推廣到隨機向量的多個分量。有n維隨機向量$\boldsymbol{x}$，將它拆分成子向量$\boldsymbol{x}_A = (x_1 \ \cdots \ x_r)^{\mathrm{T}}$和$\boldsymbol{x}_B = (x_{r+1} \ \cdots \ x_n)^{\mathrm{T}}$。對$\boldsymbol{x}_A$的邊緣機率密度函數是聯合機率 密度函數對 $\boldsymbol{x}_B$ 的所有分量求積分的結果

$$f_{\boldsymbol{x}_A}(\boldsymbol{x}_A) = \int_{-\infty}^{+\infty}\cdots\int_{-\infty}^{+\infty} f(\boldsymbol{x})\mathrm{d}x_{r+1}\cdots\mathrm{d}x_n$$

類似地有

$$f_{\boldsymbol{x}_B}(\boldsymbol{x}_B) = \int_{-\infty}^{+\infty}\cdots\int_{-\infty}^{+\infty} f(\boldsymbol{x})\mathrm{d}x_1\cdots\mathrm{d}x_r$$

有時會將$f_X(x)$簡寫為$f(x)$。邊緣累積分佈函數（Marginal Cumulative Distribution Function）則為邊緣密度的積分，類似於單隨機變數的情況。對於二維隨機向量，邊緣累積分佈函數為

$$F_X(x) = \int_{-\infty}^{x} f_X(u)\mathrm{d}u \qquad F_Y(y) = \int_{-\infty}^{y} f_Y(v)\mathrm{d}v$$

對於二維隨機變數，條件機率密度函數定義為

$$f_{X|Y}(x|y) = \frac{f(x,y)}{f_Y(y)} \tag{5.27}$$

大部分的情況下，在使用條件密度函數$f_{X|Y}(x|y)$時，y的值是已知的。有時會將$f_{X|Y}(x|y)$簡寫為$f(x|y)$。將條件機率密度函數推廣到隨機向量的多個分量，按照本節前面的隨機向量拆分方案，有

$$f_{\boldsymbol{x}_A|\boldsymbol{x}_B}(\boldsymbol{x}_A|\boldsymbol{x}_B) = \frac{f(\boldsymbol{x})}{f_{\boldsymbol{x}_B}(\boldsymbol{x}_B)}$$

隨機向量的聯合機率符合連鎖律

$$\begin{aligned}
f(x_1,\cdots,x_n) &= f(x_n|x_1,\cdots,x_{n-1})f(x_1,\cdots,x_{n-1}) \\
&= f(x_n|x_1,\cdots,x_{n-1})f(x_{n-1}|x_1,\cdots,x_{n-2})f(x_1,\cdots,x_{n-2}) \\
&= \cdots \\
&= f(x_1)\prod_{i=2}^{n} f(x_i|x_1,\cdots,x_{i-1})
\end{aligned}$$

條件分佈函數是對條件密度函數的積分。對於二維隨機向量，定義為

$$F_{X|Y}(x|y) = \int_{-\infty}^{x} f_{X|Y}(u|y)\mathrm{d}u = \int_{-\infty}^{x} \frac{f(u,y)}{f_Y(y)}\mathrm{d}u$$

對於兩個隨機變數(X,Y)，如果下式幾乎處處成立（不成立點為有限集或無限可數集）

$$f(x,y) = f_X(x)f_Y(y)$$

則稱它們相互獨立。對於n維隨機向量$\boldsymbol{x}=(X_1,\cdots,X_n)$，如果下式幾乎處處成立

$$f(\boldsymbol{x})=f_{X_1}(x_1)f_{X_2}(x_2)\cdots f_{X_n}(x_n) \tag{5.28}$$

則稱它們相互獨立。如果一組隨機變數相互之間獨立，且服從同一種機率分佈，則稱它們獨立同分佈（Independent And Identically Distributed，IID）。在機器學習中，一般假設各個樣本之間獨立同分佈。如果樣本集$\boldsymbol{x}_i, i=1,\cdots,l$獨立同分佈，均服從機率分佈$p(\boldsymbol{x})$，則它們的聯合機率為

$$p(\boldsymbol{x}_1,\boldsymbol{x}_2,\cdots,\boldsymbol{x}_l)=\prod_{i=1}^{l}p(\boldsymbol{x}_i)$$

在參數估計如最大似然估計，以及各種機器學習、深度學習演算法中，經常使用此假設，以簡化聯合機率的計算。

貝氏公式對於連續型隨機變數同樣適用。如果X,Y均為連續型隨機變數，它們的聯合機率密度函數為$f(x,y)$，則有

$$f_{Y|X}(y|x)=\frac{f_{X|Y}(x|y)f_Y(y)}{f_X(x)}=\frac{f_{X|Y}(x|y)f_Y(y)}{\int_{-\infty}^{+\infty}f(x,y)\mathrm{d}y}$$

在貝氏分類器等推斷演算法中這個公式經常被使用。

5.5.3 數學期望

隨機向量的數學期望$\boldsymbol{\mu}$是一個向量，它的分量是對單一隨機變數的數學期望

$$\mu_i=E[x_i]$$

其實際的計算方式與隨機變數相同，對於離散型隨機向量，分量x_i的數學期望為

$$E[x_i]=\sum_{x_1}\cdots\sum_{x_n}x_i p(\boldsymbol{x}) \tag{5.29}$$

對於連續型隨機向量，分量的數學期望為n重積分

$$E[x_i] = \int_{\mathbb{R}^n} x_i f(\boldsymbol{x}) \mathrm{d}\boldsymbol{x} \tag{5.30}$$

對於表 5.4 中的隨機向量，其對X的數學期望為

$$\begin{aligned} E(X) = 1 \times 0.1 + 1 \times 0.1 + 1 \times 0.1 + 1 \times 0.0 + 2 \times 0.25 + 2 \times 0.0 + 2 \times 0.15 \\ + 2 \times 0.05 + 3 \times 0.1 + 3 \times 0.15 + 3 \times 0.0 + 3 \times 0.0 = 1.95 \end{aligned}$$

類似地可以定義隨機向量函數的數學期望。對於離散型隨機向量$\boldsymbol{x}$，定義為

$$E[g(\boldsymbol{x})] = \sum_{x_1} \cdots \sum_{x_n} g(\boldsymbol{x}) p(\boldsymbol{x})$$

對於連續型隨機向量$\boldsymbol{x}$，$g(\boldsymbol{x})$的數學期望為

$$E[g(\boldsymbol{x})] = \int_{\mathbb{R}^n} g(\boldsymbol{x}) f(\boldsymbol{x}) \mathrm{d}\boldsymbol{x}$$

根據數學期望的定義可以證明

$$E\left[\sum_{i=1}^{n} a_i x_i + b\right] = \sum_{i=1}^{n} a_i E[x_i] + b$$

如果兩個隨機變數X和Y相互獨立，則

$$E[XY] = E[X]E[Y]$$

下面對連續型機率分佈進行證明，假設X和Y的聯合機率密度函數為$f(x,y)$，由於相互獨立，因此

$$f(x,y) = f_X(x) f_Y(y)$$

根據數學期望的定義，有

$$\begin{aligned} E[XY] &= \int_{-\infty}^{+\infty} \int_{-\infty}^{+\infty} xyf(x,y) \mathrm{d}x\mathrm{d}y = \int_{-\infty}^{+\infty} \int_{-\infty}^{+\infty} xyf_X(x) f_Y(y) \mathrm{d}x\mathrm{d}y \\ &= \int_{-\infty}^{+\infty} xf_X(x) \mathrm{d}x \int_{-\infty}^{+\infty} yf_Y(y) \mathrm{d}y = E[X]E[Y] \end{aligned}$$

對於隨機向量函數，有

$$E[g(\mathrm{x})+h(\mathrm{x})]=E[g(\mathrm{x})]+E[h(\mathrm{x})]$$

5.5.4 協方差

協方差（Covariance，cov）是方差對兩個隨機變數的推廣，它反映了兩個隨機變數X與Y聯合變動的程度。協方差定義為

$$(X,Y)=E[(X-E[X])(Y-E[Y])] \tag{5.31}$$

是兩個隨機變數各自的偏差之積的數學期望。對於離散型隨機變數，協方差的計算公式為

$$(X,Y)=\sum_{i=1}^{m}\sum_{j=1}^{n}(x_i-E[X])(y_j-E[Y])p(x_i,y_j)$$

下面利用表 5.10 ~ 表 5.12 說明協方差的計算。對於以下的機率分佈

表 5.10 兩個離散型隨機變數的聯合機率分佈

X \ Y	1	2	3
1	1/4	1/4	0
2	0	1/4	1/4

可以獲得X的邊緣機率分佈為

表 5.11 對X的邊緣分佈

X	1	2
1	1/2	1/2

X的數學期望為

$$E[X]=1\times\frac{1}{2}+2\times\frac{1}{2}=\frac{3}{2}$$

可以獲得Y的邊緣機率分佈為

表 5.12 對Y的邊緣分佈

Y	1	2	3
1	1/4	1/2	1/4

Y的數學期望為

$$E[Y] = 1 \times \frac{1}{4} + 2 \times \frac{1}{2} + 3 \times \frac{1}{4} = 2$$

根據定義，協方差為

$$(X,Y) = \frac{1}{4} \times (1 - \frac{3}{2}) \times (1 - 2) + \frac{1}{4} \times (1 - \frac{3}{2}) \times (2 - 2) + 0 \times (1 - \frac{3}{2}) \times (3 - 2)$$
$$+0 \times (2 - \frac{3}{2}) \times (1 - 2) + \frac{1}{4} \times (2 - \frac{3}{2}) \times (2 - 2) + \frac{1}{4} \times (2 - \frac{3}{2}) \times (3 - 2) = \frac{1}{4}$$

對於連續型隨機變數，協方差的計算公式為

$$(X,Y) = \int_{-\infty}^{+\infty} \int_{-\infty}^{+\infty} (x - E[X])(y - E[Y]) f(x,y) \mathrm{d}x \mathrm{d}y$$

需要注意的是，協方差不能保證是非負的。

根據定義，協方差具有對稱性

$$(X,Y) = (Y,X)$$

可以證明下式成立

$$(X,Y) = E[XY] - E[X]E[Y] \tag{5.32}$$

根據定義，有

$$(X,Y) = E[(X - E[X])(Y - E[Y])] = E[XY - XE[Y] - E[X]Y + E[X]E[Y]]$$
$$= E[XY] - E[X]E[Y] - E[X]E[Y] + E[X]E[Y] = E[XY] - E[X]E[Y]$$

通常用式 (5.32) 計算協方差。 根據定義，一個隨機變數與其本身的協方差就是該隨機變數的方差

$$(X,X) = (X)$$

根據協方差的定義，可以證明下面的等式成立

$$(X, a) = 0 \qquad (aX, bY) = ab(X, Y) \qquad (X + a, Y + b) = (X, Y)$$

$$(aX + bY, cW + dV) = ac(X, W) + ad(X, V) + bc(Y, W) + bd(Y, V)$$

下面計算兩個離散型隨機變數在設定值為有限種可能，且取每種值的機率相等時的協方差。有隨機向量(X, Y)，其設定值為

$$(x_i, y_i), i = 1, \cdots, n$$

取每一對值的機率相等，即$p_i = \frac{1}{n}$，則這兩個隨機變數的協方差為

$$(X, Y) = \sum_{i=1}^{n} p_i(x_i - E[X])(y_i - E[Y]) = \frac{1}{n}\sum_{i=1}^{n} (x_i - E[X])(y_i - E[Y])$$

可進一步簡化為

$$(X, Y) = \frac{1}{n}\sum_{i=1}^{n} (x_i - E[X])(y_i - E[Y]) = \frac{1}{n}\sum_{i=1}^{n} x_i y_i - E[X]E[Y]$$

$$= \frac{1}{n^2}\left(n\sum_{i=1}^{n} x_i y_i - \left(\sum_{i=1}^{n} x_i\right)\left(\sum_{j=1}^{n} y_j\right)\right)$$

$$= \frac{1}{2n^2}\left(\sum_{i=1}^{n}\sum_{j=1}^{n} x_i y_i + \sum_{i=1}^{n}\sum_{j=1}^{n} x_j y_j - \sum_{i=1}^{n}\sum_{j=1}^{n} x_i y_j - \sum_{i=1}^{n}\sum_{j=1}^{n} x_j y_i\right)$$

$$= \frac{1}{n^2}\sum_{i=1}^{n}\sum_{j=1}^{n}\frac{1}{2}(x_i - x_j)(y_i - y_j) = \frac{1}{n^2}\sum_{i=1}^{n}\sum_{j=i+1}^{n} (x_i - x_j)(y_i - y_j)$$

如果兩個隨機變數的協方差為 0，則稱它們不相關（Uncorrelated）。如果兩個隨機變數相互獨立，則它們的協方差為 0

$$(X, Y) = 0 \tag{5.33}$$

因此，相互獨立的隨機變數一定不相關。在 5.5.3 節已經證明了兩個隨機變數相互獨立時有

$$E[XY] = E[X]E[Y]$$

根據式 (5.32)，有

$$(X, Y) = E[XY] - E[X]E[Y] = E[X]E[Y] - E[X]E[Y] = 0$$

兩個隨機變數的協方差為 0 不能推導出這兩個隨機變數相互獨立。下面舉例說明，X服從均勻分佈$U(-1,1)$，令$Y = X^2$，則有

$$(X, Y) = E[X \cdot X^2] - E[X]E[X^2] = E[X^3] - E[X]E[X^2] = 0 - 0 \cdot E[X^2] = 0$$

但X和Y不相互獨立，它們之間存在確定的非線性關係，協方差衡量的是線性相關性，協方差為 0 只能說明兩個隨機變數線性獨立。如果兩個隨機變數服從正態分佈，則不相關與獨立等值。

對於兩個隨機變數X和Y，有

$$[X + Y] = [X] + [Y] + 2(X, Y) \tag{5.34}$$

根據方差的定義，有

$$[X + Y] = E[(X + Y - E[X + Y])^2] = E[(X + Y - E[X] - E[Y])^2]$$
$$= E[(X - E[X])^2 + (Y - E[Y])^2 + 2(X - E[X])(Y - E[Y])]$$
$$= [X] + [Y] + 2(X, Y)$$

推廣到多個隨機變數，對於隨機變數$X_1, \cdots, X_n$，有

$$\left[\sum_{i=1}^{n} X_i\right] = \sum_{i=1}^{n} [X_i] + 2\sum_{i=1}^{n} \sum_{j=i+1}^{n} (X_i, X_j)$$

如果兩個隨機變數X和Y相互獨立，根據式 (5.33) 與式 (5.34) ，它們之和的方差等於各自的方差之和

$$[X + Y] = [X] + [Y]$$

推廣到多個隨機變數，如果$X_1, \cdots, X_n$相互獨立，則有

$$\left[\sum_{i=1}^{n} X_i\right] = \sum_{i=1}^{n} [X_i]$$

對於n維隨機向量$\mathbf{x}$，其任意兩個分量x_i和x_j之間的協方差(x_i, x_j)組成的矩陣稱為協方差矩陣

$$\boldsymbol{\Sigma} = \begin{pmatrix} (x_1, x_1) & \cdots & (x_1, x_n) \\ \vdots & & \vdots \\ (x_n, x_1) & \cdots & (x_n, x_n) \end{pmatrix}$$

由於協方差具有對稱性，因此協方差矩陣是對稱矩陣。進一步可以證明，協方差矩陣是半正定矩陣，下面對連續型機率分佈進行證明，對於離散型機率分佈方法類似。假設有n維隨機向量$\boldsymbol{x}$，其聯合機率密度函數為$f(\boldsymbol{x})$，平均值向量為$\boldsymbol{\mu}$，協方差矩陣為$\boldsymbol{\Sigma}$，對於任意非0向量$\boldsymbol{y}$，有

$$\boldsymbol{y}^{\mathrm{T}}\boldsymbol{\Sigma}\boldsymbol{y} = \sum_{i=1}^{n}\sum_{j=1}^{n} y_i y_j (x_i, x_j) = \sum_{i=1}^{n}\sum_{j=1}^{n} y_i y_j \int_{\mathbb{R}^n} (x_i - \mu_i)(x_j - \mu_j) f(\boldsymbol{x}) \mathrm{d}\boldsymbol{x}$$

$$= \int_{\mathbb{R}^n} \left(\sum_{i=1}^{n}\sum_{j=1}^{n} y_i y_j (x_i - \mu_i)(x_j - \mu_j) \right) f(\boldsymbol{x}) \mathrm{d}\boldsymbol{x} = \int_{\mathbb{R}^n} \left(\sum_{k=1}^{n} y_k (x_k - \mu_k) \right)^2 f(\boldsymbol{x}) \mathrm{d}\boldsymbol{x} \geqslant 0$$

因此$\boldsymbol{\Sigma}$半正定。協方差矩陣的半正定性與方差的非負性是統一的。

5.5.5 常用機率分佈

多維均勻分佈是一維均勻分佈的推廣。在封閉區域D內，聯合機率密度函數為非 0 常數；在此範圍之外，聯合機率密度函數設定值為 0。其聯合機率密度函數為

$$f(\boldsymbol{x}) = \begin{cases} \dfrac{1}{s(D)}, & \boldsymbol{x} \in D \\ 0, & \boldsymbol{x} \notin D \end{cases}$$

其中$s(D)$為封閉區域D的測度，對於一維向量是區間的長度，對於二維向量是區域的面積，對於三維向量是區域的體積。

多維正態分佈（Multivariate Normal Distribution）在機器學習中被廣泛使用。將一維的正態分佈推廣到高維，可以獲得多維正態分佈機率密度函數

$$p(\boldsymbol{x}) = \frac{1}{(2\pi)^{\frac{n}{2}}|\boldsymbol{\Sigma}|^{\frac{1}{2}}} \exp\left(-\frac{1}{2}(\boldsymbol{x}-\boldsymbol{\mu})^{\mathrm{T}}\boldsymbol{\Sigma}^{-1}(\boldsymbol{x}-\boldsymbol{\mu})\right) \tag{5.35}$$

其中$\boldsymbol{x}$為n維隨機向量，$\boldsymbol{\mu}$為n維平均值向量，$\boldsymbol{\Sigma}$為n階協方差矩陣，通常要求協方差矩陣正定。這與一維正態分佈$N(\mu, \sigma^2)$機率密度函數的運算式在形式上是統一的。平均值為$\boldsymbol{\mu}$，協方差為$\boldsymbol{\Sigma}$的正態分佈簡記為$N(\boldsymbol{\mu}, \boldsymbol{\Sigma})$。如果$n = 1$，$\boldsymbol{\mu} = \mu$，$\boldsymbol{\Sigma} = \sigma^2$，則式 (5.35) 即為一維正態分佈$N(\mu, \sigma^2)$。根據 3.8.3 節中的結論，可以證明式 (5.35) 機率密度函數在$\mathbb{R}^n$內的積分值為 1。

如果$\boldsymbol{\mu} = 0$，$\boldsymbol{\Sigma} = \boldsymbol{I}$，則稱為標準正態分佈，簡記為$N(0, \boldsymbol{I})$。聯合機率密度函數為

$$p(\boldsymbol{x}) = \frac{1}{(2\pi)^{\frac{n}{2}}} \exp\left(-\frac{1}{2}\boldsymbol{x}^{\mathrm{T}}\boldsymbol{x}\right)$$

此時隨機向量的各個分量相互獨立，且均服從一維標準正態分佈$N(0,1)$。二維正態分佈的機率密度函數如圖 5.19 所示，是鐘形曲面，在平均值點處有極大值，遠離平均值點時，函數值遞減。

在 Python 中，random 類的 randn 函數提供了生成正態分佈亂數的功能。該函數可以生成指定平均值向量和協方差矩陣的多維正態分佈亂數。

圖 5.20 為用 Python 語言生成的二維正態分佈的隨機樣本。

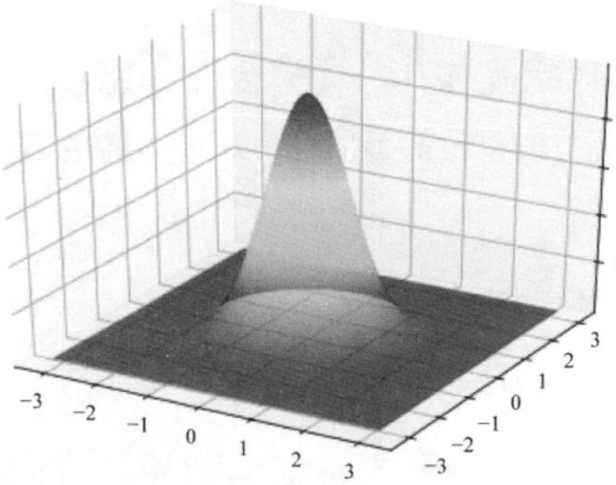

圖 5.19 二維正態分佈的機率密度函數

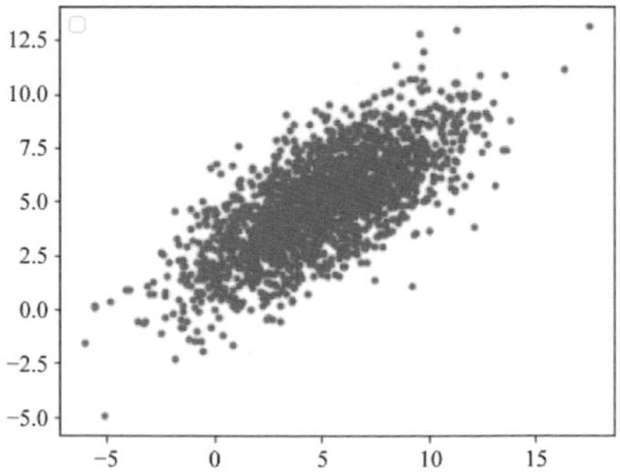

圖 5.20 用 Python 生成的二維正態分佈亂數

下面考慮二維正態分佈。其機率密度函數可以寫成下面的形式

$$p(x, y) = \frac{1}{2\pi\sigma_1\sigma_2\sqrt{1-\rho^2}} \exp\left(-\frac{1}{2(1-\rho^2)}\left(\frac{(x-\mu_1)^2}{\sigma_1^2} - \frac{2\rho(x-\mu_1)(y-\mu_2)}{\sigma_1\sigma_2} + \frac{(y-\mu_2)^2}{\sigma_2^2}\right)\right)$$

其平均值向量為

$$\boldsymbol{\mu} = \begin{pmatrix} \mu_1 \\ \mu_2 \end{pmatrix}$$

協方差矩陣為

$$\boldsymbol{\Sigma} = \begin{pmatrix} \sigma_1^2 & \rho\sigma_1\sigma_2 \\ \rho\sigma_1\sigma_2 & \sigma_2^2 \end{pmatrix}$$

$0 \leqslant \rho \leqslant 1$稱為相關係數，如果其值為 0，則$X, Y$相互獨立。下面計算其邊緣密度函數。如果令

$$u = \frac{x - \mu_1}{\sigma_1}, v = \frac{y - \mu_2}{\sigma_2}$$

則有

$$p_X(x) = \int_{-\infty}^{+\infty} p(x, y)\mathrm{d}y = \frac{1}{2\pi\sigma_1\sqrt{1-\rho^2}} \int_{-\infty}^{+\infty} \exp\left(-\frac{1}{2(1-\rho^2)}(u^2 - 2\rho uv + v^2)\right)\mathrm{d}v$$

$$= \frac{1}{\sqrt{2\pi}\sigma_1} \mathrm{e}^{-u^2/2} \int_{-\infty}^{+\infty} \frac{1}{\sqrt{2\pi(1-\rho^2)}} \exp\left(-\frac{\rho^2 u^2 - 2\rho uv + v^2}{2(1-\rho^2)}\right)\mathrm{d}v$$

$$= \frac{1}{\sqrt{2\pi}\sigma_1} \mathrm{e}^{-u^2/2} \int_{-\infty}^{+\infty} \frac{1}{\sqrt{2\pi(1-\rho^2)}} \exp\left(-\frac{(v - \rho u)^2}{2(1-\rho^2)}\right)\mathrm{d}v$$

$$= \frac{1}{\sqrt{2\pi}\sigma_1} \mathrm{e}^{-u^2/2} = \frac{1}{\sqrt{2\pi}\sigma_1} \mathrm{e}^{-\frac{(x-\mu_1)^2}{2\sigma_1^2}}$$

因此X服從正態分佈$N(\mu_1, \sigma_1^2)$。類似地可以獲得Y服從正態分佈$N(\mu_2, \sigma_2^2)$。如果X, Y相互獨立，則相關係數$\rho = 0$，有

$$p(x, y) = p_X(x)p_Y(y)$$

下面計算條件機率密度函數。根據定義，有

$$p_{Y|X}(y|x) = \frac{p(x, y)}{p_X(x)}$$

$$= \frac{1}{\sigma_2\sqrt{2\pi}\sqrt{1-\rho^2}} \exp\left(-\frac{1}{2(1-\rho^2)}\left(\frac{(x-\mu_1)^2}{\sigma_1^2} - \frac{2\rho(x-\mu_1)(y-\mu_2)}{\sigma_1\sigma_2} + \frac{(y-\mu_2)^2}{\sigma_2^2}\right) + \frac{(x-\mu_1)^2}{2\sigma_1^2}\right)$$

$$= \frac{1}{\sigma_2\sqrt{2\pi}\sqrt{1-\rho^2}} \exp\left(-\frac{1}{2(1-\rho^2)}\left(\frac{(x-\mu_1)^2\rho^2}{\sigma_1^2} - \frac{2\rho(x-\mu_1)(y-\mu_2)}{\sigma_1\sigma_2} + \frac{(y-\mu_2)^2}{\sigma_2^2}\right)\right)$$

$$= \frac{1}{\sigma_2\sqrt{2\pi}\sqrt{1-\rho^2}} \exp\left(-\frac{1}{2(1-\rho^2)}\left(\frac{y-\mu_2}{\sigma_2} - \rho\frac{x-\mu_1}{\sigma_1}\right)^2\right)$$

$$= \frac{1}{\sigma_2\sqrt{2\pi}\sqrt{1-\rho^2}} \exp\left(-\frac{1}{2(1-\rho^2)\sigma_2^2}\left(y - \left(\mu_2 + \rho\frac{\sigma_2}{\sigma_1}(x-\mu_1)\right)\right)^2\right)$$

條件分佈為正態分佈

$$N\left(\mu_2 + \rho\frac{\sigma_2}{\sigma_1}(x-\mu_1), \sigma_2^2(1-\rho^2)\right)$$

二維正態分佈的條件分佈$p_{Y|X}(y|x)$仍然是正態分佈，且其平均值與另外一個變數x有關。對於$p_{X|Y}(x|y)$有類似的結論。

下面推廣到多維的情況。假設隨機向量$\boldsymbol{x} \in \mathbb{R}^n$服從正態分佈$N(\boldsymbol{\mu}, \boldsymbol{\Sigma})$。將該向量拆分成兩部分

$$\boldsymbol{x}_A = (x_1 \ \cdots \ x_r)^{\mathrm{T}} \qquad \boldsymbol{x}_B = (x_{r+1} \ \cdots \ x_n)^{\mathrm{T}}$$

整個隨機向量可以分段表示為

$$\boldsymbol{x} = \begin{pmatrix} \boldsymbol{x}_A \\ \boldsymbol{x}_B \end{pmatrix}$$

對應的平均值向量拆分為

$$\boldsymbol{\mu} = \begin{pmatrix} \boldsymbol{\mu}_A \\ \boldsymbol{\mu}_B \end{pmatrix}$$

協方差矩陣對應的寫成下面的分段矩陣形式

$$\boldsymbol{\Sigma} = \begin{pmatrix} \boldsymbol{\Sigma}_{AA} & \boldsymbol{\Sigma}_{AB} \\ \boldsymbol{\Sigma}_{BA} & \boldsymbol{\Sigma}_{BB} \end{pmatrix}$$

其中$\boldsymbol{\Sigma}_{AA}$為$r \times r$的矩陣，$\boldsymbol{\Sigma}_{BB}$ 為$(n-r) \times (n-r)$的矩陣，$\boldsymbol{\Sigma}_{AB}$為$r \times (n-r)$的矩陣，$\boldsymbol{\Sigma}_{BA}$為$(n-r) \times r$的矩陣。由於$\boldsymbol{\Sigma}$是對稱矩陣，因此$\boldsymbol{\Sigma}_{BA} = \boldsymbol{\Sigma}_{AB}^{\mathrm{T}}$。對兩個子向量計算邊緣機率

$$p(\boldsymbol{x}_A) = \int_{\mathbb{R}^{n-r}} p(\boldsymbol{x}_A, \boldsymbol{x}_B; \boldsymbol{\mu}, \boldsymbol{\Sigma}) \mathrm{d}\boldsymbol{x}_B \qquad p(\boldsymbol{x}_B) = \int_{\mathbb{R}^{r}} p(\boldsymbol{x}_A, \boldsymbol{x}_B; \boldsymbol{\mu}, \boldsymbol{\Sigma}) \mathrm{d}\boldsymbol{x}_A$$

採用代換法計算上面的多重積分，可以獲得兩個子向量均服從正態分佈

$$\boldsymbol{x}_A \sim N(\boldsymbol{\mu}_A, \boldsymbol{\Sigma}_{AA}) \qquad \boldsymbol{x}_B \sim N(\boldsymbol{\mu}_B, \boldsymbol{\Sigma}_{BB})$$

即服從多維正態分佈$N(\boldsymbol{\mu}, \boldsymbol{\Sigma})$的隨機向量$\boldsymbol{x}$的任意子向量$\boldsymbol{x}'$的邊緣分佈也是正態分佈。且其數學期望向量由$\boldsymbol{\mu}$按照$\boldsymbol{x}'$對應取出的元素組成，協方差矩陣由$\boldsymbol{\Sigma}$按照$\boldsymbol{x}'$對應取出的行和列組成。這與二維正態分佈的邊緣分佈在形式上是統一的。

可以證明，$\boldsymbol{x}_A$和$\boldsymbol{x}_B$相互獨立的充分必要條件是$\boldsymbol{\Sigma}_{AB} = 0$。

根據條件密度函數的定義，兩個條件分佈為

$$p(\boldsymbol{x}_A|\boldsymbol{x}_B) = \frac{p(\boldsymbol{x}_A, \boldsymbol{x}_B; \boldsymbol{\mu}, \boldsymbol{\Sigma})}{\int_{\mathbb{R}^r} p(\boldsymbol{x}_A, \boldsymbol{x}_B; \boldsymbol{\mu}, \boldsymbol{\Sigma}) \mathrm{d}\boldsymbol{x}_A} \qquad p(\boldsymbol{x}_B|\boldsymbol{x}_A) = \frac{p(\boldsymbol{x}_A, \boldsymbol{x}_B; \boldsymbol{\mu}, \boldsymbol{\Sigma})}{\int_{\mathbb{R}^{n-r}} p(\boldsymbol{x}_A, \boldsymbol{x}_B; \boldsymbol{\mu}, \boldsymbol{\Sigma}) \mathrm{d}\boldsymbol{x}_B}$$

透過建構線性轉換的方法可以證明條件分佈為以下的正態分佈

$$\begin{aligned} p(\boldsymbol{x}_A|\boldsymbol{x}_B) &= N(\boldsymbol{\mu}_A + \boldsymbol{\Sigma}_{AB}\boldsymbol{\Sigma}_{BB}^{-1}(\boldsymbol{x}_B - \boldsymbol{\mu}_B), \boldsymbol{\Sigma}_{AA} - \boldsymbol{\Sigma}_{AB}\boldsymbol{\Sigma}_{BB}^{-1}\boldsymbol{\Sigma}_{BA}) \\ p(\boldsymbol{x}_B|\boldsymbol{x}_A) &= N(\boldsymbol{\mu}_B + \boldsymbol{\Sigma}_{BA}\boldsymbol{\Sigma}_{AA}^{-1}(\boldsymbol{x}_A - \boldsymbol{\mu}_A), \boldsymbol{\Sigma}_{BB} - \boldsymbol{\Sigma}_{BA}\boldsymbol{\Sigma}_{AA}^{-1}\boldsymbol{\Sigma}_{AB}) \end{aligned} \tag{5.36}$$

這與二維正態分佈的條件分佈在形式上是統一的。該結論將在高斯過程回歸中被使用。限於篇幅，不列出這些結論的推導過程。如果對推導過程有興趣，可以閱讀參考文獻[5]的 4.6 節。

多維正態分佈具有諸多優良的性質，它的邊緣分佈與條件分佈所對應的多重積分都可以獲得解析結果。在機器學習中，常態貝氏分類器、高斯混合模型、高斯過程回歸以及變分自動編碼器均使用了此機率分佈。下面再次考慮貝氏分類器。

對於 5.3.9 節所介紹的貝氏分類器，如果假設每個類的樣本的n維特徵向量$\boldsymbol{x}$都服從正態分佈，則稱為常態貝氏分類器。此時的類條件機率密度函數為

$$p(\boldsymbol{x}|c) = \frac{1}{(2\pi)^{\frac{n}{2}}|\boldsymbol{\Sigma}_c|^{\frac{1}{2}}} \exp\left(-\frac{1}{2}(\boldsymbol{x} - \boldsymbol{\mu}_c)^{\mathrm{T}}\boldsymbol{\Sigma}_c^{-1}(\boldsymbol{x} - \boldsymbol{\mu}_c)\right)$$

其中c為類別標籤，是設定值為正整數$1,\cdots,k$的離散型隨機變數，k為分類的類別數。$\boldsymbol{\mu}_c$為類別標籤c的平均值向量，$\boldsymbol{\Sigma}_c$為協方差矩陣，它們用每個類的訓練樣本透過最大似然估計獲得。多維正態分佈的最大似然估計將在 5.7.1 節說明。

如果假設每個類出現的機率$p(c)$相等，則分類時的預測函數簡化為

$$\underset{c}{\operatorname{argmax}}(p(\boldsymbol{x}|c))$$

即計算每個類的機率密度函數值$p(\boldsymbol{x}|c)$然後取極大值，對應的類為預測結果，下面進一步簡化。對$p(\boldsymbol{x}|c)$取對數

$$\ln(p(\boldsymbol{x}|c)) = \ln\left(\frac{1}{(2\pi)^{\frac{n}{2}}|\boldsymbol{\Sigma}_c|^{\frac{1}{2}}}\right) - \frac{1}{2}((\boldsymbol{x}-\boldsymbol{\mu}_c)^{\mathrm{T}}\boldsymbol{\Sigma}_c^{-1}(\boldsymbol{x}-\boldsymbol{\mu}_c))$$

變形後獲得

$$\ln(p(\boldsymbol{x}|c)) = -\frac{n}{2}\ln(2\pi) - \frac{1}{2}\ln(|\boldsymbol{\Sigma}_c|) - \frac{1}{2}((\boldsymbol{x}-\boldsymbol{\mu}_c)^{\mathrm{T}}\boldsymbol{\Sigma}_c^{-1}(\boldsymbol{x}-\boldsymbol{\mu}_c))$$

其中$-\frac{n}{2}\ln(2\pi)$是常數。求上面的極大值等於求下面的極小值

$$\ln(|\boldsymbol{\Sigma}_c|) + ((\boldsymbol{x}-\boldsymbol{\mu}_c)^{\mathrm{T}}\boldsymbol{\Sigma}_c^{-1}(\boldsymbol{x}-\boldsymbol{\mu}_c))$$

該值最小的那個類為最後的分類結果。

5.5.6 分佈轉換

透過對隨機向量進行轉換可以獲得服從另外一種機率分佈的隨機向量，與 5.4 節介紹的一維隨機變數類似。下面將 5.4.1 節的結論推廣到多維的情況。假設隨機向量$\boldsymbol{x} = (x_1 \ \cdots \ x_n)^{\mathrm{T}}$的聯合機率密度函數為$f_{\boldsymbol{x}}(x_1,\cdots,x_n)$。對此隨機向量進行以下的轉換

$$y_1 = g_1(x_1,\cdots,x_n),\cdots,y_n = g_n(x_1,\cdots,x_n)$$

獲得隨機向量$\boldsymbol{y} = (y_1 \ \cdots \ y_n)^{\mathrm{T}}$。其逆轉換存在且為

$$x_1 = h_1(y_1,\cdots,y_n),\cdots,x_n = h_n(y_1,\cdots,y_n)$$

根據分佈函數的定義，借助於$\boldsymbol{x}$的聯合機率密度函數，隨機向量$\boldsymbol{y}$的分佈函數為

$$F_{\mathbf{y}}(\mathbf{y}) = p(u_1 \leqslant y_1, \cdots, u_n \leqslant y_n) = p(g_1(x_1, \cdots, x_n) \leqslant y_1, \cdots, g_n(x_1, \cdots, x_n) \leqslant y_n)$$
$$= \int \cdots \int_{\substack{g_1(x_1,\cdots,x_n)\leqslant y_1 \\ \cdots \\ g_n(x_1,\cdots,x_n)\leqslant y_n}} f_{\mathbf{x}}(x_1, \cdots, x_n)\mathrm{d}x_1 \cdots \mathrm{d}x_n \tag{5.37}$$

假設$\mathbf{y}$的聯合機率密度函數為$f_{\mathbf{y}}(y_1, \cdots, y_n)$，根據分佈函數與機率密度函數的關係，有

$$F_{\mathbf{y}}(\mathbf{y}) = \int \cdots \int_{\substack{u_1\leqslant y_1 \\ \cdots \\ u_n\leqslant y_n}} f_{\mathbf{y}}(u_1, \cdots, u_n)\mathrm{d}u_1 \cdots \mathrm{d}u_n \tag{5.38}$$

比較式 (5.37) 與式 (5.38)，根據 3.8.3 節的多重積分代換公式，隨機向量$\mathbf{y}$的聯合機率密度函數為

$$f_{\mathbf{y}}(y_1, \cdots, y_n) = f_{\mathbf{x}}(h_1(y_1, \cdots, y_n), \cdots, h_n(y_1, \cdots, y_n)) \left|\det\left(\frac{\partial(x_1,\cdots,x_n)}{\partial(y_1,\cdots,y_n)}\right)\right| \tag{5.39}$$

其中$\left|\det\left(\frac{\partial(x_1,\cdots,x_n)}{\partial(y_1,\cdots,y_n)}\right)\right|$為逆轉換的雅可比行列式的絕對值。這是式 (5.23) 對高維的推廣，二者在形式上是統一的。在 5.8.1 節將根據此結論獲得著名的 Box-Muller 演算法。

考慮多維正態分佈，如果隨機向量$\boldsymbol{z}$服從標準多維正態分佈$N(0, \boldsymbol{I})$，協方差矩陣$\boldsymbol{\Sigma}$可以進行科列斯基分解，$\boldsymbol{\Sigma} = \boldsymbol{A}\boldsymbol{A}^{\mathrm{T}}$，對$\boldsymbol{z}$進行轉換

$$\boldsymbol{x} = \boldsymbol{A}\boldsymbol{z} + \boldsymbol{\mu}$$

逆轉為

$$\boldsymbol{z} = \boldsymbol{A}^{-1}(\boldsymbol{x} - \boldsymbol{\mu})$$

因為

$$|\boldsymbol{\Sigma}| = |\boldsymbol{A}\boldsymbol{A}^{\mathrm{T}}| = |\boldsymbol{A}||\boldsymbol{A}^{\mathrm{T}}| = |\boldsymbol{A}|^2$$

逆轉換的雅可比行列式為$|\boldsymbol{A}^{-1}|$，根據式 (5.39)，有

$$f_{\boldsymbol{x}}(\boldsymbol{x}) = f_{\boldsymbol{z}}(\boldsymbol{A}^{-1}(\boldsymbol{x}-\boldsymbol{\mu}))|\boldsymbol{A}^{-1}| = \frac{1}{(2\pi)^{\frac{n}{2}}}\exp\left(-\frac{1}{2}(\boldsymbol{A}^{-1}(\boldsymbol{x}-\boldsymbol{\mu}))^{\mathrm{T}}(\boldsymbol{A}^{-1}(\boldsymbol{x}-\boldsymbol{\mu}))\right)|\boldsymbol{A}^{-1}|$$

$$= \frac{1}{(2\pi)^{\frac{n}{2}}|\boldsymbol{A}|}\exp\left(-\frac{1}{2}(\boldsymbol{x}-\boldsymbol{\mu})^{\mathrm{T}}(\boldsymbol{A}^{-1})^{\mathrm{T}}\boldsymbol{A}^{-1}(\boldsymbol{x}-\boldsymbol{\mu})\right)$$

$$= \frac{1}{(2\pi)^{\frac{n}{2}}|\boldsymbol{\Sigma}|^{\frac{1}{2}}}\exp\left(-\frac{1}{2}(\boldsymbol{x}-\boldsymbol{\mu})^{\mathrm{T}}(\boldsymbol{A}\boldsymbol{A}^{\mathrm{T}})^{-1}(\boldsymbol{x}-\boldsymbol{\mu})\right)$$

$$= \frac{1}{(2\pi)^{\frac{n}{2}}|\boldsymbol{\Sigma}|^{\frac{1}{2}}}\exp\left(-\frac{1}{2}(\boldsymbol{x}-\boldsymbol{\mu})^{\mathrm{T}}\boldsymbol{\Sigma}^{-1}(\boldsymbol{x}-\boldsymbol{\mu})\right)$$

即$\boldsymbol{x}$服從正態分佈$N(\boldsymbol{\mu},\boldsymbol{\Sigma})$。同理，可以證明其反結論。

有二維隨機向量$\boldsymbol{x} = (x,y)$，x,y相互獨立且均服從正態分佈$N(0,1)$。對$\boldsymbol{x}$做極座標轉換

$$r = \sqrt{x^2+y^2} \qquad \theta = \arctan\left(\frac{y}{x}\right)$$

計算(r,θ)的機率分佈。極座標轉換的逆轉為

$$x = r\cos\theta \qquad y = r\sin\theta$$

$\boldsymbol{x}$的聯合機率密度函數為

$$p(x,y) = \frac{1}{2\pi}\exp\left(-\frac{x^2+y^2}{2}\right)$$

在 3.4.1 節已經計算該逆轉換的雅可比行列式為r。根據式 (5.39)，(r,θ)的聯合機率密度函數為

$$p(r,\theta) = \frac{1}{2\pi}\exp\left(-\frac{(r\cos\theta)^2+(r\sin\theta)^2}{2}\right)r = \frac{1}{2\pi}r\exp\left(-\frac{r^2}{2}\right)$$

機率密度函數中只含有r而無θ，對θ來說是均勻分佈。此分佈稱為 Rayleigh 分佈。

5.5.7 應用——高斯混合模型

前面已經介紹了正態分佈的原理，由於有中心極限定理（將在 5.6.3 節介紹）的保證以及其本身的優點，因此在很多應用問題中我們假設隨機變數服從正態分佈。單一高斯分佈的建模能力有限，無法擬合多峰分佈（機率密度函數有多個局部極值點），如果將多個高斯分佈組合起來使用，則表示能力大為提升，這就是高斯混合模型。

高斯混合模型（Gaussian Mixture Model，GMM）透過多個正態分佈的加權和來定義一個連續型隨機變數的機率分佈，其機率密度函數定義為

$$p(\boldsymbol{x}) = \sum_{i=1}^{k} w_i N(\boldsymbol{x}; \boldsymbol{\mu}_i, \boldsymbol{\Sigma}_i) \tag{5.40}$$

其中$\boldsymbol{x}$為隨機向量，k為高斯分佈的數量。w_i為第i個高斯分佈的權重，$\boldsymbol{\mu}_i$為第i個高斯分佈的平均值向量，$\boldsymbol{\Sigma}_i$為其協方差矩陣。所有高斯分佈的權重必須滿足

$$w_i \geqslant 0$$

$$\sum_{i=1}^{k} w_i = 1$$

權重之和為 1 是因為機率密度函數$p(\boldsymbol{x})$必須滿足在$\mathbb{R}^n$內的積分值為 1。由於正態分佈的機率密度函數滿足

$$\int_{\mathbb{R}^n} N(\boldsymbol{x}; \boldsymbol{\mu}_i, \boldsymbol{\Sigma}_i)\mathrm{d}\boldsymbol{x} = 1$$

因此有

$$\int_{\mathbb{R}^n} \sum_{i=1}^{k} w_i N(\boldsymbol{x}; \boldsymbol{\mu}_i, \boldsymbol{\Sigma}_i)\mathrm{d}\boldsymbol{x} = \sum_{i=1}^{k} w_i \int_{\mathbb{R}^n} N(\boldsymbol{x}; \boldsymbol{\mu}_i, \boldsymbol{\Sigma}_i)\mathrm{d}\boldsymbol{x} = \sum_{i=1}^{k} w_i = 1$$

圖 5.21 為一維高斯混合模型的機率密度函數的影像，該機率密度函數為

$$p(x) = 0.2N(x; 1.0, 0.5^2) + 0.3N(x; 2.0, 1.0^2) + 0.5N(x; 3.0, 1.5^2)$$

其中最高的曲線為高斯混合模型的機率密度函數，下面的 3 條曲線分別為 3 個高斯分量$N(1.0,0.5^2)$，$N(2.0,1.0^2)$，$N(3.0,1.5^2)$的機率密度函數

高斯混合模型可以逼近任何一個連續型機率分佈，因此它可以看作連續型機率分佈的「萬能」逼近器。圖 5.22 為用有 3 個高斯分量的二維高斯混合模型所生成的 3 類樣本，每個高斯分佈的樣本用一種顏色標記。

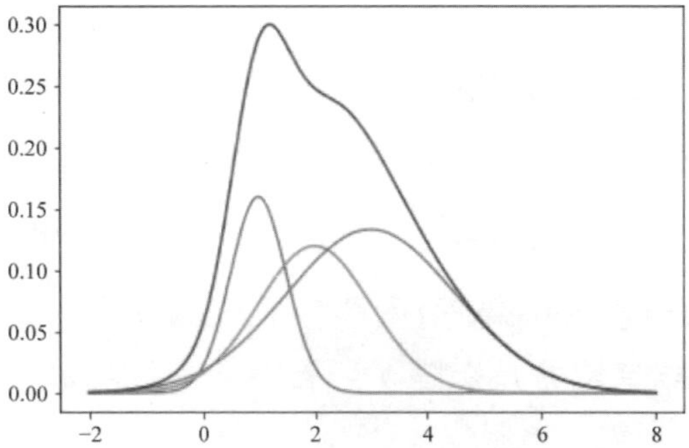

圖 5.21 一維高斯混合模型的機率密度函數

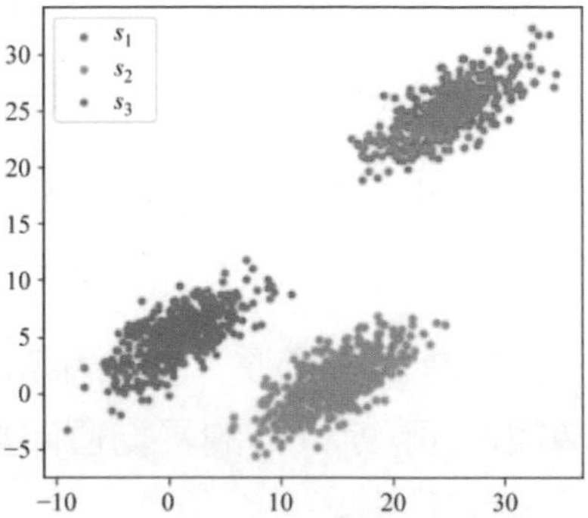

圖 5.22 由二維高斯混合模型生成的樣本

GMM 的樣本可以看作以以下的方式生成的。先以w_i的機率隨機從k個高斯分佈中選擇出第i個高斯分佈，再由此高斯分佈$N(\boldsymbol{x};\boldsymbol{\mu}_i,\boldsymbol{\Sigma}_i)$生成樣本$\boldsymbol{x}$。因此 GMM 可以看作多項分佈與高斯分佈的結合。從這種觀點出發，引用隱變數用於指示樣本來自哪個高斯分佈。之所以稱為隱變數是因為我們並不知道它的值，即不知道樣本來自哪個高斯分佈。根據條件機率的計算公式，樣本向量和隱變數的聯合機率為

$$p(\boldsymbol{x},z)=p(\boldsymbol{x}|z)p(z)$$

其中z為隱變數，是離散型隨機變數，且服從多項分佈

$$p(z=i)=w_i$$

在指定隱變數值的前提下，樣本變數服從正態分佈

$$p(\boldsymbol{x}|z=i)=N(\boldsymbol{x};\boldsymbol{\mu}_i,\boldsymbol{\Sigma}_i)$$

因此樣本向量與隱變數的聯合機率為

$$p(\boldsymbol{x}, z) = p(\boldsymbol{x}|z)p(z) = w_i N(\boldsymbol{x}; \boldsymbol{\mu}_i, \boldsymbol{\Sigma}_i)$$

即指定z的值i，樣本的值為$\boldsymbol{x}$的機率密度值為

$$p(z = i)p(\boldsymbol{x}|z = i) = w_i N(\boldsymbol{x}; \boldsymbol{\mu}_i, \boldsymbol{\Sigma}_i)$$

對隱變數所有設定值情況進行求和，可以獲得對$\boldsymbol{x}$的邊緣分佈為

$$p(\boldsymbol{x}) = \sum_{i=1}^{k} p(z = i)p(\boldsymbol{x}|z = i) = \sum_{i=1}^{k} w_i N(\boldsymbol{x}; \boldsymbol{\mu}_i, \boldsymbol{\Sigma}_i)$$

這就是高斯混合模型的機率密度函數。如果將聯合機率對$\boldsymbol{x}$求積分，則可以獲得隱變數取每個值的機率為

$$\int_{\boldsymbol{x}} w_i N(\boldsymbol{x}_i; \boldsymbol{\mu}_i, \boldsymbol{\Sigma}_i) \mathrm{d}\boldsymbol{x} = w_i$$

即隱變數的邊緣分佈為

$$p(z = i) = w_i$$

在用 EM 演算法求解高斯混合模型的時候將用到上面的結論。指定樣本的值$\boldsymbol{x}$，根據條件機率計算公式可以計算出該樣本來自每個高斯分量的機率$p(z|\boldsymbol{x})$，在 5.7.6 節說明。

5.6 極限定理

本節介紹機率論中的極限定理。極限定理是隨機變數在某種極限的情況下所表現出來的機率分佈規律。大數定律指出了某一組隨機變數的平均值在隨機變數的數量趨向於無窮時與其數學期望的關係。中心極限定理指出，某些機率分佈以正態分佈為極限分佈。

5.6.1 柴比雪夫不等式

柴比雪夫（Chebyshev）不等式建立了隨機變數的數學期望與標準差之間的關係。假設隨機變數X的數學期望為μ，標準差為σ，則對任意的$\varepsilon > 0$，有

$$p(|x-\mu| \geqslant \varepsilon) \leqslant \frac{\sigma^2}{\varepsilon^2} \tag{5.41}$$

它為隨機變數偏離其數學期望的機率提供了一個估計上界。其直觀解釋是隨機變數離數學期望越遠，則落入該區間的機率越小。下面列出證明。對於連續型隨機變數，機率密度函數為$f(x)$，根據其機率計算公式，有

$$\begin{aligned} p(|x-\mu| \geqslant \varepsilon) &= \int_{|x-\mu|\geqslant\varepsilon} f(x)\mathrm{d}x \leqslant \int_{|x-\mu|\geqslant\varepsilon} \frac{|x-\mu|^2}{\varepsilon^2} f(x)\mathrm{d}x \\ &\leqslant \frac{1}{\varepsilon^2}\int_{\mathbb{R}} |x-\mu|^2 f(x)\mathrm{d}x = \frac{\sigma^2}{\varepsilon^2} \end{aligned}$$

上式第 2 步對被積函數進行了縮放，它成立是因為積分區間為$|x-\mu| \geqslant \varepsilon$，在此區間內，必定有$\frac{|x-\mu|}{\varepsilon} \geqslant 1$，因此$\frac{|x-\mu|^2}{\varepsilon^2} \geqslant 1$。第 3 步對積分區間進行了縮放，由於$f(x) \geqslant 0$，因此 $|x-\mu|^2 f(x) \geqslant 0$，故該函數在整個$\mathbb{R}$內的積分值大於或等於在$|x-\mu| \geqslant \varepsilon$區間內的積分值。

由於$p(|x-\mu| < \varepsilon) = 1 - p(|x-\mu| \geqslant \varepsilon)$，因此式 (5.41) 可以寫成

$$p(|x-\mu| < \varepsilon) \geqslant 1 - \frac{\sigma^2}{\varepsilon^2}$$

5.6.2 大數定律

大數定律（Law of Large Numbers，LLN）指出，對於多個隨機變數，當它們的數量增加時，這些隨機變數的平均值與它們的數學期望充分接近。這為用樣本平均值估計數學期望值提供了理論保證。下面介紹幾種典型的大數定律。

柴比雪夫大數定律建立了一組相互獨立且方差有公共上界的隨機變數的平均值與這些隨機變數學期望的平均值之間的關係。假設有一組相互獨立的隨機變數$X_1,\cdots,X_n$，它們的方差$[X_i]$均存在且有公共上界，即$[X_i] < C, i = 1,\cdots,n$。它們的平均值為

$$\overline{X} = \frac{1}{n}\sum_{i=1}^{n} X_i$$

則對任意的$\varepsilon > 0$，有

$$\lim_{n\to+\infty} p\left(\left|\overline{X} - \frac{1}{n}\sum_{i=1}^{n} E[X_i]\right| < \varepsilon\right) = 1$$

下面列出證明。顯然，平均值的數學期望為

$$E[\overline{X}] = \frac{1}{n}\sum_{i-1}^{n} E[X_i]$$

由於$X_1,\cdots,X_n$相互獨立且$[X_i] < C, i = 1,\cdots,n$，因此它們平均值的方差滿足

$$[\overline{X}] = \frac{1}{n^2}\sum_{i=1}^{n} [X_i] \leqslant \frac{C}{n}$$

根據柴比雪夫不等式，有

$$p(|\overline{X} - E[\overline{X}]| \geqslant \varepsilon) \leqslant \frac{(\overline{X})}{\varepsilon^2} \leqslant \frac{C}{n\varepsilon^2}$$

因此

$$p(|\overline{X} - E[\overline{X}]| < \varepsilon) \geqslant 1 - \frac{C}{n\varepsilon^2}$$

進一步有

$$\lim_{n\to+\infty} p(|\overline{X} - E[\overline{X}]| < \varepsilon) = 1$$

伯努利大數定律建立了一組獨立同分佈的伯努利隨機變數的平均值與其參數p即數學期望之間的關係。假設有一組獨立同分佈的伯努利隨機變數

$X_1, \cdots, X_n$，參數為p，它們的平均值為

$$\overline{X} = \frac{1}{n}\sum_{i=1}^{n} X_i$$

則對任意的$\varepsilon > 0$，有

$$\lim_{n\to+\infty} p(|\overline{X} - p| < \varepsilon) = 1$$

證明方法與柴比雪夫大數定律類似，顯然它是柴比雪夫大數定律的特例。

辛欽大數定律建立了一組獨立同分佈的隨機變數的平均值與它們的數學期望之間的關係。假設有一組獨立同分佈的隨機變數$X_1, \cdots, X_n$，它們的數學期望為μ。它們的平均值為

$$\overline{X} = \frac{1}{n}\sum_{i=1}^{n} X_i$$

則對任意的$\varepsilon > 0$，有

$$\lim_{n\to+\infty} p(|\overline{X} - \mu| < \varepsilon) = 1$$

這等於

$$\lim_{n\to+\infty} p(|\overline{X} - \mu| \geqslant \varepsilon) = 0$$

結論的證明比較複雜，可以閱讀參考文獻[5]的 5.3 節。

大數定律為某些演算法的收斂性提供了理論保證，如蒙地卡羅演算法，其原理將在 5.8.3 節介紹。

各種大數定律成立的條件是不同的，柴比雪夫大數定律要求隨機變數相互獨立且方差有公共上界，但不要求它們服從相同的分佈，當然，如果服從相同的分佈，那麼結論也是成立的。伯努利大數定律不但要求隨機變數獨立同分佈，而且要求都服從伯努利分佈。辛欽大數定律不要求各隨機變數的方差存在，但要求它們獨立同分佈且數學期望存在。

5.6.3 中心極限定理

中心極限定理（Central Limit Theorem）是極限定理中最重要的結論之一，它指出了某些機率分佈以正態分佈為極限分佈。

棣莫佛--拉普拉斯（De Moivre-Laplace）定理指出二項分佈以正態分佈為極限分佈。假設有二項分佈的隨機變數$X \sim B(n,p)$。用數學期望與標準差歸一化

$$\frac{X-np}{\sqrt{npq}}$$

則有

$$\lim_{n\to+\infty} p(a \leqslant \frac{X-np}{\sqrt{npq}} \leqslant b) = \Phi(b) - \Phi(a)$$

或寫成

$$\lim_{n\to+\infty} p(\frac{X-np}{\sqrt{npq}} \leqslant b) = \Phi(b)$$

其中$\Phi(x)$是標準正態分佈的分佈函數，a和b是兩個任意的常數。當n增加時，用數學期望與標準差歸一化之後的二項分佈隨機變數以正態分佈為極限分佈。

林德伯格--列維（Lindeberg-Levy）定理是棣莫佛--拉普拉斯定理的一般化。它指出獨立同分佈且數學期望和方差有限的隨機變數序列的平均值在使用其數學期望和標準差進行標準化之後，以標準正態分佈為極限分佈。

設隨機變數$X_i, i = 1,\cdots,n$獨立同分佈，數學期望為μ，方差為σ^2。它們的平均值為

$$\overline{X} = \frac{1}{n}\sum_{i=1}^{n} X_i$$

平均值的數學期望為$E[\overline{X}] = \mu$，方差為$\mathrm{var}[\overline{X}] = \frac{\sigma^2}{n}$。將標準差對平均值進行歸一化

$$\frac{\overline{X}-\mu}{\sigma/\sqrt{n}}$$

則有

$$\lim_{n\to+\infty} p\left(\frac{\overline{X}-\mu}{\sigma/\sqrt{n}} \leqslant x\right) = \Phi(x)$$

同樣，$\Phi(x)$是標準正態分佈的分佈函數。限於篇幅，這裡不列出證明過程。如果對定理的證明有興趣，可以閱讀參考文獻[5]的 5.1 節。

中心極限定理從理論上確保了某些機率分佈以正態分佈為極限分佈，對於很多現實資料，這是近似成立的。因此，在機器學習與深度學習中，通常假設隨機變數服從正態分佈。

5.7 參數估計

在機器學習中，通常假設隨機變數服從某種機率分佈$p(\boldsymbol{x})$，但這種分佈的參數$\boldsymbol{\theta}$是未知的。演算法需要根據一組服從此機率分佈的樣本來估計出機率分佈的參數，稱為參數估計問題。對於已知機率密度函數形式的問題，本節介紹最大似然估計、最大後驗機率估計，以及貝氏估計。如果不指定機率密度函數的實際形式，則可用核心密度估計技術，這是一種無參的方法。

5.7.1 最大似然估計

最大似然估計（Maximum Likelihood Estimation，MLE）為樣本集建構一個似然函數，透過讓似然函數最大化，求解出參數$\boldsymbol{\theta}$。其直觀解釋是，尋求參數的值使得指定的樣本集出現的機率（或機率密度函數值）最大。最大似然估計認為使得觀測資料（樣本集）出現機率最大的參數為最佳參數，這一方法區塊現了「存在的就是合理的」這一樸素的哲學思想：既然這組樣本出現了，那麼它們出現的機率理應是最大化的。

假設樣本服從的機率分佈為$p(\boldsymbol{x};\boldsymbol{\theta})$，其中$\boldsymbol{x}$為隨機變數，$\boldsymbol{\theta}$為要估計的參數。指定一組樣本$\boldsymbol{x}_i, i = 1,\cdots,l$，它們都服從這種分佈且相互獨立。因此，它們的聯合機率為

$$\prod_{i=1}^{l} p(\boldsymbol{x}_i;\boldsymbol{\theta})$$

這個聯合機率也稱為似然函數。其中$\boldsymbol{x}_i$是已知量，$\boldsymbol{\theta}$是待確定的未知數，似然函數是最佳化變數$\boldsymbol{\theta}$的函數

$$L(\boldsymbol{\theta}) = \prod_{i=1}^{l} p(\boldsymbol{x}_i;\boldsymbol{\theta})$$

目標是讓該函數的值最大化，這樣做的依據是這組樣本出現了，因此應該最大化它們出現的機率。即求解以下最佳化問題

$$\max_{\boldsymbol{\theta}} \prod_{i=1}^{l} p(\boldsymbol{x}_i;\boldsymbol{\theta})$$

求解駐點方程式可以獲得問題的解。乘積求導不易處理且連乘容易造成浮點數溢位，將似然函數取對數，獲得對數似然函數

$$\ln L(\boldsymbol{\theta}) = \ln \prod_{i=1}^{l} p(\boldsymbol{x}_i;\boldsymbol{\theta}) = \sum_{i=1}^{l} \ln p(\boldsymbol{x}_i;\boldsymbol{\theta})$$

對數函數是增函數，因此最大化似然函數等於最大化對數似然函數。最後要求解的問題為

$$\max_{\boldsymbol{\theta}} \sum_{i=1}^{l} \ln p(\boldsymbol{x}_i;\boldsymbol{\theta})$$

這是一個不帶約束的最佳化問題，一般情況下可直接求得解析解。也可用梯度下降法或牛頓法求解。對於離散型機率分佈和連續型機率分佈，這種處理方法是統一的。

下面估計伯努利分佈的參數。對於伯努利分佈$B(p)$，有n個樣本，其中設定值為 1 的有a個，設定值為 0 的有$n-a$個。樣本集的似然函數為

$$L(p)=p^{a}(1-p)^{n-a}$$

如果$n=10$，$a=3$，那麼似然函數的影像如圖 5.23 所示。圖中水平座標為參數p，垂直座標是似然函數的值。

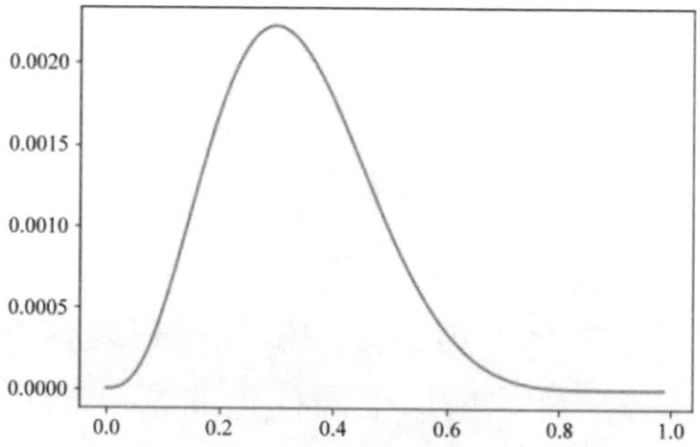

圖 5.23 伯努利分佈的似然函數

從影像來看，該函數在 0.3 時取極大值。對數似然函數為

$$\ln L(p)=a\ln p+(n-a)\ln(1-p)$$

對p求導並令導數為 0，可得

$$\frac{a}{p}-(n-a)\frac{1}{1-p}=0$$

解得

$$p=\frac{a}{n}$$

將$n=10$，$a=3$代入，可以獲得

$$p=0.3$$

這與圖 5.23 的直觀結果一致。

接下來估計正態分佈的參數。對於正態分佈$N(\mu,\sigma^{2})$，有樣本集$x_1,\cdots,x_n$。該樣本集的似然函數為

$$L(\mu,\sigma)=\prod_{i=1}^{n}\frac{1}{\sqrt{2\pi}\sigma}\exp\left(-\frac{(x_i-\mu)^2}{2\sigma^2}\right)=(2\pi\sigma^2)^{-\frac{n}{2}}\exp\left(-\frac{1}{2\sigma^2}\sum_{i=1}^{n}(x_i-\mu)^2\right)$$

對數似然函數為

$$\ln L(\mu,\sigma)=-\frac{n}{2}\ln(2\pi)-\frac{n}{2}\ln(\sigma^2)-\frac{1}{2\sigma^2}\sum_{i=1}^{n}(x_i-\mu)^2$$

對μ和σ求偏導數並令其為 0，獲得下面的方程組

$$\begin{cases}\dfrac{\partial \ln L(\mu,\sigma)}{\partial\mu}=\dfrac{1}{\sigma^2}\displaystyle\sum_{i=1}^{n}(x_i-\mu)=0\\ \dfrac{\partial \ln L(\mu,\sigma)}{\partial\sigma}=-\dfrac{n}{\sigma}+\dfrac{1}{\sigma^3}\displaystyle\sum_{i=1}^{n}(x_i-\mu)^2=0\end{cases}$$

解得

$$\mu=\bar{x}=\frac{1}{n}\sum_{i=1}^{n}x_i\sigma^2=\frac{1}{n}\sum_{i=1}^{n}(x_i-\mu)^2$$

正態分佈最大似然估計的平均值為樣本集的平均值，方差為樣本集的方差。假設由一維正態分佈生成了一組樣本

$$0.4\ \ 0.5\ \ 0.49\ \ 0.51\ \ 0.52\ \ 0.48\ \ 0.8\ \ 0.7\ \ 0.6$$

樣本集似然函數的影像如圖 5.24 所示，其中水平座標和垂直座標分別為平均值和標準差，豎座標為似然函數值。

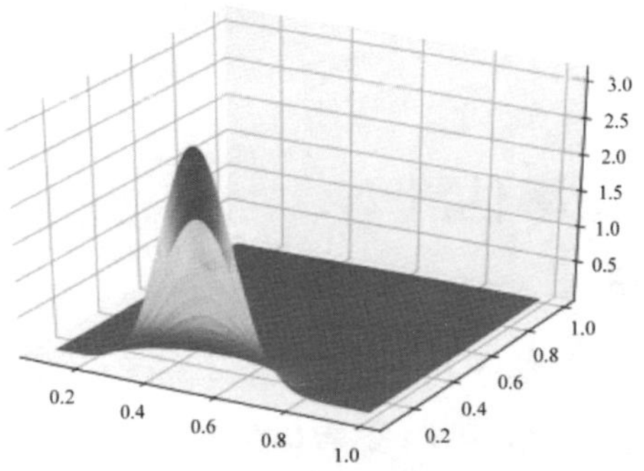

圖 5.24 正態分佈的似然函數

該函數有一個峰值。一般情況下似然函數是凹函數，因此有全域極大值點。

對於多維正態分佈有類似的結果。有n維正態分佈$N(\boldsymbol{\mu}, \boldsymbol{\Sigma})$，指定一組樣本$\boldsymbol{x}_1, \cdots, \boldsymbol{x}_l$。其對數似然函數為

$$\ln L(\boldsymbol{\mu}, \boldsymbol{\Sigma}) = \ln \prod_{i=1}^{l} \frac{1}{(2\pi)^{\frac{n}{2}} |\boldsymbol{\Sigma}|^{\frac{1}{2}}} \exp\left(-\frac{1}{2}(\boldsymbol{x}_i - \boldsymbol{\mu})^{\mathrm{T}} \boldsymbol{\Sigma}^{-1} (\boldsymbol{x}_i - \boldsymbol{\mu})\right)$$

$$= -\frac{nl}{2}\ln(2\pi) - \frac{l}{2}\ln|\boldsymbol{\Sigma}| - \frac{1}{2}\sum_{i=1}^{l} (\boldsymbol{x}_i - \boldsymbol{\mu})^{\mathrm{T}} \boldsymbol{\Sigma}^{-1} (\boldsymbol{x}_i - \boldsymbol{\mu})$$

對$\boldsymbol{\mu}$求梯度並令梯度為0

$$\nabla_{\boldsymbol{\mu}} \ln L = \sum_{i=1}^{l} \boldsymbol{\Sigma}^{-1} (\boldsymbol{x}_i - \boldsymbol{\mu}) = 0$$

兩邊左乘$\boldsymbol{\Sigma}$，解得

$$\boldsymbol{\mu} = \frac{1}{l}\sum_{i=1}^{l} \boldsymbol{x}_i$$

對$\boldsymbol{\Sigma}$的求解更為複雜，因為它要滿足對稱正定性限制條件。可以解得

$$\boldsymbol{\Sigma} = \frac{1}{l}\sum_{i=1}^{l} (\boldsymbol{x}_i - \boldsymbol{\mu})(\boldsymbol{x}_i - \boldsymbol{\mu})^{\mathrm{T}}$$

$\boldsymbol{\mu}$在前面已經被算出。這與一維正態分佈的最大似然估計結果在形式上是統一的。

5.7.2 最大後驗機率估計

最大似然估計將參數$\boldsymbol{\theta}$看作確定值（普通的變數），但其值未知，透過最大化對數似然函數確定其值。最大後驗機率估計（Maximum A Posteriori Probability Estimate，MAP）則將參數$\boldsymbol{\theta}$看作隨機變數，假設它服從某種機率分佈，透過最大化後驗機率$p(\boldsymbol{\theta}|\boldsymbol{x})$確定其值。其核心思想是使得在樣本

出現的條件下參數的後驗機率最大化。求解時需要假設參數$\boldsymbol{\theta}$服從某種分佈（稱為先驗分佈）。

假設參數服從機率分佈$p(\boldsymbol{\theta})$。根據貝氏公式，參數對樣本集的後驗機率（即已知樣本集$\boldsymbol{x}$的條件下參數$\boldsymbol{\theta}$的條件機率）為

$$p(\boldsymbol{\theta}|\boldsymbol{x}) = \frac{p(\boldsymbol{x}|\boldsymbol{\theta})p(\boldsymbol{\theta})}{p(\boldsymbol{x})} = \frac{p(\boldsymbol{x}|\boldsymbol{\theta})p(\boldsymbol{\theta})}{\int_{\boldsymbol{\theta}} p(\boldsymbol{x}|\boldsymbol{\theta})p(\boldsymbol{\theta})\mathrm{d}\boldsymbol{\theta}}$$

其中$p(\boldsymbol{x}|\boldsymbol{\theta})$是指定參數值時樣本的機率分佈，就是$\boldsymbol{x}$的機率密度函數或機率質量函數，可以根據樣本的值$\boldsymbol{x}$進行計算，與最大似然估計相同，$\boldsymbol{\theta}$是隨機變數。因此，最大化該後驗機率等於

$$\arg\max_{\boldsymbol{\theta}} p(\boldsymbol{\theta}|\boldsymbol{x}) = \arg\max_{\boldsymbol{\theta}} \frac{p(\boldsymbol{x}|\boldsymbol{\theta})p(\boldsymbol{\theta})}{\int_{\boldsymbol{\theta}} p(\boldsymbol{x}|\boldsymbol{\theta})p(\boldsymbol{\theta})\mathrm{d}\boldsymbol{\theta}} = \arg\max_{\boldsymbol{\theta}} p(\boldsymbol{x}|\boldsymbol{\theta})p(\boldsymbol{\theta})$$

上式第二步忽略了分母的值，因為它和參數$\boldsymbol{\theta}$無關且為正。最大後驗機率估計與最大似然估計的區別在於目標函數中多了$p(\boldsymbol{\theta})$這一項，如果$\boldsymbol{\theta}$服從均勻分佈，該項為常數，最大後驗機率估計與最大似然估計一致。實現時，同樣可以將目標函數取對數然後計算。

下面用最大後驗機率估計計算伯努利分佈的參數。對於 5.7.1 節中的伯努利分佈參數估計問題，假設參數p服從正態分佈$N(0.3,0.1^2)$，則目標函數為

$$L(p) = p^a(1-p)^{n-a}\frac{1}{\sqrt{2\pi}\times 0.1}\exp\left(-\frac{(p-0.3)^2}{2\times 0.1^2}\right) \tag{5.42}$$

其對數為

$$\ln L(p) = a\ln p + (n-a)\ln(1-p) + \ln\frac{1}{\sqrt{2\pi}\times 0.1} - 50(p-0.3)^2$$

對p求導並令導數為 0，將$n = 10$，$a = 3$代入上式，可以獲得

$$\frac{3}{p} - \frac{7}{1-p} - 100(p-0.3) = 0$$

由於$0 < p < 1$，因此解此方程式即可獲得p的值。圖 5.25 為式 (5.42) 目標

函數的影像，最大值在 0.3 點附近取得，與圖 5.23 有所差異。圖 5.25 中水平座標為參數p，垂直座標為目標函數值。

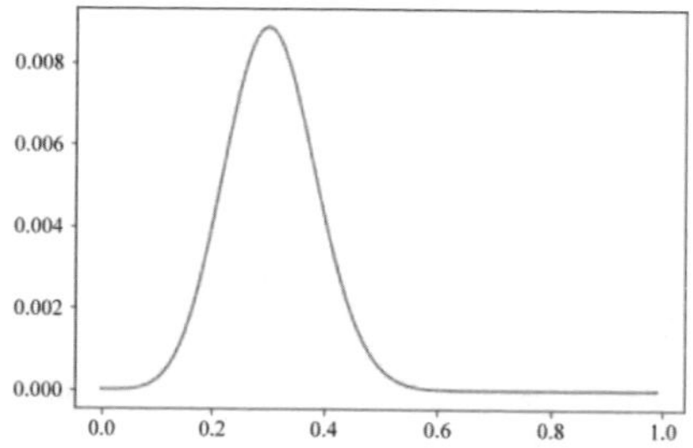

圖 5.25 伯努利分佈的最大後驗機率估計函數

接下來計算正態分佈的參數。假設有正態分佈$N(\mu,\sigma_v^2)$，其平均值μ未知，而方差已知。有一組取樣自該分佈的獨立同分佈樣本$x_1,\cdots,x_n$。假設參數μ服從正態分佈$N(\mu_0,\sigma_m^2)$。最大後驗機率估計的目標函數為

$$L(\mu)=\frac{1}{\sqrt{2\pi}\sigma_m}\exp\left(-\frac{(\mu-\mu_0)^2}{2\sigma_m^2}\right)\prod_{i=1}^{n}\frac{1}{\sqrt{2\pi}\sigma_v}\exp\left(-\frac{(x_i-\mu)^2}{2\sigma_v^2}\right)$$

將該函數取對數，可得

$$\ln L(\mu)=\ln\frac{1}{\sqrt{2\pi}\sigma_m}-\frac{(\mu-\mu_0)^2}{2\sigma_m^2}+n\ln\frac{1}{\sqrt{2\pi}\sigma_v}-\sum_{i=1}^{n}\frac{(x_i-\mu)^2}{2\sigma_v^2}$$

最大化此目標函數等於最小化以下函數

$$f(\mu)=\frac{(\mu-\mu_0)^2}{\sigma_m^2}+\sum_{i=1}^{n}\frac{(x_i-\mu)^2}{\sigma_v^2}$$

對μ求導並令導數為 0，可以解得

$$\mu=\frac{\sigma_m^2(\sum_{i=1}^{n}x_i)+\sigma_v^2\mu_0}{\sigma_m^2 n+\sigma_v^2}$$

這就是平均值的最大後驗機率估計結果。如果忽略上式分子和分母的第二部分即假設μ的方差σ_v為 0，則與最大似然估計的結果相同，此時的μ退化成一個確定值。

5.7.3 貝氏估計

貝氏估計與最大後驗機率估計的思想類似，區別在於不求出參數的實際值，而是求出參數所服從的機率分佈。5.7.2 節中已經推導過，參數$\boldsymbol{\theta}$的後驗機率分佈為

$$p(\boldsymbol{\theta}|\boldsymbol{x}) = \frac{p(\boldsymbol{x}|\boldsymbol{\theta})p(\boldsymbol{\theta})}{\int_{\boldsymbol{\theta}} p(\boldsymbol{x}|\boldsymbol{\theta})p(\boldsymbol{\theta})\mathrm{d}\boldsymbol{\theta}} \tag{5.43}$$

同樣的，$p(\boldsymbol{\theta})$為參數的先驗分佈，$p(\boldsymbol{x}|\boldsymbol{\theta})$為指定參數時樣本的機率分佈。這裡獲得的是參數的機率分佈，通常取其數學期望作為參數的估計值。即參數的估計值為

$$E[p(\boldsymbol{\theta}|\boldsymbol{x})]$$

式 (5.43) 分母中的積分通常難以計算，在 6.3.5 節將說明參數後驗機率的近似計算方法——變分推斷。

5.7.4 核心密度估計

前面介紹的參數估計方法均需要已知機率密度函數的形式，演算法只確定機率密度函數的參數。對於很多應用，我們無法列出機率密度函數的顯性運算式，此時可以使用核心密度估計。核心密度估計（Kernel Density Estimation，KDE）也稱為 Parzen 窗技術，是一種非參數方法，它無須求解機率密度函數的參數，而是用一組標準函數的重疊表示機率密度函數。

有d維空間中的樣本點$\boldsymbol{x}_i, i = 1, \cdots, n$，它們服從某一未知的機率分佈。指定核心函數$K(\boldsymbol{x})$，在任意點$\boldsymbol{x}$處的機率密度函數估計值根據所有的樣本點計算

$$p(\boldsymbol{x}) = \frac{1}{nh^d}\sum_{i=1}^{n} K(\frac{\boldsymbol{x} - \boldsymbol{x}_i}{h}) \tag{5.44}$$

其中h為核心函數的視窗半徑，是人工設定的正參數。核心函數要確保函數值 $K\left(\frac{\boldsymbol{x}-\boldsymbol{x}_i}{h}\right)$ 隨著待估計點$\boldsymbol{x}$離樣本點$\boldsymbol{x}_i$的距離增加而遞減。根據這一原

則，如果$\boldsymbol{x}$附近的樣本點密集，則在該點處的機率密度函數估計值更大；如果附近的樣本點稀疏，則機率密度函數的估計值小。這符合對機率密度函數的直觀要求。係數 $\frac{1}{nh^d}$ 是為了確保$p(\boldsymbol{x})$的積分為 1，使得它是一個合法的機率密度函數。其中$\frac{1}{n}$對應於n個求和項；$\frac{1}{h^d}$是為了確保核心函數進行d維代換之後積分值為 1，即

$$\int_{\mathbb{R}^d} \frac{1}{h^d} K\left(\frac{\boldsymbol{x}-\boldsymbol{x}_i}{h}\right) \mathrm{d}\boldsymbol{x} = 1$$

核心函數能確保積分值為 1

$$\int_{\mathbb{R}^d} K(\boldsymbol{y}) \mathrm{d}\boldsymbol{y} = 1 \tag{5.45}$$

如果令

$$\frac{\boldsymbol{x}-\boldsymbol{x}_i}{h} = \boldsymbol{y}$$

其逆轉為

$$\boldsymbol{x} = h\boldsymbol{y} + \boldsymbol{x}_i$$

此代換的雅可比行列式為

$$\left|\frac{\partial \boldsymbol{x}}{\partial \boldsymbol{y}}\right| = \begin{vmatrix} h & \cdots & 0 \\ \vdots & & \vdots \\ 0 & \cdots & h \end{vmatrix} = h^d$$

因此有

$$\frac{1}{h^d}\int_{\mathbb{R}^d} K\left(\frac{\boldsymbol{x}-\boldsymbol{x}_i}{h}\right) \mathrm{d}\boldsymbol{x} = \frac{1}{h^d}\int_{\mathbb{R}^d} K(\boldsymbol{y}) \left|\det\left(\frac{\partial \boldsymbol{x}}{\partial \boldsymbol{y}}\right)\right| \mathrm{d}\boldsymbol{y} = \frac{1}{h^d}\int_{\mathbb{R}^d} K(\boldsymbol{y}) h^d \mathrm{d}\boldsymbol{y} = 1$$

常用的核心函數是徑向對稱核心（Radially Symmetric Kernel），可以寫成以下形式

$$K(\boldsymbol{x}) = c_{k,d} k(\| \boldsymbol{x} \|^2)$$

其中$k(x)$為核心的剖面（profile）函數，是$\| \boldsymbol{x} \|$的減函數且對點$\boldsymbol{x}$關於原點徑向對稱，這也是徑向對稱核心這一名稱的來歷。歸一化常數$c_{k,d}$確保$K(\boldsymbol{x})$的積分值為 1，即式 (5.45) 成立，此常數根據實際的核心函數而定。

下面介紹幾種典型的核心函數。Epanechnikov 剖面函數定義為

$$k(x) = \begin{cases} 1 - x & 0 \leqslant x \leqslant 1 \\ 0 & x > 1 \end{cases}$$

其對應的徑向對稱核心稱為 Epanechnikov 核心，定義為

$$K(\boldsymbol{x}) = \begin{cases} \frac{1}{2} c_d^{-1}(d+2)(1-\| \boldsymbol{x} \|^2) & \| \boldsymbol{x} \| \leqslant 1 \\ 0 & \| \boldsymbol{x} \| > 1 \end{cases}$$

其中c_d是d維單位球的體積。Epanechnikov 剖面函數在$x = 1$點處不可導。

高斯核心的剖面函數定義為

$$k(x) = \exp\left(-\frac{1}{2}x\right)$$

其對應的多變數高斯核心（Multivariate Gaussian Kernel）為

$$K(\boldsymbol{x}) = (2\pi)^{-d/2}\exp\left(-\frac{1}{2} \| \boldsymbol{x} \|^2\right)$$

它的歸一化係數為$(2\pi)^{-d/2}$，因為根據 3.8.3 節的結論

$$\int_{\mathbb{R}^d} \exp\left(-\frac{1}{2} \| \boldsymbol{x} \|^2\right) \mathrm{d}\boldsymbol{x} = (2\pi)^{d/2}$$

這就是標準多維正態分佈，圖 5.26 為根據一組二維空間中樣本點計算出的核心密度函數的影像。圖中白色的點為樣本點，平面內所有點處的核心密度函數值用不同的顏色顯示，核心密度值越大即樣本點越密集的點處的亮度值越大，反之則越小。

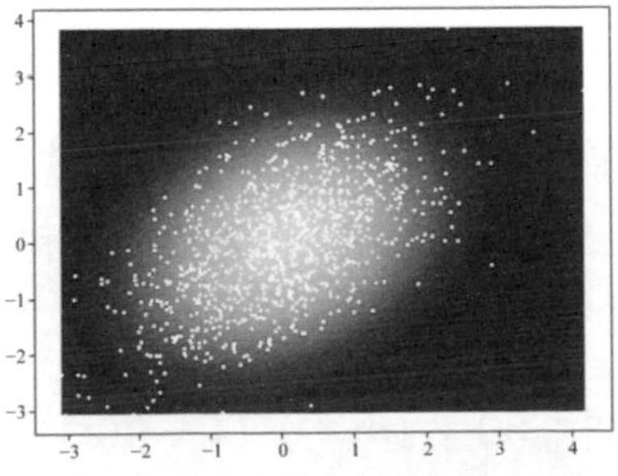

圖 5.26 一個樣本集的核心密度估計函數（來自 sklearn 官網）

借助於剖面函數，式 (5.44) 可以寫成

$$f_{h,K}(\boldsymbol{x}) = \frac{c_{k,d}}{nh^d}\sum_{i=1}^{n} k\left(\left\|\frac{\boldsymbol{x}-\boldsymbol{x}_i}{h}\right\|^2\right) \tag{5.46}$$

對於某些實際應用，需要計算核心密度函數的極大值點，典型的是視覺目標追蹤、集群演算法。如果用梯度上升法求解此問題，那麼可以獲得著名的平均值漂移（Mean Shift）演算法，將在 5.7.7 節說明。

5.7.5 應用——logistic 回歸

下面介紹最大似然估計在 logistic 回歸模型訓練中的應用。在 5.2.2 節介紹了 logistic 回歸的原理，其預測函數為

$$h(\boldsymbol{x}) = \frac{1}{1+\exp(-\boldsymbol{w}^{\mathrm{T}}\boldsymbol{x}+b)}$$

其中$\boldsymbol{x}$為輸入向量，$\boldsymbol{w}$為權重向量，b為偏置項。權重向量與偏置項是模型的參數，透過訓練獲得。為了簡化表述，用以下的方式對向量進行擴充合併

$$\boldsymbol{x} \leftarrow [1,\boldsymbol{x}] \qquad \boldsymbol{w} \leftarrow [b,\boldsymbol{w}]$$

預測函數變為

$$h(\boldsymbol{x}) = \frac{1}{1+\exp(-\boldsymbol{w}^{\mathrm{T}}\boldsymbol{x})}$$

這是樣本為正樣本的機率。樣本屬於負樣本的機率為$1-h(\boldsymbol{x})$。這是一個伯努利分佈。下面用最大似然估計確定模型的參數$\boldsymbol{w}$。

指定訓練樣本集$(\boldsymbol{x}_i, y_i), i=1,\cdots,l$，其中$\boldsymbol{x}_i$為$n$維特徵向量，$y_i$為類別標籤，其設定值為 1 或 0。根據 5.3.2 節介紹的伯努利分佈的機率質量函數運算式，樣本屬於每個類的機率可以統一寫成

$$p(y|\boldsymbol{x};\boldsymbol{w}) = (h(\boldsymbol{x}))^y(1-h(\boldsymbol{x}))^{1-y}$$

由於樣本獨立同分佈，訓練樣本集的似然函數為

$$L(\boldsymbol{w}) = \prod_{i=1}^{l} p(y_i|\boldsymbol{x}_i;\boldsymbol{w}) = \prod_{i=1}^{l} (h(\boldsymbol{x}_i)^{y_i}(1-h(\boldsymbol{x}_i))^{1-y_i})$$

對數似然函數為

$$\ln L(\boldsymbol{w}) = \sum_{i=1}^{l} (y_i \ln h(\boldsymbol{x}_i) + (1-y_i)\ln(1-h(\boldsymbol{x}_i)))$$

求該函數的極大值等於求下面函數的極小值

$$f(\boldsymbol{w}) = -\sum_{i=1}^{l} (y_i \ln h(\boldsymbol{x}_i) + (1-y_i)\ln(1-h(\boldsymbol{x}_i))) \tag{5.47}$$

式 (5.47) 的目標函數是伯努利分佈的交叉熵，交叉熵將在 6.2 節介紹。目標函數的梯度為

$$\nabla_{\boldsymbol{w}} f(\boldsymbol{w}) = -\sum_{i=1}^{l}\left(\frac{y_i}{h(\boldsymbol{x}_i)}h(\boldsymbol{x}_i)(1-h(\boldsymbol{x}_i))\nabla_{\boldsymbol{w}}(\boldsymbol{w}^{\mathrm{T}}\boldsymbol{x}_i) - \frac{1-y_i}{1-h(\boldsymbol{x}_i)}h(\boldsymbol{x}_i)(1-h(\boldsymbol{x}_i))\nabla_{\boldsymbol{w}}(\boldsymbol{w}^{\mathrm{T}}\boldsymbol{x}_i)\right)$$

$$= -\sum_{i=1}^{l} (y_i(1-h(\boldsymbol{x}_i))\boldsymbol{x}_i - (1-y_i)h(\boldsymbol{x}_i)\boldsymbol{x}_i) = -\sum_{i=1}^{l} (y_i - y_i h(\boldsymbol{x}_i) - h(\boldsymbol{x}_i) + y_i h(\boldsymbol{x}_i))\boldsymbol{x}_i$$

$$= \sum_{i=1}^{l} (h(\boldsymbol{x}_i) - y_i)\boldsymbol{x}_i$$

這裡第 1 步利用了 1.2.1 節推導的 logistics 函數的導數公式，第 2 步利用了 3.5.1 節推導的線性函數的梯度計算公式。由此獲得梯度的計算公式

$$\nabla_{\boldsymbol{w}} f(\boldsymbol{w}) = \sum_{i=1}^{l} (h(\boldsymbol{x}_i) - y_i)\boldsymbol{x}_i \tag{5.48}$$

根據 3.3.1 節說明的根據梯度計算漢森矩陣公式，目標函數的漢森矩陣為

$$\nabla_{\boldsymbol{w}}^2 f(\boldsymbol{w}) = \nabla_{\boldsymbol{w}} \sum_{i=1}^{l} (h(\boldsymbol{x}_i) - y_i)\boldsymbol{x}_i = \sum_{i=1}^{l} h(\boldsymbol{x}_i)(1-h(\boldsymbol{x}_i))\boldsymbol{X}_i$$

如果單一樣本的特徵向量為 $\boldsymbol{x}_i = (x_{i1} \ \cdots \ x_{in})^{\mathrm{T}}$，矩陣 $\boldsymbol{X}_i$ 定義為

$$\boldsymbol{X}_i = \begin{pmatrix} x_{i1}^2 & \cdots & x_{i1}x_{in} \\ \vdots & & \vdots \\ x_{in}x_{i1} & \cdots & x_{in}^2 \end{pmatrix}$$

此矩陣可以寫成以下乘積形式

$$\boldsymbol{X}_i = \boldsymbol{x}_i \boldsymbol{x}_i^{\mathrm{T}}$$

對任意非0向量$\boldsymbol{x}$，有

$$\boldsymbol{x}^{\mathrm{T}} \boldsymbol{X}_i \boldsymbol{x} = \boldsymbol{x}^{\mathrm{T}} (\boldsymbol{x}_i \boldsymbol{x}_i^{\mathrm{T}}) \boldsymbol{x} = \boldsymbol{x}^{\mathrm{T}} \boldsymbol{x}_i \boldsymbol{x}_i^{\mathrm{T}} \boldsymbol{x} = (\boldsymbol{x}^{\mathrm{T}} \boldsymbol{x}_i)(\boldsymbol{x}_i^{\mathrm{T}} \boldsymbol{x}) \geqslant 0$$

因此矩陣$\boldsymbol{X}_i$半正定。由於

$$h(\boldsymbol{x}_i)(1 - h(\boldsymbol{x}_i)) > 0$$

因此漢森矩陣半正定，式 (5.47) 的目標函數是凸函數。

對於以下的訓練樣本集，我們接下來將式 (5.47) 的交叉熵目標函數視覺化。

$$(0.5,0.5), 0 \qquad (1.0,1.0), 0 \qquad (1.0,0.5), 1 \qquad (0.5,1.0), 1$$

每個訓練樣本的前半部分為樣本的特徵向量，後半部分為樣本的標籤值。標籤值為 0 表示負樣本，標籤值為 1 表示正樣本。共有 4 個樣本，這是經典的「互斥」問題。如果在平面上將 4 個點顯示出來，那麼兩個類都位於正方形的對角線上，無法用線性分類器將它們分開。

圖 5.27 為使用交叉熵損失函數時的目標函數曲面，是一個光滑的凸函數，可以確保找到全域極小值點。圖中水平座標和垂直座標為權重向量的兩個分量，豎座標為目標函數值，這裡將偏置項統一設定為 0。

下面考慮使用歐氏距離作為損失函數，定義為

$$L(\boldsymbol{w}) = \frac{1}{2l} \sum_{i=1}^{l} (y_i - h(\boldsymbol{x}_i))^2$$

圖 5.28 是使用此損失函數的曲面，不是凸函數，存在多個局部極小值點，尋找全域極小值存在困難。

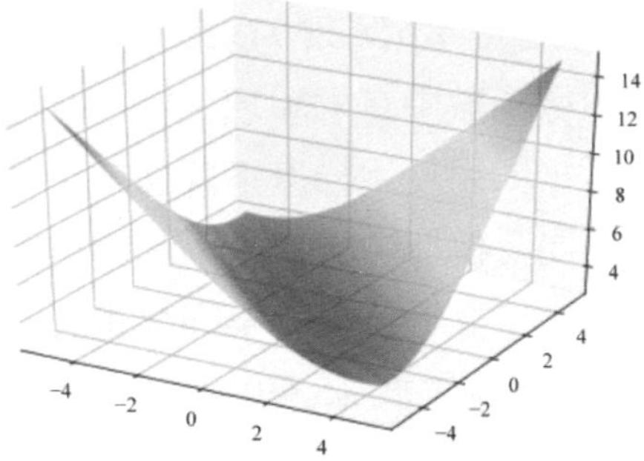

圖 5.27 使用交叉熵時的目標函數

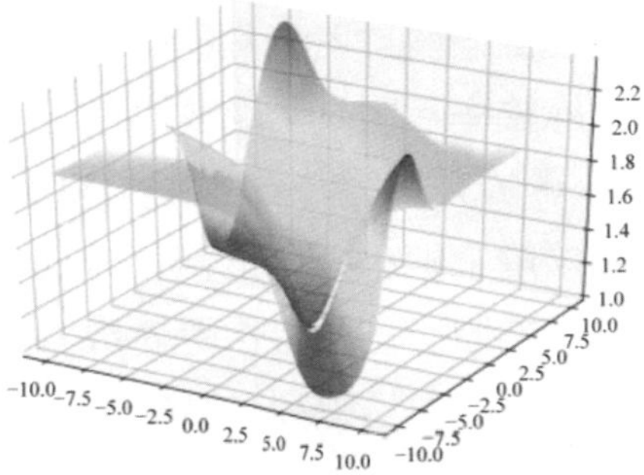

圖 5.28 使用歐氏距離時的目標函數

如果使用梯度下降法求解，根據式 (5.48) 的梯度計算公式，梯度下降法的迭代更新公式非常簡潔

$$\mathrm{w}_{k+1} = \mathrm{w}_k - \alpha \sum_{i=1}^{l} (h(\mathrm{x}_i) - y_i)\mathrm{x}_i$$

5.7.6 應用——EM 演算法

前面介紹的參數估計問題均已知樣本的所有資訊，對於有些問題，樣木的某些資訊是不可見的。這類問題稱為有隱變數的參數估計問題，經典的求解演算法是 EM（Expectation Maximization）演算法，即期望最大化演算法。本節以高斯混合模型為例，介紹 EM 演算法的原理與使用。

EM 演算法（見參考文獻[3]）是一種迭代，其目標是求解最大似然估計或最大後驗機率估計問題，而樣本中具有無法觀測的隱變數。下面將高斯混合模型一般化，介紹含有隱變數的機率分佈。假設有機率分佈$p(\boldsymbol{x};\boldsymbol{\theta})$，由它生成了$l$個樣本。每個樣本包含觀測資料$\boldsymbol{x}_i$，以及無法觀測到的隱變數$z_i$，如樣本的類別標籤值，在這裡限定為整數值，是離散型隨機變數。這個機率分佈的參數$\boldsymbol{\theta}$是未知的，現在需要根據這些樣本估計出參數$\boldsymbol{\theta}$的值。如果用最大似然估計，建構對數似然函數

$$L(\boldsymbol{\theta}) = \sum_{i=1}^{l} \ln p(\boldsymbol{x}_i;\boldsymbol{\theta}) = \sum_{i=1}^{l} \ln \sum_{z_i} p(\boldsymbol{x}_i, z_i;\boldsymbol{\theta}) \tag{5.49}$$

這裡對隱變數z進行邊緣化，其取所有值的聯合機率$p(\boldsymbol{x}, z; \boldsymbol{\theta})$求和獲得$\boldsymbol{x}$的邊緣機率。因為隱變數的存在，式 (5.49) 對數函數中有求和項，在求梯度為 0 的方程組時通常無法獲得參數的解析解。如果使用梯度下降法或牛頓法求解，把$\boldsymbol{\theta}$以及z的機率分佈參數（如高斯混合模型中的權重）都當作最佳化變數，則要確保隱變數機率所滿足的等式和不等式約束，同樣也存在困難。如果透過列舉隱變數的所有可能設定值分別對式 (5.49) 進行計算然後求極大值，計算量太大，l個樣本的隱變數設定值有n^l種組合，為指數級，其中n為隱變數的設定值數量，這同樣不現實。

EM 演算法的想法是建構對數似然函數的下界函數，此下界函數更容易最佳化，求解該下界函數的極大值，然後建構出新的下界函數。不斷地改變最佳化變數的值使得下界函數的值變大，進一步使得對數似然函數的值也升高，直到收斂到局部最佳解。下面介紹實際的做法。

下界函數透過隱變數的機率分佈建構。對每個樣本$\boldsymbol{x}_i$，假設Q_i為隱變數z_i的機率質量函數，滿足以下約束

$$\sum_{z_i} Q_i(z_i) = 1 \qquad\qquad Q_i(z_i) \geqslant 0$$

利用這個機率分佈，將式 (5.49) 的對數似然函數變形，可以獲得

$$\begin{aligned}\sum_{i=1}^{l} \ln p(\boldsymbol{x}_i; \boldsymbol{\theta}) &= \sum_{i=1}^{l} \ln \sum_{z_i} p(\boldsymbol{x}_i, z_i; \boldsymbol{\theta}) = \sum_{i=1}^{l} \ln \sum_{z_i} Q_i(z_i) \frac{p(\boldsymbol{x}_i, z_i; \boldsymbol{\theta})}{Q_i(z_i)} \\ &\geqslant \sum_{i=1}^{l} \sum_{z_i} Q_i(z_i) \ln \frac{p(\boldsymbol{x}_i, z_i; \boldsymbol{\theta})}{Q_i(z_i)} \end{aligned} \tag{5.50}$$

式 (5.50) 的第 2 步為數學期望，是對機率分佈$Q_i(z_i)$計算期望值。第 3 步利用了 Jensen 不等式。如果令

$$f(x) = \ln x$$

按照數學期望的定義，則有

$$\ln\sum_{z_i} Q_i(z_i)\frac{p(\boldsymbol{x}_i,z_i;\boldsymbol{\theta})}{Q_i(z_i)} = f\left(E_{Q_i(z_i)}\left[\frac{p(\boldsymbol{x}_i,z_i;\boldsymbol{\theta})}{Q_i(z_i)}\right]\right) \geqslant E_{Q_i(z_i)}\left[f\left(\frac{p(\boldsymbol{x}_i,z_i;\boldsymbol{\theta})}{Q_i(z_i)}\right)\right]$$

$$= \sum_{z_i} Q_i(z_i)\ln\frac{p(\boldsymbol{x}_i,z_i;\boldsymbol{\theta})}{Q_i(z_i)}$$

由於對數函數是凹函數，因此 Jensen 不等式成立且反號。式 (5.50) 列出了對數似然函數的下界。由於Q_i可以是任意的機率分佈，因此可以利用參數$\boldsymbol{\theta}$的目前估計值來建構它。大部分的情況下，此下界函數更容易求極值，因為對數函數裡面已經沒有求和項，在求梯度為 0 的方程組時，通常可以獲得解析解，在 GMM 模型的求解中，我們會實際看到。下面列出 EM 演算法的流程。

首先隨機初始化參數$\boldsymbol{\theta}$的值，然後循環迭代，第t次迭代時分為兩步。

E 步，以目前為基礎的參數估計值$\boldsymbol{\theta}_t$，計算在指定$\boldsymbol{x}$時對z的條件機率，即隱變數的後驗機率值

$$Q_{it}(z_i) = p(z_i|\boldsymbol{x}_i;\boldsymbol{\theta}_t) \tag{5.51}$$

M 步，根據式 (5.51) 的機率建構目標函數（下界函數），它是對隱變數的數學期望。然後求解數學期望的極值，更新參數$\boldsymbol{\theta}$的值

$$\boldsymbol{\theta}_{t+1} = \operatorname*{argmax}_{\boldsymbol{\theta}}\sum_{i=1}^{l}\sum_{z_i} Q_{it}(z_i)\ln\frac{p(\boldsymbol{x}_i,z_i;\boldsymbol{\theta})}{Q_{it}(z_i)}$$

由於Q_{it}可以是任意機率分佈，實現時選用式 (5.51) 的後驗機率，按照下面的公式計算

$$Q_{it}(z_i) = \frac{p(\boldsymbol{x}_i,z_i;\boldsymbol{\theta}_t)}{p(\boldsymbol{x}_i;\boldsymbol{\theta}_t)} = \frac{p(\boldsymbol{x}_i,z_i;\boldsymbol{\theta}_t)}{\sum_{z_i} p(\boldsymbol{x}_i,z_i;\boldsymbol{\theta}_t)}$$

迭代終止的判斷規則是相鄰兩次迭代的目標函數值之差小於指定設定值。

下面列出 EM 演算法收斂性的證明。假設第t次迭代時的參數值為$\boldsymbol{\theta}_t$，第

$t+1$次迭代時的參數值為$\boldsymbol{\theta}_{t+1}$。如果能證明每次迭代時對數似然函數的值單調增

$$L(\boldsymbol{\theta}_t) \leqslant L(\boldsymbol{\theta}_{t+1})$$

則演算法能收斂到局部極值點。由於在迭代時選擇了

$$Q_{it}(z_i) = p(z_i|\boldsymbol{x}_i;\boldsymbol{\theta}_t)$$

因此有

$$\frac{p(\boldsymbol{x}_i,z_i;\boldsymbol{\theta}_t)}{Q_{it}(z_i)} = \frac{p(\boldsymbol{x}_i,z_i;\boldsymbol{\theta}_t)}{p(z_i|\boldsymbol{x}_i;\boldsymbol{\theta}_t)} = \frac{p(\boldsymbol{x}_i,z_i;\boldsymbol{\theta}_t)}{p(\boldsymbol{x}_i,z_i;\boldsymbol{\theta}_t)/p(\boldsymbol{x}_i;\boldsymbol{\theta}_t)} = p(\boldsymbol{x}_i;\boldsymbol{\theta}_t)$$

這和z_i無關，是一個常數，Jensen 不等式取等號。因此有下面的等式成立

$$L(\boldsymbol{\theta}_t) = \sum_{i=1}^{l} \ln \sum_{z_i} Q_{it}(z_i) \frac{p(\boldsymbol{x}_i,z_i;\boldsymbol{\theta}_t)}{Q_{it}(z_i)} = \sum_{i=1}^{l} \sum_{z_i} Q_{it}(z_i) \ln \frac{p(\boldsymbol{x}_i,z_i;\boldsymbol{\theta}_t)}{Q_{it}(z_i)}$$

進一步有

$$L(\boldsymbol{\theta}_{t+1}) \geqslant \sum_{i=1}^{l} \sum_{z_i} Q_{it}(z_i) \ln \frac{p(\boldsymbol{x}_i,z_i;\boldsymbol{\theta}_{t+1})}{Q_{it}(z_i)} \geqslant \sum_{i=1}^{l} \sum_{z_i} Q_{it}(z_i) \ln \frac{p(\boldsymbol{x}_i,z_i;\boldsymbol{\theta}_t)}{Q_{it}(z_i)} = L(\boldsymbol{\theta}_t) \tag{5.52}$$

式 (5.52) 的第 1 步利用了 Jensen 不等式，第 2 步成立是因為$\boldsymbol{\theta}_{t+1}$是下界函數的極大值點，因此會大於或等於任意點處的函數值，第 3 步是 Jensen 不等式取等號，在前面已經說明。此結論確保了每次迭代時函數值會上升，直到到達局部極大值點處。在 6.3.5 節將進一步從變分推斷的角度解釋 EM 演算法。

EM 演算法在每次迭代時首先計算對隱變數的數學期望（下界函數），然後將該期望最大化，這就是該演算法名稱的由來。圖 5.29 直觀地解釋了 EM 演算法的原理。

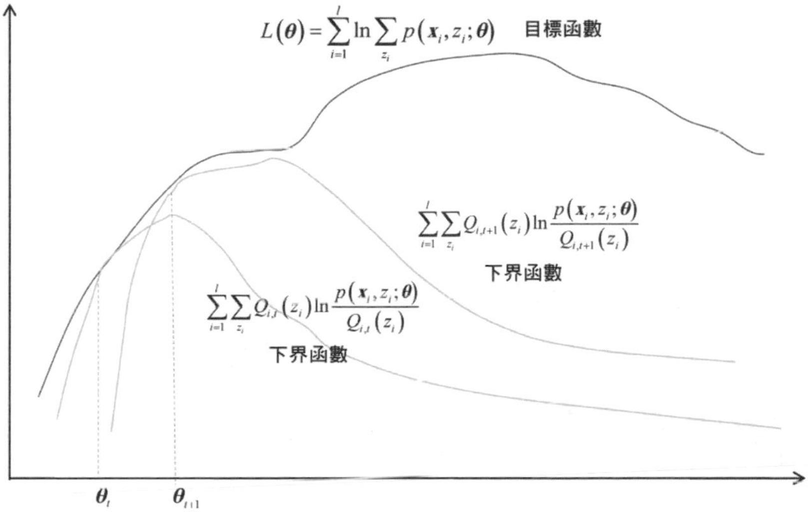

圖 5.29 EM 演算法原理示意圖

圖 5.29 中最高的粗曲線為目標函數即對數似然函數，下面的兩條細曲線為建構的下界函數。首先用參數的估計值$\boldsymbol{\theta}_t$計算出每個訓練樣本隱變數的機率分佈估計值Q_t，用該值建構下界函數，在參數的目前估計值$\boldsymbol{\theta}_t$處，下界函數與對數似然函數的值相等（對應圖中左側第一條虛線）。然後求下界函數的極大值，獲得參數新的估計值$\boldsymbol{\theta}_{t+1}$，再以目前的參數值$\boldsymbol{\theta}_{t+1}$計算隱變數的機率分佈$Q_{t+1}$，建構出新的下界函數，然後求下界函數的相當大值得到$\boldsymbol{\theta}_{t+2}$。如此反覆，直到收斂。

下面介紹 EM 演算法在高斯混合模型中的使用。假設有一批樣本$\boldsymbol{x}_1,\cdots,\boldsymbol{x}_l$，為每個樣本$\boldsymbol{x}_i$增加隱變數$z_i$，表示該樣本來自哪個高斯分佈。隱變數的設定值範圍為$1,\cdots,k$，取每個值的機率為$w_j, j=1,\cdots,k$。在 5.5.7 節推導過，$\boldsymbol{x}$和z的聯合機率為

$$p(\boldsymbol{x},z=j)=p(z=j)p(\boldsymbol{x}|z=j)=w_jN(\boldsymbol{x};\boldsymbol{\mu}_j,\boldsymbol{\Sigma}_j)$$

這是樣本的隱變數設定值為j，並且樣本向量值為$\boldsymbol{x}$的機率。在 E 步建構每個樣本隱變數的機率分佈

$$Q_i(z_i=j)=q_{ij}=\frac{p(\boldsymbol{x}_i,z_i=j;\boldsymbol{\theta})}{\sum_{z_i}p(\boldsymbol{x}_i,z_i;\boldsymbol{\theta})}=\frac{w_jN(\boldsymbol{x}_i;\boldsymbol{\mu}_j,\boldsymbol{\Sigma}_j)}{\sum_{t=1}^{k}w_tN(\boldsymbol{x}_i;\boldsymbol{\mu}_t,\boldsymbol{\Sigma}_t)}$$

這個值根據$\boldsymbol{\mu}, \boldsymbol{\Sigma}, \boldsymbol{w}$的目前迭代值計算。獲得$z_i$的機率分佈之後，建構下界函數

$$L(\boldsymbol{w}, \boldsymbol{\mu}, \boldsymbol{\Sigma}) = \sum_{i=1}^{l} \sum_{z_i} Q_i(z_i) \ln \frac{p(\boldsymbol{x}_i, z_i; \boldsymbol{\theta})}{Q_i(z_i)} = \sum_{i=1}^{l} \sum_{j=1}^{k} q_{ij} \ln \frac{w_j N(\boldsymbol{x}; \boldsymbol{\mu}_j, \boldsymbol{\Sigma}_j)}{q_{ij}}$$

$$= \sum_{i=1}^{l} \sum_{j=1}^{k} q_{ij} \ln \frac{w_j \frac{1}{(2\pi)^{n/2} |\boldsymbol{\Sigma}_j|^{1/2}} \exp\left(-\frac{1}{2}(\boldsymbol{x}_i - \boldsymbol{\mu}_j)^{\mathrm{T}} \boldsymbol{\Sigma}_j^{-1} (\boldsymbol{x}_i - \boldsymbol{\mu}_j)\right)}{q_{ij}}$$

$$= \sum_{i=1}^{l} \sum_{j=1}^{k} q_{ij} \left(\ln \frac{1}{(2\pi)^{n/2} |\boldsymbol{\Sigma}_j|^{1/2} q_{ij}} + \ln w_j - \frac{1}{2}(\boldsymbol{x}_i - \boldsymbol{\mu}_j)^{\mathrm{T}} \boldsymbol{\Sigma}_j^{-1} (\boldsymbol{x}_i - \boldsymbol{\mu}_j) \right)$$

在這裡，q_{ij}已經是一個確定值而非$\boldsymbol{\mu}$和$\boldsymbol{\Sigma}$的函數。對$\boldsymbol{\mu}_j$求梯度並令梯度為0，可以獲得

$$\nabla_{\boldsymbol{\mu}_j} L(\boldsymbol{w}, \boldsymbol{\mu}, \boldsymbol{\Sigma}) = \nabla_{\boldsymbol{\mu}_j} \sum_{i=1}^{l} \sum_{j=1}^{k} q_{ij} \left(\ln \frac{1}{(2\pi)^{n/2} |\boldsymbol{\Sigma}_j|^{1/2} q_{ij}} + \ln w_j - \frac{1}{2}(\boldsymbol{x}_i - \boldsymbol{\mu}_j)^{\mathrm{T}} \boldsymbol{\Sigma}_j^{-1} (\boldsymbol{x}_i - \boldsymbol{\mu}_j) \right)$$

$$= -\sum_{i=1}^{l} q_{ij} \boldsymbol{\Sigma}_j^{-1} (\boldsymbol{x}_i - \boldsymbol{\mu}_j) = 0$$

上式兩邊同乘以協方差矩陣$\boldsymbol{\Sigma}_j$，可以獲得

$$\sum_{i=1}^{l} q_{ij} (\boldsymbol{x}_i - \boldsymbol{\mu}_j) = 0$$

最後解得

$$\boldsymbol{\mu}_j = \frac{\sum_{i=1}^{l} q_{ij} \boldsymbol{x}_i}{\sum_{i=1}^{l} q_{ij}}$$

對$\boldsymbol{\Sigma}_j$求梯度並令梯度為0，根據 5.7.1 節多維正態分佈最大似然估計的結論，解得

$$\boldsymbol{\Sigma}_j = \frac{\sum_{i=1}^{l} q_{ij} (\boldsymbol{x}_i - \boldsymbol{\mu}_j)(\boldsymbol{x}_i - \boldsymbol{\mu}_j)^{\mathrm{T}}}{\sum_{i=1}^{l} q_{ij}}$$

$L(\boldsymbol{w},\boldsymbol{\mu},\boldsymbol{\Sigma})$ 中只有 $\ln w_j$ 和 $\boldsymbol{w}$ 有關，因此可以簡化。由於 w_j 有等式約束 $\sum_{j=1}^{k} w_j = 1$，因此建構拉格朗日乘子函數

$$L(\boldsymbol{w},\lambda) = \sum_{i=1}^{l}\sum_{j=1}^{k} q_{ij}\ln w_j + \lambda\left(\sum_{j=1}^{k} w_j - 1\right)$$

對 $\boldsymbol{w}$ 求梯度並令梯度為0，對乘子變數求偏導數並令其為 0，可以獲得下面的方程組

$$\frac{\partial L}{\partial w_j} = \sum_{i=1}^{l}\frac{q_{ij}}{w_j} + \lambda = 0, j = 1,\cdots,k \sum_{j=1}^{k} w_j = 1$$

最後解得

$$w_j = \frac{1}{l}\sum_{i=1}^{l} q_{ij}$$

由此獲得求解高斯混合模型的 EM 演算法流程。首先初始化 $\boldsymbol{\mu},\boldsymbol{\Sigma},\boldsymbol{w}$，注意，$\boldsymbol{w}$ 需要滿足等式和不等式約束。接下來循環進行迭代，直到收斂，每次迭代時的 E 步和 M 步如下。

E 步，根據模型參數的目前估計值，計算第 i 個樣本來自第 j 個高斯分佈的機率

$$q_{ij} = p(z_i = j|\boldsymbol{x}_i;\boldsymbol{w},\boldsymbol{\mu},\boldsymbol{\Sigma})$$

M 步，更新模型的參數。對於每個高斯分量，計算權重係數

$$w_j = \frac{1}{l}\sum_{i=1}^{l} q_{ij}$$

計算平均值向量

$$\boldsymbol{\mu}_j = \frac{\sum_{i=1}^{l} q_{ij}\boldsymbol{x}_i}{\sum_{i=1}^{l} q_{ij}}$$

計算協方差矩陣

$$\boldsymbol{\Sigma}_j = \frac{\sum_{i=1}^{l} q_{ij}(\boldsymbol{x}_i - \boldsymbol{\mu}_j)(\boldsymbol{x}_i - \boldsymbol{\mu}_j)^{\mathrm{T}}}{\sum_{i=1}^{l} q_{ij}}$$

5.7.7 應用——Mean Shift 演算法

在 5.7.4 節介紹的核心密度估計可以根據樣本值估計機率密度函數，平均值漂移演算法（見參考文獻[4]）可以找到機率密度函數的極大值點，是核心密度估計與梯度上升法相結合的產物。尋找機率密度函數的極大值點即尋找核心密度函數的極大值點，可以採用梯度上升法（它與梯度下降法相反，因為要求函數的極大值，所以沿著正梯度方向迭代）。

下面計算式 (5.46) 形式的核心密度函數的梯度值。由於

$$\nabla_{\boldsymbol{x}} k\left(\left\|\frac{\boldsymbol{x}-\boldsymbol{x}_i}{h}\right\|^2\right) = k'\left(\left\|\frac{\boldsymbol{x}-\boldsymbol{x}_i}{h}\right\|^2\right)\nabla_{\boldsymbol{x}}\left(\left\|\frac{\boldsymbol{x}-\boldsymbol{x}_i}{h}\right\|^2\right) = k'\left(\left\|\frac{\boldsymbol{x}-\boldsymbol{x}_i}{h}\right\|^2\right)\frac{2}{h^2}(\boldsymbol{x}-\boldsymbol{x}_i)$$

將這個結果代入式 (5.46)，可以獲得

$$\nabla f_{h,K}(\boldsymbol{x}) = \frac{2c_{k,d}}{nh^{d+2}}\sum_{i=1}^{n}(\boldsymbol{x}-\boldsymbol{x}_i)k'\left(\left\|\frac{\boldsymbol{x}-\boldsymbol{x}_i}{h}\right\|^2\right)$$

如果定義

$$g(x) = -k'(x)$$

將$-k'(x)$取代成$g(x)$，可以獲得

$$\nabla f_{h,K}(\boldsymbol{x}) = \frac{2c_{k,d}}{nh^{d+2}}\sum_{i=1}^{n} g\left(\left\|\frac{\boldsymbol{x}-\boldsymbol{x}_i}{h}\right\|^2\right)(\boldsymbol{x}_i-\boldsymbol{x})$$

$$= \frac{2c_{k,d}}{nh^{d+2}}\left(\sum_{i=1}^{n}\left(g\left(\left\|\frac{\boldsymbol{x}-\boldsymbol{x}_i}{h}\right\|^2\right)\boldsymbol{x}_i\right) - \sum_{i=1}^{n} g(\left\|\frac{\boldsymbol{x}-\boldsymbol{x}_i}{h}\right\|^2)\boldsymbol{x}\right)$$

$$= \frac{2c_{k,d}}{nh^{d+2}}\left(\sum_{i=1}^{n}\left(g\left(\left\|\frac{\boldsymbol{x}-\boldsymbol{x}_i}{h}\right\|^2\right)\frac{\sum_{j=1}^{n} g\left(\left\|\frac{\boldsymbol{x}-\boldsymbol{x}_j}{h}\right\|^2\right)}{\sum_{j=1}^{n} g\left(\left\|\frac{\boldsymbol{x}-\boldsymbol{x}_j}{h}\right\|^2\right)}\boldsymbol{x}_i\right) - \left(\sum_{i=1}^{n} g\left(\left\|\frac{\boldsymbol{x}-\boldsymbol{x}_i}{h}\right\|^2\right)\right)\boldsymbol{x}\right)$$

$$= \frac{2c_{k,d}}{nh^{d+2}}\left(\left(\sum_{j=1}^{n} g\left(\left\|\frac{\boldsymbol{x}-\boldsymbol{x}_j}{h}\right\|^2\right)\right)\left(\sum_{i=1}^{n}\frac{g(\left\|\frac{\boldsymbol{x}-\boldsymbol{x}_i}{h}\right\|^2)}{\sum_{j=1}^{n} g\left(\left\|\frac{\boldsymbol{x}-\boldsymbol{x}_j}{h}\right\|^2\right)}\boldsymbol{x}_i\right) - \left(\sum_{i=1}^{n} g\left(\left\|\frac{\boldsymbol{x}-\boldsymbol{x}_i}{h}\right\|^2\right)\right)\boldsymbol{x}\right)$$

$$= \frac{2c_{k,d}}{nh^{d+2}}\left[\sum_{i=1}^{n} g\left(\left\|\frac{\boldsymbol{x}-\boldsymbol{x}_i}{h}\right\|^2\right)\right]\left[\frac{\sum_{i=1}^{n} \boldsymbol{x}_i g(\| \frac{\boldsymbol{x}-\boldsymbol{x}_i}{h} \|^2)}{\sum_{i=1}^{n} g\left(\left\|\frac{\boldsymbol{x}-\boldsymbol{x}_i}{h}\right\|^2\right)} - \boldsymbol{x}\right]$$

即

$$\nabla f_{h,K}(\boldsymbol{x}) = \frac{2c_{k,d}}{nh^{d+2}}\left[\sum_{i=1}^{n} g\left(\left\|\frac{\boldsymbol{x}-\boldsymbol{x}_i}{h}\right\|^2\right)\right]\left[\frac{\sum_{i=1}^{n} \boldsymbol{x}_i g\left(\left\|\frac{\boldsymbol{x}-\boldsymbol{x}_i}{h}\right\|^2\right)}{\sum_{i=1}^{n} g\left(\left\|\frac{\boldsymbol{x}-\boldsymbol{x}_i}{h}\right\|^2\right)} - \boldsymbol{x}\right] \tag{5.53}$$

這就是平均值漂移演算法的核心迭代公式。$\sum_{i=1}^{n} g\left(\left\|\frac{\boldsymbol{x}-\boldsymbol{x}_i}{h}\right\|^2\right)$是一個正數，因為剖面函數$k(x)$是一個減函數，因此$g(x) = -k'(x) > 0$。式 (5.53) 右側的純量項正比於$\boldsymbol{x}$點處的核心密度估計，這裡使用的核心函數$G$的剖面函數為$g(x)$，即

$$f_{h,G}(\boldsymbol{x}) = \frac{c_{g,d}}{nh^d}\sum_{i=1}^{n} g\left(\left\|\frac{\boldsymbol{x}-\boldsymbol{x}_i}{h}\right\|^2\right) \tag{5.54}$$

式 (5.53) 右側的向量項是平均值漂移向量

$$\boldsymbol{m}_{h,G}(\boldsymbol{x}) = \frac{\sum_{i=1}^{n} \boldsymbol{x}_i g\left(\left\|\frac{\boldsymbol{x}-\boldsymbol{x}_i}{h}\right\|^2\right)}{\sum_{i=1}^{n} g\left(\left\|\frac{\boldsymbol{x}-\boldsymbol{x}_i}{h}\right\|^2\right)} - \boldsymbol{x} \tag{5.55}$$

這是使用核心函數G進行加權之後的平均值與$\boldsymbol{x}$之間的差值。在計算出平均值漂移向量之後，用梯度上升法進行迭代即可。由於式 (5.53) 右側平均值漂移向量之前的部分均為常數，而梯度上升法本身也需要使用步進值係數，因此迭代公式可以寫成

$$\boldsymbol{x}_{t+1} = \boldsymbol{x}_t + \boldsymbol{m}_t$$

其中$\boldsymbol{x}_t$是第t次迭代時的初值，$\boldsymbol{m}_t$是第t次迭代時計算出來的平均值漂移向量。

根據式 (5.54) 與式 (5.55) 的定義，式 (5.53) 可以寫成

$$\nabla f_{h,K}(\boldsymbol{x}) = f_{h,G}(\boldsymbol{x}) \frac{2c_{k,d}}{h^2 c_{g,d}} \boldsymbol{m}_{h,G}(\boldsymbol{x}) \tag{5.56}$$

對式 (5.56) 變形可以獲得

$$\boldsymbol{m}_{h,G}(\boldsymbol{x}) = \frac{1}{2} h^2 \frac{c_{g,d}}{c_{k,d}} \frac{\nabla f_{h,K}(\boldsymbol{x})}{f_{h,G}(\boldsymbol{x})} \tag{5.57}$$

式 (5.57) 表明，在$\boldsymbol{x}$點處，用核心函數G計算的平均值漂移在量正比於用K計算出的核心密度函數梯度值歸一化後的值。歸一化係數根據在點$\boldsymbol{x}$處用G計算出來的密度估計值計算。因為機率密度函數的梯度值指向的是機率密度函數增加最快的方向，而平均值漂移在量又與該梯度正比例相關，所以它也指向機率密度函數增加最快的方向。

5.8 隨機演算法

隨機演算法是借助於亂數的演算法，可用於求解一些難以計算的問題，包含複雜函數的極值、複雜的定積分、NP 難的組合最佳化問題等。本節介紹兩種常用的隨機演算法——蒙地卡羅演算法和遺傳演算法，它們在機器學習中被廣泛使用。

5.8.1 基本亂數生成演算法

隨機演算法依賴於亂數，最常見的是均勻分佈與正態分佈的亂數。下面先介紹這兩類亂數的生成演算法。伯努利分佈、多項分佈以及幾何分佈亂數的生成演算法在 5.3.2 節、5.3.4 節、5.3.5 節已經介紹。

生成均勻分佈隨機整數的經典方法是線性同餘法（Linear Congruential Generator，LCG），它用線性函數進行迭代，根據上一個亂數x_i確定下一個亂數x_{i+1}，迭代公式為

$$x_{i+1} = (a \cdot x_i + b) \mathrm{mod} m$$

其中 mod 為取餘數運算，a、b和m為人工設定的常數，m控制了所生成的隨機整數的範圍。初值x_0也需要人工設定，通常設定為目前時刻的時間戳記。顯然，按照這種確定的公式所計算出的亂數不是真隨機的，稱為虛擬亂數。只要參數a, b, m選取得當，可以確保在區間$[0, m-1]$內每個數出現的機率近似相等。下面是一組典型的參數值設定

$$a = 7^5 = 16807 \qquad b = 0 \qquad m = 2^{31} - 1 = 2147483647$$

如果演算法可以生成均勻分佈的亂數，那麼其他機率分佈都可以透過對均勻分佈樣本進行轉換而獲得，包含正態分佈亂數。經典的方法是逆轉換取樣，在 5.4.2 節已經介紹了逆轉換演算法的原理。

下面介紹生成標準正態分佈亂數的經典演算法 Box-Muller 演算法，是逆轉換取樣的典型實現。先考慮生成標準正態分佈$N(0,1)$的亂數。

假設隨機變數u_1和u_2相互獨立且服從$[0,1]$內的均勻分佈，則隨機變數z_1和z_2

$$z_1 = \sqrt{-2\ln u_1}\cos(2\pi u_2) \qquad z_2 = \sqrt{-2\ln u_1}\sin(2\pi u_2) \tag{5.58}$$

相互獨立且均服從正態分佈$N(0,1)$。借助於均勻分佈的亂數，透過式 (5.58) 的轉換就可以獲得正態分佈的亂數。下面用式 (5.39) 證明這種方法的有效性。

由於u_1, u_2相互獨立且均服從$[0,1]$上的均勻分佈，因此u_1, u_2的聯合機率密度函數為

$$f_{\boldsymbol{u}}(u_1, u_2) = \begin{cases} 1, & 0 \leqslant u_1, u_2 \leqslant 1 \\ 0, & \text{其他} \end{cases}$$

對式 (5.58) 的 1 式和 2 式分別平方，可得

$$z_1^2 = -2\ln u_1 \cos^2(2\pi u_2) \qquad z_2^2 = -2\ln u_1 \sin^2(2\pi u_2) \tag{5.59}$$

將式 (5.59) 的 1 式和 2 式相加，可以獲得

$$z_1^2 + z_2^2 = -2\ln u_1$$

進一步有

$$u_1 = \exp\left(-\frac{z_1^2 + z_2^2}{2}\right)$$

將式 (5.59) 的 1 式和 2 式相除，可以獲得

$$\frac{z_2^2}{z_1^2} = \frac{\sin^2(2\pi u_2)}{\cos^2(2\pi u_2)}$$

進一步有

$$u_2 = \frac{1}{2\pi}\arctan\frac{z_2}{z_1}$$

因此式 (5.58) 的逆轉為

$$u_1 = \exp\left(-\frac{z_1^2 + z_2^2}{2}\right) \qquad u_2 = \frac{1}{2\pi}\arctan\frac{z_2}{z_1}$$

逆轉換的雅可比行列式為

$$\begin{vmatrix} -z_1\exp\left(-\frac{z_1^2 + z_2^2}{2}\right) & -z_2\exp\left(-\frac{z_1^2 + z_2^2}{2}\right) \\ -\frac{1}{2\pi}\frac{z_2}{z_1^2 + z_2^2} & \frac{1}{2\pi}\frac{z_1}{z_1^2 + z_2^2} \end{vmatrix} = -\frac{1}{2\pi}\exp\left(-\frac{z_1^2 + z_2^2}{2}\right)$$

根據式 (5.39)，z_1和z_2的聯合機率密度函數為

$$f_{\boldsymbol{z}}(z_1, z_2) = f_{\boldsymbol{u}}(u_1, u_2)\left|\det\left(\frac{\partial \boldsymbol{u}}{\partial \boldsymbol{z}}\right)\right| = 1 \times \frac{1}{2\pi}\exp\left(-\frac{z_1^2 + z_2^2}{2}\right) = \frac{1}{2\pi}\exp\left(-\frac{z_1^2 + z_2^2}{2}\right)$$

因此z_1和z_2相互獨立且均服從標準正態分佈。

圖 5.30 為 Box-Muller 演算法生成的一組正態分佈亂數的頻率分佈。其中第一行的左圖和右圖分別為均匀分佈的亂數u_1和u_2的頻率分佈，第二行為正態分佈的亂數z_1和z_2的頻率分佈。實現時對區間內的亂數進行了等分子區間統計，用柱狀圖顯示。

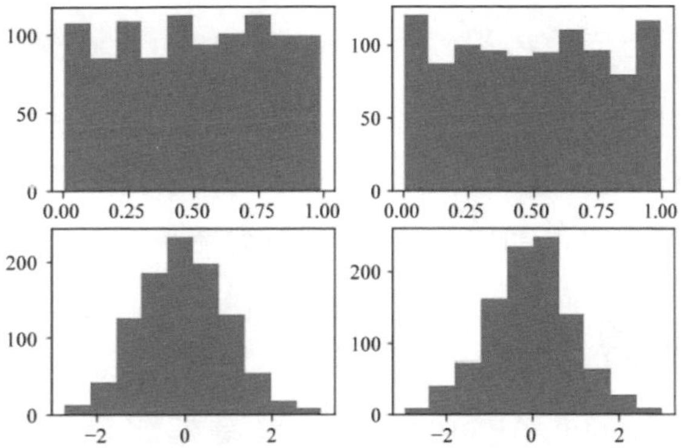

圖 5.30 Box-Muller 演算法生成的正態分佈亂數

Box-Muller 演算法只能生成標準正態分佈的亂數，下面介紹一般正態分佈亂數的生成。首先考慮一維亂數。對標準正態分佈$N(0,1)$的亂數進行轉換即可獲得一般正態分佈$N(\mu,\sigma^2)$的亂數。根據 5.4.1 節的結論，如果亂數z服從標準正態分佈，則以下的轉換

$$x = \sigma z + \mu$$

亂數x即服從正態分佈$N(\mu,\sigma^2)$。

多維正態分佈亂數可以借助一維正態分佈亂數而生成。利用 Box-Muller 演算法分別生成n個標準正態分佈$N(0,1)$的亂數

$$\boldsymbol{z} = (z_1,\cdots,z_n)^{\mathrm{T}}$$

則隨機向量$\boldsymbol{z}$服從多維標準正態分佈$N(0,\boldsymbol{I})$。

利用 5.5.6 節的結論對$\boldsymbol{z}$進行轉換即可生成一般的多維正態分佈亂數。對於n維正態分佈$N(\boldsymbol{\mu},\boldsymbol{\Sigma})$，由於協方差矩陣是正定對稱矩陣，因此可以進行 科列斯基分解，有

$$\boldsymbol{\Sigma} = \boldsymbol{A}\boldsymbol{A}^{\mathrm{T}}$$

首先用 Box-Muller 演算法生成n維標準正態分佈的隨機向量$\boldsymbol{z} = (z_1,\cdots,z_n)^{\mathrm{T}}$。然後用下式轉換

$$\boldsymbol{x} = \boldsymbol{A}\boldsymbol{z} + \boldsymbol{\mu}$$

向量$\boldsymbol{x}$即服從正態分佈$N(\boldsymbol{\mu}, \boldsymbol{\Sigma})$。

在深度生成模型中（如生成對抗網路和變分自動編碼器），以均勻分佈或正態分佈的亂數作為神經網路的輸入，轉換出服從任意分佈的樣本。更複雜的取樣演算法將在 5.9 節以及 7.2 節繼續介紹。

5.8.2 遺傳演算法

遺傳演算法（Genetic Algorithm）也稱為進化演算法（Evolutionary Algorithm），是受進化論機制啟發而獲得的一種最佳化方法。在自然界，能夠適應環境的物種和個體可以生存下去，並繁衍後代，不能適應環境的生物則會被淘汰。透過許多代繁衍，物種將變得越來越適應環境，即所謂的「適者生存」。如果將最佳化變數看作生物個體，將目標函數看作物種的適應性，則可以用進化的方法求解最佳化問題。下面先介紹基本概念。

基因（gene）是生物學中控制遺傳的最小單位。遺傳演算法中的基因是一個二進位位元，問題的解通常設計成這種二進位編碼的格式。

染色體（chromosomal）是由基因組成的聚合體，即一個基因序列。在遺傳演算法中，染色體是一個二進位串，通常就是最佳化變數$\boldsymbol{x}$，是最佳化問題的候選解。

在進化論中，每個生物都會獲得評分，環境根據這種評分來決定物種的繁衍。在遺傳演算法中，適應度函數（Fitness Function）用於給染色體即候選解評分，一般為最佳化問題的目標函數（對於極大值問題）或與目標函數相反（對於極小值問題）。

下面透過一個簡單的實例說明。要求解下面函數的極大值

$$f(x) = -x^2 + 4x + 10$$

最佳化變數限定為整數（不考慮負數），即$x \in \mathbb{Z}$。這裡將目標函數作為適應度函數。將x用 8 位元二進位進行編碼，例如 2 可以編碼為

$$00000010$$

這裡的每個二進位位元為一個基因，整個二進位串（即問題的可行解）為一個染色體。遺傳演算法首先初始化許多可行解，然後隨機地對這些染色體進行交換、變異，獲得新的染色體（即下一代候選解）。接下來對這些新的染色體進行評估，計算它們的適應度函數值，只保留適應度高的一部分染色體繼續進行迭代。反覆執行此過程，直到收斂。

演算法在每次迭代時的第 1 步是從上一代候選解中隨機選擇許多解，用於後面的計算。選擇的依據是解的適應度函數。對於解$x = 2$，其目標函數為

$$f(x) = -2^2 + 4 \times 2 + 10 = 14$$

對於$x = 3$，其目標函數為

$$f(x) = -3^2 + 4 \times 3 + 10 = 13$$

第 1 個解比第 2 個解更優，更應該被選取。在隨機抽樣時，適應度越高的候選解越容易被選取。對上一代所有候選解計算其適應度函數值，根據適應度函數值建構樣本的抽樣機率，然後用俄羅斯「輪盤賭」按照該權重從中隨機挑選出許多樣本。

輪盤（Roulette Wheel Selection Method）是一種常見的博奕遊戲，圓盤被分成多份，即多個扇形，轉動圓盤，圓盤停下來時指標指向的那一個扇形為最後的結果，如圖 5.31 所示。顯然，指標指向每一個扇形的機率與該扇形的角度成正比。

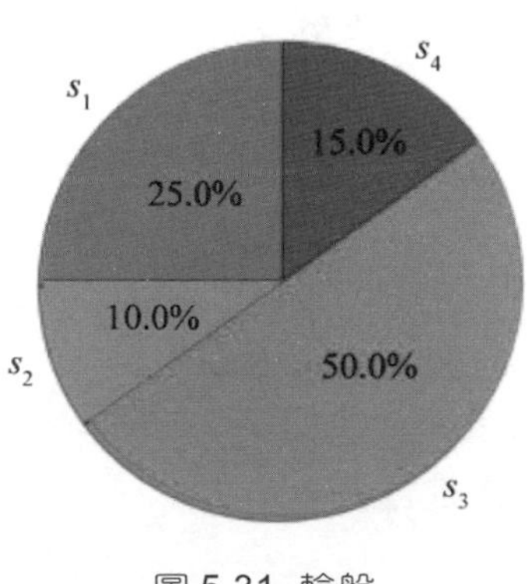

圖 5.31 輪盤

圖 5.31 中有 4 個樣本，選取每個樣本的機率分別為

$$0.25 \quad 0.10 \quad 0.50 \quad 0.15$$

「輪盤賭」是多項分佈亂數生成問題，在 5.3.4 節已經說明。遺傳演算法每次迭代時有n個候選解，每次在選擇樣本時按照這些樣本的機率從它們中有放回地抽出n個解。同一個解可能會被抽中多次。

第 2 步是交換（Crossover）。選擇兩個染色體，互相交換許多個基因即二進位位元。對於下面的兩個染色體

$$00001010 \qquad 10000101$$

如果選擇這兩個染色體的後面 4 個二進位位元（從左向右數）進行交換，則交換之後的結果為

$$00000101 \qquad 10001010 \tag{5.60}$$

第 3 步是變異。變異（Mutation）也稱為突變，隨機選擇染色體中的許多二進位位元進行變異，將 1 變為 0，0 變為 1。對於下面的染色體

$$00000101$$

如果選擇第 2 個 ~ 第 4 個二進位位元（從左向右數）進行變異，則變異後的結果為

$$01110101$$

下面列出遺傳演算法的完整流程，如演算法 5.1 所示。其中 max_iter 為最大迭代次數，用於判斷演算法是否終止。

演算法 5.1 遺傳演算法

初始化，隨機生成n個可行解$x_1^{(0)},\cdots,x_n^{(0)},k=1$

while $k < max$_iter **do**

　評估，計算這些解的適應度函數$f(x_i^{(k-1)}),i=1,\cdots,n$

　選擇，用俄羅斯「輪盤賭」選擇出n個解$x_1^{(k)},\cdots,x_n^{(k)}$

　交換，從$x_1^{(k)},\cdots,x_n^{(k)}$中選擇一部分染色體對執行交換操作

　變異，對染色體$x_1^{(k)},\cdots,x_n^{(k)}$進行隨機變異

　$k=k+1$

end while

還有另外一個終止條件，如果在進行k次迭代之後目標函數值沒有大的變化，則認為演算法已經收斂。演算法在每次迭代時並不能保證目標函數值一定變得更優，但能夠確保在機率意義下的收斂，即當迭代次數為$+\infty$時，一定能找到目標函數的全域極值點。這由馬可夫鏈的檢查性保證，可以直觀地解釋為在遺傳演算法迭代過程中有機會到達任意一個候選解處，因此能找到全域極值點。馬可夫鏈的原理在第 7 章介紹。

圖 5.32 顯示了用遺傳演算法計算函數極值的迭代過程。目標函數為

$$f(x) = x + 10\sin(5x) + 7\cos(4x)$$

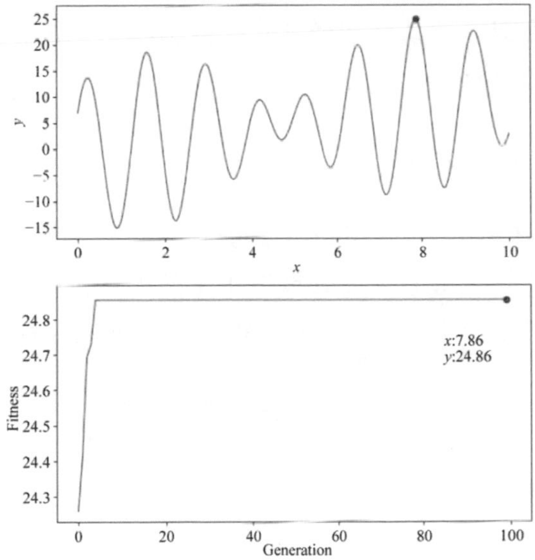

圖 5.32 遺傳演算法的計算結果

圖 5.32 的上圖為目標函數的影像，灰點為極大值點。圖 5.32 的下圖為遺傳演算法的迭代過程，水平座標為迭代次數，垂直座標為目前找到的最佳目標函數值。演算法在迭代 100 次之後收斂到$x = 7.86$處，此時的目標函數值為 24.86。

遺傳演算法在實現時需要考慮以下幾個問題。

（1）初值的設定。通常是隨機初始化，可借助於均勻分佈亂數實現。
（2）適應度值的計算。通常將適應度函數設定為目標函數，也可以有更複雜的選擇。
（3）交換策略。如何隨機選擇參與交換的樣本、如何執行交換，都有不同的實現。
（4）變異策略。如何選擇參與變異的樣本、如何進行變異，也有多種實現。

對這些問題均出現了大量的解決方案，進一步生成了各種改進版本的遺傳演算法。遺傳演算法具有實現簡單的優點。在機器學習中，遺傳演算法常用於求解某些組合最佳化或難以最佳化的目標函數的極值問題，如神經結構搜尋，在 8.2.5 節介紹。

5.8.3 蒙地卡羅演算法

蒙地卡羅（Monte Carlo Algorithms）演算法透過建構亂數進行取樣來計算某些難以計算的問題，最早用於計算複雜函數的定積分。首先透過一個簡單的實例說明。考慮計算單位半圓的面積，是以下的定積分

$$\int_{-1}^{1}\sqrt{1-x^2}\mathrm{d}x$$

蒙地卡羅演算法的實現非常簡單，首先生成大量的矩形區域$-1\leqslant x\leqslant 1, 0\leqslant y\leqslant 1$內均勻分佈的隨機點$(x,y)$，然後計算在半圓內的隨機點的比例。判斷點是否在半圓之內非常簡單，即滿足以下不等式條件

$$x^2+y^2\leqslant 1$$

這種做法如圖 5.33 所示。落在半圓內的隨機點以淺色顯示，落在半圓之外的隨機點以黑色顯示。

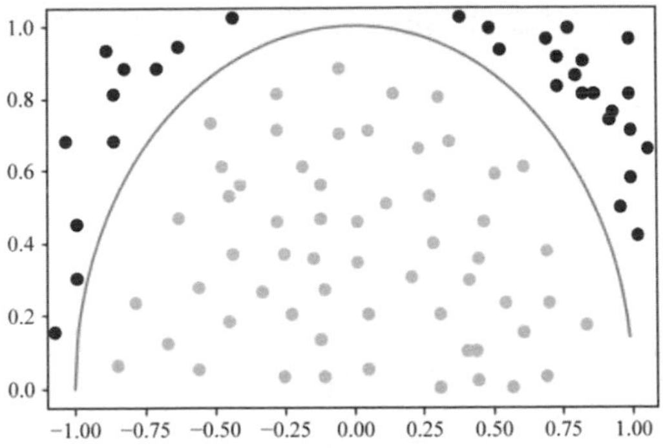

圖 5.33 用蒙地卡羅演算法計算半圓的面積

由於均勻分佈隨機變數落在區域內任何一點的可能性相等，因此有

$$\frac{\text{半圓的面積}}{\text{矩形的面積}}=\frac{\text{落在半圓內的隨機點數}}{\text{隨機點的總數}}$$

根據此等式即可計算出半圓的面積。採用這種想法，借助於亂數可以計算出很多難以計算的值。下面介紹如何用蒙地卡羅演算法計算數學期望值。假設隨機向量服從機率分佈$p(\boldsymbol{x})$，要計算下面的數學期望

$$E[f(\boldsymbol{x})]=\int_{\mathbb{R}^n} f(\boldsymbol{x})p(\boldsymbol{x})\mathrm{d}\boldsymbol{x} \tag{5.61}$$

如果用蒙地卡羅演算法計算，則非常簡單。首先從機率分佈$p(\boldsymbol{x})$取出N個樣本$\boldsymbol{x}_1,\cdots,\boldsymbol{x}_N$。然後計算平均值

$$E[f(\boldsymbol{x})]\approx\frac{1}{N}\sum_{i=1}^{N} f(\boldsymbol{x}_i) \tag{5.62}$$

就是式 (5.61) 數學期望的估計值。在這裡，$\boldsymbol{x}_i \sim p(\boldsymbol{x})$。隨機取出的樣本頻率蘊含了隨機變數的機率值$p(\boldsymbol{x})$。隨機變數$f(\boldsymbol{x}_i), i=1,\cdots,N$獨立同分佈，根據大數定律，它們的平均值收斂到數學期望，即下面的極限成立

$$\lim_{N\to+\infty}\frac{1}{N}\sum_{i=1}^{N} f(\boldsymbol{x}_i)=E[f(\boldsymbol{x})]$$

對於較大的N即可確保上式近似成立。對於以下形式的積分

$$\int_D f(\boldsymbol{x})\mathrm{d}\boldsymbol{x}$$

可以看作是式 (5.61) 的特例，此時隨機變數在封閉積分區域D內服從均勻分佈，$p(\boldsymbol{x})$是一個分段常數函數。如果區域D的測度為$s(D)$，則該均勻分佈的機率密度函數為

$$p(\boldsymbol{x}) = \begin{cases} \dfrac{1}{s(D)}, & \boldsymbol{x} \in D \\ 0, & \boldsymbol{x} \notin D \end{cases}$$

要計算的積分可以寫成

$$\int_D f(\boldsymbol{x})\mathrm{d}\boldsymbol{x} = \int_D \frac{1}{p(\boldsymbol{x})} p(\boldsymbol{x}) f(\boldsymbol{x})\mathrm{d}\boldsymbol{x} = \int_D \frac{1}{s(D)} (s(D) f(\boldsymbol{x}))\mathrm{d}\boldsymbol{x}$$

用蒙地卡羅演算法計算時，生成區域D內的均勻分佈隨機樣本$\boldsymbol{x}_i, i = 1, \cdots, N$，然後即可獲得積分的近似值

$$\int_D f(\boldsymbol{x})\mathrm{d}\boldsymbol{x} \approx \tfrac{1}{N} \textstyle\sum_{i=1}^{N} s(D) f(\boldsymbol{x}_i) \tag{5.63}$$

下面來看一維積分的情況。假設要計算下面的積分

$$\int_a^b f(x)\mathrm{d}x$$

區域$[a, b]$的測度為$b - a$，該區域內的均勻分佈的機率密度函數為

$$p(x) = \begin{cases} \dfrac{1}{b - a}, & a \leqslant x \leqslant b \\ 0, & x < a, x > b \end{cases}$$

根據式 (5.63)，有

$$\int_a^b f(x)\mathrm{d}x \approx \frac{1}{N} \sum_{i=1}^{N} (b - a) f(x_i) = (b - a) \frac{1}{N} \sum_{i=1}^{N} f(x_i)$$

其中$x_i, i = 1, \cdots, N$服從$[a, b]$內的均勻分佈，而$\frac{1}{N}\sum_{i=1}^{N} f(x_i)$是這些樣本點處函數值的平均值。下面考慮二重積分

$$\iint_D f(x,y)\mathrm{d}x\mathrm{d}y$$

其中積分區域為$D: a \leqslant x \leqslant b, c \leqslant y \leqslant d$。該區域的測度為$(b-a)(d-c)$，區域內均勻分佈的機率密度函數為

$$p(x,y) = \begin{cases} \dfrac{1}{(b-a)(d-c)}, & (x,y) \in D \\ 0, & (x,y) \notin D \end{cases}$$

根據式 (5.63)，有

$$\begin{aligned} \iint_D f(x,y)\mathrm{d}x\mathrm{d}y &\approx \frac{1}{N}\sum_{i=1}^{N} (b-a)(d-c)f(x_i,y_i) \\ &= (b-a)(d-c)\frac{1}{N}\sum_{i=1}^{N} f(x_i,y_i) \end{aligned}$$

本節第 1 個實例可看作這種二重積分

$$\iint_D \mathrm{d}x\mathrm{d}y$$

積分區域為$D: -1 \leqslant x \leqslant 1, 0 \leqslant y \leqslant \sqrt{1-x^2}$。

蒙地卡羅斯演算法在機器學習中被大量使用，如強化學習中的蒙地卡羅演算法和時序差分演算法。演算法的實現依賴於隨機樣本，需要生成服從機率分佈$p(\boldsymbol{x})$的一組樣本$\boldsymbol{x}_1, \cdots, \boldsymbol{x}_l$，這由取樣演算法解決，將在 5.9 節及 7.2 節介紹。

5.9 取樣演算法

取樣演算法可以看作基本亂數生成演算法的一般化，是參數估計問題的反問題。參數估計問題是已知一組服從某種機率分佈的樣本，計算出這種機率分佈的參數；而取樣演算法則是已知某一機率分佈，生成一組服從此機

率分佈的樣本。機器學習中的某些應用需要生成一批服從某種機率分佈$p(\boldsymbol{x})$的樣本$\boldsymbol{x}_1, \cdots, \boldsymbol{x}_l$，然後根據這組樣本計算某些值，如數學期望

$$E[f(\boldsymbol{x})] = \int_{\mathbb{R}^n} p(\boldsymbol{x}) f(\boldsymbol{x}) \mathrm{d}\boldsymbol{x}$$

舉例來說，蒙地卡羅演算法在計算數學期望或積分值時均依賴於一組隨機樣本。此時，需要借助於取樣演算法來生成服從特定機率分佈的樣本。均勻分佈與正態分佈亂數的生成是這一問題的簡單特例，深度生成模型如變分自動編碼器（VAE）、生成對抗網路（GAN）則是這一問題的複雜特例，此時機率分佈$p(\boldsymbol{x})$也未知，需要透過學習確定它們服從的機率分佈然後進行取樣，或直接根據一組訓練樣本生成出與它們服從相同分佈但又不完全相同的樣本。深度生成模型將在 6.4.3 節介紹。本節介紹的取樣演算法均假設機率分佈$p(\boldsymbol{x})$已知。解決問題的常用想法是先從簡單的機率分佈生成出亂數，透過轉換或篩選使其符合所需要的機率分佈。逆轉換取樣演算法以及基本亂數生成演算法在前面已經介紹，對於複雜的機率分佈，逆轉換取樣面臨難以實現的問題。本節介紹基本的取樣演算法，以馬可夫鏈為基礎的取樣演算法將在 7.2 節介紹。

5.9.1 拒絕取樣

拒絕取樣（Rejection Sampling）演算法的想法非常簡單：首先生成服從某一簡單機率分佈的樣本，然後對它們進行篩選，使得剩下的樣本服從我們想要的機率分佈，因此也稱為接受-拒絕演算法（Accept-reject Algorithm）。假設要取樣的機率分佈$p(\boldsymbol{x})$難以直接取樣，演算法引用一個容易取樣的分佈$q(\boldsymbol{x})$，稱為提議分佈（Proposal Distribution），從提議分佈取樣出一批樣本，然後以某種方法拒絕一部分樣本，使得剩下的樣本服從分佈$p(\boldsymbol{x})$。

在任意點處，提議分佈的機率密度函數需要滿足

$$c \cdot q(\boldsymbol{x}) \geqslant p(\boldsymbol{x})$$

其中c是人工設定的常數。直觀來看，提議分佈在乘上係數之後要能覆蓋住$p(\boldsymbol{x})$。對於從提議分佈取出的樣本$\boldsymbol{x}$，計算接受機率值

$$\alpha(\boldsymbol{x}) = \frac{p(\boldsymbol{x})}{c \cdot q(\boldsymbol{x})}$$

然後生成一個服從均勻分佈$U(0,1)$的亂數z。如果

$$z \leqslant \alpha(\boldsymbol{x})$$

則接受樣本$\boldsymbol{x}$，否則拒絕該樣本。也就是說，以接受機率$\alpha(\boldsymbol{x})$接受提議分佈的樣本，以$1-\alpha(\boldsymbol{x})$的機率拒絕提議分佈生成的樣本。這種演算法可以生成$\mathbb{R}^n$中任意機率分佈的樣本。

拒絕取樣的原理如圖 5.34 所示。圖中淺色曲線為要取樣的機率分佈的機率密度函數$p(\boldsymbol{x})$，深色曲線為$c \cdot q(\boldsymbol{x})$，在這裡用標準正態分佈作為提議分佈，係數$c=1$。拒絕取樣演算法首先從正態分佈中取樣出一批樣本，然後以$1-\alpha(\boldsymbol{x})$的機率拒絕此樣本，剩下的樣本服從目標機率分佈$p(\boldsymbol{x})$。任意點處的接受率機率為該點處服從目標分佈$p(\boldsymbol{x})$的樣本在從$q(\boldsymbol{x})$生成的樣本數中所佔的比例，這裡用係數對所有點處的機率密度函數值進行了放大。

提議分佈通常選擇均勻分佈、正態分佈等簡單的分佈；常數c需要儘量小，以確保接受率盡可能大。接受率太小會影響演算法的效率，導致絕大部分候選樣本被拒絕。

下面用一個實際實例說明。假設隨機變數X的機率密度函數為

$$p(x) = \begin{cases} \dfrac{(x-0.2)^2}{\int_0^1 (x-0.2)^2 \mathrm{d}x} & 0 \leqslant x \leqslant 1 \\ 0 & \text{其他} \end{cases}$$

現在用拒絕取樣演算法對它進行取樣。提議分佈使用均勻分佈$U(0,1)$，常數c設定為 4。演算法執行的結果如圖 5.35 所示。圖中虛線為$c \cdot q(x)$，曲線為$p(x)$。柱狀圖為對從$p(x)$取樣出的樣本進行頻率分佈統計後的結果。

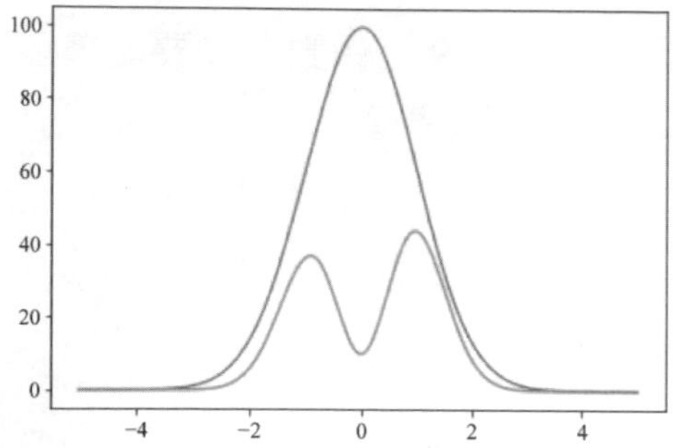

圖 5.34 拒絕取樣演算法示意圖

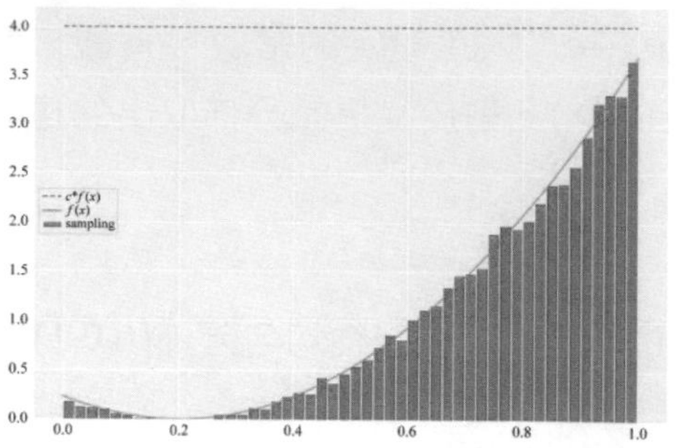

圖 5.35 拒絕取樣演算法的執行結果

這裡生成了 10000 個服從機率分佈$p(x)$的樣本。為了顯示取樣效果，將[0,1]區間劃分為 50 個等份的子區間，然後統計落入每個子區間的樣本數，最後將其用條狀圖顯示出來。

5.9.2 重要性取樣

如果取樣的目的只是計算數學期望，則取出的樣本不需要嚴格服從機率分佈$p(\boldsymbol{x})$也可以計算出數學期望值，此時可以使用重要性取樣（Importance Sampling，IS）。演算法同樣建構一個提議分佈$q(\boldsymbol{x})$，從該分佈直接取樣出樣本，然後計算數學期望$E_p[f(\boldsymbol{x})]$。

隨機變數函數$f(\boldsymbol{x})$對機率分佈$p(\boldsymbol{x})$的期望可以寫為

$$E_p[f(\boldsymbol{x})] = \int_{\mathbb{R}^n} f(\boldsymbol{x})p(\boldsymbol{x})\mathrm{d}\boldsymbol{x} = \int_{\mathbb{R}^n} f(\boldsymbol{x})\frac{p(\boldsymbol{x})}{q(\boldsymbol{x})}q(\boldsymbol{x})\mathrm{d}\boldsymbol{x} = \int_{\mathbb{R}^n} f(\boldsymbol{x})w(\boldsymbol{x})q(\boldsymbol{x})\mathrm{d}\boldsymbol{x}$$
$$= E_q[f(\boldsymbol{x})w(\boldsymbol{x})]$$

其中$w(\boldsymbol{x}) = \frac{p(\boldsymbol{x})}{q(\boldsymbol{x})}$，稱為權重。重要性取樣演算法從提議分佈$q(\boldsymbol{x})$取樣出樣本，然後計算此分佈下$f(\boldsymbol{x})w(\boldsymbol{x})$的數學期望，該值等於$E_p[f(\boldsymbol{x})]$。

《參考文獻》

[1] 盛驟, 謝式千, 潘承毅. 機率論與數理統計[M]，第四版. 北京:高等教育出版社，2008.

[2] Ross S. 機率論基礎教學[M]，第 9 版. 北京: 機械工業出版社，2014.

[3] Dempster A, Laird N, Rubin D. Maximum Likelihood from Incomplete Data via the EM Algorithm[J]. Journal of the royal statistical society series b-methodological, 1976.

[4] Comaniciu D, Meer P. Mean shift: a robust approach toward feature space analysis[J]. IEEE Transactions on Pattern Analysis and Machine Intelligence, 2002.

[5] 李賢平. 機率論基礎[M]. 2 版. 北京:高等教育出版社，1997.

Chapter

06 資訊理論

訊理論（Information Theory）是機率論的延伸，在機器學習與深度學習中資訊理論通常用於建構目標函數，以及對演算法進行理論分析與證明。本章將從機器學習的角度說明資訊理論的核心知識，對它們在機器學習與深度學習中的典型應用舉例說明。

6.1 熵與聯合熵

熵（Entropy）是資訊理論中的基本概念，定義於一個隨機變數（或說一個機率分佈）之上，用於對機率分佈的隨機性程度進行度量，反映了一組資料所包含的資訊量大小。

6.1.1 資訊量與熵

熵的概念最早來自物理中的熱力學。資訊理論中的熵也稱為香農熵（Shannon Entropy）或資訊熵（Information Entropy），前者以資訊理論的奠基人香農的名字命名。它衡量了一個機率分佈的隨機性程度，或說它包含的資訊量的大小。

首先考慮隨機變數取某一特定值時所包含的資訊量大小。假設隨機變數X設定值x的機率為$p(x)$。取這個值的機率很小而它又發生了，則包含的資訊量大。考慮下面的兩個隨機事件。

（1）一年之內載人火箭登入火星。
（2）台北明天要下雨。

顯然前者所包含的資訊量要大於後者，因為前者的機率遠小於後者但卻發生了。如果定義一個函數$h(x)$來描述隨機變數設定值為x時資訊量的大小，則$h(x)$應為$p(x)$的單調減函數。

滿足單調遞減要求的函數不唯一，需要進一步縮小範圍。假設有兩個相互獨立的隨機變數X和Y，它們設定值分別為x和y的機率為$p(x)$和$p(y)$。由於相互獨立，因此它們的聯合機率為

$$p(x,y) = p(x)p(y)$$

由於隨機變數X和Y相互獨立，因此它們設定值為(x,y)的資訊量應該是X設定值為x且Y設定值為y的資訊量之和，即下式成立

$$h(x,y) = h(x) + h(y)$$

因此，要求$h(x)$能把$p(x)$的乘法運算轉化為加法運算，滿足此要求的基本函數是對數函數。可以把資訊量定義為

$$h(x) = -\ln p(x)$$

對數函數前面加上負號是因為對數函數是增函數，而我們要求$h(x)$是$p(x)$的減函數。另外，由於$0 \leqslant p(x) \leqslant 1$，因此$\ln p(x) \leqslant 0$，加上負號之後剛好可以確保資訊量非負。資訊量與隨機變數所取的值x本身無關，只與它取該值的機率$p(x)$有關。對數底數的設定值並不重要，根據換底公式，使用不同的底數所計算出來的值只相差一個倍數。在通訊等領域中，通常以 2 為底（以位元為單位），在機器學習中，通常以e為底（以奈特為單位），本書後面的公式與計算均以e為底。

上面只考慮了隨機變數取某一個值時包含的資訊量，隨機變數可以取多個值，因此需要計算它取所有各種值時所包含的資訊量。隨機變數取每個值有一個機率，因此可以計算它取各個值時資訊量的數學期望，這個平均值就是熵。

對於離散型隨機變數，假設其設定值有n種情況，熵定義為

$$H(p) = E_p[-\ln p(x)] = -\sum_{i=1}^{n} p_i \ln p_i \tag{6.1}$$

這裡約定$p_i = p(x_i)$。下面用一個實例來說明離散型隨機變數熵的計算。考慮表 6.1 定義的機率分佈。

表 6.1 一個離散型隨機變數的機率質量函數

X	1	2	3	4
p	0.25	0.25	0.25	0.25

根據定義，它的熵為

$$H(p) = -0.25 \times \ln 0.25 - 0.25 \times \ln 0.25 - 0.25 \times \ln 0.25 - 0.25 \times \ln 0.25$$
$$= 1.386$$

考慮表 6.2 定義的機率分佈。

表 6.2 一個離散型隨機變數的機率質量函數

X	1	2	3	4
p	0.9	0.05	0.02	0.03

根據定義，它的熵為

$$H(p) = -0.9 \times \ln 0.9 - 0.05 \times \ln 0.05 - 0.02 \times \ln 0.02 - 0.03 \times \ln 0.03 = 0.4278$$

表 6.1 的機率分佈是均勻分佈，表 0 的機率分佈不均勻。第一個機率分佈的熵明顯大於第二個機率分佈。可以猜測，隨機變數越接近均勻分佈（隨機性越強），熵越大；反之則越小。後面會證明此結論。

下面以伯努利分佈為例，直觀地解釋熵的值與隨機變數的隨機性程度之間的關係。假設$X \sim B(p)$，根據定義，伯努利分佈的熵為

$$H(p) = -p\ln p - (1-p)\ln(1-p) \tag{6.2}$$

圖 6.1 顯示了伯努利分佈的熵與其參數p的關係，水平座標為p的值，垂直座標為熵。當$p = 0.5$即伯努利分佈為均勻分佈時，熵有極大值。當$p = 0$或$p = 1$時，熵有極小值。對式 (6.2) 求導並令導數為 0，即可證明此結論。

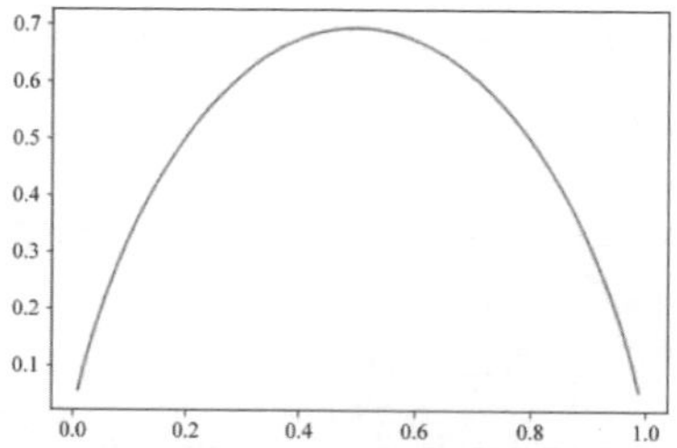

圖 6.1 伯努利分佈的熵與其參數的關係

下面考慮連續型機率分佈。對於連續型隨機變數，假設機率密度函數為$p(x)$，熵（也稱為微分熵，Differential Entropy）定義為

$$H(p) = -\int_{-\infty}^{+\infty} p(x)\ln p(x)\mathrm{d}x \tag{6.3}$$

式 (6.3) 為式 (6.1) 的極限形式，同樣是數學期望，將求和換成了定積分，此時的熵是一個泛函數。

6.1.2 熵的性質

對於離散型隨機變數，當它服從均勻分佈時，熵有極大值。取某一個值的機率為 1，取其他所有值的機率為 0 時，熵有極小值（此時隨機變數退化成確定的變數）。下面證明此結論。

對於離散型隨機變數，熵是以下多元函數

$$H(p) = -\sum_{i=1}^{n} x_i \ln x_i$$

其中x_i為隨機變數取第i個值的機率。由於是機率分佈，因此有以下約束

$$\sum_{i=1}^{n} x_i = 1 \qquad\qquad x_i \geqslant 0$$

對數函數的定義域非負，因此可以去掉上面的不等式約束。建構拉格朗日乘子函數

$$L(\mathbf{x}, \lambda) = -\sum_{i=1}^{n} x_i \ln x_i + \lambda\left(\sum_{i=1}^{n} x_i - 1\right)$$

對x_i和乘子變數求偏導並令其為 0，可以獲得下面的方程組

$$\frac{\partial L}{\partial x_i} = -\ln x_i - 1 + \lambda = 0 \qquad\qquad \sum_{i=1}^{n} x_i = 1$$

可以解得$x_i = \frac{1}{n}$。此時熵的值為

$$H(p) = -\sum_{i=1}^{n} \frac{1}{n} \ln \frac{1}{n} = \ln n$$

進一步可以證明該值是極大值。熵函數的二階偏導數為

$$\frac{\partial^2 H}{\partial x_i^2} = -\frac{1}{x_i} \qquad\qquad \frac{\partial^2 H}{\partial x_i \partial x_j} = 0, j \neq i$$

它的漢森矩陣是以下的對角陣

$$\begin{pmatrix} -1/x_1 & \cdots & 0 \\ \vdots & & \vdots \\ 0 & \cdots & -1/x_n \end{pmatrix}$$

由於$x_i > 0$，漢森矩陣負定，因此熵函數是凹函數，$x_i = \frac{1}{n}$ 時熵有極大值。如果定義

$$0\ln 0 = 0$$

它與下面的極限是一致的

$$\lim_{x \to 0} x \ln x = 0$$

當某一個$x_i = 1$，其他的$x_j = 0, j \neq i$時，熵有極小值 0

$$H(p) = 0\ln 0 + \cdots + 1\ln 1 + \cdots + 0\ln 0 = 0$$

只要$0 < x_i < 1$，則$\ln x_i < 0$，因此有

$$-x_i \ln x_i > 0$$

這說明熵是非負的，當且僅當隨機變數取某一值的機率為 1、取其他值的機率為 0 時，熵有極小值 0。前面已經證明當隨機變數取所有值的機率相等即均勻分佈時熵有極大值。故熵的設定值範圍為

$$0 \leqslant H(p) \leqslant \ln n$$

接下來考慮連續型隨機變數的情況。對於定義於$(-\infty, +\infty)$上的連續型隨機變數，如果數學期望μ和方差σ^2確定，當隨機變數服從正態分佈$N(\mu, \sigma^2)$時，熵有極大值。下面對一維隨機變數的情況進行證明，使用 4.8 節所說明的變分法，證明方法可以推廣到多維機率分佈。指定數學期望與方差即有以下等式約束

$$\int_{-\infty}^{+\infty} xp(x)\mathrm{d}x = \mu \qquad \int_{-\infty}^{+\infty} (x-\mu)^2 p(x)\mathrm{d}x = \sigma^2$$

為了確保$p(x)$是一個機率密度函數，還有以下約束

$$\int_{-\infty}^{+\infty} p(x)\mathrm{d}x = 1$$

熵對應的泛函數為

$$H[p] = -\int_{-\infty}^{+\infty} p(x)\ln p(x)\mathrm{d}x$$

這是一個帶等式約束的泛函數極值問題。建構拉格朗日乘子泛函數

$$F[p, \alpha, \beta, \gamma] = -\int_{-\infty}^{+\infty} p(x)\ln p(x)\mathrm{d}x + \alpha\left(\int_{-\infty}^{+\infty} p(x)\mathrm{d}x - 1\right) + \beta\left(\int_{-\infty}^{+\infty} xp(x)\mathrm{d}x - \mu\right) + \gamma\left(\int_{-\infty}^{+\infty} (x-\mu)^2 p(x)\mathrm{d}x - \sigma^2\right)$$

將上面的被積函數合併，泛函數的核心為

$$L(x,p(x),p'(x)) = -p(x)\ln p(x) + \alpha p(x) + \beta x p(x) + \gamma(x-\mu)^2 p(x)$$

根據歐拉-拉格朗日方程式，由於泛函數的核心沒有$p(x)$的導數項$p'(x)$，只需要計算$\frac{\partial L}{\partial p}$。可以獲得以下微分方程

$$\frac{\partial L}{\partial p} - \frac{\mathrm{d}}{\mathrm{d}x}\left(\frac{\partial L}{\partial p\prime}\right) = -(1+\ln p(x)) + \alpha + \beta x + \gamma(x-\mu)^2 = 0 \tag{6.4}$$

可以解得

$$p(x) = \exp(\gamma(x-\mu)^2 + \beta x + \alpha - 1) \tag{6.5}$$

將式 (6.5) 代入下面的限制條件

$$\int_{-\infty}^{+\infty} p(x)\mathrm{d}x - 1 = 0 \qquad \int_{-\infty}^{+\infty} xp(x)\mathrm{d}x - \mu = 0 \qquad \int_{-\infty}^{+\infty} (x-\mu)^2 p(x)\mathrm{d}x - \sigma^2 = 0$$

可以解得

$$\alpha = 1 - \ln\left(\sqrt{2\pi}\sigma\right) \qquad \beta = 0 \qquad \gamma = -\frac{1}{2\sigma^2}$$

最後解得

$$p(x) = \frac{1}{\sqrt{2}\sigma}\exp\left(-\frac{(x-\mu)^2}{2\sigma^2}\right)$$

此即正態分佈的機率密度函數。

下面計算正態分佈$N(\mu,\sigma^2)$的熵，根據定義有

$$\begin{aligned}
H(p) &= -\int_{-\infty}^{+\infty} \frac{1}{\sqrt{2}\sigma}\exp\left(-\frac{(x-\mu)^2}{2\sigma^2}\right)\ln\left(\frac{1}{\sqrt{2}\sigma}\exp\left(-\frac{(x-\mu)^2}{2\sigma^2}\right)\right)\mathrm{d}x \\
&= -\int_{-\infty}^{+\infty} \frac{1}{\sqrt{2}\sigma}\exp\left(-\frac{(x-\mu)^2}{2\sigma^2}\right)\left(\ln\frac{1}{\sqrt{2}\sigma} - \frac{(x-\mu)^2}{2\sigma^2}\right)\mathrm{d}x \\
&= -\ln\frac{1}{\sqrt{2}\sigma}\int_{-\infty}^{+\infty}\frac{1}{\sqrt{2}\sigma}\exp\left(-\frac{(x-\mu)^2}{2\sigma^2}\right)\mathrm{d}x + \int_{-\infty}^{+\infty}\frac{1}{\sqrt{2}\sigma}\frac{(x-\mu)^2}{2\sigma^2}\exp\left(-\frac{(x-\mu)^2}{2\sigma^2}\right)\mathrm{d}x \\
&= -\ln\frac{1}{\sqrt{2}\sigma} + \frac{1}{2\sigma^2}\int_{-\infty}^{+\infty}\frac{1}{\sqrt{2}\sigma}(x-\mu)^2\exp\left(-\frac{(x-\mu)^2}{2\sigma^2}\right)\mathrm{d}x \\
&= -\ln\frac{1}{\sqrt{2}\sigma} + \frac{1}{2\sigma^2}\sigma^2 \\
&= \ln(\sqrt{2}\sigma) + \frac{1}{2}
\end{aligned}$$

上式第 4 步利用了機率密度函數積分為 1 的特性，第 5 步利用了正態分佈方差的結果。正態分佈的熵只與方差有關而與平均值無關，這與直觀認識相符。只有方差才決定了正態分佈的隨機性程度。

6.1.3 應用——決策樹

下面介紹熵在機器學習中的應用，經典的實例是決策樹的訓練演算法。圖 6.2 是一棵用於水果分類的決策樹，圖中白色節點為內部節點，每個節點有一個判斷規則；灰色節點為葉子節點，表示分類結果。在預測時，從根節點出發，在每個內部節點處用判斷規則進行判斷，根據判斷結果進入不同的分支，直到遇到葉子節點，列出預測結果。決策樹的結構以及內部節點的判斷規則是透過訓練獲得的。對決策樹的進一步了解可以閱讀參考文獻[7]。

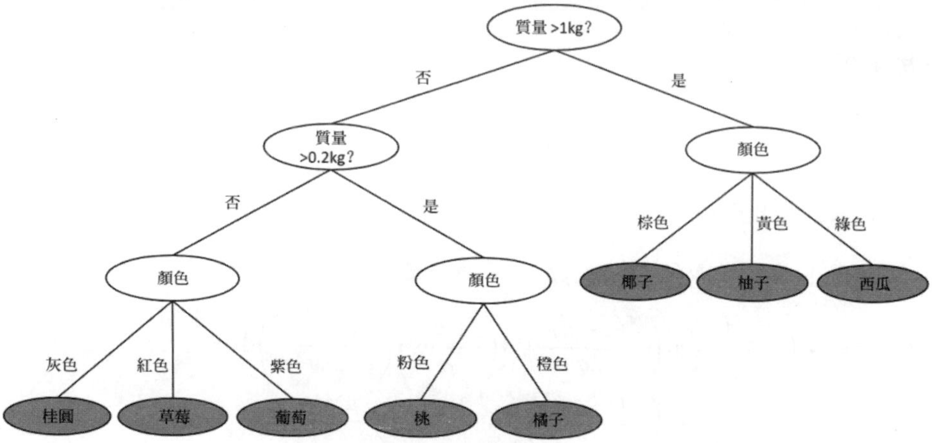

圖 6.2 一棵決策樹

決策樹訓練時的目標是確保對訓練樣本集盡可能正確地預測。考慮二元決策樹，對於分類問題，訓練決策樹的內部節點時需要尋找最佳分裂（即判斷規則），將訓練樣本集劃分為左右兩個子集。目標是左右子集的樣本盡可能「純」，左子集都為某一類或某幾類樣本，右子集為另外幾類樣本。

因此需要定義度量樣本集是否純的指標，並最大化該指標以找到分裂規則。ID3（見參考文獻[3]）所使用的資訊增益指標即透過熵進行建構。樣本集中各類樣本出現的機率是一個機率分佈，如果一個樣本集的熵越大，則說明它裡面的樣本越純。對於每個分裂規則，用它將訓練樣本集劃分成左子集D_L和右子集D_R。分別計算左右子集的熵$H(D_L)$和$H(D_R)$，根據熵計算資訊增益，透過尋找資訊增益的極值得到最佳分裂規則。

首先來看樣本集熵的計算。指定樣本集D，對於K分類問題，其中每類樣本的數量為$N_i, i = 1, \cdots, k$。可以計算出每類樣本出現的機率

$$p_i = \frac{N_i}{|D|}$$

這是一個多項分佈。根據 6.1.1 節中離散型機率分佈熵的定義，樣本集的熵為

$$H(D) = -\sum_{i=1}^{k} p_i \ln p_i \tag{6.6}$$

當樣本集中的所有樣本都屬於某一類時，熵有極小值，當樣本均勻地分佈於所有類時，熵有極大值。因此，如果能找到一個判斷規則，讓D_L和D_R的熵最小化，則這個判斷規則將使得分裂之後的左子集和右子集的純度最大化。

實現時使用了資訊增益（Information Gain）指標，根據熵建構。如果是m叉決策樹，假設用某個分裂規則將樣本集D劃分為m個不相交的子集$D_1, \cdots, D_m$，則該劃分的資訊增益定義為

$$G = H(D) - \sum_{i=1}^{m} \frac{|D_i|}{|D|} H(D_i) \tag{6.7}$$

其意義是劃分之後熵的下降值。由於$H(D)$是一個定值，熵下降得越多說明分裂之後的子集的熵越小。式 (6.7) 中 $\frac{|D_i|}{|D|}$ 反映了每個子集的權重，與子集

的樣本數成正比。列舉所有判斷規則，用該規則將樣本集劃分成多個子集，然後計算資訊增益。資訊增益最大的判斷規則即為最佳判斷規則。

6.1.4 聯合熵

聯合熵（Joint Entropy）是熵對多維機率分佈的推廣，它描述了一組隨機變數的不確定性。以二維隨機向量為例，有兩個離散型隨機變數X和Y，它們的聯合機率質量函數為$p(x,y)$，聯合熵定義為

$$H(X,Y) = -\sum_{x}\sum_{y} p(x,y)\ln p(x,y)$$

推廣到多個隨機變數，有

$$H(X_1,\cdots,X_n) = -\sum_{x_1}\cdots\sum_{x_n} p(x_1,\cdots,x_n)\ln p(x_1,\cdots,x_n)$$

根據定義，聯合熵是非負的

$$H(X_1,\cdots,X_n) \geqslant 0$$

下面以二維離散型機率分佈為例計算聯合熵。考慮表 6.3 中的聯合機率分佈。

表 6.3 兩個離散型隨機變數的聯合機率分佈

	1	2	3	4
1	0.2	0.1	0.05	0.05
2	0.1	0.3	0.1	0.1

根據定義，聯合熵為

$$\begin{aligned}H(X,Y) = &-0.2\times\ln 0.2 - 0.1\times\ln 0.1 - 0.05\times\ln 0.05 - 0.05\times\ln 0.05 - \\ &0.1\times\ln 0.1 - 0.3\times\ln 0.3 - 0.1\times\ln 0.1 - 0.1\times\ln 0.1 \\ &= 1.56\end{aligned}$$

對於二維連續型隨機向量(X,Y)，假設聯合機率密度函數為$p(x,y)$，其聯合熵為二重積分

$$H(X,Y) = -\int_{-\infty}^{+\infty}\int_{-\infty}^{+\infty} p(x,y)\ln p(x,y)\mathrm{d}x\mathrm{d}y$$

對於n維連續型隨機向量$\boldsymbol{x}$，假設聯合機率密度函數為$p(\boldsymbol{x})$，其聯合熵為n重積分

$$H(\boldsymbol{x}) = -\int_{\mathbb{R}^n} p(\boldsymbol{x})\ln p(\boldsymbol{x})\mathrm{d}\boldsymbol{x}$$

下面計算多維正態分佈$N(\boldsymbol{\mu},\boldsymbol{\Sigma})$的聯合熵。根據定義有

$$H(\boldsymbol{x}) = -\int_{\mathbb{R}^n} \frac{1}{(2)^{\frac{n}{2}}|\boldsymbol{\Sigma}|^{\frac{1}{2}}}\exp\left(-\frac{1}{2}(\boldsymbol{x}-\boldsymbol{\mu})^{\mathrm{T}}\boldsymbol{\Sigma}^{-1}(\boldsymbol{x}-\boldsymbol{\mu})\right)\cdot$$

$$\ln\left(\frac{1}{(2)^{\frac{n}{2}}|\boldsymbol{\Sigma}|^{\frac{1}{2}}}\exp\left(-\frac{1}{2}(\boldsymbol{x}-\boldsymbol{\mu})^{\mathrm{T}}\boldsymbol{\Sigma}^{-1}(\boldsymbol{x}-\boldsymbol{\mu})\right)\right)\mathrm{d}\boldsymbol{x}$$

$$= -\ln\left(\frac{1}{(2)^{\frac{n}{2}}|\boldsymbol{\Sigma}|^{\frac{1}{2}}}\right)\int_{\mathbb{R}^n} \frac{1}{(2)^{\frac{n}{2}}|\boldsymbol{\Sigma}|^{\frac{1}{2}}}\exp\left(-\frac{1}{2}(\boldsymbol{x}-\boldsymbol{\mu})^{\mathrm{T}}\boldsymbol{\Sigma}^{-1}(\boldsymbol{x}-\boldsymbol{\mu})\right)\mathrm{d}\boldsymbol{x} +$$

$$\frac{1}{2}\int_{\mathbb{R}^n} \frac{1}{(2)^{\frac{n}{2}}|\boldsymbol{\Sigma}|^{\frac{1}{2}}}(\boldsymbol{x}-\boldsymbol{\mu})^{\mathrm{T}}\boldsymbol{\Sigma}^{-1}(\boldsymbol{x}-\boldsymbol{\mu})\exp\left(-\frac{1}{2}(\boldsymbol{x}-\boldsymbol{\mu})^{\mathrm{T}}\boldsymbol{\Sigma}^{-1}(\boldsymbol{x}-\boldsymbol{\mu})\right)\mathrm{d}\boldsymbol{x}$$

$$= \ln\left((2)^{\frac{n}{2}}|\boldsymbol{\Sigma}|^{\frac{1}{2}}\right) + \frac{n}{2} = \frac{n}{2}\ln(2) + \frac{1}{2}\ln(|\boldsymbol{\Sigma}|) + \frac{n}{2}$$

這與一維正態分佈熵的計算公式在形式上是統一的。在第 3 步中利用了機率密度函數積分為 1 的結論。下面介紹上式中第 2 部分積分的計算。由於協方差矩陣$\boldsymbol{\Sigma}$正定，因此可以科列斯基分解

$$\boldsymbol{\Sigma} = \boldsymbol{L}\boldsymbol{L}^{\mathrm{T}}$$

進一步有

$$(\boldsymbol{x}-\boldsymbol{\mu})^{\mathrm{T}}\boldsymbol{\Sigma}^{-1}(\boldsymbol{x}-\boldsymbol{\mu}) = (\boldsymbol{x}-\boldsymbol{\mu})^{\mathrm{T}}(\boldsymbol{L}\boldsymbol{L}^{\mathrm{T}})^{-1}(\boldsymbol{x}-\boldsymbol{\mu})$$
$$= (\boldsymbol{x}-\boldsymbol{\mu})^{\mathrm{T}}\boldsymbol{L}^{-1}(\boldsymbol{L}^{-1})^{\mathrm{T}}(\boldsymbol{x}-\boldsymbol{\mu})$$
$$= ((\boldsymbol{L}^{-1})^{\mathrm{T}}(\boldsymbol{x}-\boldsymbol{\mu}))^{\mathrm{T}}((\boldsymbol{L}^{-1})^{\mathrm{T}}(\boldsymbol{x}-\boldsymbol{\mu}))$$

下面進行代換。如果令

$$\boldsymbol{y}=(\boldsymbol{L}^{-1})^{\mathrm{T}}(\boldsymbol{x}-\boldsymbol{\mu})=(\boldsymbol{L}^{\mathrm{T}})^{-1}(\boldsymbol{x}-\boldsymbol{\mu})$$

則有

$$\boldsymbol{x}=\boldsymbol{L}^{\mathrm{T}}\boldsymbol{y}+\boldsymbol{\mu}$$

此轉換的雅可比行列式為

$$\left|\frac{\partial\boldsymbol{x}}{\partial\boldsymbol{y}}\right|=|\boldsymbol{L}^{\mathrm{T}}|=|\boldsymbol{\Sigma}|^{1/2}$$

根據多重積分代換公式，有

$$\begin{aligned}&\int_{\mathbb{R}^n}(\boldsymbol{x}-\boldsymbol{\mu})^{\mathrm{T}}\boldsymbol{\Sigma}^{-1}(\boldsymbol{x}-\boldsymbol{\mu})\exp\left(-\frac{1}{2}(\boldsymbol{x}-\boldsymbol{\mu})^{\mathrm{T}}\boldsymbol{\Sigma}^{-1}(\boldsymbol{x}-\boldsymbol{\mu})\right)\mathrm{d}\boldsymbol{x}\\
&=\int_{\mathbb{R}^n}\boldsymbol{y}^{\mathrm{T}}\boldsymbol{y}\exp\left(-\frac{1}{2}\boldsymbol{y}^{\mathrm{T}}\boldsymbol{y}\right)\left|\det\left(\frac{\partial\boldsymbol{x}}{\partial\boldsymbol{y}}\right)\right|\mathrm{d}\boldsymbol{y}\\
&=|\boldsymbol{\Sigma}|^{\frac{1}{2}}\int_{\mathbb{R}^n}(y_1^2+\cdots+y_n^2)\exp\left(-\frac{1}{2}y_1^2\right)\cdots\exp\left(-\frac{1}{2}y_n^2\right)\mathrm{d}\boldsymbol{y}\\
&=|\boldsymbol{\Sigma}|^{\frac{1}{2}}\sum_{i=1}^{n}\left(\int_{-\infty}^{+\infty}y_i^2\exp\left(-\frac{1}{2}y_i^2\right)\mathrm{d}y_i\prod_{j=1,j\neq i}^{n}\int_{-\infty}^{+\infty}\exp\left(-\frac{1}{2}y_j^2\right)\mathrm{d}y_j\right)\\
&=|\boldsymbol{\Sigma}|^{\frac{1}{2}}n\sqrt{2}(\sqrt{2})^{n-1}=|\boldsymbol{\Sigma}|^{\frac{1}{2}}n(\sqrt{2})^{n}\end{aligned}$$

上式倒數第 2 步利用了式 (3.30) 以及 5.3.6 節計算正態分佈方差時的結論。因此有

$$\begin{aligned}&\frac{1}{2}\int_{\mathbb{R}^n}\frac{1}{(2)^{\frac{n}{2}}|\boldsymbol{\Sigma}|^{\frac{1}{2}}}(\boldsymbol{x}-\boldsymbol{\mu})^{\mathrm{T}}\boldsymbol{\Sigma}^{-1}(\boldsymbol{x}-\boldsymbol{\mu})\exp\left(-\frac{1}{2}(\boldsymbol{x}-\boldsymbol{\mu})^{\mathrm{T}}\boldsymbol{\Sigma}^{-1}(\boldsymbol{x}-\boldsymbol{\mu})\right)\mathrm{d}\boldsymbol{x}\\
&\qquad=\frac{1}{2}\frac{1}{(2)^{\frac{n}{2}}|\boldsymbol{\Sigma}|^{\frac{1}{2}}}|\boldsymbol{\Sigma}|^{\frac{1}{2}}n(\sqrt{2})^{n}=\frac{n}{2}\end{aligned}$$

同樣，多維正態分佈的熵只與協方差矩陣有關，而與平均值向量無關。

如果隨機變數X和Y相互獨立，則它們的聯合熵等於各自邊緣分佈的熵之和

$$H(X,Y)=H(X)+H(Y)$$

其中$H(X)$和$H(Y)$分別為X和Y的邊緣分佈的熵。下面對離散型機率分佈進行證明，同樣的方法可以推廣到連續型機率分佈的情況。由於X和Y相互獨立，因此有

$$p(x,y) = p(x)p(y)$$

進一步有

$$\begin{aligned}H(X,Y) &= -\sum_x\sum_y p(x,y)\ln p(x,y) = -\sum_x\sum_y p(x)p(y)\ln(p(x)p(y)) \\ &= -\sum_x\sum_y p(x)p(y)\ln p(x) - \sum_x\sum_y p(x)p(y)\ln p(y) \\ &= -\sum_x \left(p(x)\ln p(x)\sum_y p(y)\right) - \sum_x \left(p(x)\sum_y p(y)\ln p(y)\right) \\ &= -\sum_x p(x)\ln p(x) + \sum_x (p(x)H(Y)) = H(X) - H(Y)\sum_x p(x) \\ &= H(X) + H(Y)\end{aligned}$$

上式第 5 步利用了$\sum_y p(y) = 1$，以及$-\sum_y p(y)\ln p(y) = H(Y)$。這一結論也符合 6.1.1 節中定義資訊量時的原則，兩個相互獨立的隨機變數的資訊量等於它們各自的資訊量之和。

6.2 交叉熵

交叉熵定義於兩個機率分佈之上，反映了它們之間的差異程度。機器學習演算法在很多時候的訓練目標是使得模型擬合出的機率分佈儘量接近於目標機率分佈，因此可以用交叉熵來建構損失函數。這一指標在用於分類問題的神經網路訓練中獲得了廣泛應用，是最常用的損失函數之一。

6.2.1 交叉熵的定義

交叉熵（Cross Entropy，CE）的定義與熵類似，但定義在兩個機率分佈之上。對於離散型隨機變數X，$p(x)$和$q(x)$是兩個機率分佈的機率質量函數，交叉熵定義為

$$H(p,q)=E_p[-\ln q(x)]=-\sum_x p(x)\ln q(x) \tag{6.8}$$

交叉熵同樣是數學期望，衡量了兩個機率分佈的差異。其值越大，兩個機率分佈的差異越大；其值越小，則兩個機率分佈的差異越小。

下面以實際的實例計算交叉熵。計算表 6.4 中的兩個機率分佈的交叉熵。

表 6.4　兩個離散型機率分佈的機率質量函數

X	1	2	3	4
p	0.4	0.4	0.1	0.1
q	0.4	0.4	0.1	0.1

根據定義，其交叉熵為

$$H(p,q)=-0.4\times\ln 0.4-0.4\times\ln 0.4-0.1\times\ln 0.1-0.1\times\ln 0.1=1.2$$

計算表 6.5 中的兩個機率分佈的交叉熵。

表 6.5　兩個離散型機率分佈的機率質量函數

X	1	2	3	4
p	0.4	0.4	0.1	0.1
q	0.1	0.1	0.4	0.4

根據定義，其交叉熵為

$$H(p,q)=-0.4\times\ln 0.1-0.4\times\ln 0.1-0.1\times\ln 0.4-0.1\times\ln 0.4=2.0$$

表 6.4 中的兩個機率分佈完全相等，表 6.5 中的兩個機率分佈差異很大。後者的交叉熵比前者大。後面我們會證明當兩個機率分佈相等時交叉熵有極小值。

對於兩個連續型機率分佈，假設機率密度函數分別為$p(x)$和$q(x)$，交叉熵定義為

$$H(p,q) = E_p[-\ln q(x)] = -\int_{-\infty}^{+\infty} p(x)\ln q(x)\mathrm{d}x \tag{6.9}$$

這裡將求和換為定積分。推廣到多維連續型機率分佈，交叉熵透過多重積分定義。如果兩個機率分佈完全相等

$$p(x) = q(x)$$

則交叉熵退化成熵，此時有$H(p,q) = H(p) = H(q)$。

6.2.2 交叉熵的性質

交叉熵不是距離，不具有對稱性，一般情況下

$$H(p,q) \neq H(q,p)$$

它也不滿足三角不等式。

當兩個機率分佈相等的時候，交叉熵有極小值。下面對離散型機率分佈進行證明。假設第一個機率分佈已知，即對於機率分佈$p(x)$，隨機變數X取第i個值的機率為常數a_i，假設對於機率分佈$q(x)$，隨機變數X取第i個值的機率為x_i。此時，交叉熵為以下形式的多元函數

$$H(\boldsymbol{x}) = -\sum_{i=1}^{n} a_i \ln x_i$$

機率分佈有以下限制條件

$$\sum_{i=1}^{n} x_i = 1$$

建構拉格朗日乘子函數

$$L(\boldsymbol{x},\lambda) = -\sum_{i=1}^{n} a_i \ln x_i + \lambda\left(\sum_{i=1}^{n} x_i - 1\right)$$

對所有變數求偏導數，並令偏導數為 0，可以獲得下面的方程組

$$-\frac{a_i}{x_i}+\lambda=0 \qquad \sum_{i=1}^{n} x_i=1 \tag{6.10}$$

由於a_i是一個機率分佈，因此有

$$\sum_{i=1}^{n} a_i=1 \tag{6.11}$$

聯立式 (6.10) 與式 (6.11) 可以解得

$$\lambda=1 \qquad x_i=a_i$$

因此，在兩個機率分佈相等的時候，交叉熵有極值。接下來證明這個極值是極小值。交叉熵函數的二階偏導數為

$$\frac{\partial^2 H}{\partial x_i^2}=\frac{a_i}{x_i^2} \qquad \frac{\partial^2 H}{\partial x_i \partial x_j}=0, i\neq j$$

漢森矩陣為

$$\begin{pmatrix} a_1/x_1^2 & \cdots & 0 \\ \vdots & & \vdots \\ 0 & \cdots & a_n/x_n^2 \end{pmatrix}$$

該矩陣正定，因此交叉熵函數是凸函數，上面的極值是極小值。

下面以伯努利分佈來説明交叉熵的極值。有兩個伯努利分佈$p(x)$和$q(x)$，前者的參數$p=0.3$，假設後者的參數為x，則它們的交叉熵為

$$H(p,q)=-0.3\ln(x)-0.7\ln(1-x)$$

其曲線如圖 6.3 所示。圖中橫軸為參數x，縱軸為交叉熵的值。可以看到，在$x=0.3$點處交叉熵有極小值。這與前面的解一致。

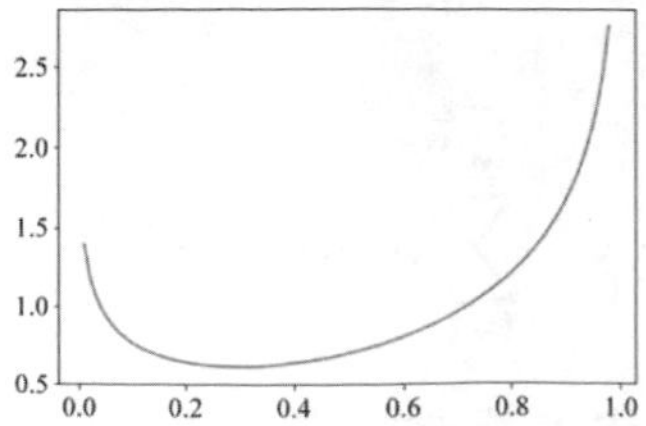

圖 6.3 伯努利分佈的交叉熵與其參數的關係

6.2.3 應用——softmax 回歸

交叉熵常用於建構機器學習的目標函數，如 logistic 回歸與 softmax 回歸的損失函數。此時可從最大似然估計匯出交叉熵損失函數。

softmax 回歸是 logistic 回歸的擴充，用於解決多分類問題。指定l個訓練樣本$(\boldsymbol{x}_i, y_i)$，其中$\boldsymbol{x}_i$為n維特徵向量，y_i為類別標籤，設定值為 1 和k之間的整數。softmax 回歸用式 (6.12) 計算樣本$\boldsymbol{x}$屬於每一類的機率

$$h_{\boldsymbol{\theta}}(\boldsymbol{x}) = \frac{1}{\sum_{i=1}^{k} \mathrm{e}^{\boldsymbol{\theta}_i^{\mathrm{T}}\boldsymbol{x}}} \begin{pmatrix} \mathrm{e}^{\boldsymbol{\theta}_1^{\mathrm{T}}\boldsymbol{x}} \\ \vdots \\ \mathrm{e}^{\boldsymbol{\theta}_k^{\mathrm{T}}\boldsymbol{x}} \end{pmatrix} \tag{6.12}$$

首先用k個向量$\boldsymbol{\theta}_i$對$\boldsymbol{x}$進行線性對映，獲得k個純量$z_i = \boldsymbol{\theta}_i^{\mathrm{T}}\boldsymbol{x}$，然後用 softmax 轉換對它們進行歸一化，獲得機率值

$$p_i = \frac{\mathrm{e}^{z_i}}{\sum_{j=1}^{k} \mathrm{e}^{z_j}}$$

模型的輸出為一個k維的機率向量，其元素之和為 1，每一個分量為樣本屬於該類的機率，是多項分佈。這裡使用指數函數進行轉換的原因是指數函數值都大於 0，機率值必須是非負的。分類時將樣本判斷為機率最大的那個類。

softmax 回歸要估計的參數為

$$\boldsymbol{\theta} = (\boldsymbol{\theta}_1 \ \ \boldsymbol{\theta}_2 \ \ \cdots \ \ \boldsymbol{\theta}_k)$$

每個$\boldsymbol{\theta}_i$是一個列向量，$\boldsymbol{\theta}$是一個$n \times k$的矩陣。將式 (6.12) 預測出的機率向量記為$\boldsymbol{y}^*$，即

$$\boldsymbol{y}^* = \frac{1}{\sum_{i=1}^{k} \mathrm{e}^{\boldsymbol{\theta}_i^{\mathrm{T}}\boldsymbol{x}}} \begin{pmatrix} \mathrm{e}^{\boldsymbol{\theta}_1^{\mathrm{T}}\boldsymbol{x}} \\ \vdots \\ \mathrm{e}^{\boldsymbol{\theta}_k^{\mathrm{T}}\boldsymbol{x}} \end{pmatrix}$$

訓練樣本的真實標籤值用 One-Hot 編碼為向量，如果樣本屬於第i類，則向量的第i個分量y_i為 1，其他的均為 0，將這個標籤向量記為$\boldsymbol{y}$。樣本的機率

質量函數可以統一寫成

$$\prod_{i=1}^{k} (y_i^*)^{y_i} \tag{6.13}$$

顯然這個結論是成立的。只有一個y_i為 1，其他的都為 0，一旦$\boldsymbol{y}$的設定值確定，如樣本為第j類樣本，則式 (6.13) 的值為y_j^*。這種做法在 5.3.4 節已經進行了說明。可以使用最大似然估計確定模型的參數。指定l個訓練樣本，它們的似然函數為

$$\prod_{i=1}^{l}\left(\prod_{j=1}^{k}\left(\frac{\exp(\boldsymbol{\theta}_j^{\mathrm{T}}\boldsymbol{x}_i)}{\sum_{t=1}^{k}\exp(\boldsymbol{\theta}_t^{\mathrm{T}}\boldsymbol{x}_i)}\right)^{y_{ij}}\right) \tag{6.14}$$

其中y_{ij}為第i個訓練樣本標籤向量的第j個分量。將式 (6.14) 取對數，獲得對數似然函數為

$$\sum_{i=1}^{l}\sum_{j=1}^{k}\left(y_{ij}\ln\frac{\exp(\boldsymbol{\theta}_j^{\mathrm{T}}\boldsymbol{x}_i)}{\sum_{t=1}^{k}\exp(\boldsymbol{\theta}_t^{\mathrm{T}}\boldsymbol{x}_i)}\right)$$

讓對數似然函數取極大值等於讓下面的損失函數取極小值

$$L(\boldsymbol{\theta}) = -\sum_{i=1}^{l}\sum_{j=1}^{k}\left(y_{ij}\ln\frac{\exp(\boldsymbol{\theta}_j^{\mathrm{T}}\boldsymbol{x}_i)}{\sum_{t=1}^{k}\exp(\boldsymbol{\theta}_t^{\mathrm{T}}\boldsymbol{x}_i)}\right) \tag{6.15}$$

式 (6.15) 的目標函數稱為交叉熵損失函數，與式 (6.8) 的定義一致，反映了預測值$\boldsymbol{y}^*$與真實標籤值$\boldsymbol{y}$的差距，二者均為多項分佈。這裡對所有訓練樣本的交叉熵求和，實現時也可以使用平均值。

對於 softmax 回歸，最大化對數似然函數等於最小化交叉熵損失函數。可以證明此交叉熵損失函數是凸函數，留給讀者作為練習。

更一般地，在機器學習和深度學習中通常已知一個機率分佈p，演算法要擬合一個機率分佈q，使得後者盡可能接近前者。可以透過最小化二者的交叉熵實現。logistic 回歸、softmax 回歸，以及使用 softmax 回歸作為輸出層的類神經網路是典型的代表。

6.3 Kullback-Leibler 散度

KL 散度同樣定義於兩個機率分佈之上，也用於度量兩個機率分佈之間的差異，通常用於建構目標函數以及對演算法進行理論分析。

6.3.1 KL 散度的定義

KL 散度（Kullback-Leibler Divergence）也稱為相對熵（Relative Entropy），同樣用於衡量兩個機率分佈之間的差異。其值越大，則兩個機率分佈的差異越大；當兩個機率分佈完全相等時，KL 散度值為 0。

對於兩個離散型機率分佈p和q，它們之間的 KL 散度定義為

$$D_{\mathrm{KL}}(p \parallel q) = \sum_{x} p(x) \ln \frac{p(x)}{q(x)} \tag{6.16}$$

其中$p(x)$和$q(x)$為這兩個機率分佈的機率質量函數。下面以實際實例來說明 KL 散度的計算。考慮表 6.6 中的兩個機率分佈。

表 6.6 兩個離散型機率分佈的機率質量函數

X	1	2	3	4
p	0.2	0.4	0.3	0.1
q	0.7	0.05	0.15	0.1

根據定義，它們的 KL 散度為

$$D_{KL}(p \parallel q) = 0.2 \times \ln \frac{0.2}{0.7} + 0.4 \times \ln \frac{0.4}{0.05} + 0.3 \times \ln \frac{0.3}{0.15} + 0.1 \times \ln \frac{0.1}{0.1} = 0.79$$

計算表 6.7 中兩個機率分佈的 KL 散度。

表 6.7 兩個離散型機率分佈的機率質量函數

X	1	2	3	4
p	0.2	0.4	0.3	0.1
q	0.2	0.4	0.3	0.1

根據定義，它們的 KL 散度為

$$D_{KL}(p \parallel q) = 0.2 \times \ln\frac{0.2}{0.2} + 0.4 \times \ln\frac{0.4}{0.4} + 0.3 \times \ln\frac{0.3}{0.3} + 0.1 \times \ln\frac{0.1}{0.1} = 0.0$$

顯然，當$p(x) = q(x)$時，有

$$\ln\frac{p(x)}{q(x)} \equiv \ln 1 = 0$$

因此

$$D_{KL}(p \parallel q) = \sum_x p(x)\ln\frac{p(x)}{q(x)} = \sum_x p(x) \times 0 = 0$$

此時 KL 散度值為 0。

下面計算兩個伯努利分佈之間的 KL 散度。根據定義，兩個伯努利分佈$B(p_1)$與$B(p_2)$之間的 KL 散度為

$$D_{KL}(p \parallel q) = p_1\ln\frac{p_1}{p_2} + (1-p_1)\ln\frac{1-p_1}{1-p_2}$$

稀疏自動編碼器中使用了此結論，作為正規化項，確保神經網路輸出結果的稀疏性。

對於兩個連續型機率分佈p和q，它們之間的 KL 散度定義為

$$D_{KL}(p \parallel q) = \int_{-\infty}^{+\infty} p(x)\ln\frac{p(x)}{q(x)}\mathrm{d}x \tag{6.17}$$

其中$p(x)$和$q(x)$為這兩個機率分佈的機率密度函數。式 (6.17) 是式 (6.16) 的極限形式，將求和換為定積分。推廣到多維連續型機率分佈，KL 散度透過多重積分定義。

下面計算正態分佈之間的 KL 散度值。假設有兩個正態分佈$N(\mu_1, \sigma_1^2)$和$N(\mu_2, \sigma_2^2)$。根據定義，它們的 KL 散度為

$$D_{KL}(p_1 \parallel p_2) = \int_{-\infty}^{+\infty} p_1(x)\ln\frac{p_1(x)}{p_2(x)}\mathrm{d}x$$

$$= \int_{-\infty}^{+\infty} p_1(x)\ln\left(\ln\frac{\frac{1}{\sqrt{2}\sigma_1}\exp\left(-\frac{(x-\mu_1)^2}{2\sigma_1^2}\right)}{\frac{1}{\sqrt{2}\sigma_2}\exp\left(-\frac{(x-\mu_2)^2}{2\sigma_2^2}\right)}\right)\mathrm{d}x$$

$$= \int_{-\infty}^{+\infty} p_1(x)\left(\ln\frac{\sigma_2}{\sigma_1} + \frac{(x-\mu_2)^2}{2\sigma_2^2} - \frac{(x-\mu_1)^2}{2\sigma_1^2}\right)\mathrm{d}x$$

$$= \ln\frac{\sigma_2}{\sigma_1}\int_{-\infty}^{+\infty} p_1(x)\mathrm{d}x + \int_{-\infty}^{+\infty}\frac{(x-\mu_2)^2}{2\sigma_2^2}p_1(x)\mathrm{d}x - \int_{-\infty}^{+\infty}\frac{(x-\mu_1)^2}{2\sigma_1^2}p_1(x)\mathrm{d}x$$

由於$p_1(x)$是機率密度函數，因此有$\int_{-\infty}^{+\infty} p_1(x)\mathrm{d}x = 1$。根據正態分佈方差的計算公式，有

$$\int_{-\infty}^{+\infty}\frac{(x-\mu_1)^2}{2\sigma_1^2}p_1(x)\mathrm{d}x = \frac{1}{2\sigma_1^2}\int_{-\infty}^{+\infty}(x-\mu_1)^2 p_1(x)\mathrm{d}x = \frac{1}{2\sigma_1^2}\sigma_1^2 = \frac{1}{2}$$

因此 KL 散度可以簡化為

$$D_{KL}(p_1 \parallel p_2) = \ln\frac{\sigma_2}{\sigma_1} + \int_{-\infty}^{+\infty}\frac{(x-\mu_2)^2}{2\sigma_2^2}p_1(x)\mathrm{d}x - \frac{1}{2}$$

而

$$\int_{-\infty}^{+\infty}\frac{(x-\mu_2)^2}{2\sigma_2^2}p_1(x)\mathrm{d}x = \frac{1}{2\sigma_2^2}\int_{-\infty}^{+\infty}(x-\mu_1+\mu_1-\mu_2)^2 p_1(x)\mathrm{d}x$$

$$-\frac{1}{2\sigma_2^2}\int_{-\infty}^{+\infty}((x-\mu_1)^2 + 2(x-\mu_1)(\mu_1-\mu_2) + (\mu_1-\mu_2)^2)p_1(x)\mathrm{d}x$$

$$= \frac{1}{2\sigma_2^2}\left(\int_{-\infty}^{+\infty}(x-\mu_1)^2 p_1(x)\mathrm{d}x + \int_{-\infty}^{+\infty}(x-\mu_1)(\mu_1-\mu_2)p_1(x)\mathrm{d}x + \int_{-\infty}^{+\infty}(\mu_1-\mu_2)^2 p_1(x)\mathrm{d}x\right)$$

根據正態分佈數學期望的計算公式，$\int_{-\infty}^{+\infty} xp_1(x)\mathrm{d}x = \mu_1$。因此有

$$\int_{-\infty}^{+\infty}(x-\mu_1)(\mu_1-\mu_2)p_1(x)\mathrm{d}x$$
$$=(\mu_1-\mu_2)\left(\int_{-\infty}^{+\infty}xp_1(x)\mathrm{d}x-\mu_1\int_{-\infty}^{+\infty}p_1(x)\mathrm{d}x\right)$$
$$=(\mu_1-\mu_2)(\mu_1-\mu_1)=0$$

最後可以簡化為

$$D_{\mathrm{KL}}(p_1 \parallel p_2)=\ln\frac{\sigma_2}{\sigma_1}+\int_{-\infty}^{+\infty}\frac{(x-\mu_2)^2}{2\sigma_2^2}p_1(x)\mathrm{d}x-\frac{1}{2}$$
$$=\ln\frac{\sigma_2}{\sigma_1}+\frac{1}{2\sigma_2^2}(\sigma_1^2+(\mu_1-\mu_2)^2)-\frac{1}{2}$$
$$=\frac{1}{2}\left(\ln\frac{\sigma_2^2}{\sigma_1^2}+\frac{\sigma_1^2}{\sigma_2^2}+\frac{(\mu_1-\mu_2)^2}{\sigma_2^2}-1\right) \tag{6.18}$$

可以將式 (6.18) 的結論推廣到多維正態分佈。對於兩個d維正態分佈

$$p_1(\boldsymbol{x})=\frac{1}{(2)^{\frac{d}{2}}|\boldsymbol{\Sigma}_1|^{\frac{1}{2}}}\exp\left(-\frac{1}{2}(\boldsymbol{x}-\boldsymbol{\mu}_1)^{\mathrm{T}}\boldsymbol{\Sigma}_1^{-1}(\boldsymbol{x}-\boldsymbol{\mu}_1)\right)$$

和

$$p_2(\boldsymbol{x})=\frac{1}{(2)^{\frac{d}{2}}|\boldsymbol{\Sigma}_2|^{\frac{1}{2}}}\exp\left(-\frac{1}{2}(\boldsymbol{x}-\boldsymbol{\mu}_2)^{\mathrm{T}}\boldsymbol{\Sigma}_2^{-1}(\boldsymbol{x}-\boldsymbol{\mu}_2)\right)$$

它們的 KL 散度值為

$$D_{\mathrm{KL}}(p_1 \parallel p_2)=\frac{1}{2}\left(\ln\frac{|\boldsymbol{\Sigma}_2|}{|\boldsymbol{\Sigma}_1|}-d+\mathrm{tr}(\boldsymbol{\Sigma}_2^{-1}\boldsymbol{\Sigma}_1)+(\boldsymbol{\mu}_2-\boldsymbol{\mu}_1)^{\mathrm{T}}\boldsymbol{\Sigma}_2^{-1}(\boldsymbol{\mu}_2-\boldsymbol{\mu}_1)\right) \tag{6.19}$$

式 (6.18) 與式 (6.19) 在形式上是統一的。如果第一個正態分佈各個分量獨立，即協方差矩陣是對角陣，第二個正態分佈是標準正態分佈，則二者之間的 KL 散度為

$$D_{\mathrm{KL}}(N((\mu_1,\cdots,\mu_d)^{\mathrm{T}},(\sigma_1^2,\cdots,\sigma_d^2)) \parallel N(,\boldsymbol{I}))=\frac{1}{2}\sum_{i=1}^{d}(\sigma_i^2+\mu_i^2-\ln\sigma_i^2-1) \tag{6.20}$$

在變分自動編碼器（VAE）中使用了此結果。

6.3.2 KL 散度的性質

KL 散度非負，對於任意兩個機率分佈p和q，下面的不等式成立

$$D_{\mathrm{KL}}(p \parallel q) \geqslant 0 \tag{6.21}$$

式 (6.21) 也稱為 Gibbs 不等式。當且僅當兩個機率分佈相等，即在所有點處

$$p(x) = q(x)$$

KL 散度有極小值 0。下面列出證明。根據定義，有

$$\begin{aligned} D_{\mathrm{KL}}(p \parallel q) &= -\sum_x p(x)\ln\frac{q(x)}{p(x)} \geqslant -\sum_x p(x)\left(\frac{q(x)}{p(x)} - 1\right) \\ &= -\sum_x q(x) + \sum_x p(x) = 0 \end{aligned}$$

這裡利用了以下不等式，當$x > 0$時，有

$$\ln x \leqslant x - 1$$

該結論在 1.2.5 節已經證明。由於$p(x)$非負並且求和符號前面有負號，因此不等式反號。根據 KL 散度的定義，有

$$-\sum_x p(x)\ln\frac{q(x)}{p(x)} = -\sum_x p(x)\ln q(x) + \sum_x p(x)\ln p(x) \geqslant 0$$

因此 Gibbs 不等式也可以寫成

$$-\sum_x p(x)\ln p(x) \leqslant -\sum_x p(x)\ln q(x)$$

即任意機率分佈p的熵不大於p與其他機率分佈q的交叉熵。

利用 Jensen 不等式也可以證明式 (6.21)。由於$\ln x$是凹函數，因此有

$$D_{\mathrm{KL}}(p \parallel q) = -\sum_x p(x)\ln\frac{q(x)}{p(x)} = -E[\ln\frac{q(x)}{p(x)}] \geqslant -\ln\left(E\left[\frac{q(x)}{p(x)}\right]\right)$$

$$= -\ln\left(\sum_x p(x)\frac{q(x)}{p(x)}\right) = -\ln\left(\sum_x q(x)\right) = -\ln(1) = 0$$

對連續型機率分佈，可以得出相同的結論，將求和換成積分即可。對連續型機率分佈，嚴格來說，不要求在所有點處兩個機率密度函數值相等，允許在無限可列個點處函數值不相等。

根據定義，KL 散度不具有對稱性，即一般情況下

$$D_{\mathrm{KL}}(p \parallel q) \neq D_{\mathrm{KL}}(q \parallel p)$$

因此 KL 散度不是距離度量。KL 散度也不滿足三角不等式。KL 散度具有數學期望的形式，因此可以用取樣演算法（如蒙地卡羅演算法）來近似計算，這對演算法的實現是重要的，在變分自動編碼器中利用了這一性質的優勢。

6.3.3 與交叉熵的關係

KL 散度與交叉熵均反映了兩個機率分佈之間的差異程度，下面推導它們之間的關係。根據 KL 散度與交叉熵、熵的定義，有

$$D_{\mathrm{KL}}(p \parallel q) = \sum_x p(x)\ln\frac{p(x)}{q(x)} = -\sum_x p(x)\ln q(x) + \sum_x p(x)\ln p(x)$$

$$= H(p,q) - H(p)$$

因此 KL 散度是交叉熵與熵之差。如果$p(x)$為已知機率分佈，則其熵$H(p)$為常數，此時 KL 散度與交叉熵只相差一個常數$H(p)$。在機器學習中，通常要以機率分佈$p(x)$為目標，擬合出一個機率分佈$q(x)$來近似它。如果$H(p)$是不變的，可以直接用交叉熵$H(p,q)$來作為最佳化的目標。

6.3.4 應用——流形降維

KL 散度在機器學習中被廣泛使用，用於衡量兩個機率分佈的差異，如距離度量學習中的 ITML 演算法、流形學習降維中的 SNE 與 t-SNE 演算法，以及變分推斷。它也可以用作神經網路的損失函數，典型的是稀疏自動編碼器和變分自動編碼器，以及生成對抗網路。下面介紹它在流形降維演算法中的應用。

資料降維是無監督學習的典型代表，用於特徵的前置處理與資料視覺化。其目標是將向量轉換到低維空間，並保持資料在高維空間中的某些資訊，以達到某種目的。流形（manifold）是幾何中的概念，它是高維空間中的低維幾何結構。例如三維空間中的球面是一個二維流形，指定半徑之後其方程式可以用兩個參數（如經度與緯度）表示，可以簡單地將流形了解成曲線、曲面在更高維空間的推廣。

很多應用問題的資料在高維空間中的分佈具有某種幾何形狀，位於一個低維的流形附近。例如同一個人的人臉影像所有像素連接起來形成的向量在高維空間中的分佈具有某種形狀，受表情、光源、角度等因素的影響。流形學習假設原始資料在高維空間的分佈位於某一更低維的流形上。對於降維，要確保降維之後的資料同樣滿足與高維空間流形有關的幾何約束關係。

隨機近鄰嵌入（Stochastic Neighbor Embedding，SNE）（見參考文獻[4]）將向量組$\boldsymbol{x}_i, i = 1,\cdots,l$轉換到低維空間，獲得向量組$\boldsymbol{y}_i, i = 1,\cdots,l$。要求轉換之後的向量組保持原始向量組在高維空間中的某些幾何結構資訊。它基於以下思想：在高維空間中距離很近的點投影到低維空間中之後也要保持這種近鄰關係，在這裡距離透過機率表現。假設在高維空間中有兩個樣本點$\boldsymbol{x}_i$和$\boldsymbol{x}_j$，$\boldsymbol{x}_j$以$p_{j|i}$的機率成為$\boldsymbol{x}_i$的鄰居，將樣本之間的歐氏距離轉化成機率值，借助於正態分佈，此機率的計算公式為

$$p_{j|i} = \frac{\exp(-\| \boldsymbol{x}_i - \boldsymbol{x}_j \|^2 / 2\sigma_i^2)}{\sum_{k \neq i} \exp(-\| \boldsymbol{x}_i - \boldsymbol{x}_k \|^2 / 2\sigma_i^2)}$$

其中σ_i表示以$\boldsymbol{x}_i$為中心的正態分佈的標準差，這個機率的計算公式類似於 softmax 回歸。上式中除以分母是為了將所有值歸一化成機率。由於不關心一個點與它本身的相似度，因此$p_{i|i}=0$。投影到低維空間之後仍然要保持這個機率關係。假設$\boldsymbol{x}_i$和$\boldsymbol{x}_j$投影之後對應的點為$\boldsymbol{y}_i$和$\boldsymbol{y}_j$，在低維空間中對應的近鄰機率記為$q_{j|i}$，計算公式與上面的相同，但標準差統一設為$1/\sqrt{2}$，即

$$q_{j|i}=\frac{\exp(-\parallel \boldsymbol{y}_i-\boldsymbol{y}_j \parallel^2)}{\sum_{k\neq i}\exp(-\parallel \boldsymbol{y}_i-\boldsymbol{y}_k \parallel^2)}$$

上面定義的是點$\boldsymbol{x}_i$與它的鄰居點的機率關係，如果考慮所有其他點，這些機率值組成一個離散型機率分佈p_i，是所有樣本點成為$\boldsymbol{x}_i$的鄰居的機率，這是一個多項分佈。在低維空間中，對應的機率分佈為q_i，投影的目標是這兩個機率分佈盡可能接近，因此需要衡量兩個機率分佈之間的差距。這裡用 KL 散度衡量兩個多項分佈之間的差異。由此獲得投影的目標為最小化以下函數

$$L(\boldsymbol{y}_i)=\sum_{i=1}^{l}D_{\mathrm{KL}}(p_i|q_i)=\sum_{i=1}^{l}\sum_{j=1}^{l}p_{j|i}\ln\frac{p_{j|i}}{q_{j|i}} \tag{6.22}$$

式 (6.22) 對所有樣本點的 KL 散度求和，l為樣本數。把機率的計算公式代入 KL 散度，可以將目標函數寫成所有$\boldsymbol{y}_i$的函數。求解式 (6.22) 的極小值即可獲得降維後的結果$\boldsymbol{y}_i$。整個降維的過程如圖 6.4 所示。圖 6.5 為 SNE 演算法將 MNIST 手寫數字影像降到二維平面後的結果。這裡將影像所有像素連接起來形成向量，28 像素 × 28 像素的影像展開之後是 784 維的向量，投影到二維空間之後可以清晰地看到這些手寫數字在空間中的分佈。

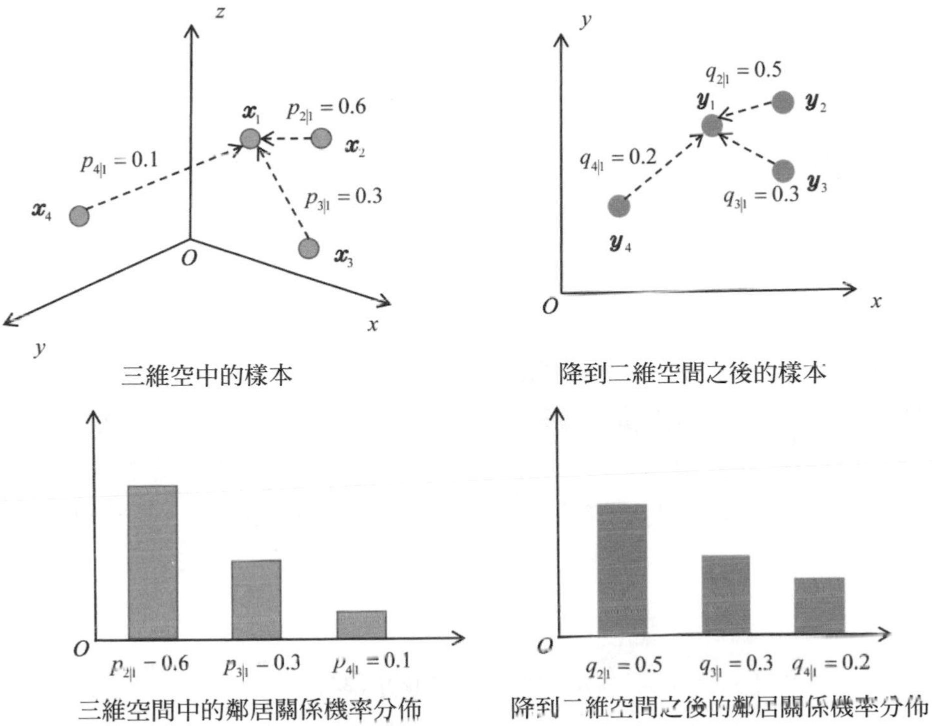

圖 6.4 SNE 降維演算法的原理

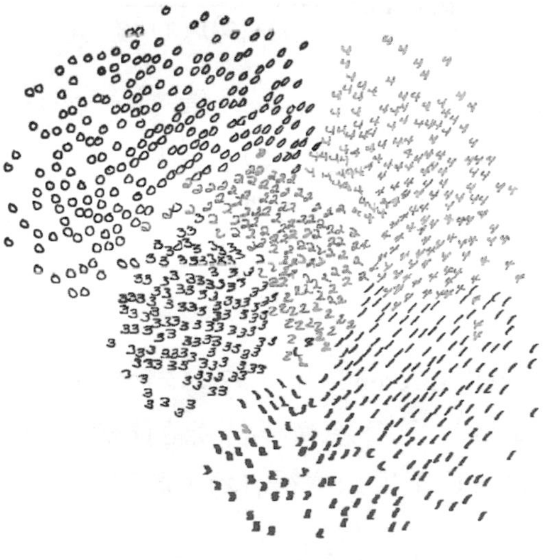

圖 6.5 SNE 降維演算法將 MNIST 手寫數字影像降到二維平面的結果

6.3.5 應用——變分推斷

機器學習中某些問題需要對後驗機率進行建模，在已知觀測變數$\boldsymbol{x}$的條件下計算隱變數$\boldsymbol{z}$的條件機率，即後驗機率$p(\boldsymbol{z}|\boldsymbol{x})$。這稱為統計推斷。根據貝氏公式，有

$$p(\boldsymbol{z}|\boldsymbol{x}) = \frac{p(\boldsymbol{x}|\boldsymbol{z})p(\boldsymbol{z})}{p(\boldsymbol{x})} \tag{6.23}$$

這稱為貝氏推斷（Bayesian Inference）。貝氏分類器是典型的實例，其觀測變數為樣本的特徵向量，隱變數為樣本的類別標籤值。貝氏估計也是這種類型的工作。式 (6.23) 中的分母項一般透過聯合機率密度函數$p(\boldsymbol{x},\boldsymbol{z})$對隱變數求積分而獲得邊緣機率$p(\boldsymbol{x})$，對於離散型隨機變數，為對隱變數求和。

由於

$$p(\boldsymbol{x},\boldsymbol{z}) = p(\boldsymbol{x}|\boldsymbol{z})p(\boldsymbol{z})$$

因此式 (6.23) 可以寫成

$$p(\boldsymbol{z}|\boldsymbol{x}) = \frac{p(\boldsymbol{x}|\boldsymbol{z})p(\boldsymbol{z})}{\int_{\boldsymbol{z}} p(\boldsymbol{x}|\boldsymbol{z})p(\boldsymbol{z})\mathrm{d}\boldsymbol{z}} \tag{6.24}$$

這裡面臨的困難是分母中的積分通常難以計算，尤其是$\boldsymbol{z}$為高維向量、聯合機率密度函數不是某些特定類型函數的情況下，這個多重積分無法獲得解析解。由於變數的維數很高，用數值積分演算法計算高維積分也非常困難。解決這一問題的一種想法是近似求解，可以分為兩種類型：依賴於亂數的取樣演算法，即蒙地卡羅演算法，不依賴於亂數的變分推斷。

變分推斷（Variational Inference）（見參考文獻[5]）也稱為變分貝氏（Variational Bayesian）。它建構要計算的機率分佈$p(\boldsymbol{x})$的近似分佈$q(\boldsymbol{x})$，最小化二者的 KL 散度以獲得$q(\boldsymbol{x})$，此即原本需要計算的機率分佈的近似值。

對於計算後驗機率的問題，指定可見變數$\boldsymbol{x}$，隱變數$\boldsymbol{z}$的條件機率可以由一

個變分分佈來近似

$$p(\boldsymbol{z}|\boldsymbol{x}) \approx q(\boldsymbol{z})$$

由於建構了一個近似分佈，因此需要用一個指標來衡量$q(\boldsymbol{z})$和$p(\boldsymbol{z}|\boldsymbol{x})$的差異並透過最小化該差異而確定$q(\boldsymbol{z})$，常用的是 KL 散度。變分推斷的目標是找到一個機率分佈，使得它與要計算的後驗機率分佈的 KL 散度最小化

$$\min_q D_{\mathrm{KL}}(q(\boldsymbol{z}) \parallel p(\boldsymbol{z}|\boldsymbol{x}))$$

根據 KL 散度的定義，由於$p(\boldsymbol{z}|\boldsymbol{x}) = p(\boldsymbol{z},\boldsymbol{x})/p(\boldsymbol{x})$，因此有

$$\begin{aligned} D_{\mathrm{KL}}(q(\boldsymbol{z}) \parallel p(\boldsymbol{z}|\boldsymbol{x})) &= \int_{\boldsymbol{z}} q(\boldsymbol{z})\ln\frac{q(\boldsymbol{z})}{p(\boldsymbol{z}|\boldsymbol{x})}\mathrm{d}\boldsymbol{z} = \int_{\boldsymbol{z}} q(\boldsymbol{z})\ln\frac{q(\boldsymbol{z})}{p(\boldsymbol{z},\boldsymbol{x})/p(\boldsymbol{x})}\mathrm{d}\boldsymbol{z} \\ &= \int_{\boldsymbol{z}} q(\boldsymbol{z})\left(\ln\frac{q(\boldsymbol{z})}{p(\boldsymbol{z},\boldsymbol{x})} + \ln p(\boldsymbol{x})\right)\mathrm{d}\boldsymbol{z} \end{aligned} \tag{6.25}$$

由於$p(\boldsymbol{x})$與$\boldsymbol{z}$無關，$q(\boldsymbol{z})$是機率密度函數，其積分為 1，因此有

$$\int_{\boldsymbol{z}} q(\boldsymbol{z})\ln p(\boldsymbol{x})\mathrm{d}\boldsymbol{z} = \ln p(\boldsymbol{x})\int_{\boldsymbol{z}} q(\boldsymbol{z})\mathrm{d}\boldsymbol{z} = \ln p(\boldsymbol{x})$$

式 (6.25) 可以變為

$$D_{\mathrm{KL}}(q(\boldsymbol{z}) \parallel p(\boldsymbol{z}|\boldsymbol{x})) = \int_{\boldsymbol{z}} q(\boldsymbol{z})\ln\frac{q(\boldsymbol{z})}{p(\boldsymbol{z},\boldsymbol{x})}\mathrm{d}\boldsymbol{z} + \ln p(\boldsymbol{x}) \tag{6.26}$$

變形可以獲得

$$\ln p(\boldsymbol{x}) = D_{\mathrm{KL}}(q(\boldsymbol{z}) \parallel p(\boldsymbol{z}|\boldsymbol{x})) - \int_{\boldsymbol{z}} q(\boldsymbol{z})\ln\frac{q(\boldsymbol{z})}{p(\boldsymbol{z},\boldsymbol{x})}\mathrm{d}\boldsymbol{z} = D_{\mathrm{KL}}(q(\boldsymbol{z}) \parallel p(\boldsymbol{z}|\boldsymbol{x})) + L(q(\boldsymbol{z})) \tag{6.27}$$

其中$L(q(\boldsymbol{z}))$稱為變分下界函數，也稱為證據下界（Evidence Lower Bound，ELBO），它進一步可以分解為

$$\begin{aligned} L(q(\boldsymbol{z})) &= -\int_{\boldsymbol{z}} q(\boldsymbol{z})\ln\frac{q(\boldsymbol{z})}{p(\boldsymbol{z},\boldsymbol{x})}\mathrm{d}\boldsymbol{z} = -\int_{\boldsymbol{z}} q(\boldsymbol{z})\ln\frac{q(\boldsymbol{z})}{p(\boldsymbol{z})p(\boldsymbol{x}|\boldsymbol{z})}\mathrm{d}\boldsymbol{z} \\ &= -\int_{\boldsymbol{z}} q(\boldsymbol{z})\left(\ln\frac{q(\boldsymbol{z})}{p(\boldsymbol{z})} + \ln\frac{1}{p(\boldsymbol{x}|\boldsymbol{z})}\right)\mathrm{d}\boldsymbol{z} \\ &= E_{q(\boldsymbol{z})}[\ln p(\boldsymbol{x}|\boldsymbol{z})] - D_{\mathrm{KL}}(q(\boldsymbol{z}) \parallel p(\boldsymbol{z})) \end{aligned}$$

$p(\boldsymbol{x}|\boldsymbol{z})$和$p(\boldsymbol{z})$通常易於計算。

式 (6.27) 是變分推斷的核心。由於$\ln p(\boldsymbol{x})$是一個常數，根據式 (6.27)，最大化$L(q(\boldsymbol{z}))$等於最小化$D_{\mathrm{KL}}(q(\boldsymbol{z}) \parallel p(\boldsymbol{z}|\boldsymbol{x}))$。只要$q(\boldsymbol{z})$選取得當，$L(q(\boldsymbol{z}))$是易於被最佳化的。可以限定$q(\boldsymbol{z})$的類型，如正態分佈，在這種類型中尋找最佳解，進一步最小化$q(\boldsymbol{z})$與$p(\boldsymbol{z}|\boldsymbol{x})$的 KL 散度。這樣將泛函數最佳化問題轉化為函數最佳化問題，最佳化變數為機率分佈$q(\boldsymbol{z})$的參數。使用正態分佈的原因是它的支撐區間是$\mathbb{R}^n$，在整個區間上機率密度函數值非 0，且兩個正態分佈之間的 KL 散度可以獲得解析解，這在 6.3.1 節已經推導。

在 6.3.2 節證明了 KL 散度非負，當且僅當兩個機率分佈完全相等時，其值為 0，因此根據式 (6.27)，有

$$\ln p(\boldsymbol{x}) \geqslant L(q(\boldsymbol{z}))$$

因此，$L(q(\boldsymbol{z}))$為對數似然函數$\ln p(\boldsymbol{x})$的變分下界。可以從兩個角度解釋式 (6.27)。

（1）在指定$p(\boldsymbol{x})$的前提下，最大化 ELBO 等於最小化 KL 散度$D_{KL}(q(\boldsymbol{z}) \parallel p(\boldsymbol{z}|\boldsymbol{x}))$，獲得與想要的分佈$p(\boldsymbol{z}|\boldsymbol{x})$接近的機率分佈$q(\boldsymbol{z})$，進一步完成統計推斷。這適用於 KL 散度難以計算的情況，變分自動編碼器採用了此想法。

（2）ELBO 是$\ln p(\boldsymbol{x})$的下界，在該對數似然函數的運算式不確定或難以直接計算的時候，透過最大化 ELBO 可以最大化對數似然函數$\ln p(\boldsymbol{x})$的值，以實現最大似然估計。EM 演算法採用了此想法，ELBO 項$-E_{q(z)}\left[\ln \frac{q(\boldsymbol{z})}{p(\boldsymbol{z},\boldsymbol{x})}\right]$即為 EM 演算法 E 步中建構的數學期望$E_{Q(z)}\left[\ln\left(\frac{p(\boldsymbol{x},z;\boldsymbol{\theta})}{Q(z)}\right)\right]$，EM 演算法的原理在 5.7.6 節已經介紹。

6.4 Jensen-Shannon 散度

Jensen-Shannon 散度定義於兩個機率分佈之上，根據 KL 散度建構，同樣描述了兩個機率分佈之間的差異，且具有對稱性。

6.4.1 JS 散度的定義

JS 散度（Jensen-Shannon Divergence）衡量兩個機率分佈之間的差異。對於兩個機率分佈p和q，它們的 JS 散度定義為

$$D_{\mathrm{JS}}(p \parallel q) = \frac{1}{2}D_{\mathrm{KL}}(p \parallel m) + \frac{1}{2}D_{\mathrm{KL}}(q \parallel m) \tag{6.28}$$

其中機率分佈m為p和q的平均值

$$m(x) = \frac{1}{2}(p(x) + q(x))$$

是機率質量函數或機率密度函數$p(x)$與$q(x)$的平均值。

6.4.2 JS 散度的性質

根據定義，JS 散度具有對稱性

$$D_{\mathrm{JS}}(q \parallel p) = \frac{1}{2}D_{\mathrm{KL}}(q \parallel m) + \frac{1}{2}D_{\mathrm{KL}}(p \parallel m) = D_{\mathrm{JS}}(p \parallel q)$$

由於 KL 散度是非負的，JS 散度是 KL 散度的平均值，因此 JS 散度非負。當且僅當兩個機率分佈相等時

$$m(x) = \frac{p(x) + q(x)}{2} = p(x) = q(x)$$

有

$$D_{\mathrm{JS}}(q \parallel p) = \frac{1}{2}D_{\mathrm{KL}}(q \parallel m) + \frac{1}{2}D_{\mathrm{KL}}(p \parallel m) = 0$$

它們的 JS 散度有最小值 0，這利用了 KL 散度極小值的結論。JS 散度越大，兩個機率分佈之間的差異越大。

6.4.3 應用——生成對抗網路

在 5.9 節介紹了取樣演算法，從一個已知的機率分佈生成樣本。現在面臨一個更困難的問題，複雜亂數據的生成問題。資料生成模型以生成影像、聲音、文字等資料為目標，生成的資料服從某種未知的機率分佈。以影像生成為例，假設要生成狗、漢堡、風景等影像。演算法輸出向量$\boldsymbol{x}$，該向量由影像的所有像素連接而成。每類樣本$\boldsymbol{x}$都服從各自的機率分佈，定義了對所有像素值的約束。舉例來說，對狗來說，如果影像看上去像真實的狗，則每個位置處的像素值必須滿足某些限制條件，且各個位置處的像素值之間存在相關性。演算法生成的樣本$\boldsymbol{x}$要有較高的機率值$p(\boldsymbol{x})$，像真的樣本。圖 6.6 為典型的生成模型，即生成對抗網路所生成的逼真影像。

圖 6.6 生成對抗網路生成的逼真影像

在 5.4.2 節介紹了逆轉換取樣演算法，透過對簡單機率分佈亂數進行轉換獲得目標機率分佈的亂數。複雜資料的生成同樣可透過分佈轉換實現。假設輸入隨機向量$\boldsymbol{z}$服從機率分佈$p(\boldsymbol{z})$，此分佈的類型一般已知，稱為隱變數，典型的是正態分佈和均勻分佈。透過函數g對此隨機向量進行對映，獲得輸出向量

$$\boldsymbol{x} = g(\boldsymbol{z})$$

向量$\boldsymbol{x}$服從真實樣本的機率分佈$p_r(\boldsymbol{x})$。如果已知要生成的機率分佈$p_r(\boldsymbol{x})$，借助逆轉換演算法，可以人工顯性地建構出分佈轉換來生成服從機率分佈$p_r(\boldsymbol{x})$的亂數。但一般的資料生成問題用這種方法存在以下問題。

（1）對於影像、聲音生成等問題，樣本所服從的機率分佈$p_r(\boldsymbol{x})$是未知的。我們只有一批服從這種未知機率分佈的訓練樣本，而無法直接獲得此機率分佈的運算式。因此，無法人工設計針對它的分佈轉換。

（2）即使樣本的機率分佈$p_r(\boldsymbol{x})$已知，當$\boldsymbol{x}$維數很高且所服從的機率分佈非常複雜時，很難人工設計出分佈轉換函數。

可以用機器學習的方法解決資料生成問題，分佈轉換函數g透過訓練確定。指定一組樣本$\boldsymbol{x}_i, i = 1, \cdots, l$，它們取樣自某種機率分佈$p_r(\boldsymbol{x})$。訓練目標是模型生成的樣本所服從的分佈與真實的樣本分佈一致。

這裡的對映函數是透過學習獲得的而非人工設計的，在深度生成模型中，分佈轉換函數$g(\boldsymbol{z})$用神經網路表示，其輸入為隨機向量$\boldsymbol{z}$，輸出為樣本$\boldsymbol{x}$。主流的深度生成模型，如變分自動編碼器、生成對抗網路均採用了這種想法。演算法要解決以下關鍵問題。

（1）如何判斷模型所生成的樣本與真實樣本的機率分佈$p_r(\boldsymbol{x})$是否一致。

（2）如何在訓練過程中使對映函數生成的樣本所服從的機率分佈逐步趨向真實的樣本分佈。

變分自動編碼器與生成對抗網路採用了不同的方法解決以上兩個問題，下面介紹生成對抗網路的原理。

生成對抗網路（見參考文獻[6]）由一個生成模型和一個判別模型組成。生成模型用於學習真實樣本資料的機率分佈，並直接生成符合這種分佈的資料，實現分佈轉換函數$g(\boldsymbol{z})$；判別模型的工作是判斷一個輸入樣本資料是真實樣本還是由生成模型生成的，以指導生成模型的訓練。在訓練時，兩個模型不斷競爭，進一步分別加強它們的生成能力和判別能力。

判別模型的訓練目標是最大化判別準確率，即準確區分樣本是真實資料還是由生成模型生成的。生成模型的訓練目標是讓生成的資料盡可能與真實資料相似，使得生成的樣本被判別模型判斷為真實樣本，最小化判別模型的判別準確率。這是一對矛盾的模型。在訓練時，採用交替最佳化的方式，每一次迭代時分兩個階段，第一階段先固定判別模型，最佳化生成模型，使得生成的資料被判別模型判斷為真實樣本的機率盡可能高；第二階段固定生成模型，最佳化判別模型，加強判別模型的分類準確率。

生成模型以隨機雜訊或類別之類的控制變數作為輸入，一般用多層神經網路實現，其輸出為生成的樣本資料，這些樣本資料和真實樣本一起送給判別模型進行訓練。判別模型是一個二分類器，判斷一個樣本是真實的還是生成的，一般也用神經網路實現。隨著訓練的進行，生成模型生成的樣本與真實樣本幾乎沒有差別，判別模型也無法準確地判斷出一個樣本是真實的還是生成模型生成的，此時的分類錯誤率為 0.5，系統達到平衡，訓練結束。生成對抗網路的原理如圖 6.7 所示。

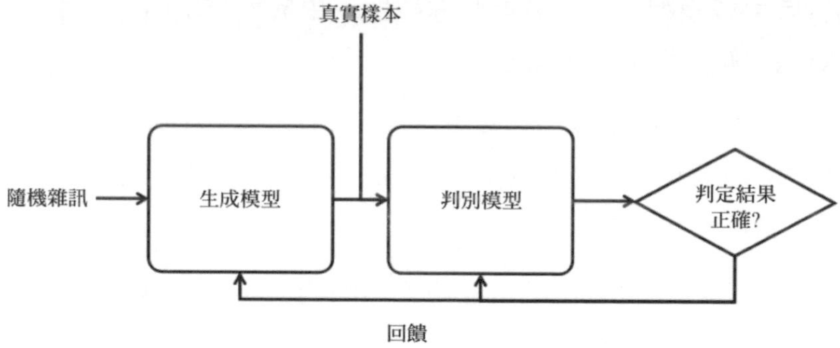

圖 6.7 生成對抗網路結構

訓練完成之後，就可以用生成模型來生成我們想要的資料，可以透過控制生成模型的輸入，即隱變數和隨機雜訊$\boldsymbol{z}$來生成想要的資料。

生成模型接受的輸入是類別之類的隱變數和隨機雜訊，輸出和訓練樣本相似的樣本資料。其目標是從訓練樣本學習它們所服從的機率分佈p_g，假設隨機雜訊變數$\boldsymbol{z}$服從的機率分佈為$p_{\boldsymbol{z}}(\boldsymbol{z})$，則生成模型將這個隨機雜訊對映到樣本資料空間。生成模型的對映函數為

$$G(\boldsymbol{z},\boldsymbol{\theta}_g)$$

模型的輸出為一個向量，如影像。$\boldsymbol{\theta}_g$是生成模型的參數，透過訓練獲得。這個對映根據隨機雜訊變數建構出服從某種機率分佈的亂數。

判別模型一般是用於分類問題的神經網路，用於區分樣本是生成模型生成的還是真實樣本，這是一個二分類問題。當這個樣本被判斷為真實資料時，標記為 1，判斷為來自生成模型時，標記為 0。判別模型的對映函數為

$$D(\boldsymbol{x}, \boldsymbol{\theta}_d)$$

其中$\boldsymbol{x}$是模型的輸入，是真實樣本或生成模型生成的樣本。$\boldsymbol{\theta}_d$是模型的參數，這個函數的輸出值是分類結果，是一個純量。純量值$D(\boldsymbol{x})$表示$\boldsymbol{x}$來自真實樣本而非生成器生成的樣本的機率，是(0,1)內的實數，這類似於 logistic 回歸預測函數的輸出值。

訓練的目標是讓判別模型能夠大幅地正確區分真實樣本和生成模型生成的樣本；同時要讓生成模型生成的樣本盡可能地和真實樣本相似。也就是說，判別模型要盡可能將真實樣本判斷為真實樣本，將生成模型生成的樣本判斷為生成樣本；生成模型要儘量讓判別模型把自己生成的樣本判斷為真實樣本。以以上 3 個要求為基礎，對於生成模型，要最小化以下目標函數

$$\ln(1 - D(G(\boldsymbol{z})))$$

這表示如果生成模型生成的樣本$G(\boldsymbol{z})$和真實樣本越接近，則被判別模型判斷為真實樣本的機率就越大，即$D(G(\boldsymbol{z}))$的值越接近於 1，目標函數的值越小。對於判別模型，要讓真實樣本儘量被判斷為真實的，即最大化$\ln D(\boldsymbol{x})$，這表示$D(\boldsymbol{x})$的值儘量接近於 1；對於生成模型生成的樣本，$D(\boldsymbol{x})$的值儘量接近於 0，即最大化$\ln(1 - D(G(\boldsymbol{z})))$。這樣要最佳化的目標函數定義為

$$\min_G \max_D V(D, G) = E_{\boldsymbol{x} \sim p_{\text{data}}(\boldsymbol{x})}[\ln D(\boldsymbol{x})] + E_{\boldsymbol{z} \sim p_z(\boldsymbol{z})}[\ln(1 - D(G(\boldsymbol{z})))] \quad (29)$$

其中$P_{\text{data}}(\boldsymbol{x})$為真實樣本的機率分佈。在這裡，判別模型和生成模型是目

標函數的引數，它們的參數是要最佳化的變數。在式 (6.29) 中，min 表示控制生成模型的參數讓目標函數取極小值，max 表示控制判別模型的參數讓目標函數取極大值。

控制生成模型時，目標函數前半部分與生成模型無關，可以當作常數；後半部分的設定值要盡可能小，即$\ln(1-D(G(\boldsymbol{x})))$要盡可能小，這表示$D(G(\boldsymbol{z}))$要盡可能大，即生成模型生成的樣本要盡可能被判別成真實樣本。

下面對生成對抗網路的最佳化目標函數進行理論分析。

結論 1：如果生成模型固定不變，使得目標函數取得最佳值的判別模型為

$$D_G^*(\boldsymbol{x})=\frac{p_{\text{data}}(\boldsymbol{x})}{p_{\text{data}}(\boldsymbol{x})+p_g(\boldsymbol{x})}$$

下面列出證明。將數學期望按照定義展開，要最佳化的目標是

$$\begin{aligned}V(G,D)&=\int_{\boldsymbol{x}}p_{\text{data}}(\boldsymbol{x})\ln(D(\boldsymbol{x}))\mathrm{d}\boldsymbol{x}+\int_{\boldsymbol{z}}p_{\boldsymbol{z}}(\boldsymbol{z})\ln(1-D(g(\boldsymbol{z})))\mathrm{d}\boldsymbol{z}\\&=\int_{\boldsymbol{x}}(p_{\text{data}}(\boldsymbol{x})\ln(D(\boldsymbol{x}))+p_g(\boldsymbol{x})\ln(1-D(\boldsymbol{x})))\mathrm{d}\boldsymbol{x}\end{aligned}$$

其中$p_g(\boldsymbol{x})$為生成模型生成的樣本的機率分佈，上式第 2 步對隨機變數$\boldsymbol{z}$進行了代換，$\boldsymbol{x}=g(\boldsymbol{z})$服從機率分佈$p_g(\boldsymbol{x})$。在這裡，$p_{\text{data}}(\boldsymbol{x})$和$p_g(\boldsymbol{x})$是常數，上式為$D(\boldsymbol{x})$的函數。建構以下函數

$$f(x)=a\ln x+b\ln(1-x)$$

我們要求它的極值，對函數求導並令導數為 0，解方程式可以獲得

$$x=a/(a+b)$$

函數在該點處取得極大值，我們要最佳化的目標函數是這樣的函數的積分，因此結論 1 成立。將最佳判別模型的值代入目標函數中消掉D，獲得關於G的目標函數

$$C(G) = \max_D V(D,G) = E_{\boldsymbol{x}\sim p_{\text{data}}(\boldsymbol{x})}[\ln D_G^*(\boldsymbol{x})] + E_{\boldsymbol{z}\sim p_{\boldsymbol{z}}(\boldsymbol{z})}[\ln(1 - D_G^*(G(\boldsymbol{z})))]$$
$$= E_{\boldsymbol{x}\sim p_{\text{data}}(\boldsymbol{x})}[\ln D_G^*(\boldsymbol{x})] + E_{\boldsymbol{x}\sim p_g(\boldsymbol{x})}[\ln(1 - D_G^*(\boldsymbol{x}))]$$
$$= E_{\boldsymbol{x}\sim p_{\text{data}}(\boldsymbol{x})}\left[\ln \frac{p_{\text{data}}(\boldsymbol{x})}{p_{\text{data}}(\boldsymbol{x}) + p_g(\boldsymbol{x})}\right] + E_{\boldsymbol{x}\sim p_g(\boldsymbol{x})}\left[\ln \frac{p_g(\boldsymbol{x})}{p_{\text{data}}(\boldsymbol{x}) + p_g(\boldsymbol{x})}\right]$$

結論 2：當且僅當生成器所實現的機率分佈與樣本的真實機率分佈相等

$$p_g(\boldsymbol{x}) = p_{\text{data}}(\boldsymbol{x})$$

目標函數取得極小值，且極小值為$-\ln 4$，此時判別模型的準確率為 0.5。如果

$$p_g(\boldsymbol{x}) = p_{\text{data}}(\boldsymbol{x})$$

根據結論 1，此時的最佳判別模型為

$$D_G^*(\boldsymbol{x}) = \frac{p_{\text{data}}(\boldsymbol{x})}{p_{\text{data}}(\boldsymbol{x}) + p_g(\boldsymbol{x})} = \frac{1}{2}$$

代入目標函數，可得

$$C(G) = E_{\boldsymbol{x}\sim p_{\text{data}}(\boldsymbol{x})}\left[\ln \frac{p_{\text{data}}(\boldsymbol{x})}{p_{\text{data}}(\boldsymbol{x}) + p_g(\boldsymbol{x})}\right] + E_{\boldsymbol{x}\sim p_g(\boldsymbol{x})}\left[\ln \frac{p_g(\boldsymbol{x})}{p_{\text{data}}(\boldsymbol{x}) + p_g(\boldsymbol{x})}\right]$$
$$= E_{\boldsymbol{x}\sim p_{\text{data}}(\boldsymbol{x})}\left[\ln \frac{1}{2}\right] + E_{\boldsymbol{x}\sim p_g(\boldsymbol{x})}\left[\ln \frac{1}{2}\right] = \ln \frac{1}{2} + \ln \frac{1}{2} = -\ln 4$$

因此結論成立。接下來證明僅有$p_g(\boldsymbol{x}) = p_{\text{data}}(\boldsymbol{x})$時能達到此極小值。由於

$$E_{\boldsymbol{x}\sim p_{\text{data}}(\boldsymbol{x})}[-\ln 2] + E_{\boldsymbol{x}\sim p_g(\boldsymbol{x})}[-\ln 2] = -\ln 4$$

將$C(G)$減掉$-\ln 4$，有

$$C(G) = -\ln 4 + \ln 4 + E_{\boldsymbol{x}\sim p_{\text{data}}(\boldsymbol{x})}\left[\ln \frac{p_{\text{data}}(\boldsymbol{x})}{p_{\text{data}}(\boldsymbol{x}) + p_g(\boldsymbol{x})}\right]$$
$$+ E_{\boldsymbol{x}\sim p_g(\boldsymbol{x})}\left[\ln \frac{p_g(\boldsymbol{x})}{p_{\text{data}}(\boldsymbol{x}) + p_g(\boldsymbol{x})}\right]$$
$$= -\ln 4 + E_{\boldsymbol{x}\sim p_{\text{data}}(\boldsymbol{x})}\left[\ln \frac{2p_{\text{data}}(\boldsymbol{x})}{p_{\text{data}}(\boldsymbol{x}) + p_g(\boldsymbol{x})}\right] + E_{\boldsymbol{x}\sim p_g(\boldsymbol{x})}\left[\ln \frac{2p_g(\boldsymbol{x})}{p_{\text{data}}(\boldsymbol{x}) + p_g(\boldsymbol{x})}\right]$$

$$= -\ln 4 + D_{KL}\left(p_{\text{data}} \middle\| \frac{p_{\text{data}} + p_g}{2}\right) + D_{KL}\left(p_g \middle\| \frac{p_{\text{data}} + p_g}{2}\right)$$

$$= -\ln 4 + 2D_{JS}(p_{\text{data}} \parallel p_g)$$

6.4.2 節已經證明了兩個機率分佈之間的 JS 散度非負，並且只有當兩個分佈相等時設定值為 0，因此結論 2 成立。這表示 GAN 訓練時的目標是最小化生成樣本的機率分佈與真實樣本的機率分佈的 JS 散度。

6.5 相互資訊

相互資訊（Mutual Information）定義於兩個隨機變數之間，反映了兩個隨機變數的依賴程度，即相關性程度。它可用於機器學習中的特徵選擇以及目標函數建構。

6.5.1 相互資訊的定義

相互資訊定義了兩個隨機變數的依賴程度。對於兩個離散型隨機變數X和Y，它們之間的相互資訊定義為

$$I(X,Y) = \sum_x \sum_y p(x,y) \ln \frac{p(x,y)}{p(x)p(y)} \tag{6.30}$$

其中$p(x,y)$為X和Y的聯合機率，$p(x)$和$p(y)$分別為X和Y的邊緣機率。相互資訊反映了聯合機率$p(x,y)$與邊緣機率之積$p(x)p(y)$的差異程度。如果兩個隨機變數相互獨立，則$p(x,y) = p(x)p(y)$，因此它們越接近於相互獨立，則$p(x,y)$和$p(x)p(y)$的值越接近。

根據定義，相互資訊具有對稱性

$$I(X,Y) = I(Y,X)$$

下面舉例說明相互資訊的計算，兩個離散型隨機變數的聯合機率分佈如表 6.8 所示。

表 6.8 兩個離散型隨機變數的聯合機率分佈

X \ Y	1	2
1	0.2	0.3
2	0.3	0.2

對X和Y的邊緣機率分別如表 6.9 和表 6.10 所示。

表 6.9 對X的邊緣機率分佈

X	1	2
$p(x)$	0.5	0.5

表 6.10 對Y的邊緣機率分佈

Y	1	2
$p(y)$	0.5	0.5

根據定義，它們的相互資訊為

$$I(X,Y) = 0.2 \times \ln\frac{0.2}{0.5 \times 0.5} + 0.3 \times \ln\frac{0.3}{0.5 \times 0.5} + 0.3 \times \ln\frac{0.3}{0.5 \times 0.5} + 0.2 \times \ln\frac{0.2}{0.5 \times 0.5} = 0.02$$

對於兩個連續型隨機變數X和Y，它們的相互資訊定義為以下的二重積分

$$I(x,y) = \int_{-\infty}^{+\infty}\int_{-\infty}^{+\infty} p(x,y)\ln\frac{p(x,y)}{p(x)p(y)}\mathrm{d}x\mathrm{d}y$$

這裡將求和換成了定積分。其中$p(x,y)$為聯合機率密度函數，$p(x)$和$p(y)$為邊緣機率密度函數。

6.5.2 相互資訊的性質

如果兩個隨機變數相互獨立，它們的相互資訊為 0。由於X和Y相互獨立，因此

$$p(x,y) = p(x)p(y)$$

進一步有

$$\ln\frac{p(x,y)}{p(x)p(y)} = \ln\frac{p(x)p(y)}{p(x)p(y)} \equiv 0$$

可以獲得

$$I(X,Y) = \sum_x \sum_y p(x,y) \times 0 \doteq 0$$

可以證明相互資訊是非負的

$$I(X,Y) \geqslant 0$$

首先可以證明下面不等式成立

$$\ln z \geqslant 1 - \frac{1}{z}, \qquad z > 0$$

令$f(z) = \ln z - 1 + \frac{1}{z}$，則有

$$f'(z) = \frac{1}{z} - \frac{1}{z^2} = \frac{1}{z}\left(1 - \frac{1}{z}\right)$$

當$0 < z < 1$時，$f'(z) < 0$，函數單調減。當$z > 1$時，$f'(z) > 0$，函數單調增。因此 1 是該函數的極小值點，$f(1) = 0$，不等式成立。

借助這個不等式，有

$$I(X,Y) = \sum_x \sum_y p(x,y)\ln\frac{p(x,y)}{p(x)p(y)} \geqslant \sum_x \sum_y p(x,y)\left(1 - \frac{p(x)p(y)}{p(x,y)}\right)$$
$$= \sum_x \sum_y p(x,y) - \sum_x \sum_y p(x)p(y) = 0$$

最後一步成立是因為

$$\sum_x \sum_y p(x,y) = 1$$

以及

$$\sum_x \sum_y p(x)p(y) = \sum_x \left(p(x)\sum_y p(y)\right) = \sum_x p(x) = 1$$

這裡利用了下面的結論，由於是機率分佈，因此有

$$\sum_x p(x) = 1 \sum_y p(y) = 1$$

兩個隨機變數之間的依賴程度越高，則相互資訊值越大，反之則越小，當變數之間完全獨立時，相互資訊有最小值 0。

6.5.3 與熵的關係

下面推導相互資訊與聯合熵、熵之間的關係。根據相互資訊的定義，有

$$I(X,Y) = \sum_x \sum_y p(x,y)\ln\frac{p(x,y)}{p(x)p(y)}$$

$$= \sum_x \sum_y p(x,y)\ln p(x,y) - \sum_x \sum_y p(x,y)\ln p(x) - \sum_x \sum_y p(x,y)\ln p(y)$$

$$= -H(X,Y) - \sum_x (\sum_y p(x,y))\ln p(x) - \sum_y (\sum_x p(x,y))\ln p(y)$$

$$= -H(X,Y) - \sum_x p(x)\ln p(x) - \sum_y p(y)\ln p(y)$$

$$= -H(X,Y) + H(X) + H(Y)$$

因此有

$$H(X,Y) = H(X) + H(Y) - I(X,Y)$$

即兩個隨機變數的聯合熵等於它們各自的熵的和減去相互資訊。這與集合並運算的規律類似。相互資訊可以看作兩個隨機變數資訊量的重疊部分，如圖 6.8 所示。圖中兩個橢圓區域分別為兩個隨機變數的熵$H(X)$和$H(Y)$，它們重疊的部分為這兩個隨機變數之間的相互資訊$I(X,Y)$，兩個橢圓的聯集為它們的聯合熵$H(X,Y)$。

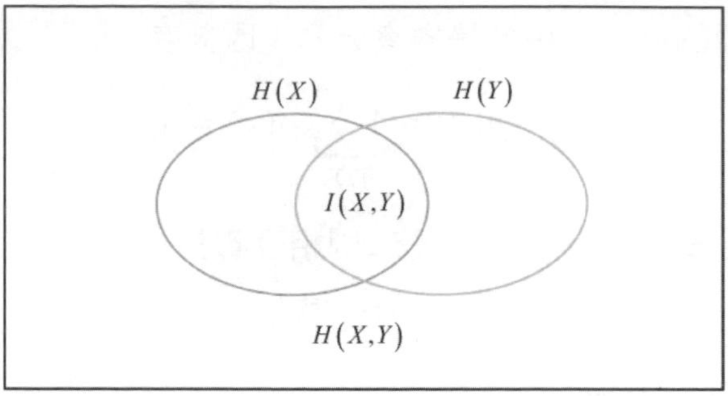

圖 6.8 相互資訊與熵、聯合熵之間的關係

當兩個隨機變數相互獨立時，$I(X,Y)=0$，進一步有

$$H(X,Y)=H(X)+H(Y)$$

這與 6.1.4 節證明過的結論一致。由於相互資訊非負，因此有$H(X,Y) \le H(X)+H(Y)$。

可以證明下面的不等式成立

$$I(X,Y) \leqslant H(X)$$

根據相互資訊的定義，有

$$\begin{aligned}
I(X,Y) &= \sum_x \sum_y p(x,y)\ln\frac{p(x,y)}{p(x)p(y)} \\
&= -\sum_x \sum_y p(x,y)\ln p(x) + \sum_x \sum_y p(x,y)\ln\frac{p(x,y)}{p(y)} \\
&= -\sum_x \left(\sum_y p(x,y)\right)\ln p(x) + \sum_x \sum_y p(x,y)\ln\frac{p(x,y)}{p(y)} \\
&= -\sum_x p(x)\ln p(x) + \sum_x \sum_y p(x,y)\ln\frac{p(x,y)}{p(y)} \\
&= H(X) + \sum_x \sum_y p(x,y)\ln\frac{p(x,y)}{p(y)}
\end{aligned}$$

由於$\frac{p(x,y)}{p(y)} \leqslant 1$以及$p(x,y) \geqslant 0$，因此

$$\sum_x \sum_y p(x,y)\ln\frac{p(x,y)}{p(y)} \leqslant \sum_x \sum_y p(x,y)\ln 1 \leqslant 0$$

不等式成立。同樣，可以證明

$$I(X,Y) \leqslant H(Y)$$

這表示兩個隨機變數之間的相互資訊不大於其中任何一個隨機變數的熵。這與圖 6.8 的解釋是一致的，兩個橢圓區域的交集不大於其中任何一個橢圓區域。

6.5.4 應用——特徵選擇

相互資訊可以用於特徵選擇。根據式 (6.30) 的定義，如果將Y看作樣本的類別標籤值，X看作樣本的特徵值，則它們之間的相互資訊反映了類別與特徵之間的相關程度。對於分類問題，應當選擇能夠表現類別特徵的特徵分量。計算所有候選特徵與各個類別之間的相互資訊，然後排序，挑選出一部分相互資訊最大的特徵，即可選擇出對分類工作有用的特徵，形成最後的特徵向量。

6.6 條件熵

條件熵（Conditional Entropy）定義於兩個隨機變數之間，用於衡量在已知一個隨機變數的設定值的條件下另外一個隨機變數的資訊量。

6.6.1 條件熵定義

條件熵是指定X的條件下Y的條件機率$p(y|x)$的熵$H(Y|X=x)$對X的數學期望，對離散型機率分佈，其計算公式為

$$H(Y|X) = -\sum_x \sum_y p(x,y)\ln\frac{p(x,y)}{p(x)} \tag{6.31}$$

其中$p(x,y)$為X和Y的聯合機率，$p(x)$為X的邊緣機率。條件熵與聯合熵的計算公式非常類似，只是對數函數中多了一個分母項。這裡約定$0\ln0/0 = 0$且

$$0\ln c/0 = 0, c > 0$$

因為下面的極限成立

$$\lim_{x\to0^+} x\ln\frac{c}{x} = 0$$

根據條件機率的計算公式，可以推導出式 (6.31) 的計算公式

$$H(Y|X) = \sum_x p(x)H(Y|X=x) = -\sum_x p(x)\sum_y p(y|x)\ln p(y|x)$$

$$= -\sum_x \sum_y p(x,y)\ln p(y|x)$$

$$= -\sum_x \sum_y p(x,y)\ln\frac{p(x,y)}{p(x)} \tag{6.32}$$

條件熵的直觀含義是根據隨機變數X的設定值x將整個資料集劃分成多個子集，每個子集內的x相等，計算這些子集的熵，然後用$p(x)$作為權重係數，對子集的熵進行加權平均。式 (6.32) 的第 2 步利用了熵的定義，第 3 步和第 4 步利用了$p(x,y) = p(x)p(y|x)$。下面舉例說明條件熵的計算。假設隨機變數X表示性別，Y表示是否患有某種疾病。X和Y的聯合機率分佈如表 6.11 所示。

表 6.11 兩個離散型隨機變數的聯合機率分佈

X \ Y	0（不患病）	1（患病）
1（男性）	0.4	0.1
2（女性）	0.3	0.2

可以計算出X的邊緣機率，如表 6.12 所示。

表 6.12 對X的邊緣機率分佈

X	1	2
$p(x)$	0.5	0.5

根據定義，其條件熵為

$$H(Y|X) = -0.4 \times \ln\frac{0.4}{0.5} - 0.1 \times \ln\frac{0.1}{0.5} - 0.3 \times \ln\frac{0.3}{0.5} - 0.2 \times \ln\frac{0.2}{0.5}$$

$$= 0.58$$

對於連續型機率分佈，將式 (6.31) 的求和換成定積分，條件熵稱為條件微分熵（Conditional Differential Entropy），是以下的二重積分

$$H(Y|X) = -\int_{-\infty}^{+\infty}\int_{-\infty}^{+\infty} p(x,y)\ln\frac{p(x,y)}{p(x)}\mathrm{d}x\mathrm{d}y$$

其中$p(x,y)$為聯合機率密度函數，$p(x)$是X的邊緣機率密度函數。

6.6.2 條件熵的性質

可以證明條件熵是非負的。由於

$$\frac{p(x,y)}{p(x)} \leqslant 1$$

因此

$$-\ln\frac{p(x,y)}{p(x)} \geqslant 0$$

由於$p(x,y) \geqslant 0$，根據式 (6.31)，有

$$H(Y|X) = -\sum_x\sum_y p(x,y)\ln\frac{p(x,y)}{p(x)} \geqslant 0$$

當且僅當Y完全由X確定時，$H(Y|X) = 0$。此時$p(y|x) \equiv 1$，根據式(6.32)，有

$$H(Y|X) = -\sum_x\sum_y p(x,y)\ln p(y|x) = -\sum_x\sum_y p(x,y)\ln 1 = 0$$

當且僅當這兩個隨機變數相互獨立時，有

$$H(Y|X) = H(Y)$$

此時$p(y|x) = p(y)$，根據式 (6.31)，有

$$H(Y|X) = -\sum_x p(x) \sum_y p(y|x) \ln p(y|x) = -\sum_x p(x) \sum_y p(y) \ln p(y)$$

$$= -\sum_x p(x) H(Y) = H(Y)$$

6.1.3 節中決策樹訓練演算法中的資訊增益可以用條件熵進行定義。式 (6.7) 中等式右邊的第二項即為條件熵。

6.6.3 與熵以及相互資訊的關係

根據條件熵與聯合熵的定義，有

$$H(Y|X) = -\sum_x \sum_y p(x,y) \ln \frac{p(x,y)}{p(x)} = -\sum_x \sum_y p(x,y) \ln p(x,y) + \sum_x \sum_y p(x,y) \ln p(x) \quad (6.33)$$

$$= H(X,Y) + \sum_x (\sum_y p(x,y)) \ln p(x) = H(X,Y) + \sum_x p(x) \ln p(x) = H(X,Y) - H(X)$$

因此X對Y的條件熵$H(Y|X)$是它們的聯合熵$H(X,Y)$與熵$H(X)$的差值。這也符合條件熵的定義，兩個隨機變數X和Y的聯合熵即它們所包含的資訊量等於X所包含的資訊量$H(X)$與指定X的值時Y所包含的資訊量$H(Y|X)$之和。由於條件熵非負，根據式 (6.33) 可以獲得$H(X,Y) \geq H(X)$，類似地有$H(X,Y) \geq H(Y)$，進一步有$H(X,Y) \geq \max(H(X), H(Y))$。

可以證明下面的等式成立

$$I(X,Y) = H(X) - H(X|Y) \quad (6.34)$$

即相互資訊等於熵與條件熵之差。根據相互資訊與條件熵的定義，有

$$I(X,Y) = \sum_x \sum_y p(x,y)\ln\frac{p(x,y)}{p(x)p(y)} = -\sum_x \sum_y p(x,y)\ln p(x) + \sum_x \sum_y p(x,y)\ln\frac{p(x,y)}{p(y)}$$

$$= -\sum_x (\sum_y p(x,y))\ln p(x) - H(X|Y)$$

$$= H(X) - H(X|Y)$$

圖 6.9 直觀地顯示了條件熵與各個量之間的關係。兩個顏色的橢圓區域分別為熵$H(X)$和$H(Y)$，它們重疊的部分為相互資訊$I(X,Y)$，它們的聯集為聯合熵$H(X,Y)$。根據式 (6.33)，兩個橢圓的聯集$H(X,Y)$減掉其中一個橢圓$H(X)$或$H(Y)$之後的區域為條件熵$H(Y|X)$或$H(X|Y)$。根據式 (6.34)，任何一個橢圓$H(X)$或$H(Y)$減掉它與另外一個橢圓的重疊部分$I(X,Y)$之後剩下的部分也是條件熵$H(X|Y)$或$H(Y|X)$。條件熵分別是這兩個橢圓非重疊的部分。

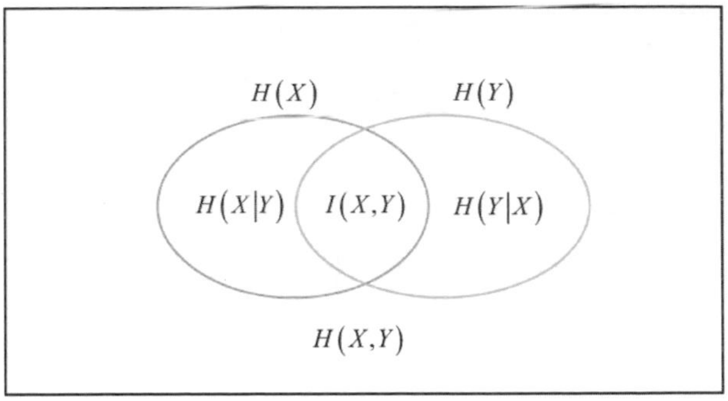

圖 6.9 條件熵與聯合熵、熵、相互資訊之間的關係

在 6.5.2 節已經證明了相互資訊是非負的，根據式 (6.34) 可得

$$H(X) \geqslant H(X|Y)$$

這意味著一個隨機變數的熵不小於它對任意一個隨機變數的條件熵。

6.7 歸納

圖 6.10 列出了本章介紹的各個量之間的關係。熵和聯合熵是最基本的量，其他的量都由它們衍生。

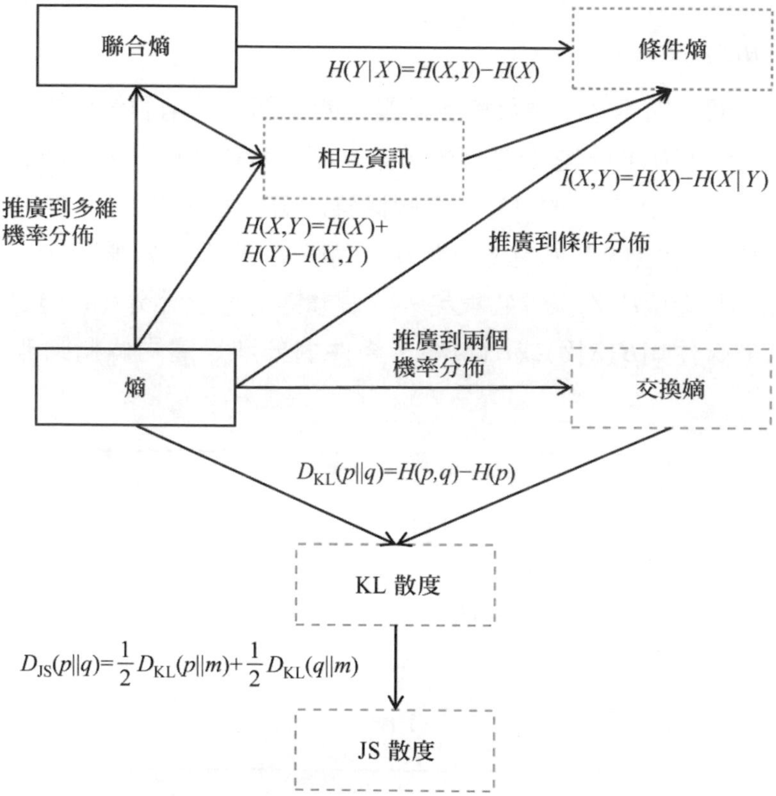

圖 6.10 各個量之間的關係

圖 6.10 中的邊列出了各個量之間的等式關係。相互資訊由聯合熵以及各邊緣分佈的熵決定，條件熵由聯合熵與邊緣分佈的熵決定。KL 散度由熵與交叉熵決定，JS 散度由 KL 散度定義。

《參考文獻》

[1] Cover T, Thomas J. Elements of information theory[M]. New York: Wiley,1991.

[2] Lin R J. Divergence measures based on the Shannon entropy[J]. IEEE Transactions on Information Theory. 37 (1): 145–151, 1991.

[3] Quinlan R. Induction of decision trees[J]. Machine Learning, 1(1): 81-106, 1986.

[4] Geoffrey E Hinton, Sam T Roweis. Stochastic Neighbor Embedding[C]. neural information processing systems, 2002.

[5] Blei D, Kucukelbir A, Mcauliffe J. Variational Inference: A Review for Statisticians[J]. Journal of the American Statistical Association, 2017.

[6] Ian G, Pouget-Abadie J, Mirza M, et al. Generative adversarial nets[C]. Advances in Neural Information Processing Systems, 2672-2680, 2014.

[7] 雷明 機器學習 —原理、演算法與應用[M]. 北京：清華大學出版社，2019.

Chapter

07

隨機過程

本章介紹隨機過程的基本概念與原理，同樣是機率論的延伸。隨機過程對隨時間或空間變化的隨機變數集合建模，被廣泛用於序列資料分析。在機器學習中，隨機過程有大量的應用，如機率圖模型、強化學習中的馬可夫決策過程，以及貝氏最佳化中的高斯過程回歸。對隨機過程的系統學習可以閱讀參考文獻[1]。

7.1 馬可夫過程

隨機過程（Stochastic Process）通常指隨著時間或空間變化的一組隨機變數，它在日常生活中隨處可見，下面舉例說明。股票價格隨著時間波動，如果將每天的股票價格看作隨機變數，一段時間內的股票價格就是隨機過程。圖 7.1 為股票的價格隨著時間波動的曲線，即通常所說的 K 線圖。

人說話的聲音訊號也可看作隨機過程。在時域中的聲音訊號是一個隨著時間線變化的序列，每個時刻有一個振強度，同樣是隨機變數。而且，各個時刻的聲音振幅存在著機率相關性，以符合每種語言的發音規則。

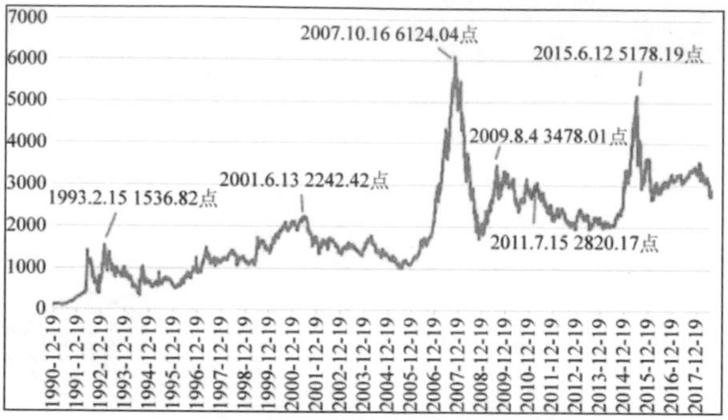

圖 7.1 股票價格隨著時間變動的曲線

隨機過程是一個隨機變數的集合。集合內的隨機變數以時間或空間位置作為索引索引，通常是時間。如果時間是離散的，則為離散隨機過程；否則為連續隨機過程。如果對氣溫隨著時間的變化進行建模，則為連續型隨機過程，此時的時間是連續的。如果對每天的平均股價隨著時間的變化進行建模，則為離散型隨機過程。

大部分的情況下隨機變數是系統的狀態，它的值也可以是連續或離散的。舉例來說，氣溫是連續值，設定值為$[-60, +50]$內的實數；天氣是離散值，設定值來自下面的集合

$$\{晴天, 陰天, 雨天\}$$

離散時間的隨機過程可以寫成以下隨機變數序列的形式

$$X_0, \cdots, X_t, \cdots$$

其中X_t為隨機變數，索引t為時刻值。各個時刻的隨機變數之間存在著機率關係，這是隨機過程建模的核心。我們通常需要計算這組隨機變數的聯合機率或條件機率。

7.1.1 馬可夫性

馬可夫過程（Markov Process）是隨機過程的典型代表，以俄羅斯數學家 Andrey Markov 的名字命名。這種隨機過程為隨著時間進行演化的一組隨機變數進行建模，假設系統在目前時刻的狀態值只與上一個時刻的狀態值

有關，與更早的時刻無關，稱為「無記憶性」（Memorylessness）。這一假設相當大地簡化了問題求解的難度。

對於隨機過程中的隨機變數序列$X_0,\cdots,X_T$，大部分的情況下各個時刻的隨機變數之間存在機率關係。如果只考慮過去的資訊，則目前時刻的狀態X_t與更早時刻的狀態均有關係，即存在以下條件機率

$$p(X_t|X_0,\cdots,X_{t-1})$$

隨機過程的核心是對該條件機率建模，根據它可以計算出很多有用的資訊。隨著時間的增長，如果考慮過去所有時刻的狀態，計算量太大。對此條件機率進行簡化可降低問題求解的難度。通常的一種簡化是馬可夫假設，如果滿足

$$p(X_t|X_0,\cdots,X_{t-1})=p(X_t|X_{t-1}) \tag{7.1}$$

即系統在目前時刻的狀態只與上一時刻有關，與更早的時刻無關。式 (7.1) 的假設稱為一階馬可夫假設，滿足此假設的系統具有馬可夫性。根據 5.5.2 節隨機向量的連鎖律，反覆利用式 (7.1) 可以獲得隨機變數序列聯合機率的簡潔計算公式。

$$\begin{aligned}
p(X_0,\cdots,X_T) &= p(X_T|X_0,\cdots,X_{T-1})p(X_0,\cdots,X_{T-1}) \\
&= p(X_T|X_{T-1})p(X_0,\cdots,X_{T-1}) \\
&= p(X_T|X_{T-1})p(X_{T-1}|X_0,\cdots,X_{T-2})p(X_0,\cdots,X_{T-2}) \\
&= p(X_T|X_{T-1})p(X_{T-1}|X_{T-2})p(X_0,\cdots,X_{T-2}) \\
&\vdots \\
&= p(X_T|X_{T-1})p(X_{T-1}|X_{T-2})\cdots p(X_1|X_0)p(X_0)
\end{aligned}$$

即有

$$p(X_0,\cdots,X_T)=p(X_T|X_{T-1})p(X_{T-1}|X_{T-2})\cdots p(X_1|X_0)p(X_0) \tag{7.2}$$

$p(X_0)$是初始時刻狀態的機率。式 (7.2) 表明如果系統具有馬可夫性，則序列的聯合機率由各個時刻的條件機率值$p(X_t|X_{t-1})$以及初始機率$p(X_0)$決定。這相當大地降低了計算聯合機率的難度。

7.1.2 馬可夫鏈的基本概念

根據系統狀態是否連續、時間是否連續，可以將馬可夫過程分為 4 種類型，如表 7.1 所示。本書重點說明的是離散時間的馬可夫過程。

表 7.1 馬可夫過程的分類

	可數狀態空間	連續狀態空間
離散時間	有限或可數狀態空間的馬可夫鏈	可測狀態空間的馬可夫鏈
連續時間	連續時間的馬可夫過程	具有馬可夫性的連續型隨機過程

時間或狀態離散的馬可夫過程稱為馬可夫鏈（Markov Chain）。對於前者，時間的設定值是離散的，狀態的設定值可以是離散的，也可以是連續的。對於後者，狀態的設定值是離散的，時間的設定值可以是離散的，也可以是連續的。本書重點介紹的是離散時間的馬可夫鏈。這種隨機過程可由狀態傳輸機率$p(X_t|X_{t-1})$描述條件機率。其含義為系統上一個時刻的狀態為X_{t-1}，下一個時刻傳輸到狀態X_t的機率。對於有限或無限可數狀態空間的馬可夫鏈，可以用狀態傳輸矩陣表示此條件機率值。如果系統有m個狀態，則狀態傳輸矩陣$\mathbf{P}$是一個$m \times m$的矩陣

$$\begin{pmatrix} p_{11} & \cdots & p_{1m} \\ \vdots & & \vdots \\ p_{m1} & \cdots & p_{mm} \end{pmatrix}$$

它的元素p_{ij}表示由狀態i轉到j的機率

$$p_{ij} = p(X_t = j|X_{t-1} = i)$$

在這裡，狀態的所有可能設定值用從 1 開始的整數編號。由於機率是非負的，因此有下面的不等式約束

$$p_{ij} \geqslant 0 \tag{7.3}$$

目前時刻無論處於哪一個狀態i，在下一個時刻必然會轉向m個狀態中的，因此有下面的等式約束

$$\sum_{j=1}^{m} p_{ij} = 1, \forall i \tag{7.4}$$

這表示狀態傳輸矩陣任意一行元素之和為 1。

接下來重點考慮狀態數有限的情況，其狀態傳輸矩陣的尺寸是有限的。後面的很多結論均可以推廣到狀態數無限的情況。對於狀態連續的馬可夫鏈，每個時刻各個狀態的值由機率密度函數描述，狀態傳輸機率為條件密度函數。

如果任何時刻狀態傳輸機率是相同的，則稱為時齊馬可夫鏈（Time Homogeneous Markov Chains）。此時只有一個狀態傳輸矩陣，在各個時刻均適用。

下面以天氣模型為例說明馬可夫鏈的原理。假設天氣有以下 3 種狀態，它們的值設定為從 1 開始的整數。

$$\{晴天, 陰天, 雨天\}$$

每天只能處於 3 種狀態中的一種。如果天氣符合一階馬可夫假設，則今天的天氣狀態只與昨天有關，與更早時刻的天氣無關。假設天氣的狀態傳輸矩陣為

$$\mathbf{P} = \begin{pmatrix} 0.7 & 0.2 & 0.1 \\ 0.4 & 0.5 & 0.1 \\ 0.3 & 0.4 & 0.3 \end{pmatrix}$$

按照狀態傳輸矩陣的定義，如果昨天為陰天，則今天為雨天的機率是 $p_{23} = 0.1$；如果昨天為陰天，則今天為晴天的機率是 $p_{21} = 0.4$。其對應的狀態傳輸圖（State Transition Diagram，也稱為狀態機，是電腦科學中常用的工具，用於編譯器等領域）如圖 7.2 所示，圖 7.2 中每個頂點表示狀態，邊表示狀態傳輸機率，這裡是有向圖，所有的邊是有向的。這種形式的圖會經常被使用，圖的概念將在第 8 章說明。

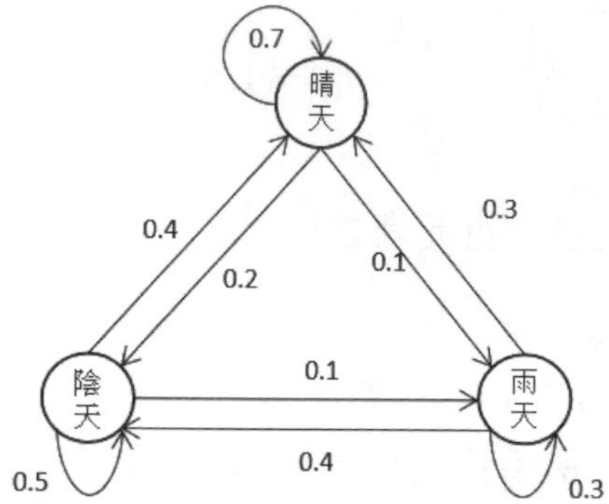

圖 7.2 天氣的狀態機

系統初始時刻處於何種狀態也是隨機的，用行向量$\boldsymbol{\pi}$表示。假設狀態有m種，向量$\boldsymbol{\pi}$需要滿足

$$\pi_i \geqslant 0 \tag{7.5}$$

以及

$$\sum_{i=1}^{m} \pi_i = 1 \tag{7.6}$$

以確保$\boldsymbol{\pi}$是一個合法的機率分佈，這是一個多項分佈。

以天氣為例，假設初始時處於晴天的機率是 0.5，處於陰天的機率是 0.4，處於雨天的機率是 0.1，則$\boldsymbol{\pi}$為

$$(0.5 \;\; 0.4 \;\; 0.1)$$

由於具有馬可夫性，根據式 (7.2)，出現狀態序列$X_0, \cdots, X_T$的機率為

$$p(X_0, \cdots, X_T) = p(X_T|X_{T-1})p(X_{T-1}|X_{T-2}) \cdots p(X_1|X_0)p(X_0) = \pi_{X_0} \prod_{t=1}^{T} p_{X_{t-1}X_t}$$

在這裡，$p(X_0) = \pi_{X_0}$。對於天氣問題，從初始時刻開始，連續 3 天全部為晴天的機率為

$$\begin{aligned} p(X_0 = 1, X_1 = 1, X_2 = 1) &= p(X_0 = 1)p(X_1 = 1|X_0 = 1)p(X_2 = 1|X_1 = 1) \\ &= \pi_1 \times p_{11} \times p_{11} = 0.5 \times 0.7 \times 0.7 = 0.245 \end{aligned}$$

現在計算某一天為晴天的機率。由於具有馬可夫性，當天的天氣只由前一天的天氣決定，無論前一天是何種天氣，當天都可能會轉入晴天。根據全機率公式，有

$$p(X_t = 1) = p(X_{t-1} = 1)p(X_t = 1|X_{t-1} = 1) + p(X_{t-1} = 2)p(X_t = 1|X_{t-1} = 2)$$
$$+p(X_{t-1} = 3)p(X_t = 1|X_{t-1} = 3)$$
$$= 0.7 \times p(X_{t-1} = 1) + 0.4 \times p(X_{t-1} = 2) + 0.3 \times p(X_{t-1} = 3)$$

如果令時刻 t 各個狀態出現的機率為向量 $\boldsymbol{\pi}_t$，根據前一個時刻的狀態分佈 $\boldsymbol{\pi}_{t-1}$，可以計算出目前時刻的狀態分佈 $\boldsymbol{\pi}_t$。由於狀態傳輸矩陣的第i列為從上一個時刻的各個狀態轉入目前時刻的狀態i的機率，根據全機率公式，t時刻狀態為 i 的機率為

$$\pi_{t,i} = \sum_{j=1}^{m} \pi_{t-1,j} p_{ji} \tag{7.7}$$

對於所有狀態，寫成矩陣形式為

$$\boldsymbol{\pi}_t = \boldsymbol{\pi}_{t-1}\boldsymbol{P} \tag{7.8}$$

式 (7.8) 建立了狀態的機率分佈隨著時間線的遞推公式。反覆利用式 (7.8) 可以獲得

$$\boldsymbol{\pi}_t = \boldsymbol{\pi}_{t-1}\boldsymbol{P} = \boldsymbol{\pi}_{t-2}\boldsymbol{P}\boldsymbol{P} = \cdots = \boldsymbol{\pi}_0\boldsymbol{P}^t \tag{7.9}$$

根據式 (7.9)，指定初始的狀態機率分佈$\boldsymbol{\pi}_0$和狀態傳輸矩陣$\boldsymbol{P}$，可以計算出任意時刻的狀態機率分佈。

將前面定義的狀態傳輸機率進行推廣可以獲得多步狀態傳輸機率，是從一個狀態開始，經過多次狀態傳輸，到達另外一個狀態的機率。定義n步傳輸機率為從狀態i經過n步傳輸到狀態j的機率，記為

$$p_{ij}^{(n)} = p(X_n = j|X_0 = i)$$

對於時齊的馬可夫鏈，有

$$p_{ij}^{(n)} = p(X_{k+n} = j|X_k = i) \tag{7.10}$$

對應地，以n步傳輸機率為元素的矩陣稱為n步傳輸機率矩陣

$$\boldsymbol{P}^{(n)} = \begin{pmatrix} p_{11}^{(n)} & \cdots & p_{1m}^{(n)} \\ \vdots & & \vdots \\ p_{m1}^{(n)} & \cdots & p_{mm}^{(n)} \end{pmatrix}$$

如果 $n = 1$，則n步傳輸機率矩陣即為狀態傳輸矩陣。

根據定義，n步傳輸機率滿足 Chapman–Kolmogorov 方程式（簡稱 C-K 方程式）。

$$p_{ij}^{(n)} = \sum_{k=1}^{m} p_{ik}^{(l)} p_{kj}^{(n-l)} \tag{7.11}$$

即從狀態i經過n次傳輸進入狀態j的機率，等於從狀態i先經過l次傳輸進入狀態k的機率乘以從狀態k經過$n-l$次傳輸進入狀態j的機率，對所有狀態k進行求和的結果。下面列出證明，根據全機率公式以及條件機率的定義，有

$$\begin{aligned} p_{ij}^{(n)} &= p(X_{t+n} = j | X_t = i) = \frac{p(X_t = i, X_{t+n} = j)}{p(X_t = i)} \\ &= \sum_{k=1}^{m} \frac{p(X_t = i, X_{t+l} = k, X_{t+n} = j)}{p(X_t = i, X_{t+l} = k)} \frac{p(X_t = i, X_{t+l} = k)}{p(X_t = i)} \\ &= \sum_{k=1}^{m} p(X_{t+n} = j | X_{t+l} = k) p(X_{t+l} = k | X_t = i) = \sum_{k=1}^{m} p_{ik}^{(l)} p_{kj}^{(n-l)} \end{aligned}$$

根據 C-K 方程式，對於n步傳輸矩陣，有以下乘積關係

$$\boldsymbol{P}^{(n+l)} = \boldsymbol{P}^{(n)} \boldsymbol{P}^{(l)}$$

由此可以獲得n步傳輸矩陣與狀態傳輸矩陣之間的關係

$$\boldsymbol{P}^{(\mathbf{n})} = \boldsymbol{P}^{\mathbf{n}}$$

7.1.3 狀態的性質與分類

下面介紹馬可夫鏈狀態的重要性質。如果可以從狀態i傳輸到狀態j，即存在$n \geqslant 0$使得

$$p_{ij}^{(n)} > 0$$

則稱從狀態i到狀態j是可達的，記為$i \to j$。如果$i \to j$且$j \to i$，則稱這兩個狀態是互通的，記為$i \leftrightarrow j$。互通表示可以在兩個狀態之間相互傳輸。

互通具有自反性。對於任意狀態i有$i \leftrightarrow i$。根據可達的定義，狀態i經過 0 次傳輸可以進入狀態i。

互通具有對稱性。如果$i \leftrightarrow j$，則有$j \leftrightarrow i$。根據互通的定義，這顯然是成立的。

互通具有傳遞性。如果$i \leftrightarrow j$且$j \leftrightarrow k$，則有$i \leftrightarrow k$。下面根據定義證明。由於$i \leftrightarrow j$以及$j \leftrightarrow k$，因此存在n_1, n_2使得$p_{ij}^{(n_1)} > 0, p_{jk}^{(n_2)} > 0$。根據 C-K 方程式，有

$$p_{ik}^{(n_1+n_2)} = \sum_{l=1}^{m} p_{il}^{(n_1)} p_{lk}^{(n_2)} \geqslant p_{ij}^{(n_1)} p_{jk}^{(n_2)} > 0$$

類似地可以證明k到i是可達的。因此互通是一種等值關係。所有互通的狀態屬於同一個等值類，可以按照互通性將所有狀態劃分成許多個不相交的子集。

如果一個馬可夫鏈任意兩個狀態都是互通的，則稱它是不可約（irreducible）的，否則是可約的。如果用狀態傳輸圖表示馬可夫鏈，則不可約的馬可夫鏈的任意兩個頂點之間有路徑存在，圖是強連通的。下面舉例說明。

考慮圖 7.3 所示的馬可夫鏈。從狀態 3 和 4 無法到達狀態 1 和 2，因此該馬可夫鏈是可約的。狀態 1 和 2 是互通的，狀態 3 和 4 也是互通的。根據互通性可以將狀態劃分成$\{1,2\}, \{3,4\}$兩個子集。

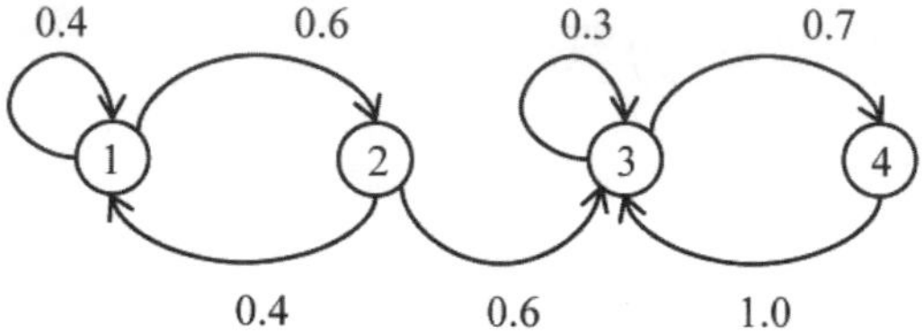

圖 7.3 可約的馬可夫鏈

考慮圖 7.4 所示的馬可夫鏈。任意兩個狀態之間都是可達的，因此是不可約的。

狀態i的週期$d(i)$定義為從該狀態出發，經過n步之後回到該狀態，這些n的最大公約數

$$d(i) = \gcd\{n > 0: p_{ii}^{(n)} > 0\}$$

其中 gcd 為最大公約數。如果對所有$n > 0$都有$p_{ii}^{(n)} = 0$，則稱週期為無限大（+∞）。如果狀態的週期$d(i) > 1$，則稱該狀態是週期的。如果狀態的週期為 1，則它為非週期的。下面舉例說明，對於圖 7.5 所示的馬可夫鏈，所有狀態的週期是 2。從每個狀態回到該狀態所經歷的傳輸次數均為 2 的倍數。這也表示對於所有狀態，經過非 2 的倍數次的狀態傳輸，一定不會回到此狀態。

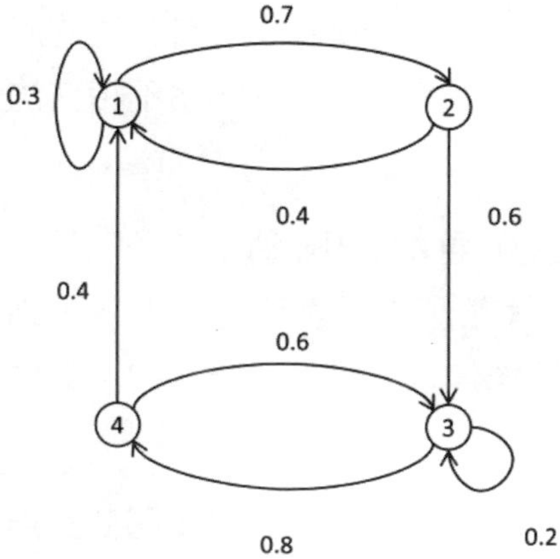

圖 7.4 不可約的馬可夫鏈

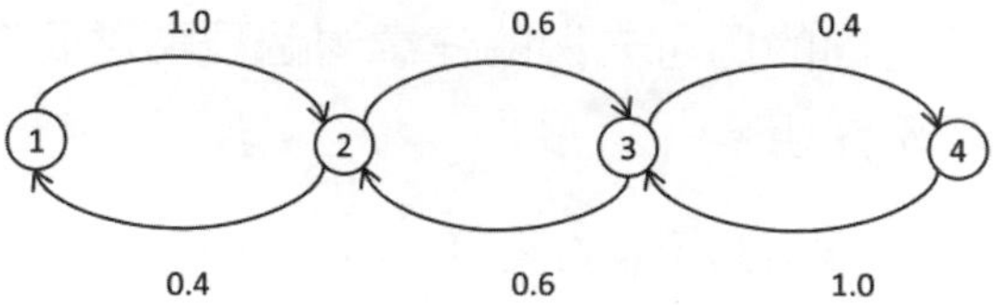

圖 7.5 週期性馬可夫鏈

如果兩個狀態互通，則它們的週期相同。將i的週期記為$d(i)$，j的週期記為$d(j)$。由於i與j互通，因此存在 n_1, n_2 使得

$$p_{ij}^{(n_1)} p_{ji}^{(n_2)} > 0$$

假設$p_{ii}^{(s)} > 0$，則有

$$p_{jj}^{(n_1+n_2)} \geqslant p_{ji}^{(n_2)} p_{ij}^{(n_1)} > 0 p_{jj}^{(n_1+s+n_2)} \geqslant p_{ji}^{(n_2)} p_{ii}^{(s)} p_{ij}^{(n_1)} > 0$$

根據週期的定義，$d(j)$同時整除$n_1 + n_2$與$n_1 + n_2 + s$。只要$p_{ii}^{(s)} > 0$，則

$$n_1 + s + n_2 - (n_1 + n_2) = s$$

可以被$d(j)$整除。由於s是$d(i)$的任意倍數，均能被$d(j)$整除，因此$d(j)$整除$d(i)$。同樣可證明$d(i)$整除$d(j)$，因此$d(i) = d(j)$。

由此可以獲得下面的推論。

（1）如果不可約的馬可夫鏈有週期性狀態i，則其所有狀態為週期性狀態。

（2）對於不可約的馬可夫鏈，如果一個狀態i是非週期的，則所有的狀態都是非週期的。

對於任意狀態i, j，定義$f_{ij}^{(n)}$為從狀態i出發在時刻n第一次進入狀態j的機率。即有

$$f_{ij}^{(0)} = 0 f_{ij}^{(n)} = p(X_n = j, X_k \neq j, k = 1, \cdots, n-1 | X_0 = i)$$

如果令

$$f_{ij} = \sum_{n=1}^{+\infty} f_{ij}^{(n)}$$

它表示從狀態i出發遲早將傳輸到狀態j的機率。如果$i \neq j$，當且僅當從i到j可達時f_{ij}為正。f_{ii}表示從狀態i出發遲早會傳回該狀態的機率。如果$f_{ii} = 1$，則稱狀態i是 Recurrent 的，否則是 Transient 的。Recurrent 表示從一個狀態出發會以機率 1 再次進入該狀態，遲早會傳回該狀態。

考慮圖 7.6 所示的馬可夫鏈。對於狀態 1，一旦離開此狀態，則無法再傳回，有

$$f_{11}^{(1)} = 0.3, f_{11}^{(2)} = 0, f_{11}^{(3)} = 0, \cdots$$

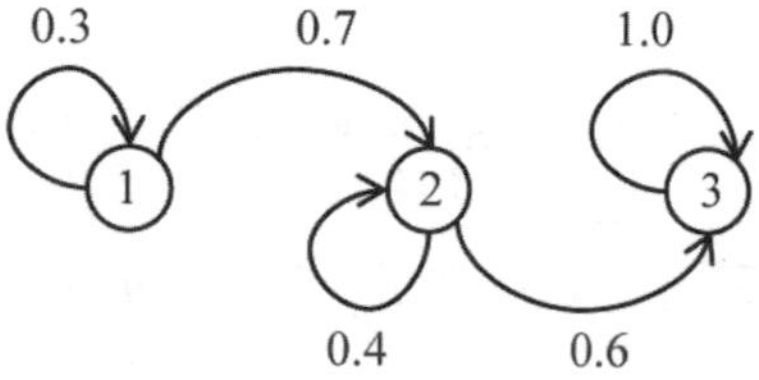

圖 7.6 含有 Recurrent 和 Transient 狀態的馬可夫鏈

進一步有

$$f_{11} = 0.3 + 0 + 0 + \cdots = 0.3$$

狀態 1 是 Transient 的。從該狀態出發，有 0.7 的機率永遠不會再傳回此狀態。對於狀態 2，有

$$f_{22}^{(1)} = 0.4, f_{22}^{(2)} = 0, f_{22}^{(3)} = 0, \cdots$$

因此有

$$f_{22} = 0.4 + 0 + 0 + \cdots = 0.4$$

狀態 2 是 Transient 的，從該狀態出發，有 0.6 的機率永遠不會再傳回此狀態。對於狀態 3，有

$$f_{33}^{(1)} = 1.0, f_{33}^{(2)} = 0, f_{33}^{(3)} = 0, \cdots$$

因此有

$$f_{33} = 1.0 + 0 + 0 + \cdots = 1.0$$

狀態 3 是 Recurrent 的。

狀態 i 是 Recurrent 狀態的充分必要條件是 $\sum_{n=1}^{+\infty} p_{ii}^{(n)} = +\infty$。下面列出證明。

分兩種情況討論。如果狀態i是 Recurrent 的，從i出發以機率 1 最後會傳回到i。根據馬可夫性，回到狀態i則表示重新開始。因此，還將以機率 1 傳回到該狀態。如此反覆，傳回該狀態的次數是無限的。因此傳回狀態i的次數的數學期望是無限的。如果狀態i是 Transient 的，則每次到達該狀態時有正機率$1-f_{ii}$，它將永遠不會傳回此狀態。故傳回i的次數X服從參數為$1-f_{ii}$的幾何分佈，$p(X=n)=f_{ii}^{n}(1-f_{ii}), n=1,2,\cdots$，其數學期望為$1/(1-f_{ii})$。

因此狀態i為 Recurrent 的，當且僅當

$$E[\text{到達 i 的次數}|X_0=i]=+\infty$$

如果令指示變數I_n表示從狀態i出發，經過n次傳輸後的狀態是否為i

$$I_n=\begin{cases}1, & X_n=i\\ 0, & X_n\neq i\end{cases}$$

則$\sum_{n=0}^{+\infty} I_n$表示到達i的次數。而

$$E\left[\sum_{n=0}^{+\infty} I_n|X_0=i\right]=\sum_{n=0}^{+\infty} E[I_n|X_0=i]=\sum_{n=0}^{+\infty} p_{ii}^{(n)}$$

因此，如果狀態i是 Recurrent 的，當且僅當$\sum_{n-0}^{+\infty} p_{ii}^{(n)}=+\infty$。

如果i是 Recurrent 的，且$i\leftrightarrow j$，則j是 Recurrent 的。下面列出證明。由於i與j互通，因此存在n_1,n_2使得

$$p_{ij}^{(n_1)}>0, p_{ji}^{(n_2)}>0$$

根據 C-K 方程式，對任意的$s>0$，有

$$p_{jj}^{(n_1+n_2+s)}\geqslant p_{ji}^{(n_2)}p_{ii}^{(s)}p_{ij}^{(n_1)}$$

由於i是 Recurrent 的，根據上一個結論，有

$$\sum_{s} p_{jj}^{(n_1+n_2+s)}\geqslant p_{ji}^{(n_2)}p_{ij}^{(n_1)}\sum_{s} p_{ii}^{(s)}=+\infty$$

因此結論成立。

根據上一個結論，不可約的馬可夫鏈所有狀態的 Recurrent 性相同，不是全是 Recurrent 的，就是全是 Transient 的，不存在既規律返態又有 Transient 態的情況。

如果$i \leftrightarrow j$，且j是 Recurrent 的，則$f_{ij} = 1$。下面列出證明。

假設$X_0 = i$，由於$i \leftrightarrow j$，因此存在n使得$p_{ij}^{(n)} > 0$。如果$X_n \neq j$，則第 1 次錯過了進入狀態j的機會。令T_1為下一次進入狀態i的時刻，根據上一筆結論，i也是 Recurrent 的，因此以機率 1，T_1的值是有限的。如果$X_{T_1+n} \neq j$，則第 2 次錯過了進入j的機會。依此類推，第一次進入j的機會數服從數學期望為$1/p_{ij}^{(n)}$的幾何分佈，且以機率 1 為有限值。狀態i是 Recurrent 的，提供的這樣的機會是無窮次的，因此結論成立。

如果一個狀態j是 Transient 的，則對所有i均有

$$\sum_{n=1}^{+\infty} p_{ij}^{(n)} < +\infty$$

這表示從任意狀態i出發到達j的次數的數學期望是有限的。對 Transient 的狀態j，當$n \to +\infty$時，$p_{ij}^{(n)} \to 0$。這可以根據上面的結論用反證法證明。

下面對 Recurrent 的狀態進一步分類。如果令μ_{ii}為傳回i所需要的平均傳輸次數（平均傳回時間），即下面的數學期望

$$\mu_{ii} = \begin{cases} +\infty, & i\text{是 Transient 的} \\ \sum_{n=1}^{+\infty} n f_{ii}^{(n)}, & i\text{是 Recurrent 的} \end{cases}$$

假設i是 Recurrent 的，如果$\mu_{ii} < +\infty$，則稱它為正 Recurrent（Positive Recurrent）的，如果$\mu_{ii} = +\infty$，則稱為零 Recurrent 的。正 Recurrent 表示從一個狀態出發不但會以機率 1 再次傳回該狀態，而且傳回該狀態的平均時間是有限的，上面的級數收斂。零 Recurrent 只能保證傳回該狀態的機率是 1，但平均傳回時間是$+\infty$，上面的級數發散。

假設狀態i是 Recurrent 的。如果$\lim_{n\to+\infty} p_{ii}^{(n)} > 0$，則它是正 Recurrent 的；如果$\lim_{n\to+\infty} p_{ii}^{(n)} = 0$，則是零 Recurrent 的。這一結論列出了判斷狀態是正 Recurrent 還是零 Recurrent 的方法。

如果一個馬可夫鏈的狀態數是有限的，則只存在正 Recurrent 和 Transient 的狀態，不存在零 Recurrent 的狀態。因此，有限狀態、不可約馬可夫鏈的所有狀態都是正 Recurrent 的。

7.1.4 平穩分佈與極限分佈

式 (7.9) 列出了馬可夫鏈隨著時間進行演化時狀態的機率分佈。反覆用狀態傳輸矩陣對狀態的機率分佈進行演化，可以發現馬可夫鏈具有一個有趣的性質，對於任意的初始狀態分佈，隨著狀態傳輸的進行，最後系統狀態的機率分佈趨向於一個穩定的值。以 7.1.2 節的天氣模型為例，狀態的初始機率分佈如下

$$(0.5 \quad 0.4 \quad 0.1)$$

用狀態傳輸矩陣按照式 (7.9) 迭代 50 次後的結果如圖 7.7 所示。圖中橫軸表示迭代次數，即時刻n，縱軸表示該時刻 3 種天氣出現的機率$\boldsymbol{\pi}_n$，分別為 3 種顏色的曲線。

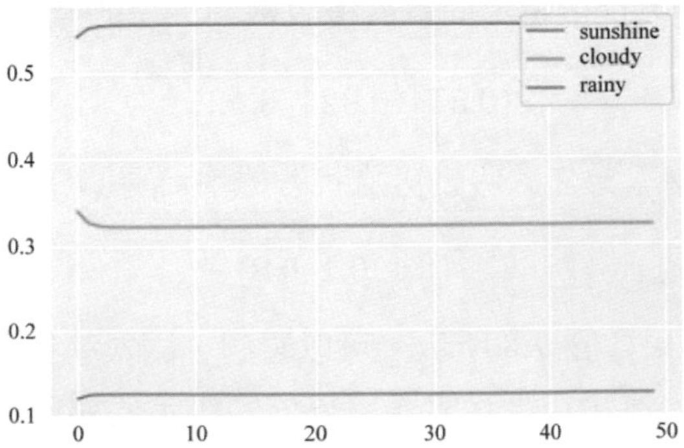

圖 7.7 天氣的狀態隨時間演化的結果

對應的 Python 程式如下。

```
import random
import math
import matplotlib.pyplot as plt
import numpy as np
%matplotlib inline
P = np.array([[0.7,0.2,0.1], [0.4,0.5,0.1], [0.3,0.4,0.3]],
dtype='float32')
pi = np.array([[0.5,0.4,0.1]], dtype='float32')
value1 = []
value2 = []
value3 = []
for i in range(50):
  pi = np.dot(pi, P)
  value1.append(pi[0][0])
  value2.append(pi[0][1])
  value3.append(pi[0][2])
print(pi)
x = np.arange(50)
plt.plot(x,value1,label='sunshine')
plt.plot(x,value2,label='cloudy')
plt.plot(x,value3,label='rainy')
plt.legend()
plt.show()
```

從圖 7.7 可以看到狀態的機率向量最後收斂到下面的值

$$(0.554 \ \ 0.321 \ \ 0.125)$$

下面換一個初始機率分佈。假設初始狀態機率$\boldsymbol{\pi}_0$是以下值

$$(0.1 \ \ 0.1 \ \ 0.8)$$

迭代 50 次後的結果如圖 7.8 所示。可以看到，兩次執行最後收斂到同樣的結果。可以猜測：無論初始狀態機率分佈的設定值如何，只要馬可夫鏈滿足一定的條件，最後的狀態機率會收斂到一個固定值。由此定義平穩分佈（Stationary Distribution）的概念。

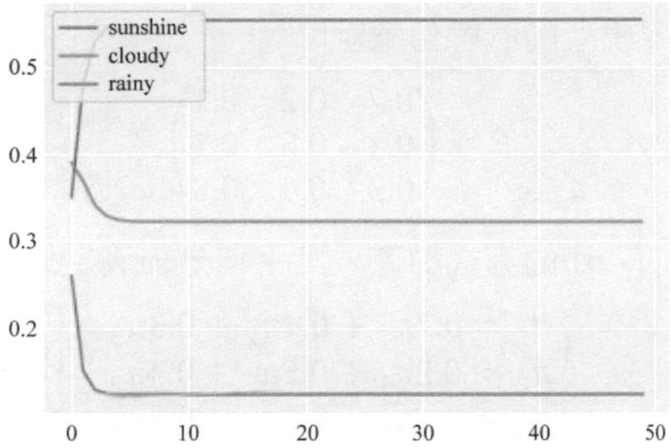

圖 7.8 天氣的狀態隨時間演化的結果

假設狀態空間的大小為m，向量$\boldsymbol{\pi}$為狀態的機率分佈。對於狀態傳輸矩陣為$\boldsymbol{P}$的馬可夫鏈，如果存在一個機率分佈$\boldsymbol{\pi}$滿足

$$\boldsymbol{\pi P} = \boldsymbol{\pi} \tag{7.12}$$

則稱此分佈$\boldsymbol{\pi}$為平穩分佈。其意義為目前時刻的狀態如果服從此分佈，傳輸到下一個時刻之後還服從此分佈，因此稱為「平穩」。從另外一個角度看，上一個時刻處於某一狀態的機率，與下一時刻從各個狀態進入該狀態的機率相等。這表示以平穩分佈作為初始狀態分佈，則經過任意次傳輸之後狀態的機率分佈不變。

根據定義，平穩分佈是狀態傳輸矩陣的轉置矩陣$\boldsymbol{P}^{\mathrm{T}}$歸一化的特徵向量，且特徵值為 1。對式 (7.12) 進行轉置，可以獲得

$$(\boldsymbol{\pi P})^{\mathrm{T}} = \boldsymbol{P}^{\mathrm{T}}\boldsymbol{\pi}^{\mathrm{T}} = \boldsymbol{\pi}^{\mathrm{T}}$$

這就是特徵值和特徵向量的定義，特徵值為 1。平穩分佈是下面齊次方程式的歸一化非解

$$(\boldsymbol{P}^{\mathrm{T}} - \boldsymbol{I})\boldsymbol{x} = \tag{7.13}$$

指定一個馬可夫鏈的狀態傳輸矩陣$\boldsymbol{P}$，透過求解式 (7.13) 的線性方程組即可獲得其平穩分佈。齊次線性方程組的解不唯一，平穩分佈必須滿足式 (7.5) 和式 (7.6) 的限制條件，根據它可以確定唯一解。下面舉例說明。

對於 7.1.2 節中天氣模型的狀態傳輸矩陣

$$\boldsymbol{P}=\begin{pmatrix}0.7 & 0.2 & 0.1\\ 0.4 & 0.5 & 0.1\\ 0.3 & 0.4 & 0.3\end{pmatrix}$$

根據式 (7.12) 和式 (7.6) 的等式約束，其平穩分佈滿足以下線性方程組。

$$\begin{cases}\pi_1=0.7\pi_1+0.4\pi_2+0.3\pi_3\\ \pi_2=0.2\pi_1+0.5\pi_2+0.4\pi_3\\ \pi_3=0.1\pi_1+0.1\pi_2+0.3\pi_3\\ \pi_1+\pi_2+\pi_3=1\end{cases}$$

解此方程式可以獲得下面的唯一解。

$$\pi_1=0.554,\pi_2=0.321,\pi_3=0.125$$

這與圖 7.7 和圖 7.8 的結果一致。

下面計算所有可能的平穩分佈。首先計算狀態傳輸矩陣的特徵值，然後求解式 (7.13) 的齊次方程組，由於齊次方程組的解不唯一，也需要加上式 (7.5) 和式 (7.6) 的限制條件以確定唯一解。下面對天氣模型的狀態傳輸矩陣$\boldsymbol{P}^{\mathrm{T}}$進行特徵值分解。

```
import numpy as np
A = np.array ([[0.7,0.4,0.3],[0.2,0.5,0.4],[0.1,0.1,0.3]])
V, U = np.linalg.eig (A)
print (U)
print (V)
```

特徵值分解的結果如下。

```
[[-8.48757801e-01 -7.07106781e-01 4.08248290e-01]
 [-4.92827110e-01 7.07106781e-01 -8.16496581e-01]
 [-1.91654987e-01 -2.01465978e-16 4.08248290e-01]]
[1. 0.3 0.2]
```

其特徵值為 1、0.3、0.2。接下來計算每個特徵值對應的特徵向量。對於$\lambda=1$，有

$$\boldsymbol{P}^{\mathrm{T}}-\boldsymbol{I}=\begin{pmatrix}-0.3 & 0.4 & 0.3\\ 0.2 & -0.5 & 0.4\\ 0.1 & 0.1 & -0.7\end{pmatrix}\xrightarrow{\text{初等行變換}}\begin{pmatrix}1 & 0 & -\frac{31}{7}\\ 0 & 1 & -\frac{18}{7}\\ 0 & 0 & 0\end{pmatrix}$$

式 (7.13) 齊次方程式的通解為

$$\pi_1=\frac{31}{7}t,\pi_2=\frac{18}{7}t,\pi_3=t$$

其中t為任意常數。由於要滿足式 (7.6)，方程式的唯一解為

$$\pi_1=\frac{31}{56},\pi_2=\frac{18}{56},\pi_3=\frac{7}{56}$$

這與前面的結果一致。對於$\lambda=0.3$以及$\lambda=0.2$，這兩個特徵值不符合平穩分佈定義的要求，不予考慮。因此$\lambda=1$時有唯一合法的解，平穩分佈唯一。對於天氣模型的實例，平穩分佈存在且唯一。

並非所有馬可夫鏈都存在平穩分佈且唯一。下面舉例說明。考慮以下的狀態傳輸矩陣

$$\boldsymbol{P}=\begin{pmatrix}1 & 0 & 0\\ 0 & 1 & 0\\ 0 & 0 & 1\end{pmatrix}$$

該馬可夫鏈是可約的，任意兩個狀態之間均不互通。顯然$\lambda=1$是$\boldsymbol{P}^{\mathrm{T}}$的 3 重特徵值，對於該特徵值有

$$\boldsymbol{P}^{\mathrm{T}}-\boldsymbol{I}=\begin{pmatrix}0 & 0 & 0\\ 0 & 0 & 0\\ 0 & 0 & 0\end{pmatrix}$$

任意非0向量都是式 (7.13) 方程式的非0解，這表示任意合法的機率分佈$\boldsymbol{\pi}$都是平穩分佈。

下面列出馬可夫鏈平穩分佈存在性和唯一性的條件。

（1）如果一個馬可夫鏈是非週期、不可約的，當且僅當所有狀態都是正 Recurrent 時，平穩分佈存在且唯一。此時平穩分佈等於極限分佈

$$\pi_j=\lim_{n\to+\infty}p(X_n=j|X_0=i)=\lim_{n\to+\infty}p_{ij}^{(n)}>0,j=1,\cdots,m$$

極限分佈是當時間趨向於$+\infty$時狀態j出現的機率，與起始狀態i無關，以任意狀態i作為初始狀態進行演化，最後傳輸到狀態j的機率都是相等的。平穩分佈也是當時間趨向於$+\infty$時每個狀態出現次數的比例。令$N_i(n)$為到n時刻為止進入狀態i的總次數，則有

$$\pi_i = \lim_{n\to+\infty} \frac{N_i(n)}{n}$$

（2）如果一個馬可夫鏈是非週期、不可約的，且它的所有狀態全是 Transient 的，或全是零 Recurrent 的，則對$\forall i, j$有

$$\lim_{n\to+\infty} p_{ij}^{(n)} = 0$$

此時平穩分佈不存在。

（3）如果一個馬可夫鏈是可約的，大部分的情況下存在多個平穩分佈。這在前面已經舉例說明。

如果一個馬可夫鏈狀態數是有限的，且是非週期、不可約的，則它的所有狀態一定是正 Recurrent 的，因此平穩分佈存在且唯一。

限於篇幅，不證明這些結論，有興趣的讀者可以閱讀參考文獻[1]。對於有限狀態的馬可夫鏈，也可以根據其狀態傳輸矩陣的特徵值與特徵向量的特性進行證明，這需要使用 Gerschgorin 圓盤定理（Gerschgorin's Disk Theorem）。

下面討論馬可夫鏈的平穩分佈與其極限分佈的關係。極限分佈是時間趨向$+\infty$時每個狀態j出現的機率。如果極限分佈存在，則它與初始狀態i無關。因此，可以簡寫為

$$\pi_j = \lim_{n\to+\infty} p(X_n = j), \forall j \in S \tag{7.14}$$

根據式 (7.14) 的定義，對式 (7.9) 兩邊同時取極限可以獲得

$$\boldsymbol{\pi} = \lim_{n\to+\infty} \boldsymbol{\pi}_0 \boldsymbol{P}^{n+1} = \lim_{n\to+\infty} \boldsymbol{\pi}_0 \boldsymbol{P}^n \boldsymbol{P} = \left(\lim_{n\to+\infty} \boldsymbol{\pi}_0 \boldsymbol{P}^n\right) \boldsymbol{P} = \boldsymbol{\pi} \boldsymbol{P}$$

這表示極限分佈就是平穩分佈。

根據上面的結論（1）以及 C-K 方程式，如果平穩分佈存在，則狀態傳輸矩陣冪的極限也存在且等於平穩分佈，矩陣每一列的元素p_{ij}^n均等於狀態j的平穩分佈π_j

$$\lim_{n\to+\infty} \boldsymbol{P}^{(n)} = \lim_{n\to+\infty} \boldsymbol{P}^n = \begin{pmatrix} \pi_1 & \pi_2 & \cdots & \pi_m \\ \pi_1 & \pi_2 & \cdots & \pi_m \\ \vdots & \vdots & & \vdots \\ \pi_1 & \pi_2 & \cdots & \pi_m \end{pmatrix}$$

對於天氣模型，用式 (7.9) 迭代到$n = 50$時$\boldsymbol{P}^n$的值如下所示。

```
[[0.55357146 0.3214286 0.125]
 [0.5535716 0.32142866 0.12500003]
 [0.5535715 0.32142866 0.12500003]]
```

這個極限矩陣的所有行均相等。每次迭代之後矩陣$\boldsymbol{P}^n$元素的值如圖 7.9 所示。圖中橫軸同樣為時刻n，縱軸為狀態傳輸矩陣各個元素的值，各時刻矩陣的元素值用 9 條顏色不同的曲線表示。

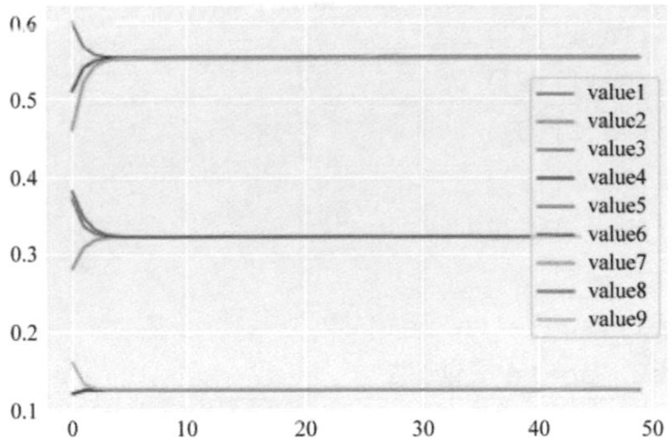

圖 7.9 狀態傳輸矩陣的極限

對應的 Python 程式如下。

```
import random
import math
import matplotlib.pyplot as plt
import numpy as np
%matplotlib inline
P = np.array([[0.7,0.2,0.1], [0.4,0.5,0.1], [0.3,0.4,0.3]],
```

```
dtype='float32')
Pn = np.array([[0.7,0.2,0.1], [0.4,0.5,0.1], [0.3,0.4,0.3]],
dtype='float32')
value1 = []
value2 = []
value3 = []
value4 = []
value5 = []
value6 = []
value7 = []
value8 = []
value9 = []
for i in range(50):
   Pn= np.dot(Pn, P)
   value1.append(Pn[0][0])
   value2.append(Pn[0][1])
   value3.append(Pn[0][2])
   value4.append(Pn[1][0])
   value5.append(Pn[1][1])
   value6.append(Pn[1][2])
   value7.append(Pn[2][0])
   value8.append(Pn[2][1])
   value9.append(Pn[2][2])
print(Pn)
plt.plot(x,value1,label='value1')
plt.plot(x,value2,label='value2')
plt.plot(x,value3,label='value3')
plt.plot(x,value4,label='value4')
plt.plot(x,value5,label='value5')
plt.plot(x,value6,label='value6')
plt.plot(x,value7,label='value7')
plt.plot(x,value8,label='value8')
plt.plot(x,value9,label='value9')
plt.legend()
plt.show()
```

極限分佈和平穩分佈刻畫了馬可夫鏈的重要屬性，在實際應用中具有重要的價值。

7.1.5 細緻平衡條件

某些應用需要在指定狀態機率分佈$\boldsymbol{\pi}$的條件下建構出一個馬可夫鏈，即建構出狀態傳輸矩陣$\boldsymbol{P}$，使得其平穩分佈是$\boldsymbol{\pi}$。細緻平衡條件（Detailed Balance）為解決此問題提供了方法。如果馬可夫鏈的狀態傳輸矩陣$\boldsymbol{P}$和機率分佈$\boldsymbol{\pi}$對所有的i和j均滿足

$$\pi_i p_{ij} = \pi_j p_{ji} \tag{7.15}$$

即對於$\forall i, j$，處於狀態i的機率乘以從狀態i傳輸到狀態j的機率等於處於狀態j的機率乘以從狀態j傳輸到狀態i的機率，則$\boldsymbol{\pi}$為馬可夫鏈的平穩分佈。式(7.15)稱為細緻平衡條件，下面列出證明。對任意的i，根據式(7.15)，有

$$\sum_{i=1}^{m} \pi_i p_{ij} = \sum_{i=1}^{m} \pi_j p_{ji} = \pi_j \sum_{i=1}^{m} p_{ji} = \pi_j$$

這裡第 3 步利用了狀態傳輸矩陣的特性$\sum_{i=1}^{m} p_{ji} = 1$。上式寫成矩陣形式為

$$\boldsymbol{\pi P} = \boldsymbol{\pi}$$

這就是平穩分佈的定義。

需要注意的是，$\boldsymbol{P}$和$\boldsymbol{\pi}$滿足細緻平衡條件是$\boldsymbol{\pi}$為$\boldsymbol{P}$的平穩分佈的充分條件而非必要條件。對於 7.1.2 節中天氣的狀態傳輸矩陣

$$\boldsymbol{P} = \begin{pmatrix} 0.7 & 0.2 & 0.1 \\ 0.4 & 0.5 & 0.1 \\ 0.3 & 0.4 & 0.3 \end{pmatrix}$$

其平穩分佈為

$$\boldsymbol{\pi} = (0.554 \quad 0.321 \quad 0.125)$$

在這裡，細緻平衡條件不成立。例如

$$\pi_1 p_{12} = 0.554 \times 0.2 \neq \pi_2 p_{21} = 0.321 \times 0.4$$

直觀來看，平穩分佈表示對任意一個狀態，從所有狀態轉入到該狀態的機

率值與該狀態的機率值相等。後者可以認為是從該狀態轉出去的機率值。即對同一個狀態來說，從其轉出去的機率與轉入的機率相等。細緻平衡條件是一個更嚴格的要求，它要求對任意兩個狀態i與j，從i轉入j的機率與從j轉入i的機率相等。顯然，後者是前者的充分不必要條件。

對於狀態連續的馬可夫鏈，細緻平衡條件同樣成立。如果系統在$\boldsymbol{x}$點處的機率密度函數為$p(\boldsymbol{x})$，$p(\boldsymbol{x}'|\boldsymbol{x})$為從$\boldsymbol{x}$傳輸到$\boldsymbol{x}'$的條件密度函數，則細緻平衡條件為

$$p(\boldsymbol{x})p(\boldsymbol{x}'|\boldsymbol{x}) = p(\boldsymbol{x}')p(\boldsymbol{x}|\boldsymbol{x}')$$

細緻平衡條件將用於馬可夫鏈蒙地卡羅取樣演算法的實現，將在 7.2 節詳細說明。

7.1.6 應用——隱馬可夫模型

有些實際應用中不能直接觀察到系統的狀態值，狀態的值是隱含的，只能獲得一組稱為觀測的值。為此，對馬可夫模型進行擴充，獲得隱馬可夫模型（Hidden Markov Model，HMM）。隱馬可夫模型描述了觀測變數和狀態變數之間的機率關係。與馬可夫模型相比，隱馬可夫模型不但對狀態建模，而且對觀測值建模。不同時刻的狀態值之間，同一時刻的狀態值和觀測值之間，都存在機率關係。

首先定義觀測序列

$$\boldsymbol{x} = \{x_1, \cdots, x_T\}$$

它是直接能觀察或計算獲得的值，是一個隨機變數序列。任一時刻的觀測值來自有限的觀測集

$$V = \{v_1, \cdots, v_m\}$$

接下來定義狀態序列

$$\boldsymbol{z} = \{z_1, \cdots, z_T\}$$

狀態序列也是一個隨機變數序列。任一時刻的狀態值來自有限的狀態集

$$S = \{s_1, \cdots, s_n\}$$

這與馬可夫鏈中的狀態定義相同。狀態序列是一個馬可夫鏈，其狀態傳輸矩陣為$\boldsymbol{A}$。狀態隨著時間線演化，每個時刻的狀態值決定了觀測值。同樣，用正整數表示狀態值和觀測值。

下面舉例説明狀態和觀測的概念。假如我們要識別視訊中人的各種動作，狀態即為要識別的動作，如站立、坐下、行走等，在進行識別之前無法獲得其值。觀測是能直接獲得的值，如人體各個關鍵點的座標，隱馬可夫模型的作用是透過觀測值推斷出狀態值，進一步識別出動作。

除前面定義的狀態傳輸矩陣之外，隱馬可夫模型還有觀測矩陣$\boldsymbol{B}$，其元素為

$$b_{ij} = p(x_t = v_j | z_t = s_i)$$

該值表示t時刻狀態值為s_i時觀測值為v_j的機率。該矩陣滿足和狀態傳輸矩陣同樣的限制條件

$$b_{ij} \geqslant 0 \sum_{j=1}^{n} b_{ij} = 1$$

觀測矩陣的第i行是狀態為s_i時觀測值為各個值的機率分佈。假設初始狀態的機率分佈為$\boldsymbol{\pi}$，隱馬可夫模型可以表示為五元組

$$\{S, V, \boldsymbol{\pi}, \boldsymbol{A}, \boldsymbol{B}\}$$

隱馬可夫模型是增加觀測模型之後的馬可夫鏈。

在實際應用中，一般假設狀態傳輸矩陣$\boldsymbol{A}$和觀測矩陣$\boldsymbol{B}$在任何時刻都是相同的，即與時間無關，馬可夫鏈是時齊的，進一步簡化了問題的計算。

觀測序列是這樣生成的：系統在 1 時刻處於狀態z_1，在該狀態下獲得觀測值x_1。接下來從z_1傳輸到z_2，並在此狀態下獲得觀測值x_2。依此類推，獲得整個觀測序列。由於每一時刻的觀測值只依賴於本時刻的狀態值，因此出現狀態序列$\boldsymbol{z}$且觀測序列為$\boldsymbol{x}$的機率為

$$
\begin{aligned}
p(\boldsymbol{z},\boldsymbol{x}) &= p(\boldsymbol{z})p(\boldsymbol{x}|\boldsymbol{z}) \\
&= p(z_T|z_{T-1})p(z_{T-1}|z_{T-2})\cdots p(z_1|z_0)p(x_T|z_T)p(x_{T-1}|z_{T-1})\cdots p(x_1|z_1) \\
&= \left(\prod_{t=1}^{T} a_{z_{t-1}z_t}\right)\prod_{t=1}^{T} b_{z_t x_t}
\end{aligned}
$$

在這裡，約定$p(z_1|z_0)=p(z_1)$為狀態的初始機率。這就是所有時刻的狀態傳輸機率、觀測機率的乘積。

仍然以 7.1.2 節的天氣問題為例說明隱馬可夫模型的原理。假設我們無法直接得知天氣的情況，但能得知一個人在各種天氣下的活動情況，這裡的活動有 3 種情況

{睡覺，跑步，逛街}

在這個問題中，天氣是狀態值，活動是觀測值。該隱馬可夫模型如圖 7.10 所示。

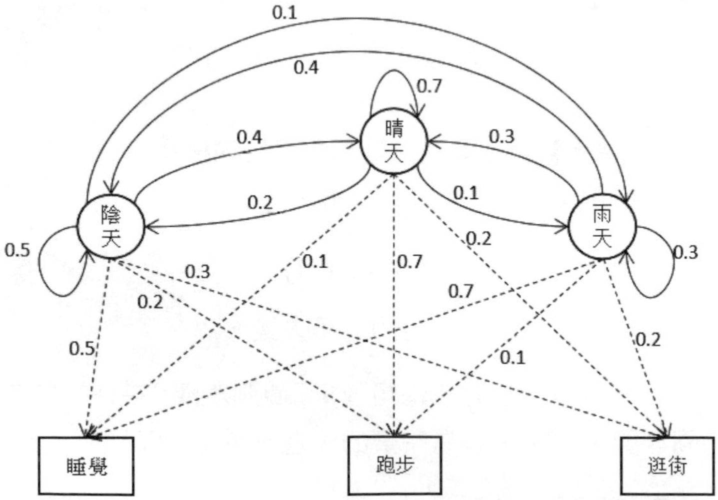

圖 7.10 天氣的隱馬可夫模型

圖中的圓形節點表示狀態值，矩形節點表示觀測值。實線表示狀態傳輸機

率，虛線表示觀測機率。這一問題的觀測矩陣為

$$\boldsymbol{B}=\begin{pmatrix}0.1 & 0.7 & 0.2\\ 0.5 & 0.2 & 0.3\\ 0.7 & 0.1 & 0.2\end{pmatrix}$$

例如$b_{13}=0.2$表示在晴天的天氣狀態下觀察到這個人逛街的機率是 0.2。狀態傳輸矩陣為

$$\boldsymbol{A}=\begin{pmatrix}0.7 & 0.2 & 0.1\\ 0.4 & 0.5 & 0.1\\ 0.3 & 0.4 & 0.3\end{pmatrix}$$

在隱馬可夫模型中，狀態和觀測是根據實際問題人工設定的；狀態傳輸矩陣和觀測矩陣透過樣本學習獲得。在指定觀測序列 $\boldsymbol{x}$ 的條件下，我們可以計算出狀態序列$\boldsymbol{z}$出現的機率即條件機率$p(\boldsymbol{z}|\boldsymbol{x})$。對隱馬可夫模型的進一步了解可以閱讀參考文獻[6]。

7.1.7 應用——強化學習

現實應用中的很多問題需要在每個時刻觀察系統的狀態然後作出決策，按照決策執行動作以達到某種預期目標。解決這類問題的機器學習演算法稱為強化學習（Reinforcement Learning，RL）。下面考慮幾個典型的實例。

例 1：用機器學習實現圍棋。演算法需要觀察目前的棋盤，確定在哪個位置放置棋子，目標是戰勝對手。

例 2：汽車自動駕駛。演算法需要觀察目前的路況，確定路上的車、行人、其他障礙物。在獲得自己所處的環境後確定汽車行駛的速度，目標是順利到達目的地。

執行動作的實體稱為智慧體（Agent），智慧體所處的系統稱為環境。在每個時刻，智慧體觀察環境，獲得一組狀態值，然後根據狀態來決定執行什麼動作。執行動作之後，系統可能會給智慧體一個回饋，稱為回報或獎勵（Reward）。回報的作用是告訴智慧體之前執行的動作所導致的結果的好壞。這個過程的原理如圖 7.11 所示。

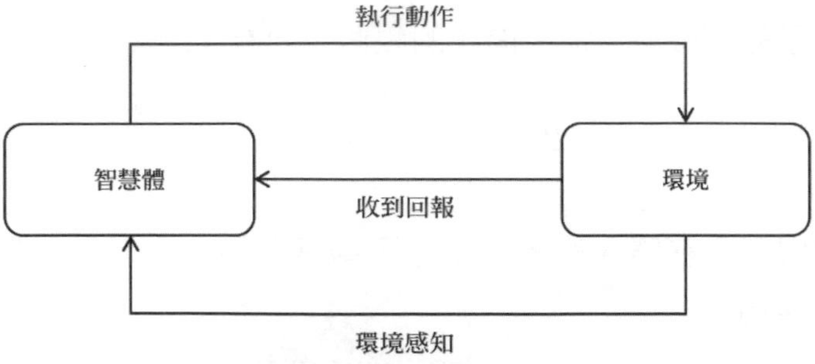

圖 7.11 強化學習中智慧體與環境的互動

在 4.9.3 節已經說明，強化學習的目標是尋找一個策略函數π，根據目前所處狀態s確定要執行的動作 a

$$a = \pi(s)$$

訓練演算法最大化執行動作之後的累計回報以確定策略函數。

強化學習要對問題的不確定性建模，將解決的問題被抽象成馬可夫決策過程（Markov Decision Process，MDP）。MDP 也是馬可夫過程的擴充，在這種模型中，系統的狀態同樣隨著時間線演化，不同的是，有智慧體每個時刻觀察系統的狀態，然後執行動作，進一步改變系統的狀態，並且收到回報。

下面列出馬可夫決策過程的定義。MDP 可以抽象成一個五元組，記為

$$\{S, A, p, r, \gamma\}$$

其中S為狀態空間，A為動作空間，p為狀態傳輸機率，r為回報函數，γ是折扣因數。下面對每個要素分別介紹。

（1）狀態空間。所有狀態組成的集合記為S，每個狀態記為s。狀態可以是離散的，也可以是連續的。以圍棋為例，狀態就是目前的棋局，在棋盤的任何位置可以有白子、黑子，或是沒有棋子。如果將這三種情況分別用 1,2,3 表示，則對於19×19的棋盤，所有可能的狀態數為

$$3^{19\times 19} = 3^{361}$$

這種情況的狀態是離散的。對於自動駕駛的汽車，狀態是連續的，汽車本身的位置、速度均為連續值。

（2）動作空間。所有能夠執行的動作的集合記為A，每個動作記為a。動作可以是離散的，也可以是連續的。在每種狀態s下，可以執行的動作的集合記為$A(s)$。以圍棋為例，動作是向空白的地方落子。對於自動駕駛的汽車，動作則是汽車的速度$(v_x\ v_y)$，為連續值。

（3）狀態傳輸機率。是目前時刻在狀態s下執行動作a、下一時刻進入狀態s'的條件機率$p(s'|s,a)$。即

$$p(s'|s,a) = p(s_{t+1} = s'|s_t = s, a_t = a)$$

與馬可夫過程類似，狀態傳輸機率必須滿足以下的等式約束

$$\sum_{s'} p(s'|s,a) = 1$$

無論目前處於何種狀態，執行任何動作後必然會轉向後續狀態中的某一個。由於具有馬可夫性，下一個時刻的狀態只與目前時刻的狀態、目前時刻採取的動作有關，與更早時刻的狀態與動作無關。與馬可夫鏈不同的是下一時刻的狀態不但與目前時刻的狀態有關，而且與目前時刻執行的動作有關，動作會影響後續的狀態。

狀態傳輸機率用於對系統的不確定性進行建模，這對實際應用問題通常是必需的。以圍棋為例，下一個時刻的棋局由目前時刻的棋局、目前時刻的落子動作，以及接下來對手在目前時刻的落子動作有關。而對手如何落子是不確定的，具有隨機性。

大部分的情況下狀態傳輸機率與實際的時刻無關，在所有時刻，其值都是相等的，進一步簡化問題的計算。

（4）回報函數。智慧體目前時刻在狀態s下執行動作a、進入狀態s'之後獲

得的立即回報，用回報函數建模。回報函數記為$r(s,a,s')$，它由目前時刻的狀態、目前時刻執行的動作、下一時刻的狀態決定。在t時刻獲得的立即回報記為R_t。以圍棋為例，假如在目前棋局下落子之後進入能夠區分勝負的狀態，如果獲勝，則給予正的回報值，否則給予負的回報值。

（5）折扣因數。記為γ，用於定義累計回報與價值函數，稍後會說明。

從 0 時刻起，智慧體在每個狀態下執行動作，轉入下一個狀態，同時收到一個立即回報。這一演化過程如下所示

$$s_0 \overset{a_0}{\rightarrow} s_1 \ r_1 \overset{a_1}{\rightarrow} s_2 \ r_2 \overset{a_2}{\rightarrow} s_3 \ r_3 \overset{a_3}{\rightarrow} s_4 \ r_4 \cdots$$

目前時刻處於狀態s且執行動作a之後所得到的立即回報記為$r(s,a)$。它是下一個時刻各種狀態下獲得的立即回報的數學期望

$$r(s,a) = E[R_{t+1}|s_t = s, a_t = a] = \sum_{s'} p(s'|s,a)r(s,a,s')$$

立即回報的數學期望取決於狀態傳輸機率。馬可夫決策過程是增加動作與獎勵機制之後的馬可夫過程。

下面以天氣控制為例説明馬可夫決策過程的原理。現在對 7.1.2 節的天氣模型進行擴充。如果沒有人工操作，那麼天氣會按照狀態傳輸矩陣進行演化。假設可以執行動作對天氣進行干預，以達到我們想要的效果。這裡的動作是人工降雨，在每個時刻，可以執行人工降雨，也可以不執行人工降雨。如果在不下雨的天氣時執行人工降雨成功，則獎勵值為 1；如果人工降雨不成功，獎勵值為 0。不執行人工降雨動作時，獎勵值也為 0。

在各種天氣下，採取人工降雨時的狀態傳輸機率及回報值如表 7.2 所示。表中每一項由狀態傳輸機率以及回報值組成。舉例來説，表中倒數第 2 行第 1 列的 0.1, 0 表示目前時刻為陰天的狀態下執行人工降雨動作，下一個時刻進入晴天的機率是 0.1，進入晴天的話獲得的回報是 0。

表 7.2 採用人工降雨時的狀態傳輸機率以及回報值

目前狀態 \ 下一狀態	晴天		陰天		雨天	
	機率	回報	機率	回報	機率	回報
晴天	0.7	0	0.2	0	0.1	1
陰天	0.1	0	0.1	0	0.8	1
雨天	0.1	0	0.1	0	0.8	0

不採用人工降雨時的狀態傳輸機率以及回報值如表 7.3 所示。

表 7.3 不採用人工降雨時的狀態傳輸機率以及回報值

目前狀態 \ 下一狀態	晴天		陰天		雨天	
	機率	回報	機率	回報	機率	回報
晴天	0.7	0	0.2	0	0.1	0
陰天	0.4	0	0.5	0	0.1	0
雨天	0.3	0	0.4	0	0.3	0

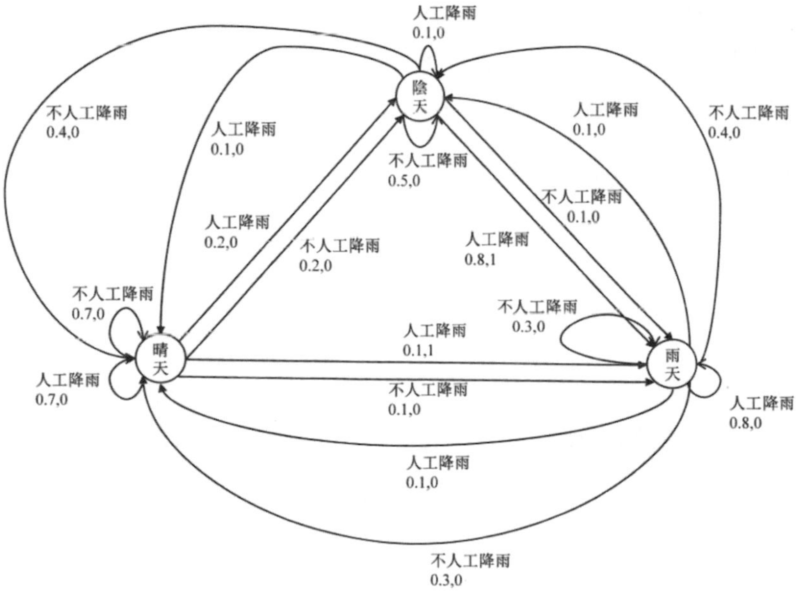

圖 7.12 人工降雨模型的狀態圖

如果將此 MDP 用狀態圖表示，則如圖 7.12 所示。圖 7.12 中的頂點表示狀態，邊表示執行動作以及狀態傳輸，包含了要執行的動作、狀態傳輸的機率，以及發生狀態傳輸後收到的回報值。以狀態陰天為例，假設在此狀態下執行人工降雨，降雨成功的機率是 0.8，降雨成功之後獲得的回報是 1，用一條邊表示此傳輸。

強化學習的目標是最大化累計回報。累計回報定義為從t時刻起，到$T-1$時刻止，智慧體在各個時刻執行動作後收到的立即回報之和

$$G_t = R_{t+1} + R_{t+2} + \cdots + R_T$$

如果狀態一直演化不終止，則需要定義時間長度為無限大的累計回報，是下面的級數

$$G_t = R_{t+1} + \gamma R_{t+2} + \gamma^2 R_{t+3} + \cdots = \sum_{k=0}^{+\infty} \gamma^k R_{t+k+1} \tag{7.16}$$

其中γ為折扣因數，其值滿足$0 < \gamma < 1$。使用折扣因數有以下幾個原因。

（1）確保時間長度為無限的累計回報的級數收斂。如果不加折扣因數，則式 (7.16) 定義的無窮級數不收斂。

（2）表現未來的不確定性。未來的回報不確定性更大，其回報值應按照折扣因數以指數級衰減。

如果式 (7.16) 級數收斂，則有

$$\begin{aligned} G_t &= R_{t+1} + \gamma R_{t+2} + \gamma^2 R_{t+3} + \gamma^3 R_{t+4} + \cdots \\ &= R_{t+1} + \gamma (R_{t+2} + \gamma R_{t+3} + \gamma^2 R_{t+4} + \cdots) \\ &= R_{t+1} + \gamma G_{t+1} \end{aligned}$$

由此建立了累計回報按照時間軸的遞推公式。累計回報是定義狀態價值函數和動作價值函數的基礎，在 4.9.3 節已經說明。對馬可夫決策過程和強化學習的進一步了解可以閱讀參考文獻[7]。

7.2 馬可夫鏈取樣演算法

第 5 章說明的取樣演算法對於高維空間的複雜機率分佈將面臨實現困難以及計算效率低的問題。對於一般的高維機率密度函數$p(\mathbf{x})$，實現拒絕取樣演算法要找到合適的提議分佈$q(\mathbf{x})$以及常數c通常是困難的。馬可夫鏈蒙地卡羅（Markov Chain Monte Carlo，MCMC）演算法有效地解決了高維空間的取樣問題，其核心思想是建構一個平穩分佈為$p(\mathbf{x})$的馬可夫鏈，從該馬可夫鏈進行取樣。

7.2.1 基本馬可夫鏈取樣

首先考慮離散型機率分佈。如果一個機率分佈$\boldsymbol{\pi}$是某個馬可夫鏈的平穩分佈，則根據馬可夫鏈的狀態傳輸矩陣$\mathbf{P}$可以取樣出此機率分佈的樣本。因此，如果已知狀態傳輸矩陣，就可根據它取樣出平穩分佈的樣本。MCMC 演算法的想法就是建構平穩分佈為$\boldsymbol{\pi}$的馬可夫鏈，從其生成樣本。

演算法迭代生成每一個樣本，下一個樣本的機率分佈只依賴於目前的樣本。從初始狀態開始迭代，依次生成每個樣本，當到達平穩狀態之後，樣本即服從平穩分佈$\boldsymbol{\pi}$。隨著迭代的進行，樣本逐步接近服從目標機率分佈。

首先從任意機率分佈$\boldsymbol{\pi}_0$取樣出第一個樣本，即狀態x_0，可使用正態分佈或其他簡單的機率分佈。由於

$$\boldsymbol{\pi}_1 = \boldsymbol{\pi}_0 \boldsymbol{P}$$

因此根據服從機率分佈$\boldsymbol{\pi}_0$的樣本x_0和狀態傳輸矩陣$\boldsymbol{P}$可以取樣出$\boldsymbol{\pi}_1$的樣本。做法很簡單，用狀態傳輸矩陣$\boldsymbol{P}$對樣本x_0進行狀態傳輸，獲得的樣本x_1即服從機率分佈$\boldsymbol{\pi}_1$。這是一個多項分佈取樣問題，該分佈的機率質量函數是狀態傳輸矩陣的第x_0行。反覆執行這一過程，直到取樣出x_t。如果此時已經進入平穩狀態，則樣本服從我們想要的機率分佈$\boldsymbol{\pi}$。然後取下面的樣本作為取樣結果

$$\{x_{t+1}, x_{t+2}, \cdots\}$$

對於連續型機率分佈，根據狀態傳輸的條件機率$p(\boldsymbol{x}'|\boldsymbol{x})$進行取樣，其他的原理是相同的。基本的馬可夫鏈取樣演算法流程如演算法 2.1 所示。

演算法 7.1 基本的馬可夫鏈取樣演算法

Input: 馬可夫鏈的狀態傳輸機率$p(\boldsymbol{x}'|\boldsymbol{x})$，狀態傳輸次數設定值$n_1$, 取樣樣本數$n_2$

從任意的機率分佈取樣出$\boldsymbol{x}_0$

for $t = 0$ to $n_1 + n_2 - 1$ **do**

根據機率$p(\boldsymbol{x}|\boldsymbol{x}_t)$取樣出$\boldsymbol{x}_{t+1}$

end for

Output: $\{\boldsymbol{x}_{n_1+1}, \boldsymbol{x}_{n_1+2}, \cdots, \boldsymbol{x}_{n_1+n_2}\}$

此演算法要求已知平穩分佈$\boldsymbol{\pi}$的狀態傳輸機率，而它通常是未知的，因此限制了演算法的使用。後面説明的各種演算法是針對此問題的改進。

7.2.2 MCMC 取樣演算法

現在的核心問題是如何建構出平穩分佈為要取樣的目標機率分佈的馬可夫鏈，更實際地，是建構出滿足此要求的狀態傳輸機率（狀態傳輸矩陣）。MCMC 取樣演算法利用細緻平衡條件解決此問題，演算法建構滿足細緻平衡條件的狀態傳輸機率，使其平穩分佈為要取樣的目標分佈，然後從該狀態傳輸機率進行取樣。下面首先對離散型機率分佈進行推導，然後將其用於連續型機率分佈。

直接尋找滿足細緻平衡條件的狀態傳輸機率是困難的。對於隨意設定的狀態傳輸機率矩陣$\boldsymbol{P}$，大部分的情況下它不滿足細緻平衡條件

$$\pi_i p_{ij} \neq \pi_j p_{ji}$$

MCMC 採用了分階段解決的想法，類似於拒絕取樣演算法。首先用任意設定的狀態傳輸機率進行取樣，生成候選狀態，然後用另外一個機率對候選狀態進行篩選，生成下一個取樣樣本。這裡引用一個新的矩陣$\boldsymbol{Q}$，其元素使得對任意指定的狀態傳輸矩陣$\boldsymbol{A}$，以及所有狀態$\boldsymbol{i}, \boldsymbol{j}$均滿足細緻平衡條件

$$\pi_i a_{ij} q_{ij} = \pi_j a_{ji} q_{ji} \tag{7.17}$$

在這裡，$\pi_i, \pi_j, a_{ij}, a_{ji}$均為已知量，$q_{ij}, q_{ji}$為未知量。方程式 (7.17) 的解不唯一，讓$\boldsymbol{Q}$取下面一組特殊的值即可滿足此要求

$$q_{ij} = \pi_j a_{ji} q_{ji} = \pi_i a_{ij} \tag{7.18}$$

將式 (7.18) 代入式 (7.17) 有

$$\pi_i a_{ij}(\pi_j a_{ji}) = \pi_j a_{ji}(\pi_i a_{ij})$$

如果令

$$p_{ij} = a_{ij} q_{ij} \tag{7.19}$$

則有

$$\pi_i p_{ij} = \pi_j p_{ji}$$

則$\boldsymbol{P}$即為滿足細緻平衡條件要求的狀態傳輸矩陣。根據式 (7.19)，取樣分兩步實現。首先用提議分佈a_{ij}進行取樣，其作用是從目前狀態$x_t = i$生成下一個時刻的候選狀態$x_{t+1} = j$。然後以q_{ij}為接受機率（或稱為接受率），對x_{t+1}進行接受或拒絕。這兩步表現在式 (7.19) 中為任意狀態傳輸矩陣的元素a_{ij}與接受率q_{ij}相乘。

下面列出完整的演算法流程。每次迭代時首先根據目前時刻樣本x_t生成下一時刻樣本的候選值x_*，這透過按照a_{ij}取樣而實現。然後以q_{ij}的機率接受此候選值，這種情況的下一個樣本為此候選值，即

$$x_{t+1} = x_*$$

否則拒絕此候選值，下一個樣本的值為上一時刻的樣本值，即

$$x_{t+1} = x_t$$

該方法對連續型機率分佈也適用。假設要取樣的目標機率分佈為$p(\boldsymbol{x})$。根據細緻平衡條件，需要建構一個馬可夫鏈的條件機率$p(\boldsymbol{x}'|\boldsymbol{x})$滿足下面的要求

$$p(\boldsymbol{x})p(\boldsymbol{x}'|\boldsymbol{x}) = p(\boldsymbol{x}')p(\boldsymbol{x}|\boldsymbol{x}')$$

其平穩分佈就是$p(\boldsymbol{x})$。同樣分兩步完成取樣。首先用提議分佈$g(\boldsymbol{x}'|\boldsymbol{x})$取樣，根據$\boldsymbol{x}$取樣出$\boldsymbol{x}'$，然後計算接受率$A(\boldsymbol{x},\boldsymbol{x}')$，對$\boldsymbol{x}'$進行接受或拒絕。如果令

$$p(\boldsymbol{x}'|\boldsymbol{x}) = g(\boldsymbol{x}'|\boldsymbol{x})A(\boldsymbol{x},\boldsymbol{x}')$$

則細緻平衡條件可以滿足

$$p(\boldsymbol{x})g(\boldsymbol{x}'|\boldsymbol{x})A(\boldsymbol{x},\boldsymbol{x}') = p(\boldsymbol{x}')g(\boldsymbol{x}|\boldsymbol{x}')A(\boldsymbol{x}',\boldsymbol{x}) \tag{7.20}$$

接受率的計算公式為

$$A(\boldsymbol{x},\boldsymbol{x}') = p(\boldsymbol{x}')g(\boldsymbol{x}|\boldsymbol{x}')A(\boldsymbol{x}',\boldsymbol{x}) = p(\boldsymbol{x})g(\boldsymbol{x}'|\boldsymbol{x}) \tag{7.21}$$

MCMC 演算法的精髓在於透過引用接受率，將任意的馬可夫鏈轉化成符合細緻平衡條件的馬可夫鏈。演算法實現簡單，對應任意指定的目標分佈$p(\boldsymbol{x})$以及提議分佈$g(\boldsymbol{x}'|\boldsymbol{x})$均可實現取樣。MCMC 取樣演算法的流程如演算法 7.2 所示。

演算法 7.2　MCMC 取樣演算法

Input: 目標分佈$p(\boldsymbol{x})$，提議分佈$g(\boldsymbol{x}'|\boldsymbol{x})$，狀態傳輸次數設定值$n_1$，樣本數$n_2$

　從任意簡單機率分佈取樣出初始狀態$\boldsymbol{x}_0$

　for $t = 0$ to $n_1 + n_2 - 1$ **do**

　　使用提議分佈$g(\boldsymbol{x}|\boldsymbol{x}_t)$，根據$\boldsymbol{x}_t$取樣出$\boldsymbol{x}_*$

　　$A(\boldsymbol{x}_t,\boldsymbol{x}_*) = p(\boldsymbol{x}_*)g(\boldsymbol{x}_t|\boldsymbol{x}_*)$

　　從均勻分佈$U[0,1]$取樣出u

　　if $u < A(\boldsymbol{x}_t,\boldsymbol{x}_*)$ **then**

　　　$\boldsymbol{x}_{t+1} = \boldsymbol{x}_*$

　　else

　　　$\boldsymbol{x}_{t+1} = \boldsymbol{x}_t$

　　end if

　end for

Output: $\{\mathbf{x}_{n_1+1},\mathbf{x}_{n_1+2},\cdots,\mathbf{x}_{n_1+n_2}\}$

演算法在實現時需要選擇合適的提議分佈。對提議分佈$g(\boldsymbol{x}'|\boldsymbol{x})$的要求：目標分佈$p(\boldsymbol{x})$所有能以非 0 機率密度值進入的狀態$\boldsymbol{x}$，提議分佈都要能夠以非 0 機率密度值進入該狀態。也就是說，提議分佈的支撐區間必須能覆蓋

目標分佈的支撐區間。通常使用正態分佈，因為它的支撐區間是$\mathbb{R}^n$，能覆蓋任意連續型機率分佈的支撐區間。一種選擇是對稱的正態分佈，以目前狀態為$\boldsymbol{x}_t$作為正態分佈的平均值。這種形式的提議分佈為

$$g(\boldsymbol{x}|\boldsymbol{x}_t) \sim N(\boldsymbol{x}_t, \boldsymbol{\Sigma})$$

協方差矩陣可以設定為一個固定值，或根據目標分佈的特點設計。使用這種提議分佈的取樣演算法稱為隨機漫步 MCMC 演算法（random walk MCMC）。

7.2.3 Metropolis-Hastings 演算法

Metropolis-Hastings 演算法以其發明者 Metropolis 與 Hastings 的名字命名，解決了 MCMC 取樣演算法低效的問題。MCMC 取樣演算法的問題在於接受率的值很小時會導致多次嘗試。如果$A(\boldsymbol{x}, \boldsymbol{x}_*) = 0.1$，則

$$p(u < A(\boldsymbol{x}, \boldsymbol{x}_*)) = 0.1$$

只有 0.1 的機率能跳躍到下一個狀態，演算法經過多次循環才能從$\boldsymbol{x}$跳躍到$\boldsymbol{x}_*$。事實上，對式 (7.20) 兩端同時乘以一個正常數c，細緻平衡條件仍然是滿足的

$$c \times p(\boldsymbol{x})g(\boldsymbol{x}'|\boldsymbol{x})A(\boldsymbol{x}, \boldsymbol{x}') = c \times p(\boldsymbol{x}')g(\boldsymbol{x}|\boldsymbol{x}')A(\boldsymbol{x}', \boldsymbol{x})$$

即$A(\boldsymbol{x}, \boldsymbol{x}')$和$A(\boldsymbol{x}', \boldsymbol{x})$的值不唯一，可等比例縮放，只需要滿足比例關係。根據該特性，我們可以對計算接受率的方法進行改進，確保接受率有較大的值。

對式 (7.20) 進行變形可以獲得此比例關係

$$\frac{A(\boldsymbol{x}, \boldsymbol{x}')}{A(\boldsymbol{x}', \boldsymbol{x})} = \frac{p(\boldsymbol{x}')g(\boldsymbol{x}|\boldsymbol{x}')}{p(\boldsymbol{x})g(\boldsymbol{x}'|\boldsymbol{x})}$$

可以將接受率設定為

$$A(\boldsymbol{x}, \boldsymbol{x}') = \min\left(1, \frac{p(\boldsymbol{x}')g(\boldsymbol{x}|\boldsymbol{x}')}{p(\boldsymbol{x})g(\boldsymbol{x}'|\boldsymbol{x})}\right) \tag{7.22}$$

可以確保接受率不大於 1。按照這種接受率設定值，如果

$$\frac{p(\boldsymbol{x}')g(\boldsymbol{x}|\boldsymbol{x}')}{p(\boldsymbol{x})g(\boldsymbol{x}'|\boldsymbol{x})} > 1$$

此時$A(\boldsymbol{x},\boldsymbol{x}') = 1$。如果

$$\frac{p(\boldsymbol{x}')g(\boldsymbol{x}|\boldsymbol{x}')}{p(\boldsymbol{x})g(\boldsymbol{x}'|\boldsymbol{x})} < 1$$

此時

$$A(\boldsymbol{x},\boldsymbol{x}') = \frac{p(\boldsymbol{x}')g(\boldsymbol{x}|\boldsymbol{x}')}{p(\boldsymbol{x})g(\boldsymbol{x}'|\boldsymbol{x})}$$

這表示

$$\frac{p(\boldsymbol{x})g(\boldsymbol{x}'|\boldsymbol{x})}{p(\boldsymbol{x}')g(\boldsymbol{x}|\boldsymbol{x}')} > 1$$

因此$A(\boldsymbol{x}',\boldsymbol{x}) = 1$。無論哪種情況，$A(\boldsymbol{x},\boldsymbol{x}') = 1$和$A(\boldsymbol{x}',\boldsymbol{x}) = 1$必定有一個為 1。這表示從$\boldsymbol{x}$轉到$\boldsymbol{x}'$或從$\boldsymbol{x}'$轉到$\boldsymbol{x}$總有一個必定會發生，因此加強了取樣效率。

Metropolis-Hastings 取樣演算法流程如演算法 2.3 所示。

演算法 7.3 Metropolis-Hastings 取樣演算法

Input: 目標分佈 $p(\boldsymbol{x})$, 提議分佈$g(\boldsymbol{x}'|\boldsymbol{x})$, 狀態傳輸次數設定值 n_1, 樣本數 n_2

  從任意簡單機率分佈取樣出 $\boldsymbol{x}_0$

  for $t = 0$ to $n_1 + n_2 - 1$ **do**

    使用提議分佈$g(\boldsymbol{x}|\boldsymbol{x}_t)$, 根據$\boldsymbol{x}_t$取樣出 $\boldsymbol{x}_*$

    $A(\boldsymbol{x}_t,\boldsymbol{x}_*) = \min\left(1, \frac{p(\boldsymbol{x}_*)g(\boldsymbol{x}_t|\boldsymbol{x}_*)}{p(\boldsymbol{x}_t)g(\boldsymbol{x}_*|\boldsymbol{x}_t)}\right)$

    從均勻分佈$U[0,1]$取樣出u

    if $u < A(\boldsymbol{x}_t,\boldsymbol{x}_*)$ **then**

      $\boldsymbol{x}_{t+1} = \boldsymbol{x}_*$

    else

      $\boldsymbol{x}_{t+1} = \boldsymbol{x}_t$

    end if

  end for

Output: $\{\boldsymbol{x}_{n_1+1}, \boldsymbol{x}_{n_1+2}, \cdots, \boldsymbol{x}_{n_1+n_2}\}$

Metropolis-Hastings 演算法在解決 MCMC 取樣效率問題的同時還帶來了一個好處。對於機率分佈$p(\boldsymbol{x})$，如果我們不知道其機率密度函數的運算式而只知道正比於$p(\boldsymbol{x})$的函數$f(\boldsymbol{x})$

$$p(\boldsymbol{x}) \propto f(\boldsymbol{x})$$

演算法也可對$p(\boldsymbol{x})$取樣。這是因為根據式 (7.22) 的接受率計算方式，將$p(\boldsymbol{x})$乘以一個非 0 係數，接受率的值不變。某些實際應用的機率密度函數具有以下的形式

$$p(\boldsymbol{x}) = \frac{f(\boldsymbol{x})}{Z}$$

其中Z為歸一化係數，通常是下面這種難以計算的積分

$$Z = \int_{\mathbb{R}^n} f(\boldsymbol{x})\mathrm{d}\boldsymbol{x}$$

在 6.3.5 節變分推斷中已經提及這種問題。對於這樣的機率分佈，Metropolis Hastings 演算法可以直接用$f(\boldsymbol{x})$代替$p(\boldsymbol{x})$進行計算。

對於高維機率分佈的取樣，Metropolis-Hastings 演算法仍然面臨效率問題。此外，演算法還需要已知隨機向量的聯合機率分佈，實際應用中的某些問題只知道各分量之間的條件分佈。Gibbs 取樣演算法可以有效地解決這些問題。

7.2.4 Gibbs 演算法

Gibbs 取樣演算法採用了與之前說明的 MCMC 演算法不同的想法建構滿足細緻平衡條件的狀態傳輸機率，透過使用隨機向量各分量之間的條件機率而實現。

首先以二維機率分佈為例說明。對於機率分佈$p(x_1, x_2)$，有兩個樣本點

$$(x_1^{(1)}, x_2^{(1)})$$

$$(x_1^{(1)}, x_2^{(2)})$$

上標表示樣本號。兩個樣本的第一個分量x_1相等。根據條件機率的計算公式，顯然下式成立

$$p(x_1^{(1)},x_2^{(1)})p(x_2^{(2)}|x_1^{(1)})=p(x_1^{(1)})p(x_2^{(1)}|x_1^{(1)})p(x_2^{(2)}|x_1^{(1)})$$

$$p(x_1^{(1)},x_2^{(2)})p(x_2^{(1)}|x_1^{(1)})=p(x_1^{(1)})p(x_2^{(2)}|x_1^{(1)})p(x_2^{(1)}|x_1^{(1)})$$

因此有

$$p(x_1^{(1)},x_2^{(1)})p(x_2^{(2)}|x_1^{(1)})=p(x_1^{(1)},x_2^{(2)})p(x_2^{(1)}|x_1^{(1)}) \tag{7.23}$$

式 (7.23) 表明，如果限定隨機向量第一個分量的值$x_1=x_1^{(1)}$，以條件機率$p(x_2|x_1^{(1)})$作為馬可夫鏈的狀態傳輸機率，則任意兩個樣本點之間的傳輸滿足細緻平衡條件。如果限定另外一個分量x_2的值，可以證明同樣的結論成立。舉例來說，有一個樣本點$(x_1^{(2)},x_2^{(1)})$，則有

$$p(x_1^{(1)},x_2^{(1)})p(x_1^{(2)}|x_2^{(1)})=p(x_1^{(2)},x_2^{(1)})p(x_1^{(1)}|x_2^{(1)})$$

下面將此結論推廣到n維的情況。對於隨機向量$\boldsymbol{x}=(x_1,\cdots,x_n)$，假設其聯合機率密度函數為$p(\mathbf{x})$。第$i$個樣本為

$$(x_1^{(i)},x_2^{(i)},\cdots,x_n^{(i)})$$

下一個樣本為

$$(x_1^{(i+1)},x_2^{(i+1)},\cdots,x_n^{(i+1)})$$

可以按照下面的條件機率對$x_1,\cdots,x_n$依次進行取樣

$$p(x_j^{(i+1)}|x_1^{(i+1)},\cdots,x_{j-1}^{(i+1)},x_{j+1}^{(i)},\cdots,x_n^{(i)})$$

$x_1^{(i+1)},\cdots,x_{j-1}^{(i+1)}$是本輪取樣時已經更新的分量，剩餘的分量$x_{j+1}^{(i)},\cdots,x_n^{(i)}$則使用上一輪取樣的值。按照這種方式建構狀態傳輸機率，細緻平衡條件成立

$$p\left(x_1^{(i+1)},\cdots,x_{j-1}^{(i+1)},x_j^{(i)},x_{j+1}^{(i)},\cdots,x_n^{(i)}\right)p\left(x_j^{(i+1)}|x_1^{(i+1)},\cdots,x_{j-1}^{(i+1)},x_{j+1}^{(i)},\cdots,x_n^{(i)}\right)$$

$$=p\left(x_1^{(i+1)},\cdots,x_{j-1}^{(i+1)},x_j^{(i+1)},x_{j+1}^{(i)}\cdots,x_n^{(i)}\right)p\left(x_j^{(i)}|x_1^{(i+1)},\cdots,x_{j-1}^{(i+1)},x_{j+1}^{(i)},\cdots,x_n^{(i)}\right)$$

Gibbs 取樣演算法實現時分兩層迴圈。外迴圈控制取樣的輪數；內迴圈為一輪取樣，在內迴圈中對隨機向量的每個分量按照其索引的順序依次進行處理。演算法生成的樣本序列滿足隨機向量的聯合機率分佈。如果只取向量的某些分量，忽略其他的分量，則這些分量組成的向量序列滿足它們的邊緣機率分佈。

整個取樣過程是在隨機向量各個分量之間輪換進行的，類似於最佳化演算法中的座標下降法。對於二維的情況，取樣的流程為

$$\left(x_1^{(1)},x_2^{(1)}\right)\to\left(x_1^{(2)},x_2^{(1)}\right)\to\left(x_1^{(2)},x_2^{(2)}\right)\to\cdots\to\left(x_1^{(n)},x_2^{(n)}\right)$$

下面以二維正態分佈為例說明 Gibbs 演算法的實現。圖 7.13 和圖 7.14 為 Gibbs 演算法對二維正態分佈的隨機向量(x,y)的取樣結果。此正態分佈的平均值向量為

$$\boldsymbol{\mu}=(\mu_1,\mu_2)=(5,-1)$$

協方差矩陣為

$$\boldsymbol{\Sigma}=\begin{pmatrix}\sigma_1^2 & \rho\sigma_1\sigma_2\\ \rho\sigma_1\sigma_2 & \sigma_2^2\end{pmatrix}=\begin{pmatrix}1 & 1\\ 1 & 4\end{pmatrix}$$

其中$\sigma_1=1,\sigma_2=2,\rho=0.5$。根據 5.5.5 節所說明的二維正態分佈的性質，兩個條件分佈分別為

$$p(x|y)=N(\mu_1+\rho\frac{\sigma_1}{\sigma_2}(y-\mu_2),(1-\rho^2)\sigma_1^2)=N(5+0.25(y+1),0.75)$$

$$p(y|x)=N(\mu_2+\rho\frac{\sigma_2}{\sigma_1}(x-\mu_1),(1-\rho^2)\sigma_2^2)=N(-1+(x-5),3)$$

演算法根據這兩個一維正態分佈進行取樣。首先設定(x_1,y_1)的值，然後根據$p(x|y_1)$取樣出x_2，接下來根據$p(y|x_2)$取樣出y_2；然後根據$p(x|y_2)$取樣出x_3，依此類推，(x_i,y_i)即為取樣出的二維樣本。

實現時擷取了 5000 個樣本，離散化時將區間等距為 50 份，統計每個區間內的樣本數。樣本各個分量的直方圖如圖 7.13 所示。

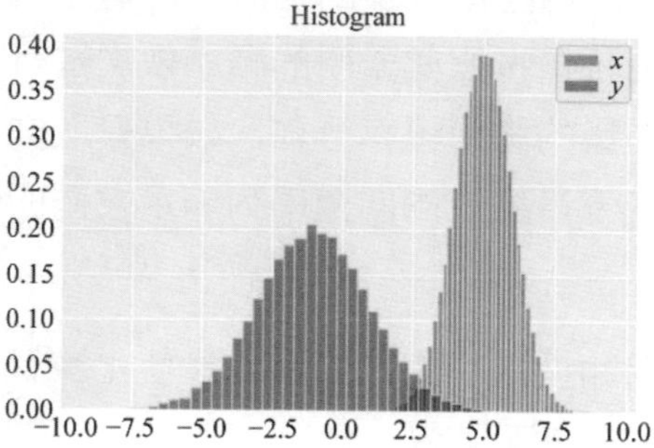

圖 7.13 Gibbs 演算法對二維正態分佈的取樣結果

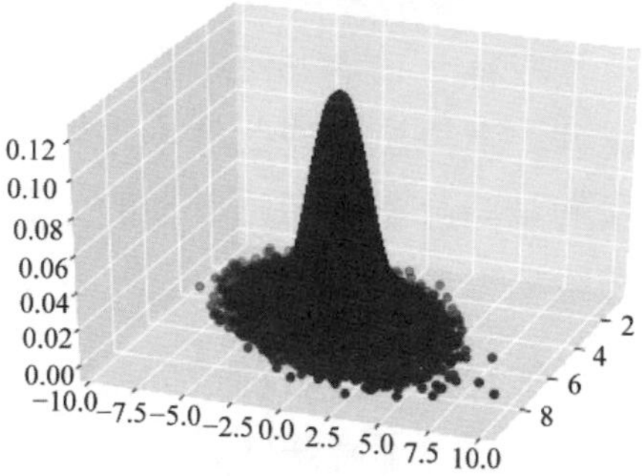

圖 7.14 二維正態分佈的 Gibbs 取樣結果

多維 Gibbs 取樣演算法的流程如演算法 7.4 所示。

演算法 7.4 多維 Gibbs 取樣演算法

目標分佈$p(x_1, x_2, \cdots, x_n)$，狀態傳輸次數設定值n_1，樣本數 n_2

隨機初始化狀態 $(x_1^{(0)}, x_2^{(0)}, \cdots, x_n^{(0)})$

for $t = 0$ to $n_1 + n_2 - 1$ **do**

從條件機率分佈$p(x_1|x_2^{(t)}, x_3^{(t)}, \cdots, x_n^{(t)})$ 取樣出 $x_1^{(t+1)}$

從條件機率分佈$p(x_2|x_1^{(t+1)}, x_3^{(t)}, \cdots, x_n^{(t)})$取樣出 $x_2^{(t+1)}$

…

從條件機率分佈$p(x_j|x_1^{(t+1)}, \cdots, x_{j-1}^{(t+1)}, x_{j+1}^{(t)}, \cdots, x_n^{(t)})$取樣出 $x_j^{(t+1)}$

…

從條件機率分佈$p(x_n|x_1^{(t+1)}, x_2^{(t+1)}, \cdots, x_{n-1}^{(t+1)})$ 取樣出 $x_n^{(t+1)}$

end for

Output: $\{(x_1^{(n_1+1)}, \cdots, x_n^{(n_1+1)}), (x_1^{(n_1+2)}, \cdots, x_n^{(n_1+2)}), \cdots, (x_1^{(n_1+n_2)}, \cdots, x_n^{(n_1+n_2)})\}$

由於 Gibbs 取樣在高維問題中具有計算效率的優勢，大部分的情況下 MCMC 取樣使用 Gibbs 演算法。Gibbs 取樣要求隨機向量至少是二維的，一維機率分佈的取樣無法使用此演算法，而 Metropolis-Hastings 取樣沒有這個問題。

7.3 高斯過程

高斯過程以多維正態分佈為基礎，它假設隨機變數序列的任意子序列均服從多維正態分佈。高斯過程回歸以此機率分佈列出了任意點處函數值為基礎的後驗機率分佈。這種隨機過程在貝氏最佳化中有成功的應用。

7.3.1 高斯過程性質

在第 5 章介紹了多維高斯分佈，它具有諸多優良的性質。高斯過程（Gaussian Process，GP）用於對一組隨著時間增長的隨機向量進行建模，在任意時刻，隨機向量的所有子向量均服從高斯分佈。假設有連續型隨機變數序列$x_1,\cdots,x_T$，如果該序列中任意數量的隨機變數組成的向量

$$\boldsymbol{x}_{t_1,\cdots,t_k} = (x_{t_1} \quad \cdots \quad x_{t_k})^{\mathrm{T}}$$

均服從多維正態分佈，則稱此隨機變數序列為高斯過程。特別地，假設目前有k個隨機變數$x_1,\cdots,x_k$，它們服從k維正態分佈$N(\boldsymbol{\mu}_k,\boldsymbol{\Sigma}_k)$。其中平均值向量$\boldsymbol{\mu}_k \in \mathbb{R}^k$，協方差矩陣$\boldsymbol{\Sigma}_k \in \mathbb{R}^{k\times k}$。加入一個新的隨機變數$x_{k+1}$之後，隨機向量$x_1,\cdots,x_k,x_{k+1}$服從$k+1$維正態分佈$N(\boldsymbol{\mu}_{k+1},\boldsymbol{\Sigma}_{k+1})$。其中平均值向量$\boldsymbol{\mu}_{k+1} \in \mathbb{R}^{k+1}$，協方差矩陣$\boldsymbol{\Sigma}_{k+1} \in \mathbb{R}^{(k+1)\times(k+1)}$。由於正態分佈機率密度函數的積分能獲得解析解，因此可以方便地獲得邊緣機率與條件機率。平均值向量與協方差矩陣的計算將在稍後說明。

7.3.2 高斯過程回歸

在機器學習中，演算法大部分的情況下是根據輸入值$\boldsymbol{x}$預測出一個最佳輸出值y，用於分類或回歸工作。這類演算法將y看作普通的變數。某些情況下，我們需要的不是預測出一個函數值，而是列出這個函數值的後驗機率分佈$p(y|\boldsymbol{x})$。此時將函數值看作隨機變數。對於實際應用問題，一般是指定一組樣本點$\mathbf{x}_i, i=1,\cdots,l$，根據它們擬合出一個假設函數，指定輸入值$\mathbf{x}$，預測其標籤值$y$或其後驗機率$p(y|\mathbf{x})$。高斯過程回歸對應的是第二種方法。

高斯過程回歸（Gaussian Process Regression，GPR）對運算式未知的函數（黑盒函數）的一組函數值進行貝氏建模，以列出函數值的機率分佈。假設有黑盒函數$f(\boldsymbol{x})$實現以下對映

$$\mathbb{R}^n \to \mathbb{R}$$

高斯過程回歸可以根據某些點$\boldsymbol{x}_i, i = 1, \cdots, t$以及在這些點處的函數值$f(\boldsymbol{x}_i)$獲得一個模型，擬合此黑盒函數。對於任意指定的輸入值$\boldsymbol{x}$可以預測出$f(\boldsymbol{x})$，並列出預測結果的可靠度。事實上，模型列出的是$f(\boldsymbol{x})$的機率分佈。

表 7.4 列出了一個樣本集，由許多個點以及這些點處的函數值組成。現在要解決的問題是指定一個x值，如$x = 2$，如何根據這些樣本點計算出$f(x)$的機率分佈？

表 7.4 函數值的一組樣本

x	$f(\boldsymbol{x})$
0.1	0.5
3.3	1.7
4.7	2.2
9.2	0.3
11.5	2.5
14.3	3.3

高斯過程回歸假設黑盒函數在各個點處的函數值$f(\boldsymbol{x})$都是隨機變數，它們組成的隨機向量服從多維正態分佈。對於函數$f(\boldsymbol{x})$，$\boldsymbol{x}$有許多個取樣點$\boldsymbol{x}_1, \cdots, \boldsymbol{x}_t$，在這些點處的函數值組成向量

$$f(\boldsymbol{x}_{1:t}) = (f(\boldsymbol{x}_1) \ \cdots \ f(\boldsymbol{x}_t))^{\mathrm{T}}$$

$\boldsymbol{x}_{1:t}$是$\boldsymbol{x}_1, \cdots, \boldsymbol{x}_t$的簡寫，後面沿用此寫法。高斯過程回歸假設此向量服從t維正態分佈

$$f(\boldsymbol{x}_{1:t}) \sim N(\mu(\boldsymbol{x}_{1:t}), \Sigma(\boldsymbol{x}_{1:t}, \boldsymbol{x}_{1:t})) \tag{7.24}$$

$\mu(\boldsymbol{x}_{1:t})$是高斯分佈的平均值向量

$$\mu(\boldsymbol{x}_{1:t}) = (\mu(\boldsymbol{x}_1) \ \cdots \ \mu(\boldsymbol{x}_t))^{\mathrm{T}}$$

$\Sigma(\boldsymbol{x}_{1:t}, \boldsymbol{x}_{1:t})$是協方差矩陣

$$\begin{pmatrix} cov(\boldsymbol{x}_1, \boldsymbol{x}_1) & \cdots & cov(\boldsymbol{x}_1, \boldsymbol{x}_t) \\ \vdots & & \vdots \\ cov(\boldsymbol{x}_t, \boldsymbol{x}_1) & \cdots & cov(\boldsymbol{x}_t, \boldsymbol{x}_t) \end{pmatrix} = \begin{pmatrix} k(\boldsymbol{x}_1, \boldsymbol{x}_1) & \cdots & k(\boldsymbol{x}_1, \boldsymbol{x}_t) \\ \vdots & & \vdots \\ k(\boldsymbol{x}_t, \boldsymbol{x}_1) & \cdots & k(\boldsymbol{x}_t, \boldsymbol{x}_t) \end{pmatrix}$$

問題的核心是如何根據樣本值計算出正態分佈的平均值向量和協方差矩陣。平均值向量透過使用平均值函數$\mu(\boldsymbol{x})$根據每個取樣點$\boldsymbol{x}$計算而獲得。協方差透過核心函數$k(\boldsymbol{x}, \boldsymbol{x}')$根據樣本點對$\boldsymbol{x}, \boldsymbol{x}'$計算獲得，也稱為協方差函數。核心函數需要滿足下面的要求。

(1) 距離相近的樣本點$\boldsymbol{x}$和$\boldsymbol{x}'$之間有更大的正協方差值，因為相近的兩個點的函數值也相似，有更強的相關性。

(2) 保證協方差矩陣是對稱半正定矩陣。根據任意一組樣本點計算出的協方差矩陣都必須是對稱半正定矩陣。

下面介紹幾種典型的核心函數，通常使用的是高斯核心與 Matern 核心。高斯核心定義為

$$k(\boldsymbol{x}_1, \boldsymbol{x}_2) = \alpha_0 \exp\left(-\frac{1}{2\sigma^2} \| \boldsymbol{x}_1 - \boldsymbol{x}_2 \|^2\right)$$

α_0, σ為核心函數的參數。該核心函數滿足上面的要求。高斯核心在支援向量機等機器學習演算法中也有應用。

Matern 核心定義為

$$k(\boldsymbol{x}_1, \boldsymbol{x}_2) = \frac{2^{1-\nu}}{\Gamma(\nu)} (\sqrt{2\nu} \| \boldsymbol{x}_1 - \boldsymbol{x}_2 \|)^{\nu} \mathrm{K}_{\nu}(\sqrt{2\nu} \| \boldsymbol{x}_1 - \boldsymbol{x}_2 \|)$$

其中Γ是伽馬函數，K_ν是貝塞爾函數（Bessel function），ν是人工設定的正參數。計算任意兩個樣本點之間的核心函數值，獲得核心函數矩陣$\boldsymbol{K}$作為協方差矩陣的估計值。

$$\boldsymbol{K}=\begin{pmatrix}k(\boldsymbol{x}_1,\boldsymbol{x}_1) & \cdots & k(\boldsymbol{x}_1,\boldsymbol{x}_t)\\ \vdots & & \vdots\\ k(\boldsymbol{x}_t,\boldsymbol{x}_1) & \cdots & k(\boldsymbol{x}_t,\boldsymbol{x}_t)\end{pmatrix} \tag{7.25}$$

接下來介紹平均值函數的實現。可以使用下面的常數函數

$$\mu(\boldsymbol{x})=c$$

最簡單地可以將平均值統一設定為 0

$$\mu(\boldsymbol{x})=0$$

即使將平均值統一設定為常數，因為有協方差的作用，依然能夠對資料進行有效建模。如果知道目標函數$f(\boldsymbol{x})$的結構，也可以使用更複雜的函數。

由於高斯過程回歸由平均值函數和協方差函數確定，因此可以寫為

$$f(\boldsymbol{x})\sim gp(\mu(\boldsymbol{x}),k(\boldsymbol{x},\boldsymbol{x}'))$$

在計算出平均值向量與協方差矩陣之後，可以根據此多維正態分佈來預測$f(\boldsymbol{x})$在任意點處函數值的機率分佈。下面介紹預測演算法的原理。

假設已經獲得了一組樣本值$\boldsymbol{x}_{1:t}$以及其對應的函數值$f(\boldsymbol{x}_{1:t})$，接下來要預測新的點$\boldsymbol{x}$處函數值$f(\boldsymbol{x})$的數學期望$\mu(\boldsymbol{x})$和方差$\sigma^2(\boldsymbol{x})$。如果令

$$\boldsymbol{x}_{t+1}=\boldsymbol{x}$$

加入該點之後$f(\boldsymbol{x}_{1:t+1})$服從$t+1$維常態正態分佈。將平均值向量和協方差矩陣進行分段，可以寫成

$$\begin{pmatrix}f(\boldsymbol{x}_{1:t})\\ f(\boldsymbol{x}_{t+1})\end{pmatrix}\sim N\left(\begin{pmatrix}\mu(\boldsymbol{x}_{1:t})\\ \mu(\boldsymbol{x}_{t+1})\end{pmatrix},\begin{pmatrix}\boldsymbol{K} & \boldsymbol{k}\\ \boldsymbol{k}^{\mathrm{T}} & k(\boldsymbol{x}_{t+1},\boldsymbol{x}_{t+1})\end{pmatrix}\right) \tag{7.26}$$

在這裡$f(\boldsymbol{x}_{1:t})$服從t維正態分佈，其平均值向量為$\mu(\boldsymbol{x}_{1:t})$，協方差矩陣為$\boldsymbol{K}$，它們可以利用樣本集$\boldsymbol{x}_i, i=1,\cdots,t$根據平均值函數和協方差函數算出。$t$維列向量$\boldsymbol{k}$根據$\boldsymbol{x}_{t+1}$與$\boldsymbol{x}_1,\cdots,\boldsymbol{x}_t$使用核心函數計算

$$\boldsymbol{k}=(k(\boldsymbol{x}_{t+1},\boldsymbol{x}_1)\ \ k(\boldsymbol{x}_{t+1},\boldsymbol{x}_2)\ \ \cdots\ \ k(\boldsymbol{x}_{t+1},\boldsymbol{x}_t))^{\mathrm{T}}$$

$\mu(\boldsymbol{x}_{t+1})$和$k(\boldsymbol{x}_{t+1}, \boldsymbol{x}_{t+1})$同樣可以算出。在這裡並沒有使用到$f(\boldsymbol{x}_{1:t})$的值，它們在計算新樣本點函數值的條件機率時才會被使用。

多維正態分佈的條件分佈仍為正態分佈。可以計算出在已知$f(\boldsymbol{x}_{1:t})$的情況下$f(\boldsymbol{x}_{t+1})$所服從的條件分佈，根據多維正態分佈的性質，它服從一維正態分佈

$$p(f(\boldsymbol{x}_{t+1})|f(\boldsymbol{x}_{1:t})) \sim N(\mu, \sigma^2) \tag{7.27}$$

對於式 (7.26) 的平均值向量和協方差矩陣分段方案，根據式 (5.36) 可以計算出此條件分佈的平均值和方差。計算公式為

$$\begin{aligned} \mu &= \boldsymbol{k}^{\mathrm{T}}\boldsymbol{K}^{-1}(f(\boldsymbol{x}_{1:t}) - \mu(\boldsymbol{x}_{1:t})) + \mu(\boldsymbol{x}_{t+1}) \\ \sigma^2 &= k(\boldsymbol{x}_{t+1}, \boldsymbol{x}_{t+1}) - \boldsymbol{k}^{\mathrm{T}}\boldsymbol{K}^{-1}\boldsymbol{k} \end{aligned} \tag{7.28}$$

計算平均值時利用了已有取樣點處的函數值$f(\boldsymbol{x}_{1:t})$。式 (7.28) 等號右側的所有平均值和協方差都已經被算出。μ的值是$\mu(\boldsymbol{x}_{t+1})$與根據已有的取樣點數據所計算出的值$\boldsymbol{k}^{\mathrm{T}}\boldsymbol{K}^{-1}(f(\boldsymbol{x}_{1:t}) - \mu(\boldsymbol{x}_{1:t}))$之和，與$f(\boldsymbol{x}_{1:t})$有關。而方差$\sigma^2$只與核心函數所計算出的協方差值有關，與$f(\boldsymbol{x}_{1:t})$無關。

下面用一個實例說明高斯過程回歸的原理，如圖 7.15 所示。這裡要預測的黑盒函數為

$$f(x) = x\sin(x)$$

其影像是圖 7.15 中的虛線。在這裡，我們並不知道該函數的運算式，只有它在 6 個取樣點處的函數值，為圖 7.15 中的小數點。高斯過程回歸根據這 6 個點處的函數值預測出了在[0,10]區間內任意點處的函數值$f(x)$的機率分佈，即式(7.27)的條件機率。圖 7.15 中的實線是高斯過程預測出的這些點處$f(x)$的平均值μ。著色帶狀區域是預測出的這些點處的 95%信賴區間，根據該點處的平均值μ和方差σ^2計算獲得。平均值和方差根據式(7.28)計算。

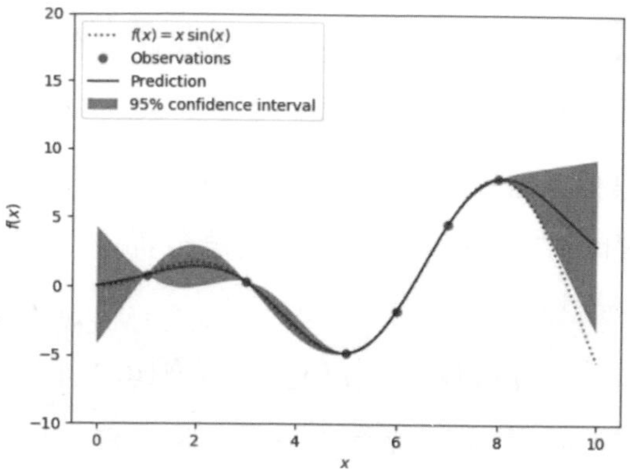

圖 7.15 一個函數的高斯過程回歸預測結果

7.3.3 應用——貝氏最佳化

黑盒最佳化問題是目標函數運算式未知的最佳化問題，只能根據指定的最佳化變數值透過實驗或觀測獲得這些點處對應的目標函數值。在某些情況下，取得每個點處的目標函數值成本很高。由於沒有目標函數的運算式 $f(\boldsymbol{x})$，因此無法使用梯度下降法等利用導數資訊的最佳化演算法。如果取得目標函數值的成本很高，那麼還要求最佳化演算法做盡可能少的搜尋嘗試。

解決黑盒最佳化問題通常有三類方法：網格搜尋、隨機搜尋和貝氏最佳化。網格搜尋將最佳化變數的可行域劃分成網格，在網格中選取一些 $\boldsymbol{x}_i, i = 1,\cdots,n$，然後計算這些點處的目標函數值 $f(\boldsymbol{x}_i)$，最後傳回它們的極大值作為問題的解（對於極大值問題）

$$\boldsymbol{x}^* = \underset{\boldsymbol{x}_i}{\operatorname{argmax}} f(\boldsymbol{x}_i)$$

隨機搜尋的想法類似，演算法在可行域內隨機地選擇一些點，然後比較這些點處的函數值，獲得極值。這兩類演算法沒有考慮各個取樣點之間的關係以及已經探索的點的資訊，因此比較低效。

貝氏最佳化（Bayesian Optimization Algorithm，BOA）（見參考文獻[2]～[5]）的想法是首先生成一個初始候選解集合，然後根據這些點尋找下一個最有可能是極值的點，將該點加入集合中，重複這一步驟，直到迭代終止。最後從這些點中找出函數極值點作為問題的解。由於求解過程中利用之前已搜尋點的資訊，因此比網格搜尋和隨機搜尋更為有效。

這裡的關鍵問題是如何根據已經搜尋的點確定下一個搜尋點，透過高斯過程回歸和擷取函數實現。高斯過程回歸根據已經搜尋的點估計其他點處目標函數值的平均值和方差，如圖 7.16 所示。圖 7.16 中實線為真實的目標函數曲線，虛線為演算法估計出的在每一點處的目標函數值。圖中有 9 個已經搜尋的點，用小數點表示。帶狀區域為在每一點處函數值的信賴區間。函數值在以平均值，即虛線為中心，與標準差成正比的區間內波動。圖 7.16 的下圖為擷取函數曲線，該函數衡量了每個點值得探索的程度（或說該點是極值點的可能性大小）。下一個取樣點為擷取函數的極大值點，以五角星表示。

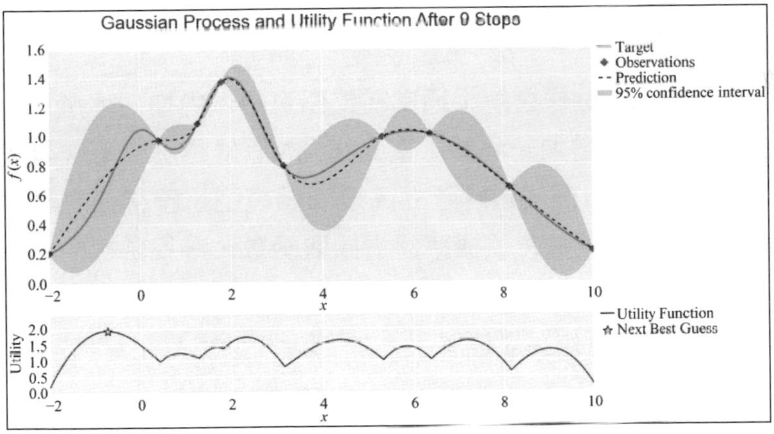

圖 7.16 貝氏最佳化的原理

在已搜尋點處，虛線經過這些點，且方差最小；在遠離搜尋點處，方差更大。這也符合我們的直觀認識，遠離取樣點處的函數值可能要更不可靠。根據平均值和方差建構出擷取函數（acquisition function），是對每一點是函數極值點的可能性的估計，反映了該點值得搜尋的程度。該函數的極值點即為下一個搜尋點。貝氏最佳化演算法的流程如演算法 7.5 所示。

演算法 7.5 貝氏最佳化

選擇n_0個取樣點，計算$f(\boldsymbol{x})$在這些點處的值

$n = n_0$

while $n < N$ **do**

  根據目前取樣資料$D = \{(\boldsymbol{x}_i, f(\boldsymbol{x}_i)), i = 1, \cdots, n\}$ 更新$p(f(\boldsymbol{x})|D)$ 的平均值和方差

  根據$p(f(\boldsymbol{x})|D)$的平均值和方差計算擷取函數$u(\boldsymbol{x})$

  根據擷取函數的極大值確定下一個取樣點$\boldsymbol{x}_{n+1} = \text{argmax}_x u(\boldsymbol{x})$

  計算在下一個取樣點處的函數值: $f(\boldsymbol{x}_{n+1})$

  $n = n + 1$

end while

return: $\text{argmax}(f(\boldsymbol{x}_1), \cdots, f(\boldsymbol{x}_N))$ 以及對應的函數值

其核心由兩部分組成。

（1）高斯過程回歸，計算每一點處函數值的平均值和方差。

（2）根據平均值和方差建構擷取函數，用於決定本次迭代時在哪個點處進行取樣。

演算法首先初始化n_0個候選解，通常在整個可行域內均勻地選取一些點。然後開始迴圈，每次增加一個點，直到找到N個候選解。每次尋找下一個點時，用已經找到的n個候選解建立高斯回歸模型，獲得任意點處的函數值的後驗機率。然後根據後驗機率建構擷取函數，尋找函數的極大值點作為下一個搜尋點。接下來計算在下一個搜尋點處的函數值。演算法最後傳回N個候選解的極大值作為最佳解。

用已有取樣點預測任意點處函數值的後驗機率分佈的方法在 7.3.2 節已經介紹，這裡重點介紹擷取函數的建構。擷取函數用於確定在何處擷取下一個樣本點，它需要滿足下面的條件。

（1）在已有的取樣點處擷取函數的值更小，因為這些點已經被探索過，再在這些點處計算函數值對解決問題沒有什麼用。

（2）在信賴區間更寬的點處擷取函數的值更大，因為這些點具有更大的不確定性，更值得探索。

（3）在函數平均值更大的點處擷取函數的值更大，因為平均值是對該點處函數值的估計值，這些點更可能在極值點附近。

$f(\boldsymbol{x})$是一個隨機變數，直接用它的數學期望$\mu(\boldsymbol{x})$作為擷取函數並不是好的選擇，因為沒有考慮方差的影響。常用的擷取函數有期望改進（expected improvement）、知識梯度（knowledge gradient）等，下面以期望改進為例說明。假設已經搜尋了n個點，這些點中的函數極大值記為

$$f_n^* = \max(f(\boldsymbol{x}_1), \cdots, f(\boldsymbol{x}_n))$$

現在考慮下一個搜尋點$\boldsymbol{x}$，我們將計算該點處的函數值$f(\boldsymbol{x})$。如果$f(\boldsymbol{x}) \geqslant f_n^*$，則這$n+1$個點處的函數極大值為$f(\boldsymbol{x})$，否則為$f_n^*$。對於第一種情況，加入這個新的點之後，函數值的改進為正值$f(\boldsymbol{x}) - f_n^*$，對於第二種情況，則為 0。借助於下面的截斷函數

$$a^+ = \max(a, 0)$$

我們可以將加入新的點之後的改進值寫成

$$[f(\boldsymbol{x}) - f_n^*]^+$$

現在的目標是找到使得上面的改進值最大的$\boldsymbol{x}$，但該點處的函數值$f(\boldsymbol{x})$在我們找到這個點$\boldsymbol{x}$並進行函數值計算之前又是未知的。由於我們知道$f(\boldsymbol{x})$的機率分佈，因此可以計算所有$\boldsymbol{x}$處的改進值的數學期望，並選擇數學期望最大的$\boldsymbol{x}$作為下一個探索點。定義下面的期望改進函數

$$EI_n(\boldsymbol{x}) = E_n[[f(\boldsymbol{x}) - f_n^*]^+] \tag{7.29}$$

其中$E_n[\cdot] = E[\cdot\,|\boldsymbol{x}_{1:n}, y_{1:n}]$表示根據前面$n$個取樣點$\boldsymbol{x}_1, \cdots, \boldsymbol{x}_n$以及這些點處的函數值$y_1, \cdots, y_n$計算出的條件期望值。計算式 (7.29) 所採用的機率分佈由式 (7.27) 定義，是$f(\boldsymbol{x})$的條件機率。

由於高斯過程回歸假設$f(\boldsymbol{x})$服從正態分佈，可以獲得式 (7.29) 函數的解析運算式。假設在$\boldsymbol{x}$點處的平均值為$\mu = \mu(\boldsymbol{x})$，方差為$\sigma^2 = \sigma^2(\boldsymbol{x})$。令$z = f(\boldsymbol{x})$，根據數學期望的定義有

$$EI_n(\boldsymbol{x}) = \int_{-\infty}^{+\infty} [z - f_n^*]^+ \frac{1}{\sqrt{2\pi}\sigma} \exp\left(-\frac{(z-\mu)^2}{2\sigma^2} \right) \mathrm{d}z$$
$$= \int_{f_n^*}^{+\infty} (z - f_n^*) \frac{1}{\sqrt{2\pi}\sigma} \exp\left(-\frac{(z-\mu)^2}{2\sigma^2} \right) \mathrm{d}z$$

令$t = \frac{z-\mu}{\sigma}$，則有

$$\int_{f_n^*}^{+\infty} (z - f_n^*) \frac{1}{\sqrt{2\pi}\sigma} \exp\left(-\frac{(z-\mu)^2}{2\sigma^2} \right) \mathrm{d}z$$
$$= \int_{(f_n^*-\mu)/\sigma}^{+\infty} (\mu + \sigma t - f_n^*) \frac{1}{\sqrt{2\pi}} \exp\left(-\frac{t^2}{2} \right) \mathrm{d}t$$
$$= (\mu - f_n^*) \int_{(f_n^*-\mu)/\sigma}^{+\infty} \frac{1}{\sqrt{2\pi}} \exp\left(-\frac{t^2}{2} \right) \mathrm{d}t + \int_{(f_n^*-\mu)/\sigma}^{+\infty} \sigma t \frac{1}{\sqrt{2\pi}} \exp\left(-\frac{t^2}{2} \right) \mathrm{d}t$$
$$= (\mu - f_n^*) \left(\int_{-\infty}^{+\infty} \frac{1}{\sqrt{2\pi}} \exp\left(-\frac{t^2}{2} \right) \mathrm{d}t - \int_{-\infty}^{(f_n^*-\mu)/\sigma} \frac{1}{\sqrt{2\pi}} \exp\left(-\frac{t^2}{2} \right) \mathrm{d}t \right)$$
$$+\sigma \int_{(f_n^*-\mu)/\sigma}^{+\infty} \frac{1}{\sqrt{2\pi}} \exp\left(-\frac{t^2}{2} \right) \mathrm{d}\frac{t^2}{2}$$
$$= (\mu - f_n^*)(1 - \Phi((f_n^* - \mu)/\sigma)) - \sigma \frac{1}{\sqrt{2\pi}} \exp\left(-\frac{t^2}{2} \right) \Bigg|_{(f_n^*-\mu)/\sigma}^{+\infty}$$
$$= (\mu - f_n^*)(1 - \Phi((f_n^* - \mu)/\sigma)) + \sigma\varphi((f_n^* - \mu)/\sigma)$$

其中$\varphi(x)$為標準正態分佈的機率密度函數，$\Phi(x)$是標準正態分佈的分佈函數。如果令$\Delta(\boldsymbol{x}) = \mu(\boldsymbol{x}) - f_n^*$，則有

$$EI_n(\boldsymbol{x}) = \Delta(\boldsymbol{x}) - \Delta(\boldsymbol{x})\Phi\left(-\frac{\Delta(\boldsymbol{x})}{\sigma(\boldsymbol{x})}\right) + \sigma(\boldsymbol{x})\varphi\left(\frac{\Delta(\boldsymbol{x})}{\sigma(\boldsymbol{x})}\right) \tag{7.30}$$

根據式 (7.28)，$\mu(\boldsymbol{x}), \sigma^2(\boldsymbol{x})$是$\boldsymbol{x}$的函數，因此式 (7.30) 也是$\boldsymbol{x}$的函數。期望改進不但考慮了每個點處函數值的平均值與方差，而且考慮了之前的迭代已經找到的最佳函數值。式 (7.30) 將每個點處的期望改進表示為該點的函數，下一步是求期望改進函數的極值以獲得下一個取樣點

$$\boldsymbol{x}_{n+1} = \arg\max EI_n(\boldsymbol{x})$$

這個問題易於求解。由於可以獲得式 (7.30) 函數的一階和二階導數，梯度下降法和 L-BFGS 演算法都可以解決此問題。

貝氏最佳化是求解低維黑盒最佳化問題的有效方法，在解決實際問題中獲得了成功的應用。典型的是自動化機器學習（AutoML）中的自動調參技術，可以較低的成本自動地確定最佳的超參數值，進一步實現機器學習模型的最佳化。

《參考文獻》

[1] Ross S. 隨機過程[M]. 2 版. 龔光魯，譯. 北京：機械工業出版社，2013.

[2] Brochu E, Cora V, Freitas N. A Tutorial on Bayesian Optimization of Expensive Cost Functions, with Application to Active User Modeling and Hierarchical Reinforcement Learning. arXiv: Learning, 2010.

[3] Pelikan M, Goldberg D, Cantupaz E. BOA: the Bayesian optimization algorithm[C]. genetic and evolutionary computation conference, 1999.

[4] Snoek J, Larochelle H, Adams R. Practical Bayesian Optimization of Machine Learning Algorithms[C]. neural information processing systems, 2012.

[5] Frazier P. A Tutorial on Bayesian Optimization. arXiv: Machine Learning, 2018.

[6] 雷明. 機器學習——原理、演算法與應用[M]. 北京：清華大學出版社，2019.

[7] Sutton R, Barto A. 強化學習[M]. 俞凱，譯. 2 版. 北京：電子工業出版社，2019.

Chapter

08 圖論

圖論（Graph Theory）是數學和電腦科學中的重要分支，在機器學習中也有應用，表示某些模型結構。機率圖模型用圖結構為一組隨機變數建模，描述它們之間的機率關係。流形降維演算法與譜集群演算法均使用了譜圖理論。神經網路的計算圖也是圖的典型代表，圖神經網路（Graph Neural Network）身為新的深度學習模型，與圖論同樣有密切的關係。本章介紹機器學習和深度學習中使用的圖論知識，對於圖論的全面學習可以閱讀參考文獻[1]。

8.1 圖的基本概念

本節介紹圖的定義、鄰接矩陣與加權度矩陣，並以深度學習中的計算圖為例對它們在機器學習中的應用介紹。

8.1.1 圖定義及相關術語

圖是一種幾何結構，對它的研究起源於哥尼斯堡七橋問題。在現代科學和工程中，圖獲得了廣泛的使用，很多問題可以抽象成圖結構。圖 G 由頂點（Node）和邊（Edge）組成，通常將頂點的集合記為 V，邊的集合記為

E。邊由它連接的起點和終點表示。圖 8.1 是一個典型的圖。

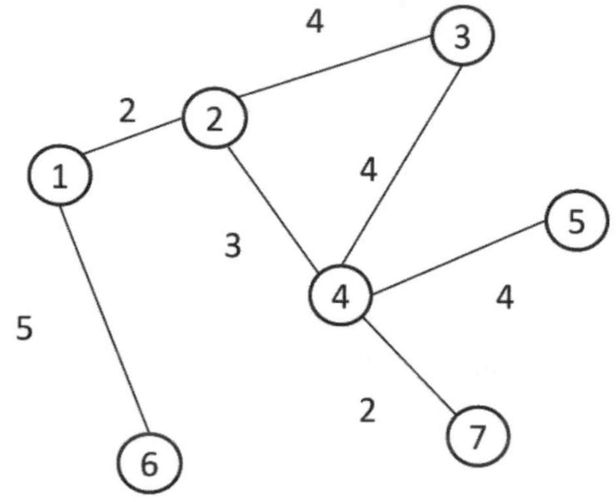

圖 8.1 一個典型的圖

圖 8.1 中的圖有 7 個頂點、7 條邊。頂點的集合為

$$V = \{1,2,3,4,5,6,7\}$$

邊的集合為

$$E = \{(1,2),(1,6),(2,3),(2,4),(3,4),(4,5),(4,7)\}$$

如果兩個頂點之間有邊存在，則稱這兩個頂點是相鄰的。在圖 8.1 中，頂點 1 和 2 是相鄰的，它們之間有一條邊。如果一條邊的起點和終點相同，則稱為自環。

圖在日常生活中隨處可見，如地圖和捷運路線圖。在捷運路線圖中有許多個車站，各車站之間由路線連接。這些車站可以抽象為圖的頂點，路線則為圖的邊。圖 8.2 為台北市捷運路線圖。

圖的邊可能帶有權重，表示兩個頂點之間的某種資訊，例如兩點之間的路線長度。在圖 8.1 中，邊(1,6)的權重為 5。大部分的情況下，邊的權重值表示頂點之間的距離或相似度。對於前者，權重越大說明兩個頂點之間距離越遠；對於後者，權重越大則說明兩個頂點之間的聯繫越緊密。如不作特殊說明，均認為邊的權重是正數。

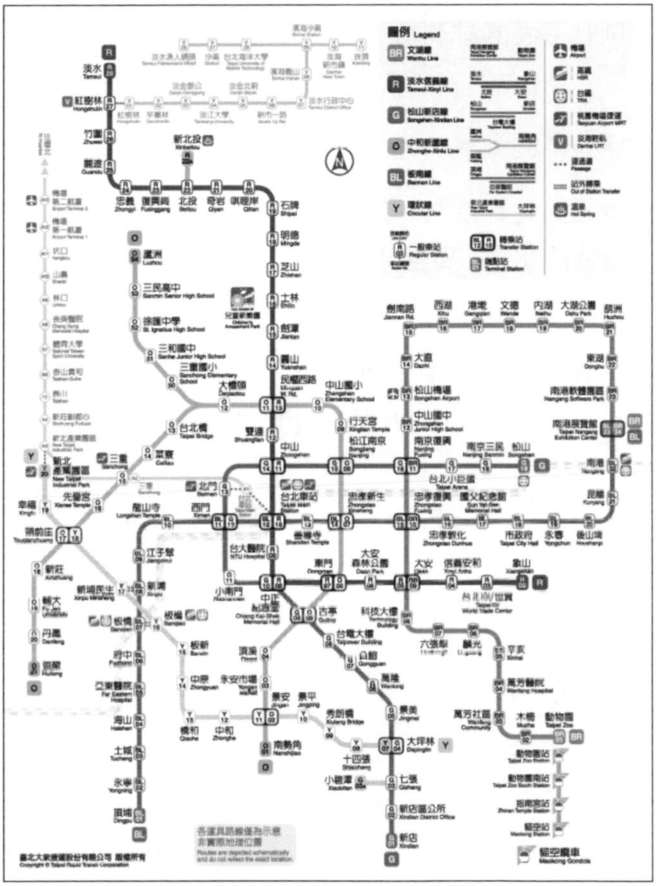

圖 8.2 台北市捷運路線圖

（圖片來源：https://www.metro.taipei/cp.aspx?n=91974F2B13D997F1）

如果圖的邊是無向的，則稱圖為無向圖；如果邊是有向的，則稱圖為有向圖。舉例來說，道路可能是雙向通行的，此時的邊為無向的；也可能是單向通行的，此時邊是有向的。圖 8.1 中的圖為無向圖，圖 8.3 中的圖為有向圖。有向圖的邊帶有箭頭，指向邊的終點。

假設不允許有自環邊。對於n個頂點的無向圖，任意兩個頂點都可能有邊連接，因此邊的數量是下面的組合數

$$C_n^2 = n(n-1)/2$$

對於有向圖，則為下面的排列數

$$P_n^2 = n(n-1)$$

任意兩點都有邊連接的圖稱為完全圖（Completed Graph）。

如果有向圖中從頂點v_i到頂點v_j有邊連接，則稱v_i為v_j的前驅頂點，v_j為v_i的後續頂點。對於圖 8.3，頂點 1 是頂點 2 的前驅，頂點 7 是頂點 4 的後續。

一個圖的頂點子集以及子集中所有頂點對應的邊組成的圖稱為這個圖的子圖（Sub-graph）。對於圖 8.1 中的無向圖，圖 8.4 是它的子圖。

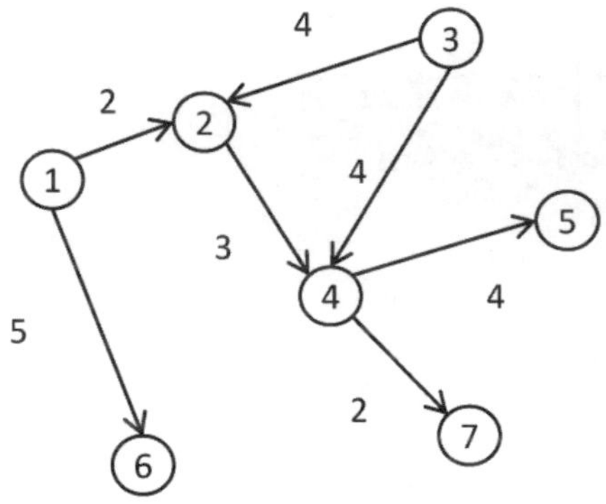

圖 8.3 有向圖

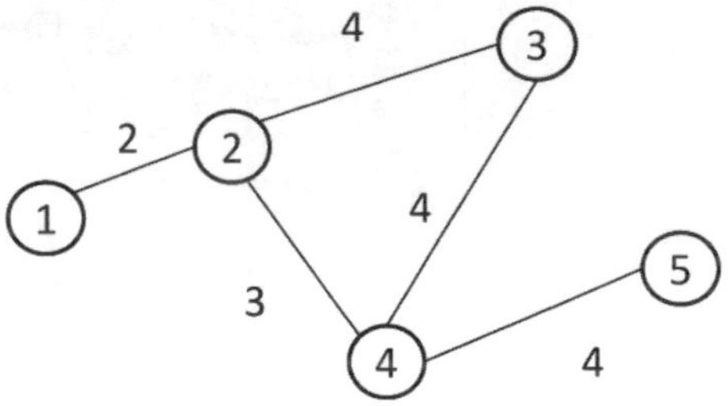

圖 8.4 無向圖的子圖

對於無向圖，頂點的度（Degree）定義為與其有關的邊的數量。對於圖 8.1 中的頂點 2，與其有關的邊有 3 條，分別為

$$(1,2), (2,3), (2,4)$$

因此該頂點的度為 3。頂點i的度記為d_i。對於有向圖，頂點的度分為外分支度和內分支度。外分支度是從頂點射出的邊的數量。對於圖 8.3 中的頂點 1，以它為起點的邊有兩條，分別為

$$(1,2), (1,6)$$

因此它的外分支度為 2。內分支度是射入某一頂點的邊的數量。對於圖 8.3 中的頂點 4，射入該頂點的邊有兩條，分別為

$$(2,4),(3,4)$$

因此其內分支度為 2。

對於無向圖，所有頂點的度之和等於邊的數量的兩倍

$$\sum_{i=1}^{|V|} d_i = 2|E|$$

這是因為每一條邊被兩個頂點擁有，導致它們各自的度加 1。對於有向圖，所有頂點的內分支度之和與外分支度之和相等，均等於邊的數量。可以用圖 8.1 和圖 8.3 驗證此結論。

8.1.2 應用——計算圖與自動微分

深度學習函數庫 TensorFlow 透過計算圖（Computational Graph）描述模型的計算流程。模型在計算過程中的資料是計算圖的頂點，邊描述了對資料的運算以及流向。圖 8.5 是一個簡單的計算圖。對於一個頂點，如果它有前驅頂點，則這些前驅是被運算的物件（可以是純量、向量、矩陣等），該頂點是運算結果。

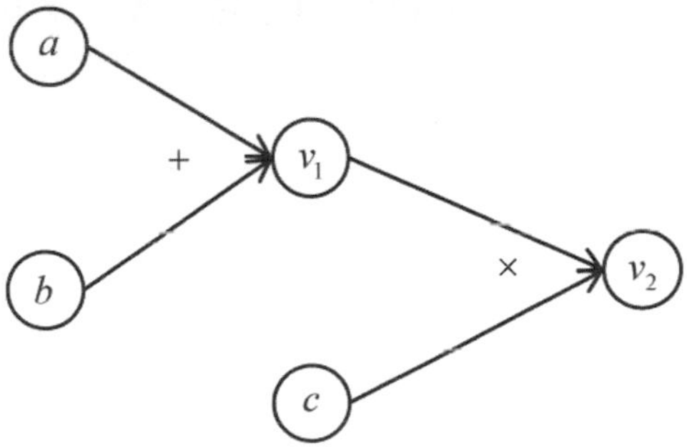

圖 8.5 一個簡單的計算圖

圖 8.5 所表示的運算為

$$(a+b)\times c$$

頂點v_1, v_2是表示中間結果和最後結果的變數。v_1為$a+b$，v_2是最後的計算結果。

下面考慮更複雜的情況。5.2.2 節介紹的 logistic 回歸是一種線性分類模型，它的預測函數為

$$\frac{1}{1+\exp(-\mathbf{w}^{\mathrm{T}}\mathbf{x}+b)}$$

對應的計算圖如圖 8.6 所示。

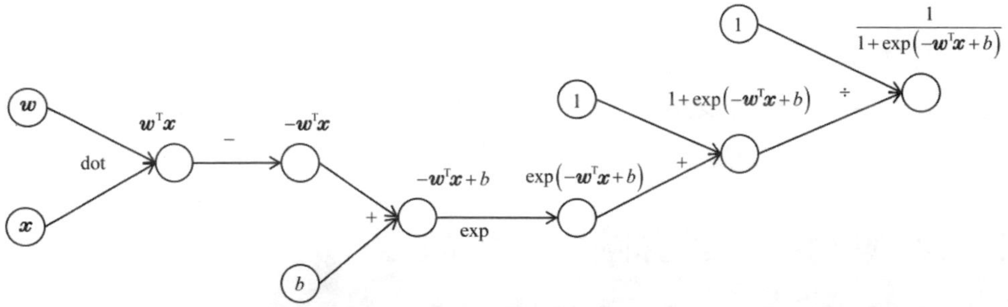

圖 8.6 logistic 回歸的計算圖

圖 8.6 中的 dot 表示向量內積，其他運算均為數學中的標準運算或函數。

機器學習模型在訓練時需要計算目標函數對模型可學習參數的導數，然後用梯度下降法等最佳化演算法更新參數的值。在 3.5.2 節介紹了反向傳播演算法，在 3.6.3 節介紹了自動微分的概念。接下來介紹自動微分的求解過程。

借助於計算圖，可以很方便地實現自動微分演算法。自動微分有正向模式與反向模式兩種實現方案，下面分別介紹。

正向模式從計算圖的起點（沒有前驅頂點的頂點）開始，沿著計算圖邊的方向計算，直到到達計算圖的終點。它根據模型輸入變數的值計算出計算圖的每個頂點的值v_i以及該頂點對求導變數的導數值v_i'，並保留中間結果。每個頂點的值與導數值根據其前驅頂點的值計算。直到獲得整個函數的值和其導數值。這個過程對應複合函數求導時從最內層逐步向外層求導。

需要再次強調的是，自動微分演算法獲得的是函數在某一點處的導數值而

非導數的運算式。對於以下的複合函數

$$h(g_1(f_1(x_1,x_2),f_2(x_1,x_2)),g_2(f_3(x_1,x_2),f_4(x_1,x_2))) \tag{8.1}$$

現在要計算$\frac{\partial h}{\partial x_1}$在某一點處的值。令

$$y_1=f_1(x_1,x_2),y_2=f_2(x_1,x_2),y_3=f_3(x_1,x_2),y_4=f_4(x_1,x_2)$$
$$z_1=g_1(y_1,y_2),z_2=g_2(y_3,y_4)$$
$$t=h(z_1,z_2)$$

從複合函數的最內層開始。首先計算y_1,y_2,y_3,y_4及$\frac{\partial y_1}{\partial x_1},\frac{\partial y_2}{\partial x_1},\frac{\partial y_3}{\partial x_1},\frac{\partial y_4}{\partial x_1}$的值，然後根據這些值計算出$z_1,z_2$以及$\frac{\partial z_1}{\partial x_1},\frac{\partial z_2}{\partial x_1}$的值。根據連鎖律

$$\frac{\partial z_1}{\partial x_1}=\frac{\partial z_1}{\partial y_1}\frac{\partial y_1}{\partial x_1}+\frac{\partial z_1}{\partial y_2}\frac{\partial y_2}{\partial x_1} \qquad \frac{\partial z_2}{\partial x_1}=\frac{\partial z_2}{\partial y_3}\frac{\partial y_3}{\partial x_1}+\frac{\partial z_2}{\partial y_4}\frac{\partial y_4}{\partial x_1}$$

它們可以根據上一步獲得的值算出。例如對於$\frac{\partial z_1}{\partial x_1}$，在上一步已經計算出了$y_1$的值，$g_1$的運算式是已知的，因此可以計算出$\frac{\partial z_1}{\partial y_1}$的值，而$\frac{\partial y_1}{\partial x_1}$的值在上一步已經算出。

最後計算出t以及$\frac{\partial t}{\partial x_1}$的值，根據連鎖律

$$\frac{\partial t}{\partial x_1}=\frac{\partial t}{\partial z_1}\frac{\partial z_1}{\partial x_1}+\frac{\partial t}{\partial z_2}\frac{\partial z_2}{\partial x_1}$$

在上一步已經算出了z_1的值，因此可以計算出$\frac{\partial t}{\partial z_1}$的值，另外$\frac{\partial z_1}{\partial x_1}$的值在上一步也已經算出。

下面舉例說明正向演算法完整的計算過程。對於以下的目標函數，計算它在點$(x_1,x_2)=(2,5)$處對x_1的偏導數

$$y=\ln(x_1)+x_1x_2-\sin(x_2)$$

首先將目標函數轉化為圖 8.7 所示的計算圖。然後從起點v_{-1}和v_0開始，計算出每個頂點的函數值以及它們對x_1的導數值，直到到達終點v_5。在這裡，x_1的值直接被指定給v_{-1}，x_2的值直接被指定給v_0，v_5的值即為y。

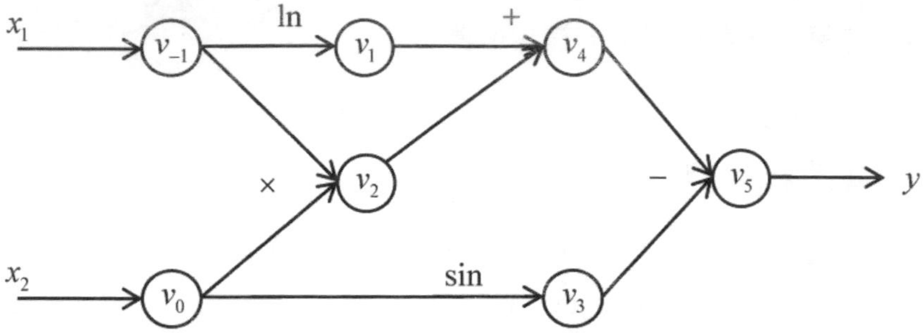

圖 8.7 目標函數的計算圖

正向模式的計算過程如表 8.1 所示，引數也被轉化成了計算圖的頂點，其索引從 0 開始向負數方向進行編號，以與中間結果頂點進行區分。表 1 第一列為每個頂點的函數值以及計算公式，第二列為每個頂點對x_1的偏導數值以及計算公式。按照計算圖中的頂點編號為序，依次根據前面的頂點計算出後續頂點的函數值和導數值。在這裡，v_i'表示v_i對x_1的偏導數。

表 8.1 正向模式的計算過程

正向計算函數值	正向計算導數值
$v_{-1} = x_1 = 2$ $v_0 = x_2 = 5$	$v_{-1}' = x_1' = 1$ $v_0' = x_2' = 0$
$v_1 = \ln v_{-1} = \ln 2$ $v_2 = v_{-1} \times v_0 = 2 \times 5$ $v_3 = \sin v_0 = \sin 5$ $v_4 = v_1 + v_2 = 0.693 + 10$ $v_5 = v_4 - v_3 = 10.693 + 0.959$	$v_1' = v_{-1}'/v_{-1} = 1/2$ $v_2' = v_{-1}' \times v_0 + v_0' \times v_{-1} = 1 \times 5 + 0 \times 2$ $v_3' = v_0' \times \cos v_0 = 0 \times \cos 5$ $v_4' = v_1' + v_2' = 0.5 + 5$ $v_5' = v_4' - v_3' = 5.5 - 0$
$y = v_5 = 11.652$	$y' = v_5' = 5.5$

以頂點v_2 為例，它依賴於頂點v_{-1}與v_0，且

$$v_2 = v_{-1} \times v_0$$

因此，根據這兩個前驅頂點的值可以計算出v_2的值

$$v_2 = 2 \times 5 = 10$$

同時還需要計算其導數值，根據乘法的求導公式，有

$$v_2{}' = v_{-1}{}'v_0 + v_{-1}v_0{}' = 1 \times 5 + 0 \times 2 = 5$$

每一步的求導都利用了更早步的求導結果，因此消除了重複計算，不會出現符號微分的運算式膨脹問題。

正向演算法每次只能計算對一個引數的偏導數，對於一元函數求導是高效的。對於實數到向量的對映，即n個一元函數

$$\mathbb{R} \rightarrow \mathbb{R}^n$$

同樣只執行一次正向演算法即可同時計算出每個函數對輸入變數的導數值。對於向量到實數的對映函數

$$\mathbb{R}^n \rightarrow \mathbb{R}$$

即n元函數，則需要執行n次正向演算法才能求得對每個輸入變數的偏導數。對於神經網路，其目標函數是這種情況，用正向演算法會低效。

反向模式是反向傳播演算法的一般化，其想法是根據計算圖從後向前計算，依次獲得目標函數對每個中間變數頂點的偏導數，直到到達引數頂點處。在每個頂點處，根據該頂點的後續頂點計算其導數值。整個過程對應多元複合函數求導時從最外層逐步向內層求導。每次計算目標函數對中間層複合函數的偏導數，然後將其用於更內層。實現時需要先正向計算出每個頂點的函數值，因為計算導數的時候會使用它們。

對於式(8.1)的函數，如果用反向演算法進行計算，則先計算出y_1, y_2, y_3, y_4的值，然後計算出z_1, z_2的值，最後計算出t的值。接下來反向計算導數。首先計算出$\frac{\partial t}{\partial z_1}, \frac{\partial t}{\partial z_2}$的值，然後根據已有的值計算出$\frac{\partial t}{\partial y_1}, \frac{\partial t}{\partial y_2}, \frac{\partial t}{\partial y_3}, \frac{\partial t}{\partial y_4}$的值，最後計算出$\frac{\partial t}{\partial x_1}$的值。

對於前面的實例，反向模式的計算過程如表 8.2 所示，這裡計算在點$(x_1, x_2) = (2,5)$處對x_1和x_2的偏導數。在這裡，$v_i{}'$均指y對v_i的偏導數，與表 8.1 的含義不同。

表 8.2 反向模式的計算過程

正向計算函數值	反向計算導數值
$v_{-1}=x_1=2$ $v_0=x_2=5$	${v_5}'=y'=1$
$v_1=\ln v_{-1}=\ln 2$ $v_2=v_{-1}\times v_0=2\times 5$ $v_3=\sin v_0=\sin 5$ $v_4=v_1+v_2=0.693+10$ $v_5=v_4-v_3=10.693+0.959$	${v_4}'={v_5}'\frac{\partial v_5}{\partial v_4}={v_5}'\times 1=1$ ${v_3}'={v_5}'\frac{\partial v_5}{\partial v_3}={v_5}'\times(-1)=-1$ ${v_2}'={v_4}'\frac{\partial v_4}{\partial v_2}={v_4}'\times 1=1$ ${v_1}'={v_4}'\frac{\partial v_4}{\partial v_1}={v_4}'\times 1=1$ ${v_0}'={v_3}'\frac{\partial v_3}{\partial v_0}={v_3}'\times\cos v_0=-0.284$ ${v_{-1}}'={v_2}'\frac{\partial v_2}{\partial v_{-1}}={v_2}'\times v_0=5$ ${v_0}'={v_0}'+{v_2}'\frac{\partial v_2}{\partial v_0}={v_0}'+{v_2}'\times v_{-1}=1.716$ ${v_{-1}}'={v_{-1}}'+{v_1}'\frac{\partial v_1}{\partial v_{-1}}={v_{-1}}'+{v_1}'\times\frac{1}{v_{-1}}=5.5$
$y=v_5=11.652$	${x_1}'={v_{-1}}'=5.5$ ${x_2}'={v_0}'=1.716$

表 8.2 的第 1 列為正向計算函數值的過程，與正向演算法相同。第 2 列為反向計算導數值的過程。第 1 步計算y對v_5的導數值，由於$y=v_5$，因此有

$$\frac{\partial y}{\partial v_5}={v_5}'=1$$

第 2 步計算y對v_4的導數值，v_4只有一個後續頂點v_5，且$v_5=v_4-v_3$，根據連鎖律，有

$$\frac{\partial y}{\partial v_4}=\frac{\partial y}{\partial v_5}\frac{\partial v_5}{\partial v_4}={v_5}'\frac{\partial v_5}{\partial v_4}={v_5}'\times 1=1$$

第 3 步計算y對v_3的導數值，v_3也只有一個後續頂點v_5且$v_5=v_4-v_3$，根據連鎖律，有

$$\frac{\partial y}{\partial v_3}=\frac{\partial y}{\partial v_5}\frac{\partial v_5}{\partial v_3}={v_5}'\frac{\partial v_5}{\partial v_3}={v_5}'\times(-1)=-1$$

第 4 步計算y對v_2的導數值，v_2只有一個後續頂點v_4且$v_4 = v_1 + v_2$，根據連鎖律，有

$$\frac{\partial y}{\partial v_2} = \frac{\partial y}{\partial v_4}\frac{\partial v_4}{\partial v_2} = {v_4}'\frac{\partial v_4}{\partial v_2} = {v_4}' \times 1 = 1$$

第 5 步計算y對v_1的導數值，v_1只有一個後續頂點v_4且$v_4 = v_1 + v_2$，根據連鎖律，有

$$\frac{\partial y}{\partial v_1} = \frac{\partial y}{\partial v_4}\frac{\partial v_4}{\partial v_1} = {v_4}'\frac{\partial v_4}{\partial v_1} = {v_4}' \times 1 = 1$$

第 6 步計算y對v_0的導數值，v_0有兩個後續頂點v_2和v_3，且$v_2 = v_{-1} \times v_0, v_3 = \sin v_0$，根據連鎖律，有

$$\frac{\partial y}{\partial v_0} = \frac{\partial y}{\partial v_2}\frac{\partial v_2}{\partial v_0} + \frac{\partial y}{\partial v_3}\frac{\partial v_3}{\partial v_0} = {v_2}' \times v_{-1} + {v_3}' \times \cos v_0 = 1.716$$

第 7 步計算y對v_{-1}的導數值，v_{-1}有兩個後續頂點v_1和v_2，且$v_1 = \ln v_{-1}, v_2 = v_{-1} \times v_0$，根據連鎖律，有

$$\frac{\partial y}{\partial v_{-1}} = \frac{\partial y}{\partial v_1}\frac{\partial v_1}{\partial v_{-1}} + \frac{\partial y}{\partial v_2}\frac{\partial v_2}{\partial v_{-1}} = {v_1}' \times \frac{1}{v_{-1}} + {v_2}' \times v_0 = 5.5$$

最後一步可以獲得$\frac{\partial y}{\partial x_1}$和$\frac{\partial y}{\partial x_2}$。

對於某一個頂點v_i，假設它在計算圖中有k個直接後續頂點$v_{n_1}, \cdots, v_{n_k}$，根據連鎖律，有

$$\frac{\partial f}{\partial v_i} = \sum_{j=1}^{k} \frac{\partial f}{\partial v_{n_j}}\frac{\partial v_{n_j}}{\partial v_i}$$

因此在反向計算時需要尋找它所有的後續頂點，收集這些頂點的導數值，然後計算本頂點的導數值。整個計算過程中不但利用了每個頂點的後續頂點的導數值$\frac{\partial f}{\partial v_{n_j}}$，而且需要利用頂點的函數值$v_i$以計算$\frac{\partial v_{n_j}}{\partial v_i}$，因此需要在正向計算時儲存所有頂點的值，供反向計算使用。

如果要同時計算多個變數的偏導數，可借助雅可比矩陣完成。假設有頂點$x_1,\cdots,x_m$，簡寫為向量$\boldsymbol{x}$。每個頂點都有直接後續頂點$y_1,\cdots,y_n$，簡寫為向量$\boldsymbol{y}$。這對應以下對映函數

$$\boldsymbol{x} \to \boldsymbol{y}$$

反向演算法根據目標函數對$\boldsymbol{y}$的梯度計算出對$\boldsymbol{x}$的梯度。根據 3.4.2 節推導的結果，有

$$\nabla_{\boldsymbol{x}} f = \left(\frac{\partial \boldsymbol{y}}{\partial \boldsymbol{x}}\right)^{\mathrm{T}} \nabla_{\boldsymbol{y}} f$$

其中$\frac{\partial \boldsymbol{y}}{\partial \boldsymbol{x}}$為雅可比矩陣。

無論是正向模式還是反向模式，都需要按照一定的順序依次處理計算圖中的每個頂點，這依賴於圖的檢查演算法和拓撲排序演算法，將在 8.3.1 節和 8.3.3 節介紹。

8.1.3 應用——機率圖模型

機率圖模型是機率論與圖論相結合的產物。它用圖表示隨機變數之間的機率關係，對聯合機率或條件機率建模。在這種圖中，頂點是隨機變數，邊為變數之間的機率關係。如果是有向圖，則稱為機率有向圖模型；如果是無向圖，則稱為機率無向圖模型。機率有向圖模型的典型代表是貝氏網路，機率無向圖模型的典型代表是馬可夫隨機場。

圖 8.8 是一個簡單的機率有向圖模型，也稱為貝氏網路。

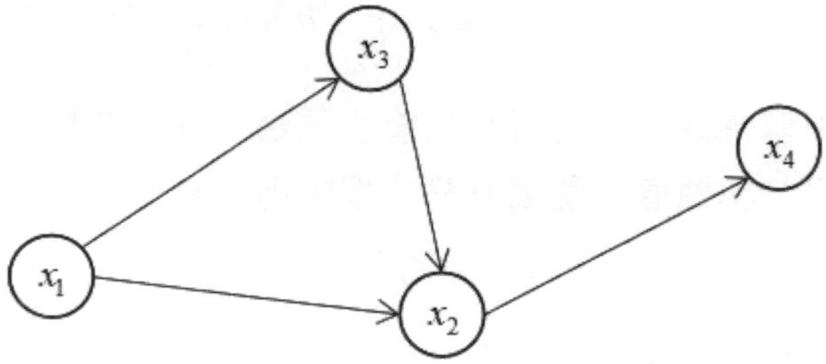

圖 8.8 機率有向圖模型

在圖 8.8 中有 4 個頂點，對應於 4 個隨機變數。邊表示隨機變數之間的條件機率，如果x_i到x_j有一條邊，則表示它們之間存在條件機率關係$p(x_j|x_i)$。以圖 8.8 為例，所有隨機變數的聯合機率為

$$p(x_1,x_2,x_3,x_4)=p(x_1)p(x_2|x_1,x_3)p(x_3|x_1)p(x_4|x_2)$$

如果頂點x_i沒有邊射入，在聯合機率計算公式的乘積項中會出現$p(x_i)$。如果頂點x_i有前驅頂點$v_{i_1},\cdots,v_{i_n}$，則在乘積項中有$p(x_i|x_{i_1},\cdots,x_{i_n})$。根據頂點之間的條件機率關係可以實現因果推理。

8.1.4 鄰接矩陣與加權度矩陣

鄰接矩陣（Adjacent Matrix）是圖的矩陣表示，借助它可以方便地儲存圖的結構，並用線性代數的方法解決圖的問題。

如果圖有n個頂點，則其鄰接矩陣$\boldsymbol{W}$為$n\times n$的矩陣，矩陣元素w_{ij}表示邊(i,j)的權重。如果兩個頂點之間沒有邊連接，則在鄰接矩陣中對應的元素為 0。

對於圖 8.1 所示的無向圖，其鄰接矩陣為

$$\begin{pmatrix} 0 & 2 & 0 & 0 & 0 & 5 & 0 \\ 2 & 0 & 4 & 3 & 0 & 0 & 0 \\ 0 & 4 & 0 & 4 & 0 & 0 & 0 \\ 0 & 3 & 4 & 0 & 4 & 0 & 2 \\ 0 & 0 & 0 & 4 & 0 & 0 & 0 \\ 5 & 0 & 0 & 0 & 0 & 0 & 0 \\ 0 & 0 & 0 & 2 & 0 & 0 & 0 \end{pmatrix}$$

對於圖 8.3 所示的有向圖，其鄰接矩陣為

$$\begin{pmatrix} 0 & 2 & 0 & 0 & 0 & 5 & 0 \\ 0 & 0 & 0 & 3 & 0 & 0 & 0 \\ 0 & 4 & 0 & 4 & 0 & 0 & 0 \\ 0 & 0 & 0 & 0 & 4 & 0 & 2 \\ 0 & 0 & 0 & 0 & 0 & 0 & 0 \\ 0 & 0 & 0 & 0 & 0 & 0 & 0 \\ 0 & 0 & 0 & 0 & 0 & 0 & 0 \end{pmatrix}$$

顯然無向圖的鄰接矩陣為對稱矩陣。借助於鄰接矩陣，可以方便地在電腦中以陣列的形式儲存圖。對於不帶權重的圖，如果兩個頂點之間有一條邊連接，則將鄰接矩陣對應位置處的元素置為 1，否則置為 0。此時的鄰接矩陣表示的是頂點之間的可達性資訊。

在 8.1.1 節定義了頂點的度，加權度是其推廣。對於無向圖，頂點的加權度定義為與其相關的邊的權重之和。如果圖的鄰接矩陣為$\boldsymbol{W}$，則頂點i的加權度為鄰接矩陣第 i 行元素之和

$$d_i = \sum_{j=1}^{n} w_{ij} \tag{8.2}$$

對於圖 8.3 中的頂點 2，其加權度為

$$2 + 4 + 3 = 9$$

加權度矩陣$\boldsymbol{D}$是一個對角矩陣，其主對角線元素為每個頂點的加權度，其他位置的元素為 0。即

$$d_{ii} = d_i = \sum_{j=1}^{n} w_{ij}$$

對於圖 8.1 所示的無向圖，其加權度矩陣為

$$\begin{pmatrix} 7 & 0 & 0 & 0 & 0 & 0 & 0 \\ 0 & 9 & 0 & 0 & 0 & 0 & 0 \\ 0 & 0 & 8 & 0 & 0 & 0 & 0 \\ 0 & 0 & 0 & 13 & 0 & 0 & 0 \\ 0 & 0 & 0 & 0 & 4 & 0 & 0 \\ 0 & 0 & 0 & 0 & 0 & 5 & 0 \\ 0 & 0 & 0 & 0 & 0 & 0 & 2 \end{pmatrix}$$

如果一個圖中存在孤立節點，則加權度矩陣為奇異矩陣，因為加權度矩陣中它對應位置處的主對角線元素為 0。不然加權度矩陣是一個非奇異矩陣。

8.1.5 應用——樣本集的相似度圖

某些機器學習演算法需要為樣本集建構相似度圖，典型的是流形學習降維演算法與譜集群演算法。下面介紹如何根據一個向量集建構出它對應的相似度圖。

有樣本向量集$\boldsymbol{x}_1,\cdots,\boldsymbol{x}_n$，為它們建構的圖反映了樣本之間的距離或相似度。圖的頂點對應於每個樣本點，邊為樣本點之間的相似度。如果樣本點$\boldsymbol{x}_i$和$\boldsymbol{x}_j$的距離很近，則為圖的頂點i和頂點j建立一條邊；否則這兩個樣本點之間沒有邊。判斷兩個樣本點是否接近的方法有兩種。第一種方法是計算二者的歐氏距離，如果距離小於某一值ε，則認為兩個樣本很接近

$$\| \boldsymbol{x}_i - \boldsymbol{x}_j \| < \varepsilon \tag{8.3}$$

其中ε是一個人工設定的設定值。這種方法稱為設定值法。第二種方法是使用近鄰規則，如果頂點i在頂點j最近的k個鄰居頂點的集合中，或頂點j在頂點i最近的k個鄰居頂點的集合中，則認為二者距離很近。k是人工設定的參數。

計算邊的權重也有兩種方法。第一種方法是如果頂點i和頂點j是連通的，則它們之間的邊的權重為

$$w_{ij} = \exp\left(-\frac{\| \boldsymbol{x}_i - \boldsymbol{x}_j \|^2}{t}\right) \tag{8.4}$$

否則$w_{ij} = 0$。其中t是一個人工設定的大於 0 的實數。根據式 (8.4)，兩個樣本點相距越近，邊的權重越大。第二種方法是如果頂點i和頂點j是連通的，則它們之間的邊的權重為 1，否則為 0。

下面舉例說明。對於以下的樣本集

$$\boldsymbol{x}_1 = (1\ \ 0\ \ 1)\boldsymbol{x}_2 = (0\ \ 0\ \ 1)\boldsymbol{x}_3 = (1\ \ 0\ \ 0)\boldsymbol{x}_4 = (5\ \ 2\ \ 1)\boldsymbol{x}_5 = (5\ \ 3\ \ 1)$$

用式 (8.3) 判斷兩個樣本點是否接近，設定值$\varepsilon = 2$；用式 (8.4) 計算邊的權重，參數$t = 1$。下面進行計算。

首先計算所有兩個樣本點之間的歐氏距離

$d_{12} = \sqrt{(1-0)^2 + (0-0)^2 + (1-1)^2} = 1 d_{13} = \sqrt{(1-1)^2 + (0-0)^2 + (1-0)^2} = 1$

$d_{14} = \sqrt{(1-5)^2 + (0-2)^2 + (1-1)^2} = \sqrt{20} d_{15} = \sqrt{(1-5)^2 + (0-3)^2 + (1-1)^2} = 5$

$d_{23} = \sqrt{(0-1)^2 + (0-0)^2 + (1-0)^2} = \sqrt{2} d_{24} = \sqrt{(0-5)^2 + (0-2)^2 + (1-1)^2} = \sqrt{29}$

$d_{25} = \sqrt{(0-5)^2 + (0-3)^2 + (1-1)^2} = \sqrt{34} d_{34} = \sqrt{(1-5)^2 + (0-2)^2 + (0-1)^2} = \sqrt{21}$

$d_{35} = \sqrt{(1-5)^2 + (0-3)^2 + (0-1)^2} = \sqrt{26} d_{45} = \sqrt{(5-5)^2 + (2-3)^2 + (1-1)^2} = 1$

然後將距離設定值化。為距離小於設定值的所有頂點對建立一條邊，存在下面的邊

$$(1,2), (1,3), (2,3), (4,5)$$

接下來用式 (8.4) 計算這些邊的權重

$$w_{12} = \exp\left(-\frac{1}{1}\right) = 0.37 w_{13} = \exp\left(-\frac{1}{1}\right) = 0.37$$

$$w_{23} = \exp\left(-\frac{2}{1}\right) = 0.14 w_{45} = \exp\left(-\frac{1}{1}\right) = 0.37$$

最後形成的相似度圖如圖 8.9 所示。在 8.4.3 節將使用這種圖進行資料降維。

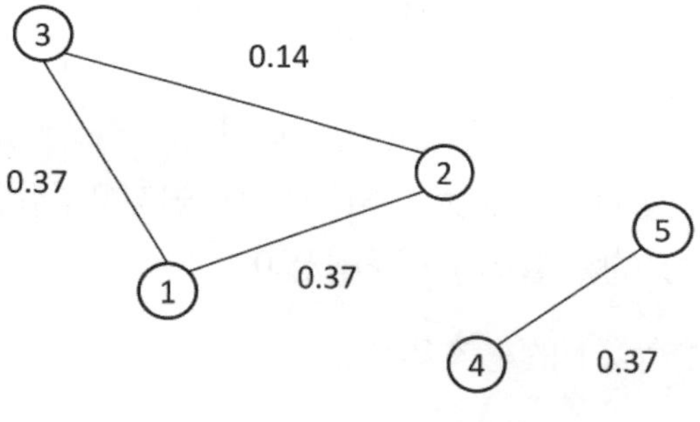

圖 8.9 為樣本集建構的相似度圖

8.2 許多特殊的圖

本節介紹一些特殊的圖，包含連通圖、二部圖，以及有向無環圖。它們在機器學習中被各種演算法所使用。

8.2.1 連通圖

首先定義路徑的概念。圖中依次連接多個相鄰頂點的邊序列

$$(v_1, v_2), (v_2, v_3), \cdots, (v_{k-1}, v_k)$$

稱為路徑，簡記為

$$v_1 v_2 \cdots v_k$$

路徑中允許出現重複的頂點，即經過同一個頂點多次。如果路徑中頂點不重複，則稱為簡單路徑。路徑中邊的數量稱為路徑長度。對於圖 8.1 中的圖，邊序列

$$(1,2), (2,3), (3,4), (4,7)$$

是連接頂點 1 和 7 的一條路徑，路徑長度為 4。兩個頂點之間的路徑可能是不唯一的，例如

$$(1,2), (2,4), (4,7)$$

是頂點 1 和 7 之間的另外一條路徑。

這與日常生活是相符的，從一個地點到另外一個地點可能有不止一條路可以走，一般會選擇走路線最短的那條路。最短路徑演算法將在 8.3.2 節介紹。

對於無向圖，如果兩個頂點之間有至少一條路徑存在，則稱這兩個頂點是連通的。如果圖的任意兩個頂點都是連通的，則稱圖是一個連通圖。非連通圖的相當大連通子圖稱為連通分量(Connected Component)，即這個子圖是連通圖，但加入任何一個頂點之後不再是連通圖。

對於有向圖，如果任意兩個頂點之間都有路徑存在，則稱此圖為強連通圖。有向圖的相當大強連通子圖稱為強連通分量。

按照定義，圖 8.1 中的無向圖是連通圖，任意兩個頂點之間都有路徑連通。圖 8.3 中的有向圖不是強連通圖，從頂點 3 到頂點 1 沒有路徑。圖 8.9 中的無向圖不是連通圖，{1, 2, 3},{4, 5}是它的兩個連通分量的頂點集合。

機器學習中的某些模型要求圖是連通的，例如計算圖必須是連通的，如果存在孤立節點，是沒有意義的。

如果圖的某一條路徑的起點與終點相同，則稱為迴路，也稱為環。圖 8.1 中的路徑

$$2 \rightarrow 3 \rightarrow 4 \rightarrow 2$$

為一條迴路。對某些應用，我們要求圖中不允許出現迴路。舉例來說，對於計算圖，如果出現迴路，則說明程式存在「死」循環或無限遞迴。

8.2.2 二部圖

二部圖（Bipartite Graph）又稱為二分圖。對於圖G，如果其頂點集V可劃分為兩個互不相交的子集A和B，並且圖中每條邊(i,j)所連結的兩個頂點i和j分別屬於這兩個不同的頂點集，即$i \in A, j \in B$，則稱圖G是一個二部圖。頂點子集A和B內部的頂點之間沒有邊存在。

圖 8.10 是一個二部圖，右邊的頂點和左邊的頂點是兩個不相交的子集，子集內部的頂點之間均沒有邊連接，滿足二部圖的定義。

圖 8.11 不是二部圖，無論如何對 3 個頂點進行子集劃分，均不能滿足二部圖的定義。

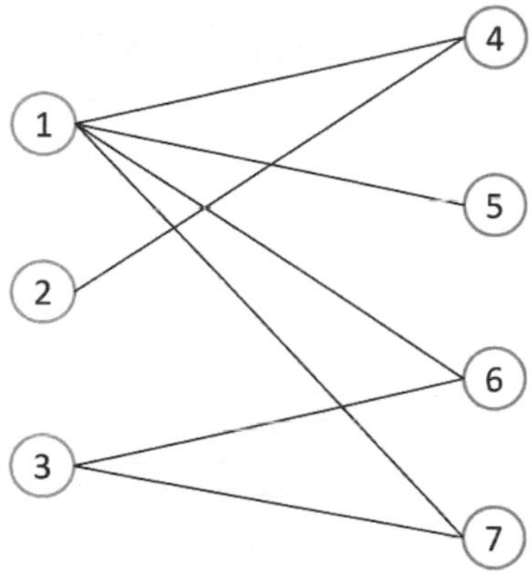

圖 8.10 二部圖

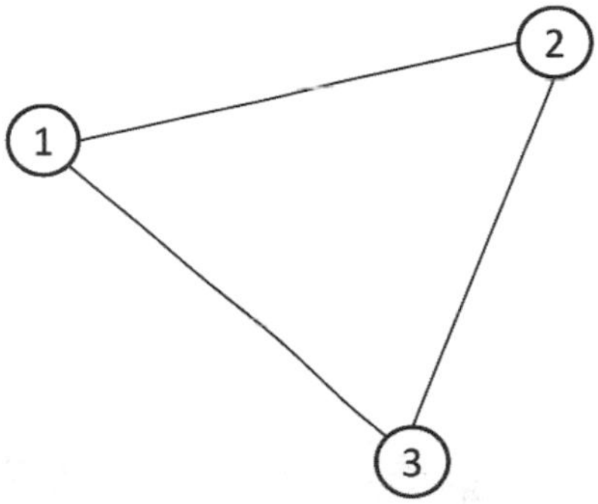

圖 8.11 非二部圖

下面列出二部圖的判斷規則。如果圖G為二部圖，則它至少有兩個頂點，且其所有迴路的長度均為偶數。任何無迴路的圖均為二部圖。

根據這一規則，圖 8.10 中的所有迴路為

$$1 \rightarrow 6 \rightarrow 3 \rightarrow 7 \rightarrow 1$$

路徑長度為偶數，因此是二部圖。圖 8.11 中的所有迴路為

$$1 \rightarrow 2 \rightarrow 3 \rightarrow 1$$

路徑長度為奇數，因此不是二部圖。

神經網路中相鄰兩個層所有神經元組成的圖為有向的二部圖，層內的神經元之間沒有連接關係，層之間的神經元有連接關係，如圖 2.13 所示。受限玻爾茲曼機也是典型的二部圖，將在 8.2.3 節介紹。

8.2.3 應用——受限玻爾茲曼機

受限玻爾茲曼機（Restricted Boltzmann Machine，RBM）是一種特殊的神經網路，其網路結構為二部圖。這是一種隨機神經網路。在這種模型中，神經元的輸出值是以隨機的方式確定的，而不像其他的神經網路那樣是確定的。

受限玻爾茲曼機的變數（神經元）分為可見變數和隱變數兩種類型，並定義了它們服從的機率分佈。可見變數是神經網路的輸入資料，如影像；隱變數可以看作從輸入資料中分析的特徵。在受限玻爾茲曼機中，可見變數和隱變數都是二元變數，其設定值只能為 0 或 1，整個神經網路是一個二部圖。

二部圖的兩個子集分別為隱藏節點集合和可見節點集合，只有可見單元和隱藏單元之間才會存在邊，可見單元之間以及隱藏單元之間都不會有邊連接。圖 8.12 是一個簡單的受限玻爾茲曼機。

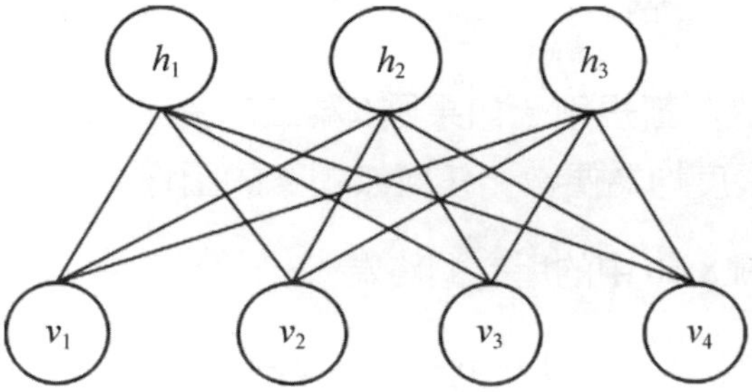

圖 8.12 一個簡單的 RBM

這個受限玻爾茲曼機有 4 個可見節點，它們形成可見變數向量$\mathbf{v}$

$$(v_1\ \ v_2\ \ v_3\ \ v_4)^{\mathrm{T}}$$

實際應用中，可見變數的值通常已知。網路有 3 個隱藏節點，它們形成隱變數向量$\mathbf{h}$

$$(h_1\ \ h_2\ \ h_3)^{\mathrm{T}}$$

任意可見節點和隱藏節點之間都有邊連接，因此一共有 12 條邊。$(\boldsymbol{v},\boldsymbol{h})$服從玻爾茲曼分佈。玻爾茲曼分佈定義為

$$p(x)=\frac{\mathrm{e}^{-\mathrm{energy}(x)}}{Z}$$

其中 energy 為能量函數，Z為歸一化因數。這是一個離散型機率分佈。在 RBM 中，$(\boldsymbol{v},\boldsymbol{h})$的聯合機率定義為

$$p(\boldsymbol{v},\boldsymbol{h})=\frac{1}{Z}\exp(-E(\boldsymbol{v},\boldsymbol{h}))=\frac{1}{Z}\exp(\boldsymbol{v}^{\mathrm{T}}\boldsymbol{W}\boldsymbol{h}+\boldsymbol{b}^{\mathrm{T}}\boldsymbol{v}+\boldsymbol{d}^{\mathrm{T}}\boldsymbol{h})$$

模型的參數包含權重矩陣$\boldsymbol{W}$和偏置向量$\boldsymbol{b}$，以及$\boldsymbol{d}$。能量函數定義為

$$E(\boldsymbol{v},\boldsymbol{h})=-\boldsymbol{v}^{\mathrm{T}}\boldsymbol{W}\boldsymbol{h}-\boldsymbol{b}^{\mathrm{T}}\boldsymbol{v}-\boldsymbol{d}^{\mathrm{T}}\boldsymbol{h}$$

Z是歸一化因數，其定義為

$$Z=\sum_{(\boldsymbol{v},\boldsymbol{h})}\exp(-E(\boldsymbol{v},\boldsymbol{h}))$$

歸一化因數是對可見變數、隱變數所有可能設定值情況時的$\exp(-E(\boldsymbol{v},\boldsymbol{h}))$進行求和的結果。

RBM 是二部圖與機率論相結合的產物。可見變數和隱變數服從玻爾茲曼分佈，而且隱藏節點、可見節點集合內部沒有邊相互連接，此即受限玻爾茲曼機名稱的來歷。

由於變數的設定值只能為 0 或 1，對於上面實例中的受限玻爾茲曼機，可以列出可見變數和隱變數取各種值時的機率，即聯合機率質量函數，如表 8.3 所示。

由於篇幅的限制，表 8.3 只列出了一部分設定值情況，在這裡可見變數和隱變數有 7 個，因此所有的設定值有2^7種情況。

表 8.3 RBM 變數值的機率分佈

v_1	v_2	v_3	v_4	h_1	h_2	h_3	聯合機率
0	0	0	0	0	0	1	0.2
0	0	0	0	0	1	1	0.2
0	0	0	0	1	1	1	0.3
0	0	0	1	1	1	1	0.01
0	0	1	1	1	1	1	0.01
0	1	1	1	1	1	1	0.02

8.2.4 有向無環圖

如果有向圖G沒有迴路存在，則稱為有向無環圖（Directed Acyclic Graph，DAG）。圖 8.13 為一個有向無環圖，圖中沒有任何迴路。

圖 8.14 不是有向無環圖，$1 \to 2 \to 3 \to 1$為一條迴路。

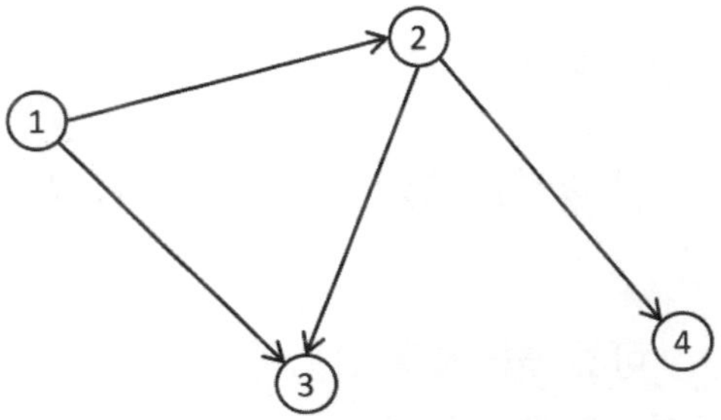

圖 8.13 有向無環圖

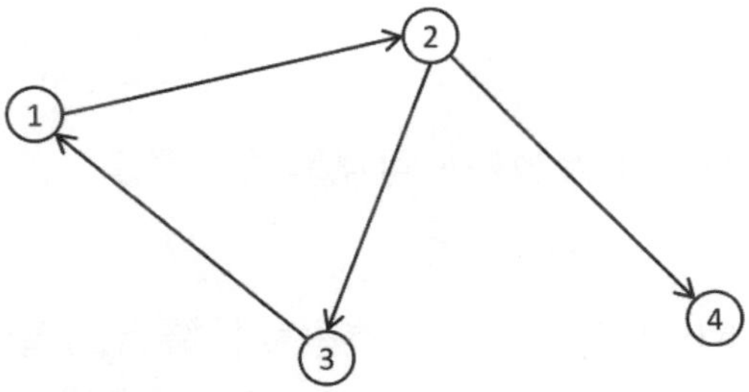

圖 8.14 非有向無環圖

判斷一個圖是否為有向無環圖可以透過拓撲排序演算法實現。如果拓撲排序失敗，則不是有向無環圖。拓撲排序演算法將在 8.3.3 節介紹。

在深度學習中，神經網路的計算圖或拓撲結構圖一般為有向無環圖。所有連通的有向無環圖均可視為一個合法的神經網路拓撲結構。

8.2.5 應用——神經結構搜尋

神經結構搜尋的目標是用演算法自動找出具有高精度且低計算量、儲存負擔的神經網路結構，其基本概念已經在 4.7.3 節介紹。如果將神經網路的某些層進行標準化，則神經結構搜尋的工作就是找出各個層，以及層之間的連接關係，稱為拓撲結構。

神經網路的拓撲結構可以用圖表示，類似於 8.1.2 節介紹的計算圖。神經網路由多個層組成，各個層之間存在連接關係，因此可以將網路的拓撲結構表示為一個圖。圖 8.15 為一個 9 層的神經網路的拓撲結構圖。

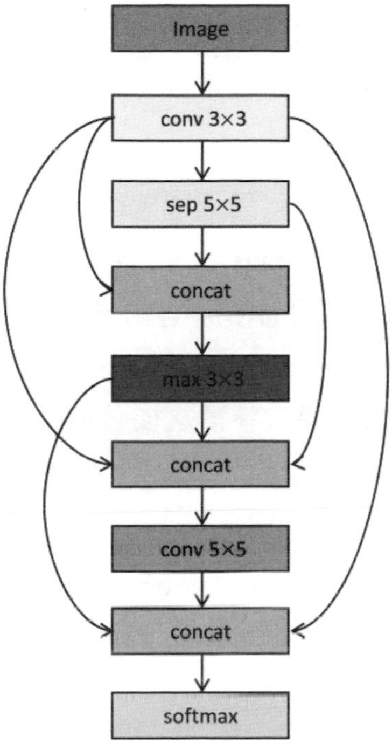

圖 8.15 神經網路的拓撲結構圖

圖 8.15 中的 Image 為輸入影像，是圖的起始頂點，第 2 個頂點是3 × 3的卷積，依此類推，最後一個頂點是 softmax 回歸。

拓撲結構圖的頂點為神經網路的層或操作，邊展現層之間的資料流程動。利用這種圖可以描述任意一個網路結構，神經結構搜尋中將採用這種形式的表示。下面介紹如何用遺傳演算法搜尋出最佳的神經網路拓撲結構，以 Genetic CNN 為例（見參考文獻[3]）。首先隨機初始化一些拓撲結構圖，然後用遺傳演算法進行演化，直到收斂到一個好的網路結構。遺傳演算法的原理在 5.8.2 節已經介紹。

使用遺傳演算法求解 NAS 的想法是將子網路（演算法要生成的神經網路）結構編碼成二進位串，執行遺傳演算法獲得適應度函數值（神經網路在驗證集上的精度值）最大的網路結構，即為最佳解。首先隨機初始化許多個子網路作為初始解。遺傳演算法在每次迭代時首先訓練所有子網路，然後計算它們的適應度值。接下來隨機選擇一些子網路進行交換、變異，生成下一代子網路，然後訓練這些子網路，重複這一過程，最後找到最佳子網路。

首先要解決的問題是如何將網路結構編碼成固定長度的二進位串。Genetic CNN 將網路劃分為多個級（Stage），對每級的拓撲結構進行編碼。級以池化層為界進行劃分，是多個卷積層組成的單元，每組卷積核心稱為一個節點（Node）。資料經過每一級時，高度、寬度和深度不變。每一級內的卷積核心有相同的通道數。每次卷積之後，執行批次歸一化和 ReLU 啟動函數。對全連接層不進行編碼。

假設整個神經網路共有S級，級的編號為$s = 1, \cdots, S$。第s級有K_s個節點，這些節點的編號為$k_s = 1, \cdots, K_s$。第s級的第k_s個節點為v_{s,k_s}。這些節點是有序的，只允許資料從低編號的節點流向高編號的節點，以確保生成的是有向無環圖。每一級編碼的位元數為

$$1 + 2 + \cdots + (K_s - 1) = \frac{1}{2}K_s(K_s - 1)$$

這與 8.1.1 節中的無向圖邊數量的最大值結論一致。節點v_{s,k_s}與$v_{s,1}, \cdots, v_{s,k_s-1}$之間都可能有邊連接，因此它需要$k_s - 1$個位元。第 1 個節點不需要編碼，因為沒有編號更小的節點連接它；第 2 個節點$v_{s,2}$可能有連接$(v_{s,1}, v_{s,2})$；第 3 個節點可能有連接$(v_{s,1}, v_{s,3})$，$(v_{s,2}, v_{s,3})$；其他依此類推。如果節點之間有邊連接，則編碼為 1；否則為 0。對於一個S級的網路，總編碼位元數即長度為

$$L = \frac{1}{2}\sum_{s=1}^{S} K_s(K_s - 1)$$

圖 8.16 是一個 2 級網路的編碼結果。第 1 級有 4 個節點，第 2 級有 5 個節點。需要注意的是，為了確保資料的流入和流出，有特定的節點（A0、B0 和 A5、B6）充當輸入與輸出節點。

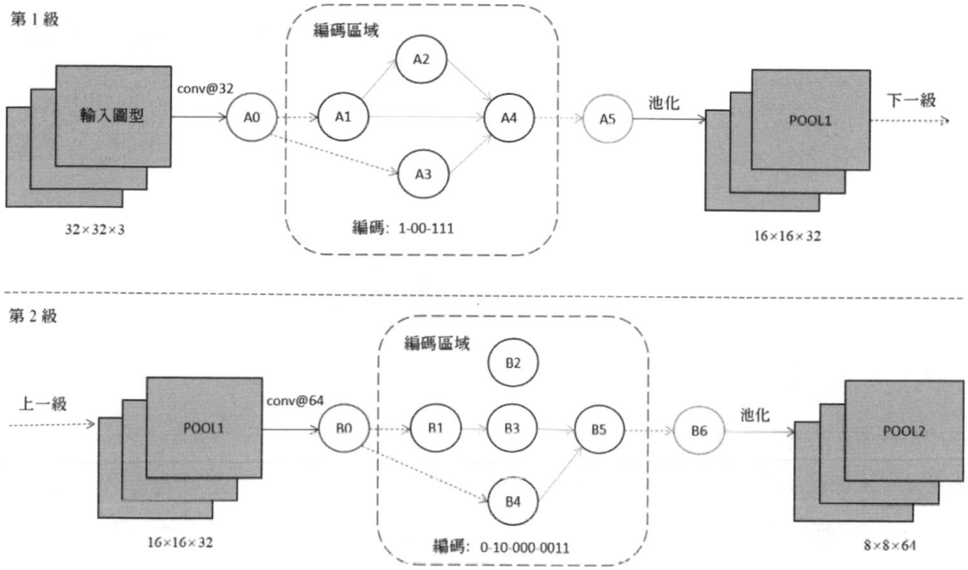

圖 8.16 網路拓撲結構的二進位編碼

為確保每個二進位串都是合法的，為每一級定義了兩個預設節點。預設輸入節點從上一級接收輸入，然後將資料送入無前驅節點的所有節點。預設輸出節點從無後續節點的所有節點接收資料，求和，然後執行卷積，將資料送入池化層。預設節點就是圖 8.16 中的特定輸入與輸出節點。預設節點與其他節點之間的連接關係沒有進行編碼。需要注意的是，如果一個節點是孤立節點，既沒有前驅，也沒有後續，則忽略。也就是說，孤立節點不會和預設輸入節點、預設輸出節點建立連接。這樣做是為了確保有更多節點的級可以模擬節點數更少的級所能表示的所有結構。

圖 8.16 的上半部分為第 1 級，A0 為預設輸入節點，A5 為預設輸出節點。A1 ~ A4 為內部節點，需要進行編碼。A2 的前驅為 A1，因此編碼為 1；A3 沒有前驅，因此編碼為 00；A4 的前驅為 A1、A2、A3，因此編碼為 111。這一級的編碼為 1-00-111。圖 8.16 的下半部分為第 2 級，B0 為預設輸入節點，B6 為預設輸出節點。B1 ~ B5 為內部節點，需要編碼。B2 沒有前驅，因此編碼為 0；B3 的前驅為 B1，因此編碼為 10；B4 沒有前驅，

因此編碼為 000；B5 的前驅為 B3 和 B4，因此編碼為 0011。這一級的完整編碼為 0-10-000-0011。

由於每個編碼位元的設定值有兩種情況，對於編碼長度為L的網路，所有可能的網路結構數為2^L。如果一個網路有 3 級，即$S = 3$，各級節點數為

$$(K_1, K_2, K_2) = (3,4,5)$$

編碼長度$L = 19$，所有可能的網路結構數為$2^L = 524288$，這個量非常大，對於更深的網路，搜尋空間更大。

這種編碼方式可以表示各種典型的網路拓撲結構，包含 VGGNet、ResNet、DenseNet 等。這些典型網路結構的編碼如圖 8.17 所示，這裡只對中間 4 個加網底的節點進行編碼。透過將基本區塊擴充，也可以支援某些特殊的網路，如 GoogLeNet 的 Inception 模組。

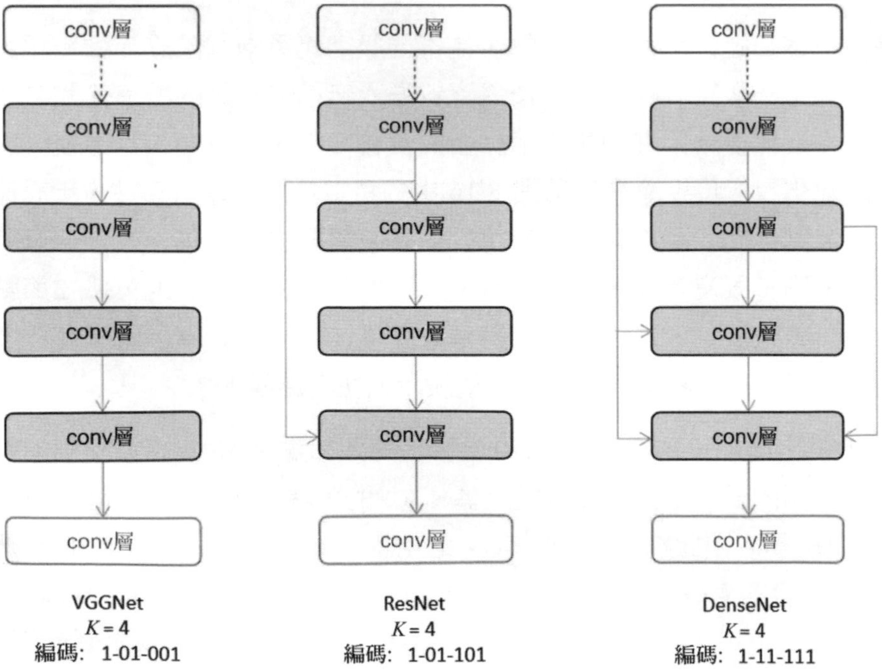

圖 8.17 各種典型網路結構的二進位編碼

在對網路進行二進位編碼之後，接下來是標準的遺傳演算法流程。首先初始化N個隨機的個體（子網路），然後執行T次迴圈。每次迴圈中有選擇、變異、交換這 3 種操作。遺傳演算法生成神經網路的結構之後，訓練該網路，將其在驗證集上的精度作為適應度函數。下面分別介紹這些步驟的細節。

（1）初始化。首先隨機初始化N個長度為L的二進位串，表示N個網路結構。每個二進位位元用伯努利分佈的亂數生成，設定值為 0 和 1 的機率各為 0.5。接下來訓練這N個網路，獲得它們的適應度函數值。

（2）選擇。每次迭代的第一步是選擇，上一輪迭代生成的N個個體都計算出了適應度函數值。這裡使用俄羅斯「輪盤賭」來確定哪些個體可以生存，選擇每個個體的機率與它的適應度函數成正比。因此之前表現好的神經網路有更大的機率被選取，表現差的網路被剔除。由於在迭代過程中N的值不變，因此有些個體可能會被選取多次。

（3）變異與交換。變異的做法是每個二進位位元分別獨立地以某一機率將其值反轉 ，即將 0 變成 1，或將 1 變成 0。這個機率值被設定為 0.05，因此個體變異不會太多。交換不是對二進位位元而是對級進行的，即以一定的機率交換兩個個體的某一級的二進位位元編碼。對於下面兩個個體

$$1-00-100\ \ 1-00-100 \qquad\qquad 0-10-111\ \ 0-10-111$$

如果選擇第 2 級進行交換，則交換之後的個體為

$$1-00-100\ \ 0-10-111 \qquad\qquad 0-10-111\ \ 1-00-100$$

（4）評估。在每次迴圈執行完上面的 3 個步驟之後，接下來要對生成的神經網路進行評估，計算它們的適應度函數值。如果某一網路結構之前沒有被評估過，則訓練，在驗證集上獲得精度值，作為適應度函數值。如果某一網路之前被評估過，此次也從頭開始訓練，然後計算它各次評估值的平均值。

8.3 重要的演算法

本節介紹圖的許多重要演算法，包含檢查演算法、最短路徑演算法，以及拓撲排序演算法，它們將在某些機器學習演算法中被使用。

8.3.1 檢查演算法

從圖的某一個頂點出發，存取圖中所有頂點，且使得每個頂點僅被存取一次，稱為圖的檢查（Traversing Graph）。圖的檢查演算法是求解圖的連通性問題、拓撲排序等問題的基礎。由於圖中的頂點可以和多個頂點鄰接，因此在每次存取一個頂點之後，要決定下一步存取哪個頂點。有兩種檢查演算法：深度優先搜尋（Depth First Search，DFS）和廣度優先搜尋（Breadth First Search，BFS）。它們既適用於無向圖，又適用於有向圖，下面分別介紹。

考慮圖 8.18 所示的無向圖。

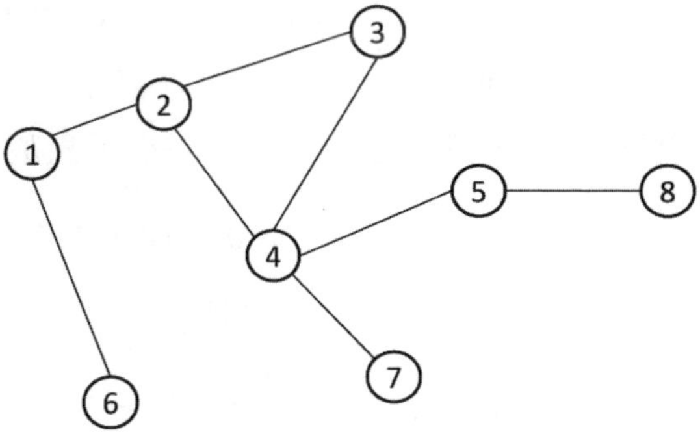

圖 8.18 一個無向圖

深度優先搜尋從一個起始點v_i出發，先存取該頂點，然後將其存取標示位設定為已存取。接下來存取v_i的未被存取的鄰接頂點v_j，並將v_j的存取標示位設定為已存取。接下來再存取v_j的未被存取的鄰接頂點。如果遇到一個頂點v_k，該頂點沒有未被存取的鄰接頂點，則回覆到v_k的上一個頂點v_l，如果v_l還有其他未被存取的鄰接頂點，則存取該鄰接頂點；否則繼續回覆，直到回覆到一個具有還未被存取的鄰接頂點的頂點。深度優先搜尋可以借助資料結構中的堆疊實現，對其原理的進一步學習可以閱讀取資料結構教材。

對於圖 8.18 中的無向圖，假設從頂點 1 開始存取，下面列出深度優先搜尋的處理步驟。

（1）存取頂點 1，頂點 1 有兩個未被存取的鄰接頂點，分別是 2 和 6。
（2）存取頂點 6，且頂點 6 沒有未被存取的鄰接頂點，因此回覆到頂點 1。
（3）頂點 1 有 1 個未被存取的鄰接頂點，頂點 2。存取頂點 2，頂點 2 有兩個未被存取的頂點，分別是頂點 3 和頂點 4。
（4）存取頂點 3，頂點 3 有 1 個未被存取的頂點，是頂點 4。
（5）存取頂點 4，頂點 4 有兩個未被存取的頂點，分別是頂點 5 和頂點 7。
（6）存取頂點 5，頂點 5 有 1 個未被存取的頂點，是頂點 8。
（7）存取頂點 8，頂點 8 沒有未被存取的鄰接頂點，回覆到頂點 5。
（8）頂點 5 沒有未被存取的鄰接頂點，回覆到頂點 4。
（9）頂點 4 有 1 個未被存取的頂點，頂點 7。存取頂點 7，此時所有頂點均已經被存取，檢查演算法結束。

最後獲得的深度優先搜尋檢查結果為

$$1 \to 6 \to 2 \to 3 \to 4 \to 5 \to 8 \to 7$$

廣度優先搜尋從一個頂點v_i出發，先存取該頂點，然後將其存取標示位設定為已存取。接下來存取它的所有未被存取的鄰接頂點，然後存取這些鄰接頂點的鄰接頂點，逐步擴散，直到所有頂點均被存取。廣度優先搜尋可以借助資料結構中的佇列實現。

對於圖 8.18 中的無向圖，假設用廣度優先搜尋進行檢查，下面列出存取步驟。

（1）存取頂點 1，它有兩個未被存取的鄰接頂點，分別是頂點 2 和頂點 6。
（2）存取頂點 2，頂點 2 有兩個未被存取的鄰接頂點，分別是頂點 3 和頂點 4。
（3）存取頂點 6，頂點 6 沒有未被存取的鄰接頂點。
（4）存取頂點 3，頂點 3 有 1 個未被存取的鄰接頂點，是頂點 4。
（5）存取頂點 4，頂點 4 有兩個未被存取的鄰接頂點，分別是頂點 5 和頂點 7。
（6）存取頂點 5，頂點 5 有一個未被存取的頂點，是頂點 8。
（7）存取頂點 7，頂點 7 沒有未被存取的頂點。
（8）存取頂點 8，頂點 8 沒有未被存取的頂點。

最後獲得的廣度優先搜尋檢查結果為

$$1 \rightarrow 2 \rightarrow 6 \rightarrow 3 \rightarrow 4 \rightarrow 5 \rightarrow 7 \rightarrow 8$$

8.3.2 最短路徑演算法

對很多實際應用，需要找到圖中兩點之間的最短路徑。舉例來說，對於導航軟體，使用者指定起點和終點之後，軟體需要計算出這兩點之間的最短路徑。這稱為最短路徑問題，本節介紹經典求解演算法，求解單來源點最短路徑問題的 Dijkstra 演算法。

Dijkstra 演算法由荷蘭電腦科學家 Dijkstra 提出。演算法可以獲得某一起點到其他所有點的最短路徑。核心思想是以起始點為中心向外逐步擴充，直到遇到終點。

假設有圖G，其頂點集合為V、邊的集合為E、鄰接矩陣為$\boldsymbol{W}$。指定起點s和終點t，Dijkstra 演算法定義以下兩個集合。

已求得最短路徑的頂點的集合，記為S，初始時該集合中只有頂點s。未確定最短路徑的頂點的集合，記為U，初始時該集合包含除s之外的所有頂點。

演算法按最短路徑長度遞增的次序依次把U中的頂點加入S中。在加入的過程中，總保持從源點s到S中各頂點的最短路徑長度不大於從源點s到U中任何頂點的最短路徑長度。此外，每個頂點對應一個距離，S中的頂點的距離就是從s到此頂點的最短路徑長度，U中頂點的距離是從s到此頂點只包含S的頂點為中間頂點的目前最短路徑長度。實際的流程如演算法 8.1 所示。其中 Dist 陣列儲存的是從s到每個頂點的最短路徑長度，如果s到頂點i有邊連接，則初始化為w_{si}；否則初始化為$+\infty$。

演算法 8.1 Dijkstra 最短路徑演算法

初始化: $S = \{s\}, U = V/S$

初始化: $\text{Dist}[i] = w_{si}$或$+\infty$

while $U \neq \emptyset$ **do**

  $k = \text{argmin}_{i\in U}\text{Dist}[i]$

  $S = S \cup \{k\}$

  $U = U/\{k\}$

  for $j \in U$ **do**

    if $w_{kj} + \text{Dist}[k] < Dist[j]$ **then**

      $\text{Dist}[j] = w_{kj} + \text{Dist}[k]$

    end if

  end for

end while

下面以圖 8.1 所示的無向圖為例，說明計算的實際流程。假設要計算從頂點 1 到其他頂點的最短路徑。初始時集合S為$\{1\}$，Dist 陣列初始化為

$$(0\ \ 2\ \ \infty\ \ \infty\ \ \infty\ \ 5\ \ \infty)$$

集合U初始化為

$$\{2,3,4,5,6,7\}$$

第 1 次迴圈。在U中尋找 Dist 值最小的頂點，在這裡為 2。接下來將頂點 2 加入集合S中，此時S變為$\{1,2\}$，U變為$\{3,4,5,6,7\}$。接下來更新 Dist 陣列的值

$\text{Dist}[3] = \text{Dist}[2] + w_{23} = 2 + 4 = 6$ $\text{Dist}[4] = \text{Dist}[2] + w_{24} = 2 + 3 = 5$

更新完之後 Dist 陣列為

$$(0\ \ 2\ \ 6\ \ 5\ \ \infty\ \ 5\ \ \infty)$$

第 2 次迴圈。在U中尋找 Dist 值最小的頂點，在這裡為 4。將頂點 4 加入S，並從U中刪除，此時S為{1,2,4}，U為{3,5,6,7}。接下來更新 Dist 陣列的值

$\text{Dist}[5] = \text{Dist}[4] + w_{45} = 5 + 4 = 9$　　$\text{Dist}[7] = \text{Dist}[4] + w_{47} = 5 + 2 = 7$

更新完之後 Dist 陣列為

$$(0\ \ 2\ \ 6\ \ 5\ \ 9\ \ 5\ \ 7)$$

第 3 次迴圈。在U中尋找 Dist 值最小的頂點，在這裡為 6。將頂點 6 加入S，並從U中刪除，此時S為{1,2,4,6}，U為{3,5,7}。接下來更新 Dist 陣列的值，這裡無須更新。

第 4 次迴圈。在U中尋找 Dist 值最小的頂點，在這裡為 3。將頂點 3 加入S，並從U中刪除，此時S為{1,2,3,4,6}，U為{5,7}。接下來更新 Dist 陣列的值，這裡無須更新。

第 5 次迴圈。在U中尋找 Dist 值最小的頂點，在這裡為 7。將頂點 7 加入S，並從U中刪除，此時S為{1,2,3,4,6,7}，U為{5}。接下來更新 Dist 陣列的值，這裡無須更新。

第 6 次迴圈。在U中尋找 Dist 值最小的頂點，在這裡為 5。將頂點 5 加入S，並從U中刪除，此時S為{1,2,6,3,4,7,5}，U為$\emptyset$，演算法結束。

最短路徑演算法在流形降維的等距對映演算法中被使用，用於計算流形上的測地距離。

8.3.3 拓撲排序演算法

對某些應用，我們需要生成圖的所有頂點的有序序列。舉例來說，對於神經網路的計算圖，在使用自動微分演算法時需要按照變數的計算順序反向

檢查整個圖，依次處理每個頂點。拓撲排序（Topological Sorting）是完成這一工作的演算法。

對於有向圖G，如果它滿足某些條件，則可以按照某種規則將其所有頂點進行排序，形成一個線性序列

$$v_1, v_2, \cdots, v_n$$

該序列必須滿足以下兩個條件。

（1）每個頂點在序列中出現且只出現一次。

（2）如果在圖G中存在一條從頂點v_i到v_j的路徑，那麼在序列中頂點v_i出現在v_j的前面。

排課是典型的拓撲排序應用，如圖 8.19 所示。圖中的頂點表示課程，邊表示先修課程關係，如微積分是機率論的先修課程，則頂點 1 和頂點 3 有一條邊連接。排課演算法需要確定這些課程的教學順序。一個排課方案顯然不能違背先修課程的關係，例如不能把機率論排在微積分的前面。

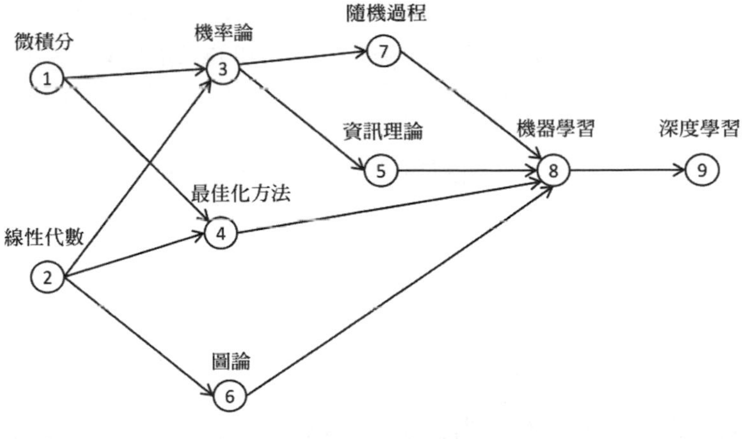

圖 8.19 排課問題

圖能夠進行拓撲排序的充分必要條件是它是有向無環圖。需要注意的是，有向無環圖的拓撲排序結果可能不唯一。對於圖 8.19，下面是它的兩個合法的拓撲排序序列

$$1 \to 2 \to 3 \to 4 \to 6 \to 7 \to 5 \to 8 \to 9$$

$$1 \to 2 \to 4 \to 3 \to 6 \to 7 \to 5 \to 8 \to 9$$

在這兩種方案中，只有 3 和 4 的順序不同，既可以把機率論排在最佳化方法的前面，也可以把最佳化方法排在機率論的前面。

實現拓撲排序有兩種想法，分別是以貪心策略為基礎的方法和以深度優先搜尋為基礎的演算法。下面介紹以貪心策略為基礎的方法。

如果一個頂點的內分支度為 0，則它沒有前驅，因此可以將該頂點輸出到拓撲排序結果序列中。在該頂點被輸出之後，它的所有後續節點都不再依賴於它，可以被處理了。貪心演算法使用了這一想法。演算法很簡單，首先將沒有前驅節點的頂點放入待處理列表，然後循環執行下面的操作。

（1）在待處理列表中選擇第一個沒有前驅節點的頂點，輸出該頂點。

（2）從圖中刪除以該頂點為起點的所有邊。刪除這些邊之後，如果出現沒有前驅節點的頂點，則將它們放入待處理列表。

反覆這一過程，直到所有頂點被處理完。如果在迴圈的過程中還有頂點未被處理且無法找到沒有前驅頂點的節點，則説明有環出現，圖無法拓撲排序。

對於圖 8.19 中的有向圖，下面用貪心演算法進行處理。

（1）尋找內分支度為 0 的頂點，加入待處理列表，待處理列表為{1,2}。

（2）輸出頂點 1，將其從待處理列表刪除，刪除邊(1,3)、(1,4)，待處理列表變為{2}。

（3）輸出頂點 2，將其從待處理列表刪除，刪除邊(2,3)、(2,4)、(2,6)，此時頂點 3、4 和 6 的內分支度變為 0，將它們加入待處理列表，待處理列表變為{3,4,6}。

（4）輸出頂點 3，將其從待處理列表刪除，刪除邊(3,7)、(3,5)，此時頂點 5 和頂點 7 的內分支度變為 0，將它們加入待處理列表，待處理列表變為{4,6,7,5}。

(5) 輸出頂點 4，將其從待處理列表刪除，刪除邊(4,8)，待處理列表變為{6,7,5}。

(6) 輸出頂點 6，將其從待處理列表刪除，刪除邊(6,8)，待處理列表變為{7,5}。

(7) 輸出頂點 7，將其從待處理列表刪除，刪除邊(7,8)，待處理列表變為{5}。

(8) 輸出頂點 5，將其從待處理列表刪除，刪除邊(5,8)，此時頂點 8 的內分支度變為 0，將頂點 8 加入待處理列表，待處理列表變為{8}。

(9) 輸出頂點 8，將其從待處理列表刪除，刪除邊(8,9)，此時頂點 9 的內分支度變為 0，將頂點 9 加入待處理列表，待處理列表變為{9}。

(10) 輸出頂點 9，將其從待處理列表刪除，此時所有頂點均已處理完畢，演算法結束。

這一過程如表 8.4 所示。

表 8.4 拓撲排序的計算過程

目前處理頂點	待處理頂點列表
	{1,2}
1	{2}
2	{3,4,6}
3	{4,6,7,5}
4	{6,7,5}
6	{7,5}
7	{5}
5	{8}
8	{9}
9	

最後獲得的拓撲排序結果為

$$1 \rightarrow 2 \rightarrow 3 \rightarrow 4 \rightarrow 6 \rightarrow 7 \rightarrow 5 \rightarrow 8 \rightarrow 9$$

8.4 譜圖理論

在 8.1.4 節介紹了圖的矩陣表示，在鄰接矩陣和加權度矩陣的基礎上可以定義拉普拉斯矩陣。借助圖的拉普拉斯矩陣的特徵值和特徵向量來研究圖，稱為譜圖理論（Spectral Graph Theory）。在機器學習領域，這是一種常用的方法。本節介紹未歸一化的拉普拉斯矩陣與其性質，以及歸一化的拉普拉斯矩陣與其性質。它們被用於流形學習演算法、譜集群演算法、半監督學習演算法，以及圖神經網路。對譜圖理論的系統學習可以閱讀參考文獻[2]。

8.4.1 拉普拉斯矩陣

假設圖G的鄰接矩陣為$\mathbf{W}$，加權度矩陣為$\mathbf{D}$。拉普拉斯矩陣定義為加權度矩陣與鄰接矩陣之差

$$\mathbf{L} = \mathbf{D} - \mathbf{W}$$

對於無向圖，由於$\mathbf{W}$和$\mathbf{D}$都是對稱矩陣，因此拉普拉斯矩陣也是對稱矩陣。

以圖 8.1 中的圖為例，其拉普拉斯矩陣為

$$\begin{pmatrix} 7 & 0 & 0 & 0 & 0 & 0 & 0 \\ 0 & 9 & 0 & 0 & 0 & 0 & 0 \\ 0 & 0 & 8 & 0 & 0 & 0 & 0 \\ 0 & 0 & 0 & 13 & 0 & 0 & 0 \\ 0 & 0 & 0 & 0 & 4 & 0 & 0 \\ 0 & 0 & 0 & 0 & 0 & 5 & 0 \\ 0 & 0 & 0 & 0 & 0 & 0 & 2 \end{pmatrix} - \begin{pmatrix} 0 & 2 & 0 & 0 & 0 & 5 & 0 \\ 2 & 0 & 4 & 3 & 0 & 0 & 0 \\ 0 & 4 & 0 & 4 & 0 & 0 & 0 \\ 0 & 3 & 4 & 0 & 4 & 0 & 2 \\ 0 & 0 & 0 & 4 & 0 & 0 & 0 \\ 5 & 0 & 0 & 0 & 0 & 0 & 0 \\ 0 & 0 & 0 & 2 & 0 & 0 & 0 \end{pmatrix} = \begin{pmatrix} 7 & -2 & 0 & 0 & 0 & -5 & 0 \\ -2 & 9 & -4 & -3 & 0 & 0 & 0 \\ 0 & -4 & 8 & -4 & 0 & 0 & 0 \\ 0 & -3 & -4 & 13 & -4 & 0 & -2 \\ 0 & 0 & 0 & -4 & 4 & 0 & 0 \\ -5 & 0 & 0 & 0 & 0 & 5 & 0 \\ 0 & 0 & 0 & -2 & 0 & 0 & 2 \end{pmatrix}$$

根據定義，拉普拉斯矩陣每一行元素之和都為 0。下面介紹拉普拉斯矩陣的性質。

（1）對任意向量$\boldsymbol{f} \in \mathbb{R}^n$有

$$\boldsymbol{f}^{\mathrm{T}}\boldsymbol{L}\boldsymbol{f} = \frac{1}{2}\sum_{i=1}^{n}\sum_{j=1}^{n} w_{ij}(f_i - f_j)^2 \tag{8.5}$$

（2）拉普拉斯矩陣是對稱半正定矩陣。

（3）拉普拉斯矩陣的最小特徵值為 0，其對應的特徵向量為常向量 1，所有分量為 1。

（4）拉普拉斯矩陣有n個非負實數特徵值，並且滿足

$$0=\lambda_1\leqslant\lambda_2\leqslant\cdots\leqslant\lambda_n$$

下面列出這些結論的證明。根據加權度的定義，有

$$\boldsymbol{f}^{\mathrm{T}}\boldsymbol{L}\boldsymbol{f}=\boldsymbol{f}^{\mathrm{T}}\boldsymbol{D}\boldsymbol{f}-\boldsymbol{f}^{\mathrm{T}}\boldsymbol{W}\boldsymbol{f}=\sum_{i=1}^{n}d_{ii}f_i^2-\sum_{i=1}^{n}\sum_{j=1}^{n}f_if_jw_{ij}=\frac{1}{2}\left(2\sum_{i=1}^{n}d_{ii}f_i^2-2\sum_{i=1}^{n}\sum_{j=1}^{n}f_if_jw_{ij}\right)$$

$$=\frac{1}{2}\left(\sum_{i=1}^{n}d_{ii}f_i^2-2\sum_{i=1}^{n}\sum_{j=1}^{n}f_if_jw_{ij}+\sum_{j=1}^{n}d_{jj}f_j^2\right)$$

$$=\frac{1}{2}\left(\sum_{i=1}^{n}\sum_{j=1}^{n}w_{ij}f_i^2-2\sum_{i=1}^{n}\sum_{i=1}^{n}f_if_jw_{ij}+\sum_{j=1}^{n}\sum_{i=1}^{n}w_{ji}f_j^2\right)=\frac{1}{2}\sum_{i=1}^{n}\sum_{j=1}^{n}w_{ij}(f_i-f_j)^2$$

因此結論（1）成立。根據結論（1），對任意非零向量$\boldsymbol{f}$，有

$$\boldsymbol{f}^{\mathrm{T}}\boldsymbol{L}\boldsymbol{f}=\frac{1}{2}\sum_{i=1}^{n}\sum_{j=1}^{n}w_{ij}(f_i-f_j)^2\geqslant 0$$

因此拉普拉斯矩陣是半正定的，結論（2）成立。由於

$$|\boldsymbol{L}-0\cdot\boldsymbol{I}|=|\boldsymbol{L}|=|\boldsymbol{D}-\boldsymbol{W}|=$$

$$\begin{vmatrix}\sum_{j=1}^{n}w_{1j}-w_{11} & -w_{12} & \cdots & -w_{1n}\\ -w_{21} & \sum_{j=1}^{n}w_{2j}-w_{22} & \cdots & -w_{2n}\\ \vdots & \vdots & & \vdots\\ -w_{n1} & -w_{n2} & \cdots & \sum_{j=1}^{n}w_{nj}-w_{nn}\end{vmatrix}=\begin{vmatrix}\sum_{j=1,j\neq 1}^{n}w_{1j} & -w_{12} & \cdots & -w_{1n}\\ -w_{21} & \sum_{j=1,j\neq 2}^{n}w_{2j} & \cdots & -w_{2n}\\ \vdots & \vdots & & \vdots\\ -w_{n1} & -w_{n2} & \cdots & \sum_{j=1,j\neq n}^{n}w_{nj}\end{vmatrix}$$

將上面行列式的第2 ~ n列依次加到第 1 列，第 1 列的值全為 0

$$\begin{vmatrix} \sum_{j=1,j\neq 1}^{n} w_{1j} & -w_{12} & \cdots & -w_{1n} \\ -w_{21} & \sum_{j=1,j\neq 2}^{n} w_{2j} & \cdots & -w_{2n} \\ \vdots & \vdots & & \vdots \\ -w_{n1} & -w_{n2} & \cdots & \sum_{j=1,j\neq n}^{n} w_{nj} \end{vmatrix}$$

$$= \begin{vmatrix} \sum_{j=1,j\neq 1}^{n} w_{1j} - w_{12} - \cdots - w_{1n} & -w_{12} & \cdots & -w_{1n} \\ -w_{21} + \sum_{j=1,j\neq 2}^{n} w_{2j} - w_{23} - \cdots - w_{2n} & \sum_{j=1,j\neq 2}^{n} w_{2j} & \cdots & -w_{2n} \\ \vdots & \vdots & & \vdots \\ -w_{n1} - w_{n2} - \cdots - w_{n,n-1} + \sum_{j=1,j\neq n}^{n} w_{nj} & -w_{n2} & \cdots & \sum_{j=1,j\neq n}^{n} w_{nj} \end{vmatrix}$$

$$= \begin{vmatrix} 0 & -w_{12} & \cdots & -w_{1n} \\ 0 & \sum_{j=1,j\neq 2}^{n} w_{2j} & \cdots & -w_{2n} \\ \vdots & \vdots & & \vdots \\ 0 & -w_{n2} & \cdots & \sum_{j=1,j\neq n}^{n} w_{nj} \end{vmatrix} = 0$$

因此行列式$|\boldsymbol{L}|$值為 0，故 0 是其特徵值。如果$\boldsymbol{f} = 1$，則有

$$\boldsymbol{Lf} = \boldsymbol{L}1 = (\boldsymbol{D} - \boldsymbol{W})1 = (d_{11} \cdots d_{nn})^{\mathrm{T}} - \left(\sum_{j=1}^{n} w_{1j} \cdots \sum_{j=1}^{n} w_{nj} \right)^{\mathrm{T}} = 0$$

因此 1 是對應的特徵向量，由於拉普拉斯矩陣半正定，其特徵值非負，結論（3）成立。根據結論（2）和結論（3），可以獲得結論（4）。

根據定義，拉普拉斯矩陣不依賴於鄰接矩陣$\boldsymbol{W}$的主對角線元素。除主對角線元素之外，其他位置的元素都相等的各種不同的矩陣$\boldsymbol{W}$都有相同的拉普拉斯矩陣。因此，圖中的自環不影響圖的拉普拉斯矩陣。

拉普拉斯矩陣以及它的特徵值與特徵向量可以描述圖的重要性質。有下面重要結論：假設G是一個有非負權重的無向圖，其拉普拉斯矩陣$\boldsymbol{L}$的特徵值 0 的重數k等於圖的連通分量的個數。假設圖的連通分量為$A_1, \cdots, A_k$，則特徵值 0 的特徵空間由這些連通分量所對應的向量$1_{A_1}, \cdots, 1_{A_k}$所張成。

證明如下。先考慮$k = 1$的情況，即圖是連通的。假設$\boldsymbol{f}$是特徵值 0 的特徵向量，根據特徵值的定義，有

$$0 = \boldsymbol{f}^{\mathrm{T}}\boldsymbol{L}\boldsymbol{f} = \frac{1}{2}\sum_{i=1}^{n}\sum_{j=1}^{n} w_{ij}(f_i - f_j)^2$$

這是因為$\boldsymbol{L}\boldsymbol{f} = 0\boldsymbol{f} =$。因為圖是連通的，因此所有的$w_{ij} > 0$，要讓上面的值為 0，必定有$f_i - f_j = 0$。這表示向量$\boldsymbol{f}$的任意元素都相等，因此所有特徵向量都是 1 的倍數，結論成立。

接下來考慮有k個連通分量的情況。不失一般性，我們假設頂點按照其所屬的連通分量排序，這種情況下，鄰接矩陣是分段對角矩陣，拉普拉斯矩陣也是這樣的分段矩陣

$$\boldsymbol{L} = \begin{pmatrix} \boldsymbol{L}_1 & & & \\ & \boldsymbol{L}_2 & & \\ & & \ddots & \\ & & & \boldsymbol{L}_k \end{pmatrix}$$

顯然，每個子矩陣$\boldsymbol{L}_i$本身也是一個拉普拉斯矩陣，對應這個連通分量。對這些子矩陣，上面的結論也是成立的，因此$\boldsymbol{L}$的譜由$\boldsymbol{L}_i$的譜相並組成，$\boldsymbol{L}$的特徵值 0 對應的特徵向量是$\boldsymbol{L}_i$的特徵向量將其餘位置填充 0 擴充形成的。實際來說，特徵向量1_{A_i}中第i個連通分量的頂點所對應的分量為 1，其餘的全為 0，為以下形式

$$(0 \;\cdots\; 0 \; 1 \;\cdots\; 1 \; 0 \;\cdots\; 0)^{\mathrm{T}}$$

由於每個$\boldsymbol{L}_i$都是一個連通分量的拉普拉斯矩陣，因此其特徵向量的重數為 1，對應特徵值 0。而$\boldsymbol{L}$中與之對應的特徵向量在第i個連通分量處的值為常數 ，其他位置為 0。因此矩陣$\boldsymbol{L}$的 0 特徵值對應的線性無關的特徵向量的個數與連通分量的個數相等，並且特徵向量是這些連通分量的指示向量。

下面用圖 8.9 中的圖說明。它有兩個連通分量，頂點集合分別為{1,2,3}和{4,5}。其鄰接矩陣為

$$W = \begin{pmatrix} 0 & 0.37 & 0.37 & 0 & 0 \\ 0.37 & 0 & 0.14 & 0 & 0 \\ 0.37 & 0.14 & 0 & 0 & 0 \\ 0 & 0 & 0 & 0 & 0.37 \\ 0 & 0 & 0 & 0.37 & 0 \end{pmatrix}$$

其加權度矩陣為

$$D = \begin{pmatrix} 0.74 & 0 & 0 & 0 & 0 \\ 0 & 0.51 & 0 & 0 & 0 \\ 0 & 0 & 0.51 & 0 & 0 \\ 0 & 0 & 0 & 0.37 & 0 \\ 0 & 0 & 0 & 0 & 0.37 \end{pmatrix}$$

拉普拉斯矩陣為

$$L = D - W = \begin{pmatrix} 0.74 & -0.37 & -0.37 & 0 & 0 \\ -0.37 & 0.51 & -0.14 & 0 & 0 \\ -0.37 & -0.14 & 0.51 & 0 & 0 \\ 0 & 0 & 0 & 0.37 & -0.37 \\ 0 & 0 & 0 & -0.37 & 0.37 \end{pmatrix}$$

它由以下兩個子矩陣組成

$$L_1 = \begin{pmatrix} 0.74 & -0.37 & -0.37 \\ -0.37 & 0.51 & -0.14 \\ -0.37 & -0.14 & 0.51 \end{pmatrix} L_2 = \begin{pmatrix} 0.37 & -0.37 \\ -0.37 & 0.37 \end{pmatrix}$$

每個子矩陣對應於圖的連通分量。0 是每個子矩陣的 1 重特徵值，由於有兩個連通分量，因此 0 是整個圖的拉普拉斯矩陣的 2 重特徵值。兩個線性無關的特徵向量為

$$1_{A_1} = (1\ \ 1\ \ 1\ \ 0\ \ 0)^{\mathrm{T}} \qquad 1_{A_2} = (0\ \ 0\ \ 0\ \ 1\ \ 1)^{\mathrm{T}}$$

8.4.2 歸一化拉普拉斯矩陣

8.4.1 節定義的拉普拉斯矩陣是未歸一化的拉普拉斯矩陣，可以歸一化進一步獲得歸一化的拉普拉斯矩陣。有兩種形式的歸一化，第一種稱為對稱歸一化，定義為

$$\boldsymbol{L}_{\text{sym}} = \boldsymbol{D}^{-1/2}\boldsymbol{L}\boldsymbol{D}^{-1/2} = \boldsymbol{I} - \boldsymbol{D}^{-1/2}\boldsymbol{W}\boldsymbol{D}^{-1/2}$$

在這裡，$\boldsymbol{D}^{1/2}$是加權度矩陣$\boldsymbol{D}$的所有元素計算正平方根獲得的矩陣，仍然是對角矩陣。$\boldsymbol{D}^{-1/2}$是$\boldsymbol{D}^{1/2}$的反矩陣，也是對角矩陣，其中對角線元素是$\boldsymbol{D}$的主對角線元素逆的平方根。$\boldsymbol{L}_{\text{sym}}$位置$(i,j), i \neq j$的元素為將未歸一化拉普拉斯矩陣對應位置處的元素$l_{ij}$除以$\sqrt{d_{ii}d_{jj}}$後形成的，主對角線上的元素為1。

$$\boldsymbol{L}_{\text{sym}} = \begin{pmatrix} 1/\sqrt{d_{11}} & 0 & \cdots & 0 \\ 0 & 1/\sqrt{d_{22}} & \cdots & 0 \\ \vdots & \vdots & & \vdots \\ 0 & 0 & \cdots & 1/\sqrt{d_{nn}} \end{pmatrix} \begin{pmatrix} l_{11} & l_{12} & \cdots & l_{1n} \\ l_{21} & l_{22} & \cdots & l_{2n} \\ \vdots & \vdots & & \vdots \\ l_{n1} & l_{n2} & \cdots & l_{nn} \end{pmatrix}$$

$$\begin{pmatrix} 1/\sqrt{d_{11}} & 0 & \cdots & 0 \\ 0 & 1/\sqrt{d_{22}} & \cdots & 0 \\ \vdots & \vdots & & \vdots \\ 0 & 0 & \cdots & 1/\sqrt{d_{nn}} \end{pmatrix}$$

$$= \begin{pmatrix} 1 & l_{12}/\sqrt{d_{11}d_{22}} & \cdots & l_{1n}/\sqrt{d_{11}d_{nn}} \\ l_{21}/\sqrt{d_{22}d_{11}} & 1 & \cdots & l_{2n}/\sqrt{d_{22}d_{nn}} \\ \vdots & \vdots & & \vdots \\ l_{n1}/\sqrt{d_{nn}d_{11}} & l_{n2}/\sqrt{d_{nn}d_{22}} & \cdots & 1 \end{pmatrix}$$

由於$\boldsymbol{D}^{1/2}$和$\boldsymbol{L}$都是對稱矩陣，因此$\boldsymbol{L}_{\text{sym}}$也是對稱矩陣。如果圖是連通的，則$\boldsymbol{D}$和$\boldsymbol{D}^{1/2}$都是可逆的對角矩陣。

第二種稱為隨機漫步歸一化，定義為

$$\boldsymbol{L}_{\text{rw}} = \boldsymbol{D}^{-1}\boldsymbol{L} = \boldsymbol{I} - \boldsymbol{D}^{-1}\boldsymbol{W}$$

其位置$(i,j), i \neq j$的元素為將未歸一化拉普拉斯矩陣對應位置處的元素l_{ij}除以d_{ii}後形成的，主對角線元素也為 1

$$\boldsymbol{L}_{\mathrm{rw}}=\begin{pmatrix}1/d_{11} & 0 & \cdots & 0\\ 0 & 1/d_{22} & \cdots & 0\\ \vdots & \vdots & & \vdots\\ 0 & 0 & \cdots & 1/d_{nn}\end{pmatrix}\begin{pmatrix}l_{11} & l_{12} & \cdots & l_{1n}\\ l_{21} & l_{22} & \cdots & l_{2n}\\ \vdots & \vdots & & \vdots\\ l_{n1} & l_{n2} & \cdots & l_{nn}\end{pmatrix}$$

$$=\begin{pmatrix}1 & l_{12}/d_{11} & \cdots & l_{1n}/d_{11}\\ l_{21}/d_{22} & 1 & \cdots & l_{2n}/d_{22}\\ \vdots & \vdots & & \vdots\\ l_{n1}/d_{nn} & l_{n2}/d_{nn} & \cdots & 1\end{pmatrix}$$

下面介紹這兩種矩陣的重要性質。

（1）對任意向量$\boldsymbol{f}\in\mathbb{R}^n$，有

$$\boldsymbol{f}^{\mathrm{T}}\boldsymbol{L}_{\mathrm{sym}}\boldsymbol{f}=\frac{1}{2}\sum_{i=1}^{n}\sum_{j=1}^{n}w_{ij}\left(\frac{f_i}{\sqrt{d_{ii}}}-\frac{f_j}{\sqrt{d_{jj}}}\right)^2$$

（2）λ是矩陣$\boldsymbol{L}_{\mathrm{rw}}$的特徵值，$\boldsymbol{u}$是特徵向量，當且僅當$\lambda$是$\boldsymbol{L}_{\mathrm{sym}}$的特徵值，並且其特徵向量為

$$\boldsymbol{w}=\boldsymbol{D}^{1/2}\boldsymbol{u}$$

（3）λ是矩陣$\boldsymbol{L}_{\mathrm{rw}}$的特徵值，$\boldsymbol{u}$是特徵向量，當且僅當$\lambda$和$\boldsymbol{u}$是下面廣義特徵值問題的解

$$\boldsymbol{L}\boldsymbol{u}=\lambda\boldsymbol{D}\boldsymbol{u}$$

（4）0 是矩陣$\boldsymbol{L}_{\mathrm{rw}}$的特徵值，其對應的特徵向量為常向量 1，即所有分量為 1。0 是矩陣$\boldsymbol{L}_{\mathrm{sym}}$的特徵值，其對應的特徵向量為$\boldsymbol{D}^{1/2}1$。

（5）矩陣$\boldsymbol{L}_{\mathrm{sym}}$和$\boldsymbol{L}_{\mathrm{rw}}$是半正定矩陣，有$n$個非負實數特徵值，並且滿足

$$0=\lambda_1\leqslant\lambda_2\leqslant\cdots\leqslant\lambda_n$$

結論（1）可以利用未歸一化拉普拉斯矩陣的對應結論證明。對於任意$\boldsymbol{f}\in\mathbb{R}^n$，有

$$\boldsymbol{f}^{\mathrm{T}}\boldsymbol{L}_{\mathrm{sym}}\boldsymbol{f}=\boldsymbol{f}^{\mathrm{T}}\boldsymbol{D}^{-1/2}\boldsymbol{L}\boldsymbol{D}^{-1/2}\boldsymbol{f}=(\boldsymbol{D}^{-1/2}\boldsymbol{f})^{\mathrm{T}}\boldsymbol{L}(\boldsymbol{D}^{-1/2}\boldsymbol{f})$$

$$=\left(\frac{f_1}{\sqrt{d_{11}}}\ \cdots\ \frac{f_n}{\sqrt{d_{nn}}}\right)\boldsymbol{L}\left(\frac{f_1}{\sqrt{d_{11}}}\ \cdots\ \frac{f_n}{\sqrt{d_{nn}}}\right)^{\mathrm{T}}=\frac{1}{2}\sum_{i=1}^{n}\sum_{j=1}^{n}w_{ij}\left(\frac{f_i}{\sqrt{d_{ii}}}-\frac{f_j}{\sqrt{d_{jj}}}\right)^2$$

下面證明結論（2）。如果λ是矩陣$\boldsymbol{L}_{\mathrm{rw}}$的特徵值，$\boldsymbol{u}$是對應的特徵向量，則有

$$\boldsymbol{D}^{-1}\boldsymbol{L}\boldsymbol{u} = \lambda\boldsymbol{u}$$

將上式左乘$\boldsymbol{D}^{1/2}$，可以獲得

$$\boldsymbol{D}^{-1/2}\boldsymbol{L}\boldsymbol{u} = \lambda\boldsymbol{D}^{1/2}\boldsymbol{u}$$

令$\boldsymbol{u} = \boldsymbol{D}^{-1/2}\boldsymbol{w}$，有

$$\boldsymbol{D}^{-1/2}\boldsymbol{L}\boldsymbol{D}^{-1/2}\boldsymbol{w} = \lambda\boldsymbol{w}$$

因此λ是矩陣$\boldsymbol{L}_{\mathrm{sym}}$的特徵值，$\boldsymbol{w}$是對應的特徵向量。反過來也可以進行類似的證明，因此結論（2）成立。這表示$\boldsymbol{L}_{\mathrm{sym}}$與$\boldsymbol{L}_{\mathrm{rw}}$有相同的特徵值。

結論（3）顯然是成立的。假設λ是$\boldsymbol{L}_{\mathrm{rw}}$的特徵值，$\boldsymbol{u}$是對應的特徵向量，則有

$$\boldsymbol{D}^{-1}\boldsymbol{L}\boldsymbol{u} = \lambda\boldsymbol{u}$$

上式兩邊左乘$\boldsymbol{D}$可以獲得

$$\boldsymbol{L}\boldsymbol{u} = \lambda\boldsymbol{D}\boldsymbol{u}$$

因此λ是此問題的廣義特徵值，$\boldsymbol{u}$是廣義特徵向量。相反地，將上式左乘$\boldsymbol{D}^{-1}$則可以證明λ是$\boldsymbol{L}_{\mathrm{rw}}$的特徵值，$\boldsymbol{u}$是對應的特徵向量。

由於

$$|\boldsymbol{L}_{\mathrm{sym}}| = |\boldsymbol{D}^{-1/2}\boldsymbol{L}\boldsymbol{D}^{-1/2}| = |\boldsymbol{D}^{-1/2}||\boldsymbol{L}||\boldsymbol{D}^{-1/2}| = 0$$

因此 0 是$\boldsymbol{L}_{\mathrm{sym}}$的特徵值。類似地有

$$|\boldsymbol{L}_{\mathrm{rw}}| = |\boldsymbol{D}^{-1}\boldsymbol{L}| = |\boldsymbol{D}^{-1}||\boldsymbol{L}| = 0$$

因此 0 是$\boldsymbol{L}_{\mathrm{rw}}$的特徵值。由於

$$\boldsymbol{L}_{\mathrm{sym}}\boldsymbol{D}^{1/2}1 = \boldsymbol{D}^{-1/2}\boldsymbol{L}\boldsymbol{D}^{-1/2}\boldsymbol{D}^{1/2}1 = \boldsymbol{D}^{-1/2}(\boldsymbol{L}1) = 0$$

在這裡$\boldsymbol{L}1 = 0$，因此$\boldsymbol{D}^{1/2}1$是$\boldsymbol{L}_{\mathrm{sym}}$的特徵值 0 所對應的特徵向量。類似地有

$$\boldsymbol{L}_{\mathrm{rw}}1 = \boldsymbol{D}^{-1}(\boldsymbol{L}1) = 0$$

因此1是$\boldsymbol{L}_{\mathrm{rw}}$的特徵值 0 所對應的特徵向量。根據結論（1）到結論（4）可以獲得結論（5）。

與未歸一化的拉普拉斯矩陣類似，有下面的重要結論：假設G是一個有非負權重的無向圖，其歸一化拉普拉斯矩陣$\boldsymbol{L}_{\mathrm{rw}}$和$\boldsymbol{L}_{\mathrm{sym}}$的特徵值 0 的重數$k$等於圖的連通分量的個數。假設圖的連通分量為$A_1,\cdots,A_k$，對於矩陣$\boldsymbol{L}_{\mathrm{rw}}$，特徵值 0 的特徵空間由這些連通分量所對應的向量$1_{A_1},\cdots,1_{A_k}$所組成。對於矩陣$\boldsymbol{L}_{\mathrm{sym}}$，特徵值 0 的特徵空間由這些連通分量所對應的向量$\boldsymbol{D}^{1/2}1_{A_1},\cdots,\boldsymbol{D}^{1/2}1_{A_k}$所組成。證明方法和未歸一化拉普拉斯矩陣類似，留給讀者作為練習。

8.4.3 應用——流形降維

在 6.3.4 節介紹了流形降維的原理，本小節介紹另外一種演算法，即拉普拉斯特徵對映。拉普拉斯特徵對映（Laplacian Eigenmap，LE）是以圖論為基礎的方法。它為樣本點建構帶權重的圖，然後計算圖的拉普拉斯矩陣，對該矩陣進行特徵值分解，獲得投影轉換結果。這個結果對應於將樣本點投影到低維空間，且保持樣本點在高維空間中的相對距離資訊。

假設有一批樣本點$\boldsymbol{x}_1,\cdots,\boldsymbol{x}_n$，它們是$\mathbb{R}^D$空間的點，降維演算法的目標是將它們轉為更低維的$\mathbb{R}^d$空間中的點$\boldsymbol{y}_1,\cdots,\boldsymbol{y}_n$，其中$d \ll D$。在這裡，假設$\boldsymbol{x}_1,\cdots,\boldsymbol{x}_k \in M$，其中$M$為嵌入$\mathbb{R}^D$空間中的流形。

根據一組資料點$\boldsymbol{x}_1,\cdots,\boldsymbol{x}_n$，我們建構了帶權重的圖，其鄰接矩陣為$\boldsymbol{W}$，加權度矩陣為$\boldsymbol{D}$，拉普拉斯矩陣為$\boldsymbol{L}$，假設這個圖是連通的。如果不連通，可以將演算法作用於各個連通分量上。首先考慮最簡單的情況，將這組向量對映到一維直線上，保證在高維空間中相鄰的點在對映之後距離越近越好。假設這些點對映之後的座標為$\boldsymbol{y}=(y_1,y_2,\cdots,y_n)^{\mathrm{T}}$，則目標函數可以採用下面的定義

$$\min_{\boldsymbol{y}} \sum_{i=1}^{n} \sum_{j=1}^{n} (y_i - y_j)^2 w_{ij} \tag{8.6}$$

這個目標函數表示，如果$\boldsymbol{x}_i$和$\boldsymbol{x}_j$距離很近，則y_i和y_j也必須距離很近，否則會出現大的損失函數值，因為w_{ij}的值很大。反之，如果兩個點$\boldsymbol{x}_i$和$\boldsymbol{x}_j$距離很遠，則w_{ij}的值很小，如果y_i和y_j距離很遠，也不會導致大的損失值。根據式 (8.5)，有

$$\frac{1}{2}\sum_{i=1}^{n}\sum_{j=1}^{n}(y_i - y_j)^2 w_{ij} = \boldsymbol{y}^{\mathrm{T}}\boldsymbol{L}\boldsymbol{y}$$

因此式 (8.6) 的最佳化問題可以轉化為

$$\min_{\boldsymbol{y}} \boldsymbol{y}^{\mathrm{T}}\boldsymbol{L}\boldsymbol{y} \quad \boldsymbol{y}^{\mathrm{T}}\boldsymbol{D}\boldsymbol{y} = 1$$

這裡的等式限制條件$\boldsymbol{y}^{\mathrm{T}}\boldsymbol{D}\boldsymbol{y} = 1$消除了投影向量$\boldsymbol{y}$的縮放容錯，因為$\boldsymbol{y}$與$k\boldsymbol{y}$本質上是一個投影結果。矩陣$\boldsymbol{D}$提供了對圖的頂點的一種衡量，如果$d_{ii}$越大，則其對應的第$i$個頂點提供的資訊越多，這也符合我們的直觀認識，如果一個頂點連接的邊的總權重越大，則其在圖裡起的作用也越大。上面的問題可以採用拉格朗日乘數法求解，建構拉格朗日乘子函數

$$L(\boldsymbol{y}, \lambda) = \boldsymbol{y}^{\mathrm{T}}\boldsymbol{L}\boldsymbol{y} + \lambda(\boldsymbol{y}^{\mathrm{T}}\boldsymbol{D}\boldsymbol{y} - 1)$$

對$\boldsymbol{y}$求梯度並令梯度為 0，可以獲得

$$\nabla_{\boldsymbol{y}} L(\boldsymbol{y}, \lambda) = 2\boldsymbol{L}\boldsymbol{y} + 2\lambda\boldsymbol{D}\boldsymbol{y} =$$

由此可得

$$\boldsymbol{L}\boldsymbol{y} = \lambda\boldsymbol{D}\boldsymbol{y}$$

將上式左乘$\boldsymbol{D}^{-1}$可以獲得

$$\boldsymbol{D}^{-1}\boldsymbol{L}\boldsymbol{y} = \lambda\boldsymbol{y}$$

這就是第二種歸一化拉普拉斯矩陣的特徵值問題。最佳投影結果是上面特徵值問題的特徵向量。由於要最小化$\boldsymbol{y}^{\mathrm{T}}\boldsymbol{L}\boldsymbol{y}$，因此是除 0 之外最小的特徵值對應的特徵向量。前面已經證明，特徵值 0 對應的特徵向量是分量全為 1 的向量，這表示所有向量投影後的座標相同，均為 1，無有用資訊。

下面把這個結果推廣到高維，假設將向量投影到d維的空間，則投影結果

是一個$n \times d$的矩陣，記為$\boldsymbol{Y} = (\boldsymbol{y}_1 \ \boldsymbol{y}_2 \ \cdots \ \boldsymbol{y}_d)$，其第$i$行為第$i$個樣本點投影後的座標。仿照一維的情況建構目標函數

$$\frac{1}{2}\sum_{i=1}^{n}\sum_{j=1}^{n} \| \boldsymbol{y}_i - \boldsymbol{y}_j \|^2 w_{ij} = \mathrm{tr}(\boldsymbol{Y}^{\mathrm{T}}\boldsymbol{L}\boldsymbol{Y})$$

這等於求解以下問題

$$\min_{\boldsymbol{Y}} \mathrm{tr}\left(\boldsymbol{Y}^{\mathrm{T}}\boldsymbol{L}\boldsymbol{Y}\right) \qquad \boldsymbol{Y}^{\mathrm{T}}\boldsymbol{D}\boldsymbol{Y} = \boldsymbol{I}$$

這裡加上了等式限制條件以消掉$\boldsymbol{y}$的容錯，選用矩陣$\boldsymbol{D}$來建構等式約束的原因和前面相同。這個問題的最佳解與式 (8.6) 問題的解相同，是最小的d個非零特徵值對應的特徵向量。這些向量按照列組成矩陣$\boldsymbol{Y}$。

下面介紹降維演算法的流程。演算法的第 1 步是為樣本點建構加權圖，圖的頂點是每一個樣本點，邊為每個頂點與它的鄰居頂點之間的相似度，每個頂點只和它的鄰居有連接關係。實際的方法已經在 8.1.5 節介紹。

第 2 步是計算圖的鄰接矩陣和拉普拉斯矩陣，這兩個矩陣的計算方法已經在 8.1.4 節和 8.4.1 節介紹。

第 3 步是特徵對映。假設建構的圖是連通的，如果不連通，則演算法分別作用於每個連通分量上。根據前面建構的圖型計算它的拉普拉斯矩陣，然後求解以下廣義特徵值和特徵向量問題

$$\boldsymbol{L}\boldsymbol{f} = \lambda \boldsymbol{D}\boldsymbol{f}$$

假設$\boldsymbol{f}_0, \cdots, \boldsymbol{f}_{k-1}$是這個廣義特徵值問題的解，它們按照特徵值的大小昇冪排列，根據前面的結論，$\boldsymbol{D}^{-1}\boldsymbol{L}$半正定且 0 是其特徵值，其特徵值滿足

$$0 = \lambda_0 \leqslant \cdots \leqslant \lambda_{k-1}$$

去掉值為 0 的特徵值λ_0，用剩下的前d個特徵值對應的特徵向量建構投影結果，向量$\boldsymbol{x}_i$的投影結果為這d個特徵向量的第i個分量組成的向量

$$\boldsymbol{x}_i \to (\boldsymbol{f}_1(i) \ \cdots \ \boldsymbol{f}_d(i))^{\mathrm{T}}$$

是矩陣$\boldsymbol{Y}$的第i行。

《參考文獻》

[1] West D. 圖論導引[M]. 駱吉洲，李建中，譯. 北京：電子工業出版社，2014.

[2] Fan，Chung R. Spectral Graph Theory[M]. 北京：高等教育出版社，2018.

[3] Xie L, Yuille A. Genetic CNN[C]. International Conference on Computer Vision, 2017.

Note

Note